钢结构设计

——方法与例题

(第三版)

姚 谏 夏志斌 金 晖 编著

中国建筑工业出版社

图书在版编目(CIP)数据

钢结构设计：方法与例题 / 姚谏，夏志斌，金晖编著. -- 3版. -- 北京：中国建筑工业出版社，2024.12. -- ISBN 978-7-112-30522-3

Ⅰ. TU391.04

中国国家版本馆 CIP 数据核字第 2024XT3059 号

责任编辑：刘婷婷
责任校对：赵 力

钢结构设计——方法与例题（第三版）
姚 谏 夏志斌 金 晖 编著

*

中国建筑工业出版社出版、发行（北京海淀三里河路9号）
各地新华书店、建筑书店经销
北京红光制版公司制版
三河市富华印刷包装有限公司印刷

*

开本：787毫米×1092毫米 1/16 印张：26¼ 字数：639千字
2024年12月第三版 2024年12月第一次印刷
定价：88.00元（含增值服务）
ISBN 978-7-112-30522-3
（43814）

版权所有 翻印必究
如有内容及印装质量问题，请与本社读者服务中心联系
电话：(010) 58337283 QQ：2885381756
（地址：北京海淀三里河路9号中国建筑工业出版社604室 邮政编码：100037）

本书通过钢结构设计例题说明国家标准《钢结构设计标准》GB 50017—2017 中有关构件、连接设计的各项规定的正确使用。本书是《钢结构设计——方法与例题》一书的第三版，依据与钢结构设计相关的国家现行标准对第二版做了全面修订。全书共 14 章，除连接和钢结构三大基本构件的计算和设计外，还包含了一些结构的算例，如吊车梁设计、屋架设计和钢与混凝土组合梁设计等。本书例题均具有针对性，联系工程实际，解答详细，并尽量注明所引用的国家标准条文，同时，对部分设计结果加以评点和小结，以引起读者注意，力求设计目的明确，条理清楚，易于阅读。

本书主要供高等院校土建专业师生和从事建筑钢结构设计的专业人员阅读，也可供钢结构制造和施工等技术人员参考。

为了方便读者理解，本书附有钢结构模型的视频，包括典型节点、构件等的三维模型。请读者扫码观看。

* * *

钢结构模型视频

视频 1　典型连接节点
视频 2　吊车梁及柱间支撑
视频 3　屋架支撑
视频 4　屋架节点及檩条与屋架的连接
视频 5　管桁架三维模型

扫码观看视频

第三版前言

《钢结构设计——方法与例题（第二版）》（简称"本书第二版"），是 2018 年 7 月着手修订、2019 年 7 月完成交稿的。

2019 年以后，与钢结构设计密切相关的多部国家标准开始实施修订后的新标准，譬如：《低合金高强度结构钢》GB/T 1591—2018，其中的钢材牌号及屈服强度 f_y 等与《钢结构设计标准》GB 50017—2017（简称《钢标》）中有别；《建筑结构可靠性设计统一标准》GB 50068—2018 中对荷载分项系数（γ_G、γ_Q）做了调整（提高），等等。此外，本书第二版中的型钢规格及截面特性，直接取自本书初版，未能及时更新。加之近年来，又有多部相关的国家标准颁布实施，如《工程结构通用规范》GB 55001—2021、《钢结构通用规范》GB 55006—2021 等。其中，《工程结构通用规范》GB 55001—2021 废止了《建筑结构荷载规范》GB 50009—2012 中有关计算风荷载标准值的强制性条文，给出了新的计算规定。

综上，为了使本书内容符合国家现行相关标准的规定，特对本书再次进行修订，以适应读者的需求。修订工作主要包括：

1. 依据国家现行相关标准，对本书第二版进行全面修订，包括低合金高强度结构钢的牌号、屈服强度 f_y、抗拉强度 f_u 等遵循《低合金高强度结构钢》GB/T 1591—2018 的规定，荷载分项系数（γ_G、γ_Q）等依据《建筑结构可靠性设计统一标准》GB 50068—2018 的规定取值，风荷载的标准值根据《工程结构通用规范》GB 55001—2021 的规定计算等。
2. 型钢规格及截面特性，按照国家现行标准全部更新。
3. 补充、完善了轴心受压构件合适长细比的假定（第 4 章）。
4. 优化了有侧移框架柱计算长度系数的计算（第 12 章）。
5. 简化、完善了部分例题的设计、计算步骤（第 7 章、第 12 章等）。

另外，新增了计算框架梁支座处下翼缘畸变屈曲的例题，完善了典型节点和构件的视频内容，进一步明确了《钢标》中相关的设计规定。

由于本书第二版依据的多部国家标准已更新，导致几乎贯穿全书的若干重要参数（如荷载分项系数、型钢规格及截面特性等）变更，书中绝大部分数据也需要随之改变，限于作者水平，修订中难免存在错漏处，敬请读者批评指正。

全书文本的修订工作由姚谏完成，视频由金晖补充完善。

姚 谏
2024 年 7 月于求是园

第二版前言

国家标准《钢结构设计标准》GB 50017—2017（简称"新标准"）已于2017年12月12日发布、2018年7月1日实施。本书依据新标准进行了全面修订。

《钢结构设计标准》GB 50017—2017 与《钢结构设计规范》GB 50017—2003（简称"原规范"）相比，涉及本书内容的条文主要做了如下的重要修订。

1. 根据截面承载力和塑性转动变形能力的大小，将压弯和受弯构件的截面按其板件宽厚比从小到大分为5个等级：S1级截面，可达全截面塑性，保证塑性铰具有塑性设计要求的转动能力，且在转动过程中承载力不降低；S2级截面，可达全截面塑性，但由于局部屈曲，塑性铰转动能力有限；S3级截面（弹塑性截面），翼缘全部屈曲，腹板可发展不超过1/4截面高度的塑性；S4级截面（弹性截面），边缘纤维可达屈服强度，但由于局部屈曲而不能发展塑性；S5级截面（薄壁截面），在边缘纤维达到屈服应力前，腹板可能发生局部屈曲。

新标准没有给出T形截面板件的宽厚比等级及限值。

2. 钢材牌号，原规范推荐4种（Q235、Q345、Q390和Q420），新标准增加到6种；新增的2种是Q460和Q345GJ，其质量应分别符合现行国家标准《低合金高强度结构钢》GB/T 1591 和《建筑结构用钢板》GB/T 19879 的规定。

新标准对确定钢材强度设计值的板厚或直径分组做了修改，对抗力分项做了较大调整（提高）和补充，因此强度设计值与原规范的取值有不同，需引起注意。

3. 在受弯构件的计算中，主要修改了以下几点：

（1）截面塑性发展系数的取值，必须考虑整个截面的等级，而不是仅仅考虑受压翼缘的宽厚比即可；

（2）不管是计算强度还是整体稳定性，其截面模量需根据截面等级，确定是采用全截面还是有效截面；

（3）局部稳定计算中，对仅配置横向加劲肋的腹板，当受压翼缘扭转未受到约束时，考虑到腹板应力最大处翼缘应力也很大，翼缘对腹板并不提供约束，确定腹板受弯计算的正则化宽厚比时，将原规范公式（4.3.3-2e）分母的153改为138；对钢板横向加劲肋，区分承压与不受力，对其厚度给出不同的要求；

（4）调整了挠度容许值。

4. 在轴心受力构件的计算中，主要修改了以下几点：

(1) 强度计算采用双控准则，即控制构件毛截面屈服和净截面断裂，并规定当其组成板件在节点或拼接处并非全部直接传力时，应将危险截面的面积乘以有效截面系数，以考虑剪切滞后和截面上正应力分布不均匀的影响；

(2) 轴心受压构件的截面分类，对热轧型钢考虑了残余应力峰值与钢材强度无关这一有利因素，即对屈服强度 $f_y \geqslant 345 \text{N/mm}^2$ 的 $b/h > 0.8$ 的 H 型钢和等边角钢的稳定系数 φ 可提高一类采用；

(3) 在实腹式轴心受压构件的局部稳定计算中，当构件实际压力小于其稳定承载力时，可以根据等稳定准则，放宽其板件的宽厚比限值；

(4) H 形、工字形和箱形截面轴心受压构件的腹板（壁板）不满足局部稳定要求时，当考虑屈曲后强度时，其有效截面的计算方法与原规范不同，有了较大的改进，并新增了单角钢截面轴心受压构件的有效截面计算公式。

5. 在压弯构件的计算中，对平面内稳定性计算公式中的等效弯矩系数 β_{mx} 取值做了全面更新，以提高精度。

不推荐采用弱支撑框架，改进了强弱支撑框架的分界准则并提高了对强支撑框架的支撑结构层侧移刚度的要求。

H 形、工字形和箱形截面压弯构件的腹板（壁板）不满足局部稳定要求时，应考虑屈曲后强度，以有效截面代替实际截面重新计算强度和平面内、外的稳定性，并在计算稳定性时需计入有效截面形心偏离原截面形心的影响。有效截面的计算方法也与原规范不同。

6. 在焊缝连接中，角焊缝的最小焊脚尺寸 $h_{f\min}$ 改为与现行国家标准《钢结构焊接规范》GB 50661 的规定保持一致，并容许侧面角焊缝的计算长度 $l_w > 60h_f$，但此时焊缝的承载力设计值应乘以折减系数以考虑长焊缝内力分布不均匀的影响。新标准没有给出 T 形连接中角焊缝的最大焊脚尺寸要求。

对高强度螺栓摩擦型连接，计算受剪连接中螺栓的承载力设计值时引入孔型系数以考虑螺栓孔孔型的影响，对连接处构件接触面的处理方法及抗滑移系数 μ 做了调整，规定 $\mu \leqslant 0.45$。

7. 在钢与混凝土组合梁一章中，取消了混凝土翼板的有效宽度 b_e 与其厚度 h_{c1} 相关的规定（这往往是 b_e 的控制条件），抗剪连接件只推荐了圆柱头焊钉和槽钢两种，删除了与弯筋连接件有关的内容。

8. 在疲劳计算中，区分为正应力幅的疲劳计算和剪应力幅的疲劳计算；增加了简便快速验算疲劳强度的方法；针对正应力幅的疲劳，引入板厚修正系数 γ_t 来考虑板厚效应对横向受力焊缝疲劳强度的影响，同时增加了少量针对构造细节受剪应力幅的疲劳强度计算；构件和连接分类由原规范 8 类 19 个项次增加为 17 类 38 个项次，其中针对正应力幅疲劳计算的有 14 类（Z1~Z14）35 个项次，针对剪应力幅疲劳计算的有 3 类（J1~J3）3 个项次。

对非焊接的构件和连接，其应力循环中不出现拉应力的部位可不计算疲劳强度。

新标准的修订范围很广，而且新增了很多章节条文，但也有些许内容原规范中有明确规定而新标准中没有给出，比如 T 形连接中角焊缝的最大焊脚尺寸、单边连接单角钢按轴心受力计算连接的强度设计值折减系数、受力构件采用角钢截面时的最小尺寸等，对此类情况以及类似情况，本书仍采用原规范规定，特此说明。

限于水平和时间，本书仅是对原书进行了全面修订，没有依据新标准增补相应内容。

为了方便读者特别是高校学生阅读理解，本书附加了典型节点、构件的视频材料。

全书修订工作由姚谏完成，视频材料由金晖制作。由于没有夏志斌老先生的把关，加上修订基本是挤时间进行的，一定存在对新标准理解不到位甚至错误之处，敬请读者批评指正。

本书被列为浙江省普通高校"十三五"新形态教材（本科）。

姚　谏
2019 年 7 月于西子湖畔

前 言

国家标准《钢结构设计规范》GB 50017—2003 已于 2003 年发行并实施。旨在说明《钢结构设计规范》GBJ 17—88 的原《钢结构设计例题集》（简称"原书"）因此必须随之进行修订和增补以适应读者需求。修订和增补后该书更名为《钢结构设计——方法与例题》。

《钢结构设计规范》GB 50017—2003（简称"新版规范"）与《钢结构设计规范》GBJ 17—88（简称"原规范"）相比，主要做了如下的重要修订和增补。

1. 钢材牌号改为推荐使用现行国家标准《碳素结构钢》GB/T 700 中的 Q235 钢和《低合金高强度结构钢》GB/T 1591 中的 Q345 钢、Q390 钢和 Q420 钢，而且规定了更高的质量要求。

2. 在受弯构件的计算中，主要修改了组合梁腹板的局部稳定验算方法和验算条件。

计算腹板区格在弯曲应力、剪应力和局部承压应力单独作用下的临界应力时，改变了原规范中假定钢板为理想无限弹性体的假定，采用以"通用高厚比"为参数，腹板区格分别处于弹性工作阶段、非弹性工作阶段和屈服工作阶段的三阶段临界应力表达式。

对承受静力荷载和间接承受动力荷载的工字形截面组合梁的腹板，容许其局部失稳，采用考虑腹板屈曲后强度的验算方法进行设计，从而达到可选用较大高厚比的腹板而不需要设置纵向加劲肋和加大横向加劲肋间距，从而获得更大经济效益的目的。

在重级工作制吊车梁的设计中，规定了考虑吊车梁摆动而引起的横向水平力，以代替原规范中规定的对吊车横向水平荷载乘以增大系数的方法。

在对吊车梁的挠度验算中，规定按跨间内荷载效应最大的一台吊车进行计算，同时调整了规定的挠度容许值。

3. 在轴心受压构件的计算中，增加了适用于厚板（$t \geqslant 40mm$）组成的构件的稳定计算用的 d 曲线；规定单轴对称截面绕其对称轴的稳定计算中，应采用考虑弯扭效应的换算长细比以代替弯曲失稳的长细比；修正了轴心受压构件截面分类表，使之主要取决于不同截面形状其残余应力对稳定承载力的影响不同这一因素；增添了板件厚度 $t \geqslant 40mm$ 时的截面分类。

修改了用于减小轴心受压构件自由长度的支撑中支撑力的计算公式，包括柱间有一道支撑、多道支撑和被撑构件为多根柱组成的柱列时等多种情况。

4. 在压弯构件的计算中，对稳定验算公式中的等效弯矩系数取值做了个别调整，对式中的欧拉荷载 N_E 考虑了平均抗力分项系数 1.1。

把单层和多层框架区分为无支撑纯框架、强支撑框架和弱支撑框架三类。对其中的无支撑纯框架，建议采用二阶弹性分析计算内力，并列出了可供采用的二阶弹性分析近似方法，规定了分析时应考虑由于实际缺陷影响而引起的假想水平力公式，此时，稳定计算时构件的计算长度取其几何长度。对强支撑框架柱按无侧移框架查表求其计算长度，对弱支撑框架柱则直接给出了求轴心受压稳定系数 φ 的公式。为此，新版规范中规定了判别为强支撑框架时其支撑所需的侧倾刚度。

新版规范中还修正了 T 形截面的轴心受压构件和弯矩使腹板自由边受拉的压弯构件腹板高厚比限值的公式，较原规范的规定值有所放宽，但更为合理。

5. 疲劳计算中，规定直接承受动力荷载重复作用的钢结构构件及其连接，当应力循环次数 $n \geqslant 5 \times 10^4$ 次（原规范为 $n \geqslant 10 \times 10^4$ 次）时，应进行疲劳计算（修改的主要原因是考虑到某些应力集中较严重的构件或连接当 $n \geqslant 10 \times 10^4$ 次时才进行疲劳计算，可能导致疲劳破坏）。

对吊车梁的疲劳计算则可仍循过去一直沿用的设计习惯，按新版规范第 6.2.3 条对承受重级工作制吊车及承受起重量 $Q \geqslant 50t$ 的中级工作制吊车的吊车梁进行。

6. 在焊缝连接中，首次提出了确定焊缝质量等级的原则和具体规定，供设计人员使用。修改了焊缝计算长度的规定和斜角角焊缝计算厚度的计算公式。

对螺栓连接，区分为无预拉力要求的普通螺栓连接和有明确预拉力值的高强度螺栓连接。对普通螺栓连接又区分性能等级为 4.6 级和 4.8 级的 C 级螺栓（粗制螺栓）与性能等级为 5.6 级和 8.8 级的 A、B 级螺栓（精制螺栓）。对高强度螺栓则区分为摩擦型连接和承压型连接两类，其表面处理要求不同，计算方法也各异；规定高强度螺栓承压型连接的计算方法完全与普通螺栓连接相同。

此外，新增了框架结构中梁柱为刚性连接时的节点域计算和构造要求，新增了节点处板件的强度和稳定计算；修订了梁支座中的弧形支座和辊轴支座的计算公式。

7. 在钢结构的构造要求方面，主要新增了大跨度（$l \geqslant 60m$）屋盖结构的构造要求和提高寒冷地区钢结构抗脆断能力的要求两节。

8. 在塑性设计方面，取消了原规范中应对钢材和连接的强度设计值乘以折减系数 0.9 的过于保守的规定。

9. 在钢管结构一章中，对圆管节点，增加了 TT 形和 KK 形空间节点承载力的计算公式，修正了原规范中某些形状平面节点承载力的计算公式，扩大了计算公式适用的尺寸参数的范围；新增了方管（含矩形管）平面节点承载能力和节点焊缝的计算公式。

10. 在钢与混凝土组合梁一章中，增加了混凝土翼板的类型，包括混凝土叠合板和压型钢板混凝土组合板等；新增了负弯矩区段组合梁的抗弯强度计算，使该章内容不仅适用于简支梁，也适用于连续梁。此外，还增加了部分抗剪连接组合梁在正弯矩区段和负弯矩区段的受弯承载力的计算。

在挠度计算中，引进了考虑混凝土板与钢梁间滑移影响的刚度折算，使挠度计算更符合实际。部分修订了抗剪连接件的强度计算公式和构造要求。

原书是当年《钢结构设计规范》GBJ 17—88 出版后，由于规范内容较其前一版《钢结构设计规范》TJ 17—74 有较大的变动和增加，为了宣传新版规范并推广使用，作者应出版社之约而特意编写的，意图通过例题说明规范的正确使用方法。编写时确定读者对象是广大建筑钢结构设计、制造和施工的技术人员，同时也可供高校建筑结构专业本科和专科的师生参考。为此，编写时特别注意下列几点：(1) 例题的选用要联系实际，是工程设计中经常会遇到的；(2) 每章和每个例题都要有明确的目的，每章之首扼要介绍该章的设计内容及要求，每个例题都说明计算步骤和方法；(3) 例题解答中应注明引用的规范条文和公式编号，便于对照阅读、熟悉规范；(4) 补充一些规范中未明确规定，但工程设计中却又经常遇到的问题的解决方法，以扩大知识。这些在原书中确定的编写要求，在本次的修订和增补中仍力求贯彻。

最后，对修订和增补中的内容做一些具体的说明：

(1) 对原书中例题仅做少量变动，但其解答已完全按照新版《钢结构设计规范》GB 50017—2003 的规定做了修改。针对规范的新规定则增加了一些例题。由于规范新增内容——框架的二阶弹性分析，完全属于结构力学的范围，本书中未列入有关二阶弹性分析的例题。

(2) 目前工程设计已大量运用软件进行电算，但作为工程技术人员不能仅满足于使用电算。本书中的详细解答当有助于工程技术人员对钢结构计算规定的理解。

(3) 把钢管结构的节点设计专列一章，新增方管（矩形管）结构节点的计算例题。

(4) 由于门式刚架目前工程中均采用变截面构件，且大多按照中国工程建设标准化协会标准《门式刚架轻型房屋钢结构技术规程》CECS 102 进行设计，因此本书已把原书中关于门式刚架设计的两章删去。

(5) 插图中的焊缝代号已按现行国家标准《建筑结构制图标准》GB/T 50105 绘制。

(6) 钢材相关的国家标准中，对碳素结构钢的牌号表示方法，按脱氧方式区分为镇静钢和沸腾钢等，但目前由于钢材冶炼轧制技术的进步，大钢厂主要采用连续铸锭法生产，钢材必然是镇静钢，因此例题中所选钢材牌号已很少定为沸腾钢。

全书修订和增补工作由姚谏进行，最后由夏志斌审阅。

曾为原书书稿认真校阅和提出宝贵意见的原重庆钢铁设计研究院赵熙元教授级高级工程师，在参加完成《钢结构设计规范》GB 50017—2003 定稿工作后不久，不幸病逝。他三十年如一日，积极参与历版规范的编写和修订，做出了贡献，特在此表示沉痛悼念。

对浙江大学建筑工程学院硕士研究生朱晓旭、叶谦、袁霓绯、曾春燕、樊烽和杨晓通为本书电脑打字和绘图也表示衷心谢意。

作者于求是园
2005 年 7 月

原《钢结构设计例题集》前言

20世纪80年代后期以来，我国的结构设计规范相继进行了修订，且修订后的新版内容变动都很大。为了介绍和推广使用新修订的《钢结构设计规范》GBJ 17—88，已出版有《钢结构设计规范应用讲评》一书（由重庆建筑工程学院魏明钟教授编著，中国建筑工业出版社出版），书中详细介绍了新规范的背景材料、理论根据和试验依据等。本书的编写是为了同一目的，但是采用例题的形式来说明规范条文的正确使用，关于公式的来源及规定的依据等在本书中则不做介绍。

新规范《钢结构设计规范》GBJ 17—88 与原规范《钢结构设计规范》TJ 17—74 相比，主要的修改包括：采用了以概率理论为基础的极限状态设计方法以代替过去使用的容许应力法；对三大基本构件的计算做了很大的改进，如受弯构件的强度计算中考虑了截面上局部发展塑性变形，对梁的整体稳定系数改进了计算公式，轴心受压构件的稳定系数采用 a、b、c 三条曲线，压弯构件的稳定计算改用了两项公式，增加了多层框架柱的计算长度系数的计算方法等；对连接计算的规定做了较多的补充，如直角角焊缝的计算增加了考虑受力方向不同的计算公式，增加了斜角角焊缝和不焊透的对接焊缝计算方法，增加了承压型高强度螺栓连接的计算等；疲劳计算中采用了验算应力幅的计算表达式；对构造要求也调整和充实了内容，如增加了双层翼缘板板梁的构造要求等；此外，还新增了塑性设计、钢管结构和钢与混凝土组合梁等三章。

本书的编写目的是通过例题来说明新修订规范中各种规定的正确使用，因此全书章节的安排基本上与规范相适应。全书共分 15 章，其内容包含了从连接到基本构件的计算，也包含了几个大型构件和结构的算例，如钢屋架、山形门式刚架、钢与混凝土组合梁等。希望所选例题能对规范中的新内容均有所涉及。

书中在每章的开始，首先简要介绍计算内容和要求，然后用例题说明计算步骤和方法，力求做到计算目的明确，条理清楚，内容易读。例题与工程计算书有一定区别，为了便于读者阅读，例题中都有一些文字说明，而在计算书上则完全无此必要。例题中常注明所引用规范条文或公式的编号，使读者可对照阅读规范的规定。还有一些问题在规范中未明确规定，而工程设计中却又经常遇到，在例题中也注意了尽可能参照其他资料进行必要的说明。例如，对简支工字钢梁的整体稳定系数 φ_b，规范中只规定了集中荷载或均布荷载单独作用时 φ_b 的求法，例题中则对同时承受均布荷载和集中荷载时 φ_b 的求法做了介绍。又如，轴心受压构件的设计常需初步假定构件的长细比而后选用截面尺寸，例题中则对合适长细比的选定做了介绍。再如，对多层框架柱的计算长度系数 μ 值，例题中介绍了规范中未列出的非典型条件下 μ 值的近似求法等。

在《钢结构设计规范》GBJ 17—88 颁布施行后，我国的钢材国家标准也做了修改。碳素结构钢的国家标准已由原来的《普通碳素结构钢技术条件》GB 700—79 修改为《碳素结构钢》GB/T 700—88，前者已于 1991 年 10 月 1 日废止。新老碳素结构钢的标准有很大差别。例如老标准的 3 号钢已不复存在，而代之以 Q235 钢，并分 A、B、C、D 四个质量等级。例题中凡采用碳素结构钢时，均已改用 Q235 钢。在规范对有关 Q235 钢的强度设计值做出规定前，书中附表 1.3 列出了按《钢结构设计规范》GBJ 17—88 中规定屈服点算出的 Q235 钢的强度设计值，供参考并在本书例题中使用。

关于焊缝代号，《建筑结构制图标准》GBJ 105—87 中有明确规定，但国家技术监督局已于 1988 年 12 月批准了新的国家标准《焊缝符号表示法》GB 324—88，并于 1989 年 7 月 1 日实施。本书插图中的焊缝符号已尽量改用新标准的有关规定。新标准焊缝符号表示法中的一个重要改动是焊缝指引线除箭头线外，其基准线由两条平行的直线组成，一条是实线，另一条是虚线，基准线的虚线可以画在实线的上侧或下侧。如果接头的焊缝在箭头侧，则表示焊缝的基本符号应标在基准线的实线侧；如果在非箭头侧，则基本符号应标在虚线侧。对双面焊缝，则可不画基准线的虚线。为了便于读者阅读，在此做简要的说明。

本书第 1 章、第 3 章至第 7 章和第 10 章、第 11 章由姚谏编写，其余各章由夏志斌编写。

本书主要供工业与民用建筑专业从事钢结构设计、制造与施工的工程技术人员阅读，也可供该专业的大专院校师生参考阅读。

作者衷心感谢重庆钢铁设计研究院赵熙元高级工程师对本书书稿的认真审阅和提出的许多宝贵意见，使本书内容更臻完善。作者也衷心感谢中国建筑工业出版社责任编辑赵梦梅同志给予作者的大力帮助。

夏志斌　姚　谏
浙江大学，杭州
1993 年 9 月

目 录

第1章 连接计算 ... 1
1.1 对接焊缝的计算 ... 1
1.2 直角角焊缝的计算 ... 3
1.3 斜角角焊缝的计算 ... 15
1.4 部分熔透的对接焊缝的计算 ... 17
1.5 普通螺栓连接的计算 ... 19
1.6 高强度螺栓摩擦型连接的计算 ... 27
1.7 高强度螺栓承压型连接的计算 ... 30

第2章 构件的连接设计 ... 33
2.1 构件的拼接设计 ... 33
2.2 钢牛腿的计算 ... 41
2.3 梁与梁的连接计算 ... 46
2.4 梁与柱的连接计算 ... 49
2.5 柱脚锚栓的计算 ... 53
2.6 梁的支座计算 ... 61

第3章 轴心受拉构件和拉弯构件的计算 ... 63
3.1 常用轴心受拉构件的计算 ... 63
3.2 单边连接的单角钢轴心受拉构件的计算 ... 70
3.3 节点采用高强度螺栓摩擦型连接的轴心受拉构件的计算 ... 71
3.4 拉弯构件的计算 ... 73

第4章 轴心受压构件的计算和设计 ... 75
4.1 概述 ... 75
4.2 实腹式轴心受压构件的计算和设计 ... 76
4.3 轴心受压构件合适长细比的假定 ... 82
4.4 屋盖桁架轴心受压杆件的设计 ... 86
4.5 双肢格构式轴心受压构件的设计 ... 93
4.6 四肢格构式轴心受压构件的设计 ... 102

第5章 受弯构件（梁）的计算和设计 ... 105
5.1 梁的强度计算 ... 105
5.2 梁的整体稳定计算 ... 109
5.3 悬挂式单轨吊车梁的设计 ... 120
5.4 实腹式热轧型钢檩条的设计 ... 123
5.5 简支卷边Z形钢檩条的设计 ... 130

第6章 钢板梁的设计 134
6.1 [例题6.1] 焊接工字形简支梁的设计资料 134
6.2 [例题6.1] 钢板梁截面的初选 134
6.3 [例题6.1] 钢板梁截面的验算 136
6.4 [例题6.1] 钢板梁翼缘截面的改变 138
6.5 [例题6.1] 钢板梁腹板局部稳定性的验算 142
6.6 [例题6.1] 钢板梁腹板中间加劲肋的设计 146
6.7 [例题6.1] 钢板梁支承加劲肋的设计 147
6.8 [例题6.1] 钢板梁的翼缘焊缝 149
6.9 [例题6.2] 双层翼缘板焊接工字形板梁的设计资料 150
6.10 [例题6.2] 板梁截面外层翼缘板的截断点位置 151
6.11 [例题6.2] 板梁翼缘焊缝的计算 152
6.12 [例题6.2] 板梁腹板局部稳定性的验算 153
6.13 等截面焊接工字形板梁考虑腹板屈曲后强度的计算 154

第7章 压弯构件的设计和计算 162
7.1 概述 162
7.2 实腹式单向压弯构件的设计和计算 163
7.3 实腹式双向压弯构件的计算 182
7.4 格构式压弯构件的设计和计算 186

第8章 疲劳计算 206
8.1 计算规定 206
8.2 计算例题 208

第9章 支撑系统的计算 214
9.1 屋架横向支撑的计算 214
9.2 屋架垂直支撑的计算 220
9.3 框架结构柱间支撑的计算 222

第10章 吊车梁设计 230
10.1 吊车梁的荷载 230
10.2 简支吊车梁的设计内容和步骤 231
10.3 [例题10.1] 12m简支吊车梁的设计 232
10.4 [例题10.2] 24m简支吊车梁的设计 246

第11章 普通钢屋架设计 264
11.1 概述 264
11.2 [例题11.1] 24m焊接三角形钢屋架的设计资料 264
11.3 屋架杆件几何尺寸的计算 265
11.4 屋盖支撑布置 266
11.5 荷载计算 267
11.6 屋架杆件的内力计算 269
11.7 屋架杆件截面设计 270

| 11.8 | 屋架节点设计 | 279 |

第12章　等截面框架柱的计算长度　290
12.1	概述	290
12.2	无侧移框架柱与有侧移框架柱的计算长度系数	291
12.3	不设支撑的单层框架柱的计算长度	293
12.4	不设支撑的多层框架柱的计算长度	300
12.5	有支撑框架柱的计算长度	305
12.6	框架柱沿房屋长度方向（框架平面外）的计算长度	308

第13章　钢管结构的节点设计　311
13.1	概述	311
13.2	直接焊接圆钢管的节点设计	311
13.3	直接焊接方（矩）形管的节点设计	315

第14章　钢与混凝土组合梁设计　327
14.1	概述	327
14.2	［例题14.1］的设计资料	327
14.3	中间次梁设计	328
14.4	主梁设计	335
14.5	次梁与主梁的连接	343
14.6	［例题14.2］施工阶段钢梁下不设临时支承点的组合梁设计	343

附录1　《钢标》中有关表格摘录　353
附表1.1	钢材的设计用强度指标	353
附表1.2	焊缝的强度指标	354
附表1.3	螺栓连接的强度指标	355
附表1.4	钢材和钢铸件的物理性能指标	355
附表1.5	角焊缝最小焊脚尺寸	355
附表1.6	螺栓或铆钉的孔距、边距和端距容许值	356
附表1.7	螺栓的有效面积	356
附表1.8	钢材摩擦面的抗滑移系数 μ	357
附表1.9	一个高强度螺栓的预拉力设计值 P	357
附表1.10	轴心受压构件的截面分类（板厚 $t<40mm$）	357
附表1.11	轴心受压构件的截面分类（板厚 $t \geqslant 40mm$）	358
附表1.12	桁架弦杆和单系腹杆的计算长度 l_0	359
附表1.13	受压构件的长细比容许值	359
附表1.14	受拉构件的容许长细比	359
附表1.15	截面塑性发展系数 γ_x、γ_y	360
附表1.16	H型钢或等截面工字形简支梁不需计算整体稳定性的最大 l_1/b_1 值	361
附表1.17	H型钢和等截面工字形简支梁的整体稳定等效弯矩系数 β_b	361
附表1.18	受弯构件挠度容许值	362
附表1.19-1	正应力幅的疲劳计算参数	363

附表 1.19-2　剪应力幅的疲劳计算参数 ·· 363
　　附表 1.20　吊车梁和吊车桁架欠载效应的等效系数 α_f ·································· 363
　　附表 1.21-1　疲劳计算时非焊接的构件和连接分类 ······································ 364
　　附表 1.21-2　疲劳计算时纵向传力焊缝的构件和连接分类 ······························ 364
　　附表 1.21-3　疲劳计算时横向传力焊缝的构件和连接分类 ······························ 365
　　附表 1.21-4　疲劳计算时非传力焊缝的构件和连接分类 ································· 367
　　附表 1.21-5　疲劳计算时钢管截面的构件和连接分类 ··································· 368
　　附表 1.21-6　疲劳计算时剪应力作用下的构件和连接分类 ······························ 369
　　附表 1.22　压弯和受弯构件的截面板件宽厚比等级及限值 ······························ 370
　　附表 1.23　无侧移框架柱的计算长度系数 μ ·· 371
　　附表 1.24　有侧移框架柱的计算长度系数 μ ·· 371
　　附表 1.25　主管为矩形管，支管为矩形管或圆管的节点几何参数适用范围 ············· 372
　　附表 1.26　轧制普通工字钢简支梁的整体稳定系数 φ_b ·································· 372
　　附表 1.27　a 类截面轴心受压构件的稳定系数 φ ··· 373
　　附表 1.28　b 类截面轴心受压构件的稳定系数 φ ··· 373
　　附表 1.29　c 类截面轴心受压构件的稳定系数 φ ··· 374
　　附表 1.30　d 类截面轴心受压构件的稳定系数 φ ··· 375
　　附表 1.31　附表 1.30 注中公式的系数 α_1、α_2、α_3 ······································· 376
附录 2　型钢规格及截面特性 ··· 377
　　附表 2.1　热轧等边角钢的规格及截面特性 ··· 377
　　附表 2.2　热轧不等边角钢的规格及截面特性 ·· 382
　　附表 2.3　两个热轧不等边角钢的组合截面特性 ··· 385
　　附表 2.4　热轧工字钢的规格及截面特性 ·· 389
　　附表 2.5　热轧槽钢的规格及截面特性 ··· 391
　　附表 2.6　普通无缝钢管的规格及截面特性（部分摘录） ································ 394
　　附表 2.7　宽、中、窄翼缘 H 型钢截面尺寸和截面特性 ································· 397
　　附表 2.8　剖分 T 型钢截面尺寸和截面特性 ·· 399
　　附表 2.9　卷边 Z 型钢的规格和截面特性 ··· 401
　　附表 2.10　几种常用截面的回转半径近似值 ··· 402
主要参考文献 ··· 403

第1章 连 接 计 算

本章内容包括对接焊缝、角焊缝、普通螺栓和高强度螺栓等连接的计算。连接计算不仅包括求解所需焊缝的尺寸，所需螺栓的数目，还应包括焊缝或螺栓的布置，特别是要注意对它们的构造要求，如是否满足角焊缝最小尺寸和最大尺寸要求，是否满足螺栓的最小和最大中心距和边距要求等。简单的连接，例如只承受轴心力的连接，可直接求出所需的焊缝尺寸或螺栓数目，然后进行布置和排列。受力较复杂的连接，则常需先假定连接的尺寸、数量和布置，然后进行强度验算；不满足要求时，需修正以前的假定并重新计算。

1.1 对接焊缝的计算

全熔透或焊透的对接焊缝（简称"对接焊缝"）和对接与角接组合焊缝，主要用于对接连接和 T 形连接中，其连接强度的计算规定，《钢结构设计标准》GB 50017—2017（简称《钢标》）与《钢结构设计规范》GB 50017—2003（简称《原规范》）相同。焊缝质量级别较高的一级和二级对接焊缝❶，强度设计值与钢材的相同，焊缝有效截面也常与构件截面相同（焊接时无法采用引弧板和引出板的情况除外），因而所连接的构件如已满足强度要求，则焊缝的强度就不必再行计算。对质量为三级的焊缝，其抗拉和抗弯曲受拉的强度设计值等于相应钢材强度设计值的 85%，因而需进行计算。对接焊缝的计算主要也是指这种情况下的连接。此外，对施工条件较差的高空安装焊缝，其强度设计值尚应乘以折减系数 0.9（见《钢标》第 4.4.5 条），也应属需计算之列。对接焊缝在外力作用下的计算公式与构件截面的计算公式相同。

【例题 1.1】某简支钢梁，跨度 $l=12$m，截面如图 1.1 所示，钢材为 Q355B 钢，抗弯强度设计值 $f=305$N/mm^2，承受均布静力荷载设计值❷ $q=98$kN/m。设梁有足够强的侧向支承，不会使梁侧扭屈曲，因而截面由抗弯强度控制；另外，梁腹板设有加劲肋，不会

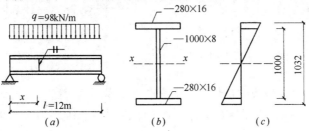

图 1.1 例题 1.1 图
(a) 简支梁；(b) 截面尺寸；(c) 弯曲正应力图

---

❶ 焊缝质量级别的检验标准见《钢结构工程施工质量验收标准》GB 50205—2020。
❷ 荷载设计值为永久荷载与可变荷载标准值各乘以它们的荷载分项系数后之和。后文不再加注。

局部屈曲。今因钢板长度不够,拟对其腹板在跨度方向离支座为 x 处设置工厂焊接的对接焊缝[图 1.1(a)],焊缝质量等级为三级,手工焊,E50 型焊条。试根据焊缝的强度,求该拼接焊缝的位置 x。

【解】 一、截面板件宽厚比等级确定(《钢标》第 3.5.1 条)

钢号修正系数 $\varepsilon_k = \sqrt{235/f_y} = \sqrt{235/355} = 0.814$。

翼缘板 $\dfrac{b'}{t} = \dfrac{(280-8)/2}{16} = 8.5 \begin{cases} 9\varepsilon_k = 9 \times 0.814 = 7.33 \\ < 11\varepsilon_k = 11 \times 0.814 = 8.95 \end{cases}$,属于 S2 级,全截面有效。

腹板设有加劲肋,不会局部屈曲,全截面有效。

因此,该梁全截面有效(《钢标》第 6.1.1 条)。

二、截面几何特性 [图 1.1 (b)]

焊接时采用引弧板和引出板,对接焊缝的有效截面与腹板相同,因而焊缝所在的截面几何特性不变,与母材相同。

惯性矩:$I_x = \dfrac{1}{12}(28 \times 103.2^3 - 27.2 \times 100^3) = 297911 \text{cm}^4$

截面模量:$W_x = \dfrac{I_x}{h/2} = \dfrac{297911}{103.2/2} = 5773 \text{cm}^3$

一块翼缘板对梁中和轴的面积静矩:$S_x = 28 \times 1.6 \times 50.8 = 2276 \text{cm}^3$

三、腹板对接焊缝处梁能承受的弯曲应力

x 处截面上的弯曲应力图如图 1.1 (c) 所示。已知 E50 型焊条、手工焊的三级对接焊缝抗弯曲受拉强度设计值 $f_t^w = 260 \text{N/mm}^2$(附表 1.2)。按对接焊缝的抗弯强度要求,该处梁截面所能承受的边缘纤维弯曲拉应力为:

$$\sigma_{\max} = 260 \times \dfrac{1032}{1000} = 268.3 \text{N/mm}^2$$

四、由焊缝处梁截面能承受的 $\sigma_{\max}$ 求 x

该处梁截面上的最大拉应力应满足下式的要求:

$$\dfrac{M_x}{W_x} \leqslant \sigma_{\max}$$

即 $M_x \leqslant \sigma_{\max} W_x = 268.3 \times 5773 \times 10^3 \times 10^{-6} = 1549 \text{kN} \cdot \text{m}$

由 $M_x = \dfrac{1}{2} qlx - \dfrac{1}{2} qx^2 = \dfrac{1}{2} \times 98 \times 12 - \dfrac{1}{2} \times 98 x^2 = 1549 \text{kN} \cdot \text{m}$

得 $49x^2 - 588x + 1549 = 0$

解得:$x = \dfrac{588 - \sqrt{588^2 - 4 \times 49 \times 1549}}{2 \times 49} = 3.905 \text{m} \approx 3.9 \text{m}$

按焊缝的抗拉强度,腹板的拼接焊缝必须位于离梁支座小于或等于 3.9m 处。

【讨论】 1. 腹板对接焊缝下端同时承受弯曲拉应力 σ 和剪应力 τ,理应按下式验算该处的折算应力(《钢标》第 11.2.1 条):

$$\sqrt{\sigma^2 + 3\tau^2} \leqslant 1.1 f_t^w \quad \text{(例题 1.1)}$$

弯曲应力:$\sigma = f_t^w = 260 \text{N/mm}^2$

剪力:$V = \dfrac{1}{2} ql - qx = \dfrac{1}{2} \times 98 \times 12 - 98 \times 3.9 = 205.8 \text{kN}$

剪应力： $\tau = \dfrac{VS_x}{I_x t_w} = \dfrac{(205.8 \times 10^3)(2276 \times 10^3)}{(297911 \times 10^4) \times 8} = 19.7 \text{N/mm}^2$

代入式（例题 1.1），得：

$$\sqrt{260^2 + 3 \times 19.7^2} = 262.2 < 1.1 \times 260 = 286 \text{N/mm}^2，可。$$

以上计算说明在本例题及类似本例题的情况中，焊缝的折算应力常不是控制条件，可不计算。

2. 若腹板的对接焊缝质量等级改为二级，则 $f_t^w = 305 \text{N/mm}^2$，与钢板强度设计值 f 相同，此时的工厂拼接焊缝位置就不受限制，x 可为 $0 \sim 12\text{m}$ 之间的任意值。

1.2　直角角焊缝的计算

《钢标》第 11.2.2 条对直角角焊缝的计算做了如下规定：

在 σ_f 和 τ_f 共同作用处，焊缝强度的计算公式为：

$$\sqrt{\left(\dfrac{\sigma_f}{\beta_f}\right)^2 + \tau_f^2} \leqslant f_f^w \tag{1.1}$$

在 σ_f 和 τ_f 单独作用下，由式（1.1）可分别得到在通过焊缝形心的外力作用下的计算公式为：

$$\sigma_f \leqslant \beta_f f_f^w \tag{1.2}$$

和

$$\tau_f \leqslant f_f^w \tag{1.3}$$

式中，对承受静力荷载和间接承受动力荷载的结构，取 $\beta_f = 1.22$；对直接承受动力荷载的结构，取 $\beta_f = 1.0$。

角焊缝的计算长度 l_w，对每条焊缝取其实际长度减去焊脚尺寸 h_f 的 2 倍。

要注意：在外力作用下，σ_f 和 τ_f 都是按角焊缝的有效截面 $h_e l_w$ 计算，σ_f 是垂直于焊缝长度方向的应力，τ_f 则是沿焊缝长度方向的应力。τ_f 必然是角焊缝有效截面上的剪应力，而 σ_f 则不是角焊缝有效截面上的正应力，因为 σ_f 只是垂直于角焊缝的焊脚，而不是垂直于有效截面。

以上计算规定与《原规范》相同，但《钢标》对角焊缝焊脚尺寸的构造要求与《原规范》不完全相同：

(1) 角焊缝最小焊脚尺寸改为按附表 1.5 取值（《钢标》第 11.3.5 条）；

(2) T 形连接中角焊缝的最大焊脚尺寸没有量化规定。

此外，按式（1.1）～式（1.3）计算焊缝强度时，《钢标》规定：

(1) 确定焊缝计算厚度 h_e 时，需考虑两焊件间隙 b 的影响：$b \leqslant 1.5\text{mm}$ 时，$h_e = 0.7 h_f$；$1.5\text{mm} < b \leqslant 5\text{mm}$ 时，$h_e = 0.7(h_f - b)$（《钢标》第 11.2.2 条）；

(2) 侧面角焊缝的计算长度 l_w 可以超过 $60 h_f$ 但不应超过 $180 h_f$；当 $l_w > 60 h_f$ 时，焊缝的承载力设计值应乘以折减系数 α_f（《钢标》第 11.2.6 条）：

$$\alpha_f = 1.5 - \dfrac{l_w}{120 h_f} \geqslant 0.5$$

【例题 1.2】 图 1.2 所示为承受轴力的角钢构件的节点角焊缝连接。构件重心至角钢背的距离 $e_1 = 38.2\text{mm}$。钢材为 Q235B 钢。采用不预热的非低氢手工焊，E43 型焊条。构件承受由静力荷载产生的轴心拉力设计值 $N=1100\mathrm{kN}$。三面围焊。试设计此焊缝连接。

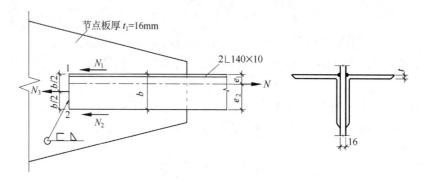

图 1.2 例题 1.2 图

【解】为使构件重心线通过焊缝的形心，应按下列步骤求解。

一、角焊缝的焊脚尺寸 h_f

最大 $h_f \leqslant t-(1\sim2)\mathrm{mm}=10-2=8\mathrm{mm}$（角钢边端与端部，见《钢标》第 11.3.6 条）；

最小 $h_f=6\mathrm{mm}$（附表 1.5）；

采用 $h_f=8\mathrm{mm}$，满足上述要求。

二、构件端部正面角焊缝所能承受的力 N_3

角焊缝强度设计值为 $f_f^w=160\mathrm{N/mm^2}$（附表 1.2）。

$$N_3=0.7h_f\sum l_{w3}\beta_f f_f^w=0.7\times8\times(2\times140)\times1.22\times160\times10^{-3}=306\mathrm{kN}$$

三、角钢背部侧面角焊缝长度

对点 2 求力矩，由 $\sum M_2=0$ 得：

$$N_1 b + N_3 \frac{b}{2} = N e_2$$

$$N_1 = N\frac{e_2}{b} - \frac{N_3}{2}$$
$$=1100\times\left(\frac{140-38.2}{140}\right)-\frac{306}{2}=1100\times0.727-153=646.7\mathrm{kN} \qquad (例题1.2\text{-}a)$$

所需角钢背部侧面角焊缝的计算长度：

$$l_{w1}=\frac{N_1}{\sum 0.7h_f f_f^w}=\frac{646.7\times10^3}{2\times0.7\times8\times160}=361\mathrm{mm}$$

$l_{w1}<60h_f=60\times8=480\mathrm{mm}$，焊缝的承载力设计值不需折减；$l_{w1}>8h_f=8\times8=64\mathrm{mm}$，满足构造要求。

实际长度 $l_1=l_{w1}+h_f=361+8=369\mathrm{mm}$，用 $370\mathrm{mm}$。

四、角钢边端侧面角焊缝长度

对点 1 求力矩，由 $\sum M_1=0$，得：

$$N_2 = N\frac{e_1}{b} - \frac{N_3}{2}$$
$$=1100\times\frac{38.2}{140}-\frac{306}{2}=1100\times0.273-153=147.3\mathrm{kN} \qquad (例题1.2\text{-}b)$$

（或 $N_2=N-N_1-N_3=1100-646.7-306=147.3$kN）。

所需角钢边端侧面角焊缝的计算长度：

$$l_{w2}=\frac{N_2}{\sum 0.7h_f f_f^w}=\frac{147.3\times 10^3}{2\times 0.7\times 8\times 160}=82.2\text{mm}$$

$l_{w2}<60h_f=480$mm，$l_{w2}>8h_f=64$mm，满足要求。

实际长度 $l_2=l_{w2}+h_f=82.2+8=90.2$mm，用90mm（或100mm）。

【说明】1. 由于三面围焊必须连续施焊，因而两条侧面角焊缝的实际长度各为其计算长度另加 $h_f=8$mm。

2. 在三面围焊中，由于连续施焊，因此三面的焊缝采用了同一焊脚尺寸 $h_f=8$mm。在采用两面侧焊中，沿角钢背和角钢边端的两条焊缝可以采用不同的焊脚尺寸 h_{f1} 和 h_{f2}。此时沿角钢背的 h_{f1} 宜满足 $h_{f1}\leqslant 1.2t=1.2\times 10=12$mm❶。

3. 上述式（例题1.2-b）和式（例题1.2-a）中的 e_1/b 和 e_2/b，在实际设计中对等边角钢常近似采用0.3和0.7。

4. 当用两面侧焊时，上述式（例题1.2-b）和式（例题1.2-a）仍然适用，只需要令式中的 $N_3=0$ 即可。

5. 当构件为单角钢时，《原规范》第3.4.2条规定，单面连接角焊缝的强度设计值应乘以折减系数0.85，即 $f_f^w=0.85\times 160=136$N/mm²，其余计算均相同。《钢标》没有规定单面连接角焊缝的强度设计值应乘以折减系数。

【例题1.3】图1.3所示为由双槽钢（2[20b）组成的箱形柱上的钢牛腿，由两块各厚22mm的钢板组成，钢材为Q235B钢。牛腿承受静力荷载设计值 $V=300$kN。每块牛腿钢板由四条角焊缝与槽钢相焊接，尺寸如图示，采用不预热非低氢手工焊，E43型焊条。求应采用的焊脚尺寸 h_f。

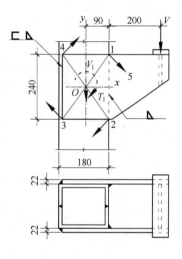

图1.3 例题1.3图

【解】一、每块钢板上角焊缝有效截面的几何特性（$h_e=0.7h_f$ 为角焊缝的计算厚度）

面积：$A_f=(24+18)h_e\times 2=84h_e$cm²

惯性矩：

$$I_{fx}=2\times 18h_e\times 12^2+2\times \frac{1}{12}\times h_e\times 24^3=5184h_e+2304h_e=7488h_e\text{cm}^4$$

$$I_{fy}=2\times 24h_e\times 9^2+2\times \frac{1}{12}\times h_e\times 18^3=3888h_e+972h_e=4860h_e\text{cm}^4$$

极惯性矩：$J_f=I_{fx}+I_{fy}=12348h_e$cm⁴

以上对围焊中的焊缝1-4和2-3的计算长度均未扣除 h_f，焊缝1-2的计算长度未扣除 $2h_f$，是为了简化成对称，由此引起的误差一般较小，可不计。

---

❶ 《钢标》没有规定T形连接中角焊缝的最大焊脚尺寸，本书例题参照《原规范》第8.2.7条的要求，即满足 $h_f\leqslant 1.2t$（t 为较薄件的厚度）。后文不再加注。

二、每块钢板上角焊缝形心 O 承受的荷载

竖向力：$V_1 = \dfrac{V}{2} = 150\text{kN}$

扭矩：$T_1 = V_1 \cdot e = 150 \times 0.29 = 43.5\text{kN} \cdot \text{m}$

三、角焊缝的应力计算

在作用于焊缝形心的竖向力作用下，可假定焊缝为均匀受力，在点 1 处：

$$\sigma_f^V = \frac{V_1}{A_f} = \frac{150 \times 10^3}{84h_e \times 10^2} = \frac{17.86}{h_e}\text{N/mm}^2 \quad \downarrow$$

在扭矩 T_1 作用下，以离焊缝形心 O 最远的点 1 和点 2 受力最大。今取点 1 作为计算点。焊缝受力方向为 1-5，与 O-1 相垂直。把此力分解成水平和垂直两个应力分量，前者与焊缝轴线平行，记为 τ_f^T，后者与焊缝轴线垂直，记为 σ_f^T，其值分别为（点 1 的坐标 $x_1 = 90\text{mm}$，$y_1 = 120\text{mm}$）：

$$\tau_f^T = \frac{T_1 y_1}{J_f} = \frac{43.5 \times 10^6 \times 120}{12348 h_e \times 10^4} = \frac{42.27}{h_e}\text{N/mm}^2 \quad \rightarrow$$

$$\sigma_f^T = \frac{T_1 x_1}{J_f} = \frac{43.5 \times 10^6 \times 90}{12348 h_e \times 10^4} = \frac{31.71}{h_e}\text{N/mm}^2 \quad \downarrow$$

以上各应力式中 h_e 的单位均为厘米（cm）。

四、确定角焊缝的焊脚尺寸 h_f

点 1 处的应力应满足下述条件：

$$\sqrt{\left(\frac{\sigma_f^V + \sigma_f^T}{\beta_f}\right)^2 + (\tau_f^T)^2} \leqslant f_f^w$$

将 $f_f^w = 160\text{N/mm}^2$ 和 $\beta_f = 1.22$ 代入上式可得：

$$h_e \geqslant \sqrt{\left(\frac{17.86 + 31.71}{1.22 \times 160}\right)^2 + \left(\frac{42.27}{160}\right)^2} = 0.37\text{cm}$$

$$h_f = \frac{h_e}{0.7} = \frac{0.37}{0.7} = 0.53\text{cm} = 5.3\text{mm}$$

牛腿钢板厚22mm，因而构造要求角焊缝的最小焊脚尺寸和最大焊脚尺寸分别为：

$$h_{f\min} = 8\text{mm} > 5.3\text{mm}$$

$$h_{f\max} = 22 - (1 \sim 2)\text{mm} = 20 \sim 21\text{mm}$$

因此，采用 $h_f = 8\text{mm}$。

可见，采用图 1.3 的焊缝布置和尺寸，本例题中所需要的焊脚尺寸 h_f 由构造控制。

【例题 1.4】 取消例题 1.3 中钢牛腿的角焊缝 1-2，其余均不改变，试求焊脚尺寸 h_f。

【解】 图 1.4 所示为角焊缝的有效截面，因是三面围焊，水平焊缝 1-4 和 3-2 的计算长度均为 $180 - h_f \approx 180 - 8 = 172\text{mm}$（这里为简化计算，在确定焊缝计算长度时根据最小焊脚尺寸试取 $h_f = 8\text{mm}$，由此造成计算结果的误差一般可以忽略不计）。焊缝计算厚度为 $h_e = 0.7 h_f$。

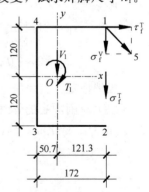

图 1.4 例题 1.4 图

一、角焊缝有效截面的几何特性

面积：$A_f = (2 \times 17.2 + 24)h_e = 58.4 h_e \text{cm}^2$

形心 O 位置（对焊缝 3-4 取矩）：

$$x_0 = \frac{2 \times 17.2 \times h_e \times \dfrac{17.2}{2}}{58.4 h_e} = 5.07\text{cm}$$

惯性矩：
$$I_{fx}=2\times17.2h_e\times12^2+\frac{1}{12}\times h_e\times24^3=6106h_e\text{cm}^4$$

$$I_{fy}=24h_e\times5.07^2+2\times\frac{1}{3}(5.07^3+12.13^3)h_e=1894h_e\text{cm}^4$$

极惯性矩：$J_f=I_{fx}+I_{fy}=6106h_e+1894h_e=8000h_e\text{cm}^4$

二、焊缝所受荷载设计值

把竖向力移至焊缝形心处，焊缝受到下列荷载作用。

形心处竖向力：$V_1=150\text{kN}$

扭矩：$T_1=V_1e=150(0.20+0.18-0.0507)=49.4\text{kN}\cdot\text{m}$

三、点 1 处的应力（点 1 的坐标 $x_1=121.3\text{mm}$，$y_1=120\text{mm}$）

在 V_1 作用下，可假定焊缝均匀受力：

$$\sigma_f^V=\frac{V_1}{A_f}=\frac{150\times10^3}{58.4h_e\times10^2}=\frac{25.68}{h_e}\text{N/mm}^2$$

在扭矩 T_1 作用下，点 1 处应力最大，其两个分应力为：

$$\tau_f^T=\frac{T_1y_1}{J_f}=\frac{49.4\times10^6\times120}{8000h_e\times10^4}=\frac{74.10}{h_e}\text{N/mm}^2$$

$$\sigma_f^T=\frac{T_1x_1}{J_f}=\frac{49.4\times10^6\times121.3}{8000h_e\times10^4}=\frac{74.90}{h_e}\text{N/mm}^2$$

以上各应力式中 h_e 的单位均为厘米（cm）。

四、确定角焊缝的焊脚尺寸 h_f

点 1 处的应力应满足下述条件：

$$\sqrt{\left(\frac{\sigma_f^V+\sigma_f^T}{\beta_f}\right)^2+(\tau_f^T)^2}\leqslant f_f^w=160\text{N/mm}^2$$

得

$$h_e\geqslant\sqrt{\left(\frac{25.68+74.90}{1.22\times160}\right)^2+\left(\frac{74.10}{160}\right)^2}=0.69\text{cm}$$

$$h_f=\frac{h_e}{0.7}=\frac{0.69}{0.7}=0.986\text{cm}=9.86\text{mm}，采用 h_f=10\text{mm}>h_{f\min}=8\text{mm}。$$

可见，本例题中 h_f 由计算确定而非由构造确定。

比较例题 1.3 和例题 1.4 可见，如例题 1.3 中焊缝 1-2 具有施焊必需的空间，则以例题 1.3 所需的 h_f 较小。

【例题 1.5】图 1.5 所示为梁与柱的简支连接图。梁端腹板以角焊缝在工厂与两连接角钢三面围焊相连，两连接角钢的外伸边则以螺栓在安装工地与柱的翼缘板相连。今已知梁端反力的设计值为 $R=550\text{kN}$，连接角钢为 $2\llcorner 75\times t_1$，长 $a=30\text{cm}$。钢材为 Q235B 钢。采用不预热非低氢手工焊，E43 型焊条。求焊缝的焊脚尺寸 h_f 和连接角钢厚度 t_1。

【解】一只连接角钢受力为 $R_1=R/2=275\text{kN}$。为便于安装，梁端缩进连接角钢背面 10mm，如图 1.5（a）所示。连接角焊缝同时受剪和受扭。

角钢顶部和底端与梁端腹板间的水平焊缝计算长度各为：

$$b=75-10-h_f\approx75-10-8=57\text{mm}$$

因连接焊缝的最小焊脚尺寸 $h_{f\min}=5\text{mm}$（附表 1.5），故上式在确定角钢与梁端腹板间水平焊缝的计算长度时近似取 $h_f=8\text{mm}$。

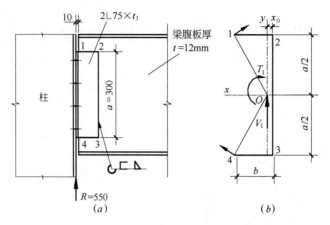

图 1.5 例题 1.5 图
(a) 梁与柱简支连接；(b) 焊缝有效截面及受力

一、焊缝有效截面的几何特性 [图 1.5(b)]

面积：$A_f = (a+2b)h_e = (30+2\times5.7)h_e = 41.4h_e \text{ cm}^2$

形心 O 的位置（对焊缝 2-3 取矩）：

$$x_0 = \frac{2\times 5.7h_e \times \frac{5.7}{2}}{41.4h_e} = 0.78\text{cm} = 7.8\text{mm}$$

点 1 的坐标为：$x_1 = b - x_0 = 57 - 7.8 = 49.2\text{mm}$

$\qquad\qquad\quad y_1 = a/2 = 150\text{mm}$

惯性矩：

$$I_{fx} = 2\times 5.7h_e \times 15^2 + \frac{1}{12}\times h_e \times 30^3 = 4815h_e \text{ cm}^4$$

$$I_{fy} = 2\times \frac{1}{3}(0.78^3 + 4.92^3)h_e + 30h_e \times 0.78^2 = 98.0h_e \text{ cm}^4$$

极惯性矩：$J_f = I_{fx} + I_{fy} = 4815h_e + 98h_e = 4913h_e \text{ cm}^4$

以上各惯性矩式中的 h_e 单位均为厘米 (cm)。

二、焊缝所受荷载设计值

把梁的反力 R_1 移至焊缝形心 O 处，该角焊缝承受下列荷载作用。

作用于形心 O 处的竖向反力：$V_1 = R_1 = 275\text{kN}$

扭矩：$T_1 = V_1 e = 275\times(75-7.8)\times 10^{-3} = 18.48\text{kN}\cdot\text{m}$

三、受力最大处的应力

竖向力 V_1 作用下，假设焊缝均匀受力：

$$\sigma_f^V = \frac{V_1}{A_f} = \frac{275\times 10^3}{41.4h_e \times 10^2} = \frac{66.43}{h_e}\text{N/mm}^2 \quad \uparrow$$

扭矩 T_1 作用下，以点 1 和点 4 处焊缝受力最大，其应力分量为：

$$\sigma_f^T = \frac{T_1 x_1}{J_f} = \frac{18.48\times 10^6 \times 49.2}{4913h_e \times 10^4} = \frac{18.51}{h_e}\text{N/mm}^2 \quad \uparrow$$

$$\tau_f^T = \frac{T_1 y_1}{J_f} = \frac{18.48\times 10^6 \times 150}{4913h_e \times 10^4} = \frac{56.42}{h_e}\text{N/mm}^2 \quad \leftrightarrow$$

四、确定焊缝的焊脚尺寸 h_f

上述应力分量应满足下述条件:

$$\sqrt{\left(\frac{\sigma_f^V+\sigma_f^T}{\beta_f}\right)^2+(\tau_f^T)^2} \leqslant f_f^w = 160\text{N/mm}^2$$

得

$$h_e \geqslant \sqrt{\left(\frac{66.43+18.51}{1.22\times 160}\right)^2+\left(\frac{56.42}{160}\right)^2}=0.56\text{cm}$$

$$h_f=\frac{h_e}{0.7}=\frac{0.56}{0.7}=0.80\text{cm}=8\text{mm}>h_{f\min}=5\text{mm},\text{ 可}。$$

五、连接角钢厚度 t_1

因连接焊缝的最大焊脚尺寸 $h_{f\max}=t_1-(1\sim 2)\text{mm}$，现需 $h_f=8\text{mm}$，故取连接角钢厚度为 $t_1=h_f+(1\sim 2)\text{mm}=8+2=10\text{mm}$，即取连接角钢为 $2\llcorner 75\times 10$。

验算角钢连接边竖向截面上的剪应力（按均布考虑）:

$$\tau=\frac{V_1}{a\cdot t_1}=\frac{275\times 10^3}{300\times 10}=91.7\text{N/mm}^2<f_v=125\text{N/mm}^2,\text{ 可}。$$

【讨论】例题 1.3 至例题 1.5 中的焊缝计算都是按弹性工作阶段考虑的。焊缝某几点的应力到达强度设计值，其他各点的焊缝应力较低，因而计算较保守。有的设计人员为此有意把 f_f^w 适当提高，例如提高 20%，而后仍用上法计算❶。若如此，则例题 1.5 中的 h_f 将为 $0.8/1.2=0.67\text{cm}$，可采用 $h_f=7\text{mm}$（或 8mm）；连接角钢厚度考虑角焊缝的构造要求和角钢规格仍为 10mm。是否采用此法，当由设计人员自己判断确定。

【例题 1.6】图 1.6 (a) 所示为一钢板与工字形柱的角焊缝 T 形连接，$h_f=8\text{mm}$。钢板与一斜拉杆相连，拉杆受力 F。设钢板高度为 $2a=400\text{mm}$，钢材为 Q355B 钢。采用不预热非低氢手工焊，E50 型焊条。求图中 $e=0$ 时和 $e=5\text{cm}$ 时，两条角焊缝各能传递的静载设计值 F。

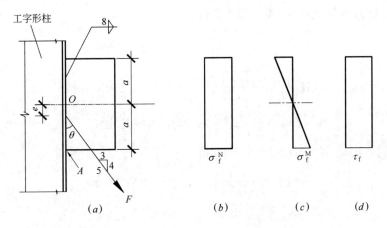

图 1.6 例题 1.6 图

(a) 钢板与工字形柱的角焊缝 T 形连接；(b)、(c)、(d) 焊缝有效截面上的应力分量分布图

---

❶ 书末所附主要参考文献 [3] 第 60 页。

【解】 一、角焊缝有效截面的几何特性

计算长度：$l_w = 2a - 2h_f = 400 - 2 \times 8 = 384 \text{mm} = 38.4 \text{cm}$

面积：$A_f = \sum 0.7 h_f l_w = 2 \times 0.7 \times 0.8 \times 38.4 = 43.01 \text{cm}^2$

惯性矩：$I_{fx} = 2 \times \frac{1}{12} \times (0.7 \times 0.8) \times 38.4^3 = 5285 \text{cm}^4$

截面模量：$W_{fx} = \frac{I_{fx}}{a - h_f} = \frac{5285}{20 - 0.8} = 275 \text{cm}^3$

二、焊缝有效截面上的应力（$e = 5 \text{cm}$ 时）

把 F 分解成两个分力并移至焊缝形心 O 处，焊缝实际受力为：

水平轴心力：$N = F\sin\theta = F \times \frac{3}{5} = 0.6F \quad \text{N}$

剪力：$V = F\cos\theta = F \times \frac{4}{5} = 0.8F \quad \text{N}$

力矩：$M = (F\sin\theta) \cdot e = F \times \frac{3}{5} \times 50 = 30F \quad \text{N} \cdot \text{mm}$

焊缝有效截面上应力分量为：

在水平轴心力 N 作用下 [应力图如图 1.6 (b) 所示]：

$$\sigma_f^N = \frac{N}{A_f} = \frac{0.6F}{43.01 \times 10^2} = 1.40F \times 10^{-4} \text{N/mm}^2 \quad \rightarrow$$

在力矩 M 作用下，点 A 处应力最大 [应力图如图 1.6 (c) 所示]：

$$\sigma_f^M = \frac{M}{W_{fx}} = \frac{30F}{275 \times 10^3} = 1.09F \times 10^{-4} \text{N/mm}^2 \quad \rightarrow$$

在剪力 V 作用下 [应力图如图 1.6 (d) 所示]：

$$\tau_f^V = \frac{V}{A_f} = \frac{0.8F}{43.01 \times 10^2} = 1.86F \times 10^{-4} \text{N/mm}^2 \quad \downarrow$$

三、求角焊缝所能传递的 F

当 $e = 5 \text{cm}$ 时，焊缝强度应满足如下条件：

$$\sqrt{\left(\frac{\sigma_f^N + \sigma_f^M}{\beta_f}\right)^2 + (\tau_f^V)^2} \leq f_f^w = 200 \text{N/mm}^2$$

得 $F \times 10^{-4} \sqrt{\left(\frac{1.40 + 1.09}{1.22}\right)^2 + 1.86^2} \leq 200 \text{N/mm}^2$

即 $F \leq \frac{200 \times 10^4}{2.76} = 725 \times 10^3 \text{N} = 725 \text{kN}$

当 $e = 0$ 时，力矩 $M = 0$，$\sigma_f^M = 0$，因此得：

$$F \times 10^{-4} \sqrt{\left(\frac{1.40}{1.22}\right)^2 + 1.86^2} \leq 200 \text{N/mm}^2$$

即 $F \leq \frac{200 \times 10^4}{2.19} = 913 \times 10^3 \text{N} = 913 \text{kN}$

可见，当连接存在偏心时将较大地降低其承载力。

【例题 1.7】 某工字形截面的牛腿与工字形柱的翼缘焊接如图 1.7 (a) 所示。牛腿翼缘板与柱用 V 形对接焊缝连接，焊接时采用引弧板和引出板；牛腿腹板用角焊缝与柱相连，$h_f = 8 \text{mm}$。已知牛腿与柱的连接面上承受荷载设计值：剪力 $V = 470 \text{kN}$，弯矩 $M = 235 \text{kN} \cdot \text{m}$。钢材为 Q235B 钢。采用不预热非低氢手工焊，E43 型焊条，二级焊缝。试验

算焊缝的强度。

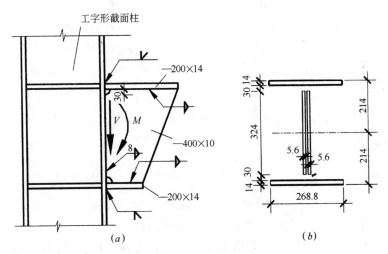

图 1.7 例题 1.7 图
(a) 牛腿与工字形柱的焊缝连接；(b) 焊缝有效截面

【解】 一、焊缝的有效截面 [图 1.7 (b)]

由于对接焊缝的强度设计值 $f_t^w=215\text{N/mm}^2$，角焊缝的强度设计值 $f_f^w=160\text{N/mm}^2$，两者不等，应先把对接焊缝的宽度 $b=200\text{mm}$ 按强度设计值换算成角焊缝的等效宽度❶：

$$b'=b\times\frac{f_t^w}{f_f^w}=200\times\frac{215}{160}=200\times1.344=268.8\text{mm}$$

腹板角焊缝尺寸为：

$$l_w=400-2\times30-2\times8=324\text{mm}$$

式中 30mm 为腹板上、下端预留的过焊孔，为便于翼缘对接焊缝施焊而设。

腹板角焊缝 $h_f=8\text{mm}$，$h_e=0.7h_f=5.6\text{mm}$，其有效面积：

$$A_{fw}=2\times0.56\times32.4=36.29\text{cm}^2$$

全部焊缝有效截面的惯性矩：

$$I_{fx}=2\times26.68\times1.4\times20.7^2+\frac{1}{12}\times(2\times0.56)\times32.4^3=35184\text{cm}^4$$

二、焊缝强度验算

1. 牛腿顶面对接焊缝的弯曲拉应力：

$$\sigma^M=\frac{My_{\max}}{I_{fx}}=\frac{235\times10^6\times214}{35184\times10^4}=142.9<f_t^w=160\text{N/mm}^2，可。$$

2. 牛腿腹板角焊缝上应力由两部分组成：

$$\tau_f^V=\frac{V}{A_{fw}}=\frac{470\times10^3}{36.29\times10^2}=129.5\text{N/mm}^2 \downarrow$$

$$\sigma_f^M=\frac{M}{I_{fx}}\cdot\frac{l_w}{2}=\frac{235\times10^6}{35184\times10^4}\times\frac{324}{2}=108.2\text{N/mm}^2 \rightarrow$$

$$\sqrt{\left(\frac{\sigma_f^M}{\beta_f}\right)^2+(\tau_f^V)^2}=\sqrt{\left(\frac{108.2}{1.22}\right)^2+129.5^2}=157.0\text{N/mm}^2<f_f^w=160\text{N/mm}^2，可。$$

---

❶ 参阅书末所附主要参考文献 [13]。

以上计算中，假定剪力全部由腹板的竖向角焊缝平均承受。在焊缝有效截面为工字形和T形时，考虑到翼缘的竖向刚度与腹板的相比较小，作此假定是合适的。

【讨论】在本例题的计算方面，还有一些设计上常用的近似解法，录此以供参考。

常用解法之一是假定工字形截面的翼缘承受全部弯矩，腹板承受全部剪力，因而翼缘与柱的连接焊缝按弯矩计算，腹板与柱的连接焊缝按剪力计算。在本例题中为：

1. 翼缘对接焊缝的应力：

$$\sigma = \frac{M}{(h-t_f)b_f t_f} = \frac{235 \times 10^6}{(428-14) \times 200 \times 14} = 202.7 \text{N/mm}^2 < f_t^w = 215 \text{N/mm}^2，可。$$

2. 腹板角焊缝的应力：

$$\tau_f^V = \frac{V}{A_{fw}} = \frac{470 \times 10^3}{36.29 \times 10^2} = 129.5 \text{N/mm}^2 < f_f^w = 160 \text{N/mm}^2，可。$$

以上式中 $M/(h-t_f)$ 为组成力偶 M 的翼缘内力，h 为全截面的高度，t_f 为翼缘板厚度，b_f 为翼缘板宽度，A_{fw} 为腹板角焊缝的有效截面面积。

常用的另一种解法是假定工字形截面上的弯矩由翼缘与腹板按刚度（惯性矩）比分配，而剪力则全部由腹板承受。因而在算得翼缘与腹板各自的内力后即可计算其连接焊缝。在本例题中为：

截面惯性矩：

$$I_x = \frac{1}{12} \times 1 \times 40^3 + 20 \times 1.4 \times 20.7^2 \times 2 = 5333 + 23995 = 29328 \text{cm}^4$$

式中两项的前者为腹板的惯性矩 I_w，后者为翼缘板的惯性矩 I_f。

翼缘承受的弯矩：$M_f = \dfrac{I_f}{I_x} M = \dfrac{23995}{29328} \times 235 = 192.3 \text{kN} \cdot \text{m}$

腹板承受的弯矩：$M_w = \dfrac{I_w}{I_x} M = \dfrac{5333}{29328} \times 235 = 42.7 \text{kN} \cdot \text{m}$

腹板承受全部剪力，即 $V = 470 \text{kN}$。

1. 翼缘对接焊缝中的应力：

$$\sigma = \frac{192.3 \times 10^6}{(428-14) \times 200 \times 14} = 165.9 \text{N/mm}^2 < f_t^w = 215 \text{N/mm}^2，可。$$

2. 腹板角焊缝的应力：

$$\tau_f^V = \frac{V}{2 \times h_e l_w} = \frac{470 \times 10^3}{36.29 \times 10^2} = 129.5 \text{N/mm}^2$$

$$\sigma_f^M = \frac{M_w}{\frac{1}{6} \times 2 \times h_e l_w^2} = \frac{6 \times 42.7 \times 10^6}{2 \times 5.6 \times 324^2} = 217.9 \text{N/mm}^2$$

$$\sqrt{\left(\frac{\sigma_f^M}{\beta_f}\right)^2 + (\tau_f^V)^2} = \sqrt{\left(\frac{217.9}{1.22}\right)^2 + 129.5^2} = 220.6 > f_f^w = 160 \text{N/mm}^2$$

计算结果为腹板角焊缝强度不满足，而按上述其他解法为满足，说明此近似解法对腹板连接而言是偏于安全的，而讨论中的第一种假定，即腹板只承受全部剪力，对腹板连接而言受力将偏低。

【例题 1.8】图 1.8（a）所示为与例题 1.7 中相同的钢牛腿，钢材及荷载也相同。所不同的只是牛腿翼缘板改用角焊缝与柱相连，$h_f = 10\text{mm}$。试验算焊缝的强度。

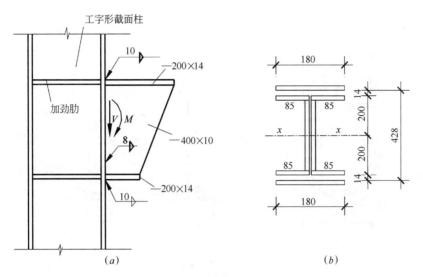

图 1.8 例题 1.8 图
(a) 钢牛腿与柱的角焊缝连接；(b) 角焊缝有效截面

【解】 一、焊缝有效截面特性 [图 1.8 (b)]

翼缘板处的水平角焊缝 $h_f=10$mm，$h_e=0.7\times10=7$mm。腹板处竖向角焊缝 $h_f=8$mm，$h_e=0.7\times8=5.6$mm。

惯性矩：$I_{fx}=2\times18\times0.7\times21.4^2+2\times(8.5+8.5)\times0.7\times20^2+\frac{1}{12}\times(2\times0.56)$
$\times(40-2\times0.7)^3=26428$cm^4

二、焊缝强度验算

1. 牛腿顶面角焊缝的弯曲拉应力：

$$\sigma_f^M=\frac{My_{max}}{I_{fx}}=\frac{235\times10^6\times214}{26428\times10^4}=190.3\text{N/mm}^2<\beta_f f_f^w=1.22\times160=195.2\text{N/mm}^2，可。$$

2. 牛腿腹板角焊缝上端应力由两部分组成：

$$\tau_f^V=\frac{V}{2h_e l_w}=\frac{470\times10^3}{2\times5.6\times(400-2\times7)}=108.7\text{N/mm}^2$$

$$\sigma_f^M=\frac{My}{I_{fx}}=\frac{235\times10^6\times(200-7)}{26428\times10^4}=171.6\text{N/mm}^2$$

$$\sqrt{\left(\frac{\sigma_f^M}{\beta_f}\right)^2+(\tau_f^V)^2}=\sqrt{\left(\frac{171.6}{1.22}\right)^2+108.7^2}=177.8\text{N/mm}^2>f_f^w=160\text{N/mm}^2，不满足。$$

腹板角焊缝上端，若按上述弹性分析，则不满足设计要求，应加大腹板上的 h_f，可用 $h_f=10$mm。

【例题 1.9】 如图 1.9 (a) 所示钢管柱，外径 $d=203$mm，壁厚 $t=6$mm，与厚 10mm 的钢底板用周边角焊缝相连接，$h_f=7$mm。静力荷载的设计值：轴心压力为 $N=300$kN，弯矩为 $M=16$kN·m，剪力 $=10$kN。钢材为 Q235B 钢。采用不预热非低氢手工焊，E43型焊条。试验算此焊缝的强度。

【解】 一、焊缝有效截面的几何特性

$h_f=7$mm$>h_{fmin}=5$mm（且 $<1.2t=1.2\times6=7.2$mm），可。

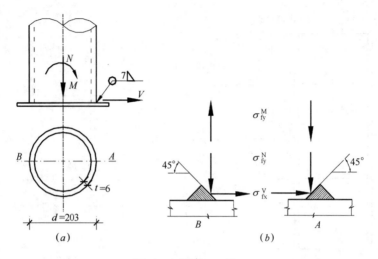

图 1.9 例题 1.9 图
(a) 钢管柱与底板角焊缝连接；(b) 焊缝有效截面上的应力

$h_e = 0.7 \times 7 = 4.9 \text{mm}$

面积：$A_f = \pi\left(d + \dfrac{h_f}{2}\right)h_e = \pi \times \left(203 + \dfrac{7}{2}\right) \times 4.9 \times 10^{-2} = 31.79 \text{cm}^2$

惯性矩：$I_{fx} \approx \dfrac{\pi}{64}\left[(d+2h_e)^4 - d^4\right] = \dfrac{\pi}{64}\left[(203+2\times 4.9)^4 - 203^4\right] \times 10^{-4}$

$= 1730 \text{cm}^4$

二、焊缝强度验算 [图 1.9 (b)]
在 N 作用下（应力均匀分布）：

$$\sigma_{fy}^N = \dfrac{N}{A_f} = \dfrac{300 \times 10^3}{31.79 \times 10^2} = 94.4 \text{N/mm}^2$$

在 M 作用下以 A 端压应力最大：

$$\sigma_{fy}^M = \dfrac{M}{I_{fx}} \times \dfrac{d}{2} = \dfrac{16 \times 10^6 \times 203}{1730 \times 10^4 \times 2} = 93.9 \text{N/mm}^2$$

$$\sigma_{fy} = \sigma_{fy}^N + \sigma_{fy}^M = 94.4 + 93.9 = 188.3 \text{N/mm}^2$$

在 V 作用下（假定应力均匀分布）：

$$\sigma_{fx}^V = \dfrac{V}{A_f} = \dfrac{10 \times 10^3}{31.79 \times 10^2} = 3.1 \text{N/mm}^2$$

A 点的 σ_{fx}^V、σ_{fy}^N、σ_{fy}^M 等都指向有效截面，故都取正号。
环向角焊缝 A 处有 σ_{fx} 和 σ_{fy} 两个方向的正应力，应满足下列条件：

$$\sqrt{\dfrac{\sigma_{fx}^2 + \sigma_{fy}^2 - \sigma_{fx}\sigma_{fy}}{1.5}} \leqslant f_f^w \text{ ❶} \tag{例题 1.9-a}$$

即 $\sqrt{\dfrac{3.1^2 + 188.3^2 - 3.1 \times 188.3}{1.5}} = 152.5 \text{N/mm}^2 < f_f^w = 160 \text{N/mm}^2$，可。

---

❶ 《钢标》中未给出同时有 σ_{fx} 和 σ_{fy} 的公式（例题 1.9-a），本公式见《钢标》条文说明，即书末所附主要参考文献 [1] 条文说明第 79 页。

【讨论】《钢标》规定（与《原规范》规定相同）在直接承受动力荷载的角焊缝连接计算中取 $\beta_f=1.0$，即不采用角焊缝强度设计值随焊缝方向而变化的理论。因此，当直接承受动力荷载作用时，本例题中不能采用公式（例题 1.9-a），而应改用习惯上常采用的合应力公式，即：

$$\sqrt{\sigma_{fx}^2+\sigma_{fy}^2}\leqslant f_f^w \qquad \text{（例题 1.9-}b\text{）}$$

对本例题，则为：

$$\sqrt{3.1^2+188.3^2}=188.3\text{N/mm}^2 > f_f^w=160\text{N/mm}^2$$

即当直接承受动力荷载时，本例题的角焊缝连接为不安全。

1.3 斜角角焊缝的计算

对两焊脚边夹角 α 不是直角的斜角角焊缝，按《钢标》第 11.2.3 条规定，两焊脚边夹角 α 为 $60°\leqslant\alpha\leqslant135°$ 的 T 形接头，其斜角角焊缝的强度计算公式与计算直角角焊缝强度的公式相同，但不考虑正面角焊缝强度设计值的增大，即取 $\beta_f=1.0$。同时，对焊缝的计算厚度 h_e 取值规定如下（参阅《钢标》图 11.2.3-2）。

当根部间隙 b、b_1 或 $b_2\leqslant1.5$mm 时：

$$h_e=h_f\cos\frac{\alpha}{2}$$

当根部间隙 b、b_1 或 $b_2>1.5$mm 但 $\leqslant5$mm 时：

$$h_e=\left[h_f-\frac{b\ (\text{或}\ b_1、b_2)}{\sin\alpha}\right]\cos\frac{\alpha}{2}$$

以上规定与《原规范》相同，但《钢标》第 11.2.3 条还规定，$30°\leqslant\alpha<60°$ 或 $\alpha<30°$ 时，斜角角焊缝计算厚度 h_e 应按现行国家标准《钢结构焊接规范》GB 50661 的有关规定计算取值。

【例题 1.10】图 1.10 所示为方管与工字钢翼缘板面的节点焊接。方管为 □150×150×6，Q235B 钢。围焊中沿工字钢轴线方向为两条直角角焊缝，其他两条为斜角角焊缝，其夹角 α 分别为 120°和 60°。直角角焊缝的焊脚尺寸 $h_f=5$mm。采用手工焊，E43 型焊条。试按焊缝强度求此方管斜杆所能承受的最大静载拉力设计值。

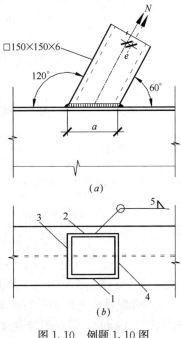

图 1.10 例题 1.10 图
(a) 正视图；(b) 俯视图

【解】一、直角角焊缝 1 和 2 所能承受的力 N_1 和 N_2

$h_f=5$mm

方管斜截面边长 $a=150/\sin60°=173.2$mm，考虑方管圆角影响，近似取每条焊缝的计算长度 $l_w=0.95a=0.95\times173.2=164.5$mm。

在 N_1 力作用下，焊缝 1 的应力为：

$$\sigma_f=\frac{N_1\sin60°}{0.7h_fl_w}=\frac{N_1\times0.866}{0.7\times5\times164.5}=1.504N_1\times10^{-3}\text{N/mm}^2$$

$$\tau_f = \frac{N_1\cos60°}{0.7h_f l_w} = \frac{N_1 \times 0.5}{0.7 \times 5 \times 164.5} = 0.868 N_1 \times 10^{-3} \text{N/mm}^2$$

在 σ_f 和 τ_f 共同作用处应满足：

$$\sqrt{\left(\frac{\sigma_f}{\beta_f}\right)^2 + \tau_f^2} \leqslant f_f^w = 160\text{N/mm}^2$$

即

$$N_1 \times 10^{-3}\sqrt{\left(\frac{1.504}{1.22}\right)^2 + 0.868^2} \leqslant 160$$

解得：$N_1 = 106.1$ kN

同理：$N_2 = 106.1$ kN

二、斜角角焊缝 3 和 4 所能承受的力 N_3 和 N_4

$$h_f = 5/\sin60° = 5.8\text{mm}$$

$$l_w = 0.95 \times 150 = 142.5\text{mm}$$

设方管与工字钢翼缘板面间隙 $\leqslant 1.5$ mm。

1. 角焊缝 3 为正面斜角角焊缝（$\alpha = 120° < 135°$）

$$h_e = h_f\cos\frac{\alpha}{2} = 5.8 \times \cos60° = 5.8 \times 0.5 = 2.9\text{mm}$$

由

$$\frac{N_3}{h_e l_w} \leqslant \beta_f f_f^w = f_f^w = 160\text{N/mm}^2 \quad（取 \beta_f = 1.0）$$

得

$$N_3 = h_e l_w f_f^w = 2.9 \times 142.5 \times 160 \times 10^{-3} = 66.1\text{kN}$$

2. 角焊缝 4 为正面斜角角焊缝（$\alpha = 60°$）

$$h_e = h_f\cos\frac{\alpha}{2} = 5.8 \times \cos30° = 5.8 \times 0.866 = 5.0\text{mm}$$

$$N_4 = h_e l_w f_f^w = 5.0 \times 142.5 \times 160 \times 10^{-3} = 114\text{kN}$$

三、整个围焊缝可承受的拉力设计值

$$N = \sum_{i=1}^{4} N_i = 106.1 + 106.1 + 66.1 + 114 = 392.3\text{kN}$$

【讨论】1. 由于锐角时的斜角角焊缝与相同 h_f 的钝角斜角角焊缝相比承载力较大（$N_4 > N_3$），因而本例题中按上述分析所得方管斜杆可承受的拉力 N 对斜杆截面轴心线存在一偏心矩 e［图 1.10（a）］，其值可由对焊缝 3 轴线求矩得出。

2. 对焊缝轴线与外力平行的侧面斜角角焊缝，《钢标》规定采用与直角角焊缝相同的计算公式是正确的，但对焊缝轴线与外力垂直的正面斜角角焊缝规定仍用直角角焊缝相同的计算公式并取 $\beta_f = 1.0$，则是近似的且偏于安全（见例题 1.11）。

3. 本例题中与方管相焊接的是工字钢的翼缘板，由于翼缘板的弯曲刚度较大，因而计算中未考虑因翼缘板变形而使焊缝中应力不均匀分布的影响。

【例题 1.11】求图 1.11 所示正面斜角角焊缝强度验算的理论公式。

【解】一、当只有夹角 $\alpha > 90°$ 的焊缝时，焊缝有效截面上的应力分量

$$\sigma_\perp = \frac{N}{h_e l_w}\cos\left(\frac{\pi}{4} - \frac{\theta}{2}\right)$$

$$\tau_\perp = \frac{N}{h_e l_w}\sin\left(\frac{\pi}{4} - \frac{\theta}{2}\right)$$

$$\tau_{/\!/} = 0$$

由三角学公式，得：

$$\cos^2\left(\frac{\pi}{4}-\frac{\theta}{2}\right)=\frac{1}{2}(1+\sin\theta)$$

和 $\sin^2\left(\frac{\pi}{4}-\frac{\theta}{2}\right)=\frac{1}{2}(1-\sin\theta)$

代入《钢标》中推导角焊缝强度的基本公式❶（与《原规范》相同）：

$$\sqrt{\sigma_\perp^2+3(\tau_\perp^2+\tau_\parallel^2)}\leqslant\sqrt{3}f_f^w$$

得 $\left(\dfrac{N}{h_e l_w}\right)^2\leqslant(f_f^w)^2\cdot\dfrac{2}{2-\sin\theta}$

验算公式为：

$$\frac{N}{h_e l_w}\leqslant\sqrt{\frac{1.5}{1-\frac{1}{2}\sin\theta}}\cdot f_f^w=\beta_f f_f^w\cdot\frac{1}{\sqrt{1-\frac{1}{2}\sin\theta}}$$
（例题 1.11-a）

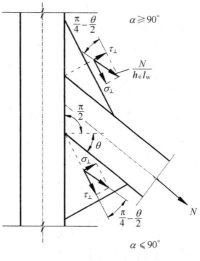

图 1.11 正面斜角角焊缝

式中：$\beta_f=\sqrt{1.5}=1.22$。

当 $0<\theta<\pi/4$（即相当于 $90°<\alpha<135°$）时，式（例题 1.11-a）等号右端分式项必然为一大于 1 的正数，其值变化在 1 与 1.24 之间。因而用《钢标》规定的公式：

$$\frac{N}{h_e l_w}\leqslant f_f^w \tag{例题 1.11-b}$$

来代替式（例题 1.11-a）显然是偏安全的。

二、当只有夹角 $\alpha<90°$ 的焊缝时，根据同样推导可得验算公式

$$\frac{N}{h_e l_w}\leqslant\beta_f f_f^w\cdot\frac{1}{\sqrt{1+\frac{1}{2}\sin\theta}} \tag{例题 1.11-c}$$

当 $0<\theta<\pi/6$（即相当于 $60°<\alpha<90°$）时，式（例题 1.11-c）等号右端分式项的值变化在 0.894 与 1.0 之间。$0.894\times1.22=1.09>1.0$，因此用式（例题 1.11-b）来代替式（例题 1.11-c）也略偏保守。

1.4 部分熔透的对接焊缝的计算

《钢标》第 11.2.4 条规定部分熔透的对接焊缝和 T 形对接与角接组合焊缝的强度应按直角角焊缝的计算公式计算，在垂直于焊缝长度方向的压力作用下 $\beta_f=1.22$，其他受力情况下取 $\beta_f=1.0$，其计算厚度 h_e 宜按下述规定采用（与《原规范》相同）。

V 形坡口：$\alpha\geqslant60°$ 时，$h_e=s$；$\alpha<60°$ 时，$h_e=0.75s$。

单边 V 形和 K 形坡口：当 $\alpha=45°\pm5°$，$h_e=s-3$。

U 形、J 形坡口：$h_e=s$。

其中，α 为 V 形、单边 V 形或 K 形坡口角度；s 为坡口深度，即坡口根部至焊缝表面（不考虑余高）的最短距离（mm）。

---

❶ 书末所附主要参考文献 [1] 条文说明第 78 页。

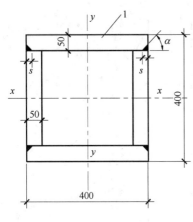

图 1.12 例题 1.12 图

【例题 1.12】某轴心受压箱形柱，外包尺寸为 400mm×400mm，板厚 50mm，如图 1.12 所示。采用单边 V 形坡口部分熔透的对接焊缝连接，坡口角度 $\alpha=45°$。钢材为 Q235B 钢，手工焊，E43 型焊条。试确定 s 值并验算此焊缝的强度。

【解】根据《钢标》第 11.2.4 条的规定，当熔合线处焊缝截面边长等于或接近最短距离 s 时，抗剪强度设计值应按角焊缝强度设计值乘以 0.9（与《原规范》规定相同）。本例题中采用的单边 V 形坡口即属于这种情况，因此采用：

$$f_f^w = 0.9 \times 160 = 144 \text{N/mm}^2$$

在轴心受压构件中，组成截面的板件间连接焊缝仅当构件弯曲时才受剪力。

柱截面的面积：

$$A = 40 \times 40 - 30 \times 30 = 700 \text{cm}^2$$

柱截面惯性矩：

$$I_x = \frac{1}{12} \times 40 \times 40^3 - \frac{1}{12} \times 30 \times 30^3 = 145833 \text{cm}^4$$

板件 1（图 1.12）对 x 轴的面积矩：$S_x = 40 \times 5 \times \left(\frac{40}{2} - \frac{5}{2}\right) = 3500 \text{cm}^3$

轴心受压构件的剪力为（《钢标》第 7.2.7 条）：

$$V = \frac{Af}{85\varepsilon_k} = \frac{700 \times 10^2 \times 200}{85 \times 1.0} \times 10^{-3} = 164.7 \text{kN}$$

式中对厚为 50mm 的钢板，取抗压强度设计值 $f = 200 \text{N/mm}^2$，见本书附录 1 附表 1.1。

《钢标》没有对部分熔透对接焊缝的最小焊缝计算厚度 h_{emin} 做出规定，本书参照《原规范》第 8.2.5 规定，取：

$$h_{emin} = 1.5\sqrt{t} = 1.5\sqrt{50} = 10.6 \text{mm}$$

$\alpha=45°$ 的单边 V 形坡口，$h_e = s-3$，得最小坡口深度：

$s = h_{emin} + 3 = 10.6 + 3 = 13.6 \text{mm}$，采用 $s = 16\text{mm}$（见下面"说明"中的 1）

$$h_e = s - 3 = 16 - 3 = 13 \text{mm} > h_{emin}$$

焊缝有效截面上剪应力应满足下述条件：

$$\frac{1}{2h_e} \times \frac{VS_x}{I_x} \leq f_f^w = 144 \text{N/mm}^2$$

今上式左边为：

$$\frac{1}{2 \times 13} \times \frac{(164.7 \times 10^3)(3500 \times 10^3)}{145833 \times 10^4} = 15.2 \text{N/mm}^2 \ll f_f^w = 144 \text{N/mm}^2，可。$$

可见轴心受压柱各板件间的焊缝连接一般均由构造控制。

【说明】1.《钢标》对部分熔透对接焊缝的最小 s 值规定如上文所述（与《原规范》相同），但有的资料认为，对焊接箱形柱宜采用 $s = \left(\frac{1}{3} \sim \frac{1}{2}\right)t$，本例题中采用 $s = 16\text{mm}$，接近$\frac{t}{3}$。

2. 本例题中的箱形柱若为压弯构件，计算焊缝强度的剪力 V 应取构件中的最大实际剪力和 $V=\frac{Af}{85\varepsilon_k}$ 计算值中的较大值（《钢标》第 8.2.7 条，与《原规范》规定相同）。

1.5 普通螺栓连接的计算

对本节内容，《钢标》与《原规范》的规定相同。

普通螺栓连接按其受力情况分为四种类型：传递轴心力的抗剪螺栓连接、在扭矩作用下的抗剪螺栓连接、在轴心力和弯矩作用下的抗拉连接和各种力组合作用下的连接。对 C 级螺栓，扭矩作用下的抗剪连接使用不多。

不论何种受力情况下的连接计算，首先都必须计算每一个螺栓所能抵抗的力，称为承载力设计值，包括：

1. 受剪承载力设计值：

$$N_v^b = n_v \frac{\pi d^2}{4} \cdot f_v^b \tag{1.4}$$

2. 受压承载力设计值：

$$N_c^b = d \sum t \cdot f_c^b \tag{1.5}$$

3. 受拉承载力设计值：

$$N_t^b = \frac{\pi d_e^2}{4} \cdot f_t^b \tag{1.6}$$

同时承受剪力和杆轴方向拉力的普通螺栓应分别符合下列公式的要求：

$$\sqrt{\left(\frac{N_v}{N_v^b}\right)^2 + \left(\frac{N_t}{N_t^b}\right)^2} \leqslant 1 \tag{1.7}$$

$$N_v \leqslant N_c^b \tag{1.8}$$

这些公式及公式中各符号的意义，均见《钢标》第 11.4.1 条。为了了解各符号，特对角标加以说明：上角标 b 表示螺栓连接（bolted connection），下角标 v 表示受剪，下角标 t 表示沿螺栓杆轴受拉。要注意的还有：在计算螺栓沿杆轴受拉时，公式中用螺栓的有效直径 d_e 计算螺栓的有效面积，附录 1 附表 1.7 给出了各种直径螺栓的有效截面面积，供查用。在计算螺栓受剪承载力和受压承载力时，公式中的 d 均用螺栓杆的直径 d。

此外，用螺栓连接的构件还必须验算构件的截面强度。下列各例题中，除少数例题进行截面强度验算外，其余均未进行，可参阅以后各章有关构件的截面强度验算。

注意：计算螺栓孔引起的截面削弱时，可取 $d+4$mm 和 d_0 的较大者。这是《钢标》的规定（见《钢标》第 11.5.2 条表 11.5.2 下注 3），本书中例题均遵循此规定，后文不再说明。

【例题 1.13】 两块 Q235A 钢的钢板截面，一块为 200mm×20mm，另一块为 200mm×12mm，用上、下两块截面为 200mm×10mm 的拼接板拼接，如图 1.13-1 所示。C 级螺栓，直径 $d=20$mm，孔径 $d_0=21.5$mm。承受静力荷载设计值为 $N=350$kN。试设计此螺栓连接。

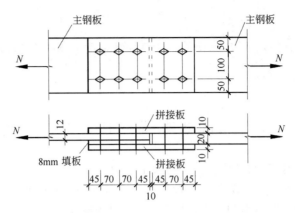

图 1.13-1　例题 1.13 图之一

【解】 螺栓连接的强度设计值（附表 1.3）：$f_v^b=140\text{N/mm}^2$，$f_c^b=305\text{N/mm}^2$
两块厚度不等的钢板对接，必须采用填板，填板厚 $t=20-12=8\text{mm}$。

一、计算螺栓的承载力设计值

受剪：$N_v^b=n_v\dfrac{\pi d^2}{4}\cdot f_v^b=2\times\dfrac{\pi\times 20^2}{4}\times 140\times 10^{-3}=87.96\text{kN}$

承压：$N_c^b=d\sum t\cdot f_c^b$

当 $\sum t=20\text{mm}$ 时：$N_c^b=20\times 20\times 305\times 10^{-3}=122\text{kN}$

当 $\sum t=12\text{mm}$ 时：$N_c^b=20\times 12\times 305\times 10^{-3}=73.2\text{kN}$

当 $\sum t=8\text{mm}$ 时：$N_c^b=20\times 8\times 305\times 10^{-3}=48.8\text{kN}$

二、计算所需螺栓数并进行布置

1. 拼接右侧（即板厚为 20mm 处），所需螺栓数为（由受剪控制）：

$$n=\dfrac{N}{N_v^b}=\dfrac{350}{87.96}=3.98\text{个，采用 4 个。}$$

2. 拼接左侧（即板厚为 12mm 处），需设 8mm 厚的填板。由于填板的长度确定方法不同，有下列不同的计算方法，因而螺栓的布置也就不同。

（1）方法 1——填板不伸出拼接板之外，如图 1.13-1 所示。填板不传力，只是提供一个"厚度"使接缝两端等厚。由于螺栓杆在这种情况下易弯曲变形，依据《钢标》第 11.4.4 条规定，一个构件借助填板或其他中间板件与另一构件连接的螺栓数目（摩擦型连接的高强度螺栓除外）或铆钉数目，应按计算增加 10%。因而接缝左侧所需螺栓数目为（由对 12mm 厚钢板承压控制）：

$$n=1.1\dfrac{N}{N_c^b}=1.1\times\dfrac{350}{73.2}=1.1\times 4.78=5.26\text{个，采用 6 个。}$$

布置并排列螺栓如图 1.13-1 所示。所有螺栓纵横向的中心间距和边距、端距等均符合本书附表 1.6 的要求。拼接板长度为 400mm，填板长度为 230mm。

（2）方法 2——为改善螺栓的工作状况，将填板伸出拼接板之外，并在伸出部分设置螺栓与较薄主钢板相连，如图 1.13-2 所示［参阅视频 1 中梁柱连接节点（弱轴方向）］。因填板已与主钢板单独相连，接缝左侧拼接板与主钢板和填板的连接螺栓数与接缝右侧的相同，为 3.98 个，采用 4 个。现在需要计算的是填板伸出部分与主钢板的连接螺栓数：

接缝左侧与主钢板相连的 4 个螺栓对厚 12mm 的钢板承压所能传递的力为：
$$N' = n \times d \sum t \cdot f_c^b = 4 \times 73.2 = 292.8 \text{kN}$$

需依靠填板传递的力为：
$$N'' = N - N' = 350 - 292.8 = 57.2 \text{kN}$$

填板与主钢板的连接螺栓数为（由螺栓单剪控制）：
$$n' = \frac{N''}{N_v^b} = \frac{57.2}{87.96 \times \frac{1}{2}} = \frac{57.2}{43.98} = 1.30 \text{ 个，采用 2 个。}$$

排列如图 1.13-2 所示。此时拼接板长度减为 330mm，填板长度仍为 230mm。在这种布置中，填板参加传力，接缝左侧的螺栓不易弯曲，改善了螺栓的受力性能。

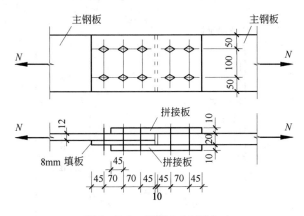

图 1.13-2 例题 1.13 图之二

（3）方法 3——与方法 2 相同，但计算填板伸出部分与主钢板的连接螺栓数量所用假定不同，因而所需数量 n' 也不同。此法假定填板与主钢板共同均匀承受 N，因而填板所受力按钢板厚度分配为：
$$N'' = 350 \times \frac{8}{20} = 140 \text{kN}$$

填板与主钢板的连接螺栓数为（由单剪控制）：
$$n' = \frac{N''}{N_v^b} = \frac{140}{87.96 \times \frac{1}{2}} = \frac{140}{43.98} = 3.18 \text{ 个，采用 4 个。}$$

此时，填板伸出部分应设置两排螺栓。排列图从略，可参阅图 1.13-2，但填板长度应由 230mm 改为 230+70=300mm，拼接板长度仍为 330mm。与方法 2 比较，方法 3 似偏保守。

三、验算钢板的截面强度

由于两块拼接板厚度之和与较厚主钢板厚度相同，因而只需验算接缝左侧较薄主钢板（板厚 $t=12$mm，$f=215$N/mm^2）的截面强度：

1. 毛截面屈服

毛截面面积：$A = 20 \times 1.2 = 24$ cm^2

拉应力：$\sigma = \dfrac{N}{A} = \dfrac{350 \times 10^3}{24 \times 10^2} = 145.8$ N/mm^2 $< f = 215$ N/mm^2，可。

2. 净截面断裂

$d + 4\text{mm} = 20 + 4 = 24 \text{ mm} > d_0 = 21.5 \text{ mm}$

净截面面积：$A_n = (20 - 2 \times 2.4) \times 1.2 = 18.24 \text{ cm}^2$

拉应力：

$$\sigma = \frac{N}{A_n} = \frac{350 \times 10^3}{18.24 \times 10^2} = 191.9 \text{ N/mm}^2 < 0.7 f_u = 0.7 \times 370 = 259 \text{ N/mm}^2，可。$$

式中 Q235 钢的抗拉强度 $f_u = 370\text{N/mm}^2$（附表 1.1）。

【例题 1.14】如图 1.14 所示拉杆与工字形柱翼缘的连接节点，钢材为 Q235A。端板用 4 个 C 级螺栓与柱相连，求图示布置中传递拉杆的荷载设计值 $N = 200\text{kN}$ 所需的螺栓直径应为多大？

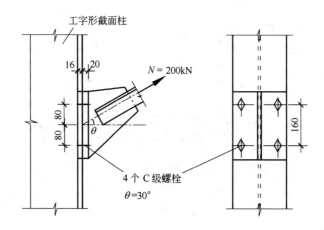

图 1.14　例题 1.14 图

【解】螺栓连接的强度设计值（附表 1.3）：

$$f_v^b = 140\text{N/mm}^2，f_c^b = 305\text{N/mm}^2，f_t^b = 170\text{N/mm}^2$$

螺栓对称于节点中心布置。螺栓均匀受力，其值为：

拉力：$4N_t = N\cos\theta = 200\cos30° = 173.2\text{kN}$，$N_t = 43.3\text{kN}$

剪力：$4N_v = N\sin\theta = 200\sin30° = 100\text{kN}$，$N_v = 25\text{kN}$

螺栓的承载力设计值为：

受剪：$N_v^b = n_v \dfrac{\pi d^2}{4} \cdot f_v^b = 1 \times \dfrac{\pi d^2}{4} \times 140 = 110.0 d^2$

受拉：$N_t^b = \dfrac{\pi d_e^2}{4} \cdot f_t^b = \dfrac{\pi (0.88 d)^2}{4} \times 170 = 103.4 d^2$

式中近似取 $d_e = 0.88 d$。

1. 按公式 (1.7) 的要求：

$$\sqrt{\left(\frac{N_v}{N_v^b}\right)^2 + \left(\frac{N_t}{N_t^b}\right)^2} = \sqrt{\left(\frac{25 \times 10^3}{110 d^2}\right)^2 + \left(\frac{43.3 \times 10^3}{103.4 d^2}\right)^2} \leqslant 1$$

解得：$d^2 \geqslant \sqrt{227.3^2 + 418.8^2} = 476.5\text{mm}^2$

$d \geqslant 21.8\text{mm}$，采用 $d = 22\text{mm}$。

由本书附录 1 附表 1.7 查得 $d = 22\text{mm}$ 时的 $d_e = 19.6545\text{mm} = 0.893 d$，大于前面假定

的 $0.88d$，偏于安全，可。

2. 按公式（1.8）的要求：
$$N_v \leqslant N_c^b = d \sum t \cdot f_c^b$$
即
$$25 \times 10^3 \leqslant d \times 16 \times 305$$

解得：$d \geqslant 5.1\mathrm{mm}$，因此采用螺栓直径 $d=22\mathrm{mm}$ 满足要求。

如图 1.14 所示螺栓中心间距为 160mm，满足最大和最小间距要求（最小间距 $3d_0 = 3 \times (22+1.5) = 70.5\mathrm{mm}$，最大间距为 $8d_0 = 8 \times (22+1.5) = 188\mathrm{mm}$ 和 $12t = 12 \times 16 = 192\mathrm{mm}$ 两者中的较小值）。

【**例题 1.15**】如图 1.15-1 所示梯形钢屋架端部下弦杆与钢柱的连接节点，屋架下弦杆与端斜杆用角焊缝与节点板相连，节点板又用角焊缝连接于端板，端板下端刨平支承于焊接在柱翼缘板的支托上以传递竖向压力 V。端板上有 C 级螺栓与柱翼缘板相连，承受水平反力 H 及由偏心引起的反力矩 $H \cdot e$。本例题只要求计算承受水平反力 H 和力矩 $H \cdot e$ 的 C 级螺栓是否安全。已知：设计值 $H=330\mathrm{kN}$（T 和 C 的水平分力之和），偏心距 $e=90\mathrm{mm}$；共用 8 个螺栓排列如图示，螺栓中心距离 $p=90\mathrm{mm}$，螺栓直径 $d=27\mathrm{mm}$；端板宽度 $b=200\mathrm{mm}$。

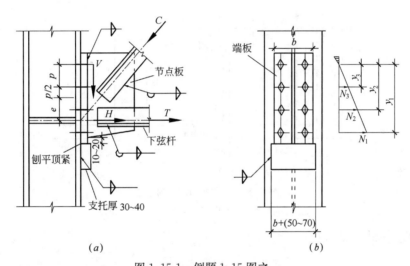

图 1.15-1 例题 1.15 图之一
(a) 屋架端部下弦杆与钢柱的连接；(b) 螺栓排列及受力

【**解**】8 个 C 级螺栓只承受水平拉力 H 和偏心力矩 $H \cdot e$ 所产生的拉力作用。

直径 $d=27\mathrm{mm}$ 螺栓的有效截面面积 $A_e = 459.4\mathrm{mm}^2$（附录 1 附表 1.7）。

一个 C 级螺栓在杆轴方向受拉的承载力设计值为：
$$N_t^b = A_e \cdot f_t^b = 459.4 \times 170 \times 10^{-3} = 78.1\mathrm{kN}$$

在螺栓群形心处的 H 作用下，螺栓均匀受力：
$$N^H = \frac{H}{n} = \frac{330}{8} = 41.25\mathrm{kN}$$

在偏心力矩 $H \cdot e$ 作用下螺栓最大受力的计算，设计习惯上有不同的假定，因而有不同的解法。

【解法 1】 力矩 $H \cdot e$ 为逆时针方向，假定中和轴位于最上排螺栓处，最下排螺栓所受拉力最大，中间各排螺栓受力按直线变化如图 1.15-1（b）所示，略去不计中和轴以上端板与柱翼缘间的压应力影响，则得：

$$H \cdot e = 2(N_1 y_1 + N_2 y_2 + N_3 y_3) = 2N_1 \left(y_1 + \frac{y_2^2}{y_1} + \frac{y_3^2}{y_1} \right) = \frac{2N_1}{y_1} \sum_{i=1}^{3} y_i^2$$

$$N_1 = \frac{(H \cdot e) y_1}{2 \sum_{i=1}^{3} y_i^2} = \frac{(330 \times 90)(3 \times 90)}{2(90^2 + 180^2 + 270^2)} = 35.36 \text{kN}$$

受力最大螺栓的拉力为：

$$N_t = N^H + N_1 = 41.25 + 35.36 = 76.61 \text{kN} < N_t^b = 78.1 \text{kN}, \text{可}。$$

【解法 2】 按图 1.15-2（b）所示图形求中和轴的位置。图中受压区面积为端板宽度 b 与中和轴至受压边缘的高度 h_2 之乘积，受拉区面积 $a \times h_1$ 中的 a 由下列公式换算得来：

$$a = \frac{A_e}{p} \cdot m \qquad \text{（例题 1.15-}a\text{）}$$

式中 A_e 为一个螺栓的有效面积，p 为两螺栓的中心距，m 为螺栓列数，图中 $m=2$。

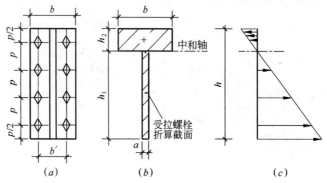

图 1.15-2 例题 1.15 图之二
（a）螺栓排列；（b）中和轴位置；（c）螺栓受力

中和轴位置由下式导出：

$$\frac{1}{2} a h_1^2 = \frac{1}{2} b h_2^2$$

即

$$\frac{h_2}{h_1} = \sqrt{\frac{a}{b}} \qquad \text{（例题 1.15-}b\text{）}$$

惯性矩：

$$I = \frac{1}{3} (a h_1^3 + b h_2^3) \qquad \text{（例题 1.15-}c\text{）}$$

受力最大的螺栓拉力为（假设取螺栓端距为 $p/2$）：

$$N_{\max} = \frac{M (h_1 - p/2)}{I} \cdot A_e \qquad \text{（例题 1.15-}d\text{）}$$

今本例题中：

$$a = \frac{459.4}{90} \times 2 = 10.2 \text{mm}$$

$$\frac{h_2}{h_1} = \sqrt{\frac{a}{b}} = \sqrt{\frac{10.2}{200}} = 0.226$$

$$h = 4p = 4 \times 90 = 360 \text{mm}$$

$$h_2 = 360 \times \frac{0.226}{1+0.226} = 66.4 \text{mm}$$

$$h_1 = 360 - 66.4 = 293.6 \text{mm}$$

$$I = \frac{1}{3}(10.2 \times 293.6^3 + 200 \times 66.4^3) \times 10^{-4} = 10557 \text{cm}^4$$

故
$$N_{\max} = \frac{(330 \times 90)(293.6-45)}{10557 \times 10^4} \times 459.4 = 32.13 \text{kN}$$

$$N_t = N^H + N_{\max} = 41.25 + 32.13 = 73.38 \text{kN} < N_t^b = 78.1 \text{kN}，可。$$

解法一与解法二中，N_1 与 $N_{\max}$ 相比较，N_1 偏大 3.23kN，约为 $N_{\max}$ 的 10%。但总的最大螺栓拉力，两者相差 3.23kN，为解法二中 N_t 的 4.40%。因而两种解法均可采用，一般说来解法一偏于安全，亦比较简便。

【解法 3】[1] 上述两种方法都假定在力矩 $H \cdot e$ 作用下，部分螺栓受拉，与螺栓拉力相平衡的压力则存在于端板的上端或下端和柱面之间。解法一近似地假定中和轴在第一排螺栓处，而解法二由平衡条件解得中和轴位置。解法三则认为在采用解法一或解法二之前，首先应明确绕螺栓群形心弯曲时，端板的一端（本例题中为端板上端）是否有受压的可能。只有在力矩 $H \cdot e$ 较大、拉力 H 较小情况下，端板一端可能受压，才可用以上的解法一或解法二求受拉力最大的螺栓拉力。有学者提出此时宜由对中和轴（本例题为顶排螺栓处）建立内、外力矩平衡方程求解螺栓最大拉力。

参阅图 1.15-3，当力矩 $H \cdot e$ 较小时，端板绕螺栓群形心轴 x 轴转动，上、下排螺栓在拉力 H 和力矩 $H \cdot e$ 作用下的轴向力分别为：

$$N_{\min} = \frac{H}{n} - \frac{(He)\,y_1}{m\sum y_i^2} \quad \text{（例题 1.15-}e\text{）}$$

$$N_{\max} = \frac{H}{n} + \frac{(He)\,y_1}{m\sum y_i^2} \quad \text{（例题 1.15-}f\text{）}$$

式中：y_1——从 x 轴到最外排螺栓的距离；

y_i——从 x 轴到第 i 排螺栓的距离；

m——螺栓列数，图中有两列，$m=2$；

n——螺栓总个数。

当由式（例题 1.15-e）求得的 $N_{\min} > 0$，说明在 H 和 $H \cdot e$ 的共同作用下，全部螺栓受拉，则此时的 $N_{\max}$ 应按式（例题 1.15-f）求取。

当 $N_{\min} < 0$ 时，说明有的螺栓受压，则 $N_{\max}$ 应由力矩平衡方程求取，或按上述解法一或解法二求取。

对本例题：

$$N_{\min} = \frac{330}{8} - \frac{(330 \times 90) \times 135}{2 \times 2\,(45^2 + 135^2)} = 41.25 - 49.5 = -8.25 \text{kN} < 0$$

因此 $N_{\max}$ 可按上述解法一或解法二计算。

---

[1] 欧阳可庆. 钢结构. 北京：中国建筑工业出版社，1991，第 79 页。
书末主要参考资料 [5] 第 120-122 页。

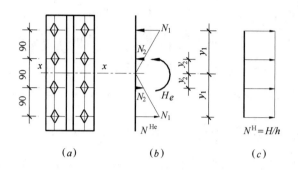

图 1.15-3 例题 1.15 图之三
(a) 螺栓排列；(b) 力矩作用下螺栓受力；(c) 拉力作用下螺栓受力

【说明】本节点是工程上常用的，节点中包含了各种连接计算：

1. 桁架杆件与节点板的角焊缝连接，计算方法可参阅例题 1.2；
2. 节点板与端板的两条角焊缝，同时承受剪力 V、拉力 H 和力矩 $H \cdot e$，其计算方法可参阅例题 1.6；
3. 端板与柱翼缘板的普通螺栓连接，计算见本例题；
4. 托板与柱身的两条角焊缝，一般按侧面角焊缝计算，即：

$$\tau_f = \frac{\alpha V}{2 \times 0.7 h_f l_w} \leqslant f_f^w$$

式中 α 是剪力 V 的增大系数，通常取 $\alpha = 1.20 \sim 1.30$，以考虑两刨平支承面不平行而引起的偏心，确保 V 的可靠传递。同时，这两条角焊缝上端均需绕角施焊，因而支托板的宽度一般应为 $b + (50 \sim 70)\text{mm}$，以考虑安装时的偏差和绕角焊的需要。支托板厚度一般取为 $30 \sim 40\text{mm}$。

除上述连接计算外，还需计算端板的厚度，计算公式为：

$$t \geqslant \sqrt{\frac{3 N_t b'}{2 s f}} \geqslant 20\text{mm} \tag{例题 1.15-g}$$

式中 N_t 为受力最大的一个螺栓拉力，b' 为两列 C 级螺栓的列距 [图 1.15-2 (a)]，s 为螺栓竖向端距与中心距 p 的一半之和 [图 1.15-2 (a) 中端距为 $0.5p$，$s = 0.5p + 0.5p$]。

公式（例题 1.15-g）来源于端板受力最大处单位宽水平板条的弯矩（视单位宽水平板条为两端固定梁、跨中受集中力 $2N_t/s$ 的作用），即：

$$M = \frac{1}{8} \left(\frac{2 N_t}{s} \right) \cdot b'$$

截面能承受的弯矩为 $W \cdot f = \frac{1}{6} t^2 \cdot f$，两者相等即得式（例题 1.15-g）。

此外，端板底端需刨平顶紧，因而还需验算端部的端面承压强度：

$$\sigma_{ce} = \frac{V}{bt} \leqslant f_{ce} \tag{例题 1.15-h}$$

上述计算除第 3 点外均不属于本例题要求计算的内容，在此作一附带说明，以使本例题所示节点的计算内容完整。

1.6 高强度螺栓摩擦型连接的计算

在抗剪连接中，每个高强度螺栓的承载力设计值为：
$$N_v^b = 0.9 k n_f \mu P \tag{1.9}$$

式中：k——孔型系数，标准孔取 1.0，大圆孔取 0.85，内力与槽孔长向垂直时取 0.7、内力与槽孔长向平行时取 0.6；

n_f——传力摩擦面数目；

μ——摩擦面抗滑移系数，见本书附录 1 附表 1.8；

P——一个高强度螺栓的预拉力设计值，见本书附录 1 附表 1.9。

在杆轴方向受拉的连接中，每个高强度螺栓的承载力设计值为：
$$N_t^b = 0.8P \tag{1.10}$$

当高强度螺栓摩擦型连接同时承受摩擦面间的剪力和螺栓杆轴方向的外拉力时，其承载力应按下式计算：
$$\frac{N_v}{N_v^b} + \frac{N_t}{N_t^b} \leqslant 1 \tag{1.11}$$

高强度螺栓摩擦型连接的轴心受力构件，应按下列两式验算构件的强度（《钢标》第 7.1.1 条）：
$$\sigma = \left(1 - 0.5 \frac{n_1}{n}\right) \cdot \frac{N}{A_n} \leqslant 0.7 f_u \tag{1.12}$$

$$\sigma = \frac{N}{A} \leqslant f \tag{1.13}$$

式中：n——在节点或拼接处，构件一端连接的高强度螺栓数目；

n_1——所计算截面（最外列螺栓处）上的高强度螺栓数目；

A_n——构件的净截面面积；

A——构件的毛截面面积。

【例题 1.16】 由双角钢∟140×10 组成的轴心拉杆与厚 18mm 的节点板用高强度螺栓摩擦型连接，如图 1.16 所示。钢材为 Q355 钢，承受轴心拉力设计值 $N = 1250$kN，螺栓为 10.9 级，接触面采用喷砂处理。试设计此连接。螺栓孔采用标准孔。

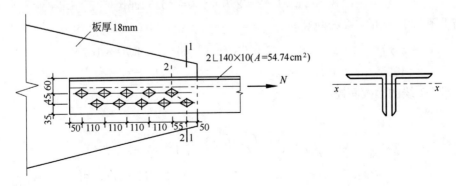

图 1.16 例题 1.16 图

【解】一、确定所需螺栓数目

在角钢∟140×10边上交错双行排列螺栓时的最大开孔直径为$d_0=23.5$mm，因此采用M22螺栓。由本书附表1.9和附表1.8分别查得一个M22、10.9级高强度螺栓的预拉力设计值$P=190$kN、Q355钢构件表面经喷砂处理的摩擦面抗滑移系数$\mu=0.40$。

在摩擦型抗剪连接中，每个高强度螺栓的承载力设计值为：
$$N_v^b=0.9kn_f\mu P=0.9\times1.0\times2\times0.40\times190=136.8\text{kN}$$

需要螺栓个数：
$$n=\frac{N}{N_v^b}=\frac{1250}{136.8}=9.14，采用10个。$$

二、排列螺栓（图1.16）

1. 螺栓线距$e_1=60$mm，$e_2=45$mm。螺栓中心至角钢趾的边距为$140-60-45=35$mm，基本满足高强度螺栓要求的最小边距$1.5d_0=1.5\times23.5=35.25$mm。

2. 构件轴线的螺栓中心距$p=110$mm，小于外排最大中心距$12t=12\times10=120$mm；交错排列后，交错线上两相邻螺栓中心距为$\sqrt{55^2+45^2}=71.1$mm，满足任意方向最小中心距为$3d_0=3\times23.5=70.5$mm的要求；端距取为50mm，满足大于$2d_0$的要求。

以上构造要求见本书附录1附表1.6。

3. 螺栓沿受力方向的连接长度：
$$l_1=4\times110+55=495\text{mm}>15d_0=352.5\text{mm}$$

根据《钢标》第11.4.5条要求，螺栓承载力设计值应乘以按下式计算的折减系数：
$$1.1-\frac{l_1}{150d_0}=1.1-\frac{495}{150\times23.5}=0.960$$

因此需用高强度螺栓数目为：
$$n=\frac{9.14}{0.960}=9.52，采用n=10，可。$$

三、验算角钢截面强度［式（1.12）和式（1.13）］

Q355钢、角钢厚10mm<16mm（附表1.1）：$f=305\text{N/mm}^2$，$f_u=470\text{N/mm}^2$

1. 净截面面积计算

取$d+4=22+4=26$mm和$d_0=23.5$mm的较大者26mm计算。

当沿图1.16上的1-1线断裂时：
$$A_n=54.74-2\times2.6\times1.0=49.54\text{cm}^2$$

当沿图1.16上的2-2线断裂时：
$$A_n=54.74-2\times2\times2.6\times1.0+2[(\sqrt{5.5^2+4.5^2}-4.5)\times1.0]$$
$$=49.55\text{cm}^2>49.54\text{cm}^2$$

由沿1-1线的净截面控制。

2. 验算

净截面：$\sigma=\left(1-0.5\frac{n_1}{n}\right)\cdot\frac{N}{A_n}=\left(1-0.5\times\frac{1}{10}\right)\times\frac{1250\times10^3}{49.54\times10^2}$
$$=239.7\text{N/mm}^2<0.7f_u=0.7\times470=329\text{N/mm}^2，可。$$

毛截面：$\sigma=\frac{N}{A}=\frac{1250\times10^3}{54.74\times10^2}=228.4\text{N/mm}^2<f=305\text{N/mm}^2$，可。

【例题 1.17】如图 1.17 所示一钢牛腿，承受荷载设计值 $V=150\text{kN}$，偏心距 $e=300\text{mm}$，由两片组成，分别用高强度螺栓摩擦型连接于工字形柱的两翼缘上。钢材为 Q355 钢，10.9 级 M20 螺栓，喷砂处理接触面。试验算图示螺栓布置是否满足螺栓的强度要求。

【解】Q355 钢构件表面经喷砂处理的抗滑移系数 $\mu=0.40$。

10.9 级、M20 螺栓预拉力设计值 $P=155\text{kN}$。

一个螺栓的承载力设计值（螺栓孔采用标准孔）：

$N_v^b = 0.9kn_f\mu P = 0.9 \times 1.0 \times 1 \times 0.40 \times 155 = 55.8\text{kN}$

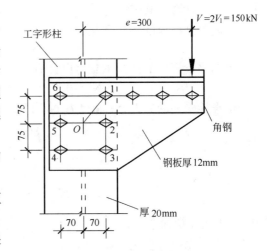

图 1.17 例题 1.17 图

与柱相连的螺栓群同时承受作用于螺栓群形心 O 的竖向剪力 V_1 和扭矩 T：

$$V_1 = \frac{V}{2} = \frac{150}{2} = 75\text{kN}$$

$$T = V_1 e = 75 \times 0.3 = 22.5\text{kN·m}$$

受力最大的螺栓是 1 和 3：

$$\sum x^2 + \sum y^2 = 6 \times 7^2 + 4 \times 7.5^2 = 519\text{cm}^2$$

$$N_{1x}^T = \frac{Ty_1}{\sum x^2 + \sum y^2} = \frac{22.5 \times 10^3 \times 75}{519 \times 10^2} = 32.51\text{kN}$$

$$N_{1y}^T = \frac{Tx_1}{\sum x^2 + \sum y^2} = \frac{22.5 \times 10^3 \times 70}{519 \times 10^2} = 30.35\text{kN}$$

$$N_{1y}^V = \frac{V_1}{n} = \frac{75}{6} = 12.5\text{kN}$$

螺栓 1 受力为：

$\sqrt{(N_{1x}^T)^2 + (N_{1y}^T + N_{1y}^V)^2} = \sqrt{32.51^2 + (30.35+12.5)^2} = 53.8\text{kN} < N_v^b = 55.8\text{kN}$，可。

【例题 1.18】如图 1.18 所示拉杆与柱翼缘板的高强度螺栓摩擦型连接，拉杆轴线通过螺栓群的形心，求所需螺栓数目（螺栓孔采用标准孔）。已知钢材为 Q235B 钢，轴心拉力设计值为 $N=800\text{kN}$，8.8 级、M20 螺栓。钢板表面用喷砂处理。

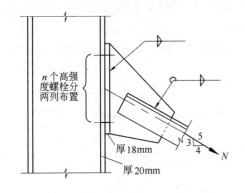

图 1.18 例题 1.18 图

【解】Q235 钢喷砂处理时 $\mu=0.40$。

8.8 级、M20 螺栓预拉力设计值 $P=125\text{kN}$。

布置螺栓时使拉杆的轴线通过螺栓群形心。

本螺栓连接同时承受摩擦面间的剪切和螺栓杆轴方向的外拉力，其承载力应按上述公式（1.11）计算，其中：

一个高强度螺栓的受剪承载力设计值为：
$$N_v^b=0.9kn_f\mu P=0.9\times1.0\times1\times0.40\times125=45\text{kN}$$

一个高强度螺栓的受拉承载力设计值为：
$$N_t^b=0.8P=0.8\times125=100\text{kN}$$

一个螺栓受到的剪力 N_v 和拉力 N_t 分别为：
$$N_v=\frac{800\times\frac{3}{5}}{n}=\frac{480}{n}$$

$$N_t=\frac{800\times\frac{4}{5}}{n}=\frac{640}{n}$$

式中，n 为所需螺栓个数。

将以上数据代入公式（1.11），有：
$$\frac{N_v}{N_v^b}+\frac{N_t}{N_t^b}=\frac{480}{45n}+\frac{640}{100n}\leqslant1$$

解得 $n\geqslant17.07$，用 18 个，分两列，每列 9 个。

【讨论】若本例题中的斜杆为压杆，则由于 N 的水平分力为压力，通过板面间接触直接传递，此时螺栓只需传递剪力，所需螺栓数为 $n=480/45=10.67$ 个，采用 12 个即可。

1.7 高强度螺栓承压型连接的计算

承压型连接中高强度螺栓的预拉力 P 与摩擦型连接相同。连接处构件接触面应清除油污及浮锈。承压型连接中每个高强度螺栓的承载力设计值的计算方法，与摩擦型连接完全不同，却与普通螺栓相同，但当剪切面在螺纹处时，承压型连接中螺栓的受剪承载力设计值应按螺纹处的有效面积进行计算。

同时承受剪力和在杆轴方向拉力的高强度螺栓承压型连接，应满足适用于普通螺栓连接的公式（1.7），同时还应满足：

$$N_v\leqslant\frac{N_c^b}{1.2} \tag{1.14}$$

高强度螺栓承压型连接仅适用于承受静力荷载或间接承受动力荷载的结构，不宜用于承受反向受力的连接。

【例题 1.19】同例题 1.16，但改用高强度螺栓承压型连接，求所需螺栓数目（设螺栓的剪切面不在螺纹处）。

【解】采用 10.9 级 M22 的螺栓。

螺栓连接的强度设计值（附表 1.3）：$f_v^b=310\text{N/mm}^2$，$f_c^b=590\text{N/mm}^2$

每个螺栓承受剪力的承载力设计值为：
$$N_v^b=n_v\frac{\pi d^2}{4}\cdot f_v^b=2\times\frac{\pi\times22^2}{4}\times310\times10^{-3}=235.7\text{kN}$$

$$N_c^b=d\sum t\cdot f_c^b=22\times18\times590\times10^{-3}=233.6\text{kN}<N_v^b=235.7\text{kN}$$

所需螺栓数目为：

$$n = \frac{V}{N_c^b} = \frac{1250}{233.6} = 5.35,\text{用 6 个。}$$

排列螺栓如图 1.16 所示，但在节点左端去掉 4 个螺栓，连接长度为：
$$l_1 = 2 \times 110 + 55 = 275\text{mm} < 15d_0 = 15 \times 23.5 = 352.5\text{mm}$$

构件净截面强度验算：
$$\sigma = \frac{N}{A_n} = \frac{1250 \times 10^3}{49.54 \times 10^2} = 252.3\text{N/mm}^2 < 0.7f_u = 0.7 \times 470 = 329\text{N/mm}^2，\text{可。}$$

构件毛截面强度满足要求（见例题 1.16）。

例题 1.16 中的节点改用高强度螺栓承压型连接后所需的螺栓数减少了 4 个。

【例题 1.20】同例题 1.17，但改用高强度螺栓承压型连接，验算最大受力螺栓的强度，设螺栓的剪切面不在螺纹处。

【解】采用 10.9 级 M20 的螺栓。

$f_v^b = 310\text{N/mm}^2$，$f_c^b = 590\text{N/mm}^2$（附表 1.3）

剪力螺栓的承载力设计值为：
$$N_v^b = n_v \frac{\pi d^2}{4} \cdot f_v^b = 1 \times \frac{\pi \times 20^2}{4} \times 310 \times 10^{-3} = 97.39\text{kN}$$

$$N_c^b = d \sum t \cdot f_c^b = 20 \times 12 \times 590 \times 10^{-3} = 141.6\text{kN} > N_v^b = 97.39\text{kN}$$

螺栓 1 的剪力为 53.8kN，远小于 97.39kN，因此受力最大螺栓的强度满足要求。

【例题 1.21】同例题 1.18，但改用高强度螺栓承压型连接，求所需螺栓数目（设螺栓的剪切面不在螺纹处）。

【解】采用 8.8 级、M20 螺栓，螺栓的有效面积 $A_e = 244.8\text{mm}^2$（附表 1.7）。

$f_v^b = 250\text{N/mm}^2$，$f_c^b = 470\text{N/mm}^2$，$f_t^b = 400\text{N/mm}^2$（附表 1.3）

螺栓同时受剪和受拉。承压型连接中一个 8.8 级、M20 高强度螺栓的承载力设计值为：

受剪：$N_v^b = n_v \dfrac{\pi d^2}{4} \cdot f_v^b = 1 \times \dfrac{\pi \times 20^2}{4} \times 250 \times 10^{-3} = 78.54\text{kN}$

受压：$N_c^b = d \sum t \cdot f_c^b = 20 \times 18 \times 470 \times 10^{-3} = 169.2\text{kN}$

受拉：$N_t^b = \dfrac{\pi d_e^2}{4} \cdot f_t^b = A_e \cdot f_t^b = 244.8 \times 400 \times 10^{-3} = 97.92\text{kN}$

同时承受剪力和杆轴方向拉力的高强度螺栓承压型连接，应满足前述公式(1.7)，即：

$$\sqrt{\left(\frac{N_v}{N_v^b}\right)^2 + \left(\frac{N_t}{N_t^b}\right)^2} \leqslant 1$$

代入已知数据（见例题 1.18），得：

$$\sqrt{\left(\frac{480/n}{78.54}\right)^2 + \left(\frac{640/n}{97.92}\right)^2} \leqslant 1$$

解得 $n \geqslant 8.95$，采用 10 个，分两列，每列 5 个。

验算：

每个螺栓受剪力：$N_v = \dfrac{480}{n} = \dfrac{480}{10} = 48\text{kN}$

每个螺栓受拉力：$N_t = \dfrac{640}{n} = \dfrac{640}{10} = 64\text{kN}$

$$\sqrt{\left(\dfrac{N_v}{N_v^b}\right)^2 + \left(\dfrac{N_t}{N_t^b}\right)^2} = \sqrt{\left(\dfrac{48}{78.54}\right)^2 + \left(\dfrac{64}{97.92}\right)^2} = 0.895 < 1，可。$$

$$N_v = 48\text{kN} < \dfrac{N_c^b}{1.2} = \dfrac{169.2}{1.2} = 141\text{kN}，可。$$

因此采用 10 个螺栓合适。

【讨论】比较例题 1.16 至例题 1.18 与例题 1.19 至例题 1.21，采用高强度螺栓的承压型连接较采用摩擦型连接可节省螺栓用量。因此，在非直接承受动力荷载的结构中可选用高强度螺栓的承压型连接，以节省钢材和安装工程量。

第 2 章 构件的连接设计

2.1 构件的拼接设计

构件因原材料的长度或宽度不够而需接长或加宽,因而在制造厂进行拼接的,称为工厂拼接。因运输条件限制而需在运到安装工地后才进行拼接的,叫作工地拼接。

拼接设计包括拼接材料的配置及其截面尺寸的确定、拼接所需连接的计算和布置。计算时,有的是根据该构件截面的最大强度进行,使拼接与原截面等强;有的则是根据该构件的实际内力进行计算。这些都应由设计人员根据实际需要确定。拼接设计及构造的变化甚多,下面介绍几种典型情况。

【例题 2.1】一焊接工字形钢梁如图 2.1 所示,截面为:翼缘板 2—180×12,腹板—400×8,钢材为 Q235B 钢。在某截面处进行拼接(参阅视频 1 中梁拼接节点),该处内力设计值为 $M_x=170$kN·m 和剪力 $V=140$kN,采用 M16 的 10.9 级高强度螺栓摩擦型连接,接触面采用喷铸钢棱角砂处理。螺栓孔采用标准孔,试设计此拼接(本例题适用于不采用焊接的工地拼接)。

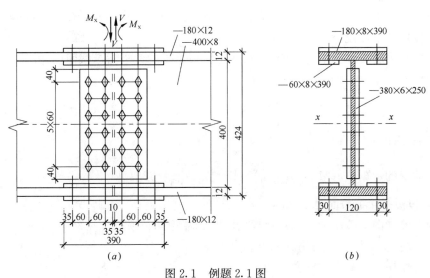

图 2.1 例题 2.1 图
(a)拼接节点;(b)截面

【解】一、摩擦型连接中一个高强度螺栓的受剪承载力设计值

抗滑移系数 $\mu=0.45$(附表 1.8)。

一个 10.9 级、M16 高强度螺栓的预拉力设计值为 $P=100$kN(附表 1.9)。

螺栓孔采用标准孔,孔型系数 $k=1.0$(《钢标》第 11.4.2 条)。

当传力摩擦面数目 $n_f=2$ 时承载力设计值为：
$$N_v^b=0.9kn_f\mu P=0.9\times1.0\times2\times0.45\times100=81\text{kN}$$

二、翼缘板的拼接设计

假设翼缘板承受截面上的全部弯矩❶，翼缘拼接板应传递轴向力为：
$$N_f=\frac{M_x}{h}=\frac{170\times10^3}{400+12}=412.62\text{kN}$$

每边需要传递此力的高强度螺栓数为：
$$n=\frac{N_f}{N_v^b}=\frac{412.62}{81}=5.09\text{个，采用 6 个。}$$

取 M16 螺栓孔直径：$d_0=17.5\text{mm}<d+4=16+4=20\text{mm}$。

翼缘板净截面面积：$A_n=18\times1.2-2\times2.0\times1.2=16.8\text{cm}^2$

需要翼缘拼接板的截面面积为：

毛截面：$A_s=\dfrac{N_f}{f}=\dfrac{412.62\times10^3}{215}\times10^{-2}=19.19\text{ cm}^2$

净截面：$A_{ns}=\dfrac{N_f}{0.7f_u}=\dfrac{412.62\times10^3}{0.7\times370}\times10^{-2}=15.93\text{ cm}^2$

式中取 Q235 钢的抗拉强度 $f_u=370\text{N/mm}^2$（附表 1.1）。

采用翼缘拼接板：

$1-180\times8$ $18\times0.8=14.4\text{cm}^2$
$2-60\times8$ $2\times6\times0.8=9.6\text{cm}^2$

提供毛截面面积： $A_s=24.0\text{cm}^2>19.19\text{cm}^2$，可。

提供净截面面积：
$A_{ns}=(18-2\times2.0)\times0.8+2\times(6-2.0)\times0.8=17.6\text{ cm}^2>15.93\text{ cm}^2$，可。

三、腹板的拼接设计

假设剪力由腹板单独承受，$V=140\text{kN}$；腹板承受的弯矩与其截面惯性矩成正比❷。

全截面惯性矩：
$$I_x=\frac{1}{12}\times0.8\times40^3+2\times18\times1.2\left(\frac{41.2}{2}\right)^2=22599\text{cm}^4$$

腹板的惯性矩： $I_w=\dfrac{1}{12}\times0.8\times40^3=4267\text{cm}^4$

腹板承受的弯矩： $M_w=M_x\cdot\dfrac{I_w}{I_x}=170\times\dfrac{4267}{22599}=32.10\text{kN}\cdot\text{m}$

1. 取腹板拼接板截面为 $2-380\times6$

排列螺栓如图 2.1 所示（注意螺栓的间距和端距都必须符合《钢标》即附表 1.6 的规定），验算高强度螺栓的受力情况如下。

在剪力作用下，每个螺栓受力为：
$$V_1=\frac{V}{n}=\frac{140}{12}=11.67\text{kN}$$

---

❶ 有的设计人员也常假定翼缘板和腹板按其惯性矩大小分担截面上的弯矩以设计翼缘板的拼接，两种假定均可。

❷ 此假定常为设计腹板拼接时所采用，但与前面设计翼缘板拼接时假定弯矩全部由翼缘板承受不协调，这只是说明翼缘板拼接设计偏"保守"。这种"保守"有人认为是必要的。

把剪力 V 移至拼接一边的螺栓群形心处，引起的弯矩增量为：
$$\Delta M_w = V \cdot e = 170 \times 0.07 = 11.90 \text{kN} \cdot \text{m}$$
拼接右侧螺栓群承受的总弯矩为：
$$M_w = 32.10 + 11.90 = 44.0 \text{kN} \cdot \text{m}$$
因每侧螺栓布置呈窄长形，由弯矩而受力最大的螺栓受力可近似为：
$$T_1 = \frac{M_w y_{max}}{\sum y^2} = \frac{(44.0 \times 10^2) \times 15}{4 \times (3^2 + 9^2 + 15^2)} = 52.38 \text{kN}$$
考虑腹板上的螺栓与翼缘上的螺栓的受力应符合直线变化，T_1 应满足下述条件：
$$T_1 \leqslant N_v^b \cdot \frac{y_{max}}{h/2} = 81 \times \frac{15}{42.4/2} = 57.31 \text{kN}，可。$$
受力最大螺栓在 V_1 和 T_1 共同作用下受力为：
$$\sqrt{V_1^2 + T_1^2} = \sqrt{11.67^2 + 52.38^2} = 53.67 \text{kN} < N_v^b = 81 \text{kN}，可。$$

2. 拼接板强度验算

两块拼接板的净截面惯性矩：
$$I_{ns} = 2 \times \frac{1}{12} \times 0.6 \times 38^3 - (0.6 \times 2) \times 2.0 \times (15^2 + 9^2 + 3^2) \times 2 = 5487 - 1512 = 3975 \text{cm}^4$$
拼接板受弯时的边缘弯曲应力：
$$\sigma = \frac{M_w y}{I_{ns}} = \frac{44.0 \times 10^6 \times 190}{3975 \times 10^4} = 210.3 \text{N/mm}^2 < f = 215 \text{N/mm}^2，可。$$
腹板拼接板净截面面积为：
$$A_{ns} = 2 \times 0.6 \times 38 - 6 \times 0.6 \times 2.0 = 31.2 \text{cm}^2$$
剪应力：$\tau = \frac{V}{A_{ns}} = \frac{140 \times 10^3}{31.2 \times 10^2} = 44.9 \text{N/mm}^2 < f_v = 125 \text{N/mm}^2$，可。

四、梁净截面的强度验算

钢号修正系数 $\varepsilon_k = \sqrt{235/f_y} = \sqrt{235/235} = 1.0$。

翼缘外伸宽厚比为 $\frac{b}{t} = \frac{(180-8)/2}{12} = 7.2 < 9\varepsilon_k = 9$，腹板宽厚比为 $\frac{h_0}{t_w} = \frac{400}{8} = 50 < 65\varepsilon_k = 65$，因此截面板件宽厚比等级为 S1 级（《钢标》第 3.5.1 条，见书末附表 1.22），按全截面计算梁截面几何特性（《钢标》第 6.1.1 条），截面塑性发展系数 $\gamma_x = 1.05$（《钢标》第 6.1.2 条）。

截面上螺栓孔的惯性矩为：
$$I_h = 2.0 \times 1.2 \times 20.6^2 \times 4 + 2.0 \times 0.8 \times (15^2 + 9^2 + 3^2) \times 2 = 4074 + 1008 = 5082 \text{cm}^4$$
净截面惯性矩：
$$I_{nx} = I_x - I_h = 22599 - 5082 = 17517 \text{cm}^4$$
净截面模量：$W_{nx} = \frac{I_{nx}}{h/2} = \frac{17517}{42.4/2} = 826 \text{cm}^3$
$$\sigma = \frac{M_x}{\gamma_x W_{nx}} = \frac{170 \times 10^6}{1.05 \times 826 \times 10^3} = 196.0 \text{N/mm}^2 < f = 215 \text{N/mm}^2，可。$$
采用上述拼接，计算表明都符合要求。

【讨论】1. 在高强度螺栓摩擦型连接中，当验算构件在连接处的净截面强度时，理论上宜考虑螺栓孔前传力的影响，而前面的计算中均未考虑。主要是因为在腹板的拼接中，在弯矩和剪力共同作用下的螺栓孔前传力影响较复杂,《钢标》中对此也未做规定,因而就偏安全地未做考虑。为一致起见,翼缘拼接中也同样不考虑。事实上,计算中既然把翼缘板看作承受由弯矩产生的力偶的一对轴心受力构件,是有条件按《钢标》第7.1.1条考虑孔前传力影响的。重新计算如下。

按公式(1.12)求翼缘拼接板所需净截面面积:

$$A_{ns} = \frac{N_f}{0.7f_u}\left(1 - 0.5\frac{n_1}{n}\right) = \frac{412.62 \times 10^3}{0.7 \times 370}\left(1 - 0.5 \times \frac{2}{6}\right) \times 10^{-2} = 13.28 \text{cm}^2$$

按此 A_{ns} 值配置翼缘拼接板,其截面理论上可较前减小。

2. 上述计算中的四是对原钢梁截面在开设螺栓孔后的强度进行验算,二和三是对拼接板的强度进行计算。计算对象不同,因而四的计算是必要的。

【例题 2.2】设计例题 2.1 中梁的拼接,但采用对接焊缝连接,手工电弧焊,E43 型焊条,焊缝质量等级不低于二级。

【解】二级对接焊缝的抗拉、抗压、抗弯和抗剪强度设计值均与母材相同(附表 1.2):

抗拉:$f_t^w = 215 \text{N/mm}^2$ 抗剪:$f_v^w = 125 \text{N/mm}^2$

如图 2.2 所示拼接处的对接焊缝,为保证翼缘拼接焊缝单面施焊的质量和便于施焊,宜在焊缝底面设置垫板,如图中焊缝代号所示,并在腹板拼接处上、下各开一半圆小孔(过焊孔),其半径为 $r = 30\text{mm}$❶。

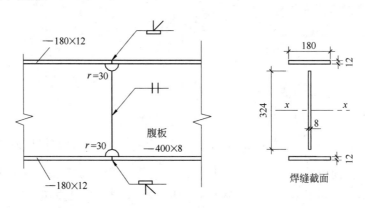

图 2.2 例题 2.2 图

翼缘焊缝考虑用引弧板施焊,腹板焊缝考虑不用引弧板施焊,得:

翼缘拼接焊缝长度:$l_f = b = 180\text{mm}$(b 为翼缘板宽度)

腹板拼接焊缝长度:$l_w = h_w - 2r - 2t_w = 400 - 2 \times 30 - 2 \times 8 = 324\text{mm}$

式中 h_w 和 t_w 分别是梁腹板的高度和厚度。

焊缝截面的几何特性为:

惯性矩:$I_x = 18 \times 1.2 \times 20.6^2 \times 2 + \frac{1}{12} \times 0.8 \times 32.4^3 = 20600 \text{cm}^4$

截面模量:$W_x = \frac{I_x}{h/2} = \frac{20600}{21.2} = 972 \text{cm}^3$

---

❶ 按《钢标》第4.4.5条规定,对无垫板的单面施焊对接焊缝的强度设计值应乘以折减系数0.85。

腹板对接焊缝的面积：$A_w = 32.4 \times 0.8 = 25.9 \text{cm}^2$

翼缘对接焊缝的最大应力为：

$$\sigma = \frac{M_x}{W_x} = \frac{170 \times 10^6}{972 \times 10^3} = 174.9 \text{N/mm}^2 < f_t^w = 215 \text{N/mm}^2$$

腹板对接焊缝的平均剪应力为（假设剪力全部由腹板焊缝平均承受）：

$$\tau = \frac{V}{A_w} = \frac{140 \times 10^3}{25.9 \times 10^2} = 54.1 \text{N/mm}^2 < f_v^w = 125 \text{N/mm}^2$$

腹板焊缝下端的弯曲正应力为：

$$\sigma_1 = \frac{M_x}{I_x} y_1 = \frac{170 \times 10^6}{20600 \times 10^4} \times \frac{324}{2} = 133.7 \text{N/mm}^2$$

折算应力：

$$\sqrt{\sigma_1^2 + 3\tau^2} = \sqrt{133.7^2 + 3 \times 54.1^2} = 163.3 \text{N/mm}^2 < 1.1 f_t^w = 236.5 \text{N/mm}^2，可。$$

以上计算表明设计完全符合要求。

比较例题 2.1 和例题 2.2，可见用对接焊缝拼接远较用高强度螺栓拼接简单。

【例题 2.3】 试设计一焊接工字形柱的拼接，拼接处不设虚孔。拼接上、下的柱截面：翼缘板为—350×20，腹板为—360×12，钢材为 Q235B 钢。采用 10.9 级 M20 高强度螺栓摩擦型连接，采用标准孔、孔径 $d_0 = 22\text{mm}$，接触面用喷铸钢棱角砂处理。拼接处的内力设计值为：弯矩 $M_x = 180 \text{kN·m}$，轴心压力 $N = 1350 \text{kN}$，剪力 $V = 280 \text{kN}$。

【解】 一、摩擦型连接中一个高强度螺栓的受剪承载力设计值

$\mu = 0.45$（附表 1.8）

$P = 155 \text{kN}$（附表 1.9）

$N_v^b = 0.9 k n_f \mu P = 0.9 \times 1.0 \times 2 \times 0.45 \times 155 = 125.55 \text{kN}$

式中取传力摩擦面的数目 $n_f = 2$。

二、设计假定

假定弯矩完全由翼缘板承受❶，轴心压力按面积比分别由翼缘板和腹板承受，剪力单独由腹板承受。

三、翼缘板的拼接设计

1. 一块翼缘板承受的轴心压力

$$N_f = N \cdot \frac{A_f}{A} + \frac{M_x}{h} = 1350 \times \frac{70}{183.2} + \frac{180 \times 10^2}{38} = 515.83 + 473.68 = 989.51 \text{kN}$$

式中：A_f——一块翼缘板面积，$A_f = 35 \times 2 = 70 \text{cm}^2$；

A——整个柱截面面积，$A = 35 \times 2 \times 2 + 36 \times 1.2 = 183.2 \text{cm}^2$；

h——两块翼缘板形心间的截面高度，$h = 36 + 2 = 38 \text{cm}$。

2. 拼接每边所需螺栓数

$$n = \frac{N_f}{N_v^b} = \frac{989.51}{125.55} = 7.9 \text{ 个，采用 8 个。}$$

排列如图 2.3 所示。

---

❶ 也有假定弯矩由翼缘板和腹板按惯性矩的比例分担的。

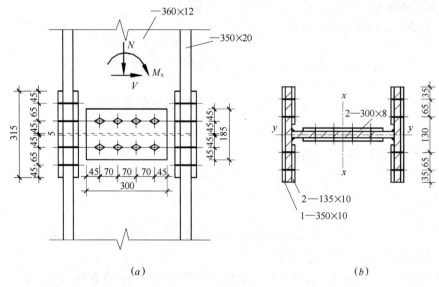

图 2.3 例题 2.3 图
(a) 拼接节点；(b) 截面

3. 翼缘拼接板尺寸

因柱截面全截面受压，拼接处不设虚孔，只需考虑毛截面屈服（《钢标》第 7.1.2 条），一块翼缘板需要的拼接板毛截面面积为：

$$A_s \geqslant \frac{N_f}{f} = \frac{989.51 \times 10^3}{215} \times 10^{-2} = 46.02 \text{ cm}^2$$

选用翼缘拼接板：

1—350×10　　面积：　　35×1.0＝35 cm²
2—135×10　　面积：　　2×13.5×1.0＝27 cm²

$$A_s = 62 \text{ cm}^2 > 46.02 \text{ cm}^2，可。$$

四、腹板拼接设计❶

1. 内力

轴心压力：$N_w = N \cdot \dfrac{A_w}{A} = 1350 \times \dfrac{36 \times 1.2}{183.2} = 318.34 \text{ kN}$

剪力：$V_w = V = 280 \text{ kN}$

合力：$\sqrt{N_w^2 + V_w^2} = \sqrt{318.34^2 + 280^2} = 423.96 \text{ kN}$

2. 拼接每边需要的螺栓数

$$n = \frac{423.96}{N_v^b} = \frac{423.96}{125.55} = 3.4 \text{ 个，采用 4 个。}$$

排列如图 2.3 所示。

3. 腹板拼接板尺寸的选定

腹板净截面面积：

$$A_{nw} = 36 \times 1.2 - 4 \times 2.4 \times 1.2 = 31.68 \text{ cm}^2$$

---

❶ 如考虑腹板按其惯性矩分担部分弯矩，其计算参阅例题 2.4。

选用腹板拼接板为 2—300×8，供给净截面面积为：
$$A_{ns}=2（30×0.8-4×2.4×0.8）=32.64cm^2>A_{nw}$$

4. 腹板拼接板应力的验算

$$\sigma_{ws}=\frac{N_w}{A_{ns}}=\frac{318.34×10^3}{32.64×10^2}=97.5N/mm^2$$

$$\tau_{ws}=\frac{V_w}{A_{ns}}=\frac{280×10^3}{32.64×10^2}=85.8N/mm^2$$

折算应力：

$$\sqrt{\sigma_{ws}^2+3\tau_{ws}^2}=\sqrt{97.5^2+3×85.8^2}=177.7N/mm^2<1.1f=1.1×215=236.5N/mm^2，可。$$

五、柱截面强度的验算

柱截面净面积：
$$A_n=2A_{nf}+A_{nw}=2×50.8+31.68=133.28cm^2$$

柱截面的净截面惯性矩：
$$I_{nx}=(35-4×2.4)×2×19^2×2+\frac{1}{12}×1.2×36^3-2×2.4×1.2×(3.5^2+10.5^2)$$
$$=40638cm^4$$

净截面模量：
$$W_{nx}=\frac{I_{nx}}{y_{max}}=\frac{40638}{20}=2032cm^3$$

翼缘外伸宽厚比 $b'/t=(350-12)/(2×20)=8.45<9\varepsilon_k=9$，满足 S1 级要求；腹板 $h_0/t_w=360/12=30<(33+13\alpha_0^{1.3})\varepsilon_k(0\leq\alpha_0\leq2.0)$，满足 S1 级要求。取截面塑性发展系数 $\gamma_x=1.05$（《钢标》第 8.1.1 条），代入：

$$\frac{N}{A_n}+\frac{M_x}{\gamma_x W_{nx}}\leq f$$

得 $\frac{1350×10^3}{133.28×10^2}+\frac{180×10^6}{1.05×2032×10^3}=101.3+84.4$

$$=185.7N/mm^2<f=205N/mm^2，可。$$

式中因柱翼缘板厚 20mm＞16mm，故取钢材的抗压强度设计值 $f=205N/mm^2$（附表 1.1）。

腹板净截面面积：$A_{nw}=31.68cm^2$

剪应力：$\tau=\frac{V}{A_{nw}}=\frac{280×10^3}{31.68×10^2}=88.4N/mm^2<f_v=125N/mm^2$，可。

注：本题的柱子拼接一般适用于荷载不大的柱截面。

【例题 2.4】 设计例题 2.3 中的柱的拼接，但翼缘板改用对接焊缝，手工焊，E43 型焊条，质量等级为二级；腹板拼接仍用高强度螺栓摩擦型连接（参阅视频 1 中的柱拼接节点）。设计资料均与例题 2.3 相同。

【解】 一、设计假定及内力设计值

假定弯矩由翼缘板和腹板按其惯性矩的比分担，轴力由翼缘板和腹板按其截面面积比分担，剪力则完全由腹板承受。做此假定，只是为了说明工字形截面的拼接设计中常有不同假定，《钢标》中对此未做明确规定，全由工程设计人员自行判断确定。

全截面惯性矩：
$$I=\frac{1}{12}×1.2×36^3+2×35×2(18+1)^2=4666+50540=55206cm^4$$

其中腹板惯性矩 $I_w=4666\text{cm}^4$，两块翼缘板惯性矩 $2I_f=50540\text{cm}^4$。

腹板截面面积： $A_w=36\times1.2=43.2\text{cm}^2$

一块翼缘板截面面积： $A_f=35\times2=70\text{cm}^2$

整个截面面积： $A=A_w+2A_f=183.2\text{cm}^2$

在上述假定下，翼缘拼接处焊缝应承受的内力设计值为：

弯矩： $M_f=M\cdot\dfrac{2I_f}{I}=180\times\dfrac{50540}{55206}=164.78\text{kN}\cdot\text{m}$

轴力： $N_f=N\cdot\dfrac{A_f}{A}=1350\times\dfrac{70}{183.2}=515.83\text{kN}$

剪力： $V_f=0$

腹板应承受的内力设计值为：

弯矩： $M_w=M-M_f=180-164.78=15.22\text{kN}\cdot\text{m}$

轴力： $N_w=N-2N_f=1350-2\times515.83=318.34\text{kN}$

剪力： $V_w=V=280\text{kN}$

二、翼缘板采用的对接焊缝拼接

一条焊缝的有效截面面积与一块翼缘板的截面面积相同（考虑用引弧板施焊）。

焊缝应力为：

$$\sigma=\dfrac{(N_f+M_f/h)}{A_f}=\dfrac{(515.83+164.78/0.38)\times10^3}{70\times10^2}$$

$$=135.6\text{N/mm}^2<f_c^w=215\text{N/mm}^2，可。$$

三、腹板采用的高强度螺栓摩擦型拼接

一个高强度螺栓的受剪承载力设计值为：

$$N_v^b=0.9\times1.0\times2\times0.45\times155=125.55\text{kN}（见例题2.3）$$

假定拼接每边采用8个螺栓，按附表1.6要求进行排列，如图2.4（a）所示。

在水平剪力作用下，每个螺栓受力：

$$N_x^v=\dfrac{V_w}{n}=\dfrac{280}{8}=35\text{kN}\quad\rightarrow$$

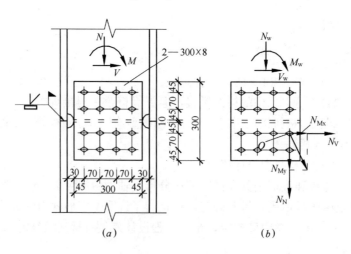

图2.4 例题2.4图
(a) 拼接节点；(b) 螺栓受力

在轴向压力作用下，每个螺栓受力：
$$N_y^N = \frac{N_w}{n} = \frac{318.34}{8} = 39.79 \text{kN} \quad \downarrow$$

拼接缝下边螺栓群受到的弯矩（扭矩）为：
$$M_w + \Delta M_w = 15.22 + 280 \times 0.085 = 39.02 \text{kN} \cdot \text{m}$$

在弯矩（扭矩）作用下，受力最大螺栓受力为［图 2.4（b）］：
$$N_x^M = \frac{(M_w + \Delta M_w) \cdot y_{max}}{\sum x_i^2 + \sum y_i^2} = \frac{39.02 \times 10^2 \times 3.5}{(3.5^2 + 10.5^2) \times 4 + 3.5^2 \times 8} = \frac{13657}{588} = 23.23 \text{kN} \quad \rightarrow$$

$$N_y^M = \frac{(M_w + \Delta M_w) \cdot x_{max}}{\sum x_i^2 + \sum y_i^2} = \frac{39.02 \times 10^2 \times 10.5}{588} = 69.68 \text{kN} \quad \downarrow$$

受力最大螺栓所受合力为：
$$\sqrt{(35 + 23.23)^2 + (39.79 + 69.68)^2} = 123.99 \text{kN} < N_v^b = 125.55 \text{kN}, \text{可}。$$

四、腹板拼接板的计算

腹板净截面面积：
$$A_{nw} = 36 \times 1.2 - 4 \times 2.4 \times 1.2 = 31.68 \text{cm}^2$$

选用 2—300×8 作为腹板拼接板，供给拼接板净截面面积：
$A_{ns} = 32.64 \text{cm}^2$（见例题 2.3）$> A_{nw}$

腹板拼接板的净截面惯性矩：
$$I_{ns} = 2 \times \frac{1}{12} \times 0.8 \times 30^3 - 2 \times 2.4 \times 0.8 \times (10.5^2 + 3.5^2) \times 2 = 2659 \text{cm}^4$$

腹板拼接板的截面验算：

轴力作用下：
$$\sigma_{ws}^N = \frac{N_w}{A_{ns}} = \frac{318.34 \times 10^3}{32.64 \times 10^2} = 97.5 \text{N/mm}^2$$

剪力作用下：
$$\tau_{ws} = \frac{V_w}{A_{ns}} = \frac{280 \times 10^3}{32.64 \times 10^2} = 85.8 \text{N/mm}^2$$

弯矩作用下：
$$\sigma_{ws}^M = \frac{M_w \cdot x_{max}}{I_{ns}} = \frac{15.22 \times 10^6 \times 150}{2659 \times 10^4} = 85.9 \text{N/mm}^2$$

折算应力：
$$\sqrt{(\sigma_{ws}^N + \sigma_{ws}^M)^2 + 3\tau_{ws}^2} = \sqrt{(97.5 + 85.9)^2 + 3 \times 85.8^2}$$
$$= 236.1 \text{N/mm}^2 < 1.1f = 236.5 \text{N/mm}^2, \text{可}。$$

五、原柱截面因腹板开孔后的强度验算（从略）

2.2 钢牛腿的计算

焊接于柱身上的钢牛腿常用作梁的简单支座，承受梁端反力并传给柱子。当用角钢作牛腿时称为柔性牛腿，能承受的梁端反力设计值一般在 150kN 以下。当用焊接 T 形截面作牛腿时称为加劲牛腿，能承受较大的梁端反力。

【例题 2.5】一角钢牛腿如图 2.5 所示，承受梁端反力的设计值为 V=190kN（静力荷载），梁截面为热轧工字钢 I36a，钢材为 Q235B，E43 型焊条，手工焊。试求此角钢的截面及其与柱身的连接焊缝尺寸。

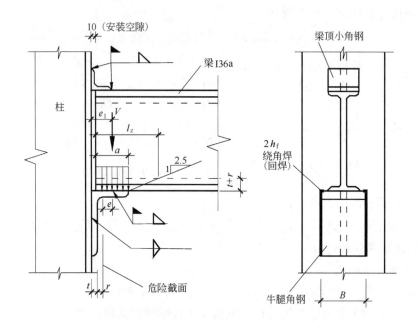

图 2.5 例题 2.5 图

【解】 一、由梁下部计算高度边缘的局部承压强度计算梁必需的支承长度 a

局部承压强度条件为 [《钢标》公式（6.1.4-1）]：

$$\sigma_c = \frac{\psi F}{t_w l_z} \leqslant f$$

今集中荷载增大系数 $\psi=1.0$，集中力 $F=V=190\text{kN}$，$f=215\text{N/mm}^2$。

由型钢表（附表 2.4）查得 I36a 的截面尺寸为：

翼缘宽度 $b=136\text{mm}$，翼缘厚度 $t=15.8\text{mm}$；腹板厚度 $t_w=10.0\text{mm}$，腹板上下端圆弧半径 $r=12.0\text{mm}$。因而集中荷载在腹板计算高度下边缘的假定分布长度为：

$$l_z = a + 2.5(t+r) = a + 2.5 \times (15.8+12.0) = a+69.5$$

代入局部承压强度条件，解得梁端所需支承长度 a：

由

$$\frac{190 \times 10^3}{10.0 \times (a+69.5)} \leqslant 215$$

得

$$a \geqslant \frac{190 \times 10^3}{10.0 \times 215} - 69.5 = 18.9\text{mm}$$

二、按抗弯强度要求计算牛腿角钢厚度

取牛腿角钢长度 $B=b+$ 角焊缝绕角焊长度 $=136+64$（假定值）$=200\text{mm}$。

假设反力在角钢边上为均匀分布，其合力 V 作用于支承长度 a 的中点上，考虑到角钢外伸边受压后易弯曲变形，故支承长度 a 应自梁端起算。反力 V 作用点与柱表面的距离为：

$$e_1 = 10 + \frac{1}{2}a = 10 + \frac{1}{2} \times 18.9 = 19.5\text{mm}$$

式中 10mm 是梁端与柱表面的距离，是必需的安装空隙。

角钢外伸边受弯的危险截面位于离角钢背面 $t+r$ 处，t 为角钢厚度，r 为角钢内侧转角处圆弧半径。当角钢尺寸选定后，r 为已知值，现暂取 $r=10\text{mm}$。

危险截面处角钢的弯矩为：

$$M = V \cdot e = (190 \times 10^3) \times (19.5 - t - 10) = (1805 - 190t) \times 10^3 \text{N} \cdot \text{mm}$$

由 $M = fW$ 可求出所需角钢厚度 t：

$$(1805 - 190t) \times 10^3 = 215 \times \frac{1}{6} \times 200 t^2$$

即 $\qquad\qquad\qquad 7.17t^2 + 190t - 1805 = 0$

得 $\qquad\qquad\qquad t = 7.42\text{mm}$，采用 $t = 8\text{mm}$。

三、计算角钢与柱的连接角焊缝和角钢尺寸

两条连接角焊缝承受竖向剪力 V 和弯矩 $M_1 = V \cdot e_1$。设角焊缝的计算厚度为 h_e，则焊缝有效截面上受力最大处的应力为：

$$\sigma_f^M = \frac{6M_1}{2h_e l_w^2} = \frac{6 \times 190 \times 10^3 \times 19.5}{2h_e l_w^2} = \frac{11.115 \times 10^6}{h_e l_w^2} \text{N/mm}^2$$

$$\tau_f^V = \frac{V}{2h_e l_w} = \frac{190 \times 10^3}{2h_e l_w} = \frac{0.095 \times 10^6}{h_e l_w} \text{N/mm}^2$$

角焊缝应满足下列强度条件：

$$\sqrt{\left(\frac{\sigma_f^M}{\beta_f}\right)^2 + (\tau_f^V)^2} \leq f_f^w = 160 \text{N/mm}^2$$

即 $\qquad\qquad \dfrac{10^6}{h_e} \sqrt{\left(\dfrac{11.115}{1.22 l_w^2}\right)^2 + \left(\dfrac{0.095}{l_w}\right)^2} \leq f_f^w = 160 \text{N/mm}^2$

如取牛腿角钢竖边长度为 140mm，则 $l_w = 140 - h_f \approx 140 - 5 = 135\text{mm}$（考虑上端有回焊，故只减去 h_f），代入上式解得 $h_e = 5.39\text{mm}$，$h_f = h_e/0.7 = 7.71\text{mm}$。采用 $h_f = 8\text{mm}$，要求角钢厚度 $t \geq h_f + (1 \sim 2\text{mm}) = 9 \sim 10\text{mm}$，采用 $t = 10\text{mm}$。此值大于二中按抗弯强度求得的角钢厚度 $t = 8\text{mm}$。

选用牛腿角钢为 1∟140×90×10，短边外伸。供给 $l_w = 140 - h_f = 140 - 8 = 132\text{mm} \approx 135\text{mm}$，可。供给支承长度 $a = 90 - 10 = 70\text{mm} > 18.9\text{mm}$，可。供给角钢内侧转角处半径 $r = 12\text{mm} >$ 假定值 10mm，因本例题角钢厚度由焊脚尺寸构造要求控制，故不必取 $r = 12\text{mm}$、按抗弯强度重算角钢厚度。

两条竖焊缝在上端各应绕角回焊 $2h_f = 16\text{mm}$，角钢最小长度为 $B = b + 2 \times 2h_f = 136 + 2 \times 16 = 168\text{mm} <$ 采用值 $B = 200\text{mm}$，可。注意，此处焊缝上端的绕角回焊不能省去（回焊的功能是改善竖向焊缝的工作条件）。

四、角钢牛腿与梁的连接

图 2.5 所示角钢牛腿与梁的连接，可按构造要求或用工地施焊角焊缝使梁的下翼缘趾部与角钢外伸边相连，或用 C 级螺栓相连，均不必计算。

梁顶设小角钢如图 2.5 所示，用工地施焊角焊缝分别与柱表面和梁上翼缘相连，或用 C 级螺栓相连，也均不需计算。梁顶小角钢的作用是防止梁绕梁的纵轴发生转动，角钢厚度常大于 6mm。

由于梁顶小角钢的弹性变形，梁端在梁腹板平面内有一定的转角变形，因此这种支座只能视作传递竖向反力的简单支座。

【例题 2.6】 如图 2.6 所示一焊接于钢柱翼缘板上的加劲牛腿，为由两块钢板焊接而成的 T 形截面。牛腿上面支承一热轧工字钢梁，截面为 I45a，梁腹板与牛腿的加劲肋板

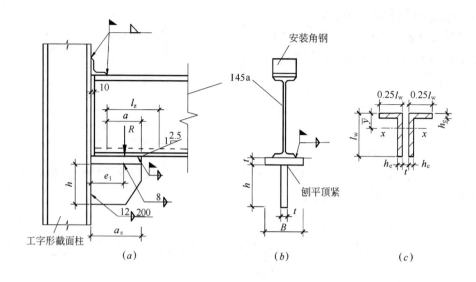

图 2.6 例题 2.6 图
(a) 加劲牛腿连接节点；(b) 牛腿与钢梁截面；(c) 角焊缝有效截面

在同一平面内 [图 2.6 (b)]。梁端反力设计值为 $R=330\mathrm{kN}$（静力荷载）。钢材为 Q235B，E43 型焊条，手工焊。试设计此牛腿。

【解】 热轧工字钢 I45a 的截面特性为：

翼缘宽度 $b=150\mathrm{mm}$，翼缘厚度 $t=18\mathrm{mm}$，腹板厚度 $t_w=11.5\mathrm{mm}$，腹板上、下端圆弧半径 $r=13.5\mathrm{mm}$。

一、由钢梁腹板下部计算高度边缘 [图 2.6 (a) 中水平虚线处] 的局部承压强度确定梁的支承长度 a

局部承压强度条件为：

$$\sigma_c = \frac{\psi F}{t_w l_z} \leqslant f$$

今 $\psi=1.0$，集中力 $F=R=330\mathrm{kN}$，$f=215\mathrm{N/mm^2}$，以及：

$$l_z = a + 2.5(t+r) = a + 2.5 \times (18+13.5) = a + 78.75$$

代入上述强度条件表达式解得：

$$a \geqslant \frac{1.0 \times 330 \times 10^3}{11.5 \times 215} - 78.75 = 54.7\mathrm{mm}$$

从图 2.6 (a) 可见牛腿顶板长度 $a_s \geqslant a+10 = 54.7+10 = 64.7\mathrm{mm}$，采用 $a_s=100\mathrm{mm}$，式中 10mm 为安装空隙。由于牛腿顶板下有肋板，使顶板不易因受荷载而下弯，牛腿上的支承长度 a 应自牛腿的自由端算起。

假定梁的支承反力 R 作用在支承长度 a 的中点，则此支承反力对柱翼缘表面的偏心距 e_1 为：

$$e_1 = a_s - \frac{a}{2} = 100 - \frac{54.7}{2} = 72.65\mathrm{mm}$$

二、牛腿与柱子的焊缝计算

设牛腿与柱子的连接角焊缝如图 2.6 (c) 所示，竖向焊缝计算长度为 l_w，每条水平焊缝长

度为 $(0.2\sim0.5)l_w$，题中取 $0.25l_w$。水平焊缝主要用以增加牛腿的抗扭转变形的性能。

焊缝有效截面的几何特性为（把 h_e 看作1）：

$$\bar{y}=\frac{2l_w\cdot\frac{l_w}{2}}{2l_w+2\times0.25l_w}=\frac{l_w}{2.5}=0.4l_w$$

$$I_{wx}\approx\frac{2}{3}(0.4l_w)^3+\frac{2}{3}(0.6l_w)^3+2\times0.25l_w(0.4l_w)^2=\frac{4}{15}l_w^3$$

焊缝同时承受下列内力：

弯矩：$M_x=R\cdot e_1=330\times72.65\times10^{-3}=24.0\text{kN}\cdot\text{m}$

剪力：$V=R=330\text{kN}$

假设弯矩由全部焊缝承受，剪力则由竖向焊缝承受，则：

$$\sigma_f=\frac{M_x\bar{y}}{I_{wx}}=\frac{24.0\times10^6\times0.4l_w}{4l_w^3/15}=\frac{36\times10^6}{l_w^2}\text{N/mm}^2 \text{❶}$$

$$\tau_f=\frac{V}{2l_w}=\frac{330\times10^3}{2l_w}=\frac{0.165\times10^6}{l_w}\text{N/mm}^2$$

角焊缝的强度设计值 $f_f^w=160\text{N/mm}^2$（附表1.2）。

由

$$\frac{1}{0.7h_f}\sqrt{\left(\frac{\sigma_f}{\beta_f}\right)^2+(\tau_f)^2}\leqslant f_f^w$$

得

$$\frac{1}{0.7h_f}\sqrt{\left(\frac{36\times10^6}{1.22l_w^2}\right)^2+\left(\frac{0.165\times10^6}{l_w}\right)^2}\leqslant160\text{N/mm}^2$$

试取 $h_f=12\text{mm}$，解得 $l_w=175.4\text{mm}$，需要实际焊缝长度为 $l\geqslant l_w+h_f=175.4+12=187.4\text{mm}$，采用 $l=200\text{mm}$（若按竖焊缝下端的强度条件计算，需要 $l_w\geqslant203.3\text{mm}$，采用 $l=220\text{mm}$）。

三、牛腿肋板的尺寸

取牛腿肋板高度 $h=l=200\text{mm}$。

牛腿肋板厚度由以下四个因素确定：

1. 肋板厚度可取与所支承梁的腹板等厚，使牛腿肋板与工字梁腹板有大致相同的局部压应力，本题中可取 $t=t_w\approx12\text{mm}$。

2. 肋板竖向截面上单位长度的剪力强度大致与两条竖向角焊缝有效截面上单位长度的剪力强度相等，即：

$$f_v\cdot t=2\times0.7h_f f_f^w$$

得

$$t=\frac{1.4h_f f_f^w}{f_v}=\frac{1.4\times12\times160}{120}=22.4\text{mm}$$

式中因板厚 $t>16\text{mm}$，故取 $f_v=120\text{N/mm}^2$（附表1.1）。

3. 当肋板的自由边与荷载 N 一致保持竖向时，研究表明，肋板的局部稳定性能与一边自由、三边支承的均匀受压板相似❷，因而本例题中肋板局部稳定性要求的板厚为：

---

❶ 理论上，σ_f 应以竖焊缝的下端较大，但竖焊缝下端是压应力，设计中常采用焊缝上端的拉应力为控制值。实践证明，这样计算是安全的。见书末所附参考文献［11］第458页。

❷ 书末所附主要参考文献［7］第753页。

$$t \geqslant \frac{a_s}{15}\sqrt{\frac{f_y}{235}} = \frac{100}{15}\sqrt{\frac{235}{235}} = 6.7$$

4. 按"偏压"公式，由肋板顶端的承压应力确定肋板厚度：

$$\sigma_{ce} = \frac{N}{a_s t} + \frac{6M}{a_s^2 t} \leqslant f_{ce} = 320 \text{N/mm}^2$$

式中：$M = N\left(e_1 - \frac{1}{2}a_s\right) = 330 \times \left(72.65 - \frac{1}{2} \times 100\right) \times 10^{-3} = 7.47 \text{kN} \cdot \text{m}$

得 $\quad \dfrac{330 \times 10^3}{100t} + \dfrac{6 \times 7.47 \times 10^6}{100^2 t} \leqslant 320 \text{N/mm}^2$

解得 $t \geqslant 10.31 + 14.01 = 24.32$ mm。

最后，确定采用肋板为—$100 \times 25 \times 200$，肋板顶端与顶板间刨平顶紧。此外，为了考虑所支承梁腹板平面与牛腿肋板有偏心的安装误差，肋板上端与牛腿顶板间仍需用角焊缝相连，焊脚尺寸取 $h_f = 8$mm $= h_{f\min}$，满足构造要求（附表 1.5）。

四、牛腿顶板尺寸

厚度取与肋板相同，即 $t = 25$mm。宽度采用 $B = 200$mm，大于所支承工字钢梁的翼缘宽度 $b = 150$mm，并留有布置构造焊缝的余地。长度采用 $a_s = 100$mm。

五、梁顶小角钢及其连接、工字钢梁与牛腿顶板的工地连接等（均与例题 2.5 相同，兹不赘述）

2.3 梁与梁的连接计算

梁与梁的连接如只传递次梁的梁端反力，则称为简单连接，第 1 章例题 1.7、例题 1.8 和本章上一节钢牛腿的计算中已有说明，它们均可作为梁与梁的简单连接示例。如连接同时传递次梁端的竖向反力和负弯矩时，则为连续连接。本节的例题 2.7 为采用普通螺栓的梁与梁简单连接例题，而例题 2.8 则为连续连接示例。

【例题 2.7】某次梁与主梁的简单连接如图 2.7（a）所示（参阅视频 1 中的主次梁铰接节点）。主梁腹板厚 12mm。左边次梁为 I32a 热轧工字钢，腹板厚 9.5mm，梁端反力的设计值 $R_1 = 130$kN。右边次梁为 I45a 热轧工字钢，腹板厚 11.5mm，梁端反力设计值 $R_2 = 250$kN。钢材均为 Q235A。采用 C 级普通螺栓连接，螺栓直径 $d = 20$mm，螺栓孔直径 $d_0 = 21.5$mm。热轧工字钢腹板上的螺栓规线和连接件最大高度分别为[1]：对 I32a，$c \geqslant 65$mm，$h_1 = 260$mm；对 I45a，$c \geqslant 75$mm，$h_1 = 380$mm [图 2.7（b）]。试设计此螺栓连接。

【解】一、两次梁腹板与连接角钢的螺栓连接计算

1. 双剪时螺栓的受剪承载力设计值：

$$N_v^b = n_v \frac{\pi d^2}{4} \cdot f_v^b = 2 \times \frac{\pi \times 20^2}{4} \times 140 \times 10^{-3} = 87.96 \text{kN}$$

螺栓对次梁腹板的受压承载力设计值：

I32a $\quad N_c^b = d \sum t \cdot f_c^b = 20 \times 9.5 \times 305 \times 10^{-3} = 57.95$ kN

I45a $\quad N_c^b = d \sum t \cdot f_c^b = 20 \times 11.5 \times 305 \times 10^{-3} = 70.15$ kN

---

[1] 书末所附主要参考文献 [4] 第 900 页。

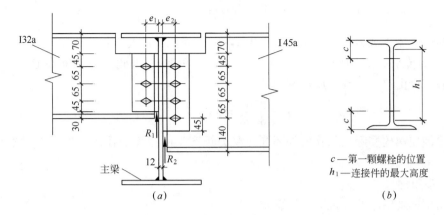

图 2.7 例题 2.7 图
(a) 次梁与主梁的简单连接；(b) 螺栓规线距离和连接件高度

2. 次梁 I32a 腹板与连接角钢的螺栓计算：

$$n = \frac{R_1}{N_c^b} = \frac{130}{57.95} = 2.2 \text{ 个，采用 } n = 3 \text{ 个。}$$

螺栓排列如图 2.7(a) 所示，连接角钢长 $l_1 = 2 \times 65 + 2 \times 45 = 220$mm，满足螺栓中心距和端距及图 2.7(b) 所示腹板上螺栓规线等的构造要求。

验算次梁腹板净截面抗剪强度：

$$\tau = 1.5 \frac{R_1}{A_{wn}} = 1.5 \times \frac{130 \times 10^3}{9.5 \times (320 - 70 - 3 \times 24)} = 115.3 \text{N/mm}^2 < f_v = 125 \text{N/mm}^2，可。$$

式中，次梁端部截面近似按矩形截面计算；螺栓孔径 $d_0 = 21.5$mm $< d + 4 = 24$mm，取 24mm 计算（下同）。

3. 次梁 I45a 腹板与连接角钢的螺栓计算：

$$n = \frac{R_2}{N_c^b} = \frac{250}{70.15} = 3.6 \text{ 个，采用 } n = 4 \text{ 个。}$$

螺栓排列如图 2.7(a) 所示，连接角钢长度 $l_2 = 3 \times 65 + 2 \times 45 = 285$mm，满足构造及螺栓规线位置的要求。

验算次梁腹板净截面抗剪强度：

$$\tau = 1.5 \frac{R_2}{A_{wn}} = 1.5 \times \frac{250 \times 10^3}{11.5 \times (450 - 70 - 4 \times 24)} = 114.8 \text{N/mm}^2 < f_v = 125 \text{N/mm}^2，可。$$

二、两次梁连接角钢与主梁腹板的连接螺栓计算

对主梁腹板承压的螺栓承载力设计值：

$$N_c^b = d \sum t \cdot f_c^b = 20 \times 12 \times 305 \times 10^{-3} = 73.2 \text{kN}$$

单剪时螺栓受剪承载力设计值：

$$N_v^b = \frac{1}{2} \times 87.96 = 43.98 \text{kN}$$

主梁腹板同时与左右连接角钢连接的螺栓为双剪传力，只与右面连接角钢连接的螺栓为单剪传力。今假定双剪螺栓为 6 个（即两列，每列 3 个）。由 I32a 传来的反力使每个螺栓孔壁承压：

$$\frac{130}{6}=21.67\text{kN}$$

双剪时螺栓由受压承载力控制，$N_c^b=73.2\text{kN}$，所余受压承载力 $73.2-21.67=51.53\text{kN}$，可认为由 I45a 传来的反力所产生。今 $51.53\text{kN}>43.98\text{kN}$，因此右边 I45a 的连接角钢上的螺栓可假定全由单剪控制。所需螺栓数目为：

$$n=\frac{250}{43.98}=5.68\text{ 个}$$

考虑构造原因使螺栓实际上除受剪外还同时受力矩产生的拉力的作用（见下面讨论），采用 $n=2\times 4=8$ 个。

三、连接角钢尺寸

连接角钢厚度由净截面抗剪强度确定：

$$(l-nd_0)tf_v \geqslant R/2$$

左边次梁的连接角钢厚度：

$$t_1 \geqslant \frac{R_1}{2(l_1-nd_0)f_v}=\frac{130\times 10^3}{2(220-3\times 24)\times 125}=3.51\text{mm}$$

右边次梁的连接角钢厚度：

$$t_2 \geqslant \frac{R_2}{2(l_2-nd_0)f_v}=\frac{250\times 10^3}{2(285-4\times 24)\times 125}=5.29\text{mm}$$

容许设置 $d_0=21.5\text{mm}$ 螺栓孔的角钢最小边长为 75mm。

因此选用 I32a 和 I45a 的连接角钢均为 $2\text{L}100\times 80\times 6$、长边外伸，或 $2\text{L}80\times 6$。

【讨论】对本例题所示用连接角钢的次梁与主梁简单连接，其具体计算方法在《钢标》中未做详细规定，教科书《钢结构》❶ 中有如下的介绍："在计算次梁与连接角钢之间的螺栓连接时，可视连接角钢与次梁为一体，螺栓承担次梁支座反力 R 和力矩 $M=R\cdot e$ 的共同作用；而连接角钢外伸边与主梁腹板间的螺栓，则只承受反力 R 的作用。显然，也可反过来视连接角钢与主梁为一体，此时连接角钢与次梁的连接将只承受反力 R 的作用，而连接角钢外伸边上的螺栓将承担 R 和力矩 $M=R\cdot e$ 的作用。"这样分析理论上完全正确。但编写本例题时，也注意到了国外的一些设计经验。例如美国，他们认为当连接角钢与次梁腹板用角焊缝连接时，均只需考虑反力 R 的作用，略去不计力矩 $M=R\cdot e$ 的影响❷。他们几十年来都是这样计算的。本例题中的一的计算即据此得出，供参考。笔者认为，当按本例题方法计算确定的所需螺栓数目与实际设置的螺栓数目极相近时，则以同时考虑 R 和力矩 $M=R\cdot e$ 的作用来确定螺栓及其排列为宜。

【例题 2.8】 图 2.8 所示为一次梁与主梁的连续连接，试说明其计算方法。

【解】 次梁梁端的反力为 V，弯矩为 M。假定反力 V 由焊于主梁腹板下部两侧的牛腿承受，其计算方法见第 2.2 节的例题。

把弯矩 M 化作一力偶 $H\times h$，得：

$$H=\frac{M}{h}$$

式中：h——次梁的高度。

---

❶ 本书所附主要参考文献 [3] 第 196-197 页。
❷ 本书所附主要参考文献 [7] 第 734 页和参考文献 [11] 第 409 页。

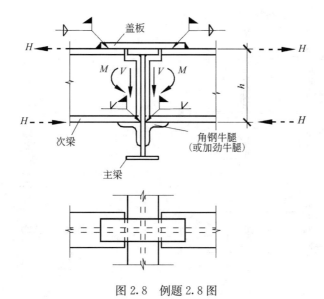

图 2.8 例题 2.8 图

作用于次梁下翼缘的水平压力 H，可通过次梁下翼缘端部的对接焊缝传递，因而其下的支承牛腿可认为只承受 V 的作用。

作用于次梁上翼缘顶部的水平拉力则由特设的盖板传递。盖板承受轴心拉力 H，由抗拉强度设计值 f 确定所需盖板的面积：

$$A = \frac{H}{f}$$

从而得到其宽与厚。选用宽度时应注意使其小于次梁的翼缘宽度，以便布置侧面角焊缝。最后，再由 H 计算所需焊缝的长度和焊脚尺寸并确定盖板的长度（参阅例题 2.9）。

2.4 梁与柱的连接计算

梁与柱的连接计算与梁与梁的连接相似，有只传递梁支座反力的简单连接，也有同时传递梁端反力和弯矩的刚性连接。与梁与梁的连接不同的是次梁与主梁的连接大多是连接于主梁的腹板，而梁与柱的连接可连接于柱的翼缘，也可连接于柱的腹板，或两者同时存在。当梁刚性连接于柱的翼缘板时，由于梁端弯矩的作用，与梁的受压翼缘相连的柱的腹板将局部承压，当局部承压强度不足时，对柱腹板应设置横向加劲肋；在梁端受拉翼缘处，因柱翼缘板受拉变形导致连接焊缝易撕裂，因而也需设置加劲肋。

梁与柱的连接构造形式多样，可用焊接也可用高强度螺栓连接。下面的例题 2.9 只是其中的一种连接方式。

【例题 2.9】 如图 2.9（a）、（b）所示梁柱刚性连接节点（参阅视频 1 中的梁柱连接节点），柱截面为焊接工字形，翼缘板为 2—400×25，腹板为—450×16；两侧的梁也是焊接工字形截面，翼缘板为 2—300×20，腹板为—410×10。梁端反力有两组：第 1 组为图 2.9（a）竖向反力 $V=250\text{kN}$，弯矩 $M=500\text{kN}\cdot\text{m}$；第 2 组为节点左侧梁端弯矩 $M_{b1}=200\text{kN}\cdot\text{m}$，节点右侧梁端弯矩 $M_{b2}=450\text{kN}\cdot\text{m}$，图 2.9（$a$）未示出，其方向均为对节点顺时针向。$V$ 和 M 均为静力荷载的设计值。钢材为 Q235B，采用不预热非低氢手工焊，E43 型焊条。试计算此梁柱的刚性连接。

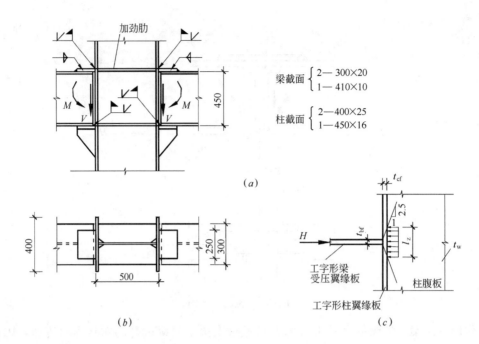

图 2.9 例题 2.9 图
(a)、(b) 梁柱刚性连接节点；(c) 柱腹板局部承压应力

【解】1. 根据图 2.9 的构造，梁端反力 V 由工厂焊接于柱翼缘板的加劲牛腿承受；牛腿截面为焊接 T 形，截面尺寸及其与柱身的焊缝计算方法见例题 2.6，此处从略。

2. 梁端弯矩可化作力偶 $H \times h_b$，以数值较大的第 1 组内力计算，水平力为：

$$H = \frac{M}{h_b} = \frac{500 \times 10^3}{450} = 1111.11 \text{kN}$$

式中：h_b——梁截面高度。

在梁的下翼缘处，端部用要求焊透的坡口对接焊缝与柱身相连以传递此水平压力 H。考虑高空焊接，取对接焊缝抗压强度设计值为 $f_c^w = 0.90 \times 205 = 184.5 \text{N/mm}^2$（见《钢标》第 4.4.5 条）。焊缝应力验算：

$$\sigma_c = \frac{H}{bt} = \frac{1111.11 \times 10^3}{300 \times 20} = 185.2 \text{N/mm}^2 \approx f_c^w，可。$$

3. 在梁的上翼缘处，拉力 H 由工厂焊接于梁顶的盖板通过要求焊透的工地对接焊缝连于柱的翼缘板传递。

（1）盖板截面面积为（估计板厚大于 16mm，取 $f = 205 \text{N/mm}^2$）：

$$A = \frac{H}{f} = \frac{1111.11 \times 10^3}{205} \times 10^{-2} = 54.20 \text{cm}^2$$

采用盖板宽度 $b = 250 \text{mm}$，则厚度 t 为：

$$t = \frac{A}{b} = \frac{54.20 \times 10^2}{250} = 21.7 \text{mm}$$

由上文 2 中的计算，考虑到盖板与柱身的对接焊缝至少需要面积为 $30 \times 2 = 60 \text{cm}^2$，因而采用盖板厚度为 24mm，即取 $b \times t = 250 \times 24$，得盖板截面面积为 $A = 25 \times 2.4 = 60 \text{cm}^2$。

(2) 盖板与柱身的对接焊缝应力：
$$\sigma_t = \frac{H}{A} = \frac{1111.11 \times 10^3}{60 \times 10^2} = 185.2 \text{N/mm}^2 \approx f_t^w$$

此焊缝必须为一级或二级焊缝，$f_t^w = 0.9 \times 205 = 184.5 \text{N/mm}^2$。

(3) 盖板与梁上翼缘的工厂角焊缝采用三面围焊，为简便计，可不考虑正面角焊缝强度设计值的增大，即取 $\beta_f = 1.0$（这样简化的影响不大），则：
$$H = 0.7 h_f \sum l_w \cdot f_f^w$$

盖板厚 24mm、梁上翼缘厚 20mm，盖板与梁上翼缘的角焊缝最小焊脚尺寸 $h_f = 8$mm（附表 1.5），采用 $h_f = 12$mm，得：
$$\sum l_w = \frac{H}{0.7 h_f f_f^w} = \frac{1111.11 \times 10^3}{0.7 \times 12 \times 160} = 826.7 \text{mm}$$

盖板长度为（考虑梁端安装空隙 10mm）：
$$l = \frac{1}{2}(826.7 - 250) + 12 + 10 = 310.4 \text{mm}，取 l = 320\text{mm}。$$

如考虑正面角焊缝强度的提高，即取 $\beta_f = 1.22$，则正面角焊缝可传力：
$$0.7 h_f l_w \beta_f f_f^w = 0.7 \times 12 \times 250 \times 1.22 \times 160 \times 10^{-3} = 409.92 \text{kN}$$

每条侧面角焊缝的长度为：
$$\frac{(1111.11 - 409.92) \times 10^3}{2 \times 0.7 \times 12 \times 160} = 260.9 \text{mm}$$

需要盖板长度 $l = 260.9 + 12 + 10 = 282.9$mm，采用 $l = 290$mm。

4. 在梁下翼缘处压力 H 的作用下，柱腹板计算高度边缘的局部承压力 [图 2.9 (c)]：
$$\sigma_c = \frac{\psi F}{t_w l_z} \leqslant f \qquad 《钢标》公式 (6.1.4-1)$$

将 $\psi = 1.0$、$F = H = 1111.11$kN、$t_w = 16$mm 和
$$l_z = t_{bf} + 5 t_{cf} = 20 + 5 \times 25 = 145 \text{mm}❶ \; [图 2.9 (c)]$$

代入上式得：
$$\sigma_c = \frac{1.0 \times 1111.11 \times 10^3}{16 \times 145} = 478.9 \text{N/mm}^2 \gg f = 215 \text{N/mm}^2$$

上述计算表明，按《钢标》公式 (12.3.4-1) 要求验算柱腹板必须具备的厚度条件未满足。此外，《钢标》还要求按下式验算柱腹板在压力作用下的局部稳定性 [《钢标》公式 (12.3.4-2)]：
$$t_w \geqslant \frac{h_c}{30} \frac{1}{\varepsilon_{k,c}} = \frac{h_c}{30} \frac{1}{\sqrt{235/f_{yc}}} = \frac{450}{30} \frac{1}{1.0} = 15 \text{mm}$$

今 $t_w = 16$mm > 15mm，满足要求。上式中，h_c 是腹板的高度，$\varepsilon_{k,c}$ 是柱的钢号修正系数，f_{yc} 是柱钢材屈服点。

因此处的局部承压条件未满足，必须设置柱腹板的横向加劲肋。

横向加劲肋需要传递的水平压力 H_s 为：
$$H_s = H - t_w l_z f = 1111.11 - 16 \times 145 \times 215 \times 10^{-3} = 612.31 \text{kN}$$

---

❶ 《钢标》公式 (12.3.4-3)。

横向加劲肋的中心线应分别与梁顶盖板的中心线和梁下翼缘的中心线对准，其端部用焊透 T 形对接焊缝与柱翼缘板连接。加劲肋截面尺寸由对接焊缝强度控制。

试取每边加劲肋宽度 $b_s=150\text{mm}$ 和厚度 $t_s=t_{bf}=20\text{mm}$（见《钢标》第 12.3.5 条第 4 款规定），验算焊缝强度：

$$\sigma_c = \frac{H_s}{2t_s(b_s-30-2t_s)} = \frac{612.31\times 10^3}{2\times 20\times(150-30-2\times 20)}$$
$$= 191.3\text{N/mm}^2 < f_c^w = 205\text{N/mm}^2，可。$$

式中 30mm 为加劲肋切角宽度，$(b_s-30-2t_s)$ 为一块加劲肋端部对接焊缝的计算长度。

每块加劲肋的尺寸应符合下列要求：

(1) 加劲肋的截面尺寸应满足 $b_s/t_s \leqslant 15$ 以保证其局部稳定性（见《钢标》第 12.3.5 条第 4 款规定），本例题中：

$$\frac{b_s}{t_s} = \frac{150}{20} = 7.5 < 15，可。$$

(2) 每边加劲肋的宽度与柱腹板厚度一半之和宜大于传递压力的梁下翼缘宽度的 1/3❶，本例题中：

$$b_s + \frac{1}{2}t_w = 150 + \frac{1}{2}\times 12 = 156\text{mm} > \frac{1}{3}\times 300 = 100\text{mm}，可。$$

当柱两翼缘板每边连接的梁端弯矩不等时，则两翼缘板所受的水平力 H 不等，此时加劲肋与腹板的连接焊缝应足以抵抗两水平力之差 H_1-H_2。本例题在第 2 组梁端弯矩作用下，梁下翼缘处所受的水平力为：

节点左侧： $H_1 = \dfrac{M_{b1}}{h_b} = \dfrac{200\times 10^3}{450} = 444.4\text{kN}$ ←

节点右侧： $H_2 = \dfrac{M_{b2}}{h_b} = \dfrac{450\times 10^3}{450} = 1000\text{kN}$ ←

两块横向加劲肋与柱腹板相连的 4 条角焊缝应传递 H_1+H_2，即：

$$4\times 0.7 h_f l_w f_f^w \geqslant H_1 + H_2$$

$$h_f \geqslant \frac{(444.4+1000)\times 10^3}{4\times 0.7\times(450-2\times 30-2\times 10)\times 160} = 8.7\text{mm}$$

式中分母中的 l_w 等于柱腹板高度减去 2 个切角（$2\times 30\text{mm}$）再减去 $2h_f$（设取 $h_f=10\text{mm}$）。

采用 $h_f = 10\text{mm}$。

5. 与梁受拉翼缘连接处，柱翼缘板的厚度 t_c 应满足：

$$t_c \geqslant 0.4\sqrt{A_{ft}\frac{f_b}{f_c}} \qquad 《钢标》公式（12.3.4-4）$$

今梁与柱的钢材抗拉、压强度设计值 $f_b = f_c = 205\text{N/mm}^2$（钢板厚度两者都大于 16mm），梁受拉翼缘的截面面积 $A_{ft} = 30\times 2 = 60\text{cm}^2$，故：

$$0.4\sqrt{A_{ft}\frac{f_b}{f_c}} = 0.4\times\sqrt{(60\times 10^2)\times\frac{205}{205}} = 31.0\text{mm} > t_c = 25\text{mm}$$

不满足《钢标》要求，因此与梁受拉翼缘连接处的柱腹板上也应设置横向加劲肋，可与梁受压翼缘相连处的加劲肋采用同样尺寸和同样连接焊缝。

---

❶ 书末所附主要参考文献 [18]。

6. 节点域腹板的计算

(1) 节点域腹板的抗剪强度应按下式计算（《钢标》第12.3.3条）：

$$\frac{M_{b1}+M_{b2}}{V_p} \leqslant f_{ps} \qquad 《钢标》公式（12.3.3-3）$$

为求节点域腹板中的最大剪应力，应取 M_{b1} 和 M_{b2} 为同方向的弯矩（对节点同为顺时针向或同为逆时针向）。本例题应取第2组梁端弯矩，即 $M_{b1}=200\text{kN}\cdot\text{m}$ 和 $M_{b2}=450\text{kN}\cdot\text{m}$。

节点域腹板的体积 V_p 取梁、柱翼缘中心线所围成区域的体积：

$$V_p = h_{b1}h_{c1}t_w = (410+20)\times(450+25)\times16 = 3268\times10^3 \text{ mm}^3$$

节点域的抗剪强度 f_{ps} 应根据节点域受剪正则化宽厚比 $\lambda_{n,s}$ 取值，本例题中节点域腹板的宽高比[图2.9(a)]为：$h_c/h_b=450/(410+20)=1.047>1.0$，受剪正则化宽厚比为（《钢标》公式12.3.3-1）：

$$\lambda_{n,s} = \frac{h_b/t_w}{37\sqrt{5.34+4(h_b/h_c)^2}}\frac{1}{\varepsilon_k} = \frac{430/16}{37\sqrt{5.34+4(430/450)^2}}\frac{1}{\sqrt{235/235}} = 0.24$$

$t_s = t_{bf} = 20\text{mm}$，$\lambda_{n,s}=0.24<0.8$，可（《钢标》第12.3.3条第1款）。

$\lambda_{n,s}=0.24<0.6$，$f_{ps}=\frac{4}{3}f_v$（《钢标》第12.3.3条第4款）。

$$\frac{M_{b1}+M_{b2}}{V_p} = \frac{(200+450)\times10^6}{3268\times10^3} = 198.9 \text{ N/mm}^2 > \frac{4}{3}f_v = \frac{4}{3}\times125 = 166.7 \text{ N/mm}^2，$$

不可。

为满足节点域腹板的抗剪强度条件，应将该处的柱腹板加厚，其厚度应为：

$$t_w \geqslant \frac{M_{b1}+M_{b2}}{\frac{4}{3}f_v\cdot h_{b1}h_{c1}} = \frac{(200+450)\times10^6}{\frac{4}{3}\times120\times430\times475} = 19.9 \text{ mm}，采用 t_w=20\text{mm}。$$

式中考虑柱腹板厚度必大于16mm，故取腹板的抗剪强度设计值 $f_v=120\text{N/mm}^2$（附表1.1）。

柱腹板加厚的范围应为伸出梁上、下翼缘不小于150mm，与原柱腹板对接相焊。

(2) 节点域腹板的厚度应满足下述局部稳定条件❶：

$$t_w \geqslant \frac{h_{b1}+h_{c1}}{90} = \frac{430+475}{90} = 10.1\text{mm}$$

今已取节点域腹板厚度 $t_w=20\text{mm}>10.1\text{mm}$，满足条件。

2.5 柱脚锚栓的计算

钢柱脚的构造有多种形式，因而其计算也就不尽相同，本节仅限于介绍外露式柱脚（参阅视频1中的柱脚节点）。外露式柱脚的计算包括：底板尺寸、靴梁或加劲肋板、柱身与靴梁或加劲板的连接、柱身与底板的连接、底板厚度及锚栓尺寸等内容，在各钢结构教

---

❶ 这是《建筑抗震设计标准》GB/T 50011—2010 中第8.2.5条第3款的规定，《原规范》中有相同的规定，但《钢标》中没有类似规定。

科书中都有较详细的介绍。在压弯构件的柱脚中，当 $e=M/N$ 较大时，其锚栓常需按计算确定。锚栓的计算方法在我国 1974 年的《钢结构设计规范》TJ 17—74 中有明文规定，然而在之后修订的各版本规范或标准中，考虑到这只是一个普通力学计算的问题，不必在规范/标准中进行明确规定，因而取消了该条文。锚栓的计算是设计中经常遇到的问题，但国内外各种设计书籍中采用的计算方法很不一致。下面将针对同一例题，列举国内外常用的设计方法以资比较并略作评述，供设计者参考。

【例题 2.10】某外露式柱脚如图 2.10-1 所示。柱截面为工字形，两翼缘板为—450×18，腹板为—460×8。钢材为 Q235B。柱脚承受下列两组内力设计值：

第 1 组：$N=1100\text{kN}$，$M=490\text{kN}\cdot\text{m}$，$e=M/N=0.445\text{m}$，用于确定柱脚底板尺寸 $b\times d$。

第 2 组：$N=750\text{kN}$，$M=470\text{kN}\cdot\text{m}$，$e=M/N=0.627\text{m}$，用于确定锚栓尺寸。

钢筋混凝土基础所用混凝土为 C20，轴心抗压强度设计值 $f_c=9.6\text{N/mm}^2$，不计局部受压时混凝土强度的提高；弹性模量 $E_c=25.5\times10^3\text{N/mm}^2$。

锚栓抗拉强度设计值 $f_t^a=140\text{N/mm}^2$，钢材弹性模量 $E=206\times10^3\text{N/mm}^2$。

试计算此柱脚的锚栓尺寸。

【解】按第 1 组内力计算柱脚底板尺寸。

根据图 2.10-1 所示柱脚构造，取底板宽度：

$$b=450+2\times30=510\text{mm}$$

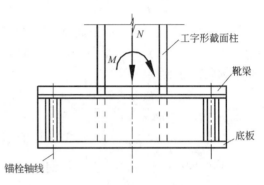

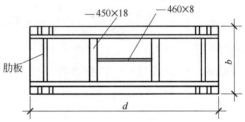

图 2.10-1 例题 2.10 图之一

假定柱脚为刚性，由下列公式求底板长度 d：

$$\frac{N}{bd}+\frac{6M}{bd^2}\leqslant f_c$$

即

$$\frac{1100\times10^3}{510d}+\frac{6\times490\times10^6}{510d^2}\leqslant 9.6\text{N/mm}^2$$

$$d^2-225d-600490=0$$

解得：$d=895.5\text{mm}$，采用 $d=900\text{mm}<2b=1020\text{mm}$，可。

下面用不同解法求锚栓的直径，按第 2 组内力计算。

【解法 1】假定柱脚为刚性，底板与混凝土基础顶面间的应力分布为线性变化，如图 2.10-2 所示。

$$\sigma_{\max}=\frac{N}{bd}+\frac{6M}{bd^2}=\frac{750\times10^3}{510\times900}+\frac{6\times470\times10^6}{510\times900^2}=1.63+6.83=8.46\text{N/mm}^2$$

$$\sigma_{\min}=\frac{N}{bd}-\frac{6M}{bd^2}=1.63-6.83=-5.20\text{N/mm}^2$$

受压区长度：

$$x = \frac{\sigma_{\max}}{\sigma_{\max} - \sigma_{\min}} \cdot d = \frac{8.46}{8.46 + 5.20} \times 900$$
$$= 557.4 \text{mm} \qquad (\text{例题 } 2.10\text{-}a)$$

由 $\Sigma M_C = 0$（不计底板与基础间的拉应力，对受压区合力作用点取矩），得锚栓拉力为：

$$T = \frac{M - N\left(\frac{d}{2} - \frac{x}{3}\right)}{d_0 - \frac{x}{3}}$$

$$= \frac{470 \times 10^3 - 750 \times \left(\frac{900}{2} - \frac{557.4}{3}\right)}{800 - \frac{557.4}{3}}$$

$$= 442.61 \text{kN} \qquad (\text{例题 } 2.10\text{-}b)$$

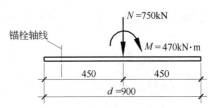
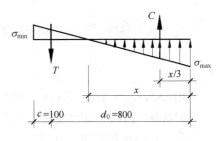

图 2.10-2　例题 2.10 图之二

每边设两个锚栓，每个锚栓所需的有效截面面积为：

$$A_e = \frac{T}{2f_t^a} = \frac{442.61 \times 10^3}{2 \times 140} = 1581 \text{mm}^2$$

由附表 1.7，选用 2M52，每个锚栓的 $A_e = 1758 \text{mm}^2 > 1581 \text{mm}^2$，可。

此解法❶中由于受压区长度 x 已由式（例题 2.10-a）解出，因而需由平衡条件求解的未知量只有锚栓拉力 T，但平面平衡力系的静力平衡条件有两个，此解法求得的 T 值只满足一个平衡条件 $\Sigma M = 0$ 而不满足另一平衡条件 $\Sigma Y = 0$，即：

$$C \neq N + T$$

式中：$C = \frac{1}{2}\sigma_{\max}bx = \frac{1}{2} \times 8.46 \times 510 \times 557.4 \times 10^{-3} = 1202.48 \text{kN}$

$N + T = 750 + 442.61 = 1192.61 \text{kN}$

此解法比较简单，且所得结果偏于安全。我国《钢结构设计规范》TJ 17—74 中也把上述计算式（例题 2.10-b）列入了条文（第 78 条）。在其后修订的各版本规范和《钢标》中均未把式（例题 2.10-b）列入，认为计算锚栓的方法应由设计人员自行判断选用。但我国多数钢结构教科书中常推荐此式。

【解法 2】计算锚栓拉力 T 的简图仍采用图 2.10-2，但假定底板下的最大压应力 $\sigma_{\max} = f_c$，受压区长度 x 和锚栓拉力 T 为两个未知量，可由平面平衡力系的两个平衡条件求解。

$\Sigma Y = 0$：$C = \frac{1}{2}f_c bx = N + T$

即　　　　　$\frac{1}{2} \times 9.6 \times 510 x = 750 \times 10^3 + T$ 　　　　　（例题 2.10-c）

---

❶ 颜景田．单层工业房屋钢结构．北京：重工业出版社，1954（俄文原版于 1952 年在莫斯科出版）。

$$\sum M_T = 0: \frac{1}{2} f_c bx \left(d_0 - \frac{x}{3}\right) = M + N\left(\frac{d}{2} - c\right)$$

即

$$\frac{1}{2} \times 9.6 \times 510 x \left(800 - \frac{x}{3}\right) = 470 \times 10^6 + 750 \times 10^3 \left(\frac{900}{2} - 100\right) \quad \text{(例题 2.10-}d\text{)}$$

由式（例题 2.10-d）解得 x 后，代入式（例题 2.10-c）得 T：

$$x = 463.6 \text{mm} \quad \text{和} \quad T = 384.9 \text{kN}$$

每边设两个锚栓，每个锚栓所需的有效截面面积为：

$$A_e = \frac{T}{2f_t^a} = \frac{384.9 \times 10^3}{2 \times 140} = 1375 \text{mm}^2$$

选用 2M48，每个锚栓的 $A_e = 1473 \text{mm}^2$，可。

此解法❶所需锚栓直径较解法 1 的为小，由两个静力平衡条件求解两个未知量，较合理，计算方法也比较简单，这是一个较好的求解法。

【解法 3】 计算简图仍采用图 2.10-2。但假设 $\sigma_{\max}$、x 和 T（或 A_e）共三个未知量，除两个静力平衡方程外，求解时需另引进平面应变的假定。此法来源于钢筋混凝土结构的弹性设计，把锚栓看作受拉钢筋。求解如下。

计算简图仍与图 2.10-2 同，重画于图 2.10-3，受压区高度为 $x = \alpha d_0$。

1. 由平面应变关系得：

$$\frac{\varepsilon_s}{\varepsilon_c} = \frac{d - c - x}{x}$$

因 $\sigma_s = E \varepsilon_s$ 和 $\sigma_c = E_c \varepsilon_c$，得：

$$\frac{\sigma_s}{\sigma_c} = \frac{E}{E_c} \cdot \frac{d_0 - x}{x} = m \cdot \frac{d_0 - x}{x}$$

（例题 2.10-e）

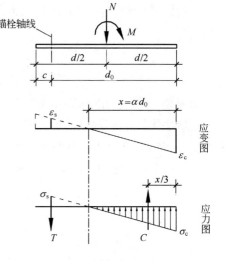

图 2.10-3　例题 2.10 图之三

式中：m——钢材与混凝土的弹性模量之比，$m = E/E_c$；

d_0——锚栓中心到受压最大的底板边缘距离，$d_0 = d - c$。

未知量为 σ_c 和 x。

2. 由 $\sum M_T = 0$（对锚栓拉力作用点取矩），得：

$$M + N\left(\frac{d}{2} - c\right) = \frac{1}{2} \sigma_c bx \left(d_0 - \frac{x}{3}\right)$$

（例题 2.10-f）

式中未知量也是 σ_c 和 x。

由式（例题 2.10-e）、式（例题 2.10-f）消去 σ_c，同时引入 $x = \alpha d_0$，解得下述关系式，并令其为 β：

---

❶ 书末所附主要参考文献 [11] 第 480 页。

$$\frac{\alpha^2(3-\alpha)}{1-\alpha}=\frac{6m\left[M+N\left(\frac{d}{2}-c\right)\right]}{bd_0^2\sigma_s}=\beta \qquad \text{（例题 2.10-g）}$$

在底板尺寸 b、d 确定后，取锚栓应力 $\sigma_s=f_t^a$（锚栓抗拉强度设计值），解式（例题 2.10-g）所示一元三次方程式即可得到 α❶，从而得到 $x=\alpha d_0$。

3. 由 $\Sigma M_C=0$（对受压区合力作用点取矩），得：

$$T=\frac{M-N\left(\frac{d}{2}-\frac{x}{3}\right)}{d_0-\frac{x}{3}} \qquad \text{（例题 2.10-h）}$$

对本例题：

$$m=\frac{E}{E_c}=\frac{206\times10^3}{25.5\times10^3}=8.08$$

$$\beta=\frac{6m\left[M+N\left(\frac{d}{2}-c\right)\right]}{bd_0^2 f_t^a}=\frac{6\times8.08\left[470\times10^3+750\left(\frac{900}{2}-100\right)\right]\times10^3}{510\times800^2\times140}=0.777$$

代入式（例题 2.10-g），解得 $\alpha=0.418$。

受压区高度 $x=\alpha d_0=0.418\times800=334.4\text{mm}$

由式（例题 2.10-h）得：

$$T=\frac{470\times10^3-750\times\left(\frac{900}{2}-\frac{334.4}{3}\right)}{800-\frac{334.4}{3}}=313.9\text{kN}$$

每个锚栓需要的有效截面面积为：

$$A_e=\frac{T}{2f_t^a}=\frac{313.9\times10^3}{2\times140}=1121\text{mm}^2$$

选用 2M42，供给每个锚栓的 $A_e=1121\text{mm}^2$，可。

从力学计算上讲，此解法较前两种解法更为合理，但手算较繁，需解一个三次方程。如果利用书末所附主要参考文献［6］中的表格，求解 α 就大大简化。若在电脑上利用 Excel 中的单变量求解 α，则非常简便。从计算结果来看，依此法所需锚栓有效面积较小。我国按《钢结构设计规范》GBJ 17—88 编制的钢结构设计手册❷中，当锚栓直径较大（例如 $d\geqslant 60\text{mm}$）时，也推荐用此法求解锚栓直径，其计算公式与日本有关钢结构书籍❸中的公式相似。

【解法 4】计算简图与图 2.10-2 相同。利用平面应变关系式（例题 2.10-e）（见解法 3），取 $\sigma_s=f_t^a$、$\sigma_c=f_c$，由式（例题 2.10-e）即可解得受压区高度为：

---

❶ 书末所附主要参考文献［6］第 345～347 页列出了求 α 的表格。
❷ 书末所附主要参考文献［4］第 235 页。
❸ 书末所附主要参考文献［13］。

$$x=\frac{mf_cd_0}{f_t^a+mf_c}❶❷ \qquad\text{(例题 2.10-}i\text{)}$$

对本例题：

$$x=\frac{8.08\times9.6\times800}{140+8.08\times9.6}=285.2\text{mm}$$

由 $\sum M_c=0$，得：

$$T=\frac{M-N\left(\dfrac{d}{2}-\dfrac{x}{3}\right)}{d_0-\dfrac{x}{3}}=\frac{470\times10^3-750\left(\dfrac{900}{2}-\dfrac{285.2}{3}\right)}{800-\dfrac{285.2}{3}}=289.1\text{kN}$$

（例题 2.10-j）

每个锚栓需要的有效截面面积为：

$$A_e=\frac{T}{2f_t^a}=\frac{289.1\times10^3}{2\times140}=1033\text{mm}^2$$

选用 2M42，供给每个锚栓的 $A_e=1121\text{mm}^2$，可。

此法也只利用了一个静力平衡方程 $\sum M=0$ 和一个平面应变关系式，需要验算假定 $\sigma_c=f_c$ 是否满足：

如取 $\sum M_T=0$，得：

$$C=\frac{M+N\left(\dfrac{d}{2}-c\right)}{d_0-\dfrac{x}{3}}=\frac{470\times10^3+750\left(\dfrac{900}{2}-100\right)}{800-\dfrac{285.2}{3}}=1039.1\text{kN}$$

或由 $\sum Y=0$，得：

$C=N+T=750+289.1=1039.1\text{kN}$

由 $C=\dfrac{1}{2}\sigma_cbx$，解得：

$$\sigma_c=\frac{2C}{bx}=\frac{2\times1039.1\times10^3}{510\times285.2}=14.3\text{N/mm}^2$$

已大于原先假定的 $\sigma_c=f_c=9.6\text{N/mm}^2$，因而需要加大底板宽度为：

$$b\geqslant\frac{2C}{f_cx}=\frac{2\times1039.1\times10^3}{9.6\times285.2}=759.0\text{mm}。$$

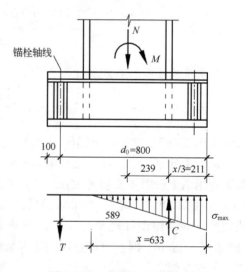

图 2.10-4　例题 2.10 图之四

【解法 5】 计算简图仍如图 2.10-2 所示，但受压区高度 x 不像上面几种解法中那样由方程解出。本法人为地假定底板下的压应力合力 C 位于柱子受压较大的翼缘中心线处。今柱子腹板为—460×8，翼缘板为—450×18，因此翼缘中心离柱子轴线（即底板中心线）为（460+18）/2=239mm。如取底板长度 $d=900\text{mm}$，则从底板受压最大一侧边缘至柱翼缘中心的距离为 900/2−239=211mm，亦即 $x/3=211\text{mm}$，或 $x=3\times211=633\text{mm}$。现将计算简图重新绘制如图 2.10-4 所示。

---

❶ 书末所附主要参考文献 [9] 第 727 页。
❷ 书末所附主要参考文献 [10] 第 73 页。

由 $\sum M_C=0$，得：

$$T=\frac{M-N\left(\frac{d}{2}-\frac{x}{3}\right)}{d_0-\frac{x}{3}}=\frac{470\times10^3-750\times239}{800-211}=493.6\text{kN}$$

每边设两个锚栓，每个锚栓需要的有效截面面积为：

$$A_e=\frac{T}{2f_t^a}=\frac{493.6\times10^3}{2\times140}=1763\text{mm}^2$$

选用 2M52 锚栓，每个 $A_e=1758\text{mm}^2\approx1763\text{mm}^2$，可。

由 $\sum Y=0$，得：

$$C=N+T=750+493.6=1243.6\text{kN}$$

$$\sigma_{\max}=\frac{2C}{bx}=\frac{2\times1243.6\times10^3}{510\times633}=7.70\text{N/mm}^2<f_c=9.6\text{N/mm}^2，可。$$

假如验算结果 $\sigma_{\max}$ 大于 f_c，则与解法 4 中一样应加大底板宽度。

此法❶人为地假定受压区高度 x，因而也需验算 $\sigma_{\max}$ 是否大于 f_c。计算结果偏保守，但计算简便。

【解法 6】 与解法 5 相似，人为地假定受压区高度 x。所不同的是此法假定中和轴位于受拉锚栓孔的边缘，即取 x 为：

$$x=d-c-\frac{1}{2}D=d_0-\frac{1}{2}D$$

式中：D——锚栓孔径。

在确定底板长度 d 和锚栓位置 c 后，如取锚栓孔径 $D=60\text{mm}$，则在本例题中：

$$x=900-100-\frac{60}{2}=770\text{mm}$$

由 $\sum M_C=0$，给出：

$$T=\frac{M-N\left(\frac{d}{2}-\frac{x}{3}\right)}{d_0-\frac{x}{3}}=\frac{470\times10^3-750\left(\frac{900}{2}-\frac{770}{3}\right)}{800-\frac{770}{3}}=598.2\text{kN}$$

每边设两个锚栓，每个锚栓需要的有效截面面积为：

$$A_e=\frac{T}{2f_t^a}=\frac{598.2\times10^3}{2\times140}=2136\text{mm}^2$$

选用 2M60，$A_e=2362\text{mm}^2$，锚栓直径大于解法 5 中采用的 2M52。

下面验算与混凝土间的最大压应力。

由 $\sum Y=0$ 得：

$$C=N+T=750+598.2=1348.2\text{kN}$$

$$\sigma_{\max}=\frac{2C}{bx}=\frac{2\times1348.2\times10^3}{510\times770}=6.87\text{N/mm}^2<f_c=9.6\text{N/mm}^2$$

此法与解法 5 相似，由于假定的 x 值大于解法 5 中的 x 值，因而 T 值增大，导致锚

---

❶ 书末所附主要参考文献 [7] 第 810 页。

栓直径增大。对解法 5 和解法 6❶，x 值的假定似缺乏根据，所得结果较保守。

【解法 7】 假定底板下受压区应力图形为矩形分布，如图 2.10-5 所示，取受压区应力为 f_c，由两个静力平衡条件求解两个未知量 x 和 T。

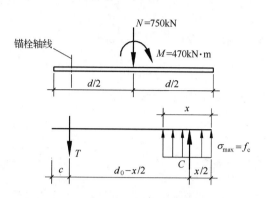

图 2.10-5　例题 2.10 图之五

由 $\sum M_T=0$，得：

$$M+N\left(\frac{d}{2}-c\right)=C\left(d_0-\frac{x}{2}\right)=f_c bx\left(d_0-\frac{x}{2}\right)$$

即

$$470\times10^3+750\left(\frac{900}{2}-100\right)=\frac{9.6}{10^3}\times510x\left(800-\frac{x}{2}\right)$$

$$x^2-1600x+299224=0$$

解得：$x=216.2\mathrm{mm}$

由 $\sum Y=0$，得：

$$T=C-N=f_c bx-N=\frac{9.6}{10^3}\times510\times216.2-750=308.5\mathrm{kN}$$

每边设两个锚栓，每个锚栓需要的有效截面面积为

$$A_e=\frac{T}{2f_t^a}=\frac{308.5\times10^3}{2\times140}=1102\mathrm{mm}^2$$

选用 2M42，供给每个锚栓的 $A_e=1121\mathrm{mm}^2$，可。

此法❷与解法 3 相似，都是借用钢筋混凝土结构中计算钢筋面积的方法，解法 3 是弹性设计方法，而解法 7 是极限状态设计法。

【小结】 柱脚锚栓的计算在《钢结构设计规范》TJ 17—74 中有规定，而在之后修订的各版规范或标准中均未加规定，要求设计人员自行选定计算方法。本例题中共选用了 7 种解法，除解法 7 假定底板下压应力为矩形分布外，其余 6 种解法均假定压应力为三角形分布。7 种解法中的主要不同点在于受压区高度 x 的计算。就本例题而言，计算结果所用锚栓最小为 2M42，最大为 2M60。《钢结构设计规范》TJ 17—74 中第 78 条规定采用上述解法 1，但又规定当算得锚栓直径大于 60mm 时，则在计算锚栓有效截面面积时宜考虑锚

---

❶　书末所附主要参考文献 [3] 第 243 页。

❷　斯特列律斯基. 钢结构. 钟善桐，等，译. 北京：中国建筑工业出版社，俄文版于 1952 年出版；"工程结构"教材选编小组. 钢结构（下册）. 北京：中国工业出版社，1961，第 72 页。

栓和混凝土基础的弹性性质。目前我国工程设计中，以采用解法 1 较普遍，各钢结构设计手册中也有推荐解法 3 的，其他几种解法则采用较少。本例题中之所以列出多种解法，目的是说明锚栓的计算方法问题还未完全解决。

压弯构件的柱脚除承受轴心压力 N 和弯矩 M 外，必然还需传递剪力 V。要注意《钢标》第 12.7.4 条规定："柱脚锚栓不宜用以承受柱脚底部的水平反力，此水平反力由底板与混凝土基础间的摩擦力（摩擦系数可取 0.4）或设置抗剪键承受。"

2.6 梁的支座计算

梁支承在砌体或钢筋混凝土支柱上时必须在支承处设置支座。支座最常用的是平板支座、弧形支座和辊轴支座这三种，尤以前两者应用较多。设置支座的目的是使梁的反力较均匀地安全传给砌体或支柱。

【例题 2.11】如图 2.11 所示热轧工字钢梁（I50a）端部的弧形支座，钢梁支座反力设计值 $R=580\mathrm{kN}$，支于钢筋混凝土柱顶，混凝土强度等级为 C20，轴心抗压强度设计值 $f_c=9.6\mathrm{N/mm^2}$。支座材料为铸钢，钢号 ZG230-450，抗弯强度设计值 $f=180\mathrm{N/mm^2}$（见《钢标》第 4.4.4 条）。试设计此弧形支座。

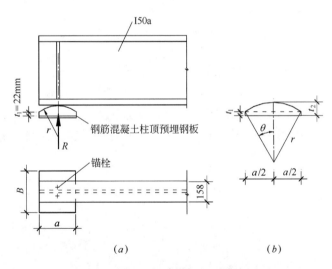

图 2.11　例题 2.11 图
(a) 梁的弧形支座；(b) 弧形支座板截面尺寸

【解】1. 支座底板（钢筋混凝土柱顶预埋钢板）面积 $B \times a$

按钢筋混凝土柱顶面的抗压强度需要计算：

$$A = B \times a = \frac{R}{f_c} = \frac{580 \times 10^3}{9.6} = 60417 \mathrm{mm^2}$$

采用正方形，$B = a = \sqrt{A} = \sqrt{60417} = 245.8\mathrm{mm}$，取 250mm。

2. 弧形支座上表面的曲率半径 r

依据《钢标》第 12.6.2 条规定，弧形支座的反力 R 应满足下式要求：

$$R \leqslant 40 n d l f^2 / E \qquad \text{《钢标》公式（12.6.2）}$$

式中：d——弧形表面接触点曲率半径 r 的 2 倍；

l——弧形表面与梁底面的接触长度，$l=b=158\text{mm}$（I50a 翼缘宽度）；

E——钢材弹性模量，$E=206\times10^3\text{N/mm}^2$；

n——辊轴数目，对弧形支座 $n=1$。

因此得弧形支座的曲率半径 r 为：

$$r=\frac{d}{2}\geqslant\frac{1}{2}\cdot\frac{RE}{40lf^2}=\frac{1}{2}\times\frac{580\times10^3\times206\times10^3}{40\times158\times180^2}=291.7\text{mm}，采用 r=295\text{mm}。$$

3. 弧形支座板中间处的厚度 t_2

板中弯矩（弧形表面与梁底面接触处）：

$$M=\frac{1}{2}\cdot\frac{R}{a}\cdot\left(\frac{a}{2}\right)^2=\frac{1}{8}Ra=\frac{1}{8}\times580\times250\times10^{-3}=18.13\text{kN}\cdot\text{m}$$

按抗弯强度需要计算板厚：

$$t_2\geqslant\sqrt{\frac{6M}{B\cdot f}}=\sqrt{\frac{6\times18.13\times10^6}{250\times180}}=49.2\text{mm}$$

式中，采用板的弹性截面模量 $W=\frac{1}{6}Bt^2$。

4. 弧形支座板边缘处的厚度 t_1

由图 2.11 (b)，知：

$$\sin\theta=\frac{a/2}{r}=\frac{250/2}{295}=0.4237$$

$$\cos\theta=\sqrt{1-\sin^2\theta}=\sqrt{1-0.4237^2}=0.9058$$

按几何关系，有：

$$t_2=t_1+r(1-\cos\theta)$$

得 $t_1=t_2-r(1-\cos\theta)=49.2-295\times(1-0.9058)=21.4\text{mm}$

采用 $t_1=22\text{mm}$。

第3章 轴心受拉构件和拉弯构件的计算

3.1 常用轴心受拉构件的计算

受拉构件的计算内容包括强度和刚度两个方面。强度计算通常采用"双控"——控制毛截面屈服和控制净截面断裂。

(1) 毛截面屈服：

$$\sigma = \frac{N}{A} \leqslant f \tag{3.1}$$

(2) 净截面断裂：

$$\sigma = \frac{N}{A_n} \leqslant 0.7 f_u \tag{3.2}$$

对采用高强度螺栓摩擦型连接的构件，净截面断裂按下式计算：

$$\sigma = \left(1 - 0.5 \frac{n_1}{n}\right) \frac{N}{A_n} \leqslant 0.7 f_u \tag{3.3}$$

式中，钢材的抗拉强度设计值 f 和抗拉强度最小值 f_u 见附录1附表1.1；其他符号的意义见《钢标》第7.1.1条。

当沿构件长度有排列较密的螺栓孔时，强度计算采用"单控"——控制净截面屈服，即：

$$\sigma = \frac{N}{A_n} \leqslant f \tag{3.4}$$

刚度计算是使构件的长细比不超过容许长细比，受拉构件的容许长细比见附录1附表1.14。

【例题 3.1】 某跨度为 $L=24\text{m}$ 的三角形钢屋架，屋面坡度 $i=1/2.5$，波形石棉瓦屋面，槽钢檩条。图3.1 (a) 为屋架及一个柱间的檩条布置示意图，柱距 $l=6\text{m}$，檩条跨中设置一道拉条以减小檩条在屋面坡向的跨度。取波形石棉瓦自重为 0.20kN/m^2（沿坡屋面），檩条及其支撑自重为 0.12kN/m^2（沿坡屋面），屋面雪荷载为 0.40kN/m^2（沿水平投影面），以上数值均为荷载的标准值。钢材为 Q235 钢，拉条采用圆钢，试求邻近屋脊处拉条的直径。

【解】 每根檩条在屋面坡向为一简支两跨连续梁，如图3.1 (b) 所示。沿屋面坡向设置的檩条间拉条为一轴心受拉构件，应承受该两跨连续梁中间支座处的反力。从屋架檐口算起，拉条受力逐渐增大，以在屋脊处檩条间的拉条受力最大。

对屋面的水平投影，屋面荷载设计值为：

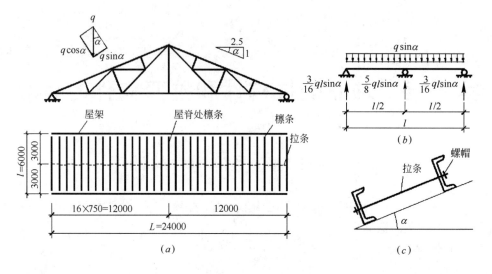

图 3.1 例题 3.1 图
(a) 屋架及檩条布置；(b) 檩条计算简图（沿屋面坡向）；(c) 拉条与檩条的连接

波形石棉瓦： $0.20 \times \dfrac{1}{0.9285} \times 1.3 = 0.28 \text{kN/m}^2$

檩条及拉条： $0.12 \times \dfrac{1}{0.9285} \times 1.3 = 0.17 \text{kN/m}^2$

雪荷载： $\underline{0.4 \times 1.5 = 0.60 \text{kN/m}^2}$

合计 $q = 1.05 \text{kN/m}^2$

式中 1.3 和 1.5 分别为永久荷载和可变荷载的荷载分项系数❶，$\cos\alpha = 0.9285$（屋面倾角 $\alpha = 21.8°$）。

屋脊附近檩条间拉条受力最大，其内力设计值为：

$$N = \frac{5}{8} q l \sin\alpha \left(\frac{L}{2}\right) = \frac{5}{8} \times 1.05 \times 6 \times 0.3714 \times \left(\frac{24}{2}\right) = 17.55 \text{kN}$$

圆钢拉条分段以螺帽连于相邻两槽钢跨中的腹板上[图 3.1(c)]，其净截面应按螺纹处有效截面面积 A_e 计算。Q235 钢的抗拉强度设计值 $f = 215 \text{N/mm}^2$，抗拉强度最小值 $f_u = 370 \text{N/mm}^2$。

按式（3.1），需要圆钢拉条毛截面面积：

$$A \geqslant \frac{N}{f} = \frac{17.55 \times 10^3}{215} = 81.6 \text{mm}^2$$

按式（3.2），需要圆钢拉条有效截面面积：

$$A_e \geqslant \frac{N}{0.7 f_u} = \frac{17.55 \times 10^3}{0.7 \times 370} = 67.8 \text{mm}^2$$

按设计经验，檩条间拉条的最小直径常取 $d = 16 \text{mm}$，得 $A = \dfrac{\pi d^2}{4} = \dfrac{\pi \times 16^2}{4} = 201.1 \text{mm}^2 > 81.6 \text{mm}^2$。由附表 1.7 查得 $d = 16 \text{mm}$ 时 $A_e = 156.7 \text{mm}^2$，大于需要值。

因此，选用圆钢拉条的直径 $d = 16 \text{mm}$。圆钢拉条两端用螺帽系紧，按《钢标》第 7.4.7 条规定，其（张紧的圆钢）长细比可不计算。

---

❶ 荷载分项系数按现行国家标准《建筑结构可靠性设计统一标准》GB 50068—2018 第 8.2.9 条规定取值，即永久荷载分项系数 $\gamma_G = 1.3$，可变荷载分项系数 $\gamma_Q = 1.5$。后文不再加注。

【讨论】若屋面及其连接不能阻止檩条侧向失稳，则拉条中还应计入保证拉条支点处檩条无侧向位移所需之力 F。按《钢标》第 6.2.6 条和第 7.5.1 条规定，邻近屋脊处受力最大拉条中的 F 为：

$$F \approx \frac{\sum N_i}{60}\left(0.6+\frac{0.4}{n}\right)$$

式中 n 为屋面一侧的檩条数，今取 $n=16$；N_i 为把檩条的受压翼缘视为轴心压杆计算的最大轴心压力，偏安全地取为 $N_i = A_f \cdot f$，A_f 为檩条受压翼缘面积。

设檩条截面为热轧槽钢[10，查附表 2.5 得：

$$A_f = 48 \times 8.5 = 408 \text{mm}^2$$
$$N_i = A_f \cdot f = 408 \times 215 \times 10^{-3} = 87.72 \text{kN}$$
$$F \approx \frac{\sum N_i}{60}\left(0.6+\frac{0.4}{n}\right) = \frac{16 \times 87.72}{60}\left(0.6+\frac{0.4}{16}\right) = 14.62 \text{kN}$$

拉条中的总拉力❶：

$$N = 17.55 + 14.62 = 32.17 \text{kN}$$

需要圆钢拉条毛截面面积：

$$A \geqslant \frac{N}{f} = \frac{32.17 \times 10^3}{215} = 149.6 \text{mm}^2 < 201.1 \text{mm}^2$$

需要圆钢拉条有效截面面积：

$$A_e \geqslant \frac{N}{0.7 f_u} = \frac{32.17 \times 10^3}{0.7 \times 370} = 124.2 \text{mm}^2 < 156.7 \text{mm}^2$$

采用直径 $d=16\text{mm}$ 的圆钢仍能满足要求。

【例题 3.2】已知某跨度为 30m 的焊接梯形钢屋架下弦杆，承受轴心拉力设计值 $N=975\text{kN}$，两主轴方向的计算长度分别为 $l_{0x}=6\text{m}$ 和 $l_{0y}=15\text{m}$，屋架用于有中级工作制桥式吊车的厂房，试选择此下弦杆的截面。设采用由两角钢组成的 T 形截面如图 3.2 所示，节点板厚 14mm，在杆件同一截面上设有两个用于连接支撑的螺栓，直径 $d=20\text{mm}$、孔径 d_0

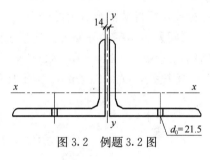

图 3.2 例题 3.2 图

$=21.5\text{mm}$，其位置不在屋架下弦节点板的宽度范围内。钢材采用 Q235B 钢。

【解】$f=215\text{N/mm}^2$、$f_u=370\text{N/mm}^2$（附表 1.1）、$[\lambda]=350$（附表 1.14）。

需要下弦杆毛截面面积：

$$A \geqslant \frac{N}{f} = \frac{975 \times 10^3}{215} \times 10^{-2} = 45.35 \text{cm}^2$$

需要下弦杆净截面面积：

$$A_n \geqslant \frac{N}{0.7 f_u} = \frac{975 \times 10^3}{0.7 \times 370} \times 10^{-2} = 37.64 \text{cm}^2$$

需要下弦杆截面回转半径：

$$i_x \geqslant \frac{l_{0x}}{[\lambda]} = \frac{6 \times 10^2}{350} = 1.71 \text{cm}$$

---

❶ 按《钢标》第 7.5.1 条第 4 款的规定："当支撑同时承担结构上其他作用的效应时，应按实际可能发生的情况与支撑力组合。"本例题中为安全计，采用了两者的叠加。

$$i_y \geq \frac{l_{0y}}{[\lambda]} = \frac{15 \times 10^2}{350} = 4.29 \text{cm}$$

因 $i_y \gg i_x$，宜选用长边外伸的两不等边角钢组成的 T 形截面。

由型钢表（附表2.3），选用 2∟140×90×10，长边外伸如图 3.2 所示，供给：$A = 44.52 \text{cm}^2$，$i_x = 2.56 \text{cm}$，$i_y = 6.92 \text{cm}$。

验算：$A_n = A - 2d_0 t = 44.52 - 2 \times 2.4 \times 1.0 = 39.72 \text{cm}^2$

式中因螺栓孔径 $d_0 = 21.5 \text{mm} < d + 4\text{mm} = 24\text{mm}$，取 24mm 计算。

毛截面：$\sigma = \dfrac{N}{A} = \dfrac{975 \times 10^3}{44.52 \times 10^2} = 219.0 \text{N/mm}^2 \approx f = 215 \text{N/mm}^2$，可。

净截面：$\sigma = \dfrac{N}{A_n} = \dfrac{975 \times 10^3}{39.72 \times 10^2} = 245.5 \text{N/mm}^2 < 0.7 f_u = 0.7 \times 370 = 259 \text{N/mm}^2$，可。

$\lambda_x = \dfrac{l_{0x}}{i_x} = \dfrac{6 \times 10^2}{2.56} = 234.4 < [\lambda] = 350$，可。

$\lambda_y = \dfrac{l_{0y}}{i_y} = \dfrac{15 \times 10^2}{6.92} = 216.8 < [\lambda] = 350$，可。

所选截面适用。读者可试选看是否有比此截面更优的其他截面。

【例题 3.3】例题 3.2 中的下弦杆截面，若外伸边上的螺栓孔位于节点板边缘以内 s 处，如图 3.3 (a) 所示。求 s 为多大时可不计此螺栓孔对杆件截面的削弱，使杆件的受拉承载力 $N = Af$，$f = 215 \text{N/mm}^2$。杆杆与节点板采用手工焊，E43 型焊条，$f_f^w = 160 \text{N/mm}^2$。如果采用《钢标》推荐的其他牌号钢材及相应的焊条型号，则 s 为多大时可不计此螺栓孔对杆件截面承载力的削弱。

【解】将角钢的外伸边沿连接边内侧面切断，摊平展开如图 3.3 (b) 所示，角钢展开后的宽度为 $90 + 140 - 10 = 220 \text{mm}$。

螺栓孔径 $d_0 = 21.5 \text{mm} < d + 4\text{mm} = 24 \text{mm}$，取 24mm 计算。

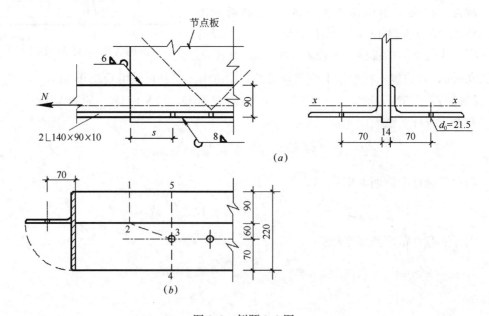

图 3.3 例题 3.3 图
(a) 下弦节点及弦杆截面；(b) 弦杆展开示意

角钢沿折线 1-2-3-4 截面断裂时的净面积：

$$A_{n1}=A+(\sqrt{s^2+60^2}-60-24)\times 10\times 2 \quad \text{（例题 3.3-}a\text{）}$$

角钢沿直线 5-3-4 截面断裂时的净面积：

$$A_{n2}=A-24\times 10\times 2 \quad \text{（例题 3.3-}b\text{）}$$

式中，A 为两个角钢的毛截面面积。

为保证下弦杆的承载力不因开孔而削弱，要求：

$$\frac{N}{A_{n1}}\leqslant 0.7f_u \quad \text{（例题 3.3-}c\text{）}$$

$$\frac{N-V}{A_{n2}}\leqslant 0.7f_u \quad \text{（例题 3.3-}d\text{）}$$

式（例题 3.3-d）中，V 为由下弦杆角钢背部和趾部角焊缝（计算长度各为 $s-h_f$，单位为 mm）传递给节点板的力。

将 $N=Af$ 和式（例题 3.3-a）代入式（例题 3.3-c），得：

$$\frac{A}{0.7\times[A+(\sqrt{s^2+60^2}-60-24)\times 10\times 2]}\leqslant \frac{f_u}{f} \quad \text{（例题 3.3-}e\text{）}$$

取 $s=0$ 并将 $A=44.52\text{cm}^2=4452\text{mm}^2$ 代入式（例题 3.3-e），得不等号左边的值为 1.60，表明只要选用钢材的抗拉强度与抗拉强度设计值之比值 $f_u/f\geqslant 1.60$，沿折线 1-2-3-4 截面断裂就不是控制条件，s 可取任意值，即杆件上螺栓孔位于节点板边缘内外都可以。

对本例题，钢材选用 Q235B 钢（$f=215\text{N/mm}^2$，$f_u=370\text{N/mm}^2$）时：$f_u/f=1.72>1.60$，螺栓孔位于节点板边缘内外都不会削弱构件的受拉承载力（$N=Af$）。

当钢材选用 Q355 钢（$f=305\text{N/mm}^2$，$f_u=470\text{N/mm}^2$）时：$f_u/f=1.54<1.60$，由式（例题 3.3-e）解得 $s\geqslant 31.5\text{mm}$。

将 $N=Af$ 和式（例题 3.3-b）代入式（例题 3.3-d），得：

$$V\geqslant \left[A-0.7\frac{f_u}{f}(A-24\times 10\times 2)\right]f$$

$$=\left[4452-0.7\times\frac{470}{305}\times(4452-480)\right]\times 305=51072\text{N}$$

取 $h_{f1}=8\text{mm}$，由角钢背部焊缝强度条件（E50 型焊条，$f_f^w=200\text{N/mm}^2$）：

$$\tau_{f1}=\frac{\alpha V}{2\times 0.7h_{f1}(s-h_f)}=\frac{0.75\times 51072}{2\times 0.7\times 8(s-8)}\leqslant f_f^w=200\text{N/mm}^2$$

解得：$s\geqslant 17.1+8=25.1\text{mm}$。

取 $h_{f2}=6\text{mm}$，由角钢边端焊缝强度条件：

$$\tau_{f2}=\frac{\beta V}{2\times 0.7h_{f2}(s-h_f)}=\frac{0.25\times 51072}{2\times 0.7\times 6(s-6)}\leqslant f_f^w=200\text{N/mm}^2$$

解得：$s\geqslant 7.6+6=13.6\text{mm}$。

上述两式中的 α 和 β 为角钢背部和边端角焊缝内力分配系数。对长边外伸的不等边角钢：$\alpha=0.75$，$\beta=0.25$。

比较以上求得的三个 s 值，可见若取 $s\geqslant 31.5\text{mm}$，则可不计螺栓孔对截面削弱的影响。

采用上述相同方法、步骤，可求得杆件采用《钢标》推荐的其他牌号钢材需要的 s 值，如表 3.1 所示。

例题 3.3 中螺栓孔与节点板边缘的最小距离 s 值　　　　　　　　表 3.1

杆件用钢材牌号	s (mm)	f (N/mm²)	f_u (N/mm²)	f_u/f	f_f^w (N/mm²)	备注
Q235	—	215	370	1.72	160	1. 角钢背部和趾部的焊脚尺寸分别取 $h_{f1}=8$mm、$h_{f2}=6$mm； 2. s 值除 Q355 钢和 Q355GJ 钢由式（例题 3.3-c）控制外，其余低合金高强度结构钢均由式（例题 3.3-d）控制
Q355	31.5	305	470	1.54	200	
Q390	66.1	345	490	1.42	200	
Q420	76.1	375	520	1.39	220	
Q460	90.6	410	550	1.34	240	
Q355GJ	40.4	325	490	1.51	200	

注：表中钢材的抗拉强度设计值 f、抗拉强度 f_u 和角焊缝强度设计值 f_f^w 的取值见本书附表 1.1 和附表 1.2。

【讨论】1. 杆件采用 Q235 钢，按《钢标》计算，本例题强度由毛截面控制，螺栓孔位置依构造确定即可。

2. 对采用低合金高强度结构钢，螺栓孔与节点板边缘的距离 s 值，随角钢截面尺寸、螺栓孔规线的位置、螺栓孔直径和构件钢材牌号等多种因素的影响而变化。设计习惯上认为当角钢上的螺栓孔位于节点板范围内且与节点板边缘的距离≥100mm 时，就可不考虑角钢截面面积因螺栓孔的削弱。此虽不是《钢标》中的规定，但对角钢外伸边截面上各有一孔的情况，基本可以包括。

【例题 3.4】图 3.4（a）所示为一双角钢轴心受拉构件与节点板的连接节点。B 级普

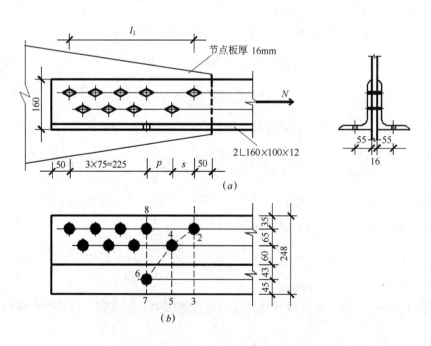

图 3.4　例题 3.4 图
(a) 连接节点；(b) 角钢展开示意

通螺栓，性能等级为5.6级，螺栓直径$d=22$mm，螺栓孔直径$d_0=22.5$mm（I类孔）。构件截面为$2\llcorner 160\times 100\times 12$（面积$A=60.11$cm^2），节点板厚16mm，钢材为Q235B钢，$f=215$N/mm^2、$f_u=370$N/mm^2。试求：(1) 图中的s值为多大时能使此轴心受拉构件所承受的拉力设计值N为最大？(2) 当角钢外伸边上有一直径$d_0=22.5$mm的螺栓孔（如图示）时，p值为多大可不降低N值？(3) 验算此节点承受最大拉力设计值时的强度。

【解】将角钢展开如图3.4 (b) 所示，展开后总宽度为$160+100-12=248$mm，螺栓规线距示于图上。

B级螺栓孔为I类孔，精度高、允许偏差小，计算螺栓孔引起的截面削弱时本例题取d_0。

一、求使构件承载力N为最大的s值

构件沿直线1-2-3截面断裂时的净面积：
$$A_{n1}=A-22.5\times 12\times 2$$

构件沿折线1-2-4-5截面断裂时的净面积：
$$A_{n2}=A+(\sqrt{s^2+65^2}-65-22.5\times 2)\times 12\times 2$$

从构件净截面强度考虑，沿直线1-2-3截面断裂时N值将为最大：
$$N=0.7f_uA_{n1}=0.7\times 370\times(60.11\times 10^2-22.5\times 12\times 2)\times 10^{-3}$$
$$=1417.0 \text{ kN}$$

从构件毛截面强度考虑，构件能承受的最大拉力设计值为：
$$N=Af=60.11\times 10^2\times 215\times 10^{-3}=1292.4 \text{ kN}$$

比较以上求得的两个N值，可见构件所能承受的最大拉力设计值$N_{max}=1292.4$kN。为使s取值不致降低N_{max}值，应使：
$$\frac{N_{max}}{A_{n2}}\leqslant 0.7f_u$$

即 $$\frac{1292.4\times 10^3}{60.11\times 10^2+(\sqrt{s^2+65^2}-65-22.5\times 2)\times 12\times 2}\leqslant 0.7\times 370$$

解得：$s\geqslant 18.0$mm，采用$s=20$mm。

此时螺栓2与4间中心距：
$$p_{2-4}=\sqrt{20^2+65^2}=68.0\text{mm}>3d_0=3\times 22.5=67.5\text{mm，可。}$$

二、求不降低构件最大承载力N_{max}的p值

构件沿折线1-2-4-6-7截面断裂时的净面积：
$$A_{n3}=A+(\sqrt{20^2+65^2}+\sqrt{103^2+p^2}-65-103-22.5\times 3)\times 12\times 2$$

若$A_{n3}\geqslant A_{n2}$，则不会因角钢外伸边上的螺栓孔而降低N_{max}值。

由 $$\sqrt{103^2+p^2}-103-22.5\times 3\geqslant -22.5\times 2$$

解得： $$p\geqslant 71.7\text{mm}$$

采用$p=75$mm，可使角钢外伸边上的螺栓孔不致削弱N_{max}值。

三、验算

1. 螺栓的抗剪强度

性能等级为5.6级的B级普通螺栓连接强度设计值（附表1.3）：

$$f_v^b = 190\text{N/mm}^2, \quad f_c^b = 405\text{N/mm}^2$$

一个螺栓的受剪承载力设计值：

$$N_v^b = n_v \frac{\pi d^2}{4} f_v^b = 2 \times \frac{\pi \times 22^2}{4} \times 190 \times 10^{-3} = 144.5\text{kN}$$

一个螺栓的受压承载力设计值：

$$N_c^b = d \sum t f_c^b = 22 \times 16 \times 405 \times 10^{-3} = 142.6\text{kN}$$

受剪连接中每个螺栓的承载力设计值：

$$N^b = \min\{N_v^b, N_c^b\} = 142.6\text{kN}$$

总连接长度：

$$l_1 = 3 \times 75 + p + s = 225 + 75 + 60 = 320\text{mm} < 15d_0 = 15 \times 22.5 = 337.5\text{mm}$$

按《钢标》第11.4.5条，上述螺栓承载力设计值不需考虑折减。

每个螺栓受剪力：

$$N_v = \frac{N_{\max}}{n} = \frac{1292.4}{9} = 143.6\text{kN} \approx N^b = 142.6\text{kN}, \quad 可。$$

2. 构件沿直线8-6-7截面断裂时的净截面强度

净面积：

$$A_{n4} = A - 22.5 \times 2 \times 12 \times 2 \times 10^{-2} = 60.11 - 10.8 = 49.31\text{cm}^2$$

此断面上的轴力为：

$$N_4 = N_{\max} - n_4 \frac{N_{\max}}{n} = \left(1 - \frac{n_4}{n}\right) N_{\max} = \left(1 - \frac{2}{9}\right) \times 1292.4 = 1005.2\text{kN}$$

式中 n_4 为直线8-6-7截面右边的螺栓数目。

净截面 A_{n4} 上的应力：

$$\sigma = \frac{N_4}{A_{n4}} = \frac{1005.2 \times 10^3}{49.31 \times 10^2} = 203.9\text{N/mm}^2 < 0.7 f_u = 0.7 \times 370 = 259\text{N/mm}^2, \quad 可。$$

3. 螺栓的距离（参阅附表1.6）

螺栓中心距为 $75\text{mm} > 3d_0 = 3 \times 22.5 = 67.5\text{mm}$，可。

采用的最大中心距为 $p + p/2 = 1.5 \times 75 = 112.5\text{mm}$ ($>s+p=20+75=95\text{mm}$) $<12t = 12 \times 12 = 144\text{mm}$ 和 $8d_0 = 8 \times 22.5 = 180\text{mm}$，可。

螺栓端距为 $50\text{mm} > 2d_0 = 2 \times 22.5 = 45\text{mm}$，可。

3.2 单边连接的单角钢轴心受拉构件的计算

计算如图3.5所示单边连接的单角钢轴心受拉构件截面强度时，因构件在节点处与节点板单边连接，并非全部直接传力，依据《钢标》第7.1.3条规定，危险截面的面积应乘以有效截面系数 $\eta_A = 0.85$，用于考虑杆端非全部直接传力造成的剪切滞后和截面上正应力分布不均匀的影响；又由于节点处连接有偏心，使构件实际受力与拉弯构件相同，依据《钢标》第7.6.1条规定，强度设计值应乘以折减系数 $\eta_R = 0.85$，以考虑偏心连接的不利影响。即应按式（3.5-1）、式（3.5-2）计算如图3.5所示单边连接的单角钢轴心受拉构件的截面强度。

毛截面：

$$\sigma = \frac{N}{\eta_A A} \leqslant \eta_R f \quad (3.5\text{-}1)$$

净截面：
$$\sigma = \frac{N}{\eta_A A_n} \leqslant \eta_R(0.7f_u) \qquad (3.5\text{-}2)$$

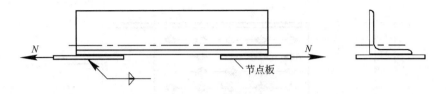

图 3.5 单边连接的单角钢构件

【例题 3.5】某三角形钢屋架的一根受拉斜腹杆，长 $l=2309\text{mm}$，轴心拉力的设计值 $N=31.7\text{kN}$。钢材用 Q235B 钢，构件截面无削弱。试选择此构件的截面。

【解】$f=215\text{N/mm}^2$（附表 1.1）

因构件内力较小，拟选用单角钢截面。为制作方便，节点处采用单边连接的形式（图 3.5）。

单角钢截面构件的最小刚度平面为斜平面（与屋架平面斜交的平面）。

斜平面方向的杆件计算长度为（附表 1.12）：
$$l_0 = 0.9l = 0.9 \times 2309 = 2078\text{mm}$$

按式（3.5），需要构件截面面积：

毛截面：$$A \geqslant \frac{N}{\eta_A(\eta_R f)} = \frac{31.7 \times 10^3}{0.85 \times 0.85 \times 215} \times 10^{-3} = 2.04\text{cm}^2$$

净截面：$$A_n = A \geqslant \frac{N}{\eta_A \cdot \eta_R(0.7f_u)} = \frac{31.7 \times 10^3}{0.85 \times 0.85(0.7 \times 370)} \times 10^{-2} = 1.69\text{cm}^2 < 2.04\text{cm}^2$$

需要构件最小回转半径：
$$i_{\min} \geqslant \frac{l_0}{[\lambda]} = \frac{2078}{350} \times 10^{-1} = 0.59\text{cm}$$

选用 1∟45×4（《原规范》第 8.1.2 条规定钢结构中采用的最小截面）即已足够：$A=3.486\text{cm}^2$，$i_{\min}=i_v=0.89\text{cm}$，均满足要求。

3.3 节点采用高强度螺栓摩擦型连接的轴心受拉构件的计算

节点采用高强度螺栓摩擦型连接的轴心受拉构件，其刚度计算与一般轴心受拉构件相同，但其截面强度的计算则有所不同，见本书第 1 章 1.6 节中公式（1.12）、公式（1.13）和例题 1.16，下面再举一例予以说明。

【例题 3.6】某轴心受拉构件，截面为一个热轧槽钢[32a，用 10.9 级 M20 高强度螺栓与节点板单边摩擦型连接如图 3.6 所示。采用接触面喷铸钢棱角砂处理，钢材为 Q235AF 钢。螺栓孔采用标准孔、直径 $d_0=21.5\text{mm}$，节点板厚 14mm，螺栓数目 $n=18$。构件承受轴心拉力设计值 $N=880\text{kN}$，试验算此节点的连接强度和节点处构件的截面强度是否安全。

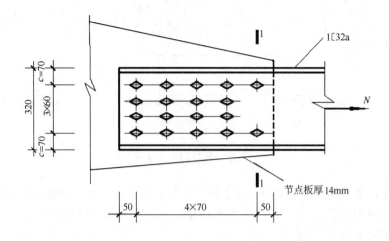

图 3.6　例题 3.6 图

【解】 一个槽钢 [32a 的截面面积 $A=48.50\text{cm}^2$，其腹板厚度 $t_w=8.0\text{mm}$。

一、连接螺栓的抗剪强度

每个 10.9 级 M20 高强度螺栓的预拉力设计值 $P=155\text{kN}$（附表 1.9）；

抗滑移系数 $\mu=0.45$（附表 1.8）；

摩擦型连接中每个高强度螺栓的受剪承载力设计值（单剪）：

$$N_v^b = 0.9kn_f\mu P = 0.9\times1.0\times1\times0.45\times155 = 62.78\text{kN}$$

单边连接，强度和连接的折减系数 $\eta_R=0.85$❶，采用：

$$N_v^b = 0.85\times62.78 = 53.4\text{kN}$$

每个高强度螺栓受剪力：

$$N_v = \frac{N}{n} = \frac{880}{18} = 48.9\text{kN} < N_v^b = 53.4\text{kN}，可。$$

二、轴心受拉构件的毛截面强度

$$\sigma = \frac{N}{A} = \frac{880\times10^3}{48.50\times10^2} = 181.4\text{N/mm}^2 < 0.85f = 0.85\times215 = 182.8\text{N/mm}^2，可。$$

三、轴心受拉构件在最外列螺栓处 1—1 截面的净截面强度

验算条件：$\quad\sigma = \left(1 - 0.5\frac{n_1}{n}\right)\frac{N}{A_n} \leq 0.85\times0.7f_u$

今 $\quad n_1 = 2,\ n = 18$

$$A_n = A - d_0 t_w n_1 = 48.50 - 2.4\times0.8\times2 = 44.66\text{cm}^2$$

式中，因螺栓孔径 $d_0 = 21.5\text{mm} < d + 4\text{mm} = 24\text{mm}$，取 24mm 计算。

得：

---

❶ 《钢标》第 7.6.1 条中，强度和连接的强度设计值折减系数 $\eta_R=0.85$ 是用于单边连接的单角钢。单边连接的单槽钢与其并不完全相同，本例题中偏安全地借用此规定。

$$\sigma = \left(1 - 0.5 \times \frac{2}{18}\right)\frac{880 \times 10^3}{44.66 \times 10^2} = 186.1 \text{N/mm}^2 < 0.85 \times 0.7 \times 370 = 220.2 \text{N/mm}^2,\text{可}.$$

注：在槽钢腹板上排列螺栓时要注意其与翼缘板相近的螺栓规线位置 c 必须满足安装要求。对槽钢[32a，c 值应不小于 70mm（见各种钢结构设计手册，例如本书主要参考文献 [4] 第 901 页）。按《钢标》，最小线距为 $3d_0$，国外规范中则常采用 $3d$，本例题中采用 60mm，以免增加连接长度。

3.4 拉弯构件的计算

一般情况下，拉弯构件只需要计算其截面的强度和构件的长细比，但在少数情况下如构件所受弯矩特大、拉力较小时，构件也可能像梁一样整体弯扭失稳，受压翼缘板也可能局部失稳。此时可偏安全地按受弯构件（梁）分别验算其整体稳定性和受压翼缘板的局部稳定性。

【**例题 3.7**】某屋架的下弦杆如图 3.7 所示，截面为 2∟140×90×10，长边相连，节点板厚 12mm，钢材为 Q235BF 钢。构件长 $l=6$m，截面无孔洞削弱，承受轴心拉力设计值为 150kN，跨中承受一集中可变荷载（为静力荷载）标准值为 9kN。试验算此构件是否满足设计要求。

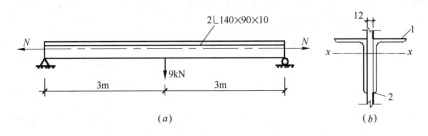

图 3.7 例题 3.7 图
(a) 下弦杆及受力；(b) 下弦杆截面

【**解**】一、长边相连双角钢截面 [图 3.7(b)] 的几何特性（附表 2.3）

毛面积： $A = 44.52 \text{cm}^2$

截面模量： $W_{1x} = 195 \text{cm}^3$ $\quad W_{2x} = 94.7 \text{cm}^3$

回转半径： $i_x = 4.47 \text{cm}$ $\quad i_y = 3.74 \text{cm}$

二、构件内力设计值

轴心拉力设计值： $N = 150 \text{kN}$

最大弯矩设计值：
$$M_x = \frac{1}{4} \times (1.5 \times 9) \times 6 = 20.3 \text{kN} \cdot \text{m}$$

式中 1.5 为可变荷载分项系数。

三、构件截面强度验算

验算条件：
$$\frac{N}{A_n} + \frac{M_x}{\gamma_x W_{nx}} \leqslant f$$

因截面无削弱，净截面几何特性与毛截面几何特性相同。

对角钢水平边1，截面塑性发展系数 $\gamma_{x1}=1.05$（附表1.15）：

$$\frac{N}{A_n} \pm \frac{M_x}{\gamma_x W_{nx}} = \frac{N}{A} - \frac{M_x}{\gamma_{x1} W_{1x}} = \frac{150 \times 10^3}{44.52 \times 10^2} - \frac{20.3 \times 10^6}{1.05 \times 195 \times 10^3}$$

$$= 33.7 - 99.1 = -65.4 \text{N/mm}^2 \text{（压应力）} < f = 215 \text{N/mm}^2\text{，可。}$$

由于角钢水平边上压应力不大，该构件无整体稳定性和局部稳定性问题。

对角钢竖直边2，截面塑性发展系数 $\gamma_{x2}=1.20$（附表1.15）：

$$\frac{N}{A_n} \pm \frac{M_x}{\gamma_x W_{nx}} = \frac{N}{A} + \frac{M_x}{\gamma_{x2} W_{2x}} = \frac{150 \times 10^3}{44.52 \times 10^2} + \frac{20.3 \times 10^6}{1.20 \times 94.7 \times 10^3}$$

$$= 33.7 + 178.6 = 212.3 \text{N/mm}^2 \text{（拉应力）} < f = 215 \text{N/mm}^2\text{，可。}$$

四、构件长细比验算

$$\lambda_{\max} = \frac{l}{i_y} = \frac{6 \times 10^2}{3.74} = 160.4 < [\lambda] = 350\text{，可。}$$

构件截面采用 $2 \llcorner 140 \times 90 \times 10$（长边相连），全部满足拉弯构件的设计要求。

【说明】 本例题中计算下弦杆节间竖向荷载引起的弯矩时未考虑杆件的连续性，是偏安全的。若考虑连续性的影响，可对简支梁最大弯矩乘以 0.6~0.8 的折减系数，这在《钢标》中没有规定，当由设计人员判断采用。

第4章 轴心受压构件的计算和设计

4.1 概 述

轴心受压构件的计算主要包括下述四个方面。

一、截面强度

计算同轴心受拉构件，但孔洞有螺栓填充者（无虚孔）不必验算净截面强度（《钢标》第7.1.2条）。通常截面强度不是轴心受压构件的控制条件，除非构件长细比 λ 很小且截面又有削弱（含有虚孔）时。

二、整体稳定性

通常是确定构件截面尺寸的控制条件，计算公式为：

$$\frac{N}{\varphi A f} \leqslant 1.0 \tag{4.1}$$

式中：N——轴心压力设计值；

A——构件的毛截面面积；

f——钢材的抗压强度设计值，由设计标准规定，见附表1.1；

φ——轴心受压构件的稳定系数（取截面两主轴稳定系数中的较小者），根据构件的长细比（或换算长细比）、钢材屈服强度和截面分类（附表1.10和附表1.11），按附表1.27～附表1.30采用。

三、局部稳定性

对要求不出现局部失稳的实腹式轴心受压构件，通过限制其组成板件的宽厚比与高厚比来保证。

四、刚度

限制构件的最大长细比小于容许值（附表1.13），但当构件内力设计值不大于承载能力的50%时，容许长细比值可取200。

在设计时，通常需先假定构件的长细比，然后按下式确定所需的截面面积：

$$A \geqslant \frac{N}{\varphi f} \tag{4.2}$$

根据所需的截面面积和回转半径选择截面，进行各种验算。不满足条件时，调整假定的长细比重新计算，直至满足各种条件为止。因此，一个设计可以有数个不同截面同时满足条件，但其中必有最优的选择。选用的条件有：用钢量最少，便于制造和安装，材料规格供应方便等，经综合分析比较后确定。

4.2 实腹式轴心受压构件的计算和设计

【例题 4.1】 如图 4.1 所示焊接工字形轴心受压柱的截面，承受的轴心压力设计值 $N=4500$kN（包括柱的自重），计算长度 $l_{0x}=7$m、$l_{0y}=3.5$m（柱子中点在 x 方向有一侧向支承）。翼缘钢板为火焰切割边，每块翼缘板上设有两个螺栓，直径 $d=22$mm，孔径 $d_0=24$mm（非虚孔）。钢板为 Q235B 钢。试验算此柱截面。

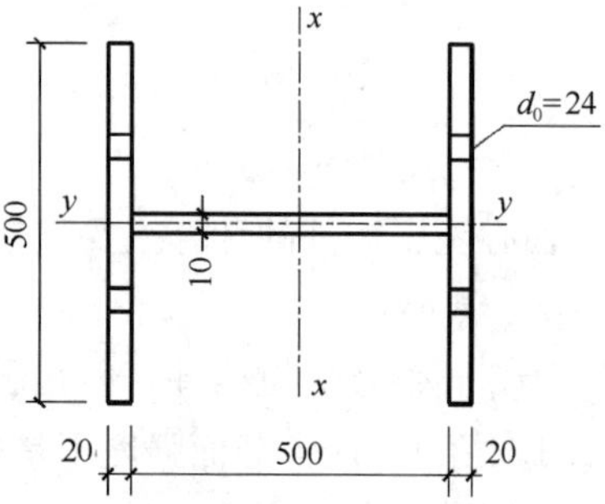

【解】 翼缘、腹板统一取 $f=205$N/mm²、$f_u=370$N/mm²（附表 1.1），以便计算且偏安全。

一、柱截面几何特性

毛截面面积： $A=2\times 50\times 2+50\times 1=250$cm²

毛截面惯性矩：
$$I_x=\frac{1}{12}[b(h_w+2t)^3-(b-t_w)h_w^3]$$
$$=\frac{1}{12}[50\times(50+2\times 2)^3-(50-1)\times 50^3]$$
$$=145683\text{cm}^4$$

$$I_y=2\times\frac{tb^3}{12}=2\times\frac{1}{12}\times 2\times 50^3=41667\text{cm}^4\quad(\text{略去腹板的影响})$$

回转半径：
$$i_x=\sqrt{\frac{I_x}{A}}=\sqrt{\frac{145683}{250}}=24.14\text{cm}$$
$$i_y=\sqrt{\frac{I_y}{A}}=\sqrt{\frac{41667}{250}}=12.91\text{cm}$$

图 4.1 例题 4.1 图

二、截面验算

1. 强度

毛截面： $\sigma=\dfrac{N}{A}=\dfrac{4500\times 10^3}{250\times 10^2}=180$N/mm² $<f=205$N/mm²，可。

净截面的强度不必验算（无虚孔）。

2. 刚度和整体稳定性

$$\left.\begin{array}{l}\lambda_x=\dfrac{l_{0x}}{i_x}=\dfrac{7\times 10^2}{24.14}=29.0 \\ \lambda_y=\dfrac{l_{0y}}{i_y}=\dfrac{3.5\times 10^2}{12.91}=27.1\end{array}\right\}<[\lambda]=150,\text{可}。$$

按附表 1.10，构件对 x 轴和 y 轴屈曲均属 b 类截面，因此由 $\lambda_{\max}=\max\{\lambda_x,\lambda_y\}=29.0$，查附表 1.28，得 $\varphi=0.939$，

$$\frac{N}{\varphi A}=\frac{4500\times 10^3}{0.939\times 250\times 10^2\times 205}=0.935<1.0,\text{可}。$$

3. 局部稳定性（见《钢标》第 7.3.1~7.3.3 条）

钢号修正系数： $\varepsilon_k=\sqrt{235/f_y}=\sqrt{235/235}=1.0$

组成板件宽厚比、高厚比限值的放大系数（见《钢标》第 7.3.2 条）：

$$\alpha = \sqrt{\varphi A f/N} = \sqrt{0.939 \times 250 \times 10^2 \times 205/4500 \times 10^3} = 1.034$$

因 $\lambda = \max\{\lambda_x, \lambda_y\} = 29 < 30$，计算构件的局部稳定时取 $\lambda = 30$。

翼缘板的自由外伸宽厚比：

$$\frac{b'}{t} = \frac{(500-10)/2}{20} = 12.3 < (10+0.1 \times 30) \times 1.0 = 13.0 \text{，可。}$$

腹板计算高厚比：

$$\frac{h_0}{t_w} = \frac{500}{10} = 50 > (25 + 0.5 \times 30) \times 1.0 = 40.0$$
$$> \alpha \times 40 = 1.034 \times 40 = 41.4$$

腹板高厚比不满足局部稳定性要求，采取的办法可以是重选腹板截面或设置腹板纵向加劲肋。但由上述强度和整体稳定性的验算结果可知，截面的承载能力尚有富余，因此考虑利用腹板屈曲后的强度（见《钢标》及其条文说明第 7.3.3 条），即腹板截面取有效部分来计算构件的强度和整体稳定性（计算构件的稳定系数仍用全部截面）。若能满足要求，则腹板的局部稳定不予考虑。

4. 考虑腹板屈曲后强度的计算

腹板的正则化高厚比 [《钢标》公式（7.3.4-3）]：

$$\lambda_{n,p} = \frac{h_0/t_w}{56.2\varepsilon_k} = \frac{50}{56.2 \times 1.0} = 0.890$$

因 $h_w/t_w = 50 > 42\varepsilon_k = 42$ 且 $\lambda_{max} = 29 < 52\varepsilon_k = 52$，腹板的有效截面系数（《钢标》公式 7.3.4-2）：

$$\rho = \frac{1}{\lambda_{n,p}}\left(1 - \frac{0.19}{\lambda_{n,p}}\right) = \frac{1}{0.890}\left(1 - \frac{0.19}{0.890}\right) = 0.884$$

有效毛截面面积：

$$A_e = 2 \times 50 \times 2 + 50 \times 1 \times 0.884 = 244.2 \text{ cm}^2$$

有效净截面面积：

$$A_{ne} = A_e - 4d_0 t = 244.2 - 4 \times 2.6 \times 2 = 223.4 \text{ cm}^2$$

式中，因螺栓孔径 $d_0 = 24\text{mm} < d+4\text{mm} = 26\text{mm}$，取 26mm 计算。

强度验算 [《钢标》公式（7.3.3-1）]：

$$\frac{N}{A_{ne}} = \frac{4500 \times 10^3}{223.4 \times 10^2} = 201.4 \text{ N/mm}^2 < f = 205 \text{ N/mm}^2 \text{，可。}$$

整体稳定性验算（《钢标》公式 7.3.3-2）：

$$\frac{N}{\varphi A_e f} = \frac{4500 \times 10^3}{0.939 \times 244.2 \times 10^2 \times 205} = 0.957 < 1.0 \text{，可。}$$

因此，本例题中的轴心受压柱截面能满足所有验算条件，不必加厚腹板或增设腹板纵向加劲肋。

【例题 4.2】设计某轴心受压构件的截面尺寸。已知构件长 $l = 10\text{m}$，两端铰接，承受的轴心压力设计值 $N = 800\text{kN}$（包括构件的自重）。采用焊接工字形截面，截面无削弱，翼缘板为火焰切割边，钢材用 Q235B 钢。

【解】Q235 钢：$\varepsilon_k = 1.0$

计算长度：$l_{0x} = l_{0y} = l = 10\text{m}$

一、初选截面

构件对 x 轴和 y 轴屈曲时均属 b 类截面。

1. 按整体稳定性要求确定所需的截面面积 A 和回转半径 i_x、i_y

假设 $\lambda=\lambda_x=\lambda_y=127$，由附表 1.28 查得 $\varphi=0.402$。

Q235 钢： $f=215\text{N/mm}^2$

需要：

$$A \geqslant \frac{N}{\varphi f}=\frac{800\times 10^3}{0.402\times 215}\times 10^{-2}=92.56\text{cm}^2$$

$$i_x=i_y \geqslant \frac{10\times 10^2}{127}=7.87\text{cm}$$

2. 利用截面回转半径与轮廓尺寸的近似关系等确定截面各部分尺寸

按附表 2.10 得 $i_x=0.43h$，$i_y=0.24b$。工字形截面当两个方向计算长度相等时，控制屈曲方向为绕 y 轴，故应先确定翼缘板尺寸 b 和 t，后确定腹板尺寸 h_w 和 t_w。

由 $b=\frac{i_y}{0.24}=\frac{7.87\times 10}{0.24}=328\text{mm}$，试取 $b=330\text{mm}$。

假设一块翼缘板截面面积为整个构件截面面积的 35%~40%，则：

$$t=\frac{(0.35\sim 0.4)A}{b}=\frac{(0.35\sim 0.4)\times 92.56\times 10^2}{330}=9.8\sim 11.2\text{mm}，取 t=10\text{mm}$$

对工字形截面，一般应取 $h>b$ 和 $h\geqslant l/30$，试取 $h_w=340\text{mm}$，得：

$$t_w\approx \frac{A-2bt}{h_w}=\frac{(92.56-2\times 33\times 1)\times 10^2}{340}=7.8\text{mm}$$

因控制屈曲方向是绕 y 轴且上述只是估算，试取 $t_w=6\text{mm}$。

选用的截面尺寸如图 4.2 所示。

面积： $A=2\times 33\times 1+34\times 0.6=86.4\text{cm}^2$

截面惯性矩：

$$I_x=\frac{1}{12}(33\times 36^3-32.4\times 34^3)=22183\text{cm}^4$$

$$I_y=2\times \frac{1}{12}\times 2\times 33^3=5990\text{cm}^4$$

回转半径：

$$i_x=\sqrt{\frac{I_x}{A}}=\sqrt{\frac{22183}{86.4}}=16.02\text{cm}$$

$$i_y=\sqrt{\frac{I_y}{A}}=\sqrt{\frac{5990}{86.4}}=8.33\text{cm}$$

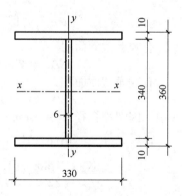

图 4.2 例题 4.2 图

二、截面验算

1. 刚度和整体稳定性

$$\left.\begin{array}{l}\lambda_x=\dfrac{l_{0x}}{i_x}=\dfrac{10\times 10^2}{16.02}=62.4\\ \lambda_y=\dfrac{l_{0x}}{i_y}=\dfrac{10\times 10^2}{8.33}=120.0\end{array}\right\}<[\lambda]=150，可。$$

由 $\lambda=\max\{\lambda_x,\lambda_y\}=120$，查附表 1.28（b 类截面）得 $\varphi=0.437$。

$$\frac{N}{\varphi A f}=\frac{800\times 10^3}{0.437\times 86.4\times 10^2\times 215}=0.985<1.0，可。$$

2. 局部稳定性（见《钢标》第7.3.1条）

因$\lambda=\max\{\lambda_x, \lambda_y\}=120>100$，计算构件的局部稳定时取$\lambda=100$。

翼缘板：
$$\frac{b'}{t}=\frac{(330-6)/2}{10}=16.2<(10+0.1\times100)\varepsilon_k=20，可。$$

腹板：
$$\frac{h_0}{t_w}=\frac{340}{6}=56.7<(25+0.5\times100)\varepsilon_k=75，可。$$

因截面无削弱，强度不必计算。

所选截面（图4.2）合适。

【讨论】1. 上述设计所以能较顺利地完成，主要是开始时假设的构件长细比$\lambda=127$比较合适。若开始时假设$\lambda=80$，则将得到如下结果：
$$\varphi=0.688$$

需要截面面积：$A\geqslant\dfrac{800\times10^3}{0.688\times215}\times10^{-2}=54.08\text{cm}^2$

需要回转半径：$i\geqslant\dfrac{10\times10^2}{80}=12.5\text{cm}$

需要翼缘板宽度：$b\approx\dfrac{12.5}{0.24}=52\text{cm}$，用50cm。

为满足翼缘板局部稳定性，需要翼缘板厚度：
$$t\approx\frac{b}{36}=\frac{50\times10}{36}=13.9\text{mm}，用14mm。$$

这样，单是两块翼缘板的面积就达$2\times50\times1.4=140\text{cm}^2$，已远大于需要的$A=54.08\text{cm}^2$，说明假定的$\lambda$值偏小（即要求的$i$值偏大），应重新假定$\lambda$值。

因此，轴心受压构件截面的设计常需经过试算，不是一次就可得到满意结果的。合适长细比的选定可参阅本章第4.3节。

2. 即使假定的长细比较准确，但设计时仍有各种可能的选择。例如本例题设计中取$h_w=340$mm，我们也可取$h_w=350$mm或其他尺寸，这时就将得到不同的截面尺寸。因此从同一已知条件出发，可有不同的设计截面，它们的计算方法都无误，验算条件也都满足，但设计的截面尺寸有好有次（所用截面面积是否最小或承载能力是否最大等）。本例题的设计结果也只能说比较满意，在没有作更多的比较时，就不能说是最好的结果。这在本章第4.1节中已述及。

3. 按本例题中选用的截面，构件的最大承载力（即构件所能承受的最大轴心压力设计值）为：
$$N_{\max}=N_{y\max}=\varphi_y Af=0.437\times86.4\times10^2\times215\times10^{-3}=811.8\text{kN}$$
由绕弱轴y轴的稳定性控制。

若钢材改用Q355钢，抗压强度设计值$f=305\text{N/mm}^2$，钢号修正系数$\varepsilon_k=\sqrt{235/f_y}=\sqrt{235/355}=0.814$，由$\lambda_y/\varepsilon_k=120/0.814=147.4$，查附表1.28得$\varphi=0.317$。
$$N'_{\max}=\varphi_y Af=0.317\times86.4\times10^2\times305\times10^{-3}=835.4\text{kN}$$

仅比采用Q235钢时的构件最大承载力提高2.9%，而Q355钢的强度设计值f则提高了

41.9%，说明本例题中若采用 Q355 钢，材料强度不能充分利用。这是因为本例题中构件的最大承载力是由绕弱轴 y 轴的稳定性控制的，长细比 λ_y 较大，构件较细长，基本处于弹性工作状态，此时材料强度对构件的承载力影响较小。因此，对较细长的轴心受压构件，不必采用强度较高的低合金钢。

4. 本例题中，若有可能在绕弱轴 y 轴的方向，构件中央增设一可靠的侧向支承点，使 $l_{0y}=0.5\times10=5\text{m}$，则对本例题中选用的截面构件：

$$\lambda_y=\frac{5\times10^2}{8.33}=60.0<\lambda_x=62.4$$

$$\varphi_x=0.795（附表1.28）$$

此时，构件的最大承载力由绕强轴 x 轴的稳定性控制，为：

$$N''_{\max}=\varphi_x A f=0.795\times86.4\times10^2\times215\times10^{-3}=1477\text{kN}$$

比 $N_{\max}=811.8\text{kN}$ 提高 81.9%。

因此，对工字形截面构件，有条件在绕截面弱轴方向增设侧向支承点，是提高轴心受压承载力的一个最为简便有效的方法。

【例题 4.3】 设计某轴心受压柱的焊接箱形截面尺寸，柱截面无削弱。已知柱高 6m，两端铰接，承受的轴心压力设计值 $N=6000\text{kN}$（包括柱身等构造自重），钢材用 Q235B 钢。

【解】 计算长度：$l_{0x}=l_{0y}=6\text{m}$

设截面组成板件的宽厚比（高厚比）大于 20，则焊接箱形截面构件对 x 轴和 y 轴屈曲均属 b 类截面（附表 1.10）。

一、初选截面

假设长细比 $\lambda=30$，查附表 1.28 得 $\varphi=0.936$。

需要：

$$A\geqslant\frac{N}{\varphi f}=\frac{6000\times10^3}{0.936\times215}\times10^{-2}=298.2\text{cm}^2$$

$$i_x=i_y\geqslant\frac{6\times10^2}{30}=20\text{cm}$$

按附表 2.10，得 $i_x=0.39h$ 和 $i_y=0.39b$。

需要：

$$b=\frac{i_y}{0.39}=\frac{20\times10}{0.39}=513\text{mm}，取 b=500\text{mm}。$$

$$t\approx\frac{0.25A}{b}=\frac{0.25\times298.2\times10^2}{500}=14.91\text{mm}，取 t=16\text{mm}。$$

$$h=\frac{i_x}{0.39}=\frac{20\times10}{0.39}=513\text{mm}，取 h_w=460\text{mm}。$$

$$t_w=\frac{(A-2bt)/2}{h_w}=\frac{(298.2\times10^2-2\times500\times16)/2}{460}$$

$$=15.02\text{mm}，取 t_w=16\text{mm}。$$

选用的截面尺寸如图 4.3 所示。

面积：$A=2\times50\times1.6+2\times46\times1.6=307.2\text{cm}^2$

惯性矩：

$$I_x=\frac{1}{12}(50\times49.2^3-46.8\times46^3)=116621\text{cm}^4$$

$$I_y = \frac{1}{12}(49.2 \times 50^3 - 46 \times 46.8^3) = 119571 \text{cm}^4$$

回转半径：

$$i_x = \sqrt{\frac{I_x}{A}} = \sqrt{\frac{116621}{307.2}} = 19.48 \text{cm}$$

$$i_y = \sqrt{\frac{I_y}{A}} = \sqrt{\frac{119571}{307.2}} = 19.73 \text{cm}$$

截面深度与柱高度之比 $= \frac{50}{600} = \frac{1}{12}$。

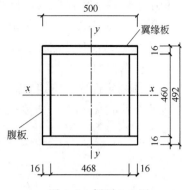

图 4.3 例题 4.3 图

二、截面验算

1. 刚度和整体稳定性

$$\left.\begin{array}{l}\lambda_x = \dfrac{l_{0x}}{i_x} = \dfrac{600}{19.48} = 30.8 \\ \lambda_y = \dfrac{l_{0y}}{i_y} = \dfrac{600}{19.73} = 30.4\end{array}\right\} < [\lambda] = 150，可。$$

由 $\lambda = \max\{\lambda_x, \lambda_y\} = 30.8$，查附表 1.28（b 类截面）得 $\varphi = 0.933$。

$$\frac{N}{\varphi A f} = \frac{6000 \times 10^3}{0.933 \times 307.2 \times 10^2 \times 215} = 0.974 < 1.0，可。$$

2. 局部稳定性（见《钢标》第 7.3.1 条）

翼缘板：

$$\frac{b_0}{t} = \frac{500 - 16}{16} = 30.3 < 40\varepsilon_k = 40 \times 1.0 = 40❶，可。$$

腹板：

$$\frac{h_0}{t_w} = \frac{460}{16} = 28.8 < 40\varepsilon_k = 40 \times 1.0 = 40，可。$$

因截面无削弱，不必计算强度。

所选截面合适。

翼缘板与腹板的连接，采用对接焊缝或部分焊透的对接焊缝，计算方法见本书第 1 章第 1.4 节。

【讨论】按本例题中选用的截面（图 4.3），构件的最大承载力为：

$$N_{\max} = \varphi A f = 0.933 \times 307.2 \times 10^2 \times 215 \times 10^{-3} = 6162 \text{kN}$$

若钢材改用 Q355 钢，$f = 305 \text{N/mm}^2$，则由 $\lambda_x / \varepsilon_k = 30.8 / \sqrt{235/355} = 37.9$ 查附表 1.28 得 $\varphi = 0.906$，该构件的最大承载力为：

$$N'_{\max} = \varphi A f = 0.906 \times 307.2 \times 10^2 \times 305 \times 10^{-3} = 8489 \text{kN}$$

比采用 Q235 钢时 $N_{\max} = 6162 \text{kN}$ 提高了 37.8%，与钢材强度的提高幅度（41.9%）相差无几。这是因为本例题中构件的长细比较小，即构件较短，处于弹塑性工作状态，材料强度对构件的承载力影响较大（λ 愈小，影响愈大）。因此，对较短的轴心受压构件，采用高强度钢材也是提高构件承载力的一个有效方法。

---

❶ 本例题所示箱形截面，腹板与翼缘板只能采用从外面施焊的 V 形对接焊缝，验算翼缘板的宽厚比时，宽度取两腹板中心距离。

【例题 4.4】 同例题 4.2，但改为采用热轧无缝钢管截面，其他不变。

【解】 $N=800\text{kN}$，$l_0=l=10\text{m}$。

热轧无缝钢管对任意轴屈曲时均属 a 类截面。

一、初选截面

按整体稳定性要求确定所需的截面面积 A 和回转半径 i。

假设长细比 $\lambda=105$，查附表 1.27 得 $\varphi=0.600$。

需要：
$$A \geqslant \frac{N}{\varphi f} = \frac{800 \times 10^3}{0.600 \times 215} \times 10^{-2} = 62.02 \text{cm}^2$$

$$i \geqslant \frac{l_0}{\lambda} = \frac{10 \times 10^2}{105} = 9.52 \text{cm}$$

利用截面回转半径与轮廓尺寸的近似关系等查型钢表选截面。

按附表 2.10，取 $i \approx 0.34d$，得：
$$d \approx \frac{i}{0.34} = \frac{9.52 \times 10}{0.34} = 280 \text{mm}$$

选用热轧无缝钢管 $\phi 273 \times 7.5$，其截面特性为：$A=62.56\text{cm}^2$，$i=9.39\text{cm}$（附表 2.6）。

二、截面验算

1. 刚度和整体稳定性
$$\lambda = \frac{l_0}{i} = \frac{10 \times 10^2}{9.39} = 106.5 < [\lambda] = 150，可。$$

由 $\lambda=106.5$ 查附表 1.27（a 类截面），得 $\varphi=0.589$：
$$\frac{N}{\varphi A f} = \frac{800 \times 10^3}{0.589 \times 62.56 \times 10^2 \times 215} = 1.01 \approx 1.0，可。$$

2. 局部稳定性（《钢标》第 7.3.1 条第 6 款）

Q235 钢：$\varepsilon_k=1.0$
$$\frac{d}{t} = \frac{273}{7.5} = 36.4 < 100\varepsilon_k^2 = 100，可。$$

截面无削弱，强度不必验算。

所选截面适用。

4.3 轴心受压构件合适长细比的假定

从上节的例题可见，设计轴心受压构件时必须预先假定构件的长细比，假定不合适时需重新计算。本节提供一个假定合适长细比的准则，供设计时使用。

在设计时，轴心受压构件的截面尺寸由公式 (4.2) 确定，即：
$$A \geqslant \frac{N}{\varphi f}$$

式中的截面面积 A 和整体稳定系数 φ 不是两个毫不相关的未知量。对每一种截面形式，都可找出它们间的近似关系❶。例如，对某一种截面形式，截面的回转半径 i 与面积 A 间必然有下列近似关系：

---

❶ 书末所附主要参考文献 [14] 第 111-112 页。

$$A = \alpha \cdot i^2 \tag{4.3}$$

式中 α 为参数，随构件的截面形状、尺寸和屈曲方向而变化。表 4.1 给出了常用轴心受压构件截面的参数 α 近似值。

利用 $\lambda = l_0/i$、上述式 (4.3) 及式 (4.2)，可导得下述关系式：

$$\frac{\lambda^2}{\varphi} \leqslant \frac{\alpha l_0^2 f}{N} \tag{4.4}$$

式中 l_0 和 λ 分别为构件对截面主轴的计算长度和长细比。

设计轴心受压构件时，轴心压力设计值 N、钢材的抗压强度设计值 f 和构件的计算长度 l_0 都是已知值，由表 4.1 查得 α 的近似值后，式 (4.4) 不等号的右边就为定值。因长细比 λ 和轴心受压构件稳定系数 φ 间有确定的关系 (参见《钢标》)，故由式 (4.4) 即可求得构件的合适长细比 λ 如表 4.2～表 4.6 所示❶，不必盲目假设。上节例题 4.2 至例题 4.6 中的各个长细比假定值就是由此得出的。

【例题 4.5】 上节例题 4.2 中假定 λ=127 进行构件截面设计，顺利地得到了合理的截面尺寸。如何得出此 λ 假定值？

【解】 利用表 4.1 和表 4.2 得出。

例题 4.2 中已知：N=800kN，$l_{0x} = l_{0y} = 10$m，控制轴为 y 轴，构件屈曲时属 b 类截面。Q235 钢，$f = 215$N/mm²。查表 4.1，$\alpha_y = 1.5$，有：

$$\frac{\alpha_y l_{0y}^2 f}{N} \times 10^{-3} = \frac{1.5 \times (10 \times 10^3)^2 \times 215}{800 \times 10^3} \times 10^{-3} = 40.3$$

据此，查表 4.2 得合适的控制长细比 $\lambda_y = 127$。

求轴心受压构件合适长细比用的参数 α 值❶ 表 4.1

项次	截面形式		弯曲屈曲对应主轴	α	说　明
1		焊接工字钢	x	0.45	设 $h_w t_w = 0.2A$、$b/t = 30$、$h_w/t_w = 60$ 和 $h \approx h_w$
			y	1.5	
2			x	0.55	设 $h_w t_w = 0.2A$、$b/t = 20$、$h_w/t_w = 50$ 和 $h \approx h_w$
			y	2.2	
3		箱形或方管	x 或 y	0.7	板件宽厚比为 40 时
				0.9	板件宽厚比为 30 时
				1.1	板件宽厚比为 25 时
4		等边角钢	x	3.6	设角钢每边的宽厚比为 12
			y	1.7	
5		长边相连	x	2.6	
			y	3.7	设角钢长边的宽厚比为 12
6		短边相连	x	7.6	
			y	1.1	

---

❶ 姚谏. 钢结构轴心受压构件和压弯构件截面的直接设计法. 建筑结构，1997 年第 6 期。

续表

项次	截面形式	弯曲屈曲对应主轴	α	说明
7	焊接T形	x	3.6	设 $bt=(0.7\sim 0.75)A$、b/t $=30$ 和 $h_w/t_w=15$
		y	0.8	
8	钢管	通过截面形心的任意轴	$\dfrac{26}{d/t}$	对热轧无缝钢管通常可取 d/t $=30\sim 40$
9	等边角钢	v	4.2	设角钢每边的宽厚比为12
10	等边角钢	u	2.0	自由外伸板件宽厚比≥7.0（其他情况可取 $\alpha=3.4$）
11		$y(x)$	I28 及以下：10（0.5） I32～40：12（0.4） I45 及以上：14（0.3）	热轧工字钢截面。括号内数值为对 x 轴屈曲时的参数 α 值
12		y	I32 及以下：1.0 I36～40：0.8 I45 及以上：0.7	分肢为热轧工字钢截面
13		y	0.8	分肢为热轧槽钢截面
14		x	HW：0.94 HM：0.44 HN：0.31	热轧 H 型钢截面（按《热轧 H 型钢和剖分 T 型钢》GB/T 11263—2017 计算）
		y	HW：2.8 HM：3.3 HN：5.9	

Q235 钢：轴心受压构件的合适长细比 λ（假定值）　　表 4.2

$\dfrac{\alpha l_0^2 f}{N}\times 10^{-3}$	截面分类				$\dfrac{\alpha l_0^2 f}{N}\times 10^{-3}$	截面分类				$\dfrac{\alpha l_0^2 f}{N}\times 10^{-3}$	截面分类			
	a	b	c	d		a	b	c	d		a	b	c	d
0.1	10	10	10	10	4.5	63	60	57	54	16	101	96	91	86
0.5	22	22	22	21	5.0	66	63	60	57	18	104	100	94	89
1.0	31	31	30	29	6.0	71	68	64	61	20	108	103	97	92
1.2	34	33	33	32	7.0	75	72	68	64	22	111	106	101	95
1.5	38	37	36	35	8.0	79	76	71	67	25	115	111	105	99
2.0	43	42	41	39	9.0	83	79	74	70	30	121	117	111	106
2.5	48	47	45	43	10	86	82	77	73	35	126	122	117	111
3.0	52	51	49	46	11	89	85	80	76	40	131	127	122	116
3.5	56	54	52	49	12	92	88	82	78	45	135	131	126	121
4.0	59	57	55	52	14	96	92	87	82	50	139	135	130	125

续表

$\dfrac{\alpha l_0^2 f}{N} \times 10^{-3}$	截面分类				$\dfrac{\alpha l_0^2 f}{N} \times 10^{-3}$	截面分类				$\dfrac{\alpha l_0^2 f}{N} \times 10^{-3}$	截面分类			
	a	b	c	d		a	b	c	d		a	b	c	d
55	143	139	134	129	80	158	154	150	145	120	175	171	168	163
60	146	142	138	132	85	160	156	152	147	140	182	179	175	170
65	149	145	141	136	90	163	159	155	150	160	189	185	182	177
70	152	148	144	139	100	167	163	160	154	180	195	191	188	183
75	155	151	147	142	110	171	168	164	159	200	200	196	193	189

Q355 钢：轴心受压构件的合适长细比 λ（假定值）　　表 4.3

$\dfrac{\alpha l_0^2 f}{N} \times 10^{-3}$	截面分类				$\dfrac{\alpha l_0^2 f}{N} \times 10^{-3}$	截面分类				$\dfrac{\alpha l_0^2 f}{N} \times 10^{-3}$	截面分类			
	a	b	c	d		a	b	c	d		a	b	c	d
0.1	10	10	10	10	9.0	78	74	70	66	55	129	126	123	119
0.5	22	22	22	21	10	80	77	72	69	60	132	129	126	122
1.0	31	30	29	28	11	83	79	75	71	65	135	132	129	125
1.2	34	33	32	31	12	85	82	77	73	70	138	135	132	128
1.5	37	36	35	34	14	89	86	81	77	75	140	137	134	130
2.0	43	41	40	38	16	93	89	84	80	80	143	140	137	133
2.5	47	46	43	41	18	96	92	88	83	85	145	142	139	135
3.0	51	49	47	44	20	99	95	91	86	90	147	144	141	137
3.5	55	52	50	47	22	101	98	94	89	100	151	148	146	142
4.0	58	55	52	49	25	105	102	97	93	110	155	152	149	146
4.5	61	58	55	52	30	110	107	103	99	120	159	156	153	149
5.0	63	60	57	54	35	115	112	108	104	140	165	162	160	156
6.0	68	64	61	57	40	119	116	112	108	160	171	168	166	162
7.0	71	68	64	61	45	123	120	116	112	180	176	173	171	167
8.0	75	71	67	63	50	126	123	120	116	200	181	178	176	172

Q390 钢：轴心受压构件的合适长细比 λ（假定值）　　表 4.4

$\dfrac{\alpha l_0^2 f}{N} \times 10^{-3}$	截面分类				$\dfrac{\alpha l_0^2 f}{N} \times 10^{-3}$	截面分类				$\dfrac{\alpha l_0^2 f}{N} \times 10^{-3}$	截面分类			
	a	b	c	d		a	b	c	d		a	b	c	d
0.1	10	10	10	10	9.0	76	73	69	65	55	127	124	121	117
0.5	22	22	21	21	10	79	76	71	67	60	130	127	124	120
1.0	31	30	29	28	11	81	78	73	70	65	132	129	127	123
1.2	33	33	32	30	12	83	80	76	72	70	135	132	129	125
1.5	37	36	35	33	14	87	84	80	75	75	137	134	132	128
2.0	42	41	39	37	16	91	87	83	79	80	140	137	134	130
2.5	47	45	43	41	18	94	91	86	82	85	142	139	136	133
3.0	51	49	46	44	20	97	93	89	85	90	144	141	139	135
3.5	54	52	49	47	22	99	96	92	88	100	148	145	143	139
4.0	57	55	52	49	25	103	99	96	91	110	152	149	146	143
4.5	60	57	54	51	30	108	105	101	97	120	155	152	150	146
5.0	62	60	56	53	35	112	109	106	102	140	161	158	156	153
6.0	67	64	60	57	40	116	113	110	106	160	167	164	162	158
7.0	70	67	63	60	45	120	117	114	110	180	172	169	167	164
8.0	74	70	66	63	50	123	121	117	113	200	177	174	172	168

Q420钢：轴心受压构件的合适长细比 λ（假定值） 表 4.5

$\dfrac{\alpha l_0^2 f}{N}\times 10^{-3}$	截面分类				$\dfrac{\alpha l_0^2 f}{N}\times 10^{-3}$	截面分类				$\dfrac{\alpha l_0^2 f}{N}\times 10^{-3}$	截面分类			
	a	b	c	d		a	b	c	d		a	b	c	d
0.1	10	10	10	10	9.0	75	72	68	64	55	124	122	119	115
0.5	22	22	21	21	10	78	75	70	67	60	127	124	122	118
1.0	31	30	29	28	11	80	77	73	69	65	130	127	124	121
1.2	33	33	31	30	12	82	79	75	71	70	132	130	127	123
1.5	37	36	35	33	14	86	83	79	74	75	135	132	130	126
2.0	42	41	39	37	16	89	86	82	78	80	137	134	132	128
2.5	47	45	43	41	18	92	89	85	81	85	139	137	134	130
3.0	51	48	46	44	20	95	92	88	84	90	141	139	136	133
3.5	54	51	49	46	22	97	94	91	87	100	145	143	140	137
4.0	57	54	51	48	25	101	98	94	90	110	149	146	144	140
4.5	59	57	53	51	30	106	103	100	96	120	152	149	147	144
5.0	62	59	55	53	35	110	108	104	100	140	158	156	154	150
6.0	66	63	59	56	40	114	112	108	104	160	164	161	159	156
7.0	70	66	62	59	45	118	115	112	108	180	169	166	164	161
8.0	73	69	65	62	50	121	118	116	112	200	173	171	169	166

Q460钢：轴心受压构件的合适长细比 λ（假定值） 表 4.6

$\dfrac{\alpha l_0^2 f}{N}\times 10^{-3}$	截面分类				$\dfrac{\alpha l_0^2 f}{N}\times 10^{-3}$	截面分类				$\dfrac{\alpha l_0^2 f}{N}\times 10^{-3}$	截面分类			
	a	b	c	d		a	b	c	d		a	b	c	d
0.1	10	10	10	10	9.0	74	71	67	63	55	122	119	116	113
0.5	22	22	21	21	10	76	73	69	66	60	124	122	119	116
1.0	31	30	29	28	11	79	76	71	68	65	127	124	122	118
1.2	33	32	31	30	12	81	78	73	70	70	130	127	125	121
1.5	37	36	34	33	14	84	81	77	73	75	132	129	127	123
2.0	42	41	39	37	16	88	84	81	77	80	134	132	129	126
2.5	46	45	42	40	18	90	87	84	80	85	136	134	131	128
3.0	50	48	45	43	20	93	90	87	83	90	138	136	133	130
3.5	53	51	48	46	22	95	93	89	85	100	142	139	137	134
4.0	56	54	51	48	25	99	96	93	89	110	146	143	141	138
4.5	59	56	53	50	30	104	101	98	94	120	149	146	144	141
5.0	61	58	55	52	35	108	104	102	99	140	155	152	150	147
6.0	65	62	58	55	40	112	109	106	103	160	160	158	156	153
7.0	68	65	62	58	45	115	113	110	106	180	165	163	161	158
8.0	71	68	64	61	50	119	116	113	110	200	170	167	165	162

4.4 屋盖桁架轴心受压杆件的设计

【例题 4.6】 某钢屋架中的轴心受压上弦杆，承受的轴心压力设计值 $N=1034\mathrm{kN}$，计算长度 $l_{0x}=150.9\mathrm{cm}$、$l_{0y}=301.8\mathrm{cm}$，节点板厚 14mm，钢材为 Q235B 钢。采用双角钢组

合T形截面，截面外伸边上开有两个直径 $d_0=21.5$mm 的螺栓孔（虚孔）。试选择该上弦杆的截面。

【解】Q235 钢：$f=215\text{N/mm}^2$、$f_u=370\text{N/mm}^2$，$\varepsilon_k=1.0$。

上弦杆的两屈曲方向计算长度之比 $l_{0y}/l_{0x}=2$，可选用不等边双角钢短边相连的T形截面，也可选用等边双角钢的T形截面。

双角钢组成的T形截面轴心受压构件对 x 轴和 y 轴屈曲时均属 b 类截面（附表1.10），但在计算绕对称轴 y 轴的稳定性时应计及扭转效应的不利影响。

一、选用不等边双角钢短边相连的T形截面

由表4.1项次6查得 $\alpha_x=7.6$ 和 $\alpha_y=1.1$，有：

$$\frac{\alpha_x l_{0x}^2 f}{N}\times 10^{-3}=\frac{7.6\times(150.9\times 10)^2\times 215}{1034\times 10^3}\times 10^{-3}=3.6$$

$$\frac{\alpha_y l_{0y}^2 f}{N}\times 10^{-3}=\frac{1.1\times(301.8\times 10)^2\times 215}{1034\times 10^3}\times 10^{-3}=2.1$$

据此，分别查表4.2得假定的长细比为 $\lambda_x=55$ 和 $\lambda_y=43$。计算T形截面构件绕对称轴的稳定性时应取计及扭转效应的换算长细比 λ_{yz} 取代 λ_y，而推导、制作表4.2~表4.6时并未考虑及此。为了考虑扭转效应的不利影响，设 $\lambda_{yz}=(1.2\sim 1.3)\lambda_y=52\sim 56$，与 $\lambda_x=55$ 非常接近，故可以认为本例题中构件的稳定性由绕 x 轴控制，取合适长细比的假定值为 $\lambda=\lambda_x=55$，得 $\varphi=0.833$（附表1.28）。

需要：

$$A\geqslant \frac{N}{\varphi f}=\frac{1034\times 10^3}{0.833\times 215}\times 10^{-2}=57.73\text{cm}^2$$

$$i_x\geqslant \frac{l_{0x}}{\lambda}=\frac{150.9}{55}=2.74\text{cm}$$

$$i_y\geqslant \frac{l_{0y}}{\lambda_y}=\frac{301.8}{43}=7.02\text{cm}❶$$

选用 $2 \llcorner 160\times 100\times 12$，短边相连（图4.4）：

$A=60.11\text{cm}^2$，$i_x=2.82\text{cm}$，$i_y=7.90\text{cm}$，$r=13$mm。

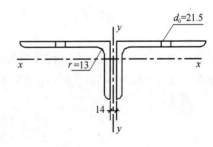

图4.4 例题4.6图

验算如下。

1. 净截面强度

$$A_n=60.11-2\times 2.4\times 1.2=54.35\text{cm}^2$$

式中，因螺栓孔径 $d_0=21.5$mm$<d+4$mm$=24$mm，取 24mm 计算。

$$\sigma=\frac{N}{A_n}=\frac{1034\times 10^3}{54.35\times 10^2}$$

$$=190.2\text{N/mm}^2<0.7f_u=0.7\times 370=259\text{N/mm}^2，可。$$

---

❶ 当T形截面构件的稳定性由绕对称轴 y 轴控制时，即构件的合适长细比 $\lambda=\lambda_{yz}$ 时，计算所需的回转半径 i_y 必须采用按表4.2确定的长细比 λ_y，而不能用构件的合适长细比 $\lambda=\lambda_{yz}$，因为 λ_{yz} 是一个换算长细比，并不是通常定义的"计算长度与回转半径之比值"。

2. 刚度和整体稳定性

$$\lambda_x = \frac{l_{0x}}{i_x} = \frac{150.9}{2.82} = 53.5 < [\lambda] = 150❶，可。$$

$$\lambda_y = \frac{l_{0y}}{i_y} = \frac{301.8}{7.90} = 38.2$$

扭转屈曲的换算长细比 [《钢标》公式 (7.2.2-13)]：

$$\lambda_z = 3.7 \frac{b_1}{t} = 3.7 \times \frac{160}{12} = 49.3 > \lambda_y = 38.2$$

故计算绕对称轴 y 轴弯扭屈曲的换算长细比为 [简化方法，见《钢标》公式 (7.2.2-12)]：

$$\lambda_{yz} = \lambda_z \left[1 + 0.06 \left(\frac{\lambda_y}{\lambda_z}\right)^2\right] = 49.3 \times \left[1 + 0.06 \times \left(\frac{38.2}{49.3}\right)^2\right] = 49.3 \times 1.036 = 51.1$$

由 $\lambda = \max\{\lambda_x, \lambda_{yz}\} = 53.5$，查附表 1.28 得 $\varphi = 0.840$：

$$\frac{N}{\varphi A f} = \frac{1034 \times 10^3}{0.840 \times 60.11 \times 10^2 \times 215} = 0.952 < 1.0，可。$$

3. 局部稳定性（见《钢标》第 7.3.1 条第 4 款）

只需验算角钢水平边（长边）：

$$\frac{b'}{t} = \frac{160 - 12 - 13}{12} = 11.3 < (10 + 0.1 \times 53.5) \times 1.0 = 15.4，可。$$

（若选用 2∟180×110×10 短边相连的双角钢 T 形截面，同样能满足强度、刚度和整体稳定性的要求，但不满足局部稳定要求）。

二、选用等边双角钢 T 形截面

由表 4.1 项次 4 查得 $\alpha_x = 3.6$ 和 $\alpha_y = 1.7$，有：

$$\frac{\alpha_x l_{0x}^2 f}{N} \times 10^{-3} = \frac{3.6 \times (150.9 \times 10)^2 \times 215}{1034 \times 10^3} \times 10^{-3} = 1.7$$

$$\frac{\alpha_y l_{0y}^2 f}{N} \times 10^{-3} = \frac{1.7 \times (301.8 \times 10)^2 \times 215}{1034 \times 10^3} \times 10^{-3} = 3.2 \quad (控制)$$

据此，查表 4.2 得未计入扭转效应的控制长细比 $\lambda_y = 52$。考虑扭转效应的不利影响，取合适长细比 $\lambda = \lambda_{yz} \approx 1.1\lambda_y = 57$，$\varphi = 0.823$（附表 1.28）。

需要：

$$A \geqslant \frac{N}{\varphi f} = \frac{1034 \times 10^3}{0.823 \times 215} \times 10^{-2} = 58.44 \text{cm}^2$$

$$i_x \geqslant \frac{l_{0x}}{\lambda} = \frac{150.9}{57} = 2.65 \text{cm}$$

$$i_y \geqslant \frac{l_{0y}}{\lambda} = \frac{301.8}{52} = 5.80 \text{cm}$$

选用 2∟125×12，$A = 57.82 \text{cm}^2$，$i_x = 3.83 \text{cm}$，$i_y = 5.71 \text{cm}$，$r = 14 \text{mm}$。

验算如下。

---

❶ 验算容许长细比时，可不考虑扭转效应（《钢标》第 7.4.6 条）。

1. 净截面强度
$$A_n = 57.82 - 2 \times 2.4 \times 1.2 = 52.06 \text{cm}^2$$
$$\sigma = \frac{N}{A_n} = \frac{1034 \times 10^3}{52.06 \times 10^2} = 198.6 \text{N/mm}^2 < 0.7 f_u = 259 \text{N/mm}^2，可。$$

2. 刚度和整体稳定性
$$\lambda_x = \frac{l_{0x}}{i_x} = \frac{150.9}{3.83} = 39.4$$
$$\lambda_y = \frac{l_{0y}}{i_y} = \frac{301.8}{5.71} = 52.9 < [\lambda] = 150，可。$$

扭转屈曲的换算长细比〔《钢标》公式（7.2.2-7）〕：
$$\lambda_z = 3.9 \frac{b}{t} = 3.9 \times \frac{125}{12} = 40.6 < \lambda_y = 52.9$$

故计算绕对称轴 y 轴弯扭屈曲的换算长细比为〔见《钢标》公式（7.2.2-5）〕：
$$\lambda_{yz} = \lambda_y \left[1 + 0.16 \left(\frac{\lambda_z}{\lambda_y}\right)^2\right] = 52.9 \times \left[1 + 0.16 \times \left(\frac{40.6}{52.9}\right)^2\right]$$
$$= 52.9 \times 1.094 = 57.9$$

由 $\lambda = \max\{\lambda_x, \lambda_{yz}\} = 57.9$，查附表 1.28 得 $\varphi = 0.819$：
$$\frac{N}{\varphi A f} = \frac{1034 \times 10^3}{0.819 \times 57.82 \times 10^2 \times 215} = 1.016 \approx 1.0，可。$$

3. 局部稳定性

只需验算角钢水平边：
$$\frac{b'}{t} = \frac{125 - 12 - 14}{12} = 8.3 < (10 + 0.1 \times 57.9) \times 1.0 = 15.8，可。$$

比较以上计算结果，确定上弦杆选用等边双角钢 2∟125×12 组成的 T 形截面（比选用不等边双角钢 2∟160×100×12 节省钢材 3.8%，同时等边角钢供货较多）。

【讨论】对于两个方向计算长度之比 $l_{0y}/l_{0x} = 2$ 的轴心受压桁架构件，一般情况下宜选用不等边双角钢短边相连的 T 形截面。当节点板较厚时，则宜与选用等边双角钢 T 形截面的结果相比较，最后确定选用的截面。因为当节点板较厚时，等边双角钢 T 形截面的两方向回转半径之比已达 $i_y/i_x \approx 1.5$，再考虑局部稳定和角钢规格等因素，就有可能以选用等边双角钢为合适。

【例题 4.7】同例题 4.6，但改为采用两块钢板焊接而成的 T 形截面，板件边缘为火焰切割。

【解】板件边缘为火焰切割的焊接 T 形截面构件对 x 轴和 y 轴屈曲均属 b 类截面（附表 1.10）。

一、初选截面

1. 按表 4.2 假定构件长细比 λ

由表 4.1 项次 7 查得 $\alpha_x = 3.6$ 和 $\alpha_y = 0.80$，有：
$$\frac{\alpha_x l_{0x}^2 f}{N} \times 10^{-3} = \frac{3.6 \times (150.9 \times 10)^2 \times 215}{1034 \times 10^3} \times 10^{-3} = 1.7$$
$$\frac{\alpha_y l_{0y}^2 f}{N} \times 10^{-3} = \frac{0.8 \times (301.8 \times 10)^2 \times 215}{1034 \times 10^3} \times 10^{-3} = 1.5$$

据此，分别查表 4.2 得假定的长细比为 $\lambda_x=39$ 和 $\lambda_y=37$（未计及扭转效应对 y 轴的影响）。考虑扭转效应的不利影响及焊接 T 形截面的抗扭性能不如双角钢组成的 T 形截面，取合适长细比 $\lambda=\lambda_{yz}\approx1.6\lambda_y\approx60$，$\varphi=0.807$（附表1.28）。

2. 按整体稳定性要求确定所需的截面面积 A 和回转半径 i_x、i_y

需要：

$$A\geqslant\frac{N}{\varphi f}=\frac{1034\times10^3}{0.807\times215}\times10^{-2}=59.59\text{cm}^2$$

$$i_x\geqslant\frac{l_{0x}}{\lambda}=\frac{150.9}{60}=2.52\text{cm}$$

$$i_y\geqslant\frac{l_{0y}}{\lambda_y}=\frac{301.8}{37}=8.16\text{cm}$$

3. 利用截面回转半径与轮廓尺寸的近似关系等确定截面各部分尺寸

按附表 2.10，$i_x=0.26h$ 和 $i_y=0.24b$，得：

$$b=\frac{i_y}{0.24}=\frac{8.16\times10}{0.24}=340\text{mm}$$

$$t=\frac{(0.7\sim0.75)A}{b}=\frac{(0.7\sim0.75)\times59.59\times10^2}{340}=12.3\sim13.1\text{mm}，取 t=12\text{mm}$$

$$h=\frac{i_x}{0.26}=\frac{2.52\times10}{0.26}=96.9\text{mm}$$

取 $t_w=14\text{mm}$，得：

$$h_w=\frac{A-bt}{t_w}=\frac{59.59\times10^2-340\times12}{14}=134.2\text{mm}>96.9\text{mm}，取 h_w=130\text{mm}。$$

选用的截面尺寸如图 4.5 所示。

毛截面面积：$A=34\times1.2+13\times1.4=59.0\text{cm}^2$

净截面面积：$A_n=59.0-2\times2.4\times1.2=53.24\text{cm}^2$

毛截面面积形心：

$$y_0=\frac{13\times1.4\times\left(\frac{13}{2}+\frac{1.2}{2}\right)}{59.0}=2.19\text{cm}$$

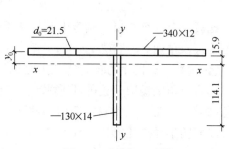

图 4.5 例题 4.7 图

惯性矩：

$I_x=34\times1.2\times2.19^2+\frac{1}{3}\times1.4\times(1.59^3+11.41^3)=891\text{cm}^4$

$I_y=\frac{1}{12}\times1.2\times34^3=3930\text{cm}^4$

回转半径：

$$i_x=\sqrt{\frac{I_x}{A}}=\sqrt{\frac{891}{59.0}}=3.89\text{cm}$$

$$i_y=\sqrt{\frac{I_y}{A}}=\sqrt{\frac{3930}{59.0}}=8.16\text{cm}$$

二、截面验算
1. 净截面强度
$$\sigma = \frac{N}{A_n} = \frac{1034 \times 10^3}{53.24 \times 10^2} = 194.2 \text{N/mm}^2 < 0.7 f_u = 259 \text{N/mm}^2,可。$$

2. 刚度和整体稳定性
(1) 绕 x 轴和 y 轴的长细比：
$$\lambda_x = \frac{l_{0x}}{i_x} = \frac{150.9}{3.89} = 38.8$$
$$\lambda_y = \frac{l_{0y}}{i_y} = \frac{301.8}{8.16} = 37.0$$

(2) 绕对称轴 y 轴弯扭屈曲的换算长细比 λ_{yz}（《钢标》第 7.2.2 条第 2 款）：
截面形心至剪心的距离：$y_s = y_0 = 2.19 \text{cm}$
毛截面抗扭惯性矩：$I_t = \frac{k}{3} \sum b_i t_i^3 = \frac{1.20}{3} \times (34 \times 1.2^3 + 13 \times 1.4^3) = 37.8 \text{cm}^4$
毛截面扇性惯性矩：$I_\omega \approx 0$
扭转屈曲计算长度：$l_\omega = l_{0y} = 301.8 \text{cm}$
毛截面对剪心的极回转半径：$i_0^2 = y_s^2 + i_x^2 + i_y^2 = 2.19^2 + 3.89^2 + 8.16^2 = 86.5 \text{cm}^2$
毛截面对剪心的极惯性矩 $I_0 = i_0^2 A = 86.5 \times 59.0 = 5103.5 \text{cm}^4$
扭转屈曲的换算长细比 [《钢标》公式（7.2.2-3）]：
$$\lambda_z = \sqrt{\frac{I_0}{I_t/25.7 + I_\omega/l_\omega^2}} \approx \sqrt{\frac{I_0}{I_t/25.7}} = \sqrt{\frac{5103.5}{37.8/25.7}} = 58.9$$

弯扭屈曲换算长细比 [《钢标》公式（7.2.2-4）]：
$$\lambda_{yz} = \frac{1}{\sqrt{2}} \left[(\lambda_y^2 + \lambda_z^2) + \sqrt{(\lambda_y^2 + \lambda_z^2)^2 - 4(1 - y_s^2/i_0^2) \lambda_y^2 \lambda_z^2} \right]^{\frac{1}{2}}$$
$$= \frac{1}{\sqrt{2}} \left[(37.0^2 + 58.9^2) + \sqrt{(37.0^2 + 58.9^2)^2 - 4(1 - 2.19^2/86.5) \times 37.0^2 \times 58.9^2} \right]^{\frac{1}{2}}$$
$$= 59.9 > \lambda_x = 38.8$$

(3) 验算：
刚度：$\lambda_{\max} = \max\{\lambda_x, \lambda_y\} = \lambda_x = 38.8 < [\lambda] = 150$，可。
整体稳定性：由 $\lambda = \max\{\lambda_x, \lambda_{yz}\} = \lambda_{yz} = 59.9$，查附表 1.28 得 $\varphi = 0.808$。
$$\frac{N}{\varphi A f} = \frac{1034 \times 10^3}{0.808 \times 59.0 \times 10^2 \times 215} = 1.009 \approx 1.0，可。$$

3. 局部稳定性
翼缘 [《钢标》公式（7.3.1-2）]：
$$\frac{b'}{t} = \frac{(340 - 14)/2}{12} = 13.6 < (10 + 0.1 \times 59.9) \times 1.0 = 16.0，可。$$

腹板 [《钢标》公式（7.3.1-5）]：
$$\frac{h_w}{t_w} = \frac{130}{14} = 9.3 < (13 + 0.17 \times 59.9) \times 1.0 = 23.2，可。$$

因此，所选上弦杆截面适用。

与例题 4.6 中上弦杆采用双角钢 T 形截面比较可见，改用两板焊接 T 形截面并不能减少上弦杆截面的用钢量（59.0/57.82＝1.02，基本相等）。

【**例题 4.8**】某钢屋架的再分式腹杆体系中的受压竖腹杆，长 $l=106.1\text{cm}$，轴心压力设计值 $N=41.8\text{kN}$。腹杆截面无削弱，钢材为 Q235BF。试选择该腹杆的角钢截面。

【**解**】腹杆内力较小、长度较短，拟选用单边连接的等边单角钢截面。

计算长度（斜平面，见附表 1.12）：
$$l_{0u}=l_{0v}=l_0=0.9l=0.9\times106.1=95.5\text{cm}$$

钢材为 Q235 钢的等边单角钢绕截面两主刚度轴屈曲时均属 b 类截面（附表 1.10）。

1. 按绕截面最小刚度轴的稳定条件选截面

单边连接的等边单角钢轴心受压构件当绕两主轴弯曲屈曲的计算长度相等时，按《钢标》第 7.2.2 条第 2 款，可不计算弯扭屈曲，但验算整体稳定性时应对钢材的抗压强度设计值乘以折减系数 η，以考虑单边连接的等边单角钢实际受力为双向压弯的不利影响（见《钢标》第 7.6.1 条）：
$$\eta=0.6+0.0015\lambda\leqslant1.0$$

式中长细比 λ，对中间无连系的单角钢压杆，应按最小回转半径计算，当 $\lambda<20$ 时，取 $\lambda=20$；当 λ 未知时，可近似取 $\eta=0.75$。

由表 4.1 项次 9 查得绕截面最小刚度轴 v 轴屈曲的参数 $\alpha=4.2$，得：
$$\frac{\alpha\cdot l_0^2\cdot(\eta f)}{N}\times10^{-3}=\frac{4.2\times(95.5\times10)^2\times(0.75\times215)}{41.8\times10^3}\times10^{-3}=14.8$$

查表 4.2 得合适的假定长细比 $\lambda=94$，$\varphi=0.594$（附表 1.28），$\eta=0.6+0.0015\times94=0.741$。

需要：
$$A\geqslant\frac{N}{\varphi(\eta f)}=\frac{41.8\times10^3}{0.594\times0.741\times215}=4.42\text{cm}^2$$

$$i_v\geqslant\frac{l_0}{\lambda}=\frac{95.5}{94}=1.02\text{cm}$$

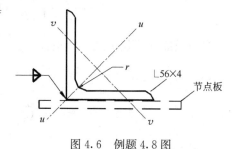

图 4.6　例题 4.8 图

选用 1∟56×4（图 4.6）：

$A=4.39\text{cm}^2$，$i_v=1.11\text{cm}$，$i_u=2.18\text{cm}$，$r=6\text{mm}$。

2. 验算

(1) 刚度和整体稳定性

由绕截面最小刚度轴 v 轴控制整体稳定性。
$$\lambda_v=\frac{l_0}{i_v}=\frac{95.5}{1.11}=86.0<[\lambda]=150，可。$$

$$\varphi_v=0.648（附表1.28）$$

$$\eta=0.6+0.0015\lambda=0.6+0.0015\times86=0.729$$

$$\frac{N}{\eta\varphi Af}=\frac{41.8\times10^3}{0.729\times0.648\times4.39\times10^2\times215}=0.937<1.0，可。$$

(2) 局部稳定性（《钢标》第 7.3.1 条第 5 款）

$\lambda_v = 86 > 80\varepsilon_k = 80$（Q235 钢的钢号修正系数 $\varepsilon_k = 1.0$）

角钢边的平板宽厚比（即自由外伸宽厚比）为：

$$\frac{w}{t} = \frac{b-t-r}{t} = \frac{56-4-6}{4} = 11.5 < (5\varepsilon_k + 0.125\lambda) = 5 + 0.125 \times 86 = 15.75，可。$$

所选截面适用。

本例题中的竖腹杆若选用双角钢截面，则按构造要求（《原规范》第 8.1.2 条）至少应选用 2∟45×4：$A = 6.972\text{cm}^2$，比选用 1∟56×4 多费钢材。对内力较小的次要腹杆采用单边连接单角钢截面是可行的。

【说明】单边连接的单角钢受压后，不仅呈现弯曲，还同时呈现扭转。当角钢边的平板宽厚比（即自由外伸宽厚比）超限时，必须考虑扭转刚度对受压整体稳定性的影响。依据《钢标》第 7.6.3 条规定，单边连接的单角钢压杆，当角钢边的平板宽厚比 $w/t > 14\varepsilon_k$ 时，压杆的整体稳定承载力应乘以折减系数 ρ_e（见第 7 章例题 7.10 中"缀条截面验算"）。

4.5 双肢格构式轴心受压构件的设计

格构式轴心受压构件主要用于构件较长时，由两个或两个以上分肢用缀件（缀条或缀板）连成整个构件。其截面设计的内容和步骤为：

1. 根据对截面实轴的整体稳定性要求，选定分肢的截面尺寸；
2. 根据对截面虚轴与实轴等稳定的原则，确定分肢的间距，对虚轴的稳定计算，应采用换算长细比；
3. 对选定的截面进行必要的验算；
4. 进行所用缀件及其与分肢连接的设计。

当分肢的长细比满足《钢标》第 7.2.4 条（缀条柱）、第 7.2.5 条（缀板柱）的要求时，分肢的稳定承载能力可以保证，因而就不必验算分肢的稳定性。

【例题 4.9】同例题 4.2，但要求设计成双肢缀条柱。焊条 E43 型，采用不预热的非低氢手工焊。

【解】$N = 800\text{kN}$，$l_{0x} = l_{0y} = l = 10\text{m}$。

分肢选用热轧槽钢，单缀条体系，缀条试选单角钢 1∟45×4：面积 $A_t = 3.486\text{cm}^2$，最小回转半径为 $i_v = 0.89\text{cm}$。

一、按绕实轴的整体稳定性选择分肢截面尺寸

由表 4.1 项次 13 查得参数 $\alpha = 0.8$，利用表 4.2 得合适的假定长细比 $\lambda_y = 105$，$\varphi = 0.523$（b 类截面，附表 1.28）。需要：

$$A \geqslant \frac{N}{\varphi f} = \frac{800 \times 10^3}{0.523 \times 215} \times 10^{-2} = 71.15\text{cm}^2$$

$$i_y \geqslant \frac{l_{0y}}{\lambda_y} = \frac{10 \times 10^2}{105} = 9.52\text{cm}$$

选用 2[25a：$A = 2 \times 34.91 = 69.82\text{cm}^2$，$i_y = 9.82\text{cm}$；分肢对最小刚度轴 1-1 轴的惯性矩 $I_1 = 176\text{cm}^4$，回转半径 $i_1 = 2.24\text{cm}$，翼缘宽度 $b_1 = 78\text{mm}$，$y_0 = 2.07\text{cm}$（图 4.7-1）。

验算：

$$\lambda_y = \frac{l_{0y}}{i_y} = \frac{10 \times 10^2}{9.82} = 101.8 < [\lambda] = 150,\ 可。$$

$\varphi_y = 0.543$（b 类截面）：

$$\frac{N}{\varphi A f} = \frac{800 \times 10^3}{0.543 \times 69.82 \times 10^2 \times 215} = 0.981 < 1.0,\ 可。$$

二、按虚轴与实轴的等稳定条件 $\lambda_{0x} = \lambda_y$ 确定分肢间距

双肢缀条柱对虚轴 x 轴的换算长细比为：

$$\lambda_{0x} = \sqrt{\lambda_x^2 + 27\frac{A}{A_{1x}}} \qquad 《钢标》公式（7.2.3-2）$$

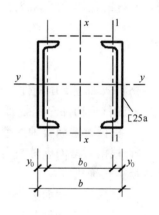

由 $\lambda_{0x} = \lambda_y$，得：

$$\lambda_x = \sqrt{\lambda_y^2 - 27\frac{A}{A_{1x}}} = \sqrt{101.8^2 - 27 \times \frac{69.82}{2 \times 3.486}} = 100.5$$

$$i_x = \frac{l_{0x}}{\lambda_x} = \frac{10 \times 10^2}{100.5} = 9.95\,\text{cm}$$

要求两分肢的间距为❶（图 4.7-1）：

$$b_0 = 2\sqrt{i_x^2 - i_1^2} = 2\sqrt{9.95^2 - 2.24^2} = 19.4\,\text{cm}$$

$$b = b_0 + 2y_0 = 19.4 + 2 \times 2.07 = 23.5\,\text{cm}$$

取 $b = 240\,\text{mm}$，得两槽钢翼缘趾净距为 $b - 2b_1 = 240 - 2 \times 78 = 84\,\text{mm}$，能进行内部油漆。

柱截面对虚轴 x 轴的惯性矩 I_x 和回转半径 i_x 分别为：

图 4.7-1 例题 4.9 图之一

$$I_x = 2\left[I_1 + \frac{A}{2}\left(\frac{b - 2y_0}{2}\right)^2\right]$$

$$= 2\left[176 + \frac{69.82}{2} \times \left(\frac{24 - 2 \times 2.07}{2}\right)^2\right] = 7237\,\text{cm}^4$$

$$i_x = \sqrt{\frac{I_x}{A}} = \sqrt{\frac{7237}{69.82}} = 10.18\,\text{cm}$$

三、柱截面的验算

1. 刚度和整体稳定性

$$\lambda_x = \frac{l_{0x}}{i_x} = \frac{10 \times 10^2}{10.18} = 98.2 < [\lambda] = 150,\ 可。$$

换算长细比：

$$\lambda_{0x} = \sqrt{\lambda_x^2 + 27\frac{A}{A_{1x}}} = \sqrt{98.2^2 + 27 \times \frac{69.82}{2 \times 3.486}} = 99.6 < \lambda_y = 101.8$$

对实轴和虚轴的稳定验算同属 b 类截面，今 $\lambda_{0x} < \lambda_y$，说明已满足整体稳定性要求，

---

❶ 对截面虚轴 x 轴：$I_x = 2\left[I_1 + \frac{A}{2}\left(\frac{b_0}{2}\right)^2\right] = 2I_1 + A\left(\frac{b_0}{2}\right)^2$，$i_x^2 = \frac{I_x}{A} = \frac{I_1}{A/2} + \left(\frac{b_0}{2}\right)^2$，得 $b_0 = 2\sqrt{i_x^2 - i_1^2}$。

不需再算。

2. 分肢稳定性（《钢标》第7.2.4条）

取斜缀条与柱轴线间夹角 $\alpha=45°$（图4.7-2），不设横缀条，分肢对1-1轴的计算长度 l_{01} 和长细比 λ_1 分别为：

$$l_{01} \approx \frac{2b_0}{\tan\alpha} = \frac{2(b-2y_0)}{\tan 45°} = \frac{2(24-2\times 2.07)}{1} = 39.7\text{cm}$$

$$\lambda_1 = \frac{l_{01}}{i_1} = \frac{39.7}{2.24} = 17.7 < 0.7\lambda_{\max} = 0.7\times 101.8 = 71.3$$

分肢稳定性满足要求。

四、缀条及其与分肢连接的计算

轴心受压构件截面上的剪力（《钢标》第7.2.7条）：

$$V = \frac{Af}{85}\frac{1}{\varepsilon_k} = \frac{69.82\times 10^2 \times 215}{85\times 1.0}\times 10^{-3} = 17.66\text{kN}$$

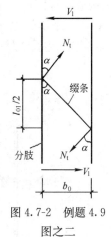

图4.7-2 例题4.9
图之二

每个缀条截面承担的剪力：$V_1 = \frac{1}{2}V = \frac{1}{2}\times 17.66 = 8.83\text{kN}$

1. 缀条内力

按平行弦桁架的腹杆计算（图4.7-2）：

$$N_t = \frac{V_1}{\sin\alpha} = \frac{8.83}{\sin 45°} = 12.49\text{kN}$$

2. 缀条截面计算

缀条按轴心受压构件计算。如前所述，缀条截面选用等边单角钢 1∟45×4，且与分肢单边连接。

计算长度❶：$l_t \approx \frac{b_0}{\sin\alpha} = \frac{24-2\times 2.07}{\sin 45°} = 28.1\text{cm}$

最大长细比：$\lambda_t = \frac{l_t}{i_v} = \frac{28.1}{0.89} = 31.6 < [\lambda] = 150$，可。

稳定系数：$\varphi_t = 0.930$（b类截面，附表1.28）

强度设计值折减系数：$\eta = 0.6 + 0.0015\times 31.6 = 0.647$

$$\frac{N_t}{\eta\varphi_t A_t f} = \frac{12.49\times 10^3}{0.647\times 0.930\times 3.486\times 10^2\times 215} = 0.277 < 1.0，可。$$

局部稳定性显然满足要求（参阅例题4.8），所选缀条截面适用。

3. 缀条与分肢间连接焊缝设计

采用三面围焊（图4.7-3），取 $h_f = 4\text{mm}$，为方便计算，取 $\beta_f = 1.0$。考虑角钢与分肢单边连接所引起的偏心影响，验算连接时的强度设计值应乘以折减系数 $\eta = 0.85$（《原规范》第3.4.2条）。由：

$$\tau_f = \frac{N_t}{0.7 h_f \sum l_w} \leq \eta f_f^w = 0.85 f_f^w$$

得所需围焊缝的计算长度：

---

❶ 参阅附表1.12注3。

$$\sum l_w \geqslant \frac{N_t}{0.7h_f(0.85f_f^w)} = \frac{12.49 \times 10^3}{0.7 \times 4 \times 0.85 \times 160} = 33\text{mm}$$

按构造满焊即可。

五、横隔设置（《钢标》第7.2.4条）

横隔用厚度为8mm的钢板制作，构造如图4.7-4所示。

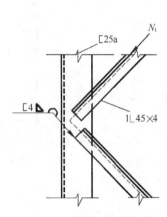

图4.7-3 例题4.9图之三

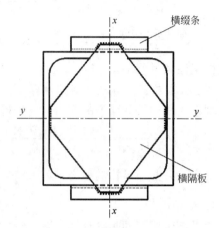

图4.7-4 例题4.9图之四

横隔间距 S 取：

$$S = 2\text{m} < \begin{cases} 8\text{m} \\ 9 \times \max\{h, b\} = 9 \times 0.25 = 2.25\text{m} \end{cases}, \text{可}.$$

与例题4.2选用实腹式焊接工字形截面柱（截面面积86.4cm²）相比，本例题改用双肢格构缀条柱可节约钢材。一般情况下，在荷载较小、长度较大的轴心受压柱中，采用格构式柱可节省钢材，且少用钢板，多用型钢。

【例题4.10】某工作平台的轴心受压柱，承受的轴心压力设计值 $N = 2800$kN（包括柱身等构造自重），计算长度 $l_{0x} = l_{0y} = 7.2$m。钢材采用Q235B钢，焊条E43型，采用不预热的非低氢手工焊。柱截面无削弱。要求设计成由两个热轧工字钢组成的双肢缀条柱。

【解】采用单缀条体系，缀条试选等边单角钢 1∟45×4：面积 $A_t = 3.486$cm²，最小回转半径为 $i_v = 0.89$cm。

一、按绕实轴的整体稳定性选择分肢截面尺寸

查表4.1项次12试取参数 $\alpha = 0.8$，利用表4.2得合适的假定长细比 $\lambda_y = 52$，$\varphi = 0.847$（b类截面，附表1.28）。

需要：
$$A \geqslant \frac{N}{\varphi f} = \frac{2800 \times 10^3}{0.847 \times 215} \times 10^{-2} = 153.76\text{cm}^2$$

$$i_y \geqslant \frac{l_{0y}}{\lambda_y} = \frac{7.2 \times 10^2}{52} = 13.85\text{cm}$$

选用 2I36a：$A = 2 \times 76.44 = 152.88$cm²，$i_y = 14.4$cm；分肢对最小刚度轴1-1轴的惯性矩 $I_1 = 552$cm⁴，回转半径 $i_1 = 2.69$cm，翼缘宽度 $b_1 = 136$mm（图4.8-1），翼缘厚度 $t = 15.8$mm < 16mm，$f = 215$N/mm²。

验算：
$$\lambda_y = \frac{l_{0y}}{i_y} = \frac{7.2 \times 10^2}{14.4} = 50 < [\lambda] = 150, \text{可}.$$

$\varphi = 0.856$（b 类截面）

$$\frac{N}{\varphi A f} = \frac{2800 \times 10^3}{0.856 \times 152.88 \times 10^2 \times 215} = 0.995 < 1.0，可。$$

二、按虚轴与实轴的等稳定条件 $\lambda_{0x} = \lambda_y$ 确定分肢间距

由 $\lambda_{0x} = \sqrt{\lambda_x^2 + 27 \dfrac{A}{A_{1x}}} = \lambda_y$，得：

$$\lambda_x = \sqrt{\lambda_y^2 - 27 \dfrac{A}{A_{1x}}} = \sqrt{50^2 - 27 \times \dfrac{152.88}{2 \times 3.486}} = 43.7$$

$$i_x = \frac{l_{0x}}{\lambda_x} = \frac{7.2 \times 10^2}{43.7} = 16.48 \text{cm}$$

要求两分肢的间距为：

$$b_0 = 2\sqrt{i_x^2 - i_1^2} = 2\sqrt{16.48^2 - 2.69^2} = 32.5 \text{cm}，采用 b_0 = 32 \text{cm}。$$

$$b = b_0 + b_1 = 32 + 13.6 = 45.6 \text{cm}$$

两工字钢翼缘内趾净距为 $b_0 - b_1 = 32 - 13.6 = 18.4 \text{cm}$，能进行内部油漆。

柱截面（图 4.8-1）对虚轴 x 轴的惯性矩 I_x 和回转半径 i_x 分别为：

$$I_x = 2\left[I_1 + \frac{A}{2}\left(\frac{b_0}{2}\right)^2\right] = 2\left[552 + 76.44 \times \left(\frac{32}{2}\right)^2\right]$$
$$= 40241 \text{cm}^4$$

$$i_x = \sqrt{\frac{I_x}{A}} = \sqrt{\frac{40241}{152.88}} = 16.22 \text{cm}$$

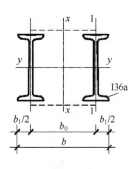

图 4.8-1 例题 4.10 图之一

三、柱截面的验算

1. 刚度和整体稳定性

$$\lambda_x = \frac{l_{0x}}{i_x} = \frac{7.2 \times 10^2}{16.22} = 44.4 < [\lambda] = 150，可。$$

换算长细比：

$$\lambda_{0x} = \sqrt{\lambda_x^2 + 27 \frac{A}{A_{1x}}} = \sqrt{44.4^2 + 27 \times \frac{152.88}{2 \times 3.486}} = 50.6$$

$\varphi_x = 0.854$（b 类截面）：

$$\frac{N}{\varphi A f} = \frac{2800 \times 10^3}{0.854 \times 152.88 \times 10^2 \times 215} = 0.997 < 1.0，可。$$

柱截面刚度和整体稳定性满足要求。

2. 分肢稳定性

取斜缀条与柱轴线夹角 $\alpha = 45°$，布置如图 4.8-2 所示，分肢对 1-1 轴的计算长度 l_{01} 和长细比 λ_1 分别为：

$$l_{01} \approx \frac{b_0}{\tan\alpha} = \frac{32}{\tan 45°} = 32 \text{cm}$$

$$\lambda_1 = \frac{l_{01}}{i_1} = \frac{32}{2.69} = 11.9 < 0.7\lambda_{\max} = 0.7 \times 50.6 = 35.4，可。$$

分肢稳定性满足要求（《钢标》第7.2.4条）。

四、缀条计算

轴心受压构件的计算剪力（《钢标》第7.2.7条）：

$$V = \frac{Af}{85}\frac{1}{\varepsilon_k} = \frac{152.88 \times 10^2 \times 215}{85 \times 1.0} \times 10^{-3}$$
$$= 38.7 \text{kN}$$

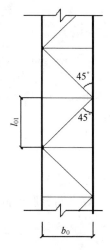

图4.8-2 例题4.10
图之二

每个缀条系面承担的剪力：

$$V_1 = \frac{1}{2}V = \frac{1}{2} \times 38.7 = 19.4 \text{kN}$$

斜缀条内力（按平行弦桁架的腹杆计算）：

$$N_t = \frac{V_1}{\sin\alpha} = \frac{19.4}{\sin 45°} = 27.4 \text{kN}$$

斜缀条计算长度：

$$l_t \approx \frac{b_0}{\sin\alpha} = \frac{32}{\sin 45°} = 45.3 \text{cm}$$

斜缀条最大长细比：

$$\lambda_t = \frac{l_t}{i_v} = \frac{45.3}{0.89} = 50.9 < [\lambda] = 150，可。$$

稳定系数：$\varphi_t = 0.852$（b类截面）

单边连接等边单角钢按轴心受压构件计算稳定性时的强度设计值折减系数：

$$\eta = 0.6 + 0.0015\lambda = 0.6 + 0.0015 \times 50.9 = 0.676$$

$$\frac{N_t}{\eta\varphi_t A_t f} = \frac{27.4 \times 10^3}{0.676 \times 0.852 \times 3.486 \times 10^2 \times 215} = 0.635 < 1.0，可。$$

所选斜缀条截面（1∟45×4）适用。

横缀条采用与斜缀条相同截面，不必计算。

缀条与分肢的连接焊缝计算及横隔板的设置验算方法均见例题4.9，此处从略。

本例题采用格构式柱，与实腹式柱相比，主要是少用钢板而代之以热轧工字钢。

【例题4.11】 同例题4.10，但要求设计成由两个热轧槽钢组成的双肢缀板柱。

【解】 $N = 2800 \text{kN}$，$l_{0x} = l_{0y} = 7.2\text{m}$。

一、按绕实轴的整体稳定性选择分肢截面尺寸

由表4.1项次13查得参数$\alpha = 0.8$，利用表4.2得合适的假定长细比$\lambda_y = 52$，$\varphi = 0.847$（b类截面，附表1.28）。

需要（取$f = 215 \text{N/mm}^2$，由例题4.10得）：

$$A \geqslant 153.76 \text{cm}^2 \text{ 和 } i_y \geqslant 13.85 \text{cm}$$

试选用2[40a：$A = 2 \times 75.04 = 150.08 \text{cm}^2$，$i_y = 15.3 \text{cm}$；分肢翼缘厚度$t = 18\text{mm} > 16\text{mm}$，按附表1.1，$f = 205 \text{N/mm}^2$，得：

$$\lambda_y = \frac{l_{0y}}{i_y} = \frac{7.2 \times 10^2}{15.3} = 47.1，\varphi_y = 0.870$$

$$\frac{N}{\varphi A f} = \frac{2800 \times 10^3}{0.870 \times 150.08 \times 10^2 \times 205} = 1.046 > 1.0$$

因此需改用 2[40b：$A=2\times 83.04=166.08\text{cm}^2$，$i_y=15.0\text{cm}$；分肢对最小刚度轴1-1轴的惯性矩 $I_1=640\text{cm}^4$，回转半径 $i_1=2.78\text{cm}$，翼缘宽度 $b_1=102\text{mm}$，翼缘厚度 $t=18\text{mm}$，$y_0=2.44\text{cm}$（图 4.9-1）。

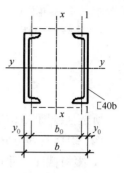

图 4.9-1 例题 4.11
图之一

验算：$\lambda_y=\dfrac{l_{0y}}{i_y}=\dfrac{7.2\times 10^2}{15.0}=48<[\lambda]=150$，可。

$\varphi_y=0.865$（b 类截面）

$$\dfrac{N}{\varphi A f}=\dfrac{2800\times 10^3}{0.865\times 166.08\times 10^2\times 205}=0.951<1.0，可。$$

二、按虚轴与实轴的等稳定条件 $\lambda_{0x}=\lambda_y$ 确定分肢间距

取相邻两缀板的净距离 $l_{01}=68\text{cm}$ 为分肢对 1-1 轴的计算长度（由试取分肢长细比 $\lambda_1\approx\min\{40,0.5\lambda_y\}$ 得出，《钢标》第 7.2.5 条），则：

$$\lambda_1=\dfrac{l_{01}}{i_1}=\dfrac{68}{2.78}=24.5$$

双肢缀板柱对虚轴 x 轴的换算长细比为：

$$\lambda_{0x}=\sqrt{\lambda_x^2+\lambda_1^2} \quad\text{《钢标》公式（7.2.3-1）}$$

由 $\lambda_{0x}=\lambda_y$，得：

$$\lambda_x=\sqrt{\lambda_y^2-\lambda_1^2}=\sqrt{48^2-24.5^2}=41.3$$

$$i_x=\dfrac{l_{0x}}{\lambda_x}=\dfrac{7.2\times 10^2}{41.3}=17.4$$

要求两分肢的间距为（见例题 4.9）：

$$b_0=2\sqrt{i_x^2-i_1^2}=2\sqrt{17.4^2-2.78^2}=34.4\text{cm}$$

$$b=b_0+2y_0=34.4+2\times 2.44=39.3\text{cm}，取 b=40\text{cm}。$$

两槽钢翼缘趾间净距为 $b-2b_1=400-2\times 102=196\text{mm}$，能进行内部油漆。

此时：$b_0=b-2y_0=40-2\times 2.44=35.1\text{cm}$

柱截面（图 4.9-1）对虚轴 x 轴的惯性矩 I_x 和回转半径 i_x 分别为：

$$I_x=2\left[I_1+\dfrac{A}{2}\left(\dfrac{b_0}{2}\right)^2\right]=2\left[640+83.04\times\left(\dfrac{35.1}{2}\right)^2\right]=52433\text{cm}^4$$

$$i_x=\sqrt{\dfrac{I_x}{A}}=\sqrt{\dfrac{52433}{166.08}}=17.77\text{cm}$$

三、柱截面的验算

1. 刚度和整体稳定性

$$\lambda_x=\dfrac{l_{0x}}{i_x}=\dfrac{7.2\times 10^2}{17.77}=40.5<[\lambda]=150，可。$$

换算长细比：$\lambda_{0x}=\sqrt{\lambda_x^2+\lambda_1^2}=\sqrt{40.5^2+24.5^2}=47.3<\lambda_y=48$

对实轴和虚轴的稳定验算同属 b 类截面，今 $\lambda_{0x}<\lambda_y$，说明绕虚轴的整体稳定性已满

足要求，不必再验算。

2. 分肢稳定性（《钢标》第7.2.5条）

$$\lambda_{max} = \max\{\lambda_{0x}, \lambda_y, 50\} = 50$$

$$\lambda_1 = 24.5 < \begin{cases} 40\varepsilon_k = 40 \\ 0.5\lambda_{max} = 0.5 \times 50 = 25 \end{cases}，可。$$

所选柱截面（图4.9-1）适用。

四、缀板及其与分肢间连接的设计

1. 缀板截面尺寸选择

缀板（batten plate）采用钢板制作，其截面的高度 h_b 和厚度 t_b 可按下述步骤选取：

按 $h_b \geq \frac{2}{3}b_0 = \frac{2}{3} \times 35.1 = 23.4$cm，取 $h_b = 240$mm。

$t_b \geq \frac{b_0}{40} = \frac{35.1}{40} = 0.88$cm，取 $t_b = 10$mm。

缀板的长度取为 $l_b = 260$mm，与两个分肢各搭接 $(260-196)/2 = 32$mm。

缀板选用—$240 \times 10 \times 260$。

2. 缀板刚度验算

缀板刚度应满足下式要求（《钢标》第7.2.5条）：

$$2\left(\frac{t_b h_b^3}{12} \cdot \frac{1}{b_0}\right) \geq 6\left(\frac{I_1}{l_1}\right)$$

上式不等号左边项是柱同一截面处两缀板的线刚度之和，右边括弧项是柱一个分肢（当两分肢截面不同时为较大分肢）的线刚度。式中 l_1 是上、下相邻两缀板的轴线间距离[图4.9-2(a)]。

有 $2\left(\frac{t_b h_b^3}{12} \cdot \frac{1}{b_0}\right) = 2 \times \frac{1 \times 24^3}{12} \times \frac{1}{35.1} = 65.6$cm³

$l_1 = l_{01} + h_b = 68 + 24 = 92$cm

$6\left(\frac{I_1}{l_1}\right) = 6 \times \frac{640}{92} = 41.7$cm³ < 65.6cm³

缀板刚度满足要求，所选缀板尺寸适用。

缀板自身强度不必计算。

3. 缀板与分肢间的连接焊缝设计

（1）缀板内力

按多层刚架计算，并假定在剪力作用下反弯点位于横梁（缀板）和柱（分肢）的中央，如图4.9-2(b)所示。

轴心受压构件截面上的剪力：

$$V = \frac{Af}{85\varepsilon_k} = \frac{166.08 \times 10^2 \times 205}{85 \times 1.0} \times 10^{-3} = 40.1 \text{kN}$$

每个缀板平面承担的剪力：

$$V_1 = \frac{1}{2}V = \frac{1}{2} \times 40.1 = 20.1 \text{kN}$$

缀板与分肢连接处的内力[图4.9-2(c)]：

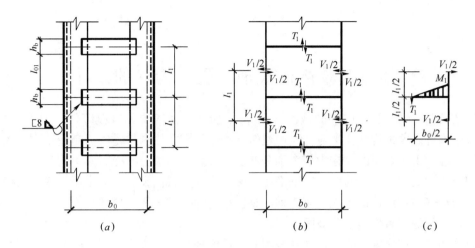

图 4.9-2 例题 4.11 图之二
(a) 缀板柱；(b) 缀板内力计算简图；(c) 缀板内力

剪力：$T_1 = V_1 \dfrac{l_1}{b_0} = 20.1 \times \dfrac{92}{35.1} = 52.7 \text{kN}$

弯矩：$M_1 = V_1 \dfrac{l_1}{2} = 20.1 \times \dfrac{92}{2} = 924.6 \text{kN} \cdot \text{cm} = 9.25 \text{kN} \cdot \text{m}$

(2) 连接焊缝设计

缀板与分肢采用三面围焊连接，但为简便，计算时仅考虑竖焊缝（偏安全），取其计算长度 $l_w = h_b = 240 \text{mm}$。

在剪力 T_1 与弯矩 M_1 共同作用下，该连接角焊缝的强度应满足下式要求：

$$\sqrt{\left(\dfrac{\sigma_f}{\beta_f}\right)^2 + \tau_f^2} = \sqrt{\left(\dfrac{6M_1}{0.7 h_f l_w^2 \beta_f}\right)^2 + \left(\dfrac{T_1}{0.7 h_f l_w}\right)^2} \leqslant f_f^w = 160 \text{N/mm}^2$$

即要求：

$$h_f \geqslant \dfrac{1}{0.7 l_w f_f^w} \sqrt{\left(\dfrac{6M_1}{l_w \beta_f}\right)^2 + T_1^2}$$

$$= \dfrac{1}{0.7 \times 240 \times 160} \sqrt{\left(\dfrac{6 \times 9.25 \times 10^6}{240 \times 1.22}\right)^2 + (52.7 \times 10^3)^2}$$

$$= 7.32 \text{mm}$$

构造要求：

$h_f \geqslant 6 \text{mm}$（附表 1.5）和 $h_f \leqslant 10 - (1 \sim 2) = 9 \sim 8 \text{mm}$（《钢标》第 11.3.6 条）。

因此，取缀板与分肢间连接焊缝的焊脚尺寸 $h_f = 8 \text{mm}$，满足要求。

五、横隔设置

横隔用厚度为 10mm 的钢板制作，构造如图 4.9-3 所示。

横隔竖向间距 S 取（《钢标》第 7.2.4 条）：

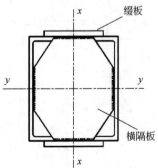

图 4.9-3 例题 4.11 图之三

$$S = 3.6\text{m} \leqslant \begin{cases} 8\text{m} \\ 9 \times \max\{h, b\} = 9 \times 0.4 = 3.6\text{m} \end{cases}, \text{可}。$$

4.6 四肢格构式轴心受压构件的设计

四肢格构式轴心受压构件的截面如图 4.10 所示，由四个分肢以缀件（缀条或缀板）连成整个构件。这种构件在工业与民用建筑结构中不宜多用，一是因为制造工作量大，二是实际构件中由于缺陷的存在常使个别分肢受力加大，四个分肢受力并不均匀。

四肢格构式构件截面的两个主轴都是虚轴，因此其截面设计不能采用与双肢格构式构件相同的步骤与方法，即不能由对实轴的整体稳定性要求选择分肢的截面尺寸，再由对虚轴和实轴的等稳定条件确定分肢间距。

设计四肢格构式轴心受压构件的截面时，假定任一个长细比 λ 值，即可由截面回转半径与轮廓尺寸的近似关系（附表 2.10）得到构件截面的宽度 b 和高度 h。

近似关系 $i_x = 0.43b$，$i_y = 0.43h$，即：

$$\left. \begin{aligned} b &= \frac{i_x}{0.43} = 2.33 \frac{l_{0x}}{\lambda} \\ h &= \frac{i_y}{0.43} = 2.33 \frac{l_{0y}}{\lambda} \end{aligned} \right\} \quad (4.5)$$

同时，根据假定的长细比 λ，若近似取换算长细比为 $\lambda_0 = 1.1\lambda$，即可求得构件的整体稳定系数 φ，而后得到需要的截面面积。因此不会出现设计实腹式构件和双肢格构式构件那样因假定长细比 λ 不合适、使需要的截面面积 A 和需要的回转半径 i（或截面的宽度和高度）不协调而需重新假定长细比值的问题。但同时也需注意到：由上述式（4.5）可见，采用的长细比 λ 愈大，四肢构件的截面宽度 b 和截面高度 h 就愈小，因而所需的缀件材料也就愈少，但 λ 值增大后，整体稳定系数 φ 就减小，柱的截面面积也就增加。即加大 λ 值，用于柱身截面的钢材将增加而用于缀件的钢材将减少，反之亦然。这里就出现一个长细比的合理取值问题。

轴心受压构件的截面高度一般取为柱身高度 H 的 1/30～1/12（轴心压力 N 值较大时截面高度也应较大），若柱为两端铰接，则计算长度 l_0 等于柱高 H，亦即长细比大致宜在 30～75 范围内。

【例题 4.12】同例题 4.2，轴心压力的设计值 $N = 800\text{kN}$，$l_{0x} = l_{0y} = l = 10\text{m}$，采用缀条连接的四肢格构式构件，试求此构件的截面（图 4.10）。

【解】Q235 钢：$\varepsilon_k = 1.0$

一、截面设计

此构件承受的轴心压力 $N = 800\text{kN}$，其值不大，假设长细比 $\lambda = 60$。

因 $l_{0x} = l_{0y} = l = 10\text{m} = 1000\text{cm}$

由公式（4.5），得：

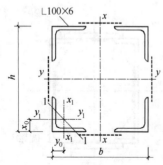

图 4.10 例题 4.12 图

$$b=h=2.33\frac{l}{\lambda}=2.33\times\frac{1000}{60}=38.8\text{cm}$$

采用 $b=h=40\text{cm}$，截面高度与构件高度之比为 $h/l=40/1000=1/25$。

根据《钢标》公式（7.2.3-5）和公式（7.2.3-6），对 x 轴和 y 轴的换算长细比分别为：

$$\lambda_{0x}=\sqrt{\lambda_x^2+40\frac{A}{A_{1x}}}$$

$$\lambda_{0y}=\sqrt{\lambda_y^2+40\frac{A}{A_{1y}}}$$

由于构件截面面积 A 等为未知量，试取 $\lambda_{0x}=1.1\lambda=1.1\times60=66$，查附表 1.28（b 类截面），得 $\varphi=0.774$，需要截面面积：

$$A\geqslant\frac{N}{\varphi f}=\frac{800\times10^3}{0.774\times215}\times10^{-2}=48.07\text{cm}^2$$

选用 $4\llcorner 100\times6$：$A=4\times11.93=47.72\text{cm}^2$，$x_0=y_0=2.67\text{cm}$，$I_{x1}=I_{y1}=115\text{cm}^4$，$i_1=i_{\min}=2.00\text{cm}$，角顶内圆弧半径 $r=12\text{mm}$，如图 4.10 所示。

整个构件截面的惯性矩和回转半径分别为：

$$I_x=4\left[I_{x1}+\frac{A}{4}\left(\frac{b}{2}-y_0\right)^2\right]=4\left[115+11.93\left(\frac{40}{2}-2.67\right)^2\right]=14792\text{cm}^4=I_y$$

$$i_x=\sqrt{\frac{I_x}{A}}=\sqrt{\frac{14792}{47.72}}=17.61\text{cm}=i_y$$

二、截面验算

采用单缀条体系，缀条试选等边单角钢 $1\llcorner 45\times4$：面积 $A_t=3.486\text{cm}^2$，最小回转半径为 $i_v=0.89\text{cm}$。

1. 刚度和整体稳定性

$$\lambda_y=\lambda_x=\frac{l_{0x}}{i_x}=\frac{10\times10^2}{17.61}=56.8<[\lambda]=150，可。$$

换算长细比：

$$\lambda_{0y}=\lambda_{0x}=\sqrt{\lambda_x^2+40\frac{A}{A_{1x}}}=\sqrt{56.8^2+40\times\frac{47.72}{2\times3.486}}=59.2$$

由 $\lambda_{0y}=\lambda_{0x}=59.2$，查附表 1.28 得 $\varphi=0.812$：

$$\frac{N}{\varphi A f}=\frac{800\times10^3}{0.812\times47.72\times10^2\times215}=0.960<1.0，可。$$

2. 分肢整体稳定性

取斜缀条与柱轴线间夹角 $\alpha=45°$（布置如图 4.8-2 所示），分肢对最小刚度轴 1-1 轴的计算长度 l_{01} 和长细比 λ_1 分别为：

$$l_{01}\approx\frac{b_0}{\tan\alpha}=\frac{b-2y_0}{\tan45°}=\frac{40-2\times2.67}{1}=34.66\text{cm}$$

$$\lambda_1=\frac{l_{01}}{i_1}=\frac{34.66}{2.00}=17.3<0.7\lambda_{\max}=0.7\times59.2=41.4$$

分肢整体稳定性满足要求（《钢标》第 7.2.4 条）。

3. 分肢局部稳定性（《钢标》第7.3.1条第5款）
$$\lambda_1 = 17.3 < 80\varepsilon_k = 80$$
$$\frac{\omega}{t} = \frac{b'}{t} = \frac{b-t-r}{t} = \frac{100-6-12}{6} = 13.7 < 15\varepsilon_k = 15，可。$$

所选截面满足所有条件，适用。

缀条计算及横隔板的设置等略，可参阅上节中的有关例题。

第 5 章 受弯构件（梁）的计算和设计

受弯构件通常称为梁，在截面设计时主要应考虑强度、整体稳定、局部稳定（包括腹板加劲肋的设置与计算）和刚度这四个方面的要求。对承受静力荷载和间接承受动力荷载的组合梁宜考虑利用腹板的屈曲后强度。其中刚度计算是使梁在荷载标准值作用下的最大挠度不超过容许值（参阅附表 1.17），属按正常使用极限状态计算；其他方面均属按承载能力极限状态计算，计算时应采用荷载设计值。

本章主要介绍梁的强度计算、整体稳定计算和型钢梁（包括单向弯曲和双向弯曲）截面设计的方法、步骤等内容。有关腹板局部稳定性及加劲肋的计算和腹板屈曲后强度的计算均见第 6 章。

5.1 梁的强度计算

在主平面内受弯的梁，其强度计算内容包括抗弯强度、抗剪强度、腹板局部承压强度和折算应力四项。

【**例题 5.1**】某焊接工字形等截面简支楼盖梁，截面尺寸如图 5.1-1 所示，无削弱。在跨度中点和两端都设有侧向支承，材料为 Q355B 级钢。集中荷载标准值 $P_k = 280\text{kN}$，为间接动力荷载，其中 40% 为永久荷载效应、60% 为可变荷载效应，作用在梁的顶面。试计算该梁的强度和刚度是否满足要求？跨中集中荷载作用处和支座反力作用处均设有支承加劲肋。

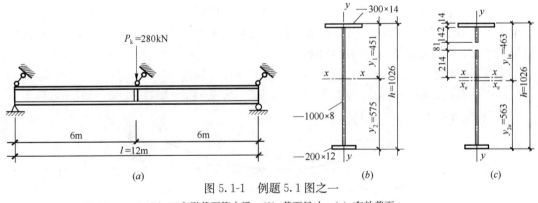

图 5.1-1 例题 5.1 图之一
(*a*) 工字形截面简支梁；(*b*) 截面尺寸；(*c*) 有效截面

【**解**】Q355 钢强度设计值（附表 1.1）：$f = 305\text{N/mm}^2$，$f_v = 175\text{N/mm}^2$

钢号修正系数：$\varepsilon_k = \sqrt{235/f_y} = \sqrt{235/355} = 0.814$

楼盖主梁的挠度容许值（附表 1.18）：$[v] = \dfrac{l}{400} = \dfrac{12 \times 10^3}{400} = 30\text{mm}$

一、全截面几何特性计算

面积： $A=30\times1.4+100\times0.8+20\times1.2=146\text{cm}^2$

中和轴位置 [图 5.1-1 (b)]：

$$y_1=\frac{100\times0.8\times\left(\frac{100+1.4}{2}\right)+20\times1.2\times\left(100+\frac{1.4+1.2}{2}\right)}{146}+\frac{1.4}{2}=45.1\text{cm}$$

$$y_2=h-y_1=102.6-45.1=57.5\text{cm}$$

对强轴 x 轴的惯性矩：

$$I_x=30\times1.4\times\left(45.1-\frac{1.4}{2}\right)^2+\frac{1}{3}\times0.8\times[(45.1-1.4)^3+(57.5-1.2)^3]$$
$$+20\times1.2\times\left(57.5-\frac{1.2}{2}\right)^2=230342\text{cm}^4$$

式中略去不计翼缘板对其自身形心轴的惯性矩。

对受压纤维的截面模量： $W_{1x}=\dfrac{I_x}{y_1}=\dfrac{230342}{45.1}=5107\text{cm}^3$

对受拉纤维的截面模量： $W_{2x}=\dfrac{I_x}{y_2}=\dfrac{230342}{57.5}=4006\text{cm}^3$

受压翼缘板对 x 轴的面积矩： $S_{1x}=30\times1.4\times\left(45.1-\dfrac{1.4}{2}\right)=1865\text{cm}^3$

受拉翼缘板对 x 轴的面积矩： $S_{2x}=20\times1.2\times\left(57.5-\dfrac{1.2}{2}\right)=1366\text{cm}^3$

x 轴以上（或以下）截面对 x 轴的面积矩：

$$S_x=1865+0.8\times(45.1-1.4)^2\times\frac{1}{2}=2629\text{cm}^3$$

二、梁的内力计算

1. 荷载计算

梁自重标准值：

$$g_k=1.2A\rho=1.2\times146\times10^{-4}\times7850\times9.807\times10^{-3}=1.35\text{kN/m}$$

式中 1.2 为考虑腹板加劲肋等附加构造用钢材使梁自重增大的系数，$\rho=7850\text{kg/m}^3$ 为钢材质量密度，9.807 为重力加速度取值。

梁自重设计值： $g=1.3g_k=1.3\times1.35=1.755\text{kN/m}$

集中荷载设计值： $P=(1.3\times0.40+1.5\times0.60)P_k=1.42\times280=397.6\text{kN}$

2. 梁的内力计算（图 5.1-2）

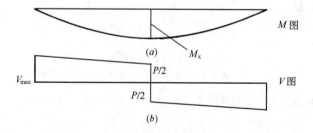

图 5.1-2 例题 5.1 图之二
(a) 弯矩图；(b) 剪力图

弯矩设计值：
$$M_x = \frac{1}{4}Pl + \frac{1}{8}gl^2 = \frac{1}{4} \times 397.6 \times 12 + \frac{1}{8} \times 1.755 \times 12^2 = 1192.8 + 31.6 = 1224.4 \text{kN} \cdot \text{m}$$

剪力设计值：
$$V_{max} = \frac{1}{2}P + \frac{1}{2}gl = \frac{1}{2} \times 397.6 + \frac{1}{2} \times 1.755 \times 12 = 209.3 \text{kN}$$

跨中截面处剪力设计值：
$$V = \frac{1}{2}P = \frac{1}{2} \times 397.6 = 198.8 \text{kN}$$

三、截面板件宽厚比等级及截面模量确定

1. 截面板件宽厚比等级（《钢标》第 3.5.1 条，附表 1.22）

翼缘板：$\dfrac{b'}{t} = \dfrac{(300-8)/2}{14} = 10.4 \begin{cases} > 11\varepsilon_k = 11 \times 0.814 = 8.95 \\ < 13\varepsilon_k = 13 \times 0.814 = 10.6 \end{cases}$，属于 S3 级。

腹板：$\dfrac{h_0}{t_w} = \dfrac{1000}{8} = 125 \begin{cases} > 124\varepsilon_k = 124 \times 0.814 = 100.9 \\ < 250 \end{cases}$，属于 S5 级。

2. 有效截面模量计算（《钢标》第 6.1.1 条）

因腹板宽厚比等级是 S5 级，截面模量应取有效截面模量。

（1）腹板的有效截面（《钢标》第 8.4.2 条）

腹板计算高度边缘的最大压应力和另一边缘的应力：
$$\sigma_{max} = \frac{M_x}{I_x}(y_1 - 14) = \frac{1224.4 \times 10^6}{230342 \times 10^4}(451 - 14) = 232.3 \text{ N/mm}^2$$

$$\sigma_{min} = -\frac{M_x}{I_x}(y_2 - 12) = -\frac{1224.4 \times 10^6}{230342 \times 10^4}(575 - 12) = -299.3 \text{ N/mm}^2$$

应力梯度参数❶：$\alpha_0 = \dfrac{\sigma_{max} - \sigma_{min}}{\sigma_{max}} = \dfrac{232.3 - (-299.3)}{232.3} = 2.29$

屈曲系数：$k_\sigma = \dfrac{16}{2 - \alpha_0 + \sqrt{(2-\alpha_0)^2 + 0.112\alpha_0^2}} = 30.2$

正则化宽厚比：$\lambda_{n,p} = \dfrac{h_0/t_w}{28.1\sqrt{k_\sigma}} \cdot \dfrac{1}{\varepsilon_k} = \dfrac{125}{28.1\sqrt{30.2}} \cdot \dfrac{1}{0.814} = 0.994 > 0.75$

有效宽度系数：$\rho = \dfrac{1}{\lambda_{n,p}}\left(1 - \dfrac{0.19}{\lambda_{n,p}}\right) = \dfrac{1}{0.994}\left(1 - \dfrac{0.19}{0.994}\right) = 0.814$

腹板受压区的有效宽度 h_e 为 [图 5.1-1（b）、（c）]：
$$h_e = h_{e1} + h_{e2} = \rho h_c = 0.814 \times 437 = 356 \text{ mm}$$
$$h_{e1} = 0.4 h_e = 0.4 \times 356 = 142 \text{mm}$$
$$h_{e2} = 0.6 h_e = 0.6 \times 356 = 214 \text{mm}。$$

（2）有效截面模量

梁的有效截面如图 5.1-1（c）所示，由一个 T 形和一个倒 T 形组成，x—x 为全截面的主轴、x_e—x_e 为有效截面的主轴。

---

❶ 或 $\alpha_0 = h_0/h_c = 1000/437 = 2.29$（见后文第 7 章例题 7.1 注 1）。

有效面积：$A_e = A - 8.1 \times 0.8 = 146 - 6.48 = 139.52 \text{ cm}^2$

中和轴位置：

$$y_{1e} = \frac{14.2 \times 0.8 \times \left(\frac{14.2+1.4}{2}\right) + (21.4+56.3) \times 0.8 \times \left(\frac{21.4+56.3}{2} + 8.1 + 14.2 + \frac{1.4}{2}\right)}{139.52}$$

$$+ \frac{20 \times 1.2 \times \left(100 + \frac{1.4+1.2}{2}\right)}{139.52} + \frac{1.4}{2} = 46.3 \text{ cm}$$

$$y_{2e} = h - y_{1e} = 102.6 - 46.3 = 56.3 \text{ cm}$$

对强轴 x_e 轴的有效截面惯性矩：

$$I_{xe} = 30 \times 1.4 \times \left(46.3 - \frac{1.4}{2}\right)^2 + \left[\frac{1}{12} \times 0.8 \times 14.2^3 + 14.2 \times 0.8 \times \left(46.3 - 1.4 - \frac{14.2}{2}\right)^2\right]$$

$$+ \left[\frac{1}{12} \times 0.8 \times 77.7^3 + 77.7 \times 0.8 \times (56.3 - 1.2 - 77.7/2)^2\right] + 20 \times 1.2$$

$$\times \left(56.3 - \frac{1.2}{2}\right)^2$$

$$= 225903 \text{ cm}^4$$

式中略去不计翼缘板对其自身形心轴的惯性矩。

对受压纤维的有效截面模量： $W_{1xe} = \dfrac{I_{xe}}{y_{1e}} = \dfrac{225903}{46.3} = 4879 \text{ cm}^3$

对受拉纤维的有效截面模量： $W_{2xe} = \dfrac{I_{xe}}{y_{2e}} = \dfrac{225903}{56.3} = 4012 \text{ cm}^3$

四、截面强度计算

1. 抗弯强度（跨中截面受拉边缘纤维处）

腹板宽厚比等级为 S5 级，截面塑性发展系数 $\gamma_x = 1.0$（《钢标》第 6.1.2 条）。

因截面无削弱，$W_{nx} = W_{2xe}$。

$$\frac{M_x}{\gamma_x W_{2xe}} = \frac{1224.4 \times 10^6}{1.0 \times 4012 \times 10^3} = 305.2 \text{N/mm}^2 \approx f = 305 \text{N/mm}^2，可。$$

2. 梁支座截面处的抗剪强度

$$\tau_{\max} = \frac{V_{\max} S_x}{I_x t_w} = \frac{209.3 \times 10^3 \times 2629 \times 10^3}{230342 \times 10^4 \times 8} = 29.9 \text{N/mm}^2 < f_v = 175 \text{N/mm}^2，可。$$

3. 腹板局部承压强度

由于在跨中固定集中荷载作用处和支座反力作用处设置了支承加劲肋，因而不必验算腹板局部承压强度。支承加劲肋的计算见本书第 6 章，此处从略。

4. 折算应力（《钢标》第 6.1.5 条）

由跨中截面腹板计算高度下边缘处控制，该处的正应力 σ、剪应力 τ 和局部压应力 σ_c 分别为：

$$\sigma = \frac{M_x}{I_{xe}} y = \frac{1224.4 \times 10^6}{225903 \times 10^4} (563 - 12) = 298.6 \text{N/mm}^2$$

$$\tau = \frac{V S_{2x}}{I_x t_w} = \frac{198.8 \times 10^3 \times 1366 \times 10^3}{230342 \times 10^4 \times 8} = 14.7 \text{N/mm}^2$$

$$\sigma_c = 0$$

折算应力：

$$\sqrt{\sigma^2+\sigma_c^2-\sigma \cdot \sigma_c+3\tau^2}=\sqrt{298.6^2+3\times 14.7^2}=299.7\text{N/mm}^2$$
$$<\beta_1 f=1.1\times 305=335.5\text{N/mm}^2，可。$$

五、刚度计算（《钢标》第 3.4.1 条）

跨中最大挠度：

$$v=\frac{P_k l^3}{48EI_x}+\frac{5g_k l^4}{384EI_x}=\frac{l^3}{48EI_x}\left(P_k+\frac{5}{8}g_k l\right)$$

$$=\frac{12000^3}{48\times 206\times 10^3\times 230342\times 10^4}\left(280\times 10^3+\frac{5}{8}\times 1.35\times 12000\right)$$

$$=22.0\text{mm}<[v]=\frac{l}{400}=30\text{mm}，可。$$

该梁的强度和刚度均满足要求。

5.2 梁的整体稳定计算

1. 梁的整体稳定计算是使梁的最大弯曲纤维压应力小于或等于使梁侧扭失稳的临界应力，从而保证梁不致因侧扭而失去整体稳定。《钢标》中的计算公式用整体稳定系数 φ_b 替代了临界应力。必须注意的是，确定临界应力 σ_{cr} 或整体稳定系数 φ_b（$=\sigma_{cr}/f_y$）的因素很多。例如梁的截面形状及其各部分的尺寸、梁的侧向自由长度（即侧向支点间距）、荷载类型（均布、集中等）、荷载在梁截面上作用点位置（作用于上翼缘板或下翼缘板处）以及梁支座对梁端截面位移的约束情况等都将影响临界应力的大小。《钢标》中只能择其有代表性的情况给出求整体稳定系数 φ_b 的公式，因而具体应用时必须注意选择采用与《钢标》所给条件最为接近的求 φ_b 的公式，否则可能引起较大的误差。

整体稳定的计算公式如下。

(1) 在最大刚度主平面内受弯的梁（《钢标》第 6.2.2 条）：

$$\frac{M_x}{\varphi_b W_x f}\leqslant 1.0$$

(2) 在两个主平面内受弯的 H 型钢截面或工字形截面梁（《钢标》第 6.2.3 条）：

$$\frac{M_x}{\varphi_b W_x f}+\frac{M_y}{\gamma_y W_y f}\leqslant 1.0$$

2. 对于框架主梁，支座处承担较大负弯矩，当梁顶有混凝土楼板时，还应按下列规定计算支座处下翼缘的稳定性（《钢标》第 6.2.7 条）：

(1) 当 $\lambda_{n,b}\leqslant 0.45$ 时，可不计算框架梁下翼缘的稳定性；

(2) 当 $\lambda_{n,b}>0.45$ 时，框架梁下翼缘的稳定性应按下列公式计算：

$$\frac{M_x}{\varphi_d W_{1x} f}\leqslant 1.0 \tag{5.1}$$

$$\lambda_e=\pi\cdot\lambda_{n,b}\sqrt{\frac{E}{f_y}} \tag{5.2}$$

$$\lambda_{n,b}=\sqrt{\frac{f_y}{\sigma_{cr}}} \tag{5.3}$$

$$\sigma_{cr} = \frac{3.46 b_1 t_1^3 + h_w t_w^3 (7.27\gamma + 3.3)\varphi_1}{h_w^2 (12 b_1 t_1 + 1.78 h_w t_w)} E \tag{5.4}$$

$$\gamma = \frac{b_1}{t_w}\sqrt{\frac{b_1 t_1}{h_w t_w}} \tag{5.5}$$

$$\varphi_1 = \frac{1}{2}\left(\frac{5.436\gamma h_w^2}{l^2} + \frac{l^2}{5.436\gamma h_w^2}\right) \tag{5.6}$$

式中：M_x——支座处绕强轴 x 轴的最大负弯矩设计值（N·mm）；

φ_d——稳定系数，根据换算长细比 λ_e 按附表 1.28 采用；

W_{1x}——弯矩作用平面对受压最大纤维（下翼缘下边缘）的毛截面模量（mm^3）；

$\lambda_{n,b}$——正则化长细比；

σ_{cr}——畸变屈曲临界应力（N/mm^2）；

b_1、t_1——受压翼缘（下翼缘）的宽度、厚度（mm）；

h_w、t_w——腹板的高度、厚度（mm）；

l——当框架主梁支承次梁且次梁高度不小于主梁高度一半时，取次梁到框架柱的净距；除此情况外，取主梁净跨的一半（mm）。

当框架梁下翼缘的稳定性不满足要求时，在侧向未受约束的受压翼缘区段内，应设置隅撑或沿梁长设间距不大于 2 倍梁高并与梁等宽的横向加劲肋（《钢标》第 6.2.7 条第 3 款）；或者调整下翼缘的截面尺寸 b_1、t_1（见例题 5.7）。

框架梁下翼缘的稳定性计算，其实质是畸变屈曲/畸变失稳计算（《钢标》条文说明第 6.2.7 条）。畸变失稳有别于局部失稳和整体失稳，计算比较复杂，本书限于篇幅不做过多介绍，感兴趣的读者可参阅其他参考资料❶❷。

梁的整体稳定性计算、框架梁下翼缘的稳定性计算，都是在选定梁的截面尺寸后进行。验算稳定的主要内容是求稳定系数 φ_b、φ_d；求得稳定系数后，从上述公式很容易确定梁的稳定性是否满足要求。

【例题 5.2】 计算例题 5.1 中的焊接工字形等截面简支梁的整体稳定性是否满足要求。

【解】 一、截面几何特性 [图 5.1-1 (b)]

由例题 5.1 得：按受压最大纤维确定的毛截面模量 $W_x = 5107 cm^3$、有效截面模量 $W_{1xe} = 4879 cm^3$，毛截面面积 $A = 146 cm^2$，梁高 $h = 102.6 cm$；钢号修正系数 $\varepsilon_k = \sqrt{235/f_y} = 0.814$。

受压翼缘板对 y 轴的惯性矩：

$$I_1 = \frac{1}{12}t_1 b_1^3 = \frac{1}{12} \times 1.4 \times 30^3 = 3150 cm^4$$

受拉翼缘板对 y 轴的惯性矩：

$$I_2 = \frac{1}{12}t_2 b_2^3 = \frac{1}{12} \times 1.2 \times 20^3 = 800 cm^4$$

---

❶ 姚行友，等．开口冷弯薄壁型钢构件畸变屈曲机理与设计方法．北京：中国冶金工业出版社，2017．

❷ 姚谏，程婕，卢哲刚．冷弯薄壁卷边 Z 形钢梁的弹性畸变屈曲荷载．工程力学，2013年第 1 期．

全截面对 y 轴的惯性矩 I_y（略去不计腹板对自身形心轴的惯性矩）和回转半径 i_y 分别为：

$$I_y = I_1 + I_2 = 3150 + 800 = 3950 \text{cm}^4$$

$$i_y = \sqrt{\frac{I_y}{A}} = \sqrt{\frac{3950}{146}} = 5.20\text{cm}$$

二、梁的整体稳定系数 φ_b（φ_b'）

梁受压翼缘板的自由长度［即受压翼缘板侧向支承点间的距离，图 5.1-1（a）］$l_1 = 6\text{m}$。

受压翼缘板的自由长度 l_1 与其宽度 b_1 之比：

$$\frac{l_1}{b_1} = \frac{6 \times 10^2}{30} = 20 > 13 \quad (\text{附表 1.16})$$

需验算梁的整体稳定性（《原规范》第 4.2.1 条第 2 款）。

焊接工字形等截面简支梁的稳定性系数 φ_b 应按下式计算［《钢标》附录 C 公式（C.0.1-1）］：

$$\varphi_b = \beta_b \frac{4320}{\lambda_y^2} \frac{Ah}{W_x} \left[\sqrt{1 + \left(\frac{\lambda_y t_1}{4.4h}\right)^2} + \eta_b\right] \varepsilon_k^2$$

根据梁的侧向支承和荷载作用情况，由本书附表 1.17 项次 7 得梁整体稳定的等效弯矩系数 $\beta_b = 1.75$。

本例题中，集中荷载所产生的最大弯矩占总弯矩的 $(1192.8/1224.4) \times 100\% = 97.4\%$，故按跨中作用一个集中荷载查取 β_b 值。

梁在侧向支承点间对截面弱轴 y 轴的长细比：

$$\lambda_y = \frac{l_1}{i_y} = \frac{6 \times 10^2}{5.20} = 115.4$$

截面单轴对称性系数：

$$\alpha_b = \frac{I_1}{I_1 + I_2} = \frac{3150}{3150 + 800} = 0.797$$

加强受压翼缘时的截面不对称影响系数：

$$\eta_b = 0.8(2\alpha_b - 1) = 0.8(2 \times 0.797 - 1) = 0.475$$

梁的整体稳定系数：

$$\varphi_b = 1.75 \times \frac{4320}{115.4^2} \times \frac{146 \times 102.6}{5107} \times \left[\sqrt{1 + \left(\frac{115.4 \times 1.4}{4.4 \times 102.6}\right)^2} + 0.475\right] 0.814^2 = 1.696 > 0.6$$

需换算成 φ_b'。按《钢标》附录 C 公式（C.0.1-7）得实际采用的梁整体稳定系数：

$$\varphi_b' = 1.07 - \frac{0.282}{\varphi_b} = 1.07 - \frac{0.282}{1.696} = 0.904$$

三、整体稳定验算（《钢标》第 6.2.2 条）

$$\frac{M_x}{\varphi_b' W_{1xe} f} = \frac{1224.4 \times 10^6}{0.904 \times 4879 \times 10^3 \times 305} = 0.910 < 1.0，可。$$

梁的整体稳定性满足要求。

【例题 5.3】 某简支钢梁跨度 $l=6\mathrm{m}$，跨中无侧向支承点，截面如图 5.2（a）所示。承受均布荷载设计值 $q=190\mathrm{kN/m}$，跨中处还承受一个集中荷载设计值 $P=420\mathrm{kN}$。两种荷载均作用在梁的上翼缘板上。钢材为 Q355 钢。已求得截面特性为：

$A=190.4\mathrm{cm}^2$　　　　$y_1=42.4\mathrm{cm}$　　　　$y_2=60.6\mathrm{cm}$

$I_\mathrm{x}=300248\mathrm{cm}^4$　　$I_1=7909\mathrm{cm}^4$　　$I_2=933\mathrm{cm}^4$

$I_\mathrm{y}=8851\mathrm{cm}^4$　　　$i_\mathrm{y}=6.82\mathrm{cm}$　　　$h=103\mathrm{cm}$

试验算此梁的整体稳定性。

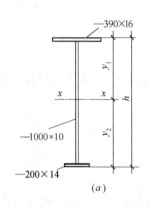 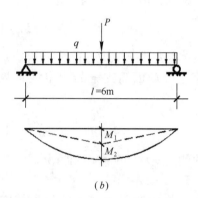

图 5.2　例题 5.3 图
(a) 梁截面；(b) 弯矩图

【解】 $f=305\mathrm{N/mm}^2$，$f_\mathrm{y}=355\mathrm{N/mm}^2$，$\varepsilon_\mathrm{k}=\sqrt{235/f_\mathrm{y}}=0.814$。

截面板件宽厚比等级（《钢标》第 3.5.1 条）：

翼缘板 $\dfrac{b'}{t}=\dfrac{(390-10)/2}{16}=11.9\begin{cases}>13\varepsilon_\mathrm{k}=13\times0.814=10.6\\<15\varepsilon_\mathrm{k}=15\times0.814=12.2\end{cases}$，属于 S4 级。

腹板 $\dfrac{h_0}{t_\mathrm{w}}=\dfrac{1000}{10}=100\begin{cases}>93\varepsilon_\mathrm{k}=93\times0.814=75.7\\<124\varepsilon_\mathrm{k}=124\times0.814=100.9\end{cases}$，属于 S4 级。

因此，全截面有效，即截面模量取全截面模量（《钢标》第 6.2.2 条）。

一、梁的最大弯矩设计值

由集中荷载 P 所引起：

$$M_1=\frac{1}{4}Pl=\frac{1}{4}\times420\times6=630\mathrm{kN\cdot m}$$

由均布荷载 q 所引起：

$$M_2=\frac{1}{8}ql^2=\frac{1}{8}\times190\times6^2=855\mathrm{kN\cdot m}$$

梁的最大弯矩 [图 5.2（b）]：

$$M_\mathrm{x}=M_1+M_2=630+855=1485\mathrm{kN\cdot m}$$

二、梁的整体稳定系数

$$\varphi_\mathrm{b}=\beta_\mathrm{b}\frac{4320}{\lambda_\mathrm{y}^2}\cdot\frac{Ah}{W_\mathrm{x}}\left[\sqrt{1+\left(\frac{\lambda_\mathrm{y}t_1}{4.4h}\right)^2}+\eta_\mathrm{b}\right]\varepsilon_\mathrm{k}^2 \qquad\text{（例题 5.3-}a\text{）}$$

记作：
$$\varphi_b = \beta_b \varphi_{b0}$$

式中，φ_{b0} 是梁在纯弯曲时的整体稳定系数，只与梁的几何及截面特性有关；β_b 是其他荷载情况下梁整体稳定的等效临界弯矩系数。

今
$$W_{1x} = \frac{I_x}{y_1} = \frac{300248}{42.4} = 7081 \text{cm}^3$$

$$W_{2x} = \frac{I_x}{y_2} = \frac{300248}{60.6} = 4955 \text{cm}^3$$

$$\lambda_y = \frac{l_1}{i_y} = \frac{6 \times 10^2}{6.82} = 88.0$$

$$t_1 = 16 \text{mm} = 1.6 \text{cm}$$

$$\alpha_b = \frac{I_1}{I_1 + I_2} = \frac{7909}{7909 + 933} = 0.894 > 0.8$$

截面不对称影响系数：$\eta_b = 0.8 (2\alpha_b - 1) = 0.8 (2 \times 0.894 - 1) = 0.630$

代入式（例题 5.3-a）：

$$\varphi_{b0} = \frac{4320}{\lambda_y^2} \cdot \frac{Ah}{W_x} \left[\sqrt{1 + \left(\frac{\lambda_y t_1}{4.4h}\right)^2} + \eta_b \right] \varepsilon_k^2$$

$$= \frac{4320}{88.0^2} \times \frac{190.4 \times 103}{7081} \times \left[\sqrt{1 + \left(\frac{88.0 \times 1.6}{4.4 \times 103}\right)^2} + 0.630 \right] \times 0.814^2$$

$$= 1.545 \times [1.047 + 0.63] \times 0.663 = 1.718$$

在横向荷载作用下梁的等效临界弯矩系数 β_b，《钢标》中只是给出了均布荷载或集中荷载单独作用时的计算公式，见附表 1.17。今本例题中梁同时承受集中荷载和均布荷载的作用，其弯矩的大小又是同一量级，因此求 β_b 时应按下述方法运算。

设各种荷载单独作用下梁的最大纤维压应力和其相应的梁整体稳定等效临界弯矩系数各为 σ_1 和 β_{b1}、σ_2 和 β_{b2}……，各种荷载共同作用下的应力和等效弯矩系数为 σ 和 β_b。建立下述关系：

$$\frac{\sigma}{\beta_b} = \frac{\sigma_1 + \sigma_2 + \cdots}{\beta_b} = \frac{\sigma_1}{\beta_{b1}} + \frac{\sigma_2}{\beta_{b2}} + \cdots$$

得
$$\beta_b = \frac{\sigma_1 + \sigma_2 + \cdots}{\frac{\sigma_1}{\beta_{b1}} + \frac{\sigma_2}{\beta_{b2}} + \cdots} = \frac{M_x}{\frac{M_1}{\beta_{b1}} + \frac{M_2}{\beta_{b2}} + \cdots} \qquad \text{（例题 5.3-}b\text{）}$$

今
$$\xi = \frac{l_1 t_1}{b_1 h} = \frac{6 \times 10^2 \times 1.6}{39 \times 103} = 0.239 < 0.5$$

当集中荷载作用在上翼缘板时，查附表 1.17 项次 3 和表下面的注 3 及注 6，得：
$$\beta_{b1} = (0.73 + 0.18\xi) \times 0.9 = (0.73 + 0.18 \times 0.239) \times 0.9 = 0.696$$

当为均布荷载作用在上翼缘板时，查附表 1.17 项次 1 和注 6，得：
$$\beta_{b2} = (0.69 + 0.13\xi) \times 0.95 = (0.69 + 0.13 \times 0.239) \times 0.95 = 0.685$$

两种荷载共同作用下：

$$\beta_b = \frac{630+855}{\dfrac{630}{0.696}+\dfrac{855}{0.685}} = \frac{1485}{905.2+1248.2} = 0.690$$

此值介于 β_{b1} 和 β_{b2} 之间。

$$\varphi_b = \beta_b \varphi_{b0} = 0.690 \times 1.718 = 1.185 > 0.6$$

需用 φ'_b 代替 φ_b [《钢标》公式（C.0.1-7）] 计算：

$$\varphi'_b = 1.07 - \frac{0.282}{\varphi_b} = 1.07 - \frac{0.282}{1.185} = 0.832$$

三、验算梁的整体稳定

$$\frac{M_x}{\varphi'_b W_x f} = \frac{1485 \times 10^6}{0.832 \times 7081 \times 10^3 \times 305} = 0.826 < 1.0，可。$$

四、梁下翼缘的抗弯强度

因截面板件宽厚比等级为 S4 级，截面塑性发展系数 $\gamma_x = 1.0$（《钢标》第 6.1.2 条）：

$$\sigma = \frac{M_x}{\gamma_x W_{2x}} = \frac{1485 \times 10^6}{1.0 \times 4955 \times 10^3} = 299.7 \text{N/mm}^2 < f = 305 \text{N/mm}^2，可。$$

【讨论】1. 把验算整体稳定的公式：

$$\frac{M_x}{\varphi_b W_{1x} f} \leqslant 1.0$$

改写成：
$$\frac{M_x}{\beta_{b0} \varphi_{b0} W_{1x} f} \leqslant 1.0 \quad \text{或} \quad \frac{\sigma}{\beta_b} \leqslant f \varphi_{b0}$$

式中 $\sigma = M_x / W_{1x}$，$f\varphi_{b0}$ 是不随荷载类型及荷载作用点位置而变化的一个常量。若 σ 是由几种荷载所引起时，则使各个 σ_i 及其对应的各个 β_{bi} 之比值的和代替 σ/β_b，即：

$$\frac{\sigma_1}{\beta_{b1}} + \frac{\sigma_2}{\beta_{b2}} + \cdots = \frac{\sigma}{\beta_b}$$

此即上述公式（例题 5.3-b）。

2. 计算梁整体稳定等效弯矩系数 β_b 的公式随荷载类型（均布或跨中一个集中荷载）及荷载作用在上翼缘板或下翼缘板而异，可参见附表 1.17。若几种荷载都是作用在梁的同一个位置，例如，同是作用在梁的上翼缘板或下翼缘板，则其 β_b 将只随荷载类型而变化，此时可按其弯矩图形接近于集中荷载或均布荷载而直接采用该种荷载相应的 β_{bi} 值。当 $\varphi_b > 0.6$ 时，因此而引起的误差常可不计。本例题内集中荷载和均布荷载均作用在梁的上翼缘板，其弯矩图形 [图 5.3(b)] 为一抛物线，接近于均布荷载的弯矩图（尽管两种荷载引起的弯矩值为同一个数量级），若简单地采用 $\beta_b = \beta_{b2} = 0.685$，则：

$$\varphi_b = \beta_{b2} \varphi_{b0} = 0.685 \times 1.718 = 1.177$$

因 $\varphi_b > 0.6$，需用 φ'_b 代替 φ_b，得 $\varphi'_b = 0.830$。此 φ'_b 值与上述按公式（例题 5.3-b）求得的 $\varphi'_b = 0.832$ 极接近。今后遇到这种情况时，可以简单地按均布荷载求 β_b 值，不必用上述式（例题 5.3-b）求取。

【例题 5.4】同例题 5.3，但集中荷载 P 改为作用在梁的下翼缘板。求此时梁的整体稳定系数 φ_b（φ'_b）。

【解】集中荷载作用在梁的下翼缘板，由附表 1.17 项次 4，得：

$$\beta_{b1}=2.23-0.28\xi=2.23-0.28\times0.239=2.163$$

由例题 5.3 中的公式（例题 5.3-b），得：

$$\beta_b=\frac{M_x}{\frac{M_1}{\beta_{b1}}+\frac{M_2}{\beta_{b2}}}=\frac{1485}{\frac{630}{2.163}+\frac{855}{0.685}}=\frac{1485}{291.3+1248.2}=0.965$$

$$\varphi_b=\beta_b\varphi_{b0}=0.965\times1.718=1.658>0.6$$

需用 φ'_b 代替 φ_b，即：

$$\varphi'_b=1.07-\frac{0.282}{\varphi_b}=1.07-\frac{0.282}{1.658}=0.900$$

集中荷载作用在梁的下翼缘板，而均布荷载则作用在梁的上翼缘板，此时的 β_b 必须如上述按例题 5.3 中的公式（例题 5.3-b）求取，不能简单地按均布荷载作用在上翼缘板求 β_b 值。

【例题 5.5】 某焊接工字形等截面简支梁，跨度 $l=12\text{m}$，在支座及跨中三分点处各有一水平侧向支承，截面如图 5.3-1 所示。钢材为 Q355 钢。承受均布永久荷载标准值为 20kN/m，均布可变荷载标准值为 45kN/m，均作用在梁的上翼缘板。求此梁的整体稳定系数并验算梁的整体稳定性。

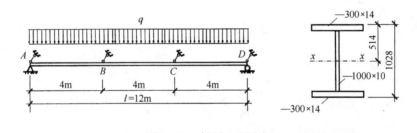

图 5.3-1 例题 5.5 图之一

【解】 $f=305\text{N/mm}^2$，$f_y=355\text{N/mm}^2$，$\varepsilon_k=\sqrt{235/f_y}=0.814$。

截面板件宽厚比等级（《钢标》第 3.5.1 条）：

翼缘板 $\dfrac{b'}{t}=\dfrac{(300-10)/2}{14}=10.4\begin{cases}>11\varepsilon_k=11\times0.814=8.95\\<13\varepsilon_k=13\times0.814=10.6\end{cases}$，属于 S3 级。

腹板 $\dfrac{h_0}{t_w}=\dfrac{1000}{10}=100\begin{cases}>93\varepsilon_k=93\times0.814=75.7\\<124\varepsilon_k=124\times0.814=100.9\end{cases}$，属于 S4 级。

因此，全截面有效，即截面模量取全截面模量（《钢标》第 6.2.2 条）。

一、梁截面几何特性

截面面积： $A=2\times30\times1.4+100\times1.0=184\text{cm}^2$

惯性矩： $I_x=\dfrac{1}{12}\times(30\times102.8^3-29\times100^3)=299268\text{cm}^4$

$I_y=2\times\dfrac{1}{12}\times1.4\times30^3=6300\text{cm}^4$

截面模量: $W_x = \dfrac{2I_x}{h} = \dfrac{2 \times 299268}{102.8} = 5822 \text{cm}^3$

回转半径: $i_y = \sqrt{\dfrac{I_y}{A}} = \sqrt{\dfrac{6300}{184}} = 5.85 \text{cm}$

梁在侧向支承点间对弱轴 y-y 的长细比: $\lambda_y = \dfrac{l_1}{i_y} = \dfrac{4 \times 10^2}{5.85} = 68.4$

$$\dfrac{l_1}{b_1} = \dfrac{4 \times 10^2}{30} = 13.3 > 13 \quad (\text{附表 1.16})$$

需验算梁的整体稳定性。

二、求整体稳定系数 φ_b

双轴对称焊接工字形梁的整体稳定系数为:

$$\varphi_b = \beta_b \dfrac{4320}{\lambda_y^2} \cdot \dfrac{Ah}{W_x} \left(\sqrt{1 + \left(\dfrac{\lambda_y t_1}{4.4h} \right)^2} \right) \varepsilon_k^2$$

记 $\varphi_b = \beta_b \varphi_{b0}$

得 $\varphi_{b0} = \dfrac{4320}{68.4^2} \times \dfrac{184 \times 102.8}{5822} \times \sqrt{1 + \left(\dfrac{68.4 \times 1.4}{4.4 \times 102.8} \right)^2} \times 0.814^2 = 2.032$

查附表 1.17 项次 8, 得 $\beta_b = 1.20$:

$$\varphi_b = \beta_b \varphi_{b0} = 1.20 \times 2.032 = 2.438 > 0.6$$

需用 φ_b' 代替 φ_b:

$$\varphi_b' = 1.07 - \dfrac{0.282}{\varphi_b} = 1.07 - \dfrac{0.282}{2.438} = 0.954$$

三、梁的最大弯矩及整体稳定验算

$$M_x = \dfrac{1}{8} \times (1.3 \times 20 + 1.5 \times 45) \times 12^2 = \dfrac{1}{8} \times 93.5 \times 12^2 = 1683 \text{kN} \cdot \text{m}$$

$$\dfrac{M_x}{\varphi_b' W_x f} = \dfrac{1683 \times 10^6}{0.954 \times 5822 \times 10^3 \times 305} = 0.993 < 1.0, \text{可}。$$

【讨论】对本例题所示钢梁,跨中有两个侧向支承点,在验算此梁的整体稳定性时有设计人员常近似地把此梁分成三段单独进行验算,如图 5.3-2 所示。下面讨论其可行性。

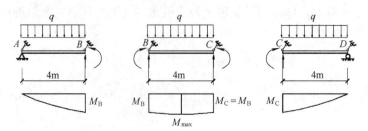

图 5.3-2 例题 5.5 图之二

此时：$M_\mathrm{B}=M_\mathrm{C}=\frac{1}{2}ql\left(\frac{l}{3}\right)-\frac{1}{2}q\left(\frac{l}{3}\right)^2=\frac{1}{9}ql^2=\frac{1}{9}\times 93.5\times 12^2=1496\mathrm{kN\cdot m}$

$M_{\max}=M_\mathrm{B}+\frac{1}{8}q\left(\frac{l}{3}\right)^2=1496+\frac{1}{8}\times 93.5\times 4^2=1683\mathrm{kN\cdot m}$

三段中以中间段 BC 受力最大，其侧向支承点间距 $l_1=l/3=4\mathrm{m}$，梁的整体稳定性将由中间段控制。中间段的荷载可看成由两部分组成：其一是纯弯曲，承受两个端弯矩 $M_\mathrm{B}=1496\mathrm{kN\cdot m}=M_1$；其二是简支梁承受均布荷载，其最大弯矩为：

$$M_2=\frac{1}{8}\times 93.5\times 4^2=187\mathrm{kN\cdot m}$$

相应纯弯曲的整体稳定等效临界弯矩系数 $\beta_{\mathrm{b}1}$，可由附表 1.17 项次 10 得到：

$$\beta_{\mathrm{b}1}=1.75-1.05\left(\frac{M_2}{M_1}\right)+0.3\left(\frac{M_2}{M_1}\right)^2=1.75-1.05+0.3=1.0$$

相应均布荷载的等效临界弯矩系数 $\beta_{\mathrm{b}2}$，由附表 1.17 项次 1 得到：

$$\xi=\frac{l_1 t_1}{b_1 h}=\frac{4\times 10^2\times 1.4}{30\times 102.8}=0.182<2.0$$

$$\beta_{\mathrm{b}2}=0.69+0.13\xi=0.69+0.13\times 0.182=0.714$$

两种荷载共同作用下的梁整体稳定等效弯矩系数 β_b 为：

$$\beta_\mathrm{b}=\frac{M_1+M_2}{\dfrac{M_1}{\beta_{\mathrm{b}1}}+\dfrac{M_2}{\beta_{\mathrm{b}2}}}=\frac{1496+187}{\dfrac{1496}{1.0}+\dfrac{187}{0.714}}=\frac{1683}{1757.9}=0.957$$

$$\varphi_\mathrm{b}=\beta_\mathrm{b}\varphi_{\mathrm{b}0}=0.957\times 2.032=1.945>0.6$$

$$\varphi'_\mathrm{b}=1.07-\frac{0.282}{\varphi_\mathrm{b}}=1.07-\frac{0.282}{1.945}=0.925$$

此值小于前解中所得 $\varphi'_\mathrm{b}=0.954$ 约 3.0%。用此近似法求解，由于忽略了三段钢梁原是连续的有相互支持作用的影响，而降低了所得 φ'_b 值，用此 φ'_b 值验算钢梁的整体稳定，结果偏于安全。我国《钢标》和《原规范》对梁跨中有等距离的侧向支承点时，不推荐此种求 φ_b 的近似法。

【**例题 5.6**】同例题 5.5，但跨度中间的侧向支承点改为如图 5.4（a）所示的位置。

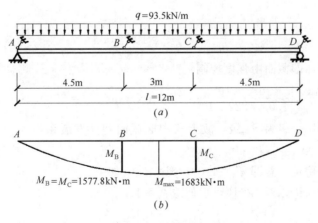

图 5.4 例题 5.6 图
（a）计算简图；（b）弯矩图

验算此梁的整体稳定性。

【解】 跨中侧向支承点非均匀布置，因而《钢标》和《原规范》中无求相应梁整体稳定等效临界弯矩系数 β_b 的现成公式或数据。对这种情况，目前常用近似法求解 β_b，即用如例题 5.5 [讨论] 中所述方法，假设梁由三个分离的梁段 AB、BC 和 CD 组成，分别对每一梁段进行分析求解。

一、AB 段（或 CD 段）

$$\frac{l_1}{b_1} = \frac{4.5 \times 10^2}{30} = 15 > 10.5 \quad （附表 1.16）$$

需验算此梁段的整体稳定。

$$M_B = \frac{1}{2} \times 93.5 \times (12 \times 4.5 - 4.5^2) = 1577.8 \text{kN} \cdot \text{m}$$

AB 段上的荷载可看成由两部分组成，其一是在 B 端作用一力矩 $M_1 = M_B = 1577.8 \text{kN} \cdot \text{m}$，其二是梁段上的均布荷载。因梁段 AB 上均布荷载引起的最大弯矩与 M_B 不在同一截面上，因此不能利用例题 5.3 中公式（例题 5.3-b）近似求 β_b。AB 段的弯矩图形接近于三角形，今近似地略去均布荷载的影响，则可利用附表 1.17 项次 10 的公式求得：

$$\beta_{b1} = 1.75 - 1.05 \left(\frac{M_2}{M_1}\right) + 0.3 \left(\frac{M_2}{M_1}\right)^2 = 1.75$$

式中 M_2 为作用在 A 端的力矩，今 $M_2 = 0$。

$$\lambda_y = \frac{l_1}{i_y} = \frac{4.5 \times 10^2}{5.85} = 76.9$$

$$\varphi_{b0} = \frac{4320}{76.9^2} \times \frac{184 \times 102.8}{5822} \times \sqrt{1 + \left(\frac{76.9 \times 1.4}{4.4 \times 102.8}\right)^2} \times 0.814^2 = 1.617$$

$$\varphi_b = \beta_b \varphi_{b0} = 1.75 \times 1.617 = 2.830 > 0.6$$

$$\varphi'_b = 1.07 - \frac{0.282}{\varphi_b} = 1.07 - \frac{0.282}{2.830} = 0.970$$

$$\frac{M_x}{\varphi'_b W_x f} = \frac{1577.8 \times 10^6}{0.970 \times 5822 \times 10^3 \times 305} = 0.916 < 1.0，可。$$

二、BC 段

$$\frac{l_1}{b_1} = \frac{3 \times 10^2}{30} = 10 < 10.5$$

不必验算整体稳定，即截面由强度控制：

$$\sigma = \frac{M_{\max}}{\gamma_x W_x} = \frac{1683 \times 10^6}{1.0 \times 5822 \times 10^3} = 289.1 \text{N/mm}^2 < f = 305 \text{N/mm}^2，可。$$

因腹板的宽厚比等级为 S4 级，故上式中取截面塑性发展系数 $\gamma_x = 1.0$（《钢标》第 6.1.2 条）。

不必验算整体稳定，意即 $\varphi'_b = 1.0$。今试求 φ'_b 如下：

由例题 5.5 的讨论，对 BC 段可近似取 $\beta_b \approx 1.0$。

因

$$\lambda_y = \frac{l_1}{i_y} = \frac{3 \times 10^2}{5.85} = 51.3$$

故

$$\varphi_{\mathrm{b}} = \varphi_{\mathrm{b}0} \frac{4320}{51.3^2} \times \frac{184 \times 102.8}{5822} \times \sqrt{1 + \left(\frac{51.3 \times 1.4}{4.4 \times 102.8}\right)^2} \times 0.814^2 = 3.578 > 0.6$$

$$\varphi_{\mathrm{b}}' = 1.07 - \frac{0.282}{\varphi_{\mathrm{b}}} = 1.07 - \frac{0.282}{3.578} = 0.991 \approx 1.0$$

【例题 5.7】某焊接工字形等截面框架梁（边梁），上翼缘铺设钢筋混凝土楼板，两者牢固相连。框架梁跨度（净跨）$L=6.6$m，截面尺寸如图 5.5 所示，无削弱；材料为 Q355B 级钢。框架梁的内力设计值为：支座处负弯矩 $M_{x,\max}=457.4$kN·m、剪力 $V=220.7$kN，跨中正弯矩 $M_x=300.3$kN·m。计算该框架梁的稳定性是否满足要求。（强度、局部稳定和刚度均满足要求）

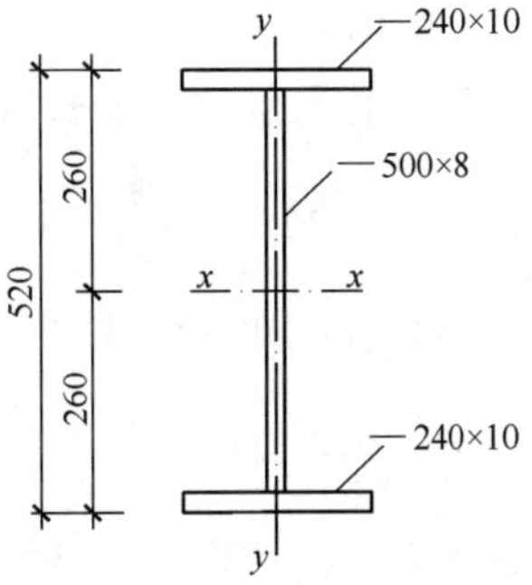

【解】钢号修正系数 $\varepsilon_{\mathrm{k}} = \sqrt{235/f_{\mathrm{y}}} = \sqrt{235/355} = 0.814$。

图 5.5 例题 5.7 图

框架梁上翼缘铺设有钢筋混凝土楼板，且梁翼缘与楼板牢固相连，可不计算梁的整体稳定性（《钢标》第 6.2.1 条），但应计算支座处梁下翼缘的稳定性-畸变屈曲（《钢标》第 6.2.7 条）。

1. 截面板件宽厚比等级与截面几何特性

(1) 截面板件宽厚比（《钢标》第 3.5.1 条，书末附表 1.22）。

翼缘板：$\dfrac{b'}{t} = \dfrac{(240-8)/2}{10} = 11.6 \begin{cases} > 13\varepsilon_{\mathrm{k}} = 13 \times 0.814 = 10.6 \\ < 15\varepsilon_{\mathrm{k}} = 15 \times 0.814 = 12.2 \end{cases}$，属于 S4 级。

腹板：$\dfrac{h_{\mathrm{w}}}{t_{\mathrm{w}}} = \dfrac{500}{8} = 62.5 \begin{cases} > 72\varepsilon_{\mathrm{k}} = 72 \times 0.814 = 58.6 \\ < 93\varepsilon_{\mathrm{k}} = 93 \times 0.814 = 75.7 \end{cases}$，属于 S3 级。

因此，梁全截面有效（《钢标》第 6.2.2 条）。

(2) 截面几何特性

惯性矩：$I_x = \dfrac{1}{12}[24 \times 52^3 - (24 - 0.8) \times 50^3] = 39549 \text{ cm}^4$

受压最大纤维的毛截面模量：$W_{1x} = \dfrac{I_x}{y_c} = \dfrac{39549}{26} = 1521 \text{ cm}^3$

式中 y_c 是 x 轴至受压最大纤维的距离。

2. 按公式 (5.1)～公式 (5.6) 计算支座处梁下翼缘的稳定性

将 $b_1=240$mm、$t_1=10$mm、$h_{\mathrm{w}}=500$mm 和 $t_{\mathrm{w}}=8$mm 代入公式 (5.5)，得：

$$\gamma = \frac{b_1}{t_{\mathrm{w}}}\sqrt{\frac{b_1 t_1}{h_{\mathrm{w}} t_{\mathrm{w}}}} = \frac{240}{8}\sqrt{\frac{240 \times 10}{500 \times 8}} = 23.24$$

框架主梁无支承次梁，取 $l=L/2=6.6/2=3.3$m $=3300$mm，由公式 (5.6)，得：

$$\varphi_1 = \frac{1}{2}\left(\frac{5.436\gamma h_{\mathrm{w}}^2}{l^2} + \frac{l^2}{5.436\gamma h_{\mathrm{w}}^2}\right) = \frac{1}{2}\left(\frac{5.436 \times 23.24 \times 500^2}{3300^2} + \frac{3300^2}{5.436 \times 23.24 \times 500^2}\right)$$

$$= 1.623$$

畸变屈曲临界应力 [公式 (5.4)]：

$$\sigma_{cr} = \frac{3.46 b_1 t_1^3 + h_w t_w^3 (7.27\gamma + 3.3)\varphi_1}{h_w^2 (12 b_1 t_1 + 1.78 h_w t_w)} E$$

$$= \frac{3.46 \times 240 \times 10^3 + 500 \times 8^3 \times (7.27 \times 23.24 + 3.3) \times 1.623}{500^2 \times (12 \times 240 \times 10 + 1.78 \times 500 \times 8)} \times (2.06 \times 10^5)$$

$$= 1661 \text{N/mm}^2$$

正则化长细比 [公式 (5.3)]：

$$\lambda_{n,b} = \sqrt{\frac{f_y}{\sigma_{cr}}} = \sqrt{\frac{355}{1661}} = 0.462 > 0.45, \text{需计算梁下翼缘的稳定性。}$$

换算长细比 [公式 (5.2)]：

$$\lambda_e = \pi \cdot \lambda_{n,b} \cdot \sqrt{\frac{E}{f_y}} = 3.1416 \times 0.462 \times \sqrt{\frac{2.06 \times 10^5}{355}} = 35.0$$

由 $\lambda_e / \varepsilon_k = 35/0.814 = 43.0$ 查附表 1.28，得稳定系数 $\varphi_d = 0.887$。

将相关数据代入公式 (5.1) 不等号左边：

$$\frac{M_{x,\max}}{\varphi_d W_{1x} f} = \frac{457.4 \times 10^6}{0.887 \times 1521 \times 10^3 \times 305} = 1.11 > 1.0$$

框架梁支座处下翼缘的稳定性不满足要求，可能发生畸变屈曲。

为避免支座处受压下翼缘发生畸变屈曲，改取 $t_1 = 12\text{mm}$，b_1 及框架梁截面的其他尺寸不变。按以上步骤、方法可以求得：

$y_c = 24.85\text{cm}$，$I_x = 42650\text{cm}^4$，$W_{1x} = 1716\text{cm}^3$；

$\gamma = 25.46$，$\varphi_1 = 1.746$，$\sigma_{cr} = 1693\text{N/mm}^2$，$\lambda_{n,b} = 0.458$，$\lambda_e = 34.7$。

由 $\lambda_e / \varepsilon_k = 34.7/0.814 = 42.6$ 查附表 1.28，得稳定系数 $\varphi_d = 0.889$。

将相关数据代入公式 (5.1) 不等号左边：

$$\frac{M_{x,\max}}{\varphi_d W_{1x} f} = \frac{457.4 \times 10^6}{0.889 \times 1716 \times 10^3 \times 305} = 0.983 < 1.0, \text{可}。$$

【说明】框架梁下翼缘的稳定性不满足要求时，依据《钢标》规定，在侧向未受约束的受压翼缘区段内，应设置隅撑或沿梁长设间距不大于 2 倍梁高并与梁等宽的横向加劲肋（《钢标》第 6.2.7 条第 3 款）。本例题采用了另一种较为简明有效的方法——增大受压翼缘板厚度 t_1。实际工程设计中，可根据用钢量、制造工作量、构造、外观等因素，综合分析比较后选定合适的提高框架梁下翼缘稳定性的措施。

5.3 悬挂式单轨吊车梁的设计

悬挂式单轨吊车梁通常采用热轧工字钢截面，设计时应注意以下几点[1]。

1. 可不考虑吊车的水平荷载（《建筑结构荷载规范》GB 50009—2012 第 6.1.2 条第 3 款注），按竖向荷载作用下的单向受弯梁计算。

---

[1] 实际工程设计中，还应补充验算轨道梁下翼缘在集中轮压作用下的应力。验算方法见：赵熙元. 建筑钢结构设计手册. 北京：冶金工业出版社，1995，第 733 页。此外，还需验算局部和整体应力相组合的折算应力，参阅：许朝铨. 悬挂运输设备与轨道设计手册. 北京：中国建筑工业出版社，2003，第 4.6 节。

2. 吊车竖向荷载可简化为一个集中荷载作用于梁上，梁的自重按均布荷载考虑。

3. 计算梁的强度、稳定及其连接的强度时，吊车竖向荷载应乘以动力系数 $\alpha_d = 1.05$（《建筑结构荷载规范》GB 50009—2012 第 6.3.1 条）。

4. 计算梁的抗弯强度、稳定和刚度时，对于截面模量或惯性矩，设计上习惯乘以截面磨损折减系数 0.9。

5. 截面塑性发展系数取 $\gamma_x = 1.0$。

6. 梁的容许挠度 $[v] = l/400$。

【例题 5.8】某悬挂式单轨吊车梁，跨度 $l = 6\text{m}$，两端简支，承受一台起重量为 5t 的电动单轨起重机（电动葫芦），起重机自重 1.768t，中级工作制。由于不是焊接结构，钢材可采用 Q235AF 钢。试选择该单轨吊车梁的截面。

【解】钢号修正系数 $\varepsilon_k = \sqrt{235/f_y} = 1.0$。

集中荷载标准值：

起重机自重： $1.768 \times 9.807 = 17.34 \text{kN}$

起重机起重量： $\dfrac{5 \times 9.807 = 49.04 \text{kN}}{\text{合计} \quad P_k = 66.38 \text{kN}}$

式中 9.807 为重力加速度取值。

集中荷载设计值：

$$P = \alpha_d \cdot \gamma_Q \cdot P_k = 1.05 \times 1.5 \times 66.38 = 104.55 \text{kN}$$

一、按梁的整体稳定条件初选截面

1. 计算梁的最大弯矩 M_x^0（暂不计梁自重）

最大弯矩（起重机移动至梁跨中）为：

$$M_x^0 = \frac{1}{4}Pl = \frac{1}{4} \times 104.55 \times 6 = 156.8 \text{kN} \cdot \text{m}$$

2. 初选截面

根据梁跨中无侧向支承点、集中荷载作用于下翼缘和自由长度 $l_1 = l = 6\text{m}$，查附表 1.26 得工字钢型号为 22~40 时的整体稳定系数为 $\varphi_b = 1.07 > 0.6$，需用梁实际的整体稳定系数 φ_b' 代替 φ_b，即：

$$\varphi_b' = 1.07 - \frac{0.282}{\varphi_b} = 1.07 - \frac{0.282}{1.07} = 0.806$$

所需截面模量： $W_x \geq \dfrac{M_x^0}{0.9\varphi_b' f} = \dfrac{156.8 \times 10^6}{0.9 \times 0.806 \times 215} \times 10^{-3} = 1005.4 \text{cm}^3$

式中 0.9 为截面磨损折减系数。

据此，选用 I40a：自重 $g_k = 67.6 \times 9.807 \times 10^{-3} = 0.663 \text{kN/m}$；$W_x = 1090 \text{cm}^3$，$I_x = 21700 \text{cm}^4$，$S_x = 638 \text{m}^3$，$t_w = 10.5 \text{mm}$，$t = 16.5 \text{mm}$，$r = 12.5 \text{mm}$，$b = 142 \text{mm}$。

截面板件宽厚比等级（《钢标》第 3.5.1 条）：

翼缘：$\dfrac{b'}{t} = \dfrac{(142 - 10.5 - 2 \times 12.5)/2}{16.5} = 3.2 < 9\varepsilon_k = 9$

腹板：$\dfrac{h_0}{t_w} = \dfrac{400 - 2 \times 16.5 - 2 \times 12.5}{10.5} = 32.6 < 65\varepsilon_k = 65$

翼缘与腹板均为 S1 级。计算截面模量时全截面有效，即取全截面模量（《钢标》第 6.1.1 条和 6.2.2 条）。

二、截面验算

因所选截面的翼缘厚度 $t=16.5\text{mm}>16\text{mm}$，查附表 1.1，得相应的钢材抗弯强度设计值 $f=205\text{N/mm}^2$；腹板厚度 $t_w=10.5\text{mm}<16\text{mm}$，抗剪强度设计值 $f_v=125\text{N/mm}^2$。

1. 计算引入梁自重后梁的最大内力

梁自重线荷载设计值：
$$g=\gamma_G \cdot g_k=1.3\times 0.663=0.862\text{kN/m}$$

最大弯矩（起重机移动至梁跨中）：
$$M_x=M_x^0+\frac{1}{8}gl^2=156.8+\frac{1}{8}\times 0.862\times 6^2=160.7\text{kN}\cdot\text{m}$$

最大剪力 V_{max} 和支座反力 R（起重机移动至支座处）：
$$V_{max}=R=P+\frac{1}{2}gl=104.55+\frac{1}{2}\times 0.862\times 6=107.1\text{kN}$$

2. 强度验算

（1）抗弯强度（设最大弯矩处截面无削弱）：
$$\frac{M_x}{\gamma_x(0.9W_{nx})}=\frac{160.7\times 10^6}{1.0\times 0.9\times 1090\times 10^3}=163.8\text{N/mm}^2<f=205\text{N/mm}^2，可。$$

（2）抗剪强度：
$$\tau_{max}=\frac{V_{max}S_x}{I_x t_w}=\frac{107.1\times 10^3\times 638\times 10^3}{21700\times 10^4\times 10.5}=30.0\text{N/mm}^2<f_v=125\text{N/mm}^2，可。$$

3. 整体稳定验算

$$\varphi_b=1.07，\varphi_b'=0.806$$

$$\frac{M_x}{\varphi_b'(0.9W_x)f}=\frac{160.7\times 10^6}{0.806\times 0.9\times 1090\times 10^3\times 205}=0.991<1.0，可。$$

4. 刚度验算（起重机移动至梁跨中）

集中荷载标准值：$P_k=66.38\text{kN}$

均布荷载标准值：$g_k=0.663\text{kN/m}=0.663\text{N/mm}$

$$v=\frac{P_k l^3}{48E(0.9I_x)}+\frac{5g_k l^4}{384E(0.9I_x)}=\frac{l^3}{48E(0.9I_x)}\left(P_k+\frac{5}{8}g_k l\right)$$

$$=\frac{(6\times 10^3)^3}{48\times 206\times 10^3\times 0.9\times 21700\times 10^4}\left(66.38\times 10^3+\frac{5}{8}\times 0.663\times 6\times 10^3\right)$$

$$=7.7\text{mm}<[v]=\frac{l}{400}=\frac{6\times 10^3}{400}=15\text{mm}，可。$$

或
$$\frac{v}{l}=\frac{7.7}{6\times 10^3}=\frac{1}{779}<\frac{1}{400}，可。$$

所选截面适用。

【说明】1. 型钢梁腹板较厚，抗剪强度常能满足，一般不需验算。

2. 对需计算整体稳定的梁,当最大弯矩处截面无削弱时,由整体稳定控制截面尺寸,抗弯强度也不必计算。

3. 对热轧工字钢梁,不必计算折算应力和局部稳定性;截面板件宽厚比等级为 S1 级,全截面有效。

5.4 实腹式热轧型钢檩条的设计

在跨度不大的轻屋面结构中,实腹式檩条常采用热轧槽钢、角钢和冷弯薄壁 Z 形钢、冷弯薄壁槽钢制成。为增加檩条在屋面坡度方向的强度和刚度,通常在檩条跨度中间沿屋面坡向设置拉条(参阅视频 4 中檩条与屋架的连接)。

角钢、Z 形钢檩条和腹板垂直于屋面的槽钢、工字钢檩条,应按在两个主平面内受弯的双向弯曲梁进行强度和整体稳定的计算。

经计算分析,下列两种情况的檩条常可不进行整体稳定性计算:

(1) 按常规设置有拉条的檩条;

(2) 未设置拉条,跨度 $l<5$m 而槽口朝向屋脊的槽钢檩条或边端朝向屋脊的角钢檩条。

当檩条跨度较大、拉条设置较稀时,一般仍应验算整体稳定。

对设有拉条的檩条,刚度计算应使檩条在垂直于屋面方向(即檩条腹板平面内)的最大挠度不超过《钢标》容许值(附表 1.18 项次 4)。需注意的是,对屋盖檩条的挠度容许值,《钢标》将《原规范》区分三种情况减少为两种情况,即"支承压型金属板屋面者"与"支承其他屋面材料者",且对前者的要求放宽了。对兼作屋架上弦平面支撑横杆或刚性系杆的檩条,还应使其最大长细比 $\lambda \leqslant 200$。

设计檩条时,尚应按施工或检修集中荷载(人和小工具的自重,按标准值 $P_{Qk}=1.0$kN 计)出现在最不利位置进行验算 (《建筑结构荷载规范》GB 50009—2012 第 5.5.1 条)。验算时不再考虑其他可变荷载同时作用。

檩条间距的确定及檩条间拉条的布置,见本书第 11 章。

【例题 5.9】某普通钢屋架的单跨简支檩条,跨度 $l=6$m,跨中设拉条一道,檩条坡向间距为 0.798m。垂直于屋面水平投影面的屋面材料(波形石棉瓦、木丝板保温)自重标准值和屋面可变荷载标准值均为 0.50kN/m²,无积灰荷载。屋面坡度 $i=1/2.5$。材料用 Q235AF 钢。设采用热轧槽钢檩条,要求选择该檩条截面。

【解】$f=215$N/mm²,$\varepsilon_k=1.0$。

容许挠度(附表 1.18 项次 4):

$$[v]=\frac{l}{200}=\frac{6\times 10^3}{200}=30\text{mm}$$

屋面倾角[图 5.6-1(a)]: $\alpha=\arctan\left(\dfrac{1}{2.5}\right)=21.8°$

檩条承受的竖向线荷载标准值:

屋面自重:$q_{Gk}=0.5\times 0.798\cos 21.8°=0.370$kN/m

可变荷载:$q_{Qk}=0.50\times 0.798\cos 21.8°=0.370$kN/m

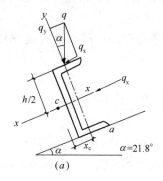 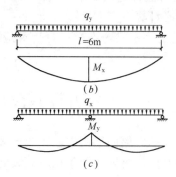

图 5.6-1 例题 5.9 图之一
(a)槽钢檩条;(b)垂直于屋面方向的弯矩;(c)屋面坡向的弯矩

一、檩条截面初选

檩条承受的竖向线荷载设计值：
$$q=1.1(1.3q_{Gk}+1.5q_{Qk})=1.1(1.3\times0.37+1.5\times0.37)=1.14\text{kN/m}$$
式中 1.1 为考虑檩条自重影响的增大系数。

对跨中设置一道拉条的单跨简支槽钢檩条，其所需截面模量可按下式估算（估算公式的来源见本例题末的说明）：

$$W_x\geqslant 0.12\frac{ql^2}{f}(\cos\alpha+1.4\sin\alpha)$$

$$=0.12\times\frac{(1.14\times6^2)\times10^6}{215}(\cos21.8°+1.4\sin21.8°)\times10^{-3}=33.2\text{cm}^3$$

据此，选用热轧槽钢[10：
自重 0.098kN/m，$W_x=39.7\text{cm}^3$，$W_{ymax}=16.8\text{cm}^3$，$W_{ymin}=7.8\text{cm}^3$；
$I_x=198\text{cm}^4$，$i_x=3.95\text{cm}$，$i_y=1.41\text{cm}$；
$b=48\text{mm}$，$t=r=8.5\text{mm}$，$h=100\text{mm}$，$t_w=5.3\text{mm}$。

二、荷载与内力计算

$$q=1.3(0.37+0.098)+1.5\times0.37=1.16\text{kN/m}$$

平行于截面主轴 x 轴和 y 轴的分线荷载设计值分别为[图 5.6-1 (a)]：

$$q_x=q\sin\alpha=1.16\sin21.8°=0.431\text{kN/m}$$

$$q_y=q\cos\alpha=1.16\cos21.8°=1.077\text{kN/m}$$

假设 q_x 对截面形心轴的扭矩近似等于 q_y 不通过槽钢截面剪力中心引起的扭矩 $\left[\text{即}\ q_x\times\frac{h}{2}\approx q_y x_c，\text{参阅图 5.6-1 (a)}\right]$，因而对槽钢可只按双向受弯构件计算。

弯矩为[图 5.6-1 (b)、(c)]：

$$M_x=\frac{1}{8}q_yl^2=\frac{1}{8}\times1.077\times6^2=4.85\text{kN·m} \quad \text{（正弯矩）}$$

$$M_y=\frac{1}{32}q_xl^2=\frac{1}{32}\times0.431\times6^2=0.485\text{kN·m} \quad \text{（负弯矩）}$$

三、截面验算
1. 截面板件宽厚比等级（《钢标》第 3.5.1 条）❶

翼缘板：$\dfrac{b'}{t} = \dfrac{b-t_w-r}{t} = \dfrac{48-5.3-8.5}{8.5} = 5.57 < 9\varepsilon_k = 9$，属于 S1 级。

腹板：$\dfrac{h_0}{t_w} = \dfrac{h-2(t+r)}{t_w} = \dfrac{100-2(8.5+8.5)}{5.3} = 12.5 < 65\varepsilon_k = 65$，属于 S1 级。

因此，全截面有效，即截面模量取全截面模量（《钢标》第 6.2.2 条），且截面塑性发展系数 $\gamma_x = 1.05$、$\gamma_y = 1.20$（《钢标》第 6.1.2 条）。

2. 抗弯强度

由檩条跨中截面上的 a 点[图 5.6-1 (a)]控制：

$$\frac{M_x}{\gamma_x W_x} + \frac{M_y}{\gamma_y W_y} = \frac{4.85\times 10^6}{1.05\times 39.7\times 10^3} + \frac{0.485\times 10^6}{1.20\times 7.8\times 10^3}$$

$$= 168.2\text{N/mm}^2 < f = 215\text{N/mm}^2，可。$$

3. 整体稳定

檩条间设有拉条，可不计算整体稳定。

4. 刚度

（1）挠度

线荷载的标准值：$q_k = 0.37 + 0.098 + 0.37 = 0.838\text{kN/m} = 0.838\text{N/mm}$

檩条在垂直于屋面方向的最大挠度：

$$v = \frac{5(q_k\cos\alpha)l^4}{384EI_x} = \frac{5\times 0.838\cos 21.8°\times (6\times 10^3)^4}{384\times 206\times 10^3\times 198\times 10^4} = 32.2\text{mm} > [v] = \frac{l}{200} = 30\text{mm}，不满足。$$

改为选用热轧槽钢[12：自重 0.119kN/m，$W_x = 57.7\text{cm}^3$，$W_{y\text{max}} = 23.1\text{cm}^3$，$W_{y\text{min}} = 10.2\text{cm}^3$，$I_x = 346\text{cm}^4$，$i_x = 4.75\text{cm}$，$i_y = 1.56\text{cm}$，$b = 53\text{mm}$，$t = r = 9.0\text{mm}$，$h = 120\text{mm}$，$t_w = 5.5\text{mm}$。得：

线荷载的标准值：$q_k = 0.37 + 0.119 + 0.37 = 0.859\text{kN/m} = 0.859\text{N/mm}$

$$v = \frac{5(q_k\cos\alpha)l^4}{384EI_x} = \frac{5\times 0.859\cos 21.8°\times (6\times 10^3)^4}{384\times 206\times 10^3\times 346\times 10^4}$$

$$= 18.88\text{mm} < [v] = \frac{l}{200} = 30\text{mm}，可。$$

抗弯强度、整体稳定不必再验算。

（2）长细比

$$\lambda_x = \frac{l_{0x}}{i_x} = \frac{6\times 10^2}{4.75} = 126.3 < 200$$

$$\lambda_y = \frac{l_{0y}}{i_y} = \frac{3\times 10^2}{1.56} = 192.3 < 200$$

因此檩条可直接兼作屋架上弦平面支撑横杆或刚性系杆。

---

❶ 《钢标》对槽形截面受弯构件的板件宽厚比等级没有规定，本例题参照工字形截面受弯构件的板件宽厚比等级要求（《钢标》第 3.5.1 条）确定，供参考。

四、施工或检修集中荷载下的验算

荷载和最不利内力计算如下：

线荷载（屋面材料及檩条自重）：

标准值：$q_k = 0.37 + 0.119 = 0.489 \text{kN/m}$

设计值：$q = 1.3 q_k = 1.3 \times 0.489 = 0.636 \text{kN/m}$

$\qquad q_x = q\sin\alpha = 0.636 \sin 21.8° = 0.236 \text{kN/m}$

$\qquad q_y = q\cos\alpha = 0.636 \cos 21.8° = 0.591 \text{kN/m}$

集中荷载（施工或检修集中荷载）：

标准值：$P_k = P_{Qk} = 1.0 \text{kN}$

设计值：$P = 1.5 P_{Qk} = 1.5 \times 1.0 = 1.5 \text{kN}$

$\qquad P_x = P\sin\alpha = 1.5 \sin 21.8° = 0.557 \text{kN}$

$\qquad P_y = P\cos\alpha = 1.5 \cos 21.8° = 1.39 \text{kN}$

集中荷载作用于檩条跨中时最为不利，最不利的内力为（图 5.6-2）：

$M'_x = \dfrac{1}{8} q_y l^2 + \dfrac{1}{4} P_y l = \dfrac{1}{8} \times 0.591 \times 6^2 + \dfrac{1}{4} \times 1.39 \times 6 = 4.74 \text{kN·m} < M_x = 4.97 \text{kN·m}$

$M'_y = \dfrac{1}{32} q_x l^2 = \dfrac{1}{32} \times 0.236 \times 6^2 = 0.266 \text{kN·m} < M_y = 0.497 \text{kN·m}$

式中，$M_x = 4.97 \text{kN·m}$、$M_y = 0.497 \text{kN·m}$ 是檩条自重按 0.119kN/m 的计算结果（参见本例题"二、荷载与内力计算"）。

因此，不必进行施工或检修集中荷载作用下的验算。

所选檩条截面 [12 适用。

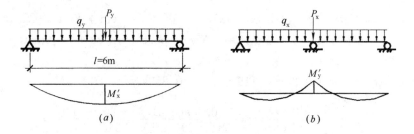

图 5.6-2　例题 5.9 图之二

(a)垂直于屋面方向的弯矩；(b)屋面坡向的弯矩

【说明】1. 试选热轧槽钢檩条截面时，估算所需截面模量的公式推导如下。

抗弯强度要求：$\qquad \dfrac{M_x}{1.05 W_x} + \dfrac{M_y}{1.20 W_{y\min}} \leqslant f$

而 $\qquad M_x = \dfrac{1}{8}(q\cos\alpha) l^2, \quad M_y = \dfrac{1}{32}(q\sin\alpha) l^2$

槽钢檩条的常用截面为 [10～[16，取 $W_{y\min} \approx \left(\dfrac{1}{7} \sim \dfrac{1}{5}\right) W_x$，代入强度公式即得近似式：

$$W_x \geqslant 0.12 \dfrac{q l^2}{f} (\cos\alpha + 1.4 \sin\alpha)$$

2. 对屋盖檩条的挠度容许值 $[v]$，《钢标》仅区分檩条支承是否为"压型金属板"的两种情况，不考虑屋面有无积灰。本例题为无积灰的非压型金属板屋面，按《原规范》$[v]=l/150$，而按《钢标》$[v]=l/200$，因此所选檩条截面由[10增大为[12（本例题檩条截面由刚度控制）。

【例题 5.10】 同例题 5.9，但檩条跨度由 $l=6\mathrm{m}$ 改为 $l=4\mathrm{m}$，同时檩条间不设拉条，檩条截面改用一个热轧等边角钢❶，要求选择该檩条的截面。

【解】 一、试选截面

等边角钢檩条在屋面上的位置如图 5.7(a) 所示。虚线所示檩托为预先焊在屋架上弦的短角钢，用于屋架与檩条连接。u 轴和 v 轴是等边角钢截面的两个主轴，其中 u 轴是截面的最大刚度轴，v 轴是截面的最小刚度轴。屋面倾角为 α。

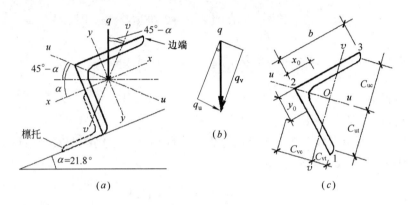

图 5.7 例题 5.10 图
(a)角钢檩条；(b)屋面线荷载分解；(c)截面尺寸符号

屋面竖向线荷载 q 可分解成角钢两主轴方向的两个分量 q_u 和 q_v，如图 5.7(b) 所示。该檩条是同时对两主轴 u 轴和 v 轴弯曲的双向受弯构件，应满足下列强度要求：

$$\frac{M_u}{\gamma_u W_u}+\frac{M_v}{\gamma_v W_v}\leqslant f \quad 即 \quad \frac{\frac{1}{8}q_v l^2}{\gamma_u W_u}+\frac{\frac{1}{8}q_u l^2}{\gamma_v W_v}\leqslant f$$

即

$$\frac{q\cos(45°-\alpha)\times l^2}{8\gamma_u W_u}+\frac{q\sin(45°-\alpha)\times l^2}{8\gamma_v W_v}\leqslant f$$

如取：

$$W_v\approx\frac{1}{2}W_u \text{ 和 } \gamma_u=\gamma_v=1.05 ❷$$

则可得：

$$W_u\geqslant\frac{1}{12}\frac{ql^2}{f}(3\cos\alpha-\sin\alpha) \qquad (例题 5.10)$$

利用式(例题 5.10)，可试选等边角钢的截面。

由例题 5.9，得 $q\approx1.14\mathrm{kN/m}$，$\alpha=21.8°(\sin\alpha=0.3714,\cos\alpha=0.9285)$ 和 $f=215\mathrm{N/mm^2}$，代入式(例题 5.10)，得：

---

❶ 角钢作为檩条截面，一般适用于檩条跨度 $l\leqslant4\mathrm{m}$ 的情况。
❷ 《钢标》中对单角钢截面关于 u 轴和 v 轴的截面塑性发展系数取值无明确规定。

$$W_u \geqslant \frac{(1.14 \times 4^2) \times 10^6}{12 \times 215}(3 \times 0.9285 - 0.3714) \times 10^{-3} = 17.07 \text{cm}^3$$

据此，试选热轧等边角钢为 1∟80×6：$W_u = 16.1 \text{cm}^3$，角顶处内圆弧半径 $r = 9\text{mm}$，$A = 9.397 \text{cm}^2$，$x_0 = y_0 = 2.19 \text{cm}$，$i_u = 3.11 \text{cm}$，$I_u = 90.9 \text{cm}^4$，$i_v = 1.59 \text{cm}$，$I_v = 23.8 \text{cm}^4$；自重 $g_k = 0.072 \text{kN/m}$。

二、荷载与内力计算

$$q = 1.3(0.37 + 0.072) + 1.5 \times 0.37 = 1.13 \text{kN/m}$$

$$q_u = q\sin(45° - 21.8°) = 1.13 \times \sin 23.2° = 0.445 \text{kN/m}$$

$$q_v = q\cos(45° - 21.8°) = 1.13 \times \cos 23.2° = 1.04 \text{kN/m}$$

$$M_u = \frac{1}{8}q_v l^2 = \frac{1}{8} \times 1.04 \times 4^2 = 2.08 \text{kN} \cdot \text{m}$$

$$M_v = \frac{1}{8}q_u l^2 = \frac{1}{8} \times 0.445 \times 4^2 = 0.890 \text{kN} \cdot \text{m}$$

三、截面验算

1. 截面板件宽厚比等级

《钢标》中对单角钢截面板件宽厚比等级无明确规定，本例题偏安全地近似按工字形截面受弯构件的翼缘板计算确定：

$$\frac{b'}{t} = \frac{h_0}{t_w} = \frac{b-t-r}{t} = \frac{80-6-9}{6} = 10.8 \begin{cases} > 9\varepsilon_k = 9 \\ < 11\varepsilon_k = 11 \end{cases}$$

属于 S2 级（《钢标》第 3.5.1 条）。

因此，全截面有效，即截面模量取全截面模量（《钢标》第 6.2.2 条），并近似取截面塑性发展系数 $\gamma_u = \gamma_v = 1.05$。

2. 抗弯强度

参阅图 5.7(c)，先求截面形心主轴至角钢各顶点 1、2、3 的距离 C_{ut}、C_{uc}、C_{vt} 和 C_{vc}（C_{ut} 和 C_{vt} 分别表示自 u 轴和 v 轴至受拉最大点的距离，C_{uc} 和 C_{vc} 分别表示自 u 轴和 v 轴至受压最大点的距离）。

$$C_{ut} = C_{uc} = b\sin 45° = 80 \times 0.707 = 56.6 \text{mm}$$

$$C_{vc} = \frac{x_0}{\cos 45°} = \frac{21.9}{0.707} = 31.0 \text{mm}$$

$$C_{vt} = b\cos 45° - C_{vc} = 80 \times 0.707 - 31.0 = 25.6 \text{mm}$$

檩条双向受弯时以跨中截面点 1 处的弯曲拉应力最大。在点 1 处：

$$W_u = 16.1 \text{cm}^3, \quad W_v = \frac{I_v}{C_{vt}} = \frac{23.8}{2.56} = 9.30 \text{cm}^3$$

$$\frac{M_u}{\gamma_u W_u} + \frac{M_v}{\gamma_v W_v} = \frac{2.08 \times 10^6}{1.05 \times 16.1 \times 10^3} + \frac{0.89 \times 10^6}{1.05 \times 9.30 \times 10^3}$$

$$= 123.0 + 91.1 = 214.1 \text{N/mm}^2 < f = 215 \text{N/mm}^2，可。$$

3. 整体稳定

跨度 $l=4\text{m}<5\text{m}$、边端朝向屋脊的角钢檩条可不进行整体稳定计算。

4. 刚度

(1) 挠度

竖向线荷载的标准值：
$$q_k=0.37+0.072+0.37=0.812\text{kN/m}=0.812\text{N/mm}$$

平行于截面主轴 u 轴和 v 轴的线荷载标准值分别为：
$$q_{ku}=q_k\sin(45°-21.8°)=0.812\sin23.2°=0.320\text{N/mm}$$
$$q_{kv}=q_k\cos(45°-21.8°)=0.812\cos23.2°=0.746\text{N/mm}$$

檩条对 u 轴弯曲的最大挠度：
$$v_u=\frac{5q_{kv}l^4}{384EI_u}=\frac{5}{384}\times\frac{0.746\times(4\times10^3)^4}{206\times10^3\times90.9\times10^4}=13.28\text{mm}$$

檩条对 v 轴弯曲的最大挠度：
$$v_v=\frac{5q_{ku}l^4}{384EI_v}=\frac{5}{384}\times\frac{0.320\times(4\times10^3)^4}{206\times10^3\times23.8\times10^4}=21.76\text{mm}$$

檩条的最大总挠度：
$$v=\sqrt{v_u^2+v_v^2}=\sqrt{13.28^2+21.76^2}=25.5\text{mm}>[v]=\frac{l}{200}=20\text{mm}，不满足。$$

改为选用热轧等边角钢 $1\llcorner 90\times 7$：$W_u=23.6\text{cm}^3$，角顶处内圆弧半径 $r=10\text{mm}$，$A=12.30\text{cm}^2$，$x_0=y_0=2.48\text{cm}$，$i_u=3.50\text{cm}$，$I_u=150.7\text{cm}^4$，$i_v=1.78\text{cm}$，$I_v=39.0\text{cm}^4$；自重 $g_k=0.095\text{kN/m}$。得：

竖向线荷载的标准值：$q_k=0.37+0.095+0.37=0.835\text{kN/m}=0.835\text{N/mm}$

平行于截面主轴 u 轴和 v 轴的分线荷载标准值分别为：
$$q_{ku}=0.329\text{N/mm}，q_{kv}=0.767\text{N/mm}$$

檩条对 u 轴和 v 轴弯曲的最大挠度分别为：$v_u=8.24\text{mm}$，$v_v=13.65\text{mm}$

檩条的最大总挠度：
$$v=\sqrt{v_u^2+v_v^2}=\sqrt{8.24^2+13.65^2}=15.9\text{mm}<[v]=\frac{l}{200}=20\text{mm}，可。$$

抗弯强度、整体稳定不必再验算。

(2) 长细比
$$\lambda_{max}=\frac{l}{i_{min}}=\frac{4\times10^2}{1.78}=224.7>200$$

因此，对兼作屋架上弦平面支撑横杆或刚性系杆的檩条，在其腹板（与屋面垂直的角钢边）外侧加焊一个截面为 $\llcorner 45\times 4$ 的小角钢予以加强，不必再验算。

四、施工或检修集中荷载作用下的验算

1. 荷载和最不利内力计算

线荷载（屋面材料及檩条自重）：

标准值：$q_k=0.37+0.095=0.465\text{kN/m}$

设计值：$q=1.3q_k=1.3\times0.465=0.605\text{kN/m}$

$q_u=q\sin(45°-21.8°)=0.605\sin23.2°=0.238\text{kN/m}$

$q_v=q\cos(45°-21.8°)=0.605\cos23.2°=0.556\text{kN/m}$

集中荷载（施工或检修集中荷载）：

标准值：$P_k=P_{Qk}=1.0\text{kN}$

设计值：$P=1.5P_{Qk}=1.5\times1.0=1.5\text{kN}$

$P_u=P\sin(45°-21.8°)=1.5\sin23.2°=0.591\text{kN}$

$P_v=P\cos(45°-21.8°)=1.5\cos23.2°=1.38\text{kN}$

集中荷载作用于檩条跨中点时最为不利，最不利的内力为：

$$M'_u=\frac{1}{8}q_vl^2+\frac{1}{4}P_vl=\frac{1}{8}\times0.556\times4^2+\frac{1}{4}\times1.38\times4=2.49\text{kN}\cdot\text{m}$$

$$M'_v=\frac{1}{8}q_ul^2+\frac{1}{4}P_ul=\frac{1}{8}\times0.238\times4^2+\frac{1}{4}\times0.591\times4=1.07\text{kN}\cdot\text{m}$$

2. 抗弯强度验算

跨中截面点 1 处的弯曲应力（拉应力）最大。在点 1 处：

$$W_u=23.6\text{cm}^3,\quad W_v=\frac{I_v}{C_{vt}}=\frac{39.0}{2.86}=13.6\text{cm}^3$$

式中，C_{vt} 是自 v 轴至受拉最大点的距离，参阅图 5.7（c）：$C_{vt}=b\cos45°-x_0/\cos45°=90\times0.707-24.8/0.707=28.6\text{mm}=2.86\text{cm}$。

$$\frac{M'_u}{\gamma_uW_u}+\frac{M'_v}{\gamma_vW_v}=\frac{2.49\times10^6}{1.05\times23.6\times10^3}+\frac{1.07\times10^6}{1.05\times13.6\times10^3}$$

$$=100.5+74.9=175.4\text{N/mm}^2<f=215\text{ N/mm}^2，可。$$

3. 最大挠度验算

施工或检修荷载为临时荷载，通常不必验算其产生的挠度。

因此檩条截面选用 1∟90×7 适用。

【说明】檩条截面也可采用不等边角钢，计算方法与等边角钢檩条相同，但截面几何特性等计算较繁，不再举例说明。

当檩条采用热轧不等边角钢截面（长边与屋面垂直）而屋面坡度 $i=1/3\sim1/2$ 时，可按下式估算所需的截面模量并试选截面：

$$W_{x\max}\geqslant0.24\frac{ql^2}{f}$$

而后进行验算，式中 $W_{x\max}$ 是角钢翼缘（短边）边缘纤维对平行于屋面的形心轴 x 轴的截面模量。

5.5 简支卷边 Z 形钢檩条的设计

卷边 Z 形钢檩条属冷弯薄壁型钢结构构件，因其用钢量少、应用较多，特举一例题加以介绍，设计计算时应按《冷弯薄壁型钢结构技术规范》GB 50018—2002 进行。

卷边 Z 形钢檩条的截面，当屋面坡度 $i=1/3\sim1/2$ 时，可按下式（抗弯强度要求）近似确定的截面模量查附表 2.9 进行试选：

$$W_{xa} \geqslant \frac{1}{6} \frac{ql^2}{f}$$

式中：W_{xa}——截面上 a 点（图 5.8）对主轴 x 轴的截面模量；

f——钢材的抗弯强度设计值，应按《冷弯薄壁型钢结构技术规范》GB 50018—2002 中的表 4.2.1 采用；对 Q235 钢，$f=205\text{N/mm}^2$。

屋面能起阻止侧向失稳和扭转的冷弯薄壁型钢檩条（实腹式）的强度按下式计算［《冷弯薄壁型钢结构技术规范》GB 50018—2002 公式（8.1.1-1）］：

$$\sigma = \frac{M_x}{W_{enx}} + \frac{M_y}{W_{eny}} \leqslant f$$

式中：W_{enx}、W_{eny}——对截面主轴 x 轴、y 轴的有效净截面模量。

材料为 Q235 钢的卷边 Z 形钢檩条，当选用截面的翼缘板宽厚比≤18、腹板宽厚比≤58 时，檩条截面全部有效，其他情况檩条的有效截面，应按《冷弯薄壁型钢结构技术规范》GB 500018—2002 第 5 章第 6 节有关条文的规定确定。

【例题 5.11】同例题 5.9，但要求该檩条采用冷弯薄壁卷边 Z 形钢截面。

【解】一、试选截面

需要：$W_{xa} \geqslant \dfrac{1}{6} \dfrac{ql^2}{f} = \dfrac{1}{6} \times \dfrac{1.14 \times (6 \times 10^3)^2}{205} \times 10^{-3}$

$= 33.37 \text{cm}^3$

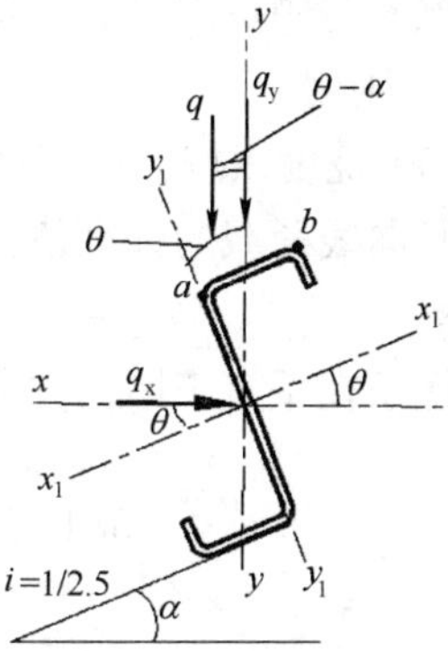

据此，查《冷弯薄壁型钢结构技术规范》GB 50018—2002 附表 B.1.1-5 及本书附表 2.9，选用 Z120×50×20×3（图 5.8）：

图 5.8 例题 5.11 图

$W_{xa}=33.18\text{cm}^3$，$W_{xb}=24.80\text{cm}^3$，$W_{ya}=6.89\text{cm}^3$，

$W_{yb}=7.92\text{cm}^3$，$i_x=4.99\text{cm}$，$i_y=1.46\text{cm}$，

$I_{x1}=150.14\text{cm}^4$，$A=7.05\text{cm}^2$，$\theta=23.6°$；

自重 $g_k=0.054\text{kN/m}$。

二、荷载与内力计算

$$q = 1.3 \times (0.37 + 0.054) + 1.5 \times 0.37 = 1.11 \text{kN/m}$$

$$q_x = q \cdot \sin(\theta - \alpha) = 1.11\sin(23.6° - 21.8°) = 0.035 \text{kN/m}$$

$$q_y = q \cdot \cos(\theta - \alpha) = 1.11\cos(23.6° - 21.8°) = 1.11 \text{kN/m}$$

弯矩为［图 5.6-1 (b)、(c)］：

$$M_x = \frac{1}{8} q_y l^2 = \frac{1}{8} \times 1.11 \times 6^2 = 5.00 \text{kN} \cdot \text{m} \quad （正弯矩）$$

$$M_y = \frac{1}{32} q_x l^2 = \frac{1}{32} \times 0.035 \times 6^2 = 0.039 \text{kN} \cdot \text{m} \quad ［正弯矩，图形与图 5.6-1 (c) 相反］$$

三、截面验算

1. 强度

因翼缘板的宽厚比 $\dfrac{b_f}{t} = \dfrac{50}{3} = 16.7$、腹板的宽厚比 $\dfrac{b_w}{t} = \dfrac{120}{3} = 40$ 和材料采用 Q235 钢，

故檩条截面全部有效，$W_{en}=W_n$。

檩条跨中截面 a 点和 b 点处的总弯曲应力（均为压应力）最大。

在 a 点处：

$$\sigma_a = \frac{M_x}{W_{xa}} - \frac{M_y}{W_{ya}} = \frac{5.00 \times 10^6}{33.18 \times 10^3} - \frac{0.039 \times 10^6}{6.89 \times 10^3}$$

$$= 150.7 - 5.7 = 145.0 \text{N/mm}^2 < f = 205 \text{N/mm}^2，可。$$

在 b 点处：

$$\sigma_b = \frac{M_x}{W_{xb}} + \frac{M_y}{W_{yb}} = \frac{5.00 \times 10^6}{24.80 \times 10^3} + \frac{0.039 \times 10^6}{7.92 \times 10^3}$$

$$= 201.6 + 4.9 = 206.5 \text{N/mm}^2 \approx f = 205 \text{N/mm}^2，可。$$

2. 整体稳定

檩条跨中点间设有一道拉条，整体稳定可不计算。

3. 刚度

(1) 挠度（按《冷弯薄壁型钢结构技术规范》GB 50018—2002 第 8.1.6 条）

竖向线荷载的标准值：

$$q_k = 0.37 + 0.054 + 0.37 = 0.794 \text{kN/m} = 0.794 \text{N/mm}$$

檩条在垂直于屋面方向的最大挠度：

$$v = \frac{5(q_k \cos\alpha)l^4}{384 E I_{x1}} = \frac{5 \times 0.794 \times \cos 21.8° \times (6 \times 10^3)^4}{384 \times 206 \times 10^3 \times 150.14 \times 10^4} = 40.2 \text{mm}$$

$$\frac{v}{l} = \frac{40.2}{6 \times 10^3} = \frac{1}{149.3} \approx \frac{[v]}{l} = \frac{1}{150}，可。$$

(2) 长细比

$$\lambda_x = \frac{l_{0x}}{i_x} = \frac{6 \times 10^2}{4.99} = 120.2 < 200，可。$$

$$\lambda_y = \frac{l_{0y}}{i_y} = \frac{3 \times 10^2}{1.46} = 205.5 \approx 200，可。$$

因此所选截面檩条也可直接用作屋架上弦平面支撑横杆或刚性系杆，可不再加强。

四、施工或检修集中荷载作用下的验算

荷载和最不利内力计算如下。

线荷载（屋面材料及檩条自重）：

标准值：$q_k = 0.37 + 0.054 = 0.424 \text{kN/m}$

设计值：$q = 1.3 q_k = 1.3 \times 0.424 = 0.551 \text{kN/m}$

$$q_x = q \cdot \sin(\theta - \alpha) = 0.551 \sin(23.6° - 21.8°) = 0.017 \text{kN/m}$$

$$q_y = q \cdot \cos(\theta - \alpha) = 0.551 \cos(23.6° - 21.8°) = 0.551 \text{kN/m}$$

集中荷载（施工或检修集中荷载）：

标准值：$P_k = P_{Qk} = 1.0 \text{kN}$

设计值：$P = 1.5 P_{Qk} = 1.5 \times 1.0 = 1.5 \text{kN}$

$$P_x = P \cdot \sin(\theta - \alpha) = 1.5 \sin(23.6° - 21.8°) = 0.047 \text{kN}$$

$$P_y = P \cdot \cos(\theta - \alpha) = 1.5 \cos(23.6° - 21.8°) = 1.50 \text{kN}$$

集中荷载作用于檩条跨中点时最为不利，最不利的内力为（图 5.6-2）：

$$M'_x = \frac{1}{8}q_y l^2 + \frac{1}{4}P_y l = \frac{1}{8} \times 0.551 \times 6^2 + \frac{1}{4} \times 1.50 \times 6 = 4.73 \text{kN} \cdot \text{m} < M_x = 5.00 \text{kN} \cdot \text{m}$$

$$M'_y = \frac{1}{32}q_x l^2 = \frac{1}{32} \times 0.017 \times 6^2 = 0.019 \text{kN} \cdot \text{m} < M_y = 0.039 \text{kN} \cdot \text{m}$$

因此，不必进行施工或检修集中荷载作用下的验算。

所选檩条截面适用。

由例题 5.9 和本例题的设计结果可见，檩条选用冷弯薄壁卷边 Z 形钢比选用热轧槽钢节省钢材。

【说明】 若檩条的容许挠度值取与《钢标》相同，即取 $[v] = l/200$，则檩条截面需选用 Z140×50×20×3，计算步骤同上（从略）。

第6章 钢板梁的设计

本章拟通过例题说明设计标准中有关钢板梁设计规定的具体应用。

6.1 ［例题 6.1］焊接工字形简支梁的设计资料

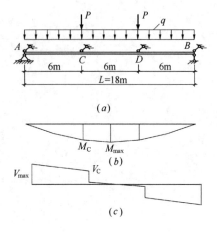

图 6.1-1 例题 6.1 图
(a)荷载图；(b)弯矩图；(c)剪力图

试设计一焊接工字形钢板梁，其跨度和荷载如图 6.1-1(a)所示。

跨度 $L=18\text{m}$；

侧向支点的间距 $l_1=6\text{m}$（侧向支点位于集中荷载作用处）。

梁承受静力荷载，作用于梁上翼缘，其中：
集中荷载中永久荷载标准值：$P_{Gk}=150\text{kN}$
集中荷载中可变荷载标准值：$P_{Qk}=180\text{kN}$
均布荷载中永久荷载标准值：$q_{Gk}=20\text{kN/m}$
均布荷载中可变荷载标准值：$q_{Qk}=25\text{kN/m}$
均布永久荷载 q_{Gk} 已计入梁自重。

钢材 Q355；

要求梁的最大高度应小于 2000mm；

梁的挠度 $v_{\max}\leqslant L/400$。

6.2 ［例题 6.1］钢板梁截面的初选

一、最大内力

荷载的设计值：
$$P=1.3\times150+1.5\times180=465\text{kN}$$
$$q=1.3\times20+1.5\times25=63.5\text{kN/m}$$

荷载的标准值：
$$P_k=150+180=330\text{kN}$$
$$q_k=20+25=45\text{kN/m}$$

最大弯矩设计值（发生在跨中点）：
$$M_{\max}=M_x=465\times6+\frac{1}{8}\times63.5\times18^2=5361.8\text{kN}\cdot\text{m}$$

集中荷载作用点 C 处的弯矩设计值：
$$M_C=465\times6+\frac{1}{2}\times63.5\times18\times6-\frac{1}{2}\times63.5\times6^2=5076\text{kN}\cdot\text{m}$$

最大弯矩标准值（发生在跨中点）：
$$M_{xk}=330\times6+\frac{1}{8}\times45\times18^2=3802.5\text{kN}\cdot\text{m}$$

最大剪力设计值（梁端）：
$$V_{\max}=465+\frac{1}{2}\times63.5\times18=1036.5\text{kN}$$

C 点处剪力设计值：
$$V_{C\text{左}}=1036.5-63.5\times6=655.5\text{kN},\quad V_{C\text{右}}=655.5-465=190.5\text{kN}$$

最大内力图参阅图 6.1-1(b) 和图 6.1-1(c)。

二、腹板高度

1. 钢梁的最大高度 $h_{\max}\leqslant 2000\text{mm}$（设计资料要求）。
2. 钢梁的最小高度（按最大挠度限值确定）：
$$h_{\min}\approx\frac{\gamma_x f}{6.5E}\left[\frac{L}{v}\right]L=\frac{1.05\times295}{6.5\times206\times10^3}\times400\times18000=1666\text{mm}$$

式中，取 Q355 钢的抗弯强度设计值 $f=295\text{N/mm}^2$（设钢板厚度 $t=17\sim40\text{mm}$）、$E=206\times10^3\text{N/mm}^2$ 和 $\left[\frac{v}{L}\right]=\frac{1}{400}$。

3. 经济高度经验公式：
$$h_e=7\times\sqrt[3]{W_x}-30\text{cm}$$

今需要的梁截面模量为：
$$W_x=\frac{M_x}{\gamma_x f}=\frac{5361.8\times10^6}{1.05\times295}\times10^{-3}=17310\text{cm}^3$$

$$h_e=7\sqrt[3]{W_x}-30\text{cm}=7\sqrt[3]{17310}-30=151.08\text{cm}$$

取腹板高度 $h_w=h_0=1650\text{mm}$（$\approx 1.1h_e$）❶，加翼缘板厚度可使梁高满足上述三项要求（$h_{\min}\leqslant h\leqslant h_{\max}$）。

三、腹板厚度

1. 抗剪要求：
$$t_w=\frac{1.2V_{\max}}{h_w f_v}=\frac{1.2\times1036.5\times10^3}{1650\times175}=4.3\text{mm}$$

式中，取 Q355 钢的 $f_v=175\text{N/mm}^2$（$t_w\leqslant16\text{mm}$ 时）。

2. 经验公式（式中 h_w 以 mm 计）：
$$t_{w1}=\frac{2}{7}\sqrt{h_w}=\frac{2}{7}\sqrt{1650}=11.61\text{mm}$$

$$t_{w2}=7+0.003h_w=7+0.003\times1650=11.95\text{mm}$$

综上，取 $t_w=12\text{mm}$，选用腹板—1650×12。

---

❶ 分析表明，取梁高 $h=(0.80\sim1.20)h_e$，梁的用钢量增幅小于 5%。

四、翼缘板截面尺寸($b \times t$)

钢号修正系数：$\varepsilon_k = \sqrt{235/f_y} = \sqrt{235/355} = 0.814$

根据抗弯强度要求和整体稳定性要求：

$$b \times t \geqslant \frac{W_x}{h_w} - \frac{1}{6} h_w t_w$$

抗弯强度要求：$W_x = \dfrac{M_x}{\gamma_x f} = 17310 \text{cm}^3$ （见前）

整体稳定性要求（试取整体稳定性系数 $\varphi_b = 0.90$）：

$$W_x = \frac{M_x}{\varphi_b f} = \frac{5361.8 \times 10^6}{0.90 \times 295} \times 10^{-3} = 20195 \text{cm}^3 > 17310 \text{cm}^3$$

$$b \times t \geqslant \frac{20195}{165} - \frac{1}{6} \times 165 \times 1.2 = 89.39 \text{cm}^2 \qquad \text{（例题 6.1-}a\text{）}$$

因取截面塑性发展系数 $\gamma_x = 1.05$，在确定 b 和 t 时，应使翼缘板宽厚比等级为 S3 级（《钢标》第 6.1.2 条），近似取：

$$\frac{b}{2t} \approx 13\varepsilon_k = 13 \times 0.814 = 10.6$$

即

$$t \approx \frac{b}{2 \times 10.6} = \frac{b}{21.2} \qquad \text{（例题 6.1-}b\text{）}$$

由式（例题 6.1-a）及式（例题 6.1-b）得：

$$b = \sqrt{89.39 \times 21.2} = 43.5 \text{cm}，取 b = 430 \text{mm}$$

$$t \approx \frac{b}{21.2} = \frac{430}{21.2} = 20.3 \text{mm}，取 t = 20 \text{mm}$$

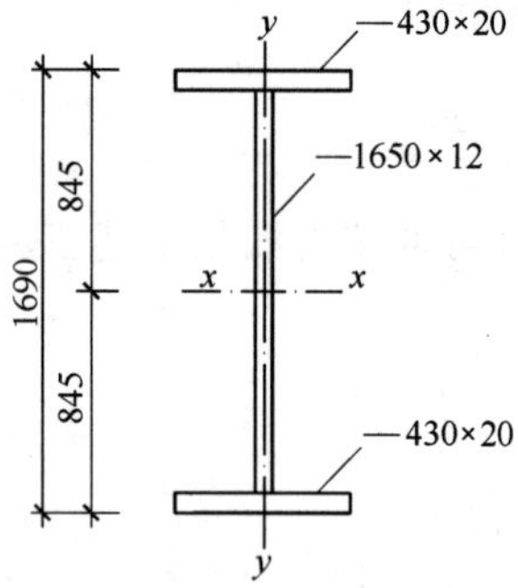

供给 $b \times t = 43 \times 2 = 86 \text{cm}^2$（需要 $b \times t = 89.39 \text{cm}^2$ 是在假设 $\varphi_b = 0.90$ 时得出的，因具体 φ_b 值还属未知，故供给的 $b \times t$ 值不一定要大于或等于 89.39cm^2。所选 $b \times t$ 是否恰当，在进行截面验算后方能知晓，这里采用的都是试选尺寸）。

翼缘板宽厚比：

$$\frac{b'}{t} = \frac{b - t_w}{2t} = \frac{430 - 12}{2 \times 20}$$

$$= 10.45 \begin{cases} > 11\varepsilon_k = 11 \times 0.814 = 8.95 \\ < 13\varepsilon_k = 13 \times 0.814 = 10.6 \end{cases}，属于 S3 级。$$

试选截面如图 6.1-2 所示。

图 6.1-2 梁截面

6.3 ［例题 6.1］钢板梁截面的验算

一、截面的几何特性计算

1. 全截面

截面积：$A = 2 \times 86 + 165 \times 1.2 = 370 \text{cm}^2$

惯性矩：

$$I_x = \frac{1}{12}(43 \times 169^3 - 41.8 \times 165^3) \approx 1648500 \text{cm}^4$$

$$I_y = 2 \times \frac{1}{12} \times 2 \times 43^3 = 26502 \text{cm}^4$$

截面模量：

$$W_x = \frac{I_x}{h/2} = \frac{2 \times 1648500}{169} = 19509 \text{cm}^3$$

对 y 轴的回转半径：

$$i_y = \sqrt{\frac{I_y}{A}} = \sqrt{\frac{26502}{370}} = 8.46 \text{cm}$$

梁的侧向长细比： $\lambda_y = \dfrac{l_1}{i_y} = \dfrac{600}{8.46} = 70.9$

半截面对中和轴 x 的面积矩：$S_x = 43 \times 2 \times 83.5 + \dfrac{1}{2} \times 1.2 \times 82.5^2 = 11265 \text{cm}^3$

2. 有效截面与截面塑性发展系数

翼缘板宽厚比等级属于 S3 级，翼缘板截面全部有效（《钢标》第 6.1.1 条）。

腹板设有加劲肋，其中纵向加劲肋至腹板计算高度受压边缘的距离为 $h_1 = 350$mm（见第 6.5 节图 6.1-5），宽厚比为：

$$\frac{h_1}{t_w} = \frac{350}{12} = 29.2 < 65\varepsilon_k = 65 \times 0.814 = 52.9，属于 S1 级。$$

腹板设置足够加劲肋后不会局部屈曲，因此其全截面有效。

综上，梁全截面有效，截面塑性发展系数 $\gamma_x = 1.05$（《钢标》第 6.1.2 条）。

二、整体稳定验算

受压翼缘自由长度 $l_1 = 6$m，宽度 $b_1 = 430$mm：

$$\frac{l_1}{b_1} = \frac{6 \times 10^3}{430} = 13.95 > 13$$

需验算整体稳定性（附表 1.16）。

双轴对称焊接工字形等截面简支梁的整体稳定性系数：

$$\varphi_b = \beta_b \frac{4320}{\lambda_y^2} \cdot \frac{Ah}{W_x} \sqrt{1 + \left(\frac{\lambda_y t_1}{4.4h}\right)^2} \cdot \varepsilon_k^2$$

因 $\beta_b = 1.20$（附表 1.17 项次 8）

故 $\varphi_b = 1.20 \times \dfrac{4320}{70.9^2} \times \dfrac{370 \times 169}{19509} \sqrt{1 + \left(\dfrac{70.9 \times 2}{4.4 \times 169}\right)^2} \times 0.814^2 = 2.230 > 0.6$

$$\varphi_b' = 1.07 - \frac{0.282}{\varphi_b} = 1.07 - \frac{0.282}{2.23} = 0.944$$

$$\frac{M_x}{\varphi_b' W_x f} = \frac{5361.8 \times 10^6}{0.944 \times 19509 \times 10^3 \times 295} = 0.987 < 1.0，可。$$

三、抗弯强度

截面无削弱且双轴对称，抗弯强度不需验算。

四、抗剪强度

$$\tau = \frac{V_{max} S_x}{I_x t_w} = \frac{1036.5 \times 10^3 \times 11265 \times 10^3}{1648500 \times 10^4 \times 12} = 59.0 \text{N/mm}^2 < f_v = 175 \text{N/mm}^2，可。$$

五、挠度

$$v_{\max} = \frac{M_{xk}L^2}{10EI_x} = \frac{3802.5 \times 10^6 \times (18 \times 10^3)^2}{10 \times 206 \times 10^3 \times 1648500 \times 10^4} = 36.3 \text{mm}$$

$$\frac{v_{\max}}{L} = \frac{36.3}{18 \times 10^3} = \frac{1}{496} \leqslant \left[\frac{v}{L}\right] = \frac{1}{400}, \text{ 可}.$$

所选截面合适。

6.4 [例题 6.1] 钢板梁翼缘截面的改变

1. 自跨中点向梁的两端，弯矩逐渐减小。当全梁腹板高度保持不变时，梁的上、下翼缘截面在梁的端部附近可以相应减小以节约钢材。设翼缘截面在离梁端 z 处缩减一次，并设 $0 \leqslant z \leqslant L/3$，则该处的弯矩为：

$$M_{x1} = Pz + \frac{1}{2}qLz - \frac{1}{2}qz^2$$

该处所需要的翼缘截面面积为：

$$b_1 t_1 = \frac{M_{x1}}{\gamma_x f h_w} - \frac{1}{6} t_w h_w \qquad \text{(例题 6.1-}c\text{)}$$

z 可以取为 $0 \leqslant z \leqslant L/3$ 范围内的任意值，确定采用的 z 值后，即可由式（例题 6.1-c）得到翼缘截面从理论改变点 z 至梁端所用的翼缘板截面 $b_1 t_1$。具体设计时，通常宜由改变翼缘截面面积后使节省的钢材为最多这个条件来确定 z 值。

设跨中点弯矩为最大时的截面面积由下式得出：

$$bt = \frac{M_{\max}}{\gamma_x f h_w} - \frac{1}{6} t_w h_w$$

$$M_{\max} = \frac{1}{3}PL + \frac{1}{8}qL^2$$

则改变翼缘截面后梁半跨内上、下翼缘共节约钢材质量为：

$$m = 2\rho \cdot (bt - b_1 t_1) z = 2\rho \frac{z}{\gamma_x f h_w}(M_{\max} - M_1)$$

$$= \frac{2\rho}{\gamma_x f h_w}\left(\frac{1}{3}PLz + \frac{1}{8}qL^2 z - Pz^2 - \frac{1}{2}qLz^2 + \frac{1}{2}qz^3\right)$$

式中，ρ 是钢材的质量密度，γ_x 是截面塑性发展系数。

为使 m 为最大，由 $dm/dz = 0$，得：

$$\frac{1}{3}PL + \frac{1}{8}qL^2 - 2Pz - qLz + \frac{3}{2}qz^2 = 0$$

即

$$36z^2 - 24\left(2\frac{P}{q} + L\right)z + \left(8\frac{PL}{q} + 3L^2\right) = 0 \qquad \text{(例题 6.1-}d\text{)}$$

今 $P = 465$kN，$q = 63.5$kN/m 和 $L = 18$m，代入式（例题 6.1-d），得：

$$36z^2 - 783.5z + 2026.5 = 0$$

解得：

$$z = \frac{783.5 - \sqrt{783.5^2 - 4 \times 36 \times 2026.5}}{2 \times 36} = 3.000\text{m} = \frac{L}{6}$$

在离梁端 $z = 3$m 处截面上的弯矩设计值为：

$$M_{\mathrm{x1}} = Pz + \frac{1}{2}qLz - \frac{1}{2}qz^2 = 465 \times 3 + \frac{1}{2} \times 63.5 \times 18 \times 3 - \frac{1}{2} \times 63.5 \times 3^2 = 2823.8 \mathrm{kN \cdot m}$$

从梁端到 $z=3\mathrm{m}$ 处改变后的翼缘截面：

$$b_1 t_1 = \frac{M_{\mathrm{x1}}}{\gamma_{\mathrm{x}} f h_{\mathrm{w}}} - \frac{1}{6} t_{\mathrm{w}} h_{\mathrm{w}} = \frac{2823.8 \times 10^6}{1.05 \times 295 \times 1650} - \frac{1}{6} \times 12 \times 1650 = 2225 \mathrm{mm}^2$$

为了简化构造和便于制造，通常不改变翼缘板厚度（即取 $t_1=t=20\mathrm{mm}$）而只改变翼缘板宽度，得：

$$b_1 = \frac{222.5}{20} = 111.3 \mathrm{mm} \approx \frac{h}{15.2}$$

此值太小，不宜采用。以上计算说明，由节省翼缘钢材最多这个条件来确定改变翼缘截面的位置并不对所有钢梁均适用。

如钢梁只承受均布荷载，则上述式（例题 6.1-d）中 $P=0$，由式（例题 6.1-d）同样可解得 $z=L/6$。简支梁承受均布荷载时，一般不需进行上述推算而直接采用在 $L/6$ 附近改变翼缘截面，即由此得来。

2. 设计中一般也可先选定改变后的翼缘板截面 $b_1 t_1$，然后再求截面改变位置 z。

设改变后的翼缘板截面 $b_1 t_1 = 280 \mathrm{mm} \times 20 \mathrm{mm}$（即取 $b_1 \approx \frac{h}{6} = \frac{1690}{6} = 282 \mathrm{mm}$），截面如图 6.1-3 所示。

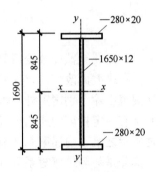

图 6.1-3 改变后的翼缘截面

截面积：$A_1 = 2 \times 28 \times 2 + 165 \times 1.2 = 310 \mathrm{cm}^2$

惯性矩：

$$I_{\mathrm{x1}} = \frac{1}{12}(28 \times 169^3 - 26.8 \times 165^3) = 1230000 \mathrm{cm}^4$$

截面模量：

$$W_{\mathrm{x1}} = \frac{I_{\mathrm{x1}}}{h/2} = \frac{2 \times 1230000}{169} = 14556 \mathrm{cm}^3$$

翼缘截面改变后按新截面模量 W_{x1} 所能抵抗的弯矩设计值为：

$$M_{\mathrm{x1}} = \gamma_{\mathrm{x}} W_{\mathrm{x1}} f = 1.05 \times 14556 \times 10^3 \times 295 \times 10^{-6} = 4509 \mathrm{kN \cdot m}$$

小于集中荷载作用处 C 截面的弯矩设计值 $M_{\mathrm{C}} = 5076 \mathrm{kN \cdot m}$（见第 6.2 节），因此知 $0 < z < L/3$，理论 z 值由下式解出：

$$M_{\mathrm{x1}} = Pz + \frac{1}{2}qLz - \frac{1}{2}qz^2$$

即

$$4509 = 465z + \frac{1}{2} \times 63.5 \times 18z - \frac{1}{2} \times 63.5 z^2$$

解得 $z=5.17\mathrm{m}$，取 $z=5\mathrm{m}$，即 $z/L=5/18=1/3.6$。

3. 在 $z=5\mathrm{m}$ 处改变翼缘截面后的补充验算。

（1）$z=5\mathrm{m}$ 处腹板计算高度边缘折算应力的验算

弯矩设计值：$M_{x1} = Pz + \frac{1}{2}qLz - \frac{1}{2}qz^2$

$= 465 \times 5 + \frac{1}{2} \times 63.5 \times 18 \times 5 - \frac{1}{2} \times 63.5 \times 5^2 = 4388.8 \text{kN} \cdot \text{m}$

剪力设计值：$V_1 = P + \frac{1}{2}qL - qz = 465 + \frac{1}{2} \times 63.5 \times 18 - 63.5 \times 5 = 719 \text{kN}$

腹板边缘处的弯曲正应力：

$$\sigma_1 = \frac{M_{x1}}{I_{x1}} \cdot \frac{h_w}{2} = \frac{4388.8 \times 10^6}{1230000 \times 10^4} \times \frac{1650}{2} = 294.4 \text{N/mm}^2$$

腹板边缘处的剪应力：

$$\tau_1 = \frac{V_1 S_{x1}}{I_{x1} t_w} = \frac{719 \times 10^3 \times (280 \times 20 \times 835)}{1230000 \times 10^4 \times 12} = 22.8 \text{N/mm}^2$$

折算应力：

$$\sqrt{\sigma_1^2 + 3\tau_1^2} = \sqrt{294.4^2 + 3 \times 22.8^2} = 297.0 \text{N/mm}^2$$
$$< 1.1f = 1.1 \times 305 = 335.5 \text{N/mm}^2，可。$$

(2) 翼缘截面改变后梁的整体稳定性验算

翼缘截面改变后，如何确定整体稳定系数 φ_b，在《钢标》中未明确规定，国外的设计规范中除个别国家外，也大多未进行规定，这主要是因为情况复杂，很难给出一个简单而又一定精度的通用公式。因此这只能由设计人员根据具体情况自行判断确定。对本例题所示之梁，前述第 6.3 节三中所示整体稳定系数 φ_b 计算式，可看成由两部分组成，第一部分是除等效弯矩系数 β_b 之外的所有各项，第二部分是 β_b。前者的物理意义是梁中间三分之一区段在纯弯曲时的整体稳定系数，而后者 $\beta_b = 1.20$ 则是考虑两边三分之一区段对中间三分之一区段发生侧扭屈曲时的约束影响，即把中间三分之一区段在纯弯曲时的整体稳定系数增加 20%。今两端三分之一区段内有 $a = 5.0$m 的一段梁的翼缘截面已有所减小，其所给的约束影响当然也会减小，故不能再采用 $\beta_b = 1.20$。在 β_b 取值较难确定时，我们可以偏安全地认为两端三分之一区段对中间三分之一区段的失稳无任何约束而取 $\beta_b = 1.0$ 进行验算。此时：

$$\varphi_b = \frac{2.23}{1.20} = 1.858 > 0.6$$

需换算成 φ_b'：

$$\varphi_b' = 1.07 - \frac{0.282}{\varphi_b} = 1.07 - \frac{0.282}{1.858} = 0.918$$

$$\frac{M_x}{\varphi_b' W_x f} = \frac{5361.8 \times 10^6}{0.918 \times 19509 \times 10^3 \times 295} = 1.01 \approx 1.0，可。$$

其他情况下，φ_b 的处理方法应根据梁的具体情况确定。一般情况下，翼缘截面改变后对梁的整体稳定性将有所降低（弹性临界弯矩大致降低 20% 左右）。

(3) 翼缘截面改变后的简支梁挠度的验算

$$v_{\max} = \frac{M_{xk} L^2}{10 E I_x} \left[1 + \frac{1}{5} \left(\frac{I_x}{I_{x1}} - 1 \right) \left(\frac{a}{L} \right)^3 \left(64 - 48 \frac{a}{L} \right) \right] = \eta_v \cdot \frac{M_{xk} L^2}{10 E I_x} \; ❶$$

---

❶ 此式适用于截面在 $z = a$ 和 $z = L - a$ 处改变的简支梁，η_v 可由结构力学准确导得。

式中 a 为变截面处至梁端的距离，方括弧内数值 η_v 为翼缘截面改变后的挠度增大系数。

今
$$\eta_v = 1 + \frac{1}{5}\left(\frac{1648500}{1230000} - 1\right)\left(\frac{5}{18}\right)^3\left(64 - 48 \times \frac{5}{18}\right) = 1.074$$

$$v_{max} = 1.074 \times 36.3 = 39.0 \text{mm}$$

$$\frac{v_{max}}{L} = \frac{39.0}{18 \times 10^3} = \frac{1}{462} \leqslant \left[\frac{v}{L}\right] = \frac{1}{400}, \quad 可。$$

4. 为了避免因翼缘截面的突然改变而引起该处较大的应力集中，根据《钢标》第11.3.3条的规定，翼缘板的拼接应为图6.1-4所示。因而实际拼接对接焊缝的位置到梁端的距离为：

$$z_1 = 5 - \left(\frac{0.43 - 0.28}{2}\right) \times 2.5 \approx 4.6 \text{m}$$

该处 ($z_1 = 4.6$m) 截面的弯矩为：

$$M_{x2} = 465 \times 4.8 + \frac{1}{2} \times 63.5 \times 18 \times 4.8 - \frac{1}{2} \times 63.5 \times 4.8^2 = 4243.7 \text{kN·m}$$

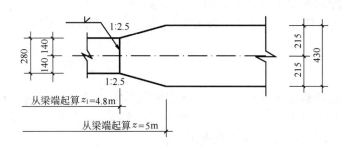

图 6.1-4 翼缘截面改变处拼接示意图

受拉下翼缘板拼接焊缝的强度验算：

$$\sigma = \frac{M_{x2}}{W_{x1}} = \frac{4243.7 \times 10^6}{14556 \times 10^3} = 291.5 \text{N/mm}^2 < f_t^w = 295 \text{N/mm}^2, \quad 可。$$

采用 E50 型焊条，焊缝质量要求一级。

5. 讨论：

翼缘截面经上述改变后，全梁翼缘截面减小量（体积）为：

$$(43 - 28) \times 2 \times 4.9 \times 10^2 \times 4 = 58800 \text{cm}^3$$

翼缘截面未作改变时全梁翼缘、腹板总体积（未包括加劲肋等构造用钢量）为：

$$AL = 370 \times 18 \times 10^2 = 666000 \text{cm}^3$$

翼缘截面改变后可节省钢材约为：

$$\frac{58800}{666000} \times 100\% = 8.83\%$$

与此同时还必须看到，由于改变翼缘截面，将带来制造工作量的加大而增加制造费用。单层翼缘板焊接工字形截面简支梁，其翼缘是否需沿长度改变应综合考虑后方可确定。一般来讲，当梁跨度较大，由于钢材供应长度所限，对翼缘板本来就应设置拼接时，可考虑翼缘板沿长度方向的截面改变，但在半跨内只宜改变一次。

6.5 [例题 6.1] 钢板梁腹板局部稳定性的验算

本例题中梁承受静力荷载作用,按《钢标》规定,可按考虑腹板屈曲后强度进行计算(《钢标》第 6.3.1 条)。但为了节约钢材,前面已将梁设计成了沿跨度为变截面,若按考虑腹板屈曲后强度进行计算,变截面处将不能满足承载力的要求,因此本例题将按不考虑腹板屈曲后强度的组合梁进行腹板局部稳定性的验算。有关考虑腹板屈曲后强度的计算方法将在后面的例题 6.3 中介绍。

一、确定加劲肋的配置方式(《钢标》第 6.3.2 条)

按受压翼缘扭转未受到约束考虑。

腹板高厚比: $\dfrac{h_0}{t_w} = \dfrac{1650}{12} = 137.5 > 150\varepsilon_k = 150 \times 0.814 = 122.1$

应配置横向加劲肋,并应在弯曲应力较大区格的受压区增加配置纵向加劲肋。

二、选用加劲肋的间距(《钢标》第 6.3.6 条)

纵向加劲肋至腹板计算高度受压边缘的距离取 $h_1 = 350$mm,满足构造要求:

$$h_1 = \dfrac{h_c}{2.5} \sim \dfrac{h_c}{2} = \dfrac{h_0}{5} \sim \dfrac{h_0}{4} = 330 \sim 413 \text{mm}$$

式中,h_c 为梁腹板弯曲受压区高度,本例题中梁截面双轴对称,故 $2h_c = h_0$。

横向加劲肋间距试取 $a = 3000$mm $< 2h_0 = 3300$mm,满足构造要求,加劲肋布置如图 6.1-5 所示,支座附近区格 Ⅰ 不设纵向加劲肋。

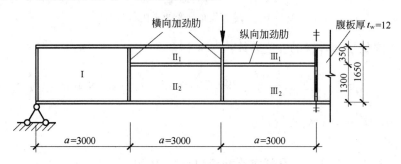

图 6.1-5 腹板加劲肋布置示意图

设次梁连接在主梁的横向加劲肋上,因此腹板计算高度边缘的局部压应力 $\sigma_c = 0$,σ_c 单独作用下的临界应力 $\sigma_{c,cr}$ 不必计算。

三、区格 Ⅰ 的局部稳定性验算

验算条件:

$$\left(\dfrac{\sigma}{\sigma_{cr}}\right)^2 + \left(\dfrac{\tau}{\tau_{cr}}\right)^2 + \dfrac{\sigma_c}{\sigma_{c,cr}} \leqslant 1.0 \qquad \text{《钢标》公式(6.3.3-1)}$$

1. 各种应力单独作用下的临界应力

(1) 弯曲临界应力 σ_{cr}

用于腹板受弯计算的正则化宽厚比为:

$$\lambda_{n,b} = \frac{2h_c/t_w}{138} \cdot \frac{1}{\varepsilon_k} \qquad \text{《钢标》公式(6.3.3-7)}$$

$$= \frac{1650/12}{138} \times \frac{1}{0.814} = 1.224 > 0.85$$

$$< 1.25$$

故 $\sigma_{cr} = [1-0.75(\lambda_{n,b}-0.85)]f$ 《钢标》公式(6.3.3-4)

$$= [1-0.75(1.224-0.85)] \times 305 = 219.4 \text{kN}$$

(2) 剪切临界应力 τ_{cr}

用于腹板受剪计算的正则化宽厚比为($a/h_0 = 3000/1650 = 1.82 > 1.0$)：

$$\lambda_{n,s} = \frac{h_0/t_w}{37\eta\sqrt{5.34+4(h_0/a)^2}} \cdot \frac{1}{\varepsilon_k} \qquad \text{《钢标》公式(6.3.3-12)}$$

$$= \frac{137.5}{37 \times 1.11\sqrt{5.34+4(1650/3000)^2}} \times \frac{1}{0.814} = 1.61 > 1.2$$

式中，系数 η 对简支梁取 1.11（《钢标》第 6.3.3 条）。

故 $\tau_{cr} = \dfrac{1.1 f_v}{\lambda_{n,s}^2}$ 《钢标》公式(6.3.3-10)

$$= \frac{1.1 \times 175}{1.61^2} = 74.3 \text{kN}$$

2. 区格受力

支座附近区格Ⅰ的平均弯矩 $\overline{M}_\text{I}$ 和平均剪力 $\overline{V}_\text{I}$：

$$\overline{M}_\text{I} = \frac{1}{2}(M_1+M_2) = \frac{1}{2}\left[0+\left(465 \times 3 + \frac{1}{2} \times 63.5 \times 18 \times 3 - \frac{1}{2} \times 63.5 \times 3^2\right)\right] = 1411.9 \text{kN} \cdot \text{m}$$

$$\overline{V}_\text{I} = \frac{1}{2}(V_1+V_2) = \frac{1}{2}\left[\left(465+\frac{1}{2} \times 63.5 \times 18\right)+\left(465+\frac{1}{2} \times 63.5 \times 18-63.5 \times 3\right)\right] = 941.3 \text{kN}$$

以上式中的 M_1、V_1 和 M_2、V_2 分别为所计算区格左和右即 $z=0$ 和 $z=3$m 处的弯矩、剪力。

平均弯矩产生的腹板计算高度边缘的弯曲压应力：

$$\sigma = \frac{\overline{M}_\text{I}}{I_{x1}}h_c = \frac{1411.9 \times 10^6}{1230000 \times 10^4}\frac{1650}{2} = 94.7 \text{N/mm}^2$$

平均剪力产生的腹板平均剪应力：

$$\tau = \frac{\overline{V}_\text{I}}{h_w t_w} = \frac{941.3 \times 10^3}{1650 \times 12} = 47.5 \text{N/mm}^2$$

3. 局部稳定验算

$$\left(\frac{\sigma}{\sigma_{cr}}\right)^2 + \left(\frac{\tau}{\tau_{cr}}\right)^2 + \frac{\sigma_c}{\sigma_{c,cr}} = \left(\frac{94.7}{219.4}\right)^2 + \left(\frac{47.5}{74.3}\right)^2 + 0 = 0.595 < 1.0，可。$$

四、受压翼缘与纵向加劲肋之间腹板区格（Ⅱ₁和Ⅲ₁）的局部稳定性验算

验算条件：

$$\frac{\sigma}{\sigma_{cr1}} + \left(\frac{\sigma_c}{\sigma_{c,cr1}}\right)^2 + \left(\frac{\tau}{\tau_{cr1}}\right)^2 \leqslant 1.0 \qquad \text{《钢标》公式(6.3.4-1)}$$

1. 各种应力单独作用下的临界应力

(1) 弯曲临界应力 σ_{cr1}

$$\lambda_{n,b1} = \frac{h_1/t_w}{64\varepsilon_k}$$ 《钢标》公式(6.3.4-3)

$$= \frac{350/12}{64 \times 0.814} = 0.560 < 0.85$$

故 $\sigma_{cr1} = f = 305 \text{N/mm}^2$

(2) 剪切临界应力 τ_{cr1}

因 $a/h_1 = 3000/350 = 8.57 > 1.0$,故:

$$\lambda_{n,s1} = \frac{h_1/t_w}{37\eta\sqrt{5.34 + 4(h_1/a)^2}} \cdot \frac{1}{\varepsilon_k}$$

$$= \frac{350/12}{37 \times 1.11 \sqrt{5.34 + 4(350/3000)^2}} \times \frac{1}{0.814} = 0.376 < 0.8$$

得 $\tau_{cr1} = f_v = 175 \text{N/mm}^2$

2. 区格 II_1 的局部稳定性

该区格的平均弯矩 $\overline{M}_\text{II}$ 和平均剪力 $\overline{V}_\text{II}$:

$$\overline{M}_\text{II} = \frac{1}{2}\left[\left(465 \times 3 + \frac{1}{2} \times 63.5 \times 18 \times 3 - \frac{1}{2} \times 63.5 \times 3^2\right)\right.$$

$$\left. + \left(465 \times 6 + \frac{1}{2} \times 63.5 \times 18 \times 6 - \frac{1}{2} \times 63.5 \times 6^2\right)\right]$$

$$= 3949.9 \text{kN} \cdot \text{m}$$

$$\overline{V}_\text{II} = \frac{1}{2}\left[\left(465 + \frac{1}{2} \times 63.5 \times 18 - 63.5 \times 3\right) + \left(465 + \frac{1}{2} \times 63.5 \times 18 - 63.5 \times 6\right)\right] = 750.8 \text{kN}$$

平均弯矩产生的腹板计算高度边缘的弯曲压应力:

$$\sigma = \frac{\overline{M}_\text{II}}{I_{x1}} h_c = \frac{3949.9 \times 10^6}{1230000 \times 10^4} \cdot \frac{1650}{2} = 264.9 \text{N/mm}^2$$

平均剪力产生的腹板平均剪应力:

$$\tau = \frac{\overline{V}_\text{II}}{h_w t_w} = \frac{750.8 \times 10^3}{1650 \times 12} = 37.9 \text{N/mm}^2$$

得 $\dfrac{\sigma}{\sigma_{cr1}} + \left(\dfrac{\sigma_c}{\sigma_{c,cr1}}\right)^2 + \left(\dfrac{\tau}{\tau_{cr1}}\right)^2 = \dfrac{264.9}{305} + 0 + \left(\dfrac{37.9}{175}\right)^2 = 0.915 < 1.0$,可。

3. 跨中附近区格 III_1 的局部稳定性

该区格的平均弯矩 $\overline{M}_\text{III}$ 和平均剪力 $\overline{V}_\text{III}$:

$$\overline{M}_\text{III} = \frac{1}{2}(M_C + M_{\max}) = \frac{1}{2}(5076 + 5361.8) = 5218.9 \text{kN} \cdot \text{m}$$

$$\overline{V}_\text{III} = \frac{1}{2} V_{C\text{右}} = \frac{1}{2} \times 190.5 = 95.3 \text{kN}$$

平均弯矩产生的腹板计算高度边缘的弯曲压应力:

$$\sigma = \frac{\overline{M}_{\text{III}}}{I_x} h_c = \frac{5218.9 \times 10^6}{1648500 \times 10^4} \frac{1650}{2} = 261.2 \text{N/mm}^2$$

平均剪力产生的腹板平均剪应力

$$\tau = \frac{\overline{V}_{\text{III}}}{h_w t_w} = \frac{95.3 \times 10^3}{1650 \times 12} = 4.8 \text{N/mm}^2$$

得 $\dfrac{\sigma}{\sigma_{\text{cr1}}} + \left(\dfrac{\sigma_c}{\sigma_{c,\text{cr1}}}\right)^2 + \left(\dfrac{\tau}{\tau_{\text{cr1}}}\right)^2 = \dfrac{261.2}{305} + 0 + \left(\dfrac{4.8}{175}\right)^2 = 0.857 < 1.0$,可。

五、受拉翼缘与纵向加劲肋之间腹板区格（II_2和III_2）的局部稳定性验算

验算条件：

$$\left(\frac{\sigma_2}{\sigma_{\text{cr2}}}\right)^2 + \left(\frac{\tau}{\tau_{\text{cr2}}}\right)^2 + \frac{\sigma_{c2}}{\sigma_{c,\text{cr2}}} \leqslant 1.0 \qquad \text{《钢标》公式(6.3.4-6)}$$

1. 各种应力单独作用下的临界应力

纵向加劲肋至腹板计算高度受拉边缘的距离 $h_2 = h_0 - h_1 = 1650 - 350 = 1300\text{mm}$。

(1) 弯曲临界应力 σ_{cr2}

$$\lambda_{n,b2} = \frac{h_2/t_w}{194\varepsilon_k} \qquad \text{《钢标》公式(6.3.4-7)}$$

$$= \frac{1300/12}{194 \times 0.814} = 0.686 < 0.85$$

故 $\sigma_{\text{cr2}} = f = 305 \text{N/mm}^2$

(2) 剪切临界应力 τ_{cr2}

因 $a/h_2 = 3000/1300 = 2.31 > 1.0$，故：

$$\lambda_{n,s2} = \frac{h_2/t_w}{37\eta \sqrt{5.34 + 4(h_2/a)^2}} \cdot \frac{1}{\varepsilon_k} = \frac{1300/12}{37 \times 1.11 \sqrt{5.34 + 4(1300/3000)^2}} \times \frac{1}{0.814}$$

$$= 1.31 > 1.2$$

得 $\tau_{\text{cr}} = \dfrac{1.1 f_v}{\lambda_{n,s2}^2} = \dfrac{1.1 \times 175}{1.31^2} = 112.2 \text{N/mm}^2$

2. 区格 II_2 的局部稳定性

$$\sigma_2 = \frac{\overline{M}_{\text{II}}}{I_{x1}}(h_c - h_1) = \frac{\overline{M}_{\text{II}} h_c}{I_{x1}} \cdot \frac{h_c - h_1}{h_c} = 264.9 \times \frac{1650/2 - 350}{1650/2} = 152.5 \text{N/mm}^2$$

$\tau = 37.9 \text{N/mm}^2$

得 $\left(\dfrac{\sigma_2}{\sigma_{\text{cr2}}}\right)^2 + \left(\dfrac{\tau}{\tau_{\text{cr2}}}\right)^2 + \dfrac{\sigma_{c2}}{\sigma_{c,\text{cr2}}} = \left(\dfrac{152.5}{305}\right)^2 + \left(\dfrac{37.9}{112.2}\right)^2 + 0 = 0.364 < 1.0$，可。

3. 跨中附近区格 III_2 的局部稳定性

$$\sigma_2 = \frac{\overline{M}_{\text{III}}}{I_x}(h_c - h_1) = \frac{\overline{M}_{\text{III}} h_c}{I_x} \cdot \frac{h_c - h_1}{h_c} = 261.2 \times \frac{1650/2 - 350}{1650/2} = 150.4 \text{N/mm}^2$$

$\tau = 4.8 \text{N/mm}^2$

得 $\left(\dfrac{\sigma_2}{\sigma_{\text{cr2}}}\right)^2 + \left(\dfrac{\tau}{\tau_{\text{cr2}}}\right)^2 + \dfrac{\sigma_{c2}}{\sigma_{c,\text{cr2}}} = \left(\dfrac{150.4}{305}\right)^2 + \left(\dfrac{4.8}{112.2}\right)^2 + 0 = 0.245 < 1.0$，可。

综上，如图 6.1-5 所示腹板加劲肋布置满足局部稳定性要求。

6.6 ［例题 6.1］钢板梁腹板中间加劲肋的设计

中间加劲肋的截面由其刚度条件控制，通常采用钢板在腹板两侧成对布置，如图 6.1-6 所示。

1. 横向加劲肋

外伸宽度 $b_s \geqslant \dfrac{h_0}{30} + 40 = \dfrac{1650}{30} + 40 = 95\text{mm}$，采用 $b_s = 100\text{mm}$；

厚度 $t_s \geqslant \dfrac{b_s}{19} = \dfrac{100}{19} = 5.3\text{mm}$，采用 $t_s = 6\text{mm}$ （见《钢标》公式 6.3.6-2）。

则横向加劲肋对梁腹板水平轴 z 轴（参阅图 6.1-7）的惯性矩 I_z 为：

$$I_z = \dfrac{1}{12} t_s (2b_s + t_w)^3$$

$$= \dfrac{1}{12} \times 0.6 \times (2 \times 10 + 1.2)^3 = 476\text{cm}^4$$

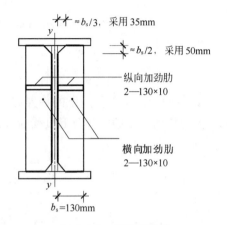

图 6.1-6 中间加劲肋

$< 3h_0 t_w^3 = 3 \times 165 \times 1.2^3 = 855\text{cm}^4$

不满足《钢标》要求横向加劲肋用作纵向加劲肋支承必须具有的刚度［《钢标》公式 (6.3.6-3)］。改取 $b_s = 130\text{mm}$ 和 $t_s = 10\text{mm}$，得：

$$I_z = \dfrac{1}{12} \times 1.0 \times (2 \times 13 + 1.2)^3 = 1677\text{cm}^4 > 3h_0 t_w^3 = 855\text{cm}^4，可。$$

$$\dfrac{b_s}{t_s} = \dfrac{130}{10} = 13 < 19，可。$$

因此选用中间横向加劲肋的截面为 2—130×10，其与腹板用角焊缝相连接，按构造取 $h_f = 5\text{mm}$（《钢标》第 11.3.5 条，本书附表 1.5）。

焊接梁的横向加劲肋与翼缘板相接处应切角，见图 6.1-6（《钢标》第 6.3.6 条第 8 款、《原规范》第 8.4.11 条）。

2. 纵向加劲肋

取与横向加劲肋相同截面尺寸，即选用纵向加劲肋为 2—130×10，则其对梁腹板竖直轴 y 轴的惯性矩 $I_y = I_z = 1677\text{cm}^4$。

按《钢标》要求，当 $a/h_0 > 0.85$ 时，I_y 应符合下式要求：

$$I_y \geqslant \left(2.5 - 0.45 \dfrac{a}{h_0}\right)\left(\dfrac{a}{h_0}\right)^2 h_0 t_w^3 \qquad 《钢标》公式(6.3.6-5)$$

将 $a/h_0 = 3000/1650 = 1.82$ 代入上式右边：

$$(2.5 - 0.45 \times 1.82) \times 1.82^2 \times 165 \times 1.2^3 = 1588\text{cm}^4 < I_y = 1677\text{cm}^4，可。$$

综上，所选中间加劲肋尺寸适用。

6.7 ［例题 6.1］钢板梁支承加劲肋的设计

在梁承受固定集中荷载处(包括支座)的腹板两侧宜设支承加劲肋。支承加劲肋兼有中间横向加劲肋的作用，其截面尺寸除应满足中间横向加劲肋的截面尺寸要求外，还应计算由支承加劲肋及部分腹板组成的轴心受压构件在腹板平面外的稳定性和支承加劲肋端部的承压应力(刨平顶紧)或焊缝应力(用焊缝连接时)。支承加劲肋与腹板的连接焊缝，应按传力需要进行计算。

一、梁支座处的支承加劲肋

梁支座处采用的支承加劲肋如图 6.1-7 所示。

1. 按支承加劲肋端面承压强度试选其外伸宽度和厚度

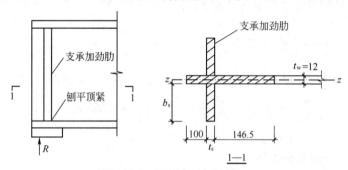

图 6.1-7　梁端支承加劲肋

端面承压（刨平顶紧）强度设计值：$f_{ce}=400\text{N/mm}^2$
支座反力设计值：　　　　　　　　$R=V_{max}=1036.5\text{kN}$
需要端面承压面积(刨平顶紧)：

$$A_{ce} \geqslant \frac{R}{f_{ce}} = \frac{1036.5 \times 10^3}{400} \times 10^{-2} = 25.91 \text{cm}^2$$

支承加劲肋的宽度 b_s 不应超出支座处翼缘板的宽度 b_1，即：

$$b_s \leqslant \frac{1}{2}(b_1 - t_w) = \frac{1}{2} \times (280 - 12) = 134\text{mm}，采用 b_s = 130\text{mm}$$

需要加劲肋厚度：

$$t_s \geqslant \frac{A_{ce}}{2(b_s - \Delta)} = \frac{25.91 \times 10^2}{2 \times (130 - 40)} = 14.4\text{mm}，采用 t_s = 16\text{mm}$$

式中，$\Delta=40\text{mm}$ 为加劲肋切角宽度。

承压加劲肋局部稳定要求（《钢标》公式 6.3.6-2）：

$$t_s \geqslant \frac{b_s}{15} = \frac{130}{15} = 8.7 < 16\text{mm}，满足。$$

端面承压强度：

$$\sigma_{ce} = \frac{R}{A_{ce}} = \frac{1036.5 \times 10^3}{2 \times (130-40) \times 16} = 359.9\text{N/mm}^2 < f_{ce} = 400\text{N/mm}^2，可。$$

2. 按轴心受压构件验算支承加劲肋在梁腹板平面外的稳定性

可计入支承加劲肋截面的梁腹板宽度 b_w（《钢标》第 6.3.7 条）：

$$b_w = 100 + t_s + 15t_w \cdot \varepsilon_k = 100 + 16 + 15 \times 12 \times 0.814 = 116 + 146.5 = 262.5\text{mm}$$

支承加劲肋截面面积：

$$A_s = 2b_s t_s + b_w t_w = 2 \times 13 \times 1.6 + 26.25 \times 1.2 = 73.10\text{cm}^2$$

对 z 轴的惯性矩[略去不计腹板截面 $(b_w - t_s)t_w$ 的惯性矩]：

$$I_z = \frac{1}{12}t_s(2b_s + t_w)^3 = \frac{1}{12} \times 1.6 \times (2 \times 13 + 1.2)^3 = 2683\text{cm}^4$$

对 z 轴的回转半径：$i_z = \sqrt{\dfrac{I_z}{A_s}} = \sqrt{\dfrac{2683}{73.1}} = 6.06\text{cm}$

长细比：$\lambda_z = \dfrac{h_0}{i_z} = \dfrac{165}{6.06} = 27.2$

由 $\lambda_z/\varepsilon_k = 27.2/0.814 = 33.4$ 查附表 1.29（Q355 钢，c 类截面），得 $\varphi = 0.881$：

$$\frac{R}{\varphi A_s f} = \frac{1036.5 \times 10^3}{0.881 \times 73.1 \times 10^2 \times 305} = 0.528 < 1.0，可。$$

所选截面适用，其尺寸系由端面承压强度所控制。

3. 加劲肋与梁腹板角焊缝连接计算

E50 型焊条、手工焊：$f_f^w = 200\text{N/mm}^2$（附表 1.2）

试取焊脚尺寸：$h_f = 6\text{mm}$（$= h_{f\min} = 6\text{mm}$，本书附表 1.5）

计算长度：$l_w = h_w - 2\Delta - 2h_f = 1650 - 2 \times 60 - 2 \times 6 = 1518\text{mm}$

式中，$\Delta = 60\text{mm}$ 为加劲肋竖向切角尺寸。

焊缝应力：

$$\tau_f = 1.3 \times \frac{R}{0.7h_f \sum l_w} = 1.3 \times \frac{1036.5 \times 10^3}{0.7 \times 6 \times 4 \times 1518} = 52.8\text{N/mm}^2 < f_f^w = 200\text{N/mm}^2，可。$$

式中，1.3 是考虑由加劲肋截面端部传来的力对焊缝的偏心影响系数。

二、跨度三分点、集中荷载 P 作用处的支承加劲肋

1. 支承加劲肋的截面尺寸

如第 6.5 节所述，次梁连接在主梁的横向加劲肋上[1]，该横向加劲肋即支承加劲肋，或称中间支承加劲肋。试取其截面尺寸与中间横向加劲肋相同，即采用 $b_s = 130\text{mm}$、$t_s = 10\text{mm}$，则：

$$\frac{b_s}{t_s} = \frac{130}{10} = 13 < 15，可（《钢标》第 6.3.6 条第 3 款）。$$

次梁连接在加劲肋上而非搁置在主梁上面，无须验算加劲肋端部的承压应力或焊缝应力。

---

[1] 次梁连接在主梁横向加劲肋上的构造和计算方法可参阅：姚谏. 钢结构设计. 北京：中国建筑工业出版社，2021，第 7～8 页。

2. 按轴心受压构件验算腹板平面外的稳定性

可以计入支承加劲肋截面的腹板宽度：
$$b_w = t_s + 2 \times 15 t_w \cdot \varepsilon_k = 10 + 2 \times 15 \times 12 \times 0.814 = 303 \text{mm}$$

支承加劲肋截面积：$A_s = 2 \times 13 \times 1 + 30.3 \times 1.2 = 62.36 \text{cm}^2$

对 z 轴的惯性矩：$I_z = \dfrac{1}{12} \times 1 \times (2 \times 13 + 1.2)^3 = 1696 \text{cm}^4$

回转半径：$i_z = \sqrt{\dfrac{I_z}{A_s}} = \sqrt{\dfrac{1696}{62.36}} = 5.22 \text{cm}$

长细比：$\lambda_z = \dfrac{h_0}{i_z} = \dfrac{165}{5.22} = 31.6$

由 $\lambda_z/\varepsilon_k = 31.6/0.814 = 38.8$ 查附表 1.28（Q355 钢，b 类截面），得 $\varphi = 0.9036$：

$$\dfrac{R}{\varphi A_s f} = \dfrac{465 \times 10^3}{0.9036 \times 62.36 \times 10^2 \times 305} = 0.271 < 1.0，可。$$

所选截面合适，截面尺寸由承压横向加劲肋的局部稳定要求所控制。

中间支承加劲肋与腹板的角焊缝受力远小于支座处，取焊脚尺寸 $h_f = h_{f\min} = 5 \text{mm}$，不必计算。

6.8 ［例题 6.1］钢板梁的翼缘焊缝

采用双面角焊缝连接。焊缝应力应满足下式要求（《钢标》第 11.2.7 条）：

$$\dfrac{1}{2h_e}\sqrt{\left(\dfrac{VS_f}{I}\right)^2 + \left(\dfrac{\psi F}{\beta_f l_z}\right)^2} \leqslant f_f^w \qquad 《钢标》公式（11.2.7）$$

由于集中荷载 P 作用处已设置支承加劲肋，故翼缘焊缝不传递力 P。由均布荷载产生的焊缝中竖向应力为：

$$\dfrac{q}{\beta_f} = \dfrac{63.5}{1.22} = 52.0 \text{N/mm}$$

此值甚小，通常可不计。

一、在梁端翼缘截面已缩小的区段内翼缘焊缝

$V = V_{max} = 1036.5 \text{kN}$，$S_f = S_{x1} = 28 \times 2 \times 83.5 = 4676 \text{cm}^3$，$I = I_{x1} = 1230000 \text{cm}^4$

$$\dfrac{VS_f}{I} = \dfrac{1036.5 \times 10^3 \times 4676 \times 10^3}{1230000 \times 10^4} = 394.0 \text{N/mm}$$

因此，得：

$$h_e \geqslant \dfrac{1}{2f_f^w}\sqrt{\left(\dfrac{VS_f}{I}\right)^2 + \left(\dfrac{\psi q}{\beta_f}\right)^2} = \dfrac{1}{2 \times 200}\sqrt{394.0^2 + (1.0 \times 52)^2} = 0.99 \text{mm}$$

$$h_f = \dfrac{h_e}{0.7} = \dfrac{0.99}{0.7} = 1.41 \text{mm}$$

由上式可见，均布荷载引起的根号内第 2 项完全可不计。

构造要求：

(1) 采用不预热的非低氢焊接方法时，$h_{fmin}=6mm$，采用 $h_f=6mm$。

(2) 采用预热的非低氢焊接方法或低氢焊接方法时，$h_{fmin}=5mm$，采用 $h_f=5mm$。

二、跨中至翼缘截面改变处的翼缘焊缝

最大剪力发生在变截面处：

$$V=V_1=719kN, S_f=44\times2\times83.5=7348cm^3, I=I_x=1648500cm^4$$

$$\frac{VS_f}{I}=\frac{719\times10^3\times7348\times10^3}{1648500\times10^4}=320.5N/mm<394N/mm$$

该区段内的翼缘焊缝同样由构造控制，取 $h_f=5mm$（采用预热的非低氢焊接方法或低氢焊接方法）或 $h_f=6mm$（采用不预热的非低氢焊接方法）。

全梁上、下翼缘焊缝采用相同焊脚尺寸。

6.9 ［例题 6.2］双层翼缘板焊接工字形板梁的设计资料

如图 6.2-1 所示为某焊接工字形截面简支板梁的跨度及荷载。

跨度：$L=10.8m$；

侧向支承点的间距：$l_1=3.6m$。

梁承受静力集中荷载，作用在梁的上翼缘，其中：

永久荷载标准值：$P_{Gk}=300kN$；

可变荷载标准值：$P_{Qk}=440kN$；

梁自重标准值：$q_k=2.7kN/m$；

钢材：Q235BF；

梁的挠度：$v_{max}\leqslant L/400$。

由于缺少厚钢板，采用双层翼缘板，已知梁截面如图 6.2-2 所示。

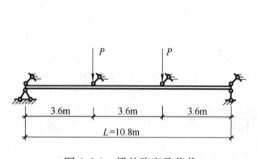

图 6.2-1 梁的跨度及荷载

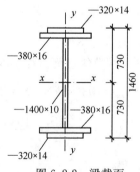

图 6.2-2 梁截面

要求计算以下内容：

1. 外层翼缘板的截断点位置；
2. 翼缘焊缝的计算；
3. 腹板局部稳定性的验算。

板梁设计中的其他内容从略。

6.10 [例题6.2] 板梁截面外层翼缘板的截断点位置

Q235钢的钢号修正系数 $\varepsilon_k=1.0$。
双层翼缘板焊接工字形简支梁的外层翼缘板常在一定位置处截断以节省钢材。
一、计算外层翼缘板截断处截面能抵抗的弯矩 M_{x1}
外层翼缘板截断处截面的翼缘板外伸宽厚比：

$$\frac{b'}{t}=\frac{(380-10)/2}{16}=11.6\begin{cases}>11\varepsilon_k=11\\<13\varepsilon_k=13\end{cases}，属于S3级。$$

腹板宽厚比：

$$\frac{h_0}{t_w}=\frac{1400}{10}=140\begin{cases}>124\varepsilon_k=124,\\<250,\end{cases}属于S5级。$$

因此取截面塑性发展系数 $\gamma_x=1.0$（《钢标》第6.1.2条）。
腹板设有加劲肋（见第6.12节），不会局部屈曲，腹板截面全部有效。
综上，梁全截面有效。
外层翼缘板截断面的截面几何特性：

$$I_{x1}=\frac{1}{12}\times1.0\times140^3+2\times38\times1.6(70+0.8)^2=838204 \text{ cm}^4$$

$$W_{x1}=\frac{838204}{70+1.6}=11707 \text{ cm}^3$$

$$M_{x1}=\gamma_x f W_{x1}=1.0\times215\times11707\times10^3\times10^{-6}=2517\text{kN}\cdot\text{m}$$

二、确定外层翼缘板的截断点位置
集中荷载设计值：$P=1.3\times300+1.5\times440=1050\text{kN}$
均布荷载设计值：$q=1.3\times2.7=3.51\text{kN/m}$
支座反力设计值：$R=P+\frac{1}{2}qL=1050+\frac{1}{2}\times3.51\times10.8=1069.0\text{kN}$

设外层翼缘板的理论截断点位置距梁端为 z，则可由：

$$Pz+\frac{1}{2}qLz-\frac{1}{2}qz^2=M_{x1}$$

即 $$1050z+\frac{1}{2}\times3.51\times10.8z-\frac{1}{2}\times3.51z^2=2517$$

$$1.755z^2-1069z+2517=0$$

得 $$z=\frac{1069-\sqrt{1069^2-4\times1.755\times2517}}{2\times1.755}=2.364\text{m}$$

实际截断点应取（见《钢标》第6.6.2条第1款和本书第6.11节之三）：

$$z=2.364-1.5\times320\times10^{-3}=1.884\text{m}$$

采用实际截断点位置为 $z=1.85\text{m}$，示于图6.2-3。

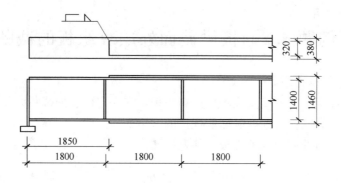

图 6.2-3 外层翼缘板切断点位置及加劲肋布置

三、验算改变翼缘截面后梁的挠度

$$v_{\max} = \eta_v \frac{M_{xk}L^2}{10EI_x}$$

跨中截面惯性矩：$I_x = \dfrac{1}{12} \times 1.0 \times 140^3 + 2 \times 32 \times 1.4 \times (70+1.6+0.7)^2$

$$+ 2 \times 38 \times 1.6 (70+0.8)^2$$

$$= 1306569 \text{cm}^4$$

最大弯矩标准值：$M_{xk} = P_k \dfrac{L}{3} + \dfrac{1}{8}q_k L^2 = (300+440) \times 3.6 + \dfrac{1}{8} \times 2.7 \times 10.8^2$

$$= 2703.4 \text{kN} \cdot \text{m}$$

挠度增大系数：$\eta_v = 1 + \dfrac{1}{5}\left(\dfrac{I_x}{I_{x1}} - 1\right)\left(\dfrac{a}{L}\right)^3 \left(64 - 48\dfrac{a}{L}\right)$

$$= 1 + \dfrac{1}{5}\left(\dfrac{1306569}{838204} - 1\right)\left(\dfrac{2.364}{10.8}\right)^3 \left(64 - 48 \times \dfrac{2.364}{10.8}\right) = 1.063$$

梁的最大挠度：

$$v_{\max} = 1.063 \times \dfrac{2703.4 \times 10^6 \times (10.8 \times 10^3)^2}{10 \times 206 \times 10^3 \times 1306569 \times 10^4} = 1.063 \times 11.72$$

$$= 12.46 \text{mm} < [v] = \dfrac{L}{400} = \dfrac{10800}{400} = 27 \text{mm}，可。$$

6.11 ［例题6.2］板梁翼缘焊缝的计算

采用E43型焊条、不预热的非低氢手工焊；$f_f^w = 160 \text{N/mm}^2$。

一、内层翼缘板与腹板的角焊缝连接

梁上除自重外别无其他均布荷载，集中荷载 P 为固定位置，在 P 作用点处可设支承加劲肋传力，因而内层翼缘板与腹板的连接焊缝只需传递水平剪力。

两层翼缘板截面对梁中和轴 x 的面积矩（因在剪力最大的梁区段外层翼缘板未全部截断）：

$$S = 32 \times 1.4 \times (70+1.6+0.7) + 38 \times 1.6 \times (70+0.8) = 7544 \text{cm}^3$$

内层翼缘板对梁中和轴 x 的面积矩：

$$S_1 = 38 \times 1.6 \times (70+0.8) = 4305 \text{cm}^3$$

所需角焊缝的焊脚尺寸计算如下。

(1) $z=2.364\text{m}$ 处：

剪力：$V=R-qz=1069-3.51\times 2.364=1060.7\text{kN}$

惯性矩：$I_x=1306569\text{cm}^4$

$$h_f \geqslant \frac{1}{1.4f_f^w} \cdot \frac{VS}{I} = \frac{1060.7\times 10^3 \times 7544 \times 10^3}{1.4\times 160 \times 1306569 \times 10^4} = 2.73\text{mm}$$

(2) $z=0$ 处：

剪力：$V=R=1069\text{kN}$

惯性矩：$I_{x1}=838204\text{cm}^4$

$$h_f \geqslant \frac{1069\times 10^3 \times 4305 \times 10^3}{1.4\times 160 \times 838204 \times 10^4} = 2.45\text{mm}$$

构造要求（附表1.5）：$h_{f\min}=6\text{mm}$

采用 $h_f=6\text{mm}$，沿梁长满焊。

二、外层翼缘板与内层翼缘板的角焊缝连接

外层翼缘板截面对梁中和轴 x 的面积矩：

$$S=32\times 1.4 \times (70+1.6+0.7)=3239\text{cm}^3$$

$z=1.85\text{m}$ 处：

剪力：$V=1069-1.85\times 3.51=1062.5\text{kN}$

惯性矩：$I_x=1306569\text{cm}^4$

所需角焊缝的焊脚尺寸：

$$h_f \geqslant \frac{1}{1.4f_f^w} \cdot \frac{VS}{I_x} = \frac{1062.5\times 10^3 \times 3239 \times 10^3}{1.4\times 160 \times 1306569 \times 10^4} = 1.18\text{mm}$$

构造要求（附表1.5）：$h_{f\min}=6\text{mm}$

采用 $h_f=6\text{mm}$，沿梁长满焊。

三、参照《钢标》第11.3.4条第1款要求

当外层翼缘板与内层翼缘板的两条侧面角焊缝之间距大于 $16t$（t 为较薄焊件的厚度）时，外层翼缘板因侧焊缝收缩而易向外拱曲，不能仅用侧面角焊缝连接。

今外层翼缘板的宽度 $b=320\text{mm}>16t=16\times 14=224\text{mm}$，为避免外层板端部因拱曲而张开，外层翼缘板端部还应加正面角焊缝。

又因 $h_f=6\text{mm}<0.75t=0.75\times 14=10.5\text{mm}$，根据《钢标》第6.6.2条第1款要求，外层钢板的实际截断点应较理论截断点外伸 l_1：

$$l_1 \geqslant 1.5b=1.5\times 320=480\text{mm}$$

第6.10节中取的外层翼缘板实际截断点已考虑及此。

6.12 ［例题6.2］板梁腹板局部稳定性的验算

Q235钢的钢号修正系数 $\varepsilon_k=1.0$。

一、确定加劲肋的配置方式

按受压翼缘扭转未受到约束考虑：

$$\frac{h_0}{t_w}=\frac{1400}{10}=140 \quad \begin{matrix}>80\varepsilon_k=80\\<150\varepsilon_k=150\end{matrix}$$

只需设置横向加劲肋，加劲肋间距应由计算确定。

二、选用加劲肋的间距

横向加劲肋的最大间距：$a=2h_0=2\times1400=2800mm$

考虑到在集中荷载作用处（支座和跨度的三分点处）需设置支承加劲肋，因而取横向加劲肋间距为 $a=3600/2=1800mm$，布置如图 6.2-3 所示，满足 $0.5h_0 \leqslant a \leqslant 2h_0$ 的构造要求。

本例题其他方面的计算，如腹板各区格的局部稳定性、加劲肋的截面、支承加劲肋的计算等均从略，可参见其他例题。

6.13 等截面焊接工字形板梁考虑腹板屈曲后强度的计算

依据《钢标》第 6.3.1 条规定，承受静力荷载和间接承受动力荷载的焊接截面梁可考虑腹板屈曲后强度，按本标准第 6.4 节的规定计算其受弯和受剪承载力。此法的优点是可以选用较大的腹板高厚比而不必设置腹板纵向加劲肋，同时，其横向加劲肋的间距也可加大，甚至不设中间横向加劲肋。下面通过例题 6.3 予以说明。

【例题 6.3】图 6.3-1 所示为某等截面焊接工字形简支板梁的截面、跨度和荷载。

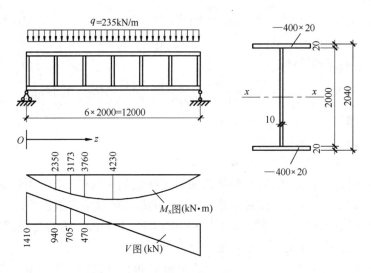

图 6.3-1 例题 6.3 图之一

跨度：$L=12m$

承受均布荷载设计值（静力荷载，作用在梁的上翼缘）：$q=235kN/m$

钢材：Q235B

梁的受压翼缘处有足够中间侧向支承点，保证其不会整体失稳；梁的挠度满足设计要求，不必验算。要求计算以下内容：

1. 考虑腹板屈曲后强度梁的受剪和受弯承载力验算；
2. 加劲肋设计。

一、考虑腹板屈曲后强度梁的受剪和受弯承载力验算

1.《钢标》要求（《钢标》第 6.4.1 条）

为了说明具体验算方法，先对《钢标》的规定作简要介绍。

按《钢标》规定，对同时承受弯矩和剪力的工字形焊接组合梁，考虑腹板屈曲后强度的受弯和受剪承载力应按下列公式计算：

(1) $M \leqslant M_f$ 时：
$$V \leqslant V_u \tag{6.1-1}$$

(2) $V \leqslant 0.5V_u$ 时：
$$M \leqslant M_{eu} \tag{6.1-2}$$

(3) $M > M_f$ 和 $V > 0.5V_u$ 时：
$$\left(\frac{V}{0.5V_u} - 1\right)^2 + \frac{M - M_f}{M_{eu} - M_f} \leqslant 1 \tag{6.1-3}$$

式中：M，V——所计算同一截面上梁的弯矩设计值和剪力设计值；

M_f——梁两翼缘所能承担的弯矩设计值，按下式计算：
$$M_f = \left(A_{f1}\frac{h_{m1}^2}{h_{m2}} + A_{f2}h_{m2}\right)f \tag{6.2}$$

A_{f1}，h_{m1}——较大翼缘的截面积及其形心至梁中和轴的距离；

A_{f2}，h_{m2}——较小翼缘的截面积及其形心至梁中和轴的距离；

V_u，M_{eu}——考虑腹板屈曲后强度梁截面的受剪和受弯承载力设计值，分别按下列公式(6.3)和公式(6.5)计算。

1) 受剪承载力设计值 V_u：
$$V_u = h_w t_w \tau_u \tag{6.3}$$

$$\tau_u = \begin{cases} f_v & \lambda_{n,s} \leqslant 0.8 \\ [1 - 0.5(\lambda_{n,s} - 0.8)]f_v & 0.8 < \lambda_{n,s} \leqslant 1.2 \\ f_v/\lambda_{n,s}^{1.2} & \lambda_{n,s} > 1.2 \end{cases} \tag{6.4}$$

式中：$\lambda_{n,s}$——用于腹板受剪计算时的正则化宽厚比。

容许腹板因剪应力而屈曲后腹板内产生拉力场，因而 τ_u 将大于腹板局部失稳的临界应力 τ_{cr}，使 $V_u > V_{cr}$。这就有可能采用较大的横向加劲肋间距。

2) 受弯承载力设计值 M_{eu}：
$$M_{eu} = \gamma_x \alpha_e W_x f \tag{6.5}$$

$$\alpha_e = 1 - \frac{(1-\rho)h_c^3 t_w}{2I_x} \tag{6.6}$$

式中：α_e——梁截面模量考虑腹板有效高度的折减系数；

I_x——按梁截面全部有效算得的绕 x 轴的惯性矩；

h_c——按梁截面全部有效算得的腹板受压区高度；

ρ——腹板受压区有效高度系数。

$$\rho = \begin{cases} 1.0 & \lambda_{n,b} \leqslant 0.85 \\ 1 - 0.82(\lambda_{n,b} - 0.85) & 0.85 < \lambda_{n,b} \leqslant 1.25 \\ (1 - 0.2/\lambda_{n,b})/\lambda_{n,b} & \lambda_{n,b} > 1.25 \end{cases} \tag{6.7}$$

式中：$\lambda_{n,b}$——用于腹板受弯计算时的正则化宽厚比。

容许腹板因弯曲正应力而屈曲后部分腹板退出工作，减小了腹板的有效高度，因而M_{eu}将小于腹板局部失稳前的梁的受弯承载力，但由于容许腹板因弯曲正应力而局部失稳，因此不必设置纵向加劲肋，即使腹板的高（宽）厚比达到《钢标》规定的最大容许值$h_0/t_w=250$。

2. 截面几何特性及板梁内力 M_x 和 V

惯性矩：$I_x = \dfrac{1}{12}[40 \times 204^3 - (40-1) \times 200^3] = 2299000 \text{cm}^4$

截面模量：$W_x = \dfrac{2I_x}{h} = \dfrac{2 \times 2299000}{204} = 22539 \text{cm}^3$

腹板高厚比：$\dfrac{h_0}{t_w} = \dfrac{2000}{10} = 200 > 150\varepsilon_k = 150$（按受压翼缘扭转未受到约束考虑）

<250（《钢标》最大容许值）

若为了保证腹板的局部稳定性，除需设置横向加劲肋外，还需设置纵向加劲肋。今考虑利用腹板屈曲后的强度，即容许腹板局部屈曲，于是不设纵向加劲肋。

计算得到的板梁内力（弯矩 M_x 和剪力 V），见图6.3-1。

3. 截面塑性发展系数

钢号修正系数：$\varepsilon_k = \sqrt{235/f_y} = \sqrt{235/235} = 1.0$

翼缘宽厚比：$\dfrac{b'}{t} = \dfrac{(400-10)/2}{20} = 9.75 \begin{cases} > 9\varepsilon_k = 9 \\ < 11\varepsilon_k = 11 \end{cases}$，属于S2级。

腹板宽厚比：$\dfrac{h_0}{t_w} = \dfrac{2000}{10} = 200 \begin{cases} > 124\varepsilon_k = 124 \\ < 250 \end{cases}$，属于S5级。

取截面塑性发展系数 $\gamma_x = 1.0$（《钢标》第6.1.2条）。

4. 确定加劲肋的配置方式

假设除梁两端的支承加劲肋外，不设置腹板中间横向加劲肋，则加劲肋间距 $a \approx L = 12000$mm，可视作 $h_0/a \approx 0$。由于 $a/h_0 > 1.0$，腹板受剪计算时的正则化宽厚比（《钢标》公式6.3.3-12）：

$$\lambda_{n,s} = \dfrac{h_0/t_w}{37\eta\sqrt{5.34 + 4(h_0/a)^2}} \dfrac{1}{\varepsilon_k} = \dfrac{200}{37 \times 1.11\sqrt{5.34}} \times 1 = 2.11 > 1.2$$

$$\tau_u = \dfrac{f_v}{\lambda_{n,s}^{1.2}} = \dfrac{125}{2.11^{1.2}} = 51.0 \text{N/mm}^2$$

$V_u = h_w t_w \tau_u = 2000 \times 10 \times 51.0 \times 10^{-3} = 1020 \text{kN} < 1410 \text{kN}$，不满足上述式(6.1-1)，因而需设置中间横向加劲肋。经试算，取加劲肋间距 $a = 2000$mm，如图6.3-1所示。

5. 设中间横向加劲肋（$a=2$m）后的截面受剪和受弯承载力验算

(1) 腹板区格的受剪承载力设计值 V_u 和屈曲临界应力 τ_{cr}

$a/h_0 = 1.0$，受剪腹板正则化宽厚比（《钢标》公式6.3.3-11）：

$$\lambda_{n,s} = \dfrac{h_0/t_w}{37\eta\sqrt{4 + 5.34(h_0/a)^2}} = \dfrac{200}{37 \times 1.11\sqrt{4 + 5.34}} = 1.596 > 1.2$$

$$\tau_u = \frac{f_v}{\lambda_{n,s}^{1.2}} = \frac{125}{1.596^{1.2}} = 71.3 \text{N/mm}^2$$

$$V_u = h_w t_w \tau_u = 2000 \times 10 \times 71.3 \times 10^{-3} = 1426 \text{kN}$$

剪应力单独作用下的屈曲临界应力[《钢标》公式(6.3.3-10)]:

$$\tau_{cr} = \frac{1.1 f_v}{\lambda_{n,s}^2} = \frac{1.1 \times 125}{1.596^2} = 54.0 \text{N/mm}^2$$

可见 $\tau_u > \tau_{cr}$。

(2) 梁两翼缘能承受的弯矩 M_f

$$M_f = \left(A_{f1} \frac{h_{m1}^2}{h_{m2}} + A_{f2} h_{m2}\right) f = 2 A_{f1} h_{m1} f = 2 \times (400 \times 20) \times 1010 \times 205 \times 10^{-6} = 3313 \text{kN·m}$$

(3) 腹板屈曲后梁截面的受弯承载力 M_{eu}

按受压翼缘扭转未受到约束考虑,受弯腹板正则化宽厚比[《钢标》公式(6.3.3-7)]:

$$\lambda_{n,b} = \frac{2h_c/t_w}{138} \cdot \frac{1}{\varepsilon_k} = \frac{h_0/t_w}{138} \cdot \frac{1}{\varepsilon_k} = \frac{200}{138} \times 1.0 = 1.449 > 1.25$$

腹板受压区有效高度系数[前述公式(6.7)]:

$$\rho = \frac{1}{\lambda_{n,b}}\left(1 - \frac{0.2}{\lambda_{n,b}}\right) = \frac{1}{1.449}\left(1 - \frac{0.2}{1.449}\right) = 0.595$$

梁截面模量考虑腹板有效高度的折减系数[前述公式(6.6)]:

$$\alpha_e = 1 - \frac{(1-\rho) h_c^3 t_w}{2 I_x} = 1 - \frac{(1-0.595) \times (2000/2)^3 \times 10}{2 \times 2299000 \times 10^4} = 0.912$$

腹板屈曲后梁截面的受弯承载力:

$$M_{eu} = \gamma_x \alpha_e W_x f = 1.0 \times 0.912 \times 22539 \times 10^3 \times 205 \times 10^{-6} = 4214 \text{kN·m}$$

(4) 各截面处承载力的验算

1) 先确定剪力 $V = 0.5 V_u$ 的截面及其弯矩

距支座为 z 处截面上的剪力:$V = \frac{1}{2} qL - qz = \frac{1}{2} \times 235 \times 12 - 235z$

$$\frac{1}{2} V_u = \frac{1}{2} \times 1426 = 713 \text{kN}$$

由 $V = \frac{1}{2} V_u$ 解得 $z = 2.966 \text{m}$,该截面处的弯矩:

$$M = \frac{1}{2} qLz - \frac{1}{2} qz^2 = \frac{1}{2} \times 235 \times 12 \times 2.966 - \frac{1}{2} \times 235 \times 2.966^2 = 3148 \text{kN·m}$$

2) 在 $z=0$ 至 $z=2.966 \text{m}$ 的各截面处(图6.3-1)

因 $M_{max} = M|_{z=2.966\text{m}} = 3148 \text{kN·m} < M_f = 3313 \text{kN·m}$

故用式(6.1-1)进行验算,即:

$$V_{max} = V|_{z=0} = 1410 \text{kN} < V_u = 1426 \text{kN},可。$$

3) 在 $z=2.966 \text{m}$ 至 $z=6 \text{m}$(跨中)的各截面处(图6.3-1)

因满足： $V \leqslant \frac{1}{2} V_u = 713 \text{kN}$ $\left(V_{\max} = V \mid_{z=2.966\text{m}} = \frac{1}{2} V_u\right)$

故可用式(6.1-2)进行验算，即：

$$M_{\max} = M\mid_{z=6\text{m}} = 4230 \text{kN} \cdot \text{m} \approx M_{eu} = 4214 \text{kN} \cdot \text{m}$$

$M_{\max}$ 与 M_{eu} 的误差不到 0.4%，可以认为从 $z=2.966\text{m}$ 到 $z=6\text{m}$ 各截面处的承载力满足设计要求[公式(6.1-2)]。

综上，各截面均满足公式(6.1)承载力条件[本例题中无须按式(6.1-3)验算的区段]。本梁剪力的控制截面在梁端($z=0$ 处)，弯矩的控制截面在跨中点($z=6\text{m}$ 处)。

二、加劲肋设计

考虑梁腹板屈曲后强度，腹板中间加劲肋需承受拉力场中斜向拉力的竖向分力，梁端支座加劲肋除承受支座反力外，还需承受拉力场的水平分力 H，这与前面不考虑腹板屈曲后强度时不同。

1. 中间横向加劲肋设计

(1) 加劲肋的截面尺寸(图 6.3-2)

$$b_s \geqslant \frac{h_0}{30} + 40 = \frac{2000}{30} + 40 = 106.7 \text{mm}，采用 b_s = 120 \text{mm}。$$

$$t_s \geqslant \frac{b_s}{15} = \frac{120}{15} = 8 \text{mm}，采用 t_s = 8 \text{mm}。$$

(2) 验算加劲肋在梁腹板平面外的稳定性

横向加劲肋中的轴心压力[《钢标》公式(6.4.2-1)]：

$$N_s = V_u - \tau_{cr} h_w t_w + F$$
$$= 1426 - 54 \times 2000 \times 10 \times 10^{-3} + 0 = 346 \text{kN}$$

式中，F 是作用于加劲肋上端的集中压力，本例题中 $F=0$。

验算加劲肋在梁腹板平面外稳定性时，按规定考虑加劲肋每侧 $15 t_w \varepsilon_k = 15 t_w = 150 \text{mm}$ 范围的腹板面积计入加劲肋的面积，如图 6.3-2 所示。

截面面积：$A = 2 \times 120 \times 8 + 2 \times 150 \times 10 = 4920 \text{mm}^2$

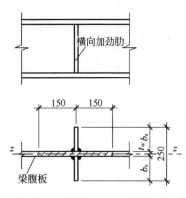

图 6.3-2 例题 6.3 图之二

惯性矩：$I_z = \frac{1}{12} \times 8 \times (2 \times 120 + 10)^3 = 10.4 \times 10^6 \text{mm}^4$

回转半径：$i_z = \sqrt{\frac{I_z}{A}} = \sqrt{\frac{10.4 \times 10^6}{4920}} = 46.0 \text{mm}$

长细比：$\lambda_z = \frac{h_0}{i_z} = \frac{2000}{46.0} = 43.5$

按 b 类截面，查附表 1.28，得 $\varphi = 0.8845$：

$$\frac{N_s}{\varphi A f} = \frac{346 \times 10^3}{0.8845 \times 4920 \times 215} = 0.370 \ll 1.0，可。$$

(3) 加劲肋与腹板的连接角焊缝

因 N_s 不大，焊缝尺寸按构造要求确定（附表 1.5），采用 $h_f=5mm$。

2. 支座处支承加劲肋设计

经初步计算，若采用图 6.3-3(a)所示单支承加劲肋，因在 R 和 H 作用下，其为压弯构件，不能满足验算条件，故改用图 6.3-3(b)的构造形式，此时，可假定水平力 H 由封头肋板承受，R 由支承加劲肋承受。

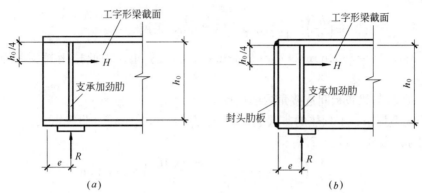

图 6.3-3 例题 6.3 图之三
(a)单支承加劲肋；(b)带封头肋板的支承加劲肋

(1) 由张力场引起的水平力 H(或称为锚固力)

支座处支承加劲肋除承受梁的支座反力外，尚应承受由张力场引起的水平力 H，其值应按下式计算[《钢标》公式(6.4.2-2)]：

$$H=(V_u-\tau_{cr}h_w t_w)\sqrt{1+(a/h_0)^2}=(1426-54\times 2000\times 10\times 10^{-3})\sqrt{1+1^2}$$
$$=346\sqrt{2}=489kN$$

《钢标》规定该水平力的作用点为距腹板计算高度上边缘 $h_0/4$ 处，如图 6.3-3 所示。

(2) 确定支承加劲肋和封头肋板的间距 e

把支承加劲肋和封头肋板及两者之间的板梁腹板看作一竖向放置的工字形截面小梁，两端简支于板梁的上、下翼缘[图 6.3-3(b)]，水平力 H 作用在此竖置小梁的 1/4 跨度处，因而得该小梁顶截面(板梁上翼缘)处的水平反力为：

$$V_h=\frac{3}{4}H=\frac{3}{4}\times 489=367kN$$

按竖置小梁腹板的抗剪强度确定支承加劲肋和封头肋板的间距 e，即由：

$$\tau\approx\frac{V_h}{e\cdot t_w}\leqslant f_v=125N/mm^2$$

得 $e\geqslant\frac{V_h}{t_w\cdot f_v}=\frac{367\times 10^3}{10\times 125}=293.6mm$，取 $e=300mm$。

(3) 封头肋板设计

1) 选用封头肋板截面尺寸

竖置小梁中的最大弯矩为：

$$M=\frac{h_0}{4}\times\frac{3}{4}H=\frac{3}{16}h_0 H$$

假定此弯矩完全由该小梁的翼缘承受，并按小梁截面为双轴对称考虑，由抗弯强度条件得需要的封头肋板截面面积为［《钢标》公式(6.4.2-3)］：

$$A_c = \frac{3h_0 H}{16ef} = \frac{3 \times 2000 \times 489 \times 10^3}{16 \times 300 \times 215} = 2843 \text{mm}^2$$

取封头肋板的截面宽度 b_c 与板梁翼缘板同宽，即取 $b_c = 400$mm，则局部稳定要求封头肋板的厚度：

$$t_c \geqslant \frac{1}{15}\left(\frac{b_c}{2}\right) = \frac{1}{15} \times 200 = 13.3 \text{mm}，采用 t_c = 14\text{mm}。$$

得 $b_c \times t_c = 400 \times 14 = 5600 \text{mm}^2 > A_c = 2843 \text{mm}^2$，满足要求。因此选用封头肋板的截面为—$14 \times 400$。

2）封头肋板与梁腹板间连接角焊缝设计

采用 E43 型焊条、不预热的非低氢手工焊：$f_f^w = 160 \text{N/mm}^2$（附表 1.2）。

按《钢标》公式（11.2.7），得：

$$h_e \geqslant \frac{1}{2 f_f^w}\left(\frac{V_h}{e}\right) = \frac{1}{2 \times 160}\left(\frac{367 \times 10^3}{300}\right) = 3.82 \text{mm}$$

$$h_f = \frac{h_e}{0.7} = \frac{3.82}{0.7} = 5.5 \text{mm}，采用 h_f = 6\text{mm} = h_{f\min}（附表 1.5），可。$$

(4) 支承加劲肋设计

按承受板梁支座反力 R 的轴心压杆计算（《钢标》第 6.4.2 条第 3 款）。

1）按支承加劲肋端面承压强度试选其外伸宽度和厚度

端面承压强度设计值：$f_{ce} = 320 \text{N/mm}^2$

支座反力设计值：$R = V_{\max} = 1410 \text{kN}$

需要端面承压面积（刨平顶紧）：

$$A_{ce} \geqslant \frac{R}{f_{ce}} = \frac{1410 \times 10^3}{320} \times 10^{-2} = 44.06 \text{cm}^2$$

支承加劲肋的宽度 b_s 不应超出翼缘板的宽度 $b = 400$mm，即：

$$b_s \leqslant \frac{1}{2}(b - t_w) = \frac{1}{2} \times (400 - 10) = 195 \text{mm}，采用 b_s = 195\text{mm}。$$

需要加劲肋厚度：

$$t_s \geqslant \frac{A_{ce}}{2(b_s - \Delta)} = \frac{44.06 \times 10^2}{2 \times (195 - 40)} = 14.2 \text{mm}，采用 t_s = 16\text{mm}。$$

式中，$\Delta = 40$mm 为加劲肋切角宽度。

加劲肋局部稳定要求：

$$t_s \geqslant \frac{b_s}{15} = \frac{195}{15} = 13\text{mm} < 16\text{mm}，满足。$$

端面承压强度：

$$\sigma_{ce} = \frac{R}{A_{ce}} = \frac{1410 \times 10^3}{2 \times (195 - 40) \times 16} = 284.3 \text{N/mm}^2 < f_{ce} = 320 \text{N/mm}^2，可。$$

2）按轴心受压构件验算支承加劲肋在梁腹板平面外的稳定性

因 $15t_w \cdot \varepsilon_k = 15 \times 10 \times 1.0 = 150\text{mm} < e = 300\text{mm}$

故可计入支承加劲肋截面的梁腹板宽度 b_w（《钢标》第 6.3.7 条）：

$$b_w = 2 \times 15 t_w \cdot \varepsilon_k = 2 \times 150 = 300 \text{mm}$$

支承加劲肋截面面积：
$$A_s = 2b_s t_s + b_w t_w = 2 \times 19.5 \times 1.6 + 30 \times 1.0 = 92.4 \text{cm}^2$$

对 z 轴的惯性矩（图 6.3-2）：
$$I_z = \frac{1}{12} t_s (2b_s + t_w)^3 = \frac{1}{12} \times 1.6 \times (2 \times 19.5 + 1.0)^3 = 8533 \text{cm}^4$$

对 z 轴的回转半径：$i_z = \sqrt{\dfrac{I_z}{A_s}} = \sqrt{\dfrac{8533}{92.4}} = 9.61 \text{cm}$

长细比：$\lambda_z = \dfrac{h_0}{i_z} = \dfrac{200}{9.61} = 20.8$

查附表 1.28（Q235 钢，b 类截面），得 $\varphi = 0.9676$：
$$\frac{R}{\varphi A_s f} = \frac{1410 \times 10^3}{0.9676 \times 92.4 \times 10^2 \times 215} = 0.734 < 1.0，可。$$

所选截面 2—195×16 适用，其尺寸系由端面承压强度所控制。

3）加劲肋与梁腹板角焊缝连接计算

采用 E43 型焊条、不预热的非低氢手工焊：$f_f^w = 160 \text{N/mm}^2$（附表 1.2）。

试取焊脚尺寸：$h_f = 6 \text{mm} = h_{f\min}$（附表 1.5）

计算长度：$l_w = h_w - 2\Delta - 2h_f = 2000 - 2 \times 60 - 2 \times 6 = 1868 \text{mm}$

式中，$\Delta = 60 \text{mm}$ 为加劲肋竖向切角尺寸。

焊缝应力：
$$\tau_f = 1.3 \times \frac{R}{0.7 h_f \sum l_w} = 1.3 \times \frac{1410 \times 10^3}{0.7 \times 6 \times 4 \times 1868} = 58.4 \text{N/mm}^2 < f_f^w = 160 \text{N/mm}^2，可。$$

式中，1.3 是考虑由加劲肋截面端部传来的力对焊缝的偏心影响系数。

第 7 章 压弯构件的设计和计算

7.1 概 述

压弯构件过去称为偏心受压构件,其计算主要包括下述四个方面。

一、截面强度

对实腹式压弯构件,当截面无削弱、等效弯矩系数 $\beta_{mx} \approx 1.0$(或 $\beta_{tx} \approx 1.0$ 且截面影响系数 $\eta = 1.0$)时可不计算,其他情况下均应按照《钢标》第 8.1.1 条的规定计算构件的截面强度。

二、整体稳定

通常这是确定构件截面尺寸的控制条件。单向压弯构件的稳定性应按《钢标》第 8.2.1 条~第 8.2.3 条的规定计算,双向压弯构件的稳定性应按《钢标》第 8.2.4 条~第 8.2.6 条的规定计算。

三、局部稳定

对要求不出现局部失稳的实腹式压弯构件,其截面板件的宽(高)厚比应符合《钢标》第 3.5.1 条规定的压弯构件 S4 级截面要求;当宽(高)厚比较大而不满足 S4 级截面要求时,应以有效截面代替实际截面按《钢标》第 8.4.2 条的有关规定计算构件的强度和稳定性;或用纵向加劲肋加强以满足 S4 级截面的板件宽(高)厚比要求,加劲肋宜在板件两侧成对配置,其一侧外伸宽度不应小于板件厚度 t 的 10 倍,厚度不宜小于 $0.75t$(《钢标》第 8.4.3 条)。

四、刚度

限制构件的最大长细比小于容许值(附表 1.13)。

对格构式压弯构件,尚应进行分肢稳定性(《钢标》第 8.2.2 条、第 8.2.6 条)、缀件截面和缀件与分肢间连接的计算(《钢标》第 8.2.7 条)。

由于压弯构件的受力较轴心受压构件为复杂,设计时通常采用根据构造要求或经验试选截面尺寸而后进行各种验算,不满足时再做适当调整重新计算,直至满足条件为止。对弯矩作用在弱轴 y 轴平面内(绕强轴 x 轴作用)的双轴对称实腹式单向压弯构件,例如 H 形、工字形和箱形截面构件,当截面轮廓尺寸可自行选择及经验不足时,也可按下述步骤、方法试选截面[1]:

1. 计算等效轴心压力

$$N_{x,eq} = N + \beta_{mx} M_x \frac{k_m}{h} \tag{7.1}$$

$$N_{y,eq} = N + \eta \cdot \beta_{tx} M_x \frac{k_t}{h} \tag{7.2}$$

---

[1] 姚谏. 钢结构轴心受压构件和压弯构件截面的直接设计法. 建筑结构,1997 年第 6 期。

式中：$N_{x,eq}$、$N_{y,eq}$——按压弯构件弯矩（绕 x 轴）作用平面内、平面外整体稳定性要求得到的关于 x、y 轴的等效轴心压力；

N、M_x——压弯构件所受轴心压力和弯矩的设计值；

β_{mx}、β_{tx}——等效弯矩系数，见《钢标》第 8.2.1 条；

k_m、k_t——与截面形式有关的参数：H 形和焊接工字形截面可取 $k_m=k_t=2.25$，箱形截面可取 $k_m=k_t=3.0$，热轧工字钢可取 $k_m=3.0$ 和 $k_t=2.0$；

η——截面影响系数：闭口截面 $\eta=0.7$，其他截面 $\eta=1.0$；

h——弯矩作用平面内的构件截面高度，可按下式试取：

$$h \approx \left(\frac{1}{15} \sim \frac{1}{20}\right)l_{0x} \text{ 且 } h \geqslant \frac{M_x}{N} \tag{7.3}$$

2. 选择截面高度 h

根据计算得到的对 x 轴的等效轴心压力 $N_{x,eq}$，由第 4 章中的表 4.2 查取假定长细比 λ_x，进而计算截面高度的近似值：

$$h' \approx \frac{i_x}{\xi} = \frac{1}{\xi} \cdot \frac{l_{0x}}{\lambda_x} \tag{7.4}$$

式中 ξ 是截面回转半径 i_x 与截面高度的比值：H 形和焊接工字形截面 $\xi \approx 0.43$，箱形截面和热轧工字钢 $\xi \approx 0.39$，其他常用截面的 ξ 近似值见本书附录 2 附表 2.10。

当按公式(7.4)计算得到的截面高度 $h' > h$（第 1 步中按式（7.3）假定的 h 值）时，应改取 $h \approx h'$（见后面例题 7.10）。

3. 确定构件合适的长细比 λ

按选定的截面高度 h，由公式(7.1)和公式(7.2)重新计算等效轴心压力 $N_{x,eq}$ 和 $N_{y,eq}$，利用第 4 章中的表 4.2（或表 4.3～表 4.6）确定构件的合适长细比 λ_x 和 λ_y。

得到了构件的合适长细比假定值后，即可按第 4 章中轴心受压构件的截面设计方法选择压弯构件的截面尺寸，具体步骤见下面例题 7.1～例题 7.3。

7.2 实腹式单向压弯构件的设计和计算

【例题 7.1】设计图 7.1-1(a)所示双轴对称焊接工字形截面压弯构件的截面尺寸，翼

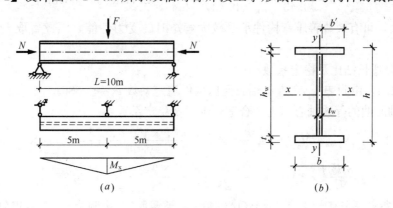

图 7.1-1 例题 7.1 图之一
(a)荷载及弯矩图；(b)截面尺寸

缘板为剪切边，截面无削弱。承受的荷载设计值为：轴心压力 $N=880$kN，构件跨度中点横向集中荷载 $F=180$kN。构件长 $l=10$m，两端铰接并在两端和跨中各设有一侧向支承点。材料用 Q235B 钢。

【解】$\varepsilon_k=1.0$；计算长度 $l_{0x}=10$m，$l_{0y}=5$m

最大弯矩设计值：

$$M_x=\frac{1}{4}\times 180\times 10=450\text{kN}\cdot\text{m}$$

翼缘板为剪切边的焊接工字形截面构件对强轴 x 轴屈曲时属 b 类截面，对弱轴 y 轴屈曲时属 c 类截面(附表 1.10)。

弯矩作用平面内和平面外的等效弯矩系数分别为(《钢标》第 8.2.1 条)：

(1) 平面内(构件跨中有一集中荷载)：

$$\beta_{mx}=1-0.36N/N_{cr} \qquad \text{《钢标》公式(8.2.1-6)}$$

因截面尚未选择，弹性临界力 N_{cr} 无法确定，故暂取 $\beta_{mx}=1.0$。

(2) 平面外(构件在两相邻侧向支承点之间无横向荷载)：

$$\beta_{tx}=0.65+0.35\frac{M_2}{M_1} \qquad \text{《钢标》公式(8.2.1-12)}$$

$$=0.65+0.35\times\frac{0}{M_x}=0.65$$

由表 4.1 项次 1 查得：$\alpha_x=0.45$ 和 $\alpha_y=1.5$。

一、试选截面

1. 试选截面高度 h

设 $h=55$cm($\approx l_{0x}/18$、$>M_x/N=450\times 10^2/880=51.1$cm)，得对 x 屈曲的等效轴心压力：

$$N_{x,eq}=N+\beta_{mx}M_x\frac{k_m}{h}=880+\frac{1.0\times 450\times 2.25}{0.55}=2721\text{kN}$$

$$\frac{\alpha_x l_{0x}^2 f}{N_{x,eq}}\times 10^{-3}=\frac{0.45\times(10\times 10^3)^2\times 215}{2721\times 10^3}\times 10^{-3}=3.56$$

查表 4.2，得假定长细比 $\lambda_x=54.4$，截面高度的近似值：

$$h'=\frac{1}{0.43}\cdot\frac{l_{0x}}{\lambda_x}=\frac{10\times 10^2}{0.43\times 54.4}=42.7\text{cm}<h=55\text{cm}$$

截面高度大，可有效改善压弯构件承受较大弯矩时的受力性能，因此暂取 $h=55$cm 不作调整。

2. 求合适长细比及稳定系数

$\lambda_x=54.4$，由附表 1.28 查得轴心受压构件稳定系数 $\varphi_x=0.836$。

对 y 轴屈曲的等效轴心压力、合适长细比及稳定系数：

$$N_{y,eq}=N+\beta_{tx}M_x\frac{k_t}{h}=880+\frac{0.65\times 450\times 2.25}{0.55}=2077\text{kN}$$

$$\frac{\alpha_y l_{0y}^2 f}{N_{y,eq}}\times 10^{-3}=\frac{1.5\times(5\times 10^3)^2\times 215}{2077\times 10^3}\times 10^{-3}=3.88$$

查表 4.2，得合适长细比 $\lambda_y=54.3$(Q235 钢、c 类截面)，由附表 1.29 查得轴心受压构件稳定系数 $\varphi_y=0.746$。

3. 试选截面

Q235 钢：$f=215\text{N}/\text{mm}^2$（设钢板厚度 $t\leqslant 16\text{mm}$）

按轴心受压计算需要的截面面积：

$$A_x \geqslant \frac{N_{x,\text{eq}}}{\varphi_x f} = \frac{2721\times 10^3}{0.836\times 215}\times 10^{-2}=151.4\text{cm}^2$$

$$A_y \geqslant \frac{N_{y,\text{eq}}}{\varphi_y f} = \frac{2077\times 10^3}{0.746\times 215}\times 10^{-2}=129.5\text{cm}^2$$

试取需要的截面面积为：$A \approx \frac{1}{2}(151.4+129.5)=140.5\text{cm}^2$

翼缘板宽度：$b \geqslant \dfrac{i_y}{0.24} = \dfrac{1}{0.24}\cdot\dfrac{l_{0y}}{\lambda_y} = \dfrac{5\times 10^3}{0.24\times 54.3}=384\text{mm}$

因试取的截面面积 A 较平面外稳定性（对 y 轴）条件所需的 A_y 大，故 b 的取值可较需要的为小，今试取 $b=360\text{mm}(\approx 384\times A_y/A)$。

设一块翼缘板的截面面积（$b\times t$）为整个构件截面 A 的 30%～35%，则：

$$t=\frac{(0.3\sim 0.35)A}{b}=\frac{(0.3\sim 0.35)\times 140.5\times 10^2}{360}=11.7\sim 13.7\text{mm}，取\ t=14\text{mm}$$

需要腹板的截面面积：$A_w=A-2bt=140.5-2\times 36\times 1.4=39.7\text{cm}^2$

腹板高度：$h_w=h-2t\approx 550-2\times 14=522\text{mm}$，取 $h_w=520\text{mm}$，得：

$$t_w \approx \frac{A_w}{h_w}=\frac{39.7\times 10^2}{520}=7.6\text{mm}，取\ t_w=8\text{mm}。$$

选用的截面尺寸如图 7.1-2 所示。

4. 截面几何特性及有关参数

截面面积：

$$A=2bt+h_w t_w=2\times 36\times 1.4+52\times 0.8=142.4\text{cm}^2$$

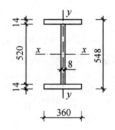

图 7.1-2 例题 7.1 之二

惯性矩：

$$I_x=\frac{1}{12}(36\times 54.8^3-35.2\times 52^3)=81250\text{cm}^4$$

$$I_y=2\times\frac{1}{12}\times 1.4\times 36^3=10886\text{cm}^4$$

弯矩作用平面内对受压最大纤维的毛截面模量：

$$W_{1x}=W_x=\frac{I_x}{h/2}=\frac{2\times 81250}{54.8}=2965\text{cm}^3$$

回转半径：

$$i_x=\sqrt{\frac{I_x}{A}}=\sqrt{\frac{81250}{142.4}}=23.89\text{cm} \quad 和 \quad i_y=\sqrt{\frac{I_y}{A}}=\sqrt{\frac{10886}{142.4}}=8.74\text{cm}$$

长细比：

$$\lambda_x=\frac{l_{0x}}{i_x}=\frac{1000}{23.89}=41.9 \quad 和 \quad \lambda_y=\frac{l_{0y}}{i_y}=\frac{500}{8.74}=57.2$$

轴心受压构件稳定系数：

$$\varphi_x=0.891\ （附表 1.28）\quad 和 \quad \varphi_y=0.728\ （附表 1.29）。$$

均匀弯曲的受弯构件整体稳定系数［《钢标》附录 C 公式（C.0.5-1）］：

$$\varphi_b = 1.07 - \frac{\lambda_y^2}{44000\varepsilon_k^2} = 1.07 - \frac{57.2^2}{44000 \times 1.0} = 0.996$$

弹性临界力：

$$N_{cr} = \frac{\pi^2 EI}{(\mu l)^2} = \frac{\pi^2 EA}{\lambda_x^2} = \frac{\pi^2 \times 206 \times 10^3 \times 142.4 \times 10^2}{41.9^2} \times 10^{-3} = 16491 \text{kN}$$

$$N/N_{cr} = 880/16491 = 0.0534$$

$$N/N'_{Ex} = N/(N_{cr}/1.1) = 1.1 N/N_{cr} = 1.1 \times 0.0534 = 0.0587$$

二、截面验算

1. 截面板件宽厚比等级与局部稳定性（《钢标》第3.5.1条、第8.1.1条、第8.4.1条）

（1）受压翼缘板的自由外伸宽厚比

$$\frac{b'}{t} = \frac{(b-t_w)/2}{t} = \frac{(360-8)/2}{14} = 12.6 \begin{cases} > 11\varepsilon_k = 11 \\ < 13\varepsilon_k = 13 \end{cases}, \text{属于 S3 级。}$$

（2）腹板

腹板计算高度边缘的应力梯度❶（截面双轴对称时 $y_c = h_0/2$）：

$$\alpha_0 = \frac{\sigma_{max} - \sigma_{min}}{\sigma_{max}} = \frac{h_0}{y_c + i_x^2 \frac{N}{M_x}} = \frac{520}{520/2 + 238.9^2 \cdot (880 \times 10^3)/(450 \times 10^6)} = 1.40$$

$$\frac{h_0}{t_w} = \frac{520}{8} = 65 < (40 + 18\alpha_0^{1.56})\varepsilon_k\,❷ = (40 + 18 \times 1.40^{1.56}) \times 1.0 = 70.4, \text{属于 S3 级。}$$

因此，局部稳定满足要求（板件宽厚比符合 S4 级），截面塑性发展系数 $\gamma_x = 1.05$（板件宽厚比符合 S3 级要求）。

由于 $h_0/t_w = 65 < 80\varepsilon_k = 80$，可不设腹板的横向加劲肋（《原规范》第8.4.2条）。

2. 弯矩作用平面内的稳定（《钢标》第8.2.1条）

条件：

$$\frac{N}{\varphi_x A f} + \frac{\beta_{mx} M_x}{\gamma_x W_{1x} \left(1 - 0.8 \frac{N}{N'_{Ex}}\right) f} \leq 1.0$$

$$\beta_{mx} = 1 - 0.36 N/N_{cr}$$
$$= 1 - 0.36 \times 0.0534 = 0.981$$

---

❶ 腹板计算高度边缘的最大压应力 σ_{max} 和另一边缘相应的应力 σ_{min} 为（y_c 和 y_t 分别为 x 轴至 σ_{max} 和 σ_{min} 处的距离）：

$\sigma_{max} = N/A + M_x/I_x \cdot y_c$ 和 $\sigma_{min} = N/A - M_x/I_x \cdot y_t$，得应力梯度参数：

$$\alpha_0 = \frac{\sigma_{max} - \sigma_{min}}{\sigma_{max}} = \frac{(N/A + M_x/I_x \cdot y_c) - (N/A - M_x/I_x \cdot y_t)}{(N/A + M_x/I_x \cdot y_c)} = \frac{M_x/I_x \cdot (y_c + y_t)}{M_x/I_x \cdot [y_c + (I_x/A) \cdot (N/M_x)]}$$

$$= \frac{h_0}{y_c + i_x^2 \cdot N/M_x}$$

对受弯构件：$N=0$，$y_c = h_c$（腹板计算高度范围内的受压区高度），得：

$$\alpha_0 = \frac{\sigma_{max} - \sigma_{min}}{\sigma_{max}} = \frac{h_0}{h_c}$$

❷ 疑《钢标》中将压弯构件 S3 级截面的要求笔误为 $(40 + 18\alpha_0^{1.5})\varepsilon_k$，供参考。

$$\frac{N}{\varphi_x A f}+\frac{\beta_{mx}M_x}{\gamma_x W_{1x}\left(1-0.8\dfrac{N}{N'_{Ex}}\right)f}$$

$$=\frac{880\times10^3}{0.891\times142.4\times10^2\times215}+\frac{0.981\times450\times10^6}{1.05\times2965\times10^3\times(1-0.8\times0.0587)\times215}$$

$$=1.0146$$

超过稳定条件不足 1.5%，可以认为弯矩作用平面内的稳定性满足设计要求。或腹板高度增加 10mm，即改取 $h_w=530$mm（$h=558$mm），则可满足全部设计要求，这里从略。以下仍按所选截面（图 7.1-2）进行计算。

3. 弯矩作用平面外的稳定（《钢标》第 8.2.1 条）

条件：
$$\frac{N}{\varphi_y A f}+\eta\frac{\beta_{tx}M_x}{\varphi_b W_{1x}f}\leqslant1.0$$

$$\frac{N}{\varphi_y A f}+\eta\frac{\beta_{tx}M_x}{\varphi_b W_{1x}f}=\frac{880\times10^3}{0.728\times142.4\times10^2\times215}+1.0\times\frac{0.65\times450\times10^6}{0.996\times2965\times10^3\times215}$$

$$=0.856<1.0，可。$$

4. 刚度（《原规范》第 5.3.8 条）

构件的最大长细比：

$$\lambda_{max}=\max\{\lambda_x,\lambda_y\}=\lambda_y=57.2<[\lambda]=150，可。$$

因截面无削弱且等效弯矩系数 $\beta_{mx}=0.981\approx1.0$，截面强度条件必然满足，不必验算。所选截面（图 7.1-2）适用。

【**例题 7.2**】设计图 7.2 所示热轧工字钢截面压弯构件的截面尺寸，截面无削弱。承受的荷载设计值为：轴心压力 $N=350$kN，构件 A 端弯矩 $M_x=100$kN·m。构件长度 $l=6$m，两端铰接，两端及跨度中点各设有一侧向支承点。材料采用 Q235B 钢。

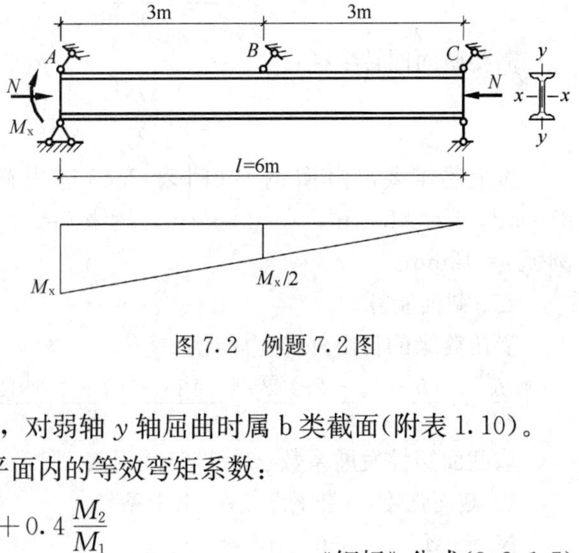

【**解**】$\varepsilon_k=1.0$；计算长度 $l_{0x}=6$m，$l_{0y}=3$m。

图 7.2 例题 7.2 图

热轧工字钢截面的宽高比 $b/h<0.8$，构件对强轴 x 轴屈曲时属 a 类截面，对弱轴 y 轴屈曲时属 b 类截面（附表 1.10）。

构件无横向荷载作用，故弯矩作用平面内的等效弯矩系数：

$$\beta_{mx}=0.6+0.4\frac{M_2}{M_1}$$

《钢标》公式(8.2.1-5)

$$=0.6+0.4\times\frac{0}{M_1}=0.6$$

弯矩作用平面外的等效弯矩系数（取 AB 构件段计算）：

$$\beta_{tx}=0.65+0.35\frac{M_2}{M_1}=0.65+0.35\times\frac{1}{2}=0.825$$

一、试选截面

由型钢表（附表 2.4）可知，热轧工字钢截面绕强轴 x 轴的回转半径 i_x 与绕弱轴 y 轴的回转半径 i_y 之比值 $i_x/i_y \approx 3 \sim 7$，得本例题的：

$$\frac{\lambda_x}{\lambda_y}=\frac{l_{0x}/i_x}{l_{0y}/i_y}=\frac{l_{0x}}{l_{0y}}\cdot\frac{i_y}{i_x}=\frac{6}{3}\times\left(\frac{1}{3}\sim\frac{1}{7}\right)=\frac{2}{3}\sim\frac{2}{7}<1.0$$

即 $\lambda_x < \lambda_y$

又 $\beta_{mx}=0.6<\beta_{tx}=0.825$，因此弯矩作用平面外的稳定性将控制构件的截面尺寸。今先按弯矩作用平面外的稳定性条件试选截面，然后再验算各项设计要求是否满足。

试取截面高度［公式（7.3）］：

$$h\approx\frac{1}{2}\left(\frac{1}{15}+\frac{1}{20}\right)l_{0x}=\frac{7}{120}l_{0x}=\frac{7}{120}\times(6\times10^2)=35\text{cm}>\frac{M_x}{N}=\frac{100\times10^2}{350}=28.6\text{cm}，可。$$

得按弯矩作用平面外稳定性要求计算的等效轴心压力［公式（7.2）］：

$$N_{y,eq}=N+\eta\beta_{tx}M_x\frac{k_t}{h}=350+1.0\times0.825\times100\times\frac{2}{0.35}=821\text{kN}$$

由第 4 章中的表 4.1 项次 11，查得 $\alpha_y=12$（因 $h=35\text{cm}$，截面介于 I32~I40），有：

$$\frac{\alpha_y l_{0y}^2 f}{N_{y,eq}}\times10^{-3}=\frac{12\times(3\times10^3)^2\times215}{821\times10^3}\times10^{-3}=28.3$$

查表 4.2，得假定的合适长细比 $\lambda_y=115$（Q235 钢、b 类截面），$\varphi_y=0.464$。

需要截面面积：

$$A_y\geqslant\frac{N_{y,eq}}{\varphi_y f}=\frac{821\times10^3}{0.464\times215}\times10^{-2}=82.30\text{cm}^2$$

需要截面回转半径：

$$i_y\geqslant\frac{l_{0y}}{\lambda_y}=\frac{3\times10^2}{115}=2.61\text{cm}$$

按上述需要，由型钢表（附表 2.4）选用截面 I36a，供给：$A=76.44\text{cm}^2$，$W_x=875\text{cm}^3$，$i_x=14.4\text{cm}$，$i_y=2.69\text{cm}$；翼缘 $b=136\text{mm}$、$t=15.8\text{mm}$，腹板 $t_w=10\text{mm}$，内圆弧 $r=12\text{mm}$。

二、截面验算

受压翼缘的自由外伸宽厚比：

$$\frac{b'}{t}=\frac{(b-t_w-2r)/2}{t}=\frac{(136-10-2\times12)/2}{15.8}=3.2<9\varepsilon_k=9，属于 S1 级。$$

取截面塑性发展系数 $\gamma_x=1.05$（附表 1.15）。

1. 截面强度（《钢标》第 8.1.1 条）

$$\frac{N}{A_n}+\frac{M_x}{\gamma_x W_{nx}}=\frac{350\times10^3}{76.44\times10^2}+\frac{100\times10^6}{1.05\times875\times10^3}=154.6\text{N/mm}^2<f=215\text{N/mm}^2，可。$$

2. 弯矩作用平面内的稳定性（《钢标》第 8.2.1 条）

长细比：$\lambda_x=\dfrac{l_{0x}}{i_x}=\dfrac{6\times10^2}{14.4}=41.7$

稳定系数：$\varphi_x=0.938$（a 类截面，附表 1.27）

弹性临界力设计值：

$$N'_{Ex}=\frac{\pi^2 EA}{1.1\lambda_x^2}=\frac{\pi^2\times 206\times 10^3\times 76.44\times 10^2}{1.1\times 41.7^2}\times 10^{-3}=8125\text{kN}$$

$$\frac{N}{N'_{Ex}}=\frac{350}{8125}=0.0431$$

$$\frac{N}{\varphi_x Af}+\frac{\beta_{mx}M_x}{\gamma_x W_{1x}\left(1-0.8\dfrac{N}{N'_{Ex}}\right)f}$$

$$=\frac{350\times 10^3}{0.938\times 76.44\times 10^2\times 215}+\frac{0.6\times 100\times 10^6}{1.05\times 875\times 10^3(1-0.8\times 0.0431)\times 215}$$

$$=0.54<1.0,\text{可}。$$

3. 弯矩作用平面外的稳定性（《钢标》第 8.2.1 条）

长细比：$\lambda_y=\dfrac{l_{0y}}{i_y}=\dfrac{300}{2.69}=111.5$

稳定系数：$\varphi_y=0.484$（b 类截面，附表 1.28）

均匀弯曲的受弯构件整体稳定系数：

$$\varphi_b=1.07-\frac{\lambda_y^2}{44000\varepsilon_k^2}=1.07-\frac{111.5^2}{44000\times 1.0}=0.787$$

$$\frac{N}{\varphi_y Af}+\eta\frac{\beta_{tx}M_x}{\varphi_b W_{1x}f}=\frac{350\times 10^3}{0.484\times 76.44\times 10^2\times 215}+1.0\times\frac{0.825\times 100\times 10^6}{0.787\times 875\times 10^3\times 215}$$

$$=0.997<1.0,\text{可}。$$

4. 局部稳定

局部稳定性要求组成板件的宽厚比符合压弯构件 S4 级截面（《钢标》第 8.4.1 条），考虑截面部分发展塑性应符合 S3 级截面要求（《钢标》第 8.1.1 条）。今翼缘宽厚比符合 S1 级，腹板高厚比的 S3 级和 S4 级截面要求为：

$$\frac{h_0}{t_w}\leqslant\begin{cases}(40+18\alpha_0^{1.56})\varepsilon_k\text{❶}，\text{S3 级}\\(45+25\alpha_0^{1.66})\varepsilon_k，\text{S4 级}\end{cases}$$

实际：$\dfrac{h_0}{t_w}=\dfrac{h-2(t+r)}{t_w}=\dfrac{360-2\times(15.8+12)}{10}=30.4<40$，满足 S3、S4 级要求。

因此，局部稳定性有保证，上述截面验算取截面塑性发展系数 $\gamma_x=1.05$ 无误。

【讨论】国产热轧工字钢的翼缘和腹板厚度均较大，翼缘宽厚比 <3.4，腹板（除 I63a）高厚比 <40，采用 Q235 钢时，均符合压弯构件 S3 级截面要求，局部稳定性有保证，截面塑性发展系数可直接取 $\gamma_x=1.05$（需要验算疲劳强度时宜取 1.0），不必再复核。

5. 刚度（《原规范》第 5.3.8 条）

构件的最大长细比：

$$\lambda_{max}=\max\{\lambda_x,\lambda_y\}=\lambda_y=111.5<[\lambda]=150,\text{可}。$$

---

❶ 疑《钢标》中将 S3 级的要求笔误为 $(40+18\alpha_0^{1.5})\varepsilon_k$，供参考。

所选截面 I36a 适用。

【说明】 本例题中压弯构件的截面尺寸由弯矩作用平面外的稳定性所控制,弯矩作用平面内的稳定承载力和截面的强度承载力均富余很多,说明当弯矩作用平面内、外的计算长度之比 $l_{0x}/l_{0y} \leqslant 2$ 时,从节约所用钢材出发,压弯构件不宜选用热轧工字钢截面。例如本例题压弯构件若采用焊接工字形截面,则截面选用 2—240×8(翼缘板,焰割边)和 1—300×6(腹板)即可满足全部设计要求。此时构件的截面面积 $A = 2 \times 24 \times 0.8 + 30 \times 0.6 = 56.4 \text{cm}^2$,将比选用热轧工字钢 I36a($A=76.48 \text{cm}^2$)时节省钢材约 26%,但制造工作量将有所增加。

【例题 7.3】 同例题 7.1,但在构件的跨度中点不设侧向支承点,截面改为焊接箱形,要求设计此压弯构件的截面尺寸。

【解】 计算长度和荷载设计值:

$$l_{0x} = l_{0y} = 10\text{m} \quad 和 \quad N = 880\text{kN}、M_x = 450\text{kN} \cdot \text{m}$$

箱形截面构件对 x 轴和 y 轴屈曲均属 b 类截面(附表 1.10,设板厚<40mm、板件宽厚比>20)。

弯矩作用平面内的等效弯矩系数(构件跨中有一集中荷载) 试取 $\beta_{mx} = 1.0$;

弯矩作用平面外的等效弯矩系数(构件在两相邻侧向支承点之间无端弯矩但有横向荷载) $\beta_{tx} = 1.0$。

均匀弯曲的箱形截面受弯构件整体稳定系数(《钢标》第 8.2.1 条) $\varphi_b = 1.0$。

截面塑性发展系数(设板件宽厚比符合 S3 级截面要求、查附表 1.15) $\gamma_x = \gamma_y = 1.05$。

由第 4 章中表 4.1 项次 3,取 $\alpha_x = \alpha_y = 0.7$。

一、试选截面

1. 试选截面高度

设 $h = 55\text{cm}$(同例题 7.1):

$$N_{x,eq} = N + \beta_{mx} M_x \frac{k_m}{h} = 880 + \frac{1.0 \times 450 \times 3}{0.55} = 3335\text{kN}$$

$$\frac{\alpha_x l_{0x}^2 f}{N_{x,eq}} \times 10^{-3} = \frac{0.7 \times (10 \times 10^3)^2 \times 215}{3335 \times 10^3} \times 10^{-3} = 4.51$$

查表 4.2,得假定长细比 $\lambda_x = 60$,截面高度的近似值:

$$h' = \frac{1}{0.39} \cdot \frac{l_{0x}}{\lambda_x} = \frac{1000}{0.39 \times 60} = 42.7\text{cm} < h = 55\text{cm}$$

较大的截面高度,可有效改善压弯构件承受较大弯矩时的受力性能,故暂取 $h=55\text{cm}$,不作调整。

2. 求合适长细比及稳定系数

$\lambda_x = 60$,由附表 1.28 查得 $\varphi_x = 0.807$。

对 y 轴屈曲的等效轴心压力、合适长细比及稳定系数:

$$N_{y,eq} = N + \eta \beta_{tx} M_x \frac{k_t}{h} = 880 + 0.7 \times \frac{1.0 \times 450 \times 3}{0.55} = 2598\text{kN}$$

$$\frac{\alpha_y l_{0y}^2 f}{N_{y,eq}} \times 10^{-3} = \frac{0.7 \times (10 \times 10^3)^2 \times 215}{2598 \times 10^3} \times 10^{-3} = 5.1$$

查表 4.2，得合适长细比 $\lambda_y=66.7$，由附表 1.28 查得 $\varphi_y=0.771$。

3. 试选截面

Q235 钢：$f=215\text{N}/\text{mm}^2$（设钢板厚度 $t\leqslant16\text{mm}$）

按轴心受压计算需要的截面面积：

$$A_x\geqslant\frac{N_{x,\text{eq}}}{\varphi_x f}=\frac{3335\times10^3}{0.807\times215}\times10^{-2}=192.2\text{cm}^2$$

$$A_y\geqslant\frac{N_{y,\text{eq}}}{\varphi_y f}=\frac{2598\times10^3}{0.771\times215}\times10^{-2}=156.7\text{cm}^2$$

试取需要的截面面积为：$A\approx\frac{1}{2}(192.2+156.7)=174.5\text{cm}^2$

翼缘板宽度：

$$b\geqslant\frac{i_y}{0.39}=\frac{1}{0.39}\cdot\frac{l_{0y}}{\lambda_y}=\frac{10\times10^3}{0.39\times66.7}=384\text{mm}$$

因试取的截面面积 A 较平面外稳定性（对 y 轴）条件所需的 A_y 大，故 b 的取值可较需要的为小，今试取 $b=350\text{mm}$（$\approx384\times A_y/A$）。

设一块翼缘板的截面面积（$b\times t$）约为整个构件截面面积 A 的 25%，则：

$$t\approx\frac{0.25A}{b}=\frac{0.25\times174.5\times10^2}{350}=12.5\text{mm}，取 t=12\text{mm}。$$

需要腹板的截面面积：

$$A_w=A-2bt=174.5-2\times35\times1.2=90.5\text{cm}^2$$

腹板高度：$h_w=h-2t\approx550-2\times12=526\text{mm}$，取 $h_w=520\text{mm}$，得腹板厚度：

$$t_w\approx\frac{A_w}{2h_w}=\frac{90.5\times10^2}{2\times520}=8.7\text{mm}，取 t_w=8\text{mm}。$$

选用的截面尺寸如图 7.3 所示。

4. 截面几何特性及有关参数

截面面积：$A=2bt+2h_w t_w$

$$=2\times35\times1.2+2\times52\times0.8=167.2\text{cm}^2$$

惯性矩：$I_x=\frac{1}{12}(35\times54.4^3-33.4\times52^3)=78193\text{cm}^4$

$$I_y=\frac{1}{12}(54.4\times35^3-52\times33.4^3)=32908\text{cm}^4$$

弯矩作用平面内对受压最大纤维的毛截面模量：

$$W_{1x}=W_x=\frac{2I_x}{h}=\frac{2\times78193}{54.4}=2875\text{cm}^3$$

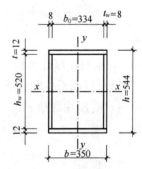

图 7.3 例题 7.3 图

回转半径：

$$i_x=\sqrt{\frac{I_x}{A}}=\sqrt{\frac{78193}{167.2}}=21.63\text{cm}$$

$$i_y=\sqrt{\frac{I_y}{A}}=\sqrt{\frac{32908}{167.2}}=14.03\text{cm}$$

长细比：

$$\lambda_x = \frac{l_{0x}}{i_x} = \frac{1000}{21.63} = 46.2 \quad \text{和} \quad \lambda_y = \frac{l_{0y}}{i_y} = \frac{1000}{14.03} = 71.3$$

轴心受压构件稳定系数（附表1.28）：

$$\varphi_x = 0.873 \quad \text{和} \quad \varphi_y = 0.743$$

弹性临界力：

$$N_{cr} = \frac{\pi^2 EA}{\lambda_x^2} = \frac{\pi^2 \times 206 \times 10^3 \times 167.2 \times 10^2}{46.2^2} \times 10^{-3} = 15927 \text{kN}$$

$$N/N_{cr} = 880/15927 = 0.0553$$

$$N/N'_{Ex} = N/(N_{cr}/1.1) = 1.1 N/N_{cr} = 1.1 \times 0.0553 = 0.0608$$

二、截面验算

1. 弯矩作用平面内的稳定性（《钢标》第8.2.1条）

$$\beta_{mx} = 1 - 0.36 N/N_{cr} = 1 - 0.36 \times 0.0553 = 0.980$$

$$\frac{N}{\varphi_x A f} + \frac{\beta_{mx} M_x}{\gamma_x W_{1x}\left(1 - 0.8 \dfrac{N}{N'_{Ex}}\right) f}$$

$$= \frac{880 \times 10^3}{0.873 \times 167.2 \times 10^2 \times 215} + \frac{0.98 \times 450 \times 10^6}{1.05 \times 2874 \times 10^3 (1 - 0.8 \times 0.0608) \times 215}$$

$$= 0.995 < 1.0, \text{可。}$$

2. 弯矩作用平面外的稳定性（《钢标》第8.2.1条）

截面影响系数 $\eta = 0.7$（闭口截面）。

均匀弯曲的闭口截面受弯构件整体稳定系数 $\varphi_b = 1.0$。

$$\frac{N}{\varphi_y A f} + \eta \frac{\beta_{tx} M_x}{\varphi_b W_{1x} f} = \frac{880 \times 10^3}{0.743 \times 167.2 \times 10^2 \times 215} + 0.7 \times \frac{1.0 \times 450 \times 10^6}{1.0 \times 2874 \times 10^3 \times 215}$$

$$= 0.839 < 1.0, \text{可。}$$

3. 截面宽厚比等级与局部稳定性

(1) 截面板件宽厚比等级（《钢标》第3.5.1条）。

1) 受压翼缘板

$$\frac{b_0 + t_w}{t} = \frac{334 + 8}{12} = 28.5 < 30\varepsilon_k = 30❶, \text{属于 S1 级}$$

2) 腹板

腹板计算高度边缘的应力梯度（见例题7.1）：

$$\alpha_0 = \frac{\sigma_{max} - \sigma_{min}}{\sigma_{max}} = \frac{h_0}{y_c + i_x^2 \dfrac{N}{M_x}} = \frac{520}{520/2 + 216.3^2 \times (880 \times 10^3)/(450 \times 10^6)} = 1.48$$

$$\frac{h_0}{t_w} = \frac{520}{8} = 65 < (40 + 18\alpha_0^{1.56})\varepsilon_k❷ = (40 + 18 \times 1.48^{1.56}) \times 1.0 = 73.2, \text{属于 S3 级}。$$

---

❶ 同第4章例题4.3注。

❷ 同例题7.1注❷。

（2）局部稳定性

《钢标》第 8.4.1 条规定，为保证实腹压弯构件的局部稳定性，板件的宽（高）厚比应符合压弯构件 S4 级截面要求。按《钢标》第 8.1.1 条，考虑截面部分塑性发展需符合 S3 级截面要求。因此，所选板件尺寸的局部稳定有保证（翼缘与腹板分别符合 S1 级与 S3 级），以上计算取截面塑性发展系数 $\gamma_x=1.05$ 无误。

4. 刚度（《原规范》第 5.3.8 条）

构件的最大长细比：

$$\lambda_{\max}=\max\{\lambda_x, \lambda_y\}=\lambda_y=71.3<[\lambda]=150,可。$$

因截面无削弱且等效弯矩系数 $\beta_{mx}=0.980\approx1.0$，截面强度必然满足，不必计算。

所选截面(图 7.3)适用。

【例题 7.4】设计图 7.4 所示水平放置双角钢 T 形截面压弯构件的截面尺寸，截面无削弱，节点板厚 14mm。承受的荷载设计值为：轴心压力 $N=49$kN，均布线荷载 $q=3.7$kN/m。构件长 $l=3$m，两端铰接，无中间侧向支承，材料用 Q235B 钢。

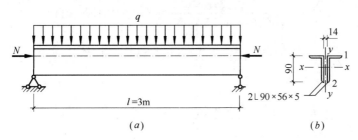

图 7.4　例题 7.4 图

(a)双角钢 T 形截面压弯构件；(b)截面尺寸

【解】计算长度 $l_{0x}=l_{0y}=l=3$m。

双角钢 T 形截面构件对 x 轴屈曲和对 y 轴屈曲均属 b 类截面(附表 1.10)。

构件无端弯矩但承受横向全跨均布荷载作用，弯矩作用平面内的等效弯矩系数为：

$$\beta_{mx}=1-0.18N/N_{cr} \qquad 《钢标》公式(8.2.1-7)$$

弯矩作用平面外的等效弯矩系数为 $\beta_{tx}=1.0$（《钢标》第 8.2.1 条）。

对于两个角钢组成的 T 形截面压弯构件，一般只能凭经验或参考已有其他设计图纸试选截面而后进行验算，不合适再作适当调整，直至合适为止。

试选用构件为由长边相连的两个不等边角钢 2L 90×56×5 组成的 T 形截面[图 7.4 (b)]：

面积：$A=14.42\text{cm}^2$　角顶圆弧半径 $r=9$mm

回转半径：$i_x=2.90$cm、$i_y=2.52$cm　　自重 $g_k=0.111$kN/m

截面模量：$W_{1x}=W_{xmax}=41.6\text{cm}^3$、$W_{2x}=W_{xmin}=19.9\text{cm}^3$

两个角钢组成的 T 形截面受压翼缘外伸宽厚比（角钢水平边 1 平直段的宽厚比）：

$$\frac{b'}{t}=\frac{b-t_w-r}{t}=\frac{56-5-9}{5}=8.4<9\varepsilon_k=9,属于 S1 级。$$

《钢标》对 T 形截面压弯构件的板件宽厚比等级没有规定，本例题这里参照了 H 形截面压弯构件受压翼缘板宽厚比等级的规定，并取截面塑性发展系数（附表 1.15）为：γ_{x1}

$=1.05$,$\gamma_{x2}=1.20$❶。

最大弯矩设计值为:

$$M_x = \frac{1}{8}(1.3g_k+q)l^2 = \frac{1}{8}\times(1.3\times0.111+3.7)\times3^2 = 4.32 \text{kN}\cdot\text{m}$$

一、构件在弯矩作用平面内的稳定性验算(《钢标》第8.2.1条)

因构件截面单轴对称、横向荷载 q 产生的弯矩作用在对称轴 y 轴平面内且使较大翼缘—角钢水平边1受压,故弯矩作用平面内的稳定性应按照下列两种情况计算:

1. 对角钢水平边1:

$$\frac{N}{\varphi_x A f} + \frac{\beta_{mx}M_x}{\gamma_{x1}W_{1x}\left(1-0.8\dfrac{N}{N'_{Ex}}\right)f} \leqslant 1.0$$

2. 对角钢竖直边2:

$$\left|\frac{N}{A} - \frac{\beta_{mx}M_x}{\gamma_{x2}W_{2x}(1-1.25N/N'_{Ex})}\right| \leqslant f = 215 \text{N/mm}^2$$

今 $\lambda_x = \dfrac{l_{0x}}{i_x} = \dfrac{300}{2.90} = 103.4$,$\varphi_x = 0.533$(b类截面,附表1.28)

弹性临界力:

$$N_{cr} = \frac{\pi^2 EA}{\lambda_x^2} = \frac{\pi^2\times206\times10^3\times14.42\times10^2}{103.4^2}\times10^{-3} = 274.2 \text{kN}$$

$N/N_{cr} = 49/274.2 = 0.179$

$N/N'_{Ex} = N/(N_{cr}/1.1) = 1.1N/N_{cr} = 1.1\times0.179 = 0.197$

等效弯矩系数:$\beta_{mx} = 1-0.18N/N_{cr} = 1-0.18\times0.179 = 0.968$

$$\frac{N}{\varphi_x A f} + \frac{\beta_{mx}M_x}{\gamma_{x1}W_{1x}(1-0.8N/N'_{Ex})f}$$

$$= \frac{49\times10^3}{0.533\times14.42\times10^2\times215} + \frac{0.968\times4.32\times10^6}{1.05\times41.6\times10^3(1-0.8\times0.197)\times215}$$

$$= 0.825 < 1.0,\text{可}。$$

$$\left|\frac{N}{A} - \frac{\beta_{mx}M_x}{\gamma_{x2}W_{2x}(1-1.25N/N'_{Ex})}\right| = \left|\frac{49\times10^3}{14.42\times10^2} - \frac{0.968\times4.32\times10^6}{1.20\times19.9\times10^3(1-1.25\times0.197)}\right|$$

$$= 198.3 \text{N/mm}^2 < f = 215 \text{N/mm}^2,\text{可}。$$

二、构件在弯矩作用平面外的稳定性验算(《钢标》第8.2.1条)

条件:$\dfrac{N}{\varphi_y A f} + \eta\dfrac{\beta_{tx}M_x}{\varphi_b W_{1x} f} \leqslant 1.0$

因构件截面单轴对称,上式中弯矩作用平面外的轴心受压构件稳定系数 φ_y 应计及扭

---

❶ T形截面压弯构件的腹板宽厚比等级,《钢标》中没有可供参照的规定。本例题的受压翼缘宽厚比等级为S1级,腹板平直段的三分之二以上部分为受拉区,腹板不会局部屈曲,因此笔者认为本例题构件截面可以部分发展塑性,供参考。

转效应的不利影响按换算长细比 λ_{yz} 确定（见《钢标》第 7.2.2 条规定）。计算如下：

$$\lambda_z = 5.1 \frac{b_2}{t} = 5.1 \times \frac{56}{5} = 57.1$$

$$\lambda_y = \frac{l_{0y}}{i_y} = \frac{300}{2.52} = 119.0 > \lambda_z = 57.1$$

故绕对称轴 y 计及扭转效应的换算长细比为[《钢标》公式(7.2.2-8)]：

$$\lambda_{yz} = \lambda_y \left[1 + 0.25 \left(\frac{\lambda_z}{\lambda_y}\right)^2\right] = 119\left[1 + 0.25\left(\frac{57.1}{119}\right)^2\right] = 125.8$$

由 $\lambda_{yz} = 125.8$ 查附表 1.28(b 类截面)，得 $\varphi_y = 0.407$。

均匀弯曲的受弯构件整体稳定系数[《钢标》附录 C 公式(C.0.5-3)]

$$\varphi_b = 1 - 0.0017\lambda_y/\varepsilon_k = 1 - 0.0017 \times 119 = 0.7977$$

等效弯矩系数 $\beta_{tx} = 1.0$。

$$\frac{N}{\varphi_y Af} + \eta \frac{\beta_{tx} M_x}{\varphi_b W_{1x} f} = \frac{49 \times 10^3}{0.407 \times 14.42 \times 10^2 \times 215} + 1.0 \times \frac{1.0 \times 4.32 \times 10^6}{0.7977 \times 41.6 \times 10^3 \times 215}$$

$$= 0.994 < 1.0，可。$$

三、局部稳定验算

《钢标》对 T 形截面压弯构件的局部稳定没有明确规定，本例题按 T 形截面轴压构件验算板件的宽厚比（见《钢标》第 7.3.1 条第 4 款）。

1. 受压翼缘——角钢水平边 1

自由外伸宽厚比：

$$\frac{b'}{t} = \frac{b - t_w - r}{t} = \frac{56 - 5 - 9}{5}$$

$$= 8.4 < (10 + 0.1\lambda)\varepsilon_k = (10 + 0.1 \times 100) \times 1.0 = 20，可。$$

2. 腹板——角钢竖直边 2

《钢标》中只给出了热轧剖分 T 形钢和焊接 T 形钢截面腹板高厚比的容许值，没有给出其他 T 形截面构件的腹板高厚比容许值。本例题偏安全近似取用焊接 T 形钢腹板高厚比的容许值来验算。

$$\frac{h_0}{t_w} = \frac{B - t - r}{t_w} = \frac{90 - 5 - 9}{5} = 15.2 < (13 + 0.17\lambda)\varepsilon_k = (13 + 0.17 \times 100) \times 1.0 = 30，可。$$

因构件的较大长细比 $\lambda = 119 > 100$，故以上计算中取 $\lambda = 100$。

可见，局部稳定有保证，且有较大富余。

四、刚度验算（《原规范》第 5.3.8 条）

$$\lambda_{max} = \max\{\lambda_x, \lambda_y\} = \lambda_y = 119 < [\lambda] = 150，可。$$

因截面无削弱、等效弯矩系数 $\beta_{tx} = 1.0$ 且截面影响系数 $\eta = 1.0$，不需作截面强度验算。

所选截面[图 7.4(b)]满足构件的各项要求，截面适用。

【例题 7.5】 如图 7.5-1 所示单轴对称焊接工字形截面的压弯构件，长 $l=10.8$m，截面无削弱，材料用 Q235B 钢。构件两端在弯矩作用平面内有相对位移，其计算长度 $l_{0x}=28$m❶；在弯矩作用平面外两端铰接，$l_{0y}=l=10.8$m。承受的荷载设计值为：轴心压力 $N=1000$kN，端弯矩 $M_1=800$kN·m，$M_2=-100$kN·m。试验算该截面是否适用。图 7.5-1(b) 中的 I_{t1} 是热轧工字钢 I40b 的抗扭惯性矩❷。

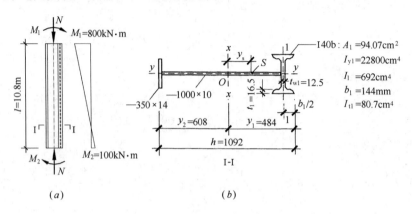

图 7.5-1 例题 7.5 图之一
(a)构件及受力；(b)截面尺寸

【解】 最大弯矩设计值：$M_x=M_1=800$kN·m

显见，腹板高厚比不符合 H 形截面压弯构件 S3 级的要求（《钢标》第 3.5.1 条），取截面塑性发展系数 $\gamma_x=1.0$。

图 7.5-1(b) 所示截面当构件对 x 轴屈曲和对 y 轴屈曲时均属于 b 类截面（附表 1.10）。

一、构件截面几何特性计算

截面面积：$A=35\times1.4+100\times1+94.07=243.07\text{cm}^2$

截面高度：$h=14+1000+\dfrac{12.5}{2}+\dfrac{144}{2}=1092$mm

形心位置[图 7.5-1 (b)，对 1-1 轴求面积矩]：

$$y_1=\dfrac{35\times1.4\left(109.2-\dfrac{1.4}{2}-\dfrac{14.4}{2}\right)+100\left(\dfrac{100}{2}+\dfrac{1.25}{2}\right)}{243.07}+\dfrac{14.4}{2}=48.4\text{cm}$$

$$y_2=h-y_1=109.2-48.4=60.8\text{cm}$$

惯性矩：

$$I_x=35\times1.4\left(60.8-\dfrac{1.4}{2}\right)^2+\left[\dfrac{1}{12}\times1\times100^3+100\times1\left(60.8-1.4-\dfrac{100}{2}\right)^2\right]$$
$$+\left[692+94.07\left(48.4-\dfrac{14.4}{2}\right)^2\right]=429528\text{cm}^4$$

$I_1=22800\text{cm}^4$（弯矩 $M_x=M_1$ 作用下受压翼缘对 y-y 轴的惯性矩）

---

❶ 构件两端有相对侧移时的计算长度应按《钢标》第 8.3.1 条或第 8.3.2 条计算，本例题中数字由此而来。
❷ 浙江大学土木系，浙江省建筑设计院，杭州市设计院. 简明建筑结构设计手册. 北京：中国建筑工业出版社，1980，第 770 页。

$I_2 = \frac{1}{12} \times 1.4 \times 35^3 = 5002 \text{cm}^4$（弯矩 $M_x = M_1$ 作用下受拉翼缘对 $y\text{-}y$ 轴的惯性矩）

$I_y = I_1 + I_2 = 22800 + 5002 = 27802 \text{cm}^4$（略去不计腹板对 $y\text{-}y$ 轴的惯性矩）

回转半径：

$$i_x = \sqrt{\frac{I_x}{A}} = \sqrt{\frac{429528}{243.07}} = 42.04 \text{cm}$$

$$i_y = \sqrt{\frac{I_y}{A}} = \sqrt{\frac{27802}{243.07}} = 10.69 \text{cm}$$

受压较大纤维的毛截面模量：

$$W_{1x} = \frac{I_x}{y_1} = \frac{429528}{48.4} = 8875 \text{cm}^3$$

对较小翼缘（—350×14）的毛截面模量：

$$W_{2x} = \frac{I_x}{y_2} = \frac{429528}{60.8} = 7065 \text{cm}^3。$$

二、构件在弯矩作用平面内的稳定性验算（《钢标》第8.2.1条）

长细比：$\lambda_x = \frac{l_{0x}}{i_x} = \frac{28 \times 10^2}{42.04} = 66.6$

稳定系数：$\varphi_x = 0.771$（b类截面，附表1.28）

弹性临界力：

$$N_{cr} = \frac{\pi^2 EA}{\lambda_x^2} = \frac{\pi^2 \times 206 \times 10^3 \times 243.07 \times 10^2}{66.6^2} \times 10^{-3} = 11142 \text{ kN}$$

$N/N_{cr} = 1000/11142 = 0.090$

$N/N'_{Ex} = N/(N_{cr}/1.1) = 1.1 N/N_{cr} = 1.1 \times 0.09 = 0.099$

因在弯矩作用平面内构件有侧移，等效弯矩系数（《钢标》公式8.2.1-10）：

$$\beta_{mx} = 1 - 0.36 N/N_{cr} = 1 - 0.36 \times 0.09 = 0.968$$

$$\frac{N}{\varphi_x A f} + \frac{\beta_{mx} M_x}{\gamma_x W_{1x}\left(1 - 0.8 \dfrac{N}{N'_{Ex}}\right) f}$$

$$= \frac{1000 \times 10^3}{0.771 \times 243.07 \times 10^2 \times 205} + \frac{0.968 \times 800 \times 10^6}{1.0 \times 8875 \times 10^3 (1 - 0.8 \times 0.099) \times 205}$$

$$= 0.2602 + 0.4622 = 0.722 < 1.0，可。$$

因热轧工字钢I40b的翼缘厚度 $t_1 = 16.5 \text{mm} > 16 \text{mm}$，故上式中取Q235钢的抗压强度设计值 $f = 205 \text{N/mm}^2$（附表1.1）。

三、构件在弯矩作用平面外的稳定性验算（《钢标》第8.2.1条）

1. 弯矩作用平面外的轴心受压构件稳定系数 φ_y

因截面为单轴对称，故对截面对称轴 $y\text{-}y$ 的稳定验算应以考虑扭转效应的换算长细比 λ_{yz} 代替 λ_y 查 φ_y（《钢标》第7.2.2条）。

(1) 长细比 λ_y

$$\lambda_y = \frac{l_{0y}}{i_y} = \frac{10.8 \times 10^2}{10.69} = 101.0$$

(2) 计及扭转效应的换算长细比 λ_{yz}

截面形心 O 至剪心 S 的距离为[图 7.5-1 (b)，按加强受压翼缘工字形截面计算]：

$$y_s = \frac{I_1 h_1 - I_2 h_2}{I_y} = \frac{22800(48.4 - 14.4/2) - 5002(60.8 - 1.4/2)}{27802} = 23.0 \text{cm}$$

式中 h_1 和 h_2 分别为受压翼缘形心和受拉翼缘形心至全截面形心轴 x-x 的距离。

截面对剪心 S 的极回转半径 i_0 为：

$$i_0^2 = y_s^2 + i_x^2 + i_y^2 = 23.0^2 + 42.04^2 + 10.69^2 = 2411 \text{cm}^2$$

扭转屈曲的换算长细比 λ_z 为[《钢标》公式(7.2.2-3)]：

$$\lambda_z = \sqrt{\frac{I_0}{I_t/25.7 + I_\omega/l_\omega^2}} \quad \text{(例题 7.5)}$$

式中毛截面对剪心的极惯性矩 I_0、自由扭转常数 I_t、毛截面扇性惯性矩 I_ω 和扭转屈曲的计算长度 l_ω 分别为：

$$I_0 = A \cdot i_0^2 = 243.07 \times 2411 = 586042 \text{ cm}^4$$

$$I_t = \frac{1}{3} \sum b_i t_i^3 + I_{t1}(\text{I40b 的抗扭惯性矩}) = \frac{1}{3}(35 \times 1.4^3 + 100 \times 1^3) + 80.7 = 146 \text{cm}^4$$

$$I_\omega = \frac{I_1 I_2}{I_y} h_1^2 = \frac{22800 \times 5002}{27802} \times \left(109.2 - \frac{1.4 + 14.4}{2}\right)^2 = 42.1 \times 10^6 \text{cm}^6$$

式中 h_1 为截面拉、压翼缘中心间的距离。

$$l_\omega = l_{0y} = 10.8 \text{m} = 1080 \text{cm}$$

将已知数据代入式(例题 7.5)，得：

$$\lambda_z = \sqrt{\frac{586042}{146/25.7 + 42.1 \times 10^6/1080^2}} = 118.4$$

因此，计及扭转效应的换算长细比为：

$$\lambda_{yz} = \frac{1}{\sqrt{2}} \left[(\lambda_y^2 + \lambda_z^2) + \sqrt{(\lambda_y^2 + \lambda_z^2)^2 - 4\left(1 - \frac{y_s^2}{i_0^2}\right)\lambda_y^2 \lambda_z^2} \right]^{\frac{1}{2}} \quad \text{《钢标》公式(7.2.2-4)}$$

$$= \frac{1}{\sqrt{2}} \left[(101^2 + 118.4^2) + \sqrt{(101^2 + 118.4^2)^2 - 4 \times \left(1 - \frac{23^2}{2411}\right) \times 101^2 \times 118.4^2} \right]^{\frac{1}{2}}$$

$$= 134.3$$

(3) 轴心受压构件稳定系数 φ_y

由 $\lambda_{yz} = 134.3$ 查附表 1.28，得稳定系数 $\varphi_y = 0.369$（Q235 钢、b 类截面）。

2. 均匀弯曲的受弯构件整体稳定系数 φ_b

近似按《钢标》附录 C 公式(C.0.5-2)计算：

截面不对称性系数：

$$\alpha_b = \frac{I_1}{I_1 + I_2} = \frac{22800}{22800 + 5002} = 0.820$$

式中 I_1 和 I_2 分别为弯矩 $M_x = M_1$ 作用下截面受压翼缘(I40b)和受拉翼缘(—350×14)对 y 轴的惯性矩。

按《钢标》附录 C 公式(C.0.5-2)：

$$\varphi_b = 1.07 - \frac{W_{1x}}{(2\alpha_b + 0.1)Ah} \cdot \frac{\lambda_y^2}{14000} \cdot \frac{1}{\varepsilon_k^2}$$

$$= 1.07 - \frac{8875}{(2 \times 0.82 + 0.1) \times 243.07 \times 109.2} \times \frac{101^2}{14000} \times 1.0 = 0.930。$$

3. 稳定性验算

弯矩作用平面外两相邻支承点间构件段无横向荷载作用，等效弯矩系数为：

$$\beta_{tx} = 0.65 + 0.35 \frac{M_2}{M_1} = 0.65 + 0.35 \times \frac{-100}{800} = 0.606$$

$$\frac{N}{\varphi_y Af} + \eta \frac{\beta_{tx} M_x}{\varphi_b W_{1x} f} = \frac{1000 \times 10^3}{0.369 \times 243.07 \times 10^2 \times 205} + 1.0 \times \frac{0.606 \times 800 \times 10^6}{0.930 \times 8875 \times 10^3 \times 205}$$

$$= 0.5439 + 0.2865 = 0.830 < 1.0, 可。$$

四、局部稳定性

1. 受压翼缘

较小翼缘(—350×14)的自由外伸宽厚比：

$$\frac{b'}{t} = \frac{(350-10)/2}{14} = 12.1 < 13\varepsilon_k = 13，属于 S3 级，可。$$

较大翼缘为 Q235 钢的热轧工字钢，其局部稳定性不必计算（参阅例题 7.2 中 [讨论]）。

2. 腹板（《钢标》第 8.4.1 条）

取弯矩 $M_x = M_1 = 800$ kN·m 计算。

x 轴至腹板计算高度受压较大边缘的距离 y_c 为：

$$y_c = y_1 - \frac{t_{w1}}{2} - \frac{b_1}{2} = 484 - \frac{12.5}{2} - \frac{144}{2} = 405.75 \text{mm}$$

腹板计算高度边缘的应力梯度（见例题 7.1）：

$$\alpha_0 = \frac{\sigma_{max} - \sigma_{min}}{\sigma_{max}} = \frac{h_0}{y_c + i_x^2 \frac{N}{M_x}} = \frac{1000}{405.75 + 420.4^2 \times (1000 \times 10^3)/(800 \times 10^6)} = 1.596$$

压弯构件 S4 级截面要求的腹板高（宽）厚比限值为（《钢标》第 3.5.1 条）：

$$(45 + 25\alpha_0^{1.66})\varepsilon_k = (45 + 25 \times 1.596^{1.66}) \times 1.0 = 99.3$$

实际：

$$\frac{h_0}{t_w} = \frac{1000}{10} = 100 > 99.3$$

腹板高厚比不满足局部稳定要求。由上述弯矩作用平面内、外构件的稳定性验算结果，可见构件的承载力尚有富余，今以有效截面代替实际截面计算构件的强度和稳定性，若仍能满足要求，则腹板的局部稳定即可不予考虑。

(1) 确定构件的有效截面（《钢标》第8.4.2条）

屈曲系数：$k_\sigma = \dfrac{16}{2-\alpha_0+\sqrt{(2-\alpha_0)^2+0.112\alpha_0^2}}$

$= \dfrac{16}{2-1.596+\sqrt{(2-1.596)^2+0.112\times 1.596^2}} = 14.90$

正则化宽厚比：$\lambda_{n,p} = \dfrac{h_0/t_w}{28.1\sqrt{k_\sigma}}\cdot\dfrac{1}{\varepsilon_k} = \dfrac{100}{28.1\sqrt{14.9}} = 0.922 > 0.75$

有效高度系数：$\rho = \dfrac{1}{\lambda_{n,p}}\left(1-\dfrac{0.19}{\lambda_{n,p}}\right) = \dfrac{1}{0.922}\left(1-\dfrac{0.19}{0.922}\right) = 0.861$

腹板受压区高度（图7.5-1、图7.5-2）：

$h_c = y_c + \dfrac{N}{A}\cdot\dfrac{I_x}{M_x}$

$= 405.75 + \dfrac{1000\times 10^3}{243.07\times 10^2}\times\dfrac{429528\times 10^4}{800\times 10^6} = 627\,\text{mm}$

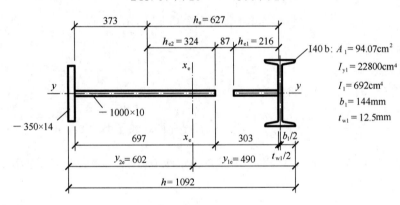

图7.5-2　例题7.5之二

腹板受压区的有效高度 h_e 为：

$h_e = h_{e1} + h_{e2} = \rho h_c = 0.861\times 627 = 540\,\text{mm}$

$h_{e1} = 0.4h_e = 0.4\times 540 = 216\,\text{mm}$

$h_{e2} = 0.6h_e = 0.6\times 540 = 324\,\text{mm}$

(2) 有效截面模量计算

有效截面由两块"T"形截面组成如图7.5-2所示，$x_e \sim x_e$ 为有效截面的主轴。

有效面积：$A_e = A - 8.7\times 1.0 = 243.07 - 8.7 = 234.37\,\text{cm}^2$

有效截面形心位置：

$y_{1e} = \dfrac{35\times 1.4\times\left(109.2-\dfrac{1.4}{2}-\dfrac{14.4}{2}\right)+69.7\times 1.0\times\left(\dfrac{69.7}{2}+30.3+\dfrac{1.25}{2}\right)+21.6\times 1.0\times\left(\dfrac{21.6}{2}+\dfrac{1.25}{2}\right)}{234.37}$

$+\dfrac{14.4}{2}$

$= 49.0\,\text{cm}$

$$y_{2e} = h - y_{1e} = 109.2 - 49.0 = 60.2 \text{cm}$$

对 $x_e - x_e$ 轴的有效截面惯性矩：

$$I_{ex} = 35 \times 1.4 \times \left(60.2 - \frac{1.4}{2}\right)^2 + \left[\frac{1}{12} \times 1 \times 69.7^3 + 69.7 \times 1 \times \left(60.2 - 1.4 - \frac{69.7}{2}\right)^2\right]$$

$$+ \left[\frac{1}{12} \times 1 \times 21.6^3 + 21.6 \times 1 \times \left(49 - \frac{14.4}{2} - \frac{1.25}{2} - \frac{21.6}{2}\right)^2\right]$$

$$+ \left[692 + 94.07 \times \left(49 - \frac{14.4}{2}\right)^2\right]$$

$$= 427493 \text{ cm}^4$$

对受压较大纤维的有效截面模量：$W_{elx} = \dfrac{I_{ex}}{y_{1e}} = \dfrac{427493}{49} = 8724 \text{cm}^3$

（3）构件承载力验算

有效截面形心至原截面形心的距离：$e = y_{1e} - y_1 = 490 - 484 = 6 \text{mm}$

强度 [《钢标》公式 (8.4.2-9)]：

$$\frac{N}{A_{ne}} + \frac{M_x + Ne}{\gamma_x W_{nex}} = \frac{1000 \times 10^3}{234.37 \times 10^2} + \frac{800 \times 10^6 + 1000 \times 10^3 \times 6}{1.0 \times 8724 \times 10^3}$$

$$= 42.67 + 92.39 = 135.1 \text{N/mm}^2 < f = 205 \text{N/mm}^2,\text{可}。$$

平面内稳定 [《钢标》公式 (8.4.2-10)]：

$$\frac{N}{\varphi_x A_e f} + \frac{\beta_{mx} M_x + Ne}{\gamma_x W_{elx}(1 - 0.8 N/N'_{Ex})f}$$

$$= \frac{1000 \times 10^3}{0.771 \times 234.37 \times 10^2 \times 205} + \frac{0.968 \times 800 \times 10^6 + 1000 \times 10^3 \times 6}{1.0 \times 8724 \times 10^3 \times (1 - 0.8 \times 0.099) \times 205}$$

$$= 0.2700 + 0.4739 = 0.744 < 1.0,\text{可}。$$

平面外稳定 [《钢标》公式 (8.4.2-11)]：

$$\frac{N}{\varphi_y A f} + \eta \frac{\beta_{tx} M_x + Ne}{\varphi_b W_{elx} f}$$

$$= \frac{1000 \times 10^3}{0.369 \times 234.37 \times 10^2 \times 205} + 1.0 \times \frac{0.606 \times 800 \times 10^6 + 1000 \times 10^3 \times 6}{0.930 \times 8724 \times 10^3 \times 205}$$

$$= 0.5641 + 0.2951 = 0.859 < 1.0,\text{可}。$$

五、刚度（《原规范》第 5.3.8 条）

构件的最大长细比：

$$\lambda_{max} = \max\{\lambda_x, \lambda_y\} = \lambda_y = 101 < [\lambda] = 150,\text{可}。$$

综上计算结果，可见图 7.5-1 所示构件截面能满足所有验算条件，所选截面合适。

六、横向加劲肋及横隔

1. 本例题压弯构件的腹板高厚比：

$$\frac{h_0}{t_w} = \frac{1000}{10} = 100 > 80$$

应在腹板两侧成对配置横向加劲肋(《原规范》第8.4.2条)。

钢板横向加劲肋的截面尺寸应符合下列公式要求(《钢标》第6.3.6条)：

外伸宽度：

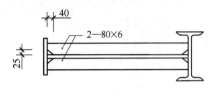

图7.5-3 例题7.5图之三

$$b_s \geqslant \frac{h_0}{30} + 40 = \frac{1000}{30} + 40 = 73.3\text{mm}，取 b_s = 80\text{mm}。$$

厚度：$t_s \geqslant \dfrac{b_s}{19} = \dfrac{80}{19} = 4.2\text{mm}$，取 $t_s = 6\text{mm}$。

即横向加劲肋采用2—80×6，切角如图7.5-3所示。

横向加劲肋间距取(图7.5-4)：

$$a = \frac{l}{4} = 2.7\text{m} < 3h_0 = 3\text{m}，可。$$

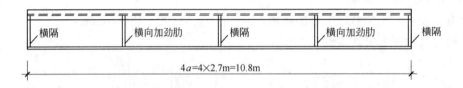

图7.5-4 例题7.5图之四

2. 本例题压弯构件的截面高度较大，宜设置横隔以防运输及安装时发生扭转变形(《钢标》对压弯构件没有明确规定，但对轴压柱有此规定，见第7.2.4条)。今考虑在构件两端和中点各设置一横隔(图7.5-4)，横隔间距：

$$S = 2a = 5.4\text{m} < \begin{cases} 8\text{m} \\ 9 \times \max\{h, b\} = 9 \times 1.092 = 9.828\text{m} \end{cases}，满足要求。$$

横隔用厚度为10mm的钢板制作，构造如图7.5-5所示。

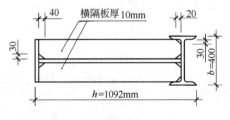

图7.5-5 例题7.5图之五

7.3 实腹式双向压弯构件的计算

【例题7.6】如图7.6-1(a)所示某实腹式双向压弯构件，选用如图7.6-1(b)所示焊接箱形截面，截面无削弱，材料用Q355钢。承受的荷载设计值为：轴心压力$N = 3000$kN，构件上端绕x轴作用的端弯矩$M_x = 600$kN·m，绕y轴作用的端弯矩$M_y = 180$kN·m。构件长$l = 12$m，两端铰接并在x-x方向二分点处设有一侧向支承点。要求验算所选截面尺寸是否适用。

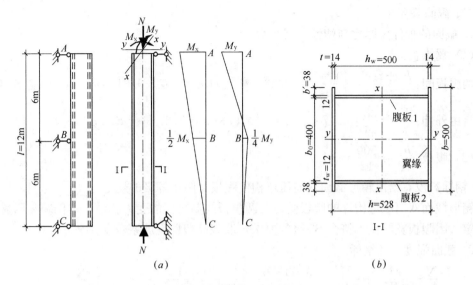

图 7.6-1 例题 7.6 图之一
(a) 构件及受力；(b) 截面尺寸

【解】 钢号修正系数 $\varepsilon_k = \sqrt{235/355} = 0.814$

钢板厚度 $t < 16\text{mm}$，Q355 钢的抗压强度设计值 $f = 305\text{N/mm}^2$。

板厚 $t < 40\text{mm}$ 且板件宽厚比 > 20 的焊接箱形截面构件对 x 轴屈曲和对 y 轴屈曲均属 b 类截面(附表 1.10)。

计算长度 $l_{0x} = l = 12\text{m}$，$l_{0y} = \dfrac{l}{2} = 6\text{m}$。

一、截面几何特性

截面积：$A = 2 \times 50 \times 1.4 + 2 \times 50 \times 1.2 = 260\text{cm}^2$

惯性矩：$I_x = \dfrac{1}{12}[50 \times 52.8^3 - (50 - 2 \times 1.2) \times 50^3] = 117491\text{cm}^4$

$$I_y = 2 \times \dfrac{1}{12} \times 1.4 \times 50^3 + 2 \times 50 \times 1.2 \times \left(\dfrac{40 + 1.2}{2}\right)^2 = 80090\text{cm}^4$$

回转半径 $i_x = \sqrt{\dfrac{I_x}{A}} = \sqrt{\dfrac{117491}{260}} = 21.26\text{cm}$

$i_y = \sqrt{\dfrac{I_y}{A}} = \sqrt{\dfrac{80090}{260}} = 17.55\text{cm}$

对 x 轴的毛截面模量

$$W_{1x} = W_x = \dfrac{2I_x}{h} = \dfrac{2 \times 117491}{52.8} = 4450\text{cm}^3$$

对 y 轴的毛截面模量

$$W_{1y} = W_y = \dfrac{2I_y}{b} = \dfrac{2 \times 80090}{50} = 3204\text{cm}^3$$

二、截面验算

1. 截面的板件宽厚比与塑性发展系数

(1) 翼缘板：

两腹板间：$\dfrac{b_0+t_w}{t}=\dfrac{400+12}{14}=29.4$❶ $<40\varepsilon_k=40\times0.814=32.6$，符合 S3 级。

自由外伸：$\dfrac{b'}{t}=\dfrac{38}{14}=2.7<9\varepsilon_k=9\times0.814=7.3$，符合 S1 级。

(2) 腹板：$\dfrac{h_0}{t_w}=\dfrac{500}{12}=41.7$

《钢标》没有给出箱形截面双向压弯构件腹板宽厚比等级的规定。

箱形截面双向压弯构件的腹板受力与两腹板间翼缘板的受力相似，本例题参照翼缘板的规定，因腹板宽厚比不符合 S3 级的要求，取截面塑性发展系数 $\gamma_x=\gamma_y=1.0$。

2. 截面强度（《钢标》第 8.2.1 条）

$$\dfrac{N}{A_n}+\dfrac{M_x}{\gamma_x W_{nx}}+\dfrac{M_y}{\gamma_y W_{ny}}=\dfrac{3000\times10^3}{260\times10^2}+\dfrac{600\times10^6}{1.0\times4450\times10^3}+\dfrac{180\times10^6}{1.0\times3204\times10^3}$$
$$=306.4\text{N/mm}^2\approx f=305\text{N/mm}^2，可。$$

3. 整体稳定（《钢标》第 8.2.5 条）

弯矩作用在两个主平面内的双轴对称实腹式闭口箱形（或工字形、H 形）截面的压弯构件，其整体稳定性应按下列公式计算：

$$\dfrac{N}{\varphi_x A f}+\dfrac{\beta_{mx} M_x}{\gamma_x W_x\left(1-0.8\dfrac{N}{N'_{Ex}}\right)f}+\eta\dfrac{\beta_{ty} M_y}{\varphi_{by} W_y f}\leqslant1.0$$

《钢标》公式 (8.2.5-1)

$$\dfrac{N}{\varphi_y A f}+\eta\dfrac{\beta_{tx} M_x}{\varphi_{bx} W_x f}+\dfrac{\beta_{my} M_y}{\gamma_y W_y\left(1-0.8\dfrac{N}{N'_{Ey}}\right)f}\leqslant1.0$$

《钢标》公式 (8.2.5-2)

今　　$\lambda_x=\dfrac{l_{0x}}{i_x}=\dfrac{12\times10^2}{21.26}=56.4$

$\varphi_x=0.755$（由 $\lambda_x/\varepsilon_k=56.4/0.814=69.3$ 查附表 1.28 得）

$N'_{Ex}=\dfrac{\pi^2 EA}{1.1\lambda_x^2}=\dfrac{\pi^2\times206\times10^3\times260\times10^2}{1.1\times56.4^2}\times10^{-3}=15107\text{kN}$

$\dfrac{N}{N'_{Ex}}=\dfrac{3000}{15107}=0.1986$

$\lambda_y=\dfrac{l_{0y}}{i_y}=\dfrac{6\times10^2}{17.55}=34.2$

$\varphi_y=0.891$（由 $\lambda_y/\varepsilon_k=34.2/0.814=42.0$ 查附表 1.28 得）

---

❶ 同第 4 章例题 4.3 注。

$$N'_{Ey} = \frac{\pi^2 EA}{1.1\lambda_y^2} = \frac{\pi^2 \times 206 \times 10^3 \times 260 \times 10^2}{1.1 \times 34.2^2} \times 10^{-3} = 41086\text{kN}$$

$$\frac{N}{N'_{Ey}} = \frac{3000}{41086} = 0.0730$$

在弯矩 M_x 作用下，该弯矩作用平面内、外的等效弯矩系数 β_{mx}、β_{tx}，应按照《钢标》第 8.2.2 条弯矩作用平面内、外稳定计算的有关规定采用：

$$\beta_{mx} = 0.6 + 0.4\frac{M_2}{M_1} = 0.6 + 0.4 \times \frac{0}{M_x} = 0.6$$

$$\beta_{tx} = 0.65 + 0.35\frac{M_2}{M_1} = 0.65 + 0.35 \times \frac{1}{2} = 0.825 \quad [\text{取构件段 } AB \text{ 计算，图 7.6-1}(a)]$$

在弯矩 M_y 作用下，该弯矩作用平面内、外的等效弯矩系数 β_{my}、β_{ty}，同样应按照《钢标》第 8.2.2 条弯矩作用平面内、外稳定计算的有关规定采用：

$$\beta_{my} = 0.6 + 0.4\frac{M_2}{M_1} = 0.6 + 0.4 \times \left(-\frac{1}{4}\right) = 0.5 \quad [\text{取构件段 } AB \text{ 计算，图 7.6-1}(a)]$$

$$\beta_{ty} = 0.65$$

箱形截面受弯构件整体稳定性系数 $\varphi_{bx} = \varphi_{by} = 1.0$，截面影响系数 $\eta = 0.7$。得：

$$\frac{N}{\varphi_x Af} + \frac{\beta_{mx} M_x}{\gamma_x W_x \left(1 - 0.8\dfrac{N}{N'_{Ex}}\right) f} + \eta \frac{\beta_{ty} M_y}{\varphi_{by} W_y f}$$

$$= \frac{3000 \times 10^3}{0.755 \times 260 \times 10^2 \times 305} + \frac{0.6 \times 600 \times 10^6}{1.0 \times 4450 \times 10^3 (1 - 0.8 \times 0.1986) \times 305}$$

$$+ 0.7 \times \frac{0.65 \times 180 \times 10^6}{1.0 \times 3204 \times 10^3 \times 305} = 0.5011 + 0.3153 + 0.0838$$

$$= 0.900 < 1.0，可。$$

$$\frac{N}{\varphi_y Af} + \eta \frac{\beta_{tx} M_x}{\varphi_{bx} W_x f} + \frac{\beta_{my} M_y}{\gamma_y W_y \left(1 - 0.8\dfrac{N}{N'_{Ey}}\right) f}$$

$$= \frac{3000 \times 10^3}{0.891 \times 260 \times 10^2 \times 305} + 0.7 \times \frac{0.825 \times 600 \times 10^6}{1.0 \times 4450 \times 10^3 \times 305}$$

$$+ \frac{0.5 \times 180 \times 10^6}{1.0 \times 3204 \times 10^3 (1 - 0.8 \times 0.073) \times 305}$$

$$= 0.4246 + 0.2553 + 0.0978 = 0.778 < 1.0，可。$$

4. 局部稳定

（1）受压翼缘板

按《钢标》第 8.4.1 条，翼缘板宽厚比符合《钢标》第 3.5.1 条规定的压弯构件 S4 级截面要求，就不会出现局部失稳。本例题翼缘板宽厚比符合 S3 级截面要求，其局部稳定有保证。

（2）腹板

《钢标》对箱形截面单向压弯构件的腹板宽厚比限值，建议根据 H 形截面腹板采用

(《钢标》表 3.5.1 注 3），但对箱形截面双向压弯构件的腹板，并没有给出保证其局部稳定的宽厚比限值规定。本例题参照《原规范》第 5.4.3 条相关规定验算如下。

受压较大的腹板 1（图 7.6-1）在轴心压力 N、弯矩 M_x 和 M_y 作用下截面上的应力 σ^N、σ^{M_x} 和 σ^{M_y} 沿腹板高度方向的分布如图 7.6-2 所示（应力以压为正），腹板计算高度边缘的最大压应力：

$$\sigma_{\max} = \sigma^N + \sigma_{\max}^{M_x} + \sigma^{M_y} = \frac{N}{A} + \frac{M_x}{I_x} \cdot \frac{h_w}{2} + \frac{M_y}{I_y} \cdot \frac{b_0 + t_w}{2}$$

$$= \frac{3000 \times 10^3}{260 \times 10^2} + \frac{600 \times 10^6}{117491 \times 10^4} \times \frac{500}{2} + \frac{180 \times 10^6}{80090 \times 10^4} \times \frac{400 + 12}{2}$$

$$= 115.4 + 127.7 + 46.3 = 289.4 \text{N/mm}^2$$

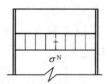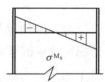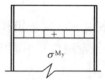

图 7.6-2　例题 7.6 图之二

腹板 1 计算高度另一边缘相应的应力：

$$\sigma_{\min} = \sigma^N - \sigma_{\max}^{M_x} + \sigma^{M_y} = \frac{N}{A} - \frac{M_x}{I_x} \cdot \frac{h_w}{2} + \frac{M_y}{I_y} \cdot \frac{b_0 + t_w}{2}$$

$$= 115.4 - 127.7 + 46.3 = 34.0 \text{N/mm}^2 \quad \text{（压应力）}$$

应力梯度：

$$\alpha_0 = \frac{\sigma_{\max} - \sigma_{\min}}{\sigma_{\max}} = \frac{289.4 - 34.0}{289.4} = 0.88 < 1.6$$

腹板计算高度 h_0 与其厚度 t_w 之比的容许值（《原规范》第 5.4.3 条）

$$\left[\frac{h_0}{t_w}\right] = \max\{0.8(16\alpha_0 + 0.5\lambda + 25)\varepsilon_k, \ 40\varepsilon_k\}$$

$$= \max\{0.8(16 \times 0.88 + 0.5 \times 56.4 + 25) \times 0.814, \ 40 \times 0.814\}$$

$$= \max\{43.8, \ 32.6\} = 43.8$$

实际：$\dfrac{h_0}{t_w} = \dfrac{500}{12} = 41.7 \leqslant \left[\dfrac{h_0}{t_w}\right] = 43.8$，可。

5. 刚度（《原规范》第 5.3.8 条）

构件的最大长细比：

$$\lambda_{\max} = \max\{\lambda_x, \lambda_y\} = \lambda_x = 56.4 < [\lambda] = 150, \text{ 可}。$$

综上计算结果，所选截面尺寸能满足全部设计要求，截面适用。

7.4　格构式压弯构件的设计和计算

格构式压弯构件一般采用双肢缀条柱，且大多是使弯矩绕虚轴作用（单向压弯），设计时可按照下列步骤进行：

1. 根据构造要求或以往设计经验，确定构件截面的高度即两分肢间距；
2. 根据分肢对构件截面实轴的稳定性要求，选定分肢的截面尺寸；
3. 根据缀条的稳定性要求，选定缀条的截面尺寸，同时进行缀条与分肢间的连接设计；
4. 对选定的构件截面进行必要的验算。不合适时，对构件的截面作适当调整重复上述计算，直至合适为止。

【例题 7.7】设计一单向压弯格构式双肢缀条柱的截面尺寸，截面无削弱，材料采用 Q235B 钢。承受的荷载设计值为：轴心压力 $N=450\mathrm{kN}$，弯矩 $M_x=\pm100\mathrm{kN\cdot m}$，剪力 $V=20\mathrm{kN}$。柱高 $H=6.3\mathrm{m}$，在弯矩作用平面内，上端为有侧移的弹性支承，下端固定，计算长度 $l_{0x}=8.9\mathrm{m}$❶；在弯矩作用平面外，柱两端铰接，计算长度 $l_{0y}=H=6.3\mathrm{m}$。焊条 E43 型，手工焊。

【解】考虑选用热轧槽钢作为分肢，试取两分肢槽钢背至背的距离为 [图 7.7 (b)]：

$$b=\frac{H}{15}\approx 400\mathrm{mm}$$

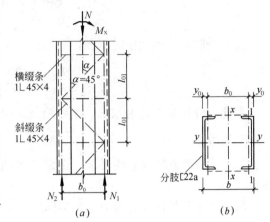

图 7.7 例题 7.7 图
(a) 构件受力；(b) 截面尺寸

一、根据分肢对柱截面实轴 y 轴的稳定性要求，选定分肢的截面尺寸

因柱承受的正负弯矩大小相等，两分肢采用相同的截面尺寸。单向压弯缀条柱分肢的稳定性按轴心受压构件计算。

1. 分肢内力 [图 7.7 (a)]

分肢承受的轴心压力应按照桁架的弦杆计算（《钢标》第 8.2.2 条第 2 款），即：

$$N_1=\frac{N}{2}+\frac{M_x}{b_0},\ N_2=N-N_1$$

式中 $b_0=b-2y_0$ 为两分肢轴线间距离，在未选定槽钢截面时可暂按分肢轴线至槽钢背的距离 $y_0\approx 2.0\mathrm{cm}$ 计算。于是得图 7.7(a) 所示荷载作用下分肢受到的较大轴心压力：

$$N_1=\frac{N}{2}+\frac{M_x}{b_0}\approx\frac{450}{2}+\frac{100\times 10^2}{40-2\times 2.0}=502.8\mathrm{kN}$$

2. 分肢截面选择

计算格构式受压构件中槽形截面分肢对其实轴 y 轴（即分肢截面对称轴）的稳定性时，不考虑扭转效应（参照《原规范》第 5.1.2 条注 3，《钢标》中没有规定），按 b 类截面考虑（附表 1.10）。

利用第 4 章第 4.3 节中的表 4.1 和表 4.2 假定分肢对 y 轴的长细比 λ_{y1}，但参数 α 应取

---

❶ 见例题 7.5 注。

表 4.1 中项次 13 所给数值的二分之一，即应取 $\alpha=0.4$❶。由：

$$\frac{\alpha l_{0y}^2 f}{N}\times 10^{-3}=\frac{0.4\times(6.3\times 10^3)^2\times 215}{502.8\times 10^3}\times 10^{-3}=6.8$$

查表 4.2 得槽钢分肢对 y 轴的合适长细比 $\lambda_{y1}=71$，$\varphi_{y1}=0.745$。

需要分肢截面面积：

$$A_1\geqslant \frac{N_1}{\varphi_{y1}f}=\frac{502.8\times 10^3}{0.745\times 215}\times 10^{-2}=31.39\text{cm}^2$$

需要分肢对 y 轴的回转半径：

$$i_{y1}\geqslant \frac{l_{0y}}{\lambda_{y1}}=\frac{6.3\times 10^2}{71}=8.87\text{cm}$$

据此，分肢截面选用［22a：$A_1=31.83\text{cm}^2$，$i_{y1}=8.67\text{cm}$，$I_1=158\text{cm}^4$，$i_1=2.23\text{cm}$，$y_0=2.10\text{cm}$。

二、根据缀条的稳定性要求，选定缀条的截面尺寸，同时进行缀条与分肢间的连接设计

轴心受压构件的计算剪力（《钢标》第 7.2.7 条）：

$$V=\frac{Af}{85}\frac{1}{\varepsilon_k}=\frac{2\times 31.83\times 10^2\times 215}{85\times 1.0}\times 10^{-3}=16.1\text{kN}$$

小于柱的实际剪力 $V=20\text{kN}$，计算缀条内力时取 $V=20\text{kN}$（《钢标》第 8.2.7 条）。

每个缀条面承担的剪力：

$$V_1=\frac{1}{2}V=\frac{1}{2}\times 20=10\text{kN}$$

单缀条体系，取斜缀条与柱轴线间的夹角 $\alpha=45°$，布置如图 7.7（a）所示。

横缀条采用与斜缀条相同截面，今按斜缀条选用截面。

1. 缀条内力

按平行弦桁架的腹杆计算（图 4.7-2）：

$$N_t=\frac{V_1}{\sin\alpha}=\frac{10}{\sin 45°}=14.1\text{kN}$$

2. 缀条截面选择

缀条按轴心受压构件计算。

缀条截面考虑选用等边角钢，计算其稳定性时属 b 类截面。缀条与分肢采用单边焊接。

缀条计算长度：

$$l_t\approx \frac{b_0}{\sin\alpha}=\frac{40-2\times 2.1}{\sin 45°}=50.6\text{cm}$$

利用第 4 章第 4.3 节中公式（4.4）和表 4.1、并以 $\eta f=(0.6+0.0015\lambda)f$ 代替公式

---

❶ 因参数 $\alpha=\frac{A}{i_y^2}$，对表 4.1 项次 13 面积 $A=2A_1$，这里对分肢为 $A_1=\frac{1}{2}A$，故 $\alpha=\frac{A_1}{i_y^2}=\frac{A/2}{i_y^2}=\frac{1}{2}\cdot\frac{A}{i_y^2}=\frac{1}{2}\times 0.8=0.4$。

(4.4) 中的 f（《钢标》第7.6.1条第2款），得缀条合适假定长细比 $\lambda_t=87$，$\varphi_t=0.641$（附表1.28）。

需要缀条截面面积：
$$A_t \geqslant \frac{N_t}{\varphi_t(\eta f)} = \frac{14.1\times10^3}{0.641\times(0.6+0.0015\times87)\times215}\times10^{-2} = 1.40\text{cm}^2$$

需要最小回转半径：
$$i_{\min}=i_v\geqslant\frac{l_t}{\lambda_t}=\frac{50.6}{87}=0.58\text{cm}$$

因所需 A_t 和 $i_{\min}$ 甚小，缀条截面由构造控制，选用 1∟45×4（《原规范》第8.1.2条）：$A_t=3.486\text{cm}^2$，$i_{\min}=0.89\text{cm}$，满足要求。

3. 缀条与柱子分肢间连接焊缝设计

采用三面围焊，取 $h_f=4\text{mm}$，为方便计算，偏安全地取 $\beta_f=1.0$。考虑角钢与分肢单边连接所引起的偏心影响，验算连接时的强度设计值应乘以折减系数 $\eta=0.85$（《原规范》第3.4.2条）。由：
$$\tau_f = \frac{N_t}{0.7h_f\sum l_w} \leqslant \eta f_f^w = 0.85 f_f^w$$

得所需围焊缝的计算长度：
$$\sum l_w \geqslant \frac{N_t}{0.7h_f(0.85 f_f^w)} = \frac{14.1\times10^3}{0.7\times4\times0.85\times160} = 37\text{mm}$$

此值甚小，按构造满焊即可。

三、柱截面验算

1. 柱截面几何特性计算

截面面积： $A=2A_1=2\times31.83=63.66\text{cm}^2$

惯性矩： $I_x=2\left[I_1+A_1\left(\frac{b_0}{2}\right)^2\right]=2\left[158+31.83\times\left(\frac{40-2\times2.1}{2}\right)^2\right]=20713\text{cm}^4$

回转半径：$i_x=\sqrt{\frac{I_x}{A}}=\sqrt{\frac{20713}{63.66}}=18.04\text{cm}$

截面模量：$W_x=\frac{2I_x}{b}=\frac{2\times20713}{40}=1036\text{cm}^3$ （验算强度时用）

$$W_{1x}=\frac{I_x}{y_c}=\frac{I_x}{b/2}=W_x=1036\text{cm}^3 \quad \text{（验算稳定时用）}$$

式中 y_c 为由 x 轴到压力较大分肢的轴线距离或到压力较大分肢腹板外边缘的距离，取其较大者（《钢标》第8.2.2条第1款）。

2. 弯矩作用平面内的整体稳定性验算

对弯矩绕虚轴 x 轴作用的格构式压弯构件，其弯矩作用平面内的整体稳定性应按下式计算：

$$\frac{N}{\varphi_x A f}+\frac{\beta_{mx}M_x}{W_{1x}\left(1-\dfrac{N}{N'_{Ex}}\right)f}\leqslant 1.0 \qquad \text{《钢标》公式（8.2.2-1）}$$

今长细比：$\lambda_x=\dfrac{l_{0x}}{i_x}=\dfrac{8.9\times10^2}{18.04}=49.3$

构件截面中垂直于 x 轴的各斜缀条毛截面面积之和：
$$A_{1x}=2A_t=2\times 3.486=6.972\text{cm}^2$$

换算长细比：
$$\lambda_{0x}=\sqrt{\lambda_x^2+27\frac{A}{A_{1x}}}=\sqrt{49.3^2+27\times\frac{63.66}{6.972}}=51.7$$

稳定系数：$\varphi_x=0.849$（Q235 钢、b 类截面，附表 1.28）

弹性临界力：
$$N_{cr}=\frac{\pi^2 EA}{\lambda_{0x}^2}=\frac{\pi^2\times 206\times 10^3\times 63.66\times 10^2}{51.7^2}\times 10^{-3}=4842\text{kN}$$

$N/N_{cr}=450/4842=0.0929$

$N/N'_{Ex}=1.1N/N_{cr}=1.1\times 0.0929=0.1022$

在弯矩作用平面内柱上端有侧移，取相应的等效弯矩系数（《钢标》公式 8.2.1-10）：
$$\beta_{mx}=1-0.36N/N_{cr}=1-0.36\times 0.0929=0.967$$

$$\frac{N}{Af}+\frac{\beta_{mx}M_x}{W_{1x}\left(1-\frac{N}{N'_{Ex}}\right)f}=\frac{450\times 10^3}{0.849\times 63.66\times 10^2\times 215}+\frac{0.967\times 100\times 10^6}{1036\times 10^3\,(1-0.1022)\times 215}$$

$$=0.3873+0.4836=0.871<1.0，可。$$

弯矩作用平面外的整体稳定性可不计算，但应计算分肢的稳定性（《钢标》第 8.2.2 条第 2 款）。

3. 分肢稳定性验算

轴心压力：
$$N_1=\frac{N}{2}+\frac{M_x}{b_0}=\frac{450}{2}+\frac{100\times 10^2}{40-2\times 2.1}=504.3\text{kN}$$

分肢对 1-1 轴的计算长度 l_{01} 和长细比 λ_1 分别为：
$$l_{01}\approx\frac{b_0}{\tan\alpha}=\frac{40-2\times 2.1}{\tan 45°}=35.8\text{cm}\qquad[图 7.7（a）]$$

$$\lambda_1=\frac{l_{01}}{i_1}=\frac{35.8}{2.23}=16.1$$

分肢对 y 轴的长细比 λ_{y1} 为：
$$\lambda_{y1}=\frac{l_{0y}}{i_{y1}}=\frac{6.3\times 10^2}{8.67}=72.7>\lambda_1=16.1$$

由 $\lambda_{y1}=72.7$，得分肢稳定系数 $\varphi_1=0.734$（b 类截面，附表 1.28），
$$\frac{N_1}{\varphi_1 A_1 f}=\frac{504.3\times 10^3}{0.734\times 31.83\times 10^2\times 215}=1.004\approx 1.0，可。$$

不必验算分肢的局部稳定性（钢材为 Q235 的热轧槽钢，其局部稳定性有保证）。

4. 刚度验算（《原规范》第 5.3.8 条）

最大长细比：
$$\lambda_{max}=\max\{\lambda_x,\lambda_1,\lambda_{y1}\}=\lambda_{y1}=72.7<[\lambda]=150，可。$$

柱截面无削弱且等效弯矩系数 $\beta_{mx}=0.967\approx 1.0$ 和 $W_{1x}=W_x$，强度不必验算。所选截面适用。

四、横隔设置

横隔用厚度为 10mm 的钢板制作。横隔间距取 3.15m，满足"横隔的间距不得大于柱截面较大宽度的 9 倍（9×0.4=3.6m）或 8m"的要求，构造如图 4.7-4 所示。《钢标》对压弯构件的横隔设置没有明确规定，本例题参照了《钢标》对轴压柱的横隔设置规定（见《钢标》第 7.2.4 条）。

【例题 7.8】图 7.8 所示一厂房刚架边柱下部柱的截面，截面无削弱，材料为 Q235B 钢。采用格构式双肢缀条柱，柱外缘至吊车肢中心的距离取 0.8m。承受的荷载设计值为：轴心压力 $N=680$ kN，正弯矩 $M_x=525$ kN·m（使吊车肢受压），负弯矩 $M'_x=280$ kN·m（使屋盖肢受压），剪力 $V=65.6$ kN。已知柱在弯矩作用平面内、外的计算长度分别为 $l_{0x}=16.8$ m、$l_{0y}=8$ m❶。E43 型焊条，手工焊。试设计此柱截面的尺寸。

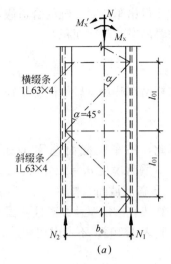

图 7.8 例题 7.8 图
(a) 构件受力；(b) 截面尺寸

【解】一、根据分肢对柱截面实轴 y 轴的稳定性要求，选定分肢的截面尺寸

柱承受的正、负弯矩大小相差较大，两分肢应采用不同的截面尺寸。分别考虑选用热轧工字钢和槽钢作为吊车肢和屋盖肢 [图 7.8(b)]。

单向压弯缀条柱分肢的稳定性按轴心受压构件计算。

1. 吊车肢截面选择

计算热轧工字钢吊车肢对柱截面实轴 y 轴（即吊车肢截面强轴）的稳定性时应按 a 类截面考虑（热轧工字钢截面的宽高比 $b/h<0.8$，附表 1.10）。

(1) 吊车肢内力 [图 7.8(a)]

吊车肢承受的较大轴心压力 N_1 暂按下述近似式计算（即暂时假定由 N 引起的吊车肢压力按 M_x 和 M'_x 比例分配）：

$$N_1 \approx \frac{M_x}{M_x+M'_x}N+\frac{M_x}{80-y_0}$$

$$\approx \frac{525}{525+280}\times 680+\frac{525\times 10^2}{80-2.0}=1116.6 \text{kN}$$

式中暂取屋盖肢（槽钢）轴线 2-2 至槽钢背的距离为 $y_0=2.0$ cm。

(2) 截面选择

利用第 4 章第 4.3 节中的表 4.1 和表 4.2 假定吊车肢对 y 轴的长细比 λ_{y1}，但参数 α 应取表 4.1 中项次 12 所给数值的二分之一。取 $\alpha=0.5$，由：

$$\frac{\alpha l_{0y}^2 f}{N}\times 10^{-3}=\frac{0.5\times(8\times 10^3)^2\times 215}{1116.6\times 10^3}\times 10^{-3}=6.2$$

---

❶ 见例题 7.5 注。

查表 4.2 得吊车肢对 y 轴的合适假定长细比 $\lambda_{y1}=72$，$\varphi_{y1}=0.829$（a 类截面）。

需要吊车肢截面面积：
$$A_1 \geqslant \frac{N_1}{\varphi_{y1} f} = \frac{1116.6 \times 10^3}{0.829 \times 215} \times 10^{-2} = 62.65 \text{cm}^2$$

需要吊车肢对 y 轴的回转半径：
$$i_{y1} \geqslant \frac{l_{0y}}{\lambda_{y1}} = \frac{8 \times 10^2}{72} = 11.11 \text{cm}$$

据此，吊车肢截面选用 I28b：$A_1=60.97\text{cm}^2$，$i_{y1}=11.1\text{cm}$，$I_1=379\text{cm}^4$，$i_1=2.49\text{cm}$；翼缘宽度 $b_1=124\text{mm}$，翼缘厚度 $t_1=13.7\text{mm}<16\text{mm}$，腹板厚度 $t_{w1}=10.5\text{mm}$。

2. 屋盖肢截面选择

计算热轧槽钢屋盖肢对柱截面实轴 y 轴（即屋盖肢截面强轴）的稳定性时按 b 类截面考虑（附表 1.10），不考虑扭转效应的影响（参照《原规范》第 5.1.2 条注 3，《钢标》中没有规定）。

(1) 屋盖肢内力 [图 7.8 (a)]

屋盖肢承受的较大轴心压力 N_2 暂按下述近似式计算（即暂时假定由 N 引起的屋盖肢压力按 M_x 和 M'_x 比例分配）：
$$N_2 \approx \frac{M'_x}{M_x+M'_x}N + \frac{M'_x}{80-y_0} \approx \frac{280}{525+280} \times 680 + \frac{280 \times 10^2}{80-2.0} = 595.5 \text{kN}$$

(2) 截面选择

利用第 4 章第 4.3 节中的表 4.1 和表 4.2 假定屋盖肢对 y 轴的长细比 λ_{y2}，但参数 α 应取表 4.1 中项次 13 所给数值的二分之一，即应取 $\alpha=0.4$。由：
$$\frac{\alpha l_{0y}^2 f}{N} \times 10^{-3} = \frac{0.4 \times (8 \times 10^3)^2 \times 215}{595.5 \times 10^3} \times 10^{-3} = 9.2$$

查表 4.2 得屋盖肢对 y 轴的合适假定长细比 $\lambda_{y2}=80$，$\varphi_{y2}=0.688$（b 类截面）。

需要屋盖肢截面面积：
$$A_2 \geqslant \frac{N_2}{\varphi_{y2} f} = \frac{595.5 \times 10^3}{0.688 \times 215} \times 10^{-2} = 40.3 \text{cm}^2$$

需要屋盖肢对 y 轴的回转半径：
$$i_{y2} \geqslant \frac{l_{0y}}{\lambda_{y2}} = \frac{8 \times 10^2}{80} = 10 \text{cm}$$

据此，屋盖肢截面选用 [28a：$A_2=40.02\text{cm}^2$，$i_{y2}=10.9\text{cm}$，$I_2=218\text{cm}^4$，$i_2=2.33\text{cm}$，$y_0=2.10\text{cm}$。

二、根据缀条的稳定性要求，选定缀条的截面尺寸，同时进行缀条与分肢间连接的设计

柱的计算剪力（《钢标》第 7.2.7 条）：
$$V = \frac{Af}{85}\frac{1}{\varepsilon_k} = \frac{(60.97+40.02) \times 10^2 \times 215}{85 \times 1.0} \times 10^{-3} = 25.5 \text{kN}$$

小于柱的实际剪力 $V=65.6\text{kN}$，计算缀条内力时取 $V=65.6\text{kN}$（《钢标》第 8.2.7 条）。

每个缀条面承担的剪力：
$$V_1 = \frac{1}{2}V = \frac{1}{2} \times 65.6 = 32.8 \text{kN}$$

单缀条体系，取斜缀条与柱轴线间的夹角 $\alpha=45°$，布置如图 7.8（a）所示。横缀条采用与斜缀条相同截面，今按斜缀条选用截面。

1. 缀条内力

按平行弦桁架的腹杆计算（图 4.7-2）：

$$N_t = \frac{V_1}{\sin\alpha} = \frac{32.8}{\sin 45°} = 46.4 \text{kN}$$

2. 缀条截面选择

缀条按轴心受压构件计算。

缀条截面考虑选用等边单角钢，计算其稳定性时属 b 类截面。缀条与分肢采用单边焊接。

缀条计算长度：

$$l_t \approx \frac{b_0}{\sin\alpha} = \frac{80-2.10}{\sin 45°} = 110.2 \text{cm}$$

利用第 4 章第 4.3 节中公式（4.3）和表 4.1、并以 $\eta f = (0.6+0.0015\lambda)f$ 代替公式（4.3）中的 f（《钢标》第 7.6.1 条第 2 款），得缀条的合适假定长细比 $\lambda_t = 100$，$\varphi_t = 0.555$（b 类截面，附表 1.28）。

需要缀条截面面积：

$$A_t \geqslant \frac{N_t}{\varphi_t(\eta f)} = \frac{46.4\times 10^3}{0.555\times(0.6+0.0015\times 100)\times 215}\times 10^{-2} = 5.18 \text{cm}^2$$

需要缀条截面最小回转半径：

$$i_{\min} = i_v \geqslant \frac{l_t}{\lambda_t} = \frac{110.2}{100} = 1.10 \text{cm}$$

据此，缀条截面选用 1∟63×4：$A_t = 4.978 \text{cm}^2$，$i_{\min} = i_v = 1.26 \text{cm}$。

3. 缀条截面验算

缀条最大长细比：

$$\lambda_t = \frac{l_t}{i_v} = \frac{110.2}{1.26} = 87.5 < [\lambda] = 150，可。$$

稳定系数：$\varphi_t = 0.638$（b 类截面，附表 1.28）

单边连接的等边单角钢按轴心受压计算稳定性时的强度设计值折减系数：

$$\eta = 0.6 + 0.0015\lambda = 0.6 + 0.0015 \times 87.5 = 0.731$$

$$\frac{N_t}{\eta \varphi_t A_t f} = \frac{46.4\times 10^3}{0.731\times 0.638\times 4.978\times 10^2\times 215} = 0.930 < 1.0，可。$$

所选缀条截面适用。

缀条与柱子分肢间连接焊缝的设计方法见例题 7.7，此处略。

三、柱截面验算

1. 柱截面几何特性计算

截面面积：$A = A_1 + A_2 = 60.97 + 40.02 = 100.99 \text{cm}^2$

形心位置 [图 7.8（b）]：

$$y_1 = \frac{A_2(80-y_0)}{A} = \frac{40.02\times(80-2.10)}{100.99} = 30.9 \text{cm}$$

$$y_2 = 80 - y_1 - y_0 = 80 - 30.9 - 2.10 = 47.0 \text{cm}$$

惯性矩：
$$I_x = (I_1 + A_1 y_1^2) + (I_2 + A_2 y_2^2) = (379 + 60.97 \times 30.9^2) + (218 + 40.02 \times 47^2)$$
$$= 147216 \text{cm}^4$$

回转半径：
$$i_x = \sqrt{\frac{I_x}{A}} = \sqrt{\frac{147216}{100.99}} = 38.18 \text{cm}$$

对吊车肢的截面模量：
$$W_x = \frac{I_x}{y_1 + \frac{b_1}{2}} = \frac{147216}{30.9 + \frac{12.4}{2}} = 3968 \text{cm}^3 \quad \text{（验算强度时用）}$$

$$W_{1x} = \frac{I_x}{y_{c1}} = \frac{147216}{30.9 + \frac{1.05}{2}} = 4685 \text{cm}^3 \quad \text{（验算稳定时用）}$$

式中 y_{c1} 为由 x 轴到吊车肢腹板外边缘的距离（《钢标》第 8.2.2 条第 1 款）。

对屋盖肢的截面模量：
$$W_{2x} = \frac{I_x}{y_{c2}} = \frac{147216}{47.0 + 2.10} = 2998 \text{cm}^3 \quad \text{（验算强度、稳定时用）}$$

式中 y_{c2} 为由 x 轴到屋盖肢腹板外边缘的距离。

2. 强度验算

格构式构件对虚轴 x 轴的截面塑性发展系数 $\gamma_x = 1.0$（附表 1.15 项次 7）。

在轴心压力 N 和正弯矩 M_x 共同作用下柱截面的最大应力（压应力，在吊车肢边缘纤维）：
$$\frac{N}{A_n} + \frac{M_x}{\gamma_x W_{nx}} = \frac{680 \times 10^3}{100.99 \times 10^2} + \frac{525 \times 10^6}{1.0 \times 3968 \times 10^3} = 199.6 \text{N/mm}^2 < f = 215 \text{N/mm}^2，可。$$

3. 弯矩作用平面内的整体稳定验算（《钢标》第 8.2.2 条）

长细比：$\lambda_x = \dfrac{l_{0x}}{i_x} = \dfrac{16.8 \times 10^2}{38.18} = 44.0$

构件截面中垂直于 x 轴的各斜缀条毛截面面积之和：
$$A_{1x} = 2A_t = 2 \times 4.978 = 9.956 \text{cm}^2$$

换算长细比：
$$\lambda_{0x} = \sqrt{\lambda_x^2 + 27 \frac{A}{A_{1x}}} = \sqrt{44.0^2 + 27 \times \frac{100.99}{9.956}} = 47.0$$

稳定系数：$\varphi_x = 0.870$（b 类截面，附表 1.28）

弹性临界力：
$$N_{cr} = \frac{\pi^2 EA}{\lambda_{0x}^2} = \frac{\pi^2 \times 206 \times 10^3 \times 100.99 \times 10^2}{47^2} \times 10^{-3} = 9295 \text{ kN}$$

$N/N_{cr} = 680/9295 = 0.0732$

$N/N'_{Ex} = 1.1 N/N_{cr} = 1.1 \times 0.0732 = 0.0804$

在弯矩作用平面内下部柱上端有侧移，等效弯矩系数（《钢标》第 8.2.1 条中 β_{mx} 取值第 2 款）：

$$\beta_{mx}=1-0.36N/N_{cr}=1-0.36\times 0.0732=0.974$$

轴心压力 N 和正弯矩 M_x 共同作用下的稳定计算：

$$\frac{N}{\varphi_x Af}+\frac{\beta_{mx}M_x}{W_{1x}\left(1-\dfrac{N}{N'_{Ex}}\right)f}=\frac{680\times 10^3}{0.870\times 100.99\times 10^2\times 215}+\frac{0.974\times 525\times 10^6}{4685\times 10^3\ (1-0.0804)\times 215}$$

$$=0.3600+0.5519=0.912<1.0，可。$$

在轴心压力 N 和负弯矩 M'_x 共同作用下的屋盖肢腹板边缘：

$$\frac{N}{\varphi_x Af}+\frac{\beta_{mx}M'_x}{W_{2x}\left(1-\dfrac{N}{M'_{Ex}}\right)f}=\frac{680\times 10^3}{0.870\times 100.99\times 10^2\times 215}+\frac{0.974\times 280\times 10^6}{2998\times 10^3\ (1-0.0804)\times 215}$$

$$=0.3600+0.4599=0.820<1.0，可。$$

弯矩作用平面外的整体稳定性可不计算，但应计算分肢的稳定性（《钢标》第 8.2.2 条第 2 款）。

4. 分肢稳定性验算

（1）吊车肢

轴心压力 [图 7.8（a）]：

$$N_1=\frac{Ny_2+M_x}{y_1+y_2}=\frac{680\times 47+525\times 10^2}{30.9+47}=1084.2\text{kN}$$

吊车肢对 1-1 轴的计算长度 l_{01} 和长细比 λ_1 分别为：

$$l_{01}\approx\frac{y_1+y_2}{\tan\alpha}=\frac{30.97+47}{\tan 45°}=77.9\text{cm}$$

$$\lambda_1=\frac{l_{01}}{i_1}=\frac{77.9}{2.49}=31.3$$

稳定系数：$\varphi_{1-1}=0.931$（b 类截面，附表 1.28）

吊车肢对 y 轴的长细比 λ_{y1} 为：

$$\lambda_{y1}=\frac{l_{0y}}{i_{y1}}=\frac{8\times 10^2}{11.1}=72.1$$

稳定系数：$\varphi_{y1}=0.829$（a 类截面，附表 1.27）$<\varphi_{1-1}=0.931$，取 $\varphi_1=0.829$，得：

$$\frac{N_1}{\varphi_1 A_1 f}=\frac{1084.2\times 10^3}{0.829\times 60.97\times 10^2\times 215}=0.998<1.0，可。$$

（2）屋盖肢

轴心压力 [图 7.8（a）]：

$$N_2=\frac{Ny_1+M'_x}{y_1+y_2}=\frac{680\times 30.9+280\times 10^2}{30.9+47}=629.2\text{kN}$$

屋盖肢对 2-2 轴的计算长度 l_{02} 和长细比 λ_2 分别为：

$$l_{02}=l_{01}\approx 77.9\text{cm} \quad 和 \quad \lambda_2=\frac{l_{02}}{i_2}=\frac{77.9}{2.33}=33.4$$

屋盖肢对 y 轴的长细比 λ_{y2} 为：

$$\lambda_{y2}=\frac{l_{0y}}{i_{y2}}=\frac{800}{10.9}=73.4>\lambda_2=33.4$$

按 $\lambda_{y2}=73.4$ 查附表 1.28（b 类截面），得屋盖肢的稳定系数 $\varphi_2=0.730$，

$$\frac{N_2}{\varphi_2 A_2 f}=\frac{629.2\times10^3}{0.73\times40.02\times10^2\times215}=1.002\approx1.0,\text{可。}$$

分肢稳定性满足要求。

钢材为 Q235 的热轧槽钢和热轧工字钢（I63a 除外），轴心受压时的局部稳定性有保证，故不必验算分肢的局部稳定性。

5. 刚度验算（《原规范》第 5.3.8 条）

最大长细比：

$$\lambda_{\max}=\max\{\lambda_x,\lambda_1,\lambda_{y1},\lambda_2,\lambda_{y2}\}=\lambda_{y2}$$
$$=73.4<[\lambda]=150,\text{可。}$$

所选截面 [图 7.8 (b)] 适用，截面由分肢稳定性控制。

横隔设置方法见例题 4.9 等，此处从略。

【例题 7.9】 如图 7.9 所示一单向压弯格构式双肢缀板柱，截面为热轧工字钢 2I36a，无削弱，材料为 Q235B 钢。承受的荷载设计值为：轴心压力 $N=1180$kN，弯矩 $M_x=130$kN·m，剪力 $V=22$kN。柱在弯矩作用平面内有侧移，其计算长度 $l_{0x}=16.8$m❶；弯矩作用平面外两端有支承，其计算长度为 $l_{0y}=6$m。E43 型焊条，手工焊。试验算该缀板柱的截面 [图 7.9 (b)] 是否适用。

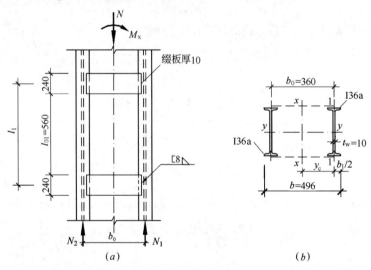

图 7.9 例题 7.9 图
(a) 构件受力；(b) 截面尺寸

【解】 查附表 2.4，得一个热轧工字钢 I36a 的截面几何特性为：$A_1=76.44$cm²，对强轴即柱截面实轴 y 轴的回转半径 $i_{y1}=14.4$cm，对最小刚度轴 1-1 [图 7.9 (b)] 的惯性矩 I_1、截面模量 W_1 和回转半径 i_1 分别为 $I_1=552$cm⁴、$W_1=81.2$cm³ 和 $i_1=2.69$cm；腹板厚 $t_w=10$mm，翼缘宽 $b_1=136$mm、厚 $t=15.8$mm<16mm，$f=215$N/mm²。

---

❶ 见例题 7.5 注。

一、柱截面几何特性计算 [图7.9（b）]

截面面积：$A=2A_1=2\times76.44=152.88\text{cm}^2$

惯性矩：$I_x=2\left[I_1+A_1\left(\dfrac{b_0}{2}\right)^2\right]=2\times\left[552+76.44\times\left(\dfrac{36}{2}\right)^2\right]=50637\text{cm}^4$

回转半径：$i_x=\sqrt{\dfrac{I_x}{A}}=\sqrt{\dfrac{50637}{152.88}}=18.20\text{cm}$

截面模量：$W_x=\dfrac{2I_x}{b}=\dfrac{2\times50637}{49.6}=2042\text{cm}^3$ （验算强度时用）

$$W_{1x}=\dfrac{I_x}{y_c}=\dfrac{I_x}{(b_0+t_w)/2}=\dfrac{50637}{(36+1)/2}=2737\text{cm}^3 \text{（验算稳定时用）}$$

二、柱截面验算

1. 强度

格构式构件对虚轴 x 轴的截面塑性发展系数 $\gamma_x=1.0$（附表1.15项次7）。

截面无削弱，$A_n=A$、$W_{nx}=W_x$，于是：

$\dfrac{N}{A_n}+\dfrac{M_x}{\gamma_x W_{nx}}=\dfrac{1180\times10^3}{152.88\times10^2}+\dfrac{130\times10^6}{1.0\times2042\times10^3}=140.8\text{N/mm}^2<f=215\text{N/mm}^2$，可。

2. 弯矩作用平面内的整体稳定性（《钢标》第8.2.2条）

分肢对最小刚度轴1-1的计算长度 l_{01}（《钢标》第7.2.3条第1款）和长细比 λ_1 分别为（图7.9）：

$$l_{01}=56\text{cm} \quad \text{和} \quad \lambda_1=\dfrac{l_{01}}{i_1}=\dfrac{56}{2.69}=20.8$$

柱对截面虚轴 x 轴的长细比 λ_x 和换算长细比 λ_{0x} 分别为：

$$\lambda_x=\dfrac{l_{0x}}{i_x}=\dfrac{16.8\times10^2}{18.20}=92.3$$

$$\lambda_{0x}=\sqrt{\lambda_x^2+\lambda_1^2}=\sqrt{92.3^2+20.8^2}=94.6$$

由 $\lambda_{0x}=94.6$ 查附表1.28，得稳定系数 $\varphi_x=0.590$（b类截面）。

弹性临界力：

$$N_{cr}=\dfrac{\pi^2 EA}{\lambda_{0x}^2}=\dfrac{\pi^2\times206\times10^3\times152.88\times10^2}{94.6^2}\times10^{-3}=3473\text{kN}$$

$N/N_{cr}=1180/3473=0.3398$

$N/N'_{Ex}=1.1N/N_{cr}=1.1\times0.3398=0.3738$

等效弯矩系数：$\beta_{mx}=1-0.36N/N_{cr}=1-0.36\times0.3398=0.878$

$$\dfrac{N}{\varphi_x Af}+\dfrac{\beta_{mx}M_x}{W_{1x}\left(1-\dfrac{N}{N'_{Ex}}\right)f}=\dfrac{1180\times10^3}{0.590\times152.88\times10^2\times215}+\dfrac{0.878\times130\times10^6}{2737\times10^3(1-0.3738)\times215}$$

$$=0.6085+0.3098=0.918<1.0，可。$$

弯矩作用平面外的整体稳定性可不计算，但应计算分肢的稳定性（《钢标》第8.2.2条第2款）。

3. 分肢的稳定性

格构式单向压弯缀板柱分肢的稳定性，应按弯矩绕分肢最小刚度轴1-1作用的实腹式单向压弯构件计算。

(1) 分肢内力

分肢承受的轴心压力 (图 7.9):
$$N_1 = \frac{N}{2} + \frac{M_x}{b_0} = \frac{1180}{2} + \frac{130 \times 10^2}{36} = 951.1 \text{kN}$$

分肢承受的弯矩 M_1 由剪力 V 引起,按多层刚架计算。计算时假定在剪力作用下各反弯点分别位于横梁(缀板)和柱(分肢)的中央。

柱的计算剪力(《钢标》第 7.2.7 条):
$$V = \frac{Af}{85} \frac{1}{\varepsilon_k} = \frac{152.88 \times 10^2 \times 215}{85 \times 1.0} \times 10^{-3} = 38.7 \text{kN}$$

大于柱的实际剪力 $V=22$kN,取 $V=38.7$kN 计算分肢承受的弯矩 M_1 [图 4.9-2 (b)、(c)]:
$$M_1 = 2\left(\frac{V_1}{2} \cdot \frac{l_1}{2}\right) = \frac{Vl_1}{4} = \frac{38.7 \times (560+240) \times 10^{-3}}{4} = 7.74 \text{kN} \cdot \text{m}$$

式中 l_1 为相邻两缀板轴线间距离 [图 7.9 (a)]。

(2) 分肢在弯矩作用平面内的稳定性

条件: $\dfrac{N_1}{\varphi_1 A_1 f} + \dfrac{\beta_{m1} M_1}{\gamma_1 W_1 \left(1 - 0.8 \dfrac{N}{N'_{E1}}\right) f} \leqslant 1.0$

今 $\lambda_1 = 20.8$,$\varphi_x = 0.968$(b 类截面,附表 1.28)。

弹性临界力:
$$N_{cr} = \frac{\pi^2 E A_1}{\lambda_1^2} = \frac{\pi^2 \times 206 \times 10^3 \times 76.44 \times 10^2}{20.8^2} \times 10^{-3} = 35922 \text{kN}$$

$N_1/N_{cr} = 951.1/35922 = 0.0265$

$N_1/N'_{E1} = 1.1 N_1/N_{cr} = 1.1 \times 0.0265 = 0.0291$

截面塑性发展系数:$\gamma_1 = 1.20$(附表 1.15)

等效弯矩系数取有侧移时:$\beta_{m1} = 1 - 0.36 N_1/N_{cr} = 1 - 0.36 \times 0.0265 = 0.990$

$$\frac{N_1}{\varphi_1 A_1 f} + \frac{\beta_{m1} M_1}{\gamma_1 W_1 \left(1 - 0.8 \dfrac{N}{N'_{E1}}\right) f} = \frac{951.1 \times 10^3}{0.968 \times 76.44 \times 10^2 \times 215}$$

$$+ \frac{0.99 \times 7.74 \times 10^6}{1.20 \times 81.2 \times 10^3 \times (1 - 0.8 \times 0.0291) \times 215}$$

$$= 0.5978 + 0.3745 = 0.972 < 1.0,可。$$

(3) 分肢在弯矩作用平面外的稳定性

条件: $\dfrac{N_1}{\varphi_1 A_1 f} + \dfrac{\beta_{t1} M_1}{\varphi_b W_1 f} \leqslant 1.0$

今 $\lambda_{y1} = \dfrac{l_{0y}}{i_{y1}} = \dfrac{6 \times 10^2}{14.4} = 41.7$,$\varphi_{y1} = 0.938$(a 类截面,附表 1.27)。

等效弯矩系数近似取 $\beta_{t1} = 0.85$(《钢标》第 8.2.1 条中 β_{tx} 取值第 1 款之 2)

均匀弯曲的受弯构件整体稳定系数(对工字形截面、弯矩绕弱轴作用时,《钢标》第

8.2.5条）$\varphi_b=1.0$：

$$\frac{N_1}{\varphi_{y1}A_1 f}+\eta\frac{\beta_{t1}M_1}{\varphi_b W_1 f}=\frac{951.1\times 10^3}{0.938\times 76.44\times 10^2\times 215}+1.0\times\frac{0.85\times 7.74\times 10^6}{1.0\times 81.2\times 10^3\times 215}$$
$$=0.6170+0.3768=0.994<1.0，可。$$

因分肢是 Q235 热轧工字钢，其局部稳定性不必验算

4. 刚度验算（《原规范》第5.3.8条）

最大长细比：

$$\lambda_{max}=\max\{\lambda_x,\lambda_1,\lambda_{y1}\}=\lambda_x=92.3<[\lambda]=150，可。$$

缀板刚度和缀板与分肢间连接的强度均满足要求，计算方法见例题4.11，此处从略。

缀板柱的截面［图7.9（b）］适用。

【例题7.10】设计一双向压弯格构式双肢缀条柱的截面尺寸，设计资料同例题7.6，仅截面形式作了改变。柱截面无削弱，材料用 Q355 钢。柱顶承受的荷载设计值为［图7.6-1（a）］：$N=300\text{kN}$，$M_x=\pm 600\text{kN}\cdot\text{m}$，$M_y=\pm 180\text{kN}\cdot\text{m}$。构件长 $l=12\text{m}$，两端铰接并在 x-x 方向二分点处设有一侧向支承点，计算长度 $l_{0x}=l=12\text{m}$、$l_{0y}=6\text{m}$。

【解】钢号修正系数 $\varepsilon_k=\sqrt{235/f_y}=\sqrt{235/355}=0.814$

一、确定分肢间距

参考例题7.6中构件的截面尺寸［图7.6-1（b）］，试取柱两分肢轴线间距离 $b_0=550\text{mm}\approx l/22$，如图 7.10-1（b）所示。

二、根据分肢对柱截面实轴 y 轴的稳定性要求，初选分肢的截面尺寸

因柱承受的正负弯矩大小相等，两分肢采用相同的截面尺寸并考虑采用热轧工字钢。

双向压弯缀条柱分肢的稳定性，应按弯矩绕分肢强轴即柱截面实轴 y 轴作用的实腹式单向压弯构件计算（《钢标》第8.2.6条第2款）。

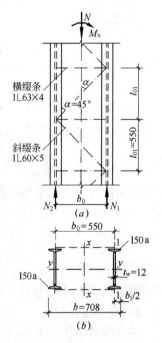

图7.10-1 例题7.10图之一
(a) 构件受力；(b) 截面尺寸

1. 分肢内力

分肢承受的轴心压力 N_1（或 N_2），应按在 N 和 M_x 作用下将分肢作为桁架的弦杆计算［图7.10-1（a）］：

$$N_1=\frac{N}{2}+\frac{M_x}{b_0}=\frac{3000}{2}+\frac{600\times 10^2}{55}=2591\text{kN}$$

因两分肢采用相同的截面尺寸，故 M_y 可平均分配给两分肢，即单个分肢承受的弯矩为：

$$M_{y1}=\frac{1}{2}M_y=\frac{1}{2}\times 180=90\text{kN}\cdot\text{m}$$

2. 分肢截面选择

（1）计算长度

分肢对 y 轴：$l_{0y1}=l_{0y}=6\text{m}=6000\text{mm}$

分肢对最小刚度轴1-1（图7.10-1）：

$$l_{01} \approx \frac{b_0}{\tan\alpha} = \frac{550}{\tan 45°} = 550\text{mm}。$$

（2）等效弯矩系数

分肢在弯矩 M_{y1} 作用平面内的等效弯矩系数 β_{my1} 为 [图 7.6-1（a）、图 7.10-2]：

$$\beta_{my1} = 0.6 + 0.4\frac{M_2}{M_1} = 0.6 + 0.4 \times \left(-\frac{1}{4}\right) = 0.5$$

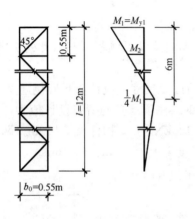

图 7.10-2　例题 7.10 图之二

分肢在弯矩 M_{y1} 作用平面外的等效弯矩系数 β_{ty1} 为（图 7.10-2）：

$$\beta_{ty1} = 0.65 + 0.35\left(\frac{M_2}{M_1}\right) = 0.65 + 0.35 \times 0.89 = 0.962$$

式中　$M_2 = \left(M_1 + \frac{M_1}{4}\right) \times \frac{6-0.55}{6} - \frac{M_1}{4} = 0.89M_1$。

（3）按分肢为单向压弯构件的稳定性条件试选截面

1）试选分肢截面高度 h_1

试取高度 $h_1 = 40\text{cm}(= l_{0y1}/15)$，得按弯矩作用平面内稳定性要求计算的等效轴心压力为 [公式（7.1）]：

$$N_{y1.eq} = N_1 + \beta_{my1}M_{y1}\frac{k_m}{h_1} = 2591 + 0.5 \times 90 \times \frac{3}{0.4} = 2929\text{kN}$$

由第 4 章中的表 4.1 项次 11，查得 $\alpha_{y1} = 0.4$（因 $h_1 = 40\text{cm}$，截面介于 I32~I40），有：

$$\frac{\alpha_{y1}l_{0y1}^2 f}{N_{y1,eq}} \times 10^{-3} = \frac{0.4 \times 6000^2 \times 295}{2929 \times 10^3} \times 10^{-3} = 1.45$$

因截面高度为 40cm 的热轧工字钢翼缘厚度 $t = 16.5\text{mm} > 16\text{mm}$（附表 2.4），故上式中取 Q355 钢的抗压强度设计值 $f = 295\text{N/mm}^2$（附表 1.1）。查表 4.3（Q355 钢），得假定的长细比 $\lambda_{y1} = 36$，需要工字钢截面高度的近似值为：

$$h_1' \approx \frac{1}{0.39}i_{y1} = \frac{1}{0.39}\frac{l_{0y1}}{\lambda_{y1}} = \frac{1}{0.39} \times \frac{6 \times 10^2}{36} = \frac{1}{0.39} \times 16.7 = 42.8\text{cm} > h_1 = 40\text{cm}$$

表明假定的 h_1 偏小不合适，改取 $h_1 = 45\text{cm}$（与工字钢规格匹配）。

2）求合适长细比

按分肢弯矩作用平面内、外稳定性要求计算的等效轴心压力为 [公式（7.1）、公式（7.2）]：

$$N_{y1.eq} = N_1 + \beta_{my1}M_{y1}\frac{k_m}{h_1} = 2591 + 0.5 \times 90 \times \frac{3}{0.45} = 2891\text{kN}$$

$$N_{11.eq} = N_1 + \eta\beta_{ty1}M_{y1}\frac{k_t}{h_1} = 2591 + 0.962 \times 90 \times \frac{2}{0.45} = 2976\text{kN}$$

分肢 $h_1 = 45\text{cm} > 40\text{cm}$，其关于自身强轴、弱轴屈曲的参数 $\alpha_{y1} = 0.3$、$\alpha_{11} = 14$（见第 4 章表 4.1 项次 11），得：

$$\frac{\alpha_{y1}l_{0y1}^2 f}{N_{y1,eq}} \times 10^{-3} = \frac{0.3 \times 6000^2 \times 295}{2891 \times 10^3} \times 10^{-3} = 1.10$$

$$\frac{\alpha_{11}l_{01}^2 f}{N_{11,\text{eq}}} \times 10^{-3} = \frac{14 \times 550^2 \times 295}{2976 \times 10^3} \times 10^{-3} = 0.42$$

查表 4.3，得合适长细比 $\lambda_{y1}=32.5$（a 类截面）、$\lambda_{11}=19.6$（b 类截面），对应的轴压稳定系数 $\varphi_{y1}=0.941$（由 $\lambda_{y1}/\varepsilon_k=32.5/0.814=39.9$ 查附表 1.27 得）、$\varphi_{11}=0.957$（由 $\lambda_{y1}/\varepsilon_k=19.6/0.814=24.1$ 查附表 1.28 得）。

按轴心受压稳定性要求计算需要的截面面积：

$$A_{y1} \geqslant \frac{N_{y1.\text{eq}}}{\varphi_{y1}f} = \frac{2891 \times 10^3}{0.941 \times 295} \times 10^{-2} = 104.1\text{cm}^2$$

$$A_{11} \geqslant \frac{N_{11.\text{eq}}}{\varphi_{11}f} = \frac{2976 \times 10^3}{0.957 \times 295} \times 10^{-2} = 105.4\text{cm}^2$$

试取需要的一只工字钢截面面积：$A_1 \approx \frac{1}{2}(104.1 + 105.4) = 104.8\text{cm}^2$

需要回转半径：

$$i_{y1} \geqslant \frac{l_{0y1}}{\lambda_{y1}} = \frac{600}{32.5} = 18.5\text{ cm}, \qquad i_{11} \geqslant \frac{l_{011}}{\lambda_{11}} = \frac{55}{19.6} = 2.81\text{cm}$$

根据需要的截面积、回转半径和截面高度，分肢截面选用一只工字钢 I50a（附表 2.4）：$A_1=119.2\text{cm}^2$，对 y 轴的回转半径 $i_{y1}=19.7\text{cm}$，截面模量 $W_{y1}=1860\text{cm}^3$；对最小刚度轴 1-1 的惯性矩 I_{11} 和回转半径 i_{11} 分别为 $I_{11}=1120\text{cm}^4$ 和 $i_{11}=3.07\text{cm}$；腹板厚 $t_w=12\text{mm}$，翼缘厚 $t=20\text{mm}>16\text{mm}$，因而 $f=295\text{N/mm}^2$。

三、根据缀条的稳定性要求，选定缀条的截面尺寸

柱对 x 轴弯曲的实际剪力 [图 7.6-1（a）]：

$$V = \frac{M_x}{l} = \frac{600}{12} = 50\text{kN}$$

柱的计算剪力（《钢标》第 7.2.7 条）：

$$V = \frac{Af}{85}\frac{1}{\varepsilon_k} = \frac{(2 \times 119.2 \times 10^2) \times 295}{85 \times 0.814} \times 10^{-3} = 101.6\text{kN} > 50\text{kN}$$

计算缀条内力时取 $V=101.6\text{kN}$（《钢标》第 8.2.7 条）。

每个缀条面承担的剪力：

$$V_1 = \frac{1}{2}V = \frac{1}{2} \times 101.6 = 50.8\text{kN}$$

单缀条体系，取斜缀条与柱轴线间的夹角 $\alpha=45°$，布置如图 7.10-1(a) 所示。
横缀条采用与斜缀条相同截面，按斜缀条选用截面。

1. 缀条内力

按平行弦桁架的腹杆计算（图 4.7-2）：

$$N_t = \frac{V_1}{\sin\alpha} = \frac{50.8}{\sin 45°} = 71.8\text{kN}$$

2. 缀条截面选择

缀条按轴心受压构件计算。

缀条截面考虑选用等边单角钢，Q355 钢，计算其稳定性时属 a 类截面（附表 1.10 注 1）。缀条与分肢采用单边焊接。

缀条计算长度：$l_t \approx \dfrac{b_0}{\sin\alpha} = \dfrac{55}{\sin 45°} = 77.8\text{cm}$

利用第4章第4.3节中表4.1和表4.3，并以 $\eta f = (0.6+0.0015\lambda_t)f \approx 0.7f$ 代替 f（《钢标》第7.6.1条第2款），得缀条的合适假定长细比 $\lambda_t = 73$。由 $\lambda_t/\varepsilon_k = 73/0.814 = 89.7$ 查附表1.27（a类截面），$\varphi_t = 0.716$。

需要缀条截面面积：

$$A_t \geqslant \dfrac{N_t}{\varphi_t(\eta f)} = \dfrac{71.8\times 10^3}{0.716\times(0.6+0.0015\times 73)\times 305}\times 10^{-2} = 4.63\text{cm}^2$$

需要最小回转半径：

$$i_{\min} = i_v \geqslant \dfrac{l_t}{\lambda_t} = \dfrac{77.8}{73} = 1.07\text{cm}$$

据此，缀条截面选用 1∟63×4：$A_t = 4.978\text{cm}^2$，$i_{\min} = i_v = 1.26\text{cm}$，内圆弧半径 $r = 7\text{mm}$。

3. 缀条截面验算

(1) 刚度和整体稳定性

缀条最大长细比：

$$\lambda_t = \dfrac{l_t}{i_v} = \dfrac{77.8}{1.26} = 61.7 < [\lambda] = 150，可。$$

由 $\lambda_t/\varepsilon_k = 61.7/0.814 = 75.8$ 查附表1.27（a类截面），得稳定系数 $\varphi_t = 0.808$。

单边连接的等边单角钢按轴心受压计算稳定性时的强度设计值折减系数：

$$\eta = 0.6 + 0.0015\lambda_t = 0.6 + 0.0015\times 61.7 = 0.693$$

单边连接的单角钢压杆，当角钢边的平板宽厚比（即自由外伸宽厚比）$w/t > 14\varepsilon_k$ 时，压杆的整体稳定承载力应乘以折减系数 ρ_e（《钢标》第7.6.3条）：

$$\rho_e = 1.3 - 0.3\dfrac{w/t}{14\varepsilon_k} \qquad 《钢标》公式(7.6.3)$$

今 $\dfrac{w}{t} = \dfrac{b-t-r}{t} = \dfrac{63-4-7}{4} = 13 > 14\varepsilon_k = 14\times 0.814 = 11.4$

得 $\rho_e = 1.3 - 0.3\left(\dfrac{w/t}{14\varepsilon_k}\right) = 1.3 - 0.3\times\dfrac{13}{11.4} = 0.958$

因此，斜缀条的整体稳定性：

$$\dfrac{N_t}{\rho_e\cdot\varphi_t A_t(\eta f)} = \dfrac{71.8\times 10^3}{0.958\times 0.808\times 4.978\times 10^2\times(0.693\times 305)} = 0.882 < 1.0，可。$$

(2) 局部稳定性（《钢标》第7.3.1条第5款）

$\lambda_t = 61.7 < 80\varepsilon_k = 80\times 0.814 = 65.1$，局部稳定应满足下列条件：

$$\dfrac{w}{t} \leqslant 15\varepsilon_k = 15\times 0.814 = 12.2 \qquad 《钢标》公式(7.3.1-6)$$

今 $w/t = 13 > 15\varepsilon_k = 12.2$，不满足局部稳定要求。

斜缀条截面改为选用 1∟60×5（$A_t = 5.829\text{cm}^2$，$i_{\min} = i_v = 1.19\text{cm}$，内圆弧半径 $r = 6.5\text{mm}$），能满足全部设计要求，验算从略。

【说明】斜缀条截面若选用 1∟56×4（$A_t = 4.39\text{cm}^2$，$i_{\min} = i_v = 1.11\text{cm}$，内圆弧半径 $r = 6\text{mm}$），则整体稳定性条件超 2.5%，其他均满足设计要求。

缀条与柱子分肢间连接焊缝的设计方法见例题7.7，此处从略。

四、柱截面验算

1. 柱截面几何特性计算

截面面积：$A = 2A_1 = 2 \times 119.2 = 238.4 \text{cm}^2$

惯性矩：$I_x = 2\left[I_1 + A_1\left(\frac{b_0}{2}\right)^2\right] = 2\left[1120 + 119.2 \times \left(\frac{55}{2}\right)^2\right] = 182530 \text{cm}^4$

回转半径：$i_x = \sqrt{\frac{I_x}{A}} = \sqrt{\frac{182530}{238.4}} = 27.67 \text{cm}$

截面模量：$W_x = \frac{2I_x}{b} = \frac{2 \times 182530}{70.8} = 5156 \text{cm}^3$ （验算强度时用）

$W_{1x} = \frac{I_x}{(b_0 + t_w)/2} = \frac{182530}{(55+1.2)/2} = 6496 \text{cm}^3$ （验算稳定时用）

$W_y = W_{1y} = 2W_{y1} = 2 \times 1860 = 3720 \text{cm}^3$

2. 强度验算（《钢标》第 8.2.1 条）

格构式双肢构件对虚轴 x 轴和对实轴 y 轴的截面塑性发展系数分别为 $\gamma_x = 1.0$ 和 $\gamma_y = 1.05$（附表 1.15）。

截面无削弱，$A_n = A$、$W_{nx} = W_x$ 和 $W_{ny} = W_y$，于是：

$$\frac{N}{A_n} + \frac{M_x}{\gamma_x W_{nx}} + \frac{M_x}{\gamma_y W_{ny}} = \frac{3000 \times 10^3}{238.4 \times 10^2} + \frac{600 \times 10^6}{1.0 \times 5156 \times 10^3} + \frac{180 \times 10^6}{1.05 \times 3720 \times 10^3}$$

$$= 288.3 \text{N/mm}^2 < f = 295 \text{N/mm}^2，可。$$

3. 整体稳定验算

弯矩作用在两个主平面内的双肢格构式压弯构件，其整体稳定性应按下式计算：

$$\frac{N}{\varphi_x Af} + \frac{\beta_{mx} M_x}{W_{1x}\left(1 - \frac{N}{N'_{Ex}}\right)f} + \frac{\beta_{ty} M_y}{W_{1y} f} \leqslant 1.0 \quad \text{《钢标》公式（8.2.6-1）}$$

今　　$\lambda_x = \frac{l_{0x}}{i_x} = \frac{12 \times 10^2}{27.67} = 43.4$

$A_{1x} = 2A_t = 2 \times 5.829 = 11.66 \text{cm}^2$

$\lambda_{0x} = \sqrt{\lambda_x^2 + 27\frac{A}{A_{1x}}} = \sqrt{43.4^2 + 27 \times \frac{238.4}{11.66}} = 49.4$

$\varphi_x = 0.804$（由 $\lambda_{0x}/\varepsilon_k = 49.4/0.814 = 60.7$ 查附表 1.28 得）

$N'_{Ex} = \frac{\pi^2 EA}{1.1\lambda_{0x}^2} = \frac{\pi^2 \times 206 \times 10^3 \times 238.4 \times 10^2}{1.1 \times 49.4^2} \times 10^{-3} = 18056 \text{kN}$

$\frac{N}{N'_{Ex}} = \frac{3000}{18056} = 0.1721$

$\beta_{mx} = 0.6$，$\beta_{ty} = 0.65$（参阅例题 7.6）

$\frac{N}{\varphi_x Af} + \frac{\beta_{mx} M_x}{W_{1x}\left(1 - \frac{N}{N'_{Ex}}\right)f} + \frac{\beta_{ty} M_y}{W_{1y} f} = \frac{3000 \times 10^3}{0.804 \times 238.4 \times 10^2 \times 295} + \frac{0.6 \times 600 \times 10^6}{6496 \times 10^3 (1 - 0.1721) \times 295}$

$+ \frac{0.65 \times 180 \times 10^6}{3720 \times 10^3 \times 295} = 0.5306 + 0.2267 + 0.1066 = 0.867 < 1.0，可。$

4. 分肢稳定性验算

(1) 分肢在弯矩 M_{y1} 作用平面内的稳定性条件：

$$\frac{N_1}{\varphi_{y1}A_1 f}+\frac{\beta_{my1}M_{y1}}{\gamma_{y1}W_{y1}\left(1-0.8\dfrac{N}{N'_{Ey1}}\right)f}\leqslant 1.0。$$

(2) 分肢在弯矩 M_{y1} 作用平面外的稳定性条件：

$$\frac{N_1}{\varphi_{11}A_1 f}+\frac{\beta_{ty1}M_{y1}}{\varphi_b W_{y1} f}\leqslant 1.0$$

今 $N_1=2591\text{kN}$、$M_{y1}=90\text{kN}\cdot\text{m}$，分肢对 y 轴的长细比 λ_{y1}、稳定系数 φ_{y1} 和弹性临界力设计值 N'_{Ey1} 等分别为：

$$\lambda_{y1}=\frac{l_{0y}}{i_{y1}}=\frac{6\times 10^2}{19.7}=30.5$$

$\varphi_{y1}=0.947$（a 类截面，由 $\lambda_{y1}/\varepsilon_k=30.5/0.814=37.5$ 查附表 1.27 得）

$$N'_{Ey1}=\frac{\pi^2 EA}{1.1\lambda_{y1}^2}=\frac{\pi^2\times 206\times 10^3\times 119.2\times 10^2}{1.1\times 30.5^2}\times 10^{-3}=23684\text{kN}$$

$$0.8\frac{N_1}{N'_{Ey1}}=0.8\times\frac{2591}{23684}=0.0875$$

截面塑性发展系数（工字形截面对强轴）为：$\gamma_{y1}=1.05$

弯矩作用平面内、外的等效弯矩系数分别为：$\beta_{my1}=0.5$ 和 $\beta_{ty1}=0.962$（见前述二）。

分肢对最小刚度轴 1-1 的计算长度 $l_{01}=550\text{mm}$ [图 7.10-1 (a)]，得长细比：

$$\lambda_{11}=\frac{l_{01}}{i_{11}}=\frac{55}{3.07}=17.9$$

由 $\lambda_{11}/\varepsilon_k=17.9/0.814=22.0$ 查附表 1.28，得稳定系数 $\varphi_{11}=0.963$（b 类截面）。

工字形截面受弯构件整体稳定性系数当弯矩绕截面强轴 y 轴作用时为：

$$\varphi_b=1.07-\frac{\lambda_{11}^2}{44000}\cdot\frac{1}{\varepsilon_k^2}=1.07-\frac{17.9^2}{44000}\cdot\frac{1}{0.814^2}=1.061>1.0，取 \varphi_b=1.0$$

于是：

$$\frac{N_1}{\varphi_{y1}A_1 f}+\frac{\beta_{my1}M_{y1}}{\gamma_{y1}W_{y1}\left(1-0.8\dfrac{N}{N'_{Ey1}}\right)f}=\frac{2591\times 10^3}{0.947\times 119.2\times 10^2\times 295}+\frac{0.5\times 90\times 10^6}{1.05\times 1860\times 10^3(1-0.0875)\times 295}$$

$$=0.7781+0.0856=0.864<1.0，可。$$

$$\frac{N_1}{\varphi_{11}A_1 f}+\frac{\beta_{ty1}M_{y1}}{\varphi_b W_{y1} f}=\frac{2591\times 10^3}{0.963\times 119.2\times 10^2\times 295}+\frac{0.962\times 90\times 10^6}{1.0\times 1860\times 10^3\times 295}$$

$$=0.7651+0.1578=0.923<1.0，可。$$

分肢的局部稳定性满足要求（计算方法见例题 7.1，此处从略），但腹板的高厚比不符合压弯构件 S3 级截面要求，因此上述计算分肢在弯矩作用平面内的稳定性时，应取截面塑性发展系数 $\gamma_{y1}=1.0$，即：

$$\frac{N_1}{\varphi_{y1}A_1 f}+\frac{\beta_{my1}M_{y1}}{\gamma_{y1}W_{y1}\left(1-0.8\dfrac{N}{N'_{Ey1}}\right)f}=0.7781+0.0856\times 1.05=0.868<1.0，可。$$

5. 刚度验算（《原规范》第5.3.8条）

最大长细比：

$$\lambda_{max} = \max\{\lambda_x, \lambda_{11}, \lambda_{y1}\} = \lambda_x = 43.4 < [\lambda] = 150，可。$$

综上，所选柱截面适用。

横隔设置方法见例题4.9和例题7.7等，此处从略。

第8章 疲 劳 计 算

8.1 计 算 规 定

《钢标》中对疲劳计算的规定，可归纳为如下要点：

1. 直接承受动力荷载重复作用的钢结构构件及其连接，当应力变化的循环次数 n 等于或大于 $5×10^4$ 次时，应进行疲劳计算（见《钢标》第 16.1.1 条）。

2. 对非焊接的构件和连接，其应力循环中不出现拉应力的部位可不计算疲劳强度（见《钢标》第 16.1.3 条）。

3. 计算疲劳时，应采用荷载标准值（见《钢标》第 3.1.6 条）。

4. 对于直接承受动力荷载的结构，在计算疲劳时，动力荷载标准值不乘动力系数（见《钢标》第 3.1.7 条）。

5. 计算吊车梁或吊车桁架及其制动结构的疲劳时，起重机荷载应按作用在跨间内荷载效应最大的一台起重机确定（见《钢标》第 3.1.7 条）。

6. 疲劳计算应采用基于名义应力的容许应力幅法，名义应力应按弹性状态计算。《钢标》给出了两种疲劳计算方法：①不区分疲劳性质（常幅疲劳、变幅疲劳）的疲劳快速计算法，②区分疲劳性质的常幅疲劳计算法、变幅疲劳计算法。

(1) 疲劳快速计算法。

无论是常幅疲劳还是变幅疲劳，当其最大应力幅符合下列公式时，则疲劳强度满足要求。

1) 正应力幅的疲劳计算：

$$\Delta\sigma \leqslant \gamma_t [\Delta\sigma_L]_{1×10^8} \tag{8.1}$$

式中：$\Delta\sigma$——构件或连接计算部位的正应力幅；对焊接部位称为应力幅，其值为：

$$\Delta\sigma = \sigma_{max} - \sigma_{min} \tag{8.2}$$

对非焊接部位称为折算应力幅，其值为：

$$\Delta\sigma = \sigma_{max} - 0.7\sigma_{min} \tag{8.3}$$

σ_{max}——计算部位应力循环中的最大拉应力（取正值）；

σ_{min}——计算部位应力循环中的最小拉应力或压应力（拉应力取正值，压应力取负值）；

γ_t——板厚或直径修正系数，应按下列规定采用：

① 对于横向角焊缝连接和对接焊缝连接，当连接板厚 $t>25$mm 时，应取：

$$\gamma_t = (25/t)^{0.25} \tag{8.4}$$

② 对于螺栓轴向受拉连接，当螺栓的公称直径 $d>30$mm 时，应取：

$$\gamma_t = (30/d)^{0.25} \tag{8.5}$$

③ 其余情况取 $\gamma_t = 1.0$。

$[\Delta\sigma_L]_{1\times10^8}$——正应力幅的疲劳截止限,根据构件和连接的类别按附表 1.19-1 采用。

疲劳计算的构件和连接分类见附表 1.21,表中针对正应力作用共给出了 35 个项次的构造细节,分属于从 Z1 到 Z14 的十四种构件和连接类别;对剪应力作用给出了 3 个项次的构造细节,分属于从 J1 到 J3 的三种构件和连接类别。类别数字愈大,则其疲劳性能愈差。

2) 剪应力幅的疲劳计算:

$$\Delta\tau \leqslant [\Delta\tau_L]_{1\times10^8} \tag{8.6}$$

式中:$\Delta\tau$——构件或连接计算部位的剪应力幅:对焊接部位称为应力幅,其值为:

$$\Delta\tau = \tau_{\max} - \tau_{\min} \tag{8.7}$$

对非焊接部位称为折算应力幅,其值为:

$$\Delta\tau = \tau_{\max} - 0.7\tau_{\min} \tag{8.8}$$

$\tau_{\max}$——计算部位应力循环中的最大剪应力;

$\tau_{\min}$——计算部位应力循环中的最小剪应力;

$[\Delta\tau_L]_{1\times10^8}$——剪应力幅的疲劳截止限,根据构件和连接的类别按附表 1.19-2 采用。

(2) 常幅疲劳计算法。

当常幅疲劳的计算不能满足公式 (8.1) 或公式 (8.6) 要求时,应按下列规定进行计算。

1) 正应力幅的疲劳计算:

$$\Delta\sigma \leqslant \gamma_t [\Delta\sigma] \tag{8.9}$$

$$[\Delta\sigma] = \begin{cases} (C_Z/n)^{1/\beta_Z}, & n \leqslant 5\times10^6 \\ [([\Delta\sigma]_{5\times10^6})^2 \cdot C_Z/n]^{1/(\beta_Z+2)}, & 5\times10^6 < n \leqslant 1\times10^8 \\ [\Delta\sigma_L]_{1\times10^8}, & n > 1\times10^8 \end{cases} \tag{8.10}$$

式中:$[\Delta\sigma]$——常幅疲劳的容许正应力幅;

n——应力循环次数;

C_Z 和 β_Z——正应力幅的疲劳计算参数,应根据附表 1.21-1～附表 1.21-5 规定的构件和连接类别,按附表 1.19-1 采用;

$[\Delta\sigma]_{5\times10^6}$——循环次数 n 为 5×10^6 的容许正应力幅,应根据附表 1.21-1～附表 1.21-5 规定的构件和连接类别,按附表 1.19-1 采用。

2) 剪应力幅的疲劳计算:

$$\Delta\tau \leqslant [\Delta\tau] \tag{8.11}$$

$$[\Delta\tau] = \begin{cases} (C_J/n)^{1/\beta_J}, & n \leqslant 1\times10^8 \\ [\Delta\tau_L]_{1\times10^8}, & n > 1\times10^8 \end{cases} \tag{8.12}$$

式中:$[\Delta\tau]$——常幅疲劳的容许剪应力幅;

C_J 和 β_J——剪应力幅的疲劳计算参数,应根据附表 1.21-6 规定的构件和连接类别,按附表 1.19-2 采用。

(3) 变幅疲劳计算法。

当变幅疲劳的计算不能满足公式（8.1）或公式（8.6）要求时,可按下列公式规定计算。

1) 正应力幅的疲劳计算：

$$\Delta\sigma_e \leqslant \gamma_t [\Delta\sigma]_{2\times10^6} \tag{8.13}$$

$$\Delta\sigma_e = \left[\frac{\sum n_i(\Delta\sigma_i)^{\beta_z} + ([\Delta\sigma]_{5\times10^6})^{-2}\sum n_j(\Delta\sigma_j)^{\beta_z+2}}{2\times10^6}\right]^{1/\beta_z} \tag{8.14}$$

式中：$\Delta\sigma_e$——由变幅疲劳预期使用寿命（总循环次数 $n=\sum n_i + \sum n_j$）折算成循环次数 n 为 2×10^6 次的等效正应力幅；

$[\Delta\sigma]_{2\times10^6}$——循环次数 n 为 2×10^6 的容许正应力幅,应根据附表 1.21-1~附表 1.21-5 规定的构件和连接类别,按附表 1.19-1 采用；

$\Delta\sigma_i$、n_i——应力谱中在 $\Delta\sigma_i \geqslant [\Delta\sigma]_{5\times10^6}$ 范围内的正应力幅及其频次；

$\Delta\sigma_j$、n_j——应力谱中在 $[\Delta\sigma_L]_{1\times10^8} \leqslant \Delta\sigma_j < [\Delta\sigma]_{5\times10^6}$ 范围内的正应力幅及其频次。

2) 剪应力幅的疲劳计算：

$$\Delta\tau_e \leqslant [\Delta\tau]_{2\times10^6} \tag{8.15}$$

$$\Delta\tau_e = \left[\frac{\sum n_i(\Delta\tau_i)^{\beta_J}}{2\times10^6}\right]^{1/\beta_J} \tag{8.16}$$

式中：$\Delta\tau_e$——由变幅疲劳预期使用寿命（总循环次数 $n=\sum n_i$）折算成循环次数 n 为 2×10^6 次常幅疲劳的等效剪应力幅；

$[\Delta\tau]_{2\times10^6}$——循环次数 n 为 2×10^6 的容许剪应力幅,应根据附表 1.21-6 规定的构件和连接类别,按附表 1.19-2 采用；

$\Delta\tau_i$、n_i——应力谱中在 $\Delta\tau_i \geqslant [\Delta\tau_L]_{1\times10^8}$ 范围内的剪应力幅及其频次。

7. 当计算重级工作制吊车梁和重级、中级工作制吊车桁架的变幅疲劳时,可作为常幅疲劳应用下列公式计算。

(1) 正应力幅的疲劳计算：

$$\alpha_f \cdot \Delta\sigma \leqslant \gamma_t [\Delta\sigma]_{2\times10^6} \tag{8.17}$$

式中：α_f——欠载效应的等效系数,按附表 1.20 采用。

(2) 剪应力幅的疲劳计算：

$$\alpha_f \cdot \Delta\tau \leqslant [\Delta\tau]_{2\times10^6} \tag{8.18}$$

$\Delta\sigma$ 和 $\Delta\tau$ 分别为应力循环中最大的正应力幅和剪应力幅。

8. 直接承受动力荷载重复作用的高强度螺栓连接,其疲劳计算应符合下列原则：
(1) 抗剪摩擦型连接可不进行疲劳计算,但其连接处开孔主体金属应进行疲劳计算；
(2) 栓焊并用连接应力应按全部剪力由焊缝承担的原则,对焊缝进行疲劳计算。

8.2 计 算 例 题

【例题 8.1】 某轴心受拉杆由 $2 \llcorner 90\times8 (A=27.88\text{cm}^2)$ 组成,每只角钢与厚为 12mm

的节点板用两条侧面角焊缝相连,焊缝尺寸如图 8.1 所示。钢材为 Q235B。采用不预热的非低氢手工焊,E43 型焊条。拉杆承受重复荷载作用,预期寿命为循环次数 $n=1.8\times10^6$ 次。最大荷载设计值为 $N_{max}=560$kN,标准值为 $N_{kmax}=422$kN,最小荷载标准值 $N_{kmin}=365$kN。试验算此轴心受拉杆及其连接焊缝是否安全。

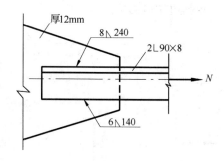

图 8.1 例题 8.1 图

【解】一、在荷载设计值作用下的静力强度验算

Q235 钢、厚度 $t=8$mm<16mm;$f=215$N/mm^2,$f_u=370$N/mm^2;E43 型焊条:$f_f^w=160$N/mm^2。

1. 构件的强度。

毛截面:$\sigma=\dfrac{N}{A}=\dfrac{560\times10^3}{27.88\times10^2}=200.9N/mm^2<f=215$N/mm^2,可。

截面无削弱、Q235 钢的净截面强度必然满足,不需计算。

2. 角焊缝的强度。

角钢背部:

$$\tau_f=\dfrac{N_1}{2\times0.7h_{f1}l_{w1}}=\dfrac{0.7\times560\times10^3}{2\times0.7\times8\times(240-2\times8)}=156.3\text{N/mm}^2<f_f^w=160\text{N/mm}^2,\text{可。}$$

角钢边端

$$\tau_f=\dfrac{N_2}{2\times0.7h_{f2}l_{w2}}=\dfrac{0.3\times560\times10^3}{2\times0.7\times6\times(140-2\times6)}=156.3\text{N/mm}^2<f_f^w=160\text{N/mm}^2,\text{可。}$$

静力强度全部满足要求。

二、在荷载标准值作用下的疲劳计算

1. 两侧面角焊缝端部主体金属的疲劳

正应力幅:$\Delta\sigma=\sigma_{max}-\sigma_{min}=\dfrac{(422-365)\times10^3}{27.88\times10^2}=20.4$N/mm^2

较低,按快速计算法[公式(8.1)]计算疲劳。

由附表 1.21-2 的项次 11,查得本情况在疲劳计算时属第 Z10 类;由附表 1.19-1 查得正应力幅的疲劳截止限 $[\Delta\sigma_L]_{1\times10^8}=23$N/mm^2。

板厚修正系数 $\gamma_t=1.0$,得:

$\gamma_t[\Delta\sigma_L]_{1\times10^8}=1.0\times23=23N/mm^2>\Delta\sigma=20.4$N/mm^2,可。

2. 侧面角焊缝的疲劳

角焊缝应按有效截面上的剪应力幅计算。

按快速计算法[公式(8.6)]计算疲劳。

由附表 1.21-6 项次 36,本情况在疲劳计算时属第 J1 类;由附表 1.19-2 查得剪应力幅的疲劳截止限 $[\Delta\tau_L]_{1\times10^8}=16$N/mm^2。

角钢背部侧面角焊缝:

$$\Delta\tau=\tau_{max}-\tau_{min}=\dfrac{0.7\times(422-365)\times10^3}{2\times0.7\times8\times(240-2\times8)}=15.9\text{N/mm}^2<[\Delta\tau_L]_{1\times10^8}=16\text{N/mm}^2,\text{可。}$$

角钢边端侧面角焊缝：

$$\Delta\tau = \tau_{max} - \tau_{min} = \frac{0.3 \times (422-365) \times 10^3}{2 \times 0.7 \times 6 \times (140-2 \times 6)} = 15.9 \text{N/mm}^2 < [\Delta\tau_L]_{1 \times 10^8}，可。$$

本例题疲劳计算全部满足要求，且不控制设计。

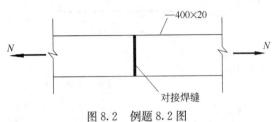

图 8.2 例题 8.2 图

【**例题 8.2**】某承受轴心拉力的钢板，截面为 400mm×20mm，Q355 钢，因长度不够而用横向对接焊缝接长如图 8.2 所示。焊缝质量为一级，但表面未进行磨平加工。钢板承受重复荷载，预期循环次数 $n = 10^6$ 次，荷载标准值 $N_{max} = 1350$kN、$N_{min} = 0$，荷载设计值 $N = 2025$kN。试进行疲劳验算。

【**解**】1. 验算对接焊缝附近母材的疲劳

正应力幅：$\Delta\sigma = \sigma_{max} - \sigma_{min} = \frac{(1350-0) \times 10^3}{400 \times 20} = 168.8 \text{N/mm}^2$

较高，按常幅疲劳计算法 [公式 (8.9)] 进行验算。

由附表 1.21-3 的项次 12，横向对接焊缝附近的母材当焊缝表面未经加工但质量等级为一级时，计算疲劳时属第 Z4 类。

由附表 1.19-1，查得 $C_Z = 2.81 \times 10^{12}$，$\beta_Z = 3$。

当 $n = 10^6$ 次时的容许正应力幅为：

$$[\Delta\sigma] = \left(\frac{C_Z}{n}\right)^{1/\beta_Z} = \left(\frac{2.81 \times 10^{12}}{10^6}\right)^{1/3} = 141.1 \text{N/mm}^2$$

板厚 $t = 20$mm < 25mm，修正系数 $\gamma_t = 1.0$，得：

$$\gamma_t [\Delta\sigma] = 1.0 \times 141.1 = 141.1 \text{N/mm}^2 < \Delta\sigma = 168.8 \text{N/mm}^2$$

不满足要求，属不安全。

若对焊缝表面进行加工磨平，则计算疲劳时由附表 1.21-3 的项次 12，查得为第 Z2 类。此时 $C_Z = 861 \times 10^{12}$，$\beta_Z = 4$（附表 1.19-1），因而：

$$[\Delta\sigma] = \left(\frac{C_Z}{n}\right)^{1/\beta_Z} = \left(\frac{861 \times 10^{12}}{10^6}\right)^{1/4} = 171.3 \text{N/mm}^2$$

$\Delta\sigma = 168.8 \text{N/mm}^2 < \gamma_t [\Delta\sigma] = 1.0 \times 171.3 = 171.3 \text{N/mm}^2$，可。

2. 验算荷载设计值下的静力强度

Q355 钢、厚度 $t = 20$mm > 16mm：$f = 295 \text{N/mm}^2$，$f_u = 470 \text{N/mm}^2$。

毛截面：$\sigma = \frac{N}{A} = \frac{2025 \times 10^3}{400 \times 20} = 253.1 \text{N/mm}^2 < f = 295 \text{N/mm}^2$，可。

截面无削弱、Q355 钢的净截面强度必然满足，不需计算。

以上计算说明：本例题中的钢板拼接截面是由疲劳所控制，且焊缝表面必须进行加工磨平。

【**例题 8.3**】某简支吊车梁，截面如图 8.3-1 (a) 所示，跨度 $l = 12$m。承受二台 75/20t 软钩桥式起重机，重级工作制，车间跨度 $L = 30$m，起重机桥架跨度 $L_k = 28.5$m，采用制动梁，辅助桁架与吊车梁中心距离 1.250m，钢材为 Q355 钢。按大连起重机器厂

1984年产品样本,此桥式起重机的最大轮压标准值为$P_{max}=30.7t$,小车重$G=26.4t$,轮压位置如图8.3-1(b)所示,钢轨为QU100❶。腹板和翼缘板的连接采用:上翼缘为K形坡口自动焊;下翼缘为角焊缝自动焊,外观质量符合二级标准,$h_f=6mm$。制动梁与吊车梁上翼缘板用高强度螺栓摩擦型连接,吊车梁下翼缘板与辅助桁架下弦杆间的水平支撑架,用C级普通螺栓相连。验算此吊车梁的疲劳强度,包括下列各处:

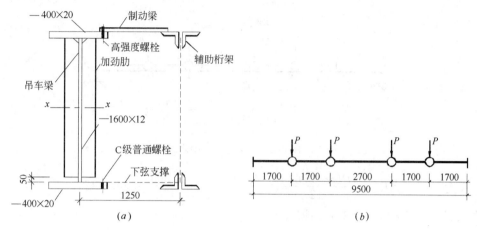

图 8.3-1 例题 8.3 图之一
(a)吊车梁截面;(b)吊车轮压位置

1. 受拉翼缘板与腹板连接角焊缝附近的母材;
2. 受拉翼缘板与腹板的连接角焊缝;
3. 横向加劲肋端部附近的母材;
4. 受拉翼缘板上的螺栓孔附近母材;
5. 梁端部突缘加劲肋与腹板的连接角焊缝,$h_f=8mm$,突缘加劲肋厚20mm。

【解】按公式(8.17)和公式(8.18)分别验算正应力幅的疲劳和剪应力幅的疲劳(《钢标》第16.2.4条)。

一、吊车梁截面的惯性矩

$$I_x = \frac{1}{12} \times 1.2 \times 160^3 + 2 \times 40 \times 2 \times 81^2 = 1459360 cm^4$$

根据设计经验,设截面上的螺栓孔惯性矩约为全截面惯性矩的5%,则净截面惯性矩为:

$$I_{nx} = 0.95 I_x = 0.95 \times 1459360 = 1386392 cm^4$$

二、受拉翼缘板与腹板连接角焊缝附近母材的疲劳验算

按公式(8.17)验算正应力幅的疲劳。板厚修正系数$\gamma_t=1.0$。

重级工作制软钩起重机的吊车梁欠载效应等效系数$\alpha_f=0.8$(附表1.20)。

按附表1.21-2中项次8的规定,单层翼缘板采用角焊缝自动焊、外观质量标准符合二级在疲劳计算时属第Z4类,由附表1.19-1查得循环次数$n=2\times10^6$次时的容许正应力幅为$[\Delta\sigma]_{2\times10^6}=112N/mm^2$,得:

---

❶ 书末所附主要参考文献 [4] 第911页。

$$\gamma_t [\Delta\sigma]_{2\times10^6} = 1.0 \times 112 = 112 \text{N/mm}^2$$

应力幅 $\Delta\sigma = \sigma_{max} - \sigma_{min}$。今取 $\sigma_{min}=0$（即不计吊车梁自重的应力），σ_{max} 中也只计起重机竖向轮压引起的应力，所得 $\Delta\sigma$ 与两者中都考虑自重时相同。

取一台起重机，不计动力系数和可变荷载分项系数计算梁的绝对最大弯矩标准值，轮压位置如图 8.3-2 所示（使梁跨度中点平分梁上所有轮压合力作用点和其最近的轮压）。

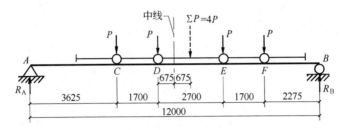

图 8.3-2　例题 8.3 图之二

反力：　　　　$R_A = \dfrac{4P(6-0.675)}{12} = \dfrac{4 \times 301.17 \times 5.325}{12} = 534.57 \text{kN}$

式中取 $P = 30.7 \times 9.81 = 301.17 \text{kN}$。

绝对最大弯矩发生在轮压 D 处，其值为：

$$M_{max} = 534.57 \times (6 - 0.675) - 301.17 \times 1.7 = 2334.60 \text{kN·m}$$

翼缘焊缝处净截面模量：　　$W_{nx} = \dfrac{1386392}{80} = 17330 \text{cm}^3$

最大弯曲拉应力：　　$\sigma_{max} = \dfrac{2334.6 \times 10^6}{17330 \times 10^3} = 134.7 \text{N/mm}^2$

$\alpha_f \cdot \Delta\sigma = \alpha_f \cdot \sigma_{max} = 0.8 \times 134.7 = 107.8 \text{N/mm}^2 < \gamma_t [\Delta\sigma]_{2\times10^6} = 112 \text{N/mm}^2$，可。

三、受拉翼缘板与腹板连接角焊缝的疲劳验算

按公式 (8.18) 验算剪应力幅的疲劳。

$\alpha_f = 0.8$。由附表 1.21-6 中项次 36，计算疲劳时角焊缝属第 J1 类，查附表 1.19-2 得 $[\Delta\tau]_{2\times10^6} = 59 \text{N/mm}^2$。

产生最大剪力的轮压位置如图 8.3-3 所示。

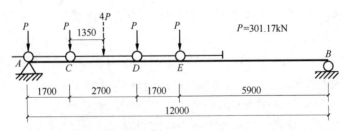

图 8.3-3　例题 8.3 图之三

最大剪力 V_{max} 发生在左支座 A 处：

$$V_{max} = \dfrac{4 \times 301.17 \times (12 - 1.7 - 1.35)}{12} = 898.49 \text{kN}$$

翼缘板面积对中和轴的静矩：

$$S_x = 40 \times 2 \times 81 = 6480 \text{cm}^3$$

角焊缝最大剪应力：

$$\tau_{max} = \frac{V_{max} \cdot S_x}{2 \times 0.7 h_f I_x} = \frac{(898.49 \times 10^3) \times (6480 \times 10^3)}{2 \times 0.7 \times 6 \times 1459360 \times 10^4} = 47.5 \text{N/mm}^2$$

$$\alpha_f \cdot \Delta \tau = \alpha_f \cdot \tau_{max} = 0.8 \times 47.5 = 38.0 \text{N/mm}^2 < [\Delta \tau]_{2 \times 10^6} = 59 \text{N/mm}^2，可。$$

此处取 $h_f = 6$mm，满足角焊缝的最小焊脚尺寸需要（附表1.5）。

四、横向加劲肋端部母材的疲劳验算

按公式（8.17）验算正应力幅的疲劳。板厚修正系数 $\gamma_t = 1.0$。

在加劲肋位置未正式确定前，近似偏安全地利用图8.3-2所示轮压 D 所在截面作为加劲肋所在处进行验算。已知该处 $M_{max} = 2334.60$kN·m。

吊车梁内加劲肋端部离腹板下边缘50mm处即已切断，该处弯曲拉应力为：

$$\sigma = \frac{M_{max} \cdot y}{I_{nx}} = \frac{2334.6 \times 10^6 \times (800 - 50)}{1386392 \times 10^4} = 126.3 \text{N/mm}^2$$

$\alpha_f = 0.8$。由附表1.21-4项次6，当肋端焊缝不断弧（即采用回焊）时，计算疲劳属第Z5类。查附表1.19-1得 $[\Delta\sigma]_{2 \times 10^6} = 100$N/mm²。

$$\alpha_f \cdot \Delta\sigma = 0.8 \times 126.3 = 101.0 \text{N/mm}^2 \approx \gamma_t [\Delta\sigma]_{2 \times 10^6} = 100 \text{N/mm}^2，可。$$

若肋端焊缝断弧，则属第Z6类，此时 $[\Delta\sigma]_{2 \times 10^6} = 90$N/mm²、$\gamma_t [\Delta\sigma]_{2 \times 10^6} = 90$N/mm² $< \alpha_f \cdot \Delta\sigma = 101.0$N/mm²，不满足疲劳强度要求。因此本吊车梁的加劲肋肋端焊缝必须不断弧，采用回焊。

五、受拉翼缘板上螺栓孔附近的母材疲劳验算

受拉翼缘上螺栓孔附近的母材，由附表1.21-1的项次3，计算疲劳属第Z4类，查附表1.19-1得 $[\Delta\sigma]_{2 \times 10^6} = 112$N/mm²。

假设最大弯矩所在截面处有螺栓孔，则：

$$\sigma_{max} = \frac{M_{max} \cdot y}{I_{nx}} = \frac{2334.6 \times 10^6 \times 820}{1386392 \times 10^4} = 138.1 \text{N/mm}^2$$

$$\alpha_f \cdot \Delta\sigma = \alpha_f \cdot \sigma_{max} = 0.8 \times 138.1 = 110.5 \text{N/mm}^2 < \gamma_t [\Delta\sigma]_{2 \times 10^6} = 112 \text{N/mm}^2，可。$$

六、梁端突缘加劲肋与腹板连接角焊缝的疲劳验算

按公式（8.18）验算剪应力幅的疲劳。

角焊缝属第J1类（见"三、受拉翼缘板与腹板连接角焊缝的疲劳验算"），$[\Delta\tau]_{2 \times 10^6} = 59$N/mm²。

梁端：$V_{max} = 898.49$kN

焊脚尺寸：$h_f = 8$mm，满足角焊缝最小焊脚尺寸的要求（《钢标》第11.3.5条第3款）。

$$\tau_{max} = 1.2 \frac{V_{max}}{2 \times 0.7 h_f l_w} = 1.2 \times \frac{898.49 \times 10^3}{2 \times 0.7 \times 8 \times (1600 - 2 \times 8)} = 60.8 \text{N/mm}^2$$

式中1.2是考虑突缘加劲肋上角焊缝应力实际分布不均匀的影响。

$$\alpha_f \cdot \Delta\tau = 0.8 \times 60.8 = 48.6 \text{N/mm}^2 < [\Delta\tau]_{2 \times 10^6} = 59 \text{N/mm}^2，可。$$

第 9 章　支撑系统的计算

支撑构件，一般说来，属次要构件。但支撑系统的合理布置与设计，对整个建筑物的整体作用的发挥、结构及构件稳定性的保证以及安装架设的安全与方便等都起着重要作用。大部分支撑构件都可按容许长细比要求进行截面设计，但有一些支撑构件如柱间支撑和厂房端部传递山墙风荷载的屋架横向支撑等都应按内力确定截面，同时还应满足构造和最小尺寸要求。此外，凡使框架成为强支撑框架的支撑架还必须具有足够的层侧移刚度（见《钢标》第 8.3.1 条第 2 款），其支撑杆的截面也需经计算确定。

本章选择屋架横向支撑（包括杆系）、垂直支撑和柱间支撑的计算作为例题，说明《钢标》中一些规定的应用。要注意其对支撑构件容许长细比、构件计算长度和截面回转半径的确定或选用的有关规定。

9.1　屋架横向支撑的计算

屋架横向支撑构件（包括系杆），都是轴心受拉或轴心受压构件。《钢标》第 7.4.2 条、第 7.4.6 条和第 7.4.7 条中对其计算作了规定，主要可归纳为下列几方面：

1. 受压支撑构件的容许长细比为 $[\lambda]=200$；受拉支撑构件的容许长细比为 $[\lambda]=400$ 或 350，前者用于一般建筑结构，后者用于有重级工作制起重机的厂房。有些轻型屋架中常采用圆钢作为受拉支撑构件，对张紧（用花篮螺丝调节其张紧程度）的圆钢可不计算其长细比。

2. 计算单角钢构件的长细比时，应采用角钢的最小回转半径，但计算在交叉点相互连接的交叉杆件平面外的长细比时，可采用与角钢边平行轴的回转半径。

3. 确定在交叉点相互连接的杆件长细比时，在交叉平面内的计算长度应取节点到交叉点间的距离；在交叉平面外的计算长度，拉杆取其几何长度（当确定交叉杆件中单角钢杆件斜平面内的长细比时应取节点中心至交叉点的距离），压杆则需视另一杆的受力性质（拉、压）、交叉点是否中断等情况按《钢标》第 7.4.2 条第 1 款确定。

【例题 9.1】屋架间距为 6m，试按最大长细比要求选屋架间的柔性系杆和刚性系杆的截面。

【解】1. 柔性系杆——按拉杆考虑，截面常采用单角钢。
计算长度为（参考附表 1.12 中有关斜平面弯曲桁架腹杆长度的规定）：❶
$$l_0=0.9l=0.9\times 6=5.4\text{m}$$
容许长细比：　　　　　　　　　$[\lambda]=400$

---

❶ 有认为此处宜取 $l_0=1.0l$，理由是柔性系杆不是桁架腹杆，且连接系杆用的节点板较薄，通常为厚 8mm，对系杆的约束作用不可能大。因《钢标》中对此未明确规定，当由设计人员根据经验判断确定。

需要的回转半径：

$$i_{\min}=i_v \geqslant \frac{l_0}{[\lambda]}=\frac{540}{400}=1.35\mathrm{cm}$$

选用 1∟70×4，供给：$A=5.570\mathrm{cm}^2$，$i_{\min}=i_v=1.40\mathrm{cm}>1.35\mathrm{cm}$，如图 9.1(a) 所示。

当取 $[\lambda]=350$ 时，则需要最小回转半径为：

$$i_{\min}=\frac{540}{350}=1.54\mathrm{cm}$$

选用 1∟80×5，供给，$i_{\min}=i_v=1.60\mathrm{cm}$，可。

2. 刚性系杆——按压杆考虑，采用双角钢十字截面如图 9.1(b) 所示：

$l_0=0.9l=0.9\times 6=5.4\mathrm{m}$，$[\lambda]=200$

需要：

$$i_{\min}=i_u\geqslant\frac{l_0}{[\lambda]}=\frac{540}{200}=2.70\mathrm{cm}$$

选用 2∟70×4，供给：$A=11.14\mathrm{cm}^2$，$i_{\min}=i_u=2.74\mathrm{cm}>2.70\mathrm{cm}$，可。

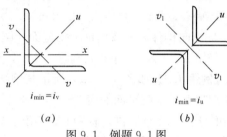

图 9.1 例题 9.1 图
(a) 柔性系杆；(b) 刚性系杆

【**例题 9.2**】两屋架跨度 24m，间距 6m，布置下弦平面横向支撑如图 9.2 所示。试按最大长细比和构造要求选择支撑杆件的截面。

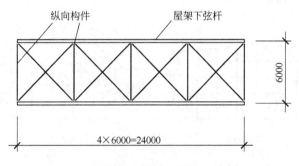

图 9.2 例题 9.2 图

【**解**】屋架下弦平面的横向支撑桁架的弦杆也就是屋架的下弦杆，因而需选用截面的只包括交叉斜杆和纵向构件两种。交叉斜杆一般按受拉构件考虑，纵向构件则按压杆设计。

1. 交叉斜杆——单角钢截面，两杆在交叉点均不中断，一根杆件的角钢外伸边向上，另一根则向下，在交叉点处以填板使两角钢相连（填板厚度等于支撑桁架的节点板厚，一般取厚度为 6~8mm）。

斜杆几何长度：$l=\sqrt{6^2+6^2}=8.485\mathrm{m}$

容许长细比：$[\lambda]=400$

(1) 支撑平面内

计算长度：$l_0=0.5l=0.5\times 8.485=4.243\mathrm{m}$（《钢标》第 7.4.2 条）

需要最小回转半径 [图 9.1(a)]：

$$i_{\min}=i_v \geqslant \frac{l_0}{[\lambda]}=\frac{4.243\times 10^3}{400}=1.06\mathrm{cm}$$

(2) 支撑平面外

计算长度 $l_0=l=8.485\mathrm{m}$（《钢标》第7.4.2条第2款）。

需要最小回转半径（《钢标》第7.4.7条）：

$$i_{\min}=i_x=\frac{8.485\times 10^2}{400}=2.12\mathrm{cm}$$

选用 1∟70×4，供给：$i_x=2.18\mathrm{cm}$，$i_v=1.40\mathrm{cm}$，$A=5.57\mathrm{cm}^2$。截面由平面外的长细比条件控制。

如取 $[\lambda]=350$，则根据上述同样的计算步骤，需选用 1∟80×5（需要 $i_x=8.485\times 10^2/350=2.42\mathrm{cm}$，供给 $i_x=2.48\mathrm{cm}$）。

2. 纵向构件——双角钢十字截面 [图9.1(b)]：

采用 2∟70×4（计算见例题9.1的刚性系杆）。

【**例题9.3**】如图9.3(a)所示某钢结构厂房端部山墙的墙架柱布置，墙架柱上端支承于屋架上、下弦平面的横向支撑节点上。如图9.3(b)所示屋架下弦平面横向支撑桁架，位于第二个柱距内，柱距6m；第一个柱距为5.5m，内设刚性系杆，传递墙架柱传来的纵向风荷载至横向支撑桁架的节点上。图9.3(c)为下弦横向支撑的计算简图。钢材为Q235A。端部山墙上的基本风压 $w_0=0.50\mathrm{kN/m}^2$，取风压高度变化系数为 $\mu_z=1.2$，风荷载体型系数 $\mu_s=0.9$❶。试设计第一柱间的刚性系杆和下弦平面横向支撑桁架中的交叉斜杆与纵向构件的截面。

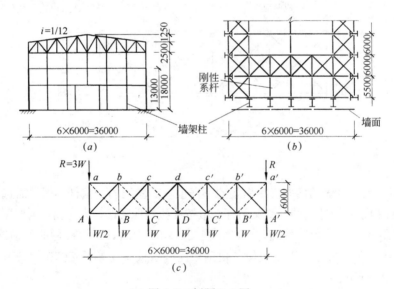

图9.3　例题9.3图

(a) 山墙墙架柱布置图；(b) 下弦横向支撑；(c) 下弦横向支撑的计算简图

---

❶ 山墙风荷载体型系数，当为压力时可取 $\mu_s=0.9$，见《建筑结构荷载规范》GB 50009—2012 表8.3.1 项次24，风向为沿房屋纵向（无论房屋是否靠山）；当为吸力时取 $\mu_s=-0.7$，见项次2，发生在风向垂直于房屋纵向时。

【解】一、求节点风荷载 W

《工程结构通用规范》GB 55001—2021 规定：垂直于建筑物表面上的风荷载标准值，应在基本风压、风压高度变化系数、风荷载体型系数、地形修正系数和风向影响系数的乘积基础上，考虑风荷载脉动的增大效应加以确定；其中风荷载脉动的增大效应，可采用风荷载放大系数来考虑（第 4.6.1 条、第 4.6.5 条）。并废止了《建筑结构荷载规范》GB 50009—2012 中的相应强制性条文（《工程结构通用规范》GB 55001—2021 附件 2 第 5 点）。即风荷载的标准值应按下式计算：

$$w_k = \beta \mu_d \mu_t \mu_s \mu_z w_0 \tag{9.1}$$

式中：β——风荷载放大系数，用以考虑风荷载脉动的增大效应，本例题取 $\beta=1.2$；

μ_d——风向影响系数，本例题取 $\mu_d=1.0$；

μ_t——地形修正系数，本例题取 $\mu_t=1.0$。

因此，本例题风荷载的标准值为：

$$w_k = \beta \mu_d \mu_t \mu_s \mu_z w_0 = 1.2 \times 1.0 \times 1.0 \times 0.9 \times 1.2 \times 0.50 = 0.648 \text{kN/m}^2$$

风荷载的设计值为：

$$w = \gamma_Q w_k = 1.5 \times 0.648 = 0.972 \text{kN/m}^2$$

下弦平面横向支撑上的风荷载节点荷载设计值可按下式近似计算

$$W = w \times 挡风面积 = 0.972 \times 6 \times \left(\frac{18}{2} + \frac{2.5+3.75}{2 \times 2}\right) = 0.972 \times 6 \times 10.5625 = 61.60 \text{kN}。$$

二、第一柱间内的刚性系杆设计

设计内力：$N = W = 61.60 \text{kN}$

由附表 1.10 查得由双角钢组成的十字形截面属 b 类截面。

由例题 9.1 知柱距 6m 的刚性系杆截面按最大长细比 $[\lambda]$ 要求时为 2L70×4，其：

$$A = 11.14 \text{cm}^2, \quad i_u = 2.74 \text{cm}$$

此处仍拟采用此截面，但需进行稳定性验算。

计算长度： $l_0 = 0.9l = 0.9 \times 5.5 = 4.95 \text{m}$（斜平面）

长细比： $\lambda = \dfrac{l_0}{i_u} = \dfrac{4.95 \times 10^2}{2.74} = 180.7 < [\lambda] = 200$，可。

b 类截面，查附表 1.28，得 $\varphi = 0.2236$。

验算此刚性系杆的稳定性：

$$\frac{N}{\varphi A f} = \frac{61.6 \times 10^3}{0.2236 \times 11.14 \times 10^2 \times 215} = 1.15 > 1.0$$

不满足要求。截面改选 2L70×5，可满足稳定性和长细比要求，验算从略。

三、下弦平面横向支撑桁架（图 9.3）中交叉斜杆的设计

假设交叉腹杆只能承受拉力，参阅图 9.3 (c)，在节点风荷载 W 作用下，实线斜杆受拉力，虚线斜杆受压而退出工作（当厂房受到横向风荷载时，山墙受到吸力，此时这些虚线所示斜杆参加工作而实线斜杆退出工作）。

支座反力：$R = 3W = 3 \times 61.6 = 184.8 \text{kN}$

此反力由柱间支撑提供，当设计柱间支撑时将此反力 R 等作为荷载计算柱间支撑的内力，见第 9.3 节。

<u>斜杆 Ab</u>：

内力: $$S_1 = \frac{R - 0.5W}{\cos 45°} = \frac{2.5W}{0.707} = \frac{2.5 \times 61.6}{0.707} = 217.8 \text{kN}$$

由例题 9.2 知按长细比需要，交叉腹杆的截面为 1∟70×4，$A = 5.57 \text{cm}^2$。若采用此截面，需进行强度验算：

$$\sigma = \frac{S_1}{\eta A} = \frac{217.8 \times 10^3}{0.85 \times 5.57 \times 10^2} = 460.0 \text{N/mm}^2 \gg 0.85f = 0.85 \times 215 = 182.8 \text{N/mm}^2$$

毛截面强度不满足要求，应重选截面。式中，$\eta = 0.85$ 为轴心受力构件在节点处并非全部直接传力而考虑的有效截面系数（见《钢标》第 7.1.3 条），不等号右边的 0.85 为单边连接单角钢轴心受拉构件的强度设计值折减系数（见《钢标》第 7.6.1 条第 1 款）。

需要的截面面积为：

$$A \geqslant \frac{S_1}{\eta(0.85f)} = \frac{217.8 \times 10^3}{0.85 \times 0.85 \times 215 \times 10^2} = 14.02 \text{cm}^2$$

选用 1∟75×10：$A = 14.13 \text{cm}^2 > 14.02 \text{cm}^2$，$i_x = 2.26 > 2.12 \text{cm}$（见例题 9.2），满足强度（因截面无削弱、钢材为 Q235，净截面强度不需验算）和长细比要求。

<u>斜杆 Bc</u>：

内力: $$S_2 = \frac{S_1 \cos 45° - W}{\cos 45°} = \frac{1.5W}{\cos 45°} = \frac{1.5 \times 61.6}{0.707} = 130.7 \text{kN}$$

需要：

$$A \geqslant \frac{S_2}{\eta(0.85f)} = \frac{130.7 \times 10^3}{0.85 \times 0.85 \times 215 \times 10^2} = 8.41 \text{cm}^2$$

选用 1∟75×6，供给：$A = 8.797 \text{cm}^2 > 8.41 \text{cm}^2$，$i_x = 2.33 \text{cm} > 2.12 \text{cm}$（见例题 9.2），可。

<u>斜杆 Cd</u>：

内力：$$S_3 = \frac{S_2 \cos 45° - W}{\cos 45°} = \frac{0.5W}{\cos 45°} = \frac{0.5 \times 61.6}{0.707} = 43.56 \text{kN}$$

需要截面面积：$$A \geqslant \frac{S_3}{\eta(0.85f)} = \frac{43.56 \times 10^3}{0.85 \times 0.85 \times 215 \times 10^2} = 2.80 \text{cm}^2$$

需要回转半径：$i_v \geqslant 1.06 \text{cm}$，$i_x \geqslant 2.12 \text{cm}$（见例题 9.2）

选用 1∟70×4，共给：$A = 5.77 \text{cm}^2$、$i_v = 1.40 \text{cm}$、$i_x = 2.18 \text{cm}$，满足要求。截面由平面外的长细比要求控制。

四、下弦平面横向支撑桁架中的纵向构件设计

纵向构件为压杆，采用双角钢十字截面 [图 9.1 (b)]。

纵向构件 Bb：

$$N = R - 0.5W = 2.5W = 2.5 \times 61.6 = 154.0 \text{kN}$$

假设 $\lambda = 155$（利用第 4 章表 4.1 和表 4.2），由 Q235 钢及 b 类截面查附表 1.28，得 $\varphi = 0.291$。

需要：

$$A \geqslant \frac{N}{\varphi f} = \frac{154 \times 10^3}{0.291 \times 215 \times 10^2} = 24.61 \text{cm}^2$$

$$i_u \geqslant \frac{l_0}{\lambda} = \frac{0.9 \times 600}{155} = 3.48 \text{cm}$$

选用 2∟90×7，供给：$A=24.60\text{cm}^2$ 和 $i_u=3.50\text{cm}$。

验算：

$$\lambda=\frac{l_0}{i_u}=\frac{0.9\times600}{3.50}=154.3<[\lambda]=200$$

查得 $\varphi=0.294$，

$$\frac{N}{\varphi Af}=\frac{154\times10^3}{0.294\times24.6\times10^2\times215}=0.990<1.0，可。$$

纵向构件 Cc：

$$N=3W-1.5W=1.5\times61.6=92.40\text{kN}$$

假设 $\lambda=177$，查得 $\varphi=0.232$。

需要：

$$A\geqslant\frac{92.4\times10^3}{0.232\times215\times10^2}=18.52\text{cm}^2$$

$$i_u\geqslant\frac{0.9\times600}{177}=3.05\text{cm}$$

选用 2∟85×6，供给：$A=18.79\text{cm}^2$ 和 $i_u=3.11\text{cm}$。

验算：

$$\lambda=\frac{0.9\times600}{3.11}=173.6<[\lambda]=200$$

查得 $\varphi=0.240$，

$$\frac{N}{\varphi Af}=\frac{92.4\times10^3}{0.24\times18.79\times10^2\times215}=0.953<1.0，可。$$

纵向构件 Dd：

$$N=W=61.6\text{kN}$$

假设 $\lambda=197$，查得 $\varphi=0.191$。

需要：

$$A\geqslant\frac{N}{\varphi f}=\frac{61.6\times10^3}{0.191\times215\times10^2}=15.00\text{cm}^2$$

$$i_u\geqslant\frac{l_0}{\lambda}=\frac{0.9\times600}{197}=2.74\text{cm}$$

选用 2∟75×5，供给：$A=14.82\text{cm}^2$ 和 $i_u=2.92\text{cm}$。

验算：

$$\lambda=\frac{l_0}{i_u}=\frac{0.9\times600}{2.92}=184.9<[\lambda]=200$$

查得 $\varphi=0.214$，

$$\frac{N}{\varphi Af}=\frac{61.6\times10^3}{0.214\times14.82\times10^2\times215}=0.903<1.0，可。$$

纵向构件 Aa 与屋架端部垂直支撑下弦杆为同一构件，其截面由设计垂直支撑时选定。

9.2 屋架垂直支撑的计算

屋架垂直支撑的构件,一般情况下都是按构件的长细比要求选定截面。

【**例题 9.4**】如图 9.4(a) 所示某屋架垂直支撑,试选择其各构件的截面。已知屋架间距为 6m,垂直支撑桁架高 3m。

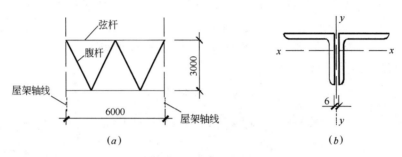

图 9.4 例题 9.4 图
(a) 垂直支撑;(b) T 形截面

【**解**】1. 上、下弦杆

一般采用双角钢 T 形截面如图 9.4(b) 所示,节点板厚取 6mm。

平面内计算长度: $l_{0x} = \dfrac{6}{2} = 3\text{m}$

平面外计算长度: $l_{0y} = 6\text{m}$

弦杆按压杆考虑,取 $[\lambda] = 200$。

需要的回转半径为:

$$i_x = \frac{l_{0x}}{[\lambda]} = \frac{300}{200} = 1.5\text{cm}$$

$$i_y = \frac{l_{0y}}{[\lambda]} = \frac{600}{200} = 3\text{cm}$$

选用 2∟70×4,供给:$i_x = 2.18\text{cm} > 1.5\text{cm}$,$i_y = 3.07\text{cm} > 3\text{cm}$,$A = 11.14\text{cm}^2$。截面由平面外要求的 i_y 控制。

上、下弦杆采用相同截面,但下弦杆角钢连接边朝上,而上弦杆角钢连接边朝下。

2. 斜腹杆

几何长度: $l = \sqrt{3^2 + (6/4)^2} = 3.354\text{m}$

按压杆设计(因为垂直支撑架所受水平荷载的方向是可逆的,任一腹杆既可能受拉亦可能受压),容许长细比 $[\lambda] = 200$。

如采用双角钢 T 形截面 [图 9.4(b)],则:

在桁架平面内: $l_{0x} = 1.0l = 3.354\text{m}$ ❶

在桁架平面外: $l_{0y} = l = 3.354\text{m}$

---

❶ 垂直支撑桁架的上、下弦杆有可能都是压杆,因而其腹杆在桁架平面内的计算长度宜取为 $l_{0x} = 1.0l$,即不取为一般屋架中采用的 $0.8l$。

需要的回转半径为：
$$i_x = \frac{l_{0x}}{[\lambda]} = \frac{335.4}{200} = 1.68\text{cm}$$
$$i_y = \frac{l_{0y}}{[\lambda]} = \frac{335.4}{200} = 1.68\text{cm}$$

选用 2∟56×4，供给：$i_x = 1.73$cm，$i_y = 2.52$cm，$A = 8.78$cm^2。

如采用单角钢截面，则由斜平面的长细比控制。
$$l_0 = 0.9l = 0.9 \times 3.354 = 3.019\text{cm}$$
$$i_v \geqslant \frac{l_0}{[\lambda]} = \frac{301.9}{200} = 1.51\text{cm}$$

选用 1∟80×5，供给：$A = 7.912$cm^2 和 $i_v = 1.60$cm > 1.51cm，可。

【**例题 9.5**】图 9.5 所示为屋架垂直支撑的另一种形式，已知屋架间距为 6m，垂直支撑桁架高 3m，求垂直支撑桁架中的腹杆截面。

【**解**】上、下弦杆的截面同例题 9.4。本例题只计算交叉斜杆和竖杆两种腹杆的截面。

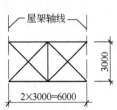

图 9.5 例题 9.5 图

1. 交叉斜杆——按只能受拉的轴心受拉构件计算，截面采用单角钢，$[\lambda] = 400$。

几何长度：$l = \sqrt{3^2 + 3^2} = 4.243$m

平面内：$l_0 = \frac{l}{2} = \frac{4.243}{2} = 2.122$m

需要（由斜平面长细比控制）：
$$i_v = \frac{l_0}{[\lambda]} = \frac{2.122 \times 10^2}{400} = 0.53\text{cm}$$

平面外：$l_{0y} = l = 4.243$m

需要
$$i_y = \frac{l_{0y}}{[\lambda]} = \frac{4.243 \times 10^2}{400} = 1.06\text{cm}$$

选用 1∟45×4，供给：$i_y = 1.38$cm，$i_v = 0.89$cm，$A = 3.486$cm^2。

2. 竖杆——按轴心受压构件计算，$[\lambda] = 200$。

如采用单角钢截面，则为斜平面长细比控制：
$$l_0 = 0.9l = 0.9 \times 3 = 2.7\text{m}$$

需要：
$$i_v = \frac{l_0}{[\lambda]} = \frac{2.7 \times 10^2}{200} = 1.35\text{cm}$$

选用 1∟70×4，供给：$i_v = 1.40$cm，$A = 5.57$cm^2。

如选用双角钢组成的十字形截面[图 9.1 (b)]，仍为斜平面长细比控制，但回转半径为 i_u。

需要：
$$i_u = \frac{2.7 \times 10^2}{200} = 1.35\text{cm}$$

选用 2∟45×4，供给：$i_u = 1.74$cm，$A = 6.972$cm^2（考虑普通钢结构中等边角钢宜选不小于 L45×4，见《原规范》第 8.1.2 条）。

9.3 框架结构柱间支撑的计算

柱间支撑主要用于抵抗如风荷载等与支撑平面平行的各种荷载，增加结构在支撑平面内的稳定性和刚度。柱间支撑构件应满足在荷载作用下的强度和稳定性（对支撑压杆），同时还应满足最大长细比和最小截面尺寸的要求。此外，柱间支撑还应具有足够的层侧移刚度。

【**例题 9.6**】例题 9.3 的钢结构厂房中，设有二台起重量为 75/20t 的普通桥式起重机，中级工作制，一台起重机的压轮（标准值）为 $P_{max}=29.6t$、$P_{min}=9.6t$。端部山墙尺寸及其他均同例题 9.3。试计算此厂房柱间支撑的截面尺寸，柱间支撑布置如图 9.6-1 所示。已知框架柱的截面面积和对 y 轴（垂直于厂房纵向）的惯性矩分别为：

上部柱 $A=236cm^2$，$I_y=42000cm^4$；下部柱 $A=472cm^2$，$I_y=325000cm^4$。截面中钢板厚度有的大于 16mm 但不超过 40mm。

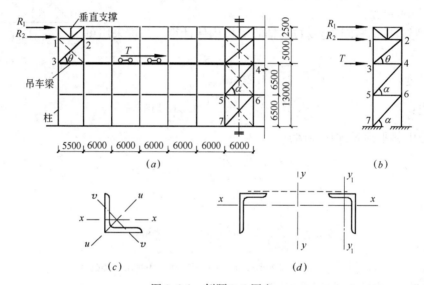

图 9.6-1 例题 9.6 图之一
(a) 支撑布置及荷载传递路线；(b) 计算简图；(c) 上部柱间支撑斜杆截面；
(d) 下部柱间支撑杆件截面

【**解**】柱间支撑应传递作用在山墙上的纵向风荷载和作用在吊车梁的吊车纵向水平荷载至基础。传递路线如图 9.6-1(a) 中的实线所示，即 R_1 通过垂直支撑而后和 R_2 一起经 1-2-3 传至吊车梁的辅助桁架，经 4-5-6-7 到达柱基础；T 则通过吊车梁经 4-5-6-7 到达基础。把传递路线缩略如图 9.6-1(b) 所示。柱间支撑为交叉斜杆，但假定这些斜杆只能受拉，当如图示纵向力的方向时，虚线的斜杆退出工作，不受力。在分析柱间支撑构件内力时，把 1、2……6、7 诸点都看作是铰。

由例题 9.3 知由上弦平面支撑传来纵向风荷载反力为：

$$R_1=3\times0.972\times6\times\frac{2.5+3.75}{2\times2}=3\times9.11=27.33kN$$

由下弦平面支撑传来的纵向风荷载反力为：

$$R_2 = 3W = 3 \times 61.6 = 184.8 \text{kN}$$

起重机纵向水平力为（见《建筑结构荷载规范》GB 50009—2012 第 6.1.2 条）：

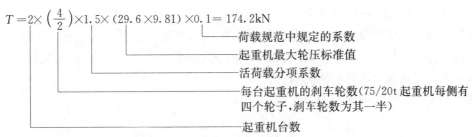

一、柱间支撑构件中的内力设计值

$$N_{2\text{-}3}^{R} = \frac{R_1 + R_2}{\cos\theta} = \frac{27.33 + 184.8}{0.7399} = \frac{212.1}{0.7399} = 286.7 \text{kN}$$

式中：$\cos\theta = 5.5/\sqrt{5.5^2 + 5^2} = 5.5/7.433 = 0.7399$。

$$N_{4\text{-}5}^{R} = \frac{R_1 + R_2}{\cos\alpha} = \frac{212.1}{0.6783} = 312.7 \text{kN}$$

$$N_{4\text{-}5}^{T} = \frac{T}{\cos\alpha} = \frac{174.2}{0.6783} = 256.8 \text{kN}$$

式中：$\cos\alpha = 6/\sqrt{6^2 + 6.5^2} = 6/8.846 = 0.6783$。

$$N_{6\text{-}7} = N_{4\text{-}5}$$

$$N_{5\text{-}6}^{R} = -(R_1 + R_2) = -212.1 \text{kN}（压杆）$$

$$N_{5\text{-}6}^{T} = -T = -174.2 \text{kN}（压杆）$$

二、柱间支撑的截面设计

1. 上部柱间支撑斜杆 2-3（参阅视频 2 中三层柱间支撑）

采用单角钢组成的单片支撑，截面如图 9.6-1(c) 所示。几何长度 $l = 7.433$m。

平面内计算长度：$l_0 = \dfrac{l}{2} = \dfrac{7.433}{2} = 3.717$m

上部柱间支撑按拉杆设计，容许长细比 $[\lambda] = 400$。

需要斜平面回转半径：$i_v \geqslant \dfrac{3.717 \times 10^2}{400} = 0.93$cm

平面外计算长度：$l_0 = l = 7.433$m

需要平行于角钢边的回转半径：$i_x \geqslant \dfrac{7.433 \times 10^2}{400} = 1.86$cm

需要角钢的截面积为：

$$A = \frac{N_{2\text{-}3}^{R}}{\eta(0.85f)} = \frac{286.7 \times 10^3}{0.85 \times 0.85 \times 215 \times 10^2} = 18.46 \text{cm}^2$$

式中，$\eta = 0.85$ 为轴心受力构件在节点处并非全部直接传力而考虑的有效截面系数（见《钢标》第 7.1.3 条）；$0.85f$ 中的 0.85 是单边连接单角钢强度设计值折减系数（见《钢标》第 7.6.1 条第 1 款）。

选用 1L100×10，供给：$A = 19.26 \text{cm}^2 > 18.46 \text{cm}^2$，$i_v = 1.96$cm > 0.93cm，$i_x = 3.05$cm > 1.86cm。

杆件与节点板以角焊缝焊接。因杆件为 Q235 钢的角钢，不需考虑安装螺栓是否在节点板范围以内，杆件强度均由毛截面控制（见第 3 章例题 3.3），所选截面 1L100×10 适用。

2. 下部柱间支撑斜杆 4-5、6-7（参阅视频 2 中一、二层柱间支撑）

采用两角钢组成的双片支撑，截面如图 9.6-1(d) 所示。假设 N_{4-5}^R 由连于下部柱屋盖肢的支撑分肢承受，N_{4-5}^T 由连于下部柱吊车肢的支撑分肢承受。双片支撑两分肢间用缀条或缀板相连，以增强支撑杆的侧向刚度。

吊车肢支撑需要的截面积为：

$$A \geqslant \frac{N_{4-5}^T}{\eta f} = \frac{256.8 \times 10^3}{0.85 \times 215 \times 10^2} = 14.05 \text{cm}^2$$

屋盖肢支撑需要的截面积为：

$$A \geqslant \frac{N_{4-5}^R}{\eta f} = \frac{312.7 \times 10^3}{0.85 \times 215 \times 10^2} = 17.11 \text{cm}^2$$

因两支撑分肢间有缀件相连，实际上已构成一个组合构件，故以上计算中仅考虑了节点处并非全部直接传力的有效截面系数，对强度设计值未考虑单角钢单边连接的折减系数 0.85。由于两肢需要的支撑截面积 A 相差不大，拟选用相同截面，即各为 1L90×10，供给：$A=17.17 \text{cm}^2$，$i_v=1.76 \text{cm}$，$i_x=2.74 \text{cm}$。

两片支撑斜杆（拉杆）之间用缀条相连构成一根构件，这样，验算支撑斜杆的长细比将由平面内控制[图 9.6-1(d)]：

平面内计算长度： $l_0 = \frac{l}{2} = \frac{8.846}{2} = 4.423 \text{m}$

平面内回转半径： $i_x = 2.74 \text{cm}$

$$\lambda_x = \frac{442.3}{2.74} = 161.4 < [\lambda] = 300 \text{（见附表 1.14）}$$

3. 下部柱间支撑横杆 5-6（轴心受压）

容许长细比： $[\lambda] = 150$

内力： $N_{5-6} = N_{5-6}^R + N_{5-6}^T = -212.1 - 174.2 = -386.3 \text{kN}$❶

选用两角钢组合截面[图 9.6-1(d)]，长边外伸，横杆的稳定由支撑平面内稳定控制。

假设 $\lambda = 137$（b 类截面，利用第 4 章表 4.1 项次 5 和表 4.2），查得 $\varphi = 0.361$。

需要：

$$A \geqslant \frac{N}{\varphi f} = \frac{386.3 \times 10^3}{0.361 \times 215 \times 10^2} = 49.77 \text{cm}^2$$

$$i_x \geqslant \frac{l_0}{\lambda} = \frac{600}{137} = 4.38 \text{cm}$$

选用 2L150×90×10，供给：$A=46.52 \text{cm}^2$、$i_x=4.81 \text{cm}$ 和 $i_{y1}=2.53 \text{cm}$。

验算：

$$\lambda = \frac{l_0}{i_x} = \frac{600}{4.81} = 124.7 < [\lambda] = 150,$$

---

❶ 由于 N_{5-6}^R、N_{5-6}^T 作用在横杆上的置不同，大小不一，理应考虑偏心弯矩。为简化计算，这里假定为轴心受压但不考虑荷载组合值系数 ψ_c。

查得 $\varphi=0.4125$，

$$\frac{N}{\varphi A f}=\frac{386.3\times 10^3}{0.4125\times 46.52\times 10^2\times 215}=0.936<1.0，可。$$

支撑横杆的两角钢间用缀条相连，间距取 $100\text{cm}(<40i_{y1}=40\times 2.53=101.2\text{cm})$，以保证分肢稳定。

三、柱间支撑结构的层侧移刚度验算

《钢标》第 8.3.5 条规定：框架柱在框架平面外的计算长度可取面外支承点之间距离。对本例题，上部柱可取 $l_0=5\text{m}$，下部柱则取 $l_0=13\text{m}$；这就要求图 9.6-1(a)所示厂房纵向框架为一强支撑框架。为此，按《钢标》第 8.3.1 条第 2 款的要求，柱间支撑结构应具有足够的层侧移刚度 S_b，即 S_b 应满足下列要求：

$$S_b\geqslant 4.4\left[\left(1+\frac{100}{f_y}\right)\Sigma N_{bi}-\Sigma N_{0i}\right] \quad \text{《钢标》公式}(8.3.1\text{-}6)$$

这里将按上面已求得的支撑斜杆的截面验算其层侧移刚度是否满足上述要求。按设计惯例，假定纵向框架中所有水平纵向构件与柱子均为铰接。

1. 上部柱间支撑的层侧移刚度

由附表 1.24，因 $K_1=K_2=0$，查得有侧移框架柱的计算长度系数 $\mu=\infty$，即 $N_{0i}=0$。

由附表 1.23，因 $K_1=K_2=0$，查得无侧移框架柱的计算长度系数 $\mu=1.0$。已知上部柱截面：$A=236\text{cm}^2$，$I_y=42000\text{cm}^4$，故：

$$i_y=\sqrt{\frac{I_y}{A}}=\sqrt{\frac{42000}{236}}=13.34\text{cm}$$

$$\lambda_y=\frac{l_{0y}}{i_y}=\frac{1.0\times 5\times 10^2}{13.34}=37.5$$

按 b 类截面查附表 1.28，得 $\varphi=0.908$。由于柱截面中有钢板厚度 $t>16\text{mm}$，故取 $f=205\text{N/mm}^2$，得：

$$\Sigma N_{bi}=n\cdot \varphi A f=14\times(0.908\times 236\times 10^2\times 205)\times 10^{-3}=14\times 4393=61502\text{kN}$$

式中 $n=14$ 为纵向框架实有的柱子数目。

强支撑框架的柱间支撑结构必须具有的层侧移刚度为：

$$S_b\geqslant 4.4\left[\left(1+\frac{100}{f_y}\right)\Sigma N_{bi}-\Sigma N_{0i}\right]=4.4\left[\left(1+\frac{100}{235}\right)\times 61502-0\right]$$
$$=6.27\times 61502=385618\text{kN}$$

今实际支撑架具有的层侧移刚度为：

$$S_b=\Sigma A_b\cdot E\cdot \cos^2\alpha\cdot \sin\alpha$$

式中，A_b 为支撑斜杆的截面积；$E=206\times 10^3\text{N/mm}^2$ 是钢材的弹性模量；α 为支撑斜杆与水平线间的倾角。

按 S_b 的定义(施加于结构上的水平力与其产生的层间位移角的比值)和虎克定律，很容易导出上述 S_b 的计算公式(可参阅第 12 章中的例题 12.10)，此处从略。

对纵向框架(房屋长度方向)两端的上部柱间支撑：

$$\cos\alpha=\frac{5.5}{\sqrt{5.5^2+5^2}}=0.7399$$

$$\sin\alpha = \frac{5}{\sqrt{5.5^2+5^2}} = 0.6727$$

对中间的上部柱间支撑：

$$\cos\alpha = \frac{6}{\sqrt{5^2+6^2}} = 0.7682$$

$$\sin\alpha = \frac{5}{\sqrt{5^2+6^2}} = 0.6402$$

中间的上部支撑斜杆选用与两端的上部支撑斜杆相同截面为 1∟100×10，供给截面积 $A_b = 19.26 cm^2$。得实际上部柱间支撑架具有的层侧移刚度为：

$$S_b = \sum A_b \cdot E \cdot \cos^2\alpha \cdot \sin\alpha = A_b \cdot E \cdot \sum \cos^2\alpha \cdot \sin\alpha$$
$$= 19.26 \times 10^2 \times 206 \times 10^3 \times (2 \times 0.7399^2 \times 0.6727 + 0.7682^2 \times 0.6402) \times 10^{-3}$$
$$= 442123 kN > 385618 kN$$

满足强支撑框架的柱间支撑结构所必需具有的层侧移刚度。

2. 下部柱间支撑的层侧移刚度

由下部柱截面 $A = 472 cm^2$ 和 $I_y = 325000 cm^4$，得：

$$i_y = \sqrt{\frac{I_y}{A}} = \sqrt{\frac{325000}{472}} = 26.2 cm$$

下部柱关于截面弱轴 y 轴的计算长度 $l_{0y} = 13000/2 = 6500 mm$，得：

$$\lambda_y = \frac{l_{0y}}{i_y} = \frac{6500}{26.2 \times 10} = 24.8, \quad \varphi = 0.954（按 b 类截面）$$

$$\therefore \sum N_{bi} = \sum n\varphi A f = 14 \times 0.954 \times 472 \times 10^2 \times 205 \times 10^{-3} = 129233 kN$$

$$S_b \geq 4.4\left[\left(1+\frac{100}{f_y}\right)\sum N_{bi} - \sum N_{0i}\right] = 4.4\left[\left(1+\frac{100}{235}\right) \times 129233 - 0\right]$$
$$= 6.27 \times 129233 = 810291 kN$$

实际支撑系统（斜杆为 2∟90×10，$A_b = 2 \times 17.17 = 34.34 cm^2$）具有的层侧移刚度为：

$$S_b = A_b \cdot E \cdot \cos^2\alpha \cdot \sin\alpha$$

今 $\cos\alpha = \dfrac{6}{\sqrt{6.5^2+6^2}} = 0.6783$ 和 $\sin\alpha = \dfrac{6.5}{\sqrt{6.5^2+6^2}} = 0.7348$

$$S_b = 34.34 \times 10^2 \times 206 \times 10^3 \times 0.6783^2 \times 0.7348 \times 10^{-3} = 239155 kN \ll 810291 kN$$

不满足强支撑框架的柱间支撑结构所必需具有的层侧移刚度。

为保证下部支撑具有足够的层侧移刚度，下部支撑的斜杆必需具有下述截面面积：

$$A_b \geq \frac{6.27 \sum N_{bi}}{E \cdot \cos^2\alpha \cdot \sin\alpha} = \frac{810291}{239155/34.34} = 116.3 cm^2$$

改用支撑斜杆截面为 2∟180×18，供给 $A_b = 123.9 cm^2 > 116.3 cm^2$，可。

四、附记

1. 对柱间支撑的层侧移刚度 S_b，《钢标》比《原规范》提出了更高的要求。对本例题，《钢标》要求的 S_b 比《原规范》高出 74% 多（6.27/3.6=1.74），因此本例题中的下部柱间支撑斜杆截面由柱间支撑的层侧移刚度控制，对此应予重视。

2. 对设有重级工作制起重机的厂房纵向框架，按《钢标》第3.4.1条及附录B.2.1条第2款的规定，应验算在吊车梁顶面标高处，由一台起重机的纵向制动力所产生的纵向位移Δ不超过$H_c/4000$，（H_c为从基础顶面至吊车梁顶面的高度）。纵向位移Δ的计算简图如图9.6-2所示，图9.6-2(a)为假设支撑斜杆只能受拉（受压时退出工作，图中未画出受压斜杆），图9.6-2(b)用于交叉支撑斜杆既能受拉又能受压。本例题中的吊车为中级工作制，无需作此验算。但作为算例，计算如下：

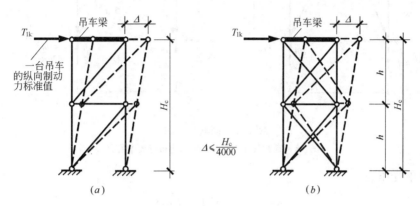

图9.6-2 例题9.6图之二
(a)支撑斜杆只能受拉；(b)支撑斜杆能拉能压

设支撑斜杆只能受拉[图9.6-2(a)]，截面为$2 \llcorner 180 \times 18$，$A_b=123.9 \text{cm}^2$，得：

$$\frac{\Delta}{H_c}=\frac{2\Delta_1}{2h}=\frac{\Delta_1}{h}=\frac{T_{1k}}{A_b \cdot E \cdot \cos^2\alpha \cdot \sin\alpha}=\frac{1\times\left(\frac{4}{2}\right)\times(29.6\times9.81\times10^3)\times0.1}{(123.9\times10^2)\times(206\times10^3)\times0.6783^2\times0.7348}$$

$$=\frac{1}{14858}<\frac{1}{4000}，可（纵向刚度足够）。$$

式中Δ_1为一层交叉支撑产生的纵向位移。若交叉斜杆用$2 \llcorner 90 \times 10$，$A_b=34.34\text{cm}^2$，则$\Delta/H_c=1/4118$。

3. 为减小上述吊车梁顶面标高处的纵向位移，设计时可假定交叉支撑的斜杆既能受拉也能受压（即为刚性斜杆）。此时交叉斜杆在框架平面外的计算长度应按《钢标》第7.4.2条规定采用。同时，支撑结构的层侧移刚度应改为：

$$S_b=2A_b \cdot E \cdot \cos^2\alpha \cdot \sin\alpha$$

【**例题9.7**】试求图9.7所示K形柱间支撑的内力。

【**解**】一旦内力求出，支撑构件AC和CE就可按轴心受拉或轴心受压构件计算，因此本例题只叙述如何作简化内力分析的假定。

如图9.7(a)所示框架在水平荷载P作用下的支撑斜杆内力求法（BD杆的自重可忽略不计）。$ABDE$是一个框架，但在求支撑构件内力时常把节点简化为铰，即把节点A、B、D、E均看作铰节点（节点C为半铰），并假定AC杆与CE杆的内力水平分量相等，然后可很简单地由静力平衡条件得出：

AC杆承受拉力：

$$N_{AC}=P\sqrt{\frac{1}{4}+\left(\frac{h}{l}\right)^2}$$

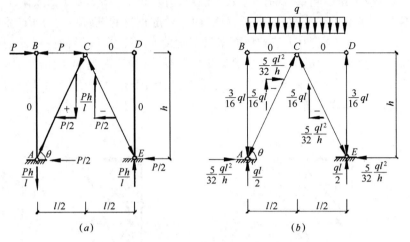

图 9.7 例题 9.7 图
(a) 水平荷载作用下；(b) 竖向均布荷载作用下

CE 杆承受压力：

$$N_{CE} = -P\sqrt{\frac{1}{4}+\left(\frac{h}{l}\right)^2}$$

如图 9.7(b) 所示竖向均布荷载作用下的情况，此时假定节点 A、B、D、E 均为铰，视横梁为一两跨连续梁，即可求得两支撑斜杆 AC 和 CE 的内力，两者均为压杆，其内力相同，为：

$$N = -\frac{5}{16}ql\sqrt{1+\left(\frac{l}{2h}\right)^2}$$

【例题 9.8】图 9.8 所示为一有隅撑的刚架（用隅撑代替柱间支撑主要是为了利用刚架内的空间），试求隅撑的内力。

【解】通常假定：(1) A、B、C、D 四个节点均为铰节点；(2) 两隅撑为两根链杆；

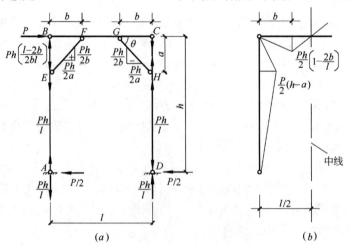

图 9.8 例题 9.8 图
(a) 带隅撑的刚架；(b) 弯矩图

（3）A、D 支座处的水平反力相等，各等于 $P/2$。经过这样假定，结构为静定，可由静力平衡条件求出隅撑中的内力为：

$$N=\pm\frac{Ph}{2}\sqrt{\frac{1}{a^2}+\frac{1}{b^2}}$$

其中一为拉杆，另一为压杆。

要注意：按本法求隅撑内力时，在柱子和横梁中会产生较大的弯矩，其弯矩如图 9.8(b) 所示。这些弯矩在刚架设计中必须考虑，因而用隅撑代替交叉柱间支撑将加大刚架构件的截面，常会多费钢材。

第10章 吊车梁设计

本章通过工程中应用最为普遍的焊接工字形截面简支吊车梁的两个设计实例介绍,说明按《钢标》进行吊车梁设计的一般步骤和方法。

10.1 吊车梁的荷载

1. 吊车梁承受的荷载及其取值除按《钢标》外,还应参照《建筑结构荷载规范》GB 50009—2012 的规定执行,包括:

(1) 起重机的竖向荷载标准值,应采用起重机最大轮压或最小轮压。

(2) 作用于每个车轮上的起重机横向水平荷载标准值 T_k 应按下述规定采用:

软钩起重机:

当额定起重量 $Q \leqslant 10t$ 时,

$$T_k = 0.12 \times \frac{Q+g}{n} \times 重力加速度 \tag{10.1-1}$$

当额定起重量 $Q = 16 \sim 50t$ 时,

$$T_k = 0.10 \times \frac{Q+g}{n} \times 重力加速度 \tag{10.1-2}$$

当额定起重量 $Q \geqslant 75t$ 时,

$$T_k = 0.08 \times \frac{Q+g}{n} \times 重力加速度 \tag{10.1-3}$$

硬钩起重机:

$$T_k = 0.20 \times \frac{Q+g}{n} \times 重力加速度 \tag{10.1-4}$$

式中:g——横行小车重量(t);

n——吊车的总轮数。

(3) 计算重级工作制吊车梁(或吊车桁架)及其制动结构的强度、稳定性以及连接的强度时,应考虑由起重机摆动引起的横向水平力,此水平力不与荷载规范规定的上述横向水平荷载 T_k 同时考虑。作用于每个轮压处的横向水平力标准值可按下式进行计算:

$$H_k = \alpha \cdot P_{k\max} \tag{10.2}$$

式中,$P_{k\max}$ 为起重机最大轮压标准值;α 为系数,对软钩起重机 $\alpha=0.1$,对抓斗或磁盘起重机取 $\alpha=0.15$,对硬钩起重机取 $\alpha=0.2$。

《钢标》的这条规定(第3.3.2条,与《原规范》第3.2.2条完全相同)说明在计算重级工作制吊车梁(或吊车桁架)及其制动结构的强度、稳定性以及连接(吊车梁或吊车桁架、制动结构、柱相互间的连接）的强度时，起重机的横向水平荷载标准值应取式（10.1）和式（10.2）中的较大者。

（4）吊车梁、轨道（及其固定件）、制动结构及支撑的自重和作用在梁上的可变荷载（如走道荷载、积灰荷载等）。

（5）作用在吊车梁上的其他荷载。

起重机荷载的设计值为其标准值乘以分项系数 $\gamma_Q=1.5$（见主要参考文献［22］）。

2. 在计算强度和稳定性时采用荷载的设计值。

起重机竖向荷载设计值还应乘以动力系数 α_d。对悬挂起重机（包括电动葫芦）及工作级别 A1～A5 的软钩起重机，取 $\alpha_d=1.05$；对工作级别为 A6～A8 的软钩起重机、硬钩起重机和其他特种起重机，均取 $\alpha_d=1.1$。

起重机的工作级别与工作制等级的对应关系为：A1～A3 级相当于轻级工作制，A4、A5 级相当于中级工作制，A6、A7 级相当于重级工作制，A8 相当于超重级工作制。

3. 计算吊车梁或吊车桁架及其制动结构的疲劳和挠度时，起重机荷载应按作用在跨间内荷载效应最大的一台起重机确定，荷载应采用标准值并不乘动力系数。

10.2 简支吊车梁的设计内容和步骤

在确定了采用的吊车梁形式和选定所用钢材牌号后，对吊车梁的设计，应包括如下内容并按下列计算步骤进行。

1. 计算荷载及内力。

吊车梁及制动结构等的自重对吊车梁内力的影响，可按作用于梁上的可变荷载所产生的最大内力（弯矩 M 和剪力 V）乘以一增大系数 α_z 来考虑，表 10.1 示源于设计经验常为设计单位所采用的增大系数值。

考虑吊车梁永久荷载影响的内力增大系数 α_z[❶]　　　　表 10.1

吊车梁跨度 l（m）		6	12	15	18	24	30	36
吊车梁钢材	Q235 钢	1.03	1.05	1.06	1.08	1.10	1.13	1.15
	Q355 钢	1.02	1.04	1.05	1.07	1.09	1.11	1.13

注：其他钢材牌号的 α_z 值可参照 Q355 钢采用。

2. 试选截面尺寸：包括吊车梁截面腹板的高度与厚度和上、下翼缘板的宽度与厚度等。

3. 进行截面强度和整体稳定性验算。

4. 验算挠度。

5. 验算腹板局部稳定性和进行加劲肋设计。

6. 布置和计算必要的拼接（翼缘板拼接和腹板拼接）。

7. 计算翼缘焊缝。

8. 验算疲劳。

[❶] 赵熙元，吴志超．关于钢吊车梁设计中几个问题的探讨．工业建筑，1991（8）29-33．

10.3 [例题10.1] 12m简支吊车梁的设计

一、设计资料

1. 需用的起重机资料见表10.2。

计算需用的起重机资料 表10.2

台数	起重量 Q (t)	工作级别 钩别	小车重 g (t)	最大轮压 P_k (t)	轨道型号	轮距简图（mm）
2	50/10	A7 软钩	15.41	38.5	QU120 （轨高 170mm）	650|5250|650
	100/30		78.1	52.5		1925|950|6550|950|1925

2. 其他荷载（用于设计制动结构）。

制动结构上走道荷载：$2.0 kN/m^2$；

制动结构上积灰荷载：$0.5 kN/m^2$。

3. 采用焊接工字形截面梁，吊车梁中心至边列柱外缘的距离为1.0m。

4. 吊车梁所在地区工作温度（最低平均温度）为$-5°C$。

二、材料与焊接方法的选用

1. 材料

钢材选用Q355C钢。按《钢标》第4.3.3条的规定，对需验算疲劳的焊接结构的钢材，当工作温度不高于0℃但高于$-20°C$时，Q355钢不应低于C级，符合要求。

自动焊采用H08A焊丝配合高锰型焊剂（焊剂HJ431或HJ430），手工焊采用E5015型（或其他低氢型）焊条。

2. 焊接方法

翼缘板与腹板间连接焊缝采用自动焊，上翼缘与腹板的焊缝要求焊透，焊缝质量等级不低于二级；其他连接焊缝采用手工焊。

三、荷载与内力计算

1. 起重机荷载的计算（见表10.3）

起重机荷载的计算 表10.3

起重机吨级		$Q=50t/10t$	$Q=100t/32t$
竖向 荷载 (kN)	标准值	$P_{1k}=38.5×9.807=377.6$	$P_{2k}=52.5×9.807=514.9$
	设计值	$P_1=\alpha_d\gamma_Q P_{1k}=1.1×1.5P_{1k}$ $=1.65P_{1k}=623.0$	$P_2=\alpha_d\gamma_Q P_{2k}=1.1×1.5P_{2k}$ $=1.65P_{2k}=849.6$

续表

起重机吨级		$Q=50\text{t}/10\text{t}$	$Q=100\text{t}/32\text{t}$
横向水平荷载 (kN)	标准值	$T_{1\text{k}}=0.10\times\dfrac{Q+g}{n}\times 9.807$ $\phantom{T_{1\text{k}}}=0.10\times\dfrac{50+15.41}{4}\times 9.807=16.04$ $H_{1\text{k}}=\alpha P_{1\text{k}}=0.1\times 337.6=37.76$	$T_{2\text{k}}=0.08\times\dfrac{Q+g}{n}\times 9.807$ $\phantom{T_{2\text{k}}}=0.08\times\dfrac{100+78.1}{8}\times 9.807=17.47$ $H_{2\text{k}}=\alpha P_{2\text{k}}=0.1\times 514.9=51.49$
	设计值	$T_1=\gamma_\text{Q}T_{1\text{k}}=1.5T_{1\text{k}}=24.06$ $H_1=\gamma_\text{Q}H_{1\text{k}}=1.5H_{1\text{k}}=56.64$	$T_2=\gamma_\text{Q}T_{2\text{k}}=1.5T_{2\text{k}}=26.21$ $H_2=\gamma_\text{Q}H_{2\text{k}}=1.5H_{2\text{k}}=77.24$

注：取重力加速度为 9.807m/s^2。T 和 H 分别为起重机小车运行时机构在启动或制动时引起的惯性力和起重机摆动引起的横向水平力。$H_1>T_1$，$H_2>T_2$，因此在计算吊车梁及其制动结构的强度、稳定性，以及吊车梁、制动结构、柱子相互间的连接强度时，横向水平荷载应分别取 $H_1=56.64\text{kN}$ 和 $H_2=77.24\text{kN}$。计算吊车梁制动结构的水平挠度时，横向水平荷载标准值分别取 $T_{1\text{k}}=16.04\text{kN}$ 和 $T_{2\text{k}}=17.47\text{kN}$。

2. 计算吊车梁强度和稳定性时梁的内力

按两台起重机计算。计算时首先按荷载标准值进行，而后再求内力的设计值。

对表 10.2 所示起重机轮距，由力学分析可知，起重机处于图 10.1-1（a）、（b）位置时，可分别求得 12m 跨简支吊车梁在起重机荷载作用下的最大竖向弯矩 $M_{x\text{k}}^\text{P}$ 和最大竖向剪力 $V_{A\text{kmax}}^\text{P}$。

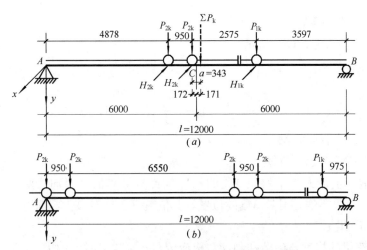

图 10.1-1 吊车梁的内力计算（两台起重机）
(a) 产生绝对最大竖向弯矩和最大水平弯矩的轮压位置；
(b) 产生最大竖向剪力的轮压位置

（1）绝对最大竖向弯矩 $M_{x\text{k}}^\text{P}$ 与相应的竖向剪力 $V_{C\text{k}}^\text{P}$、水平弯矩 $M_{C\text{k}}^\text{H}$（上角标 P 为竖向轮压，H 为横向水平轮压，下角标 k 为标准值、C 为弯矩最大值所在截面）

产生绝对最大弯矩时的轮压位置见图 10.1-1（a），此时梁跨中线应平分梁上竖向轮压之合力点和中线附近的轮压。

吊车梁上竖向轮压之合力：
$$\Sigma P_\text{k}=2P_{2\text{k}}+P_{1\text{k}}=2\times 514.9+377.6=1407.4\text{kN}$$

C 点至 ΣP_k 作用点的距离为：

$$a = \frac{P_{1k} \times 2.575 - P_{2k} \times 0.95}{\Sigma P_k} = \frac{377.6 \times 2.575 - 514.9 \times 0.95}{1407.4} = 0.343 \text{m}$$

C 点至梁跨中线的距离取为 0.172m。

支座 A 处的竖向反力（由 $\Sigma M_B = 0$ 得出）：

$$R_{Ak}^P = \frac{\Sigma P_k \left(\frac{l}{2} - \frac{a}{2}\right)}{l} = \frac{1407.4 \left(6 - \frac{0.343}{2}\right)}{12} = 683.6 \text{kN}$$

支座 A 处的水平反力（由 $\Sigma M_B = 0$ 得出）：

$$R_{Ak}^H = \frac{H_{2k}}{l}(7.122 + 6.172) + \frac{H_{1k}}{l} \times 3.597 = \frac{51.49}{12} \times 13.294 + \frac{37.76}{12} \times 3.597$$
$$= 68.36 \text{kN}$$

绝对最大竖向弯矩（发生在 C 处）：

$$M_{xk}^P = R_{Ak}^P \left(\frac{l}{2} - \frac{a}{2}\right) - P_{2k} \times 0.95 = 683.6 \left(6 - \frac{0.343}{2}\right) - 514.9 \times 0.95 = 3495.2 \text{kN} \cdot \text{m}$$

C 处相应的竖向剪力：

$$V_{Ck}^P = R_{Ak}^P - P_{2k} = 683.6 - 514.9 = 168.7 \text{kN}$$

C 处相应的水平弯矩：

$$M_{Ck}^H = R_{Ak}^H \left(\frac{l}{2} - \frac{a}{2}\right) - H_{2k} \times 0.95 = 68.36 \left(6 - \frac{0.343}{2}\right) - 51.49 \times 0.95 = 349.5 \text{kN} \cdot \text{m}$$

（2）最大竖向剪力 V_{Akmax}^P

轮压位置如图 10.1-1（b）所示。

$$V_{Akmax}^P = R_{Ak}^P = P_{2k} + \frac{P_{2k}}{l}(11.05 + 4.5 + 3.55) + \frac{P_{1k}}{l} \times 0.975$$

$$= 514.9 + \frac{514.9}{12} \times 19.1 + \frac{377.6}{12} \times 0.975 = 1365 \text{kN}$$

（3）绝对最大水平弯矩 M_{yk}^H

因横向水平荷载取起重机摆动引起的横向水平力 H，其值与吊车竖向轮压 P 成正比（$H = \alpha \cdot P$），故产生最大水平弯矩 M_{yk}^T 的轮压位置与绝对最大竖向弯矩 M_{xk}^P 的相同，如图 10.1-1（a）所示，不需再另算 M_{yk}^T 的位置，其值就等于绝对最大竖向弯矩 M_{xk}^P 截面 C 处相应的水平弯矩 M_{Ck}^H。

3. 验算吊车梁的挠度与疲劳和制动结构疲劳与水平挠度时的内力

起重机荷载按作用在吊车梁跨间内荷载效应最大的一台起重机计算。在起重机荷载作用下产生绝对最大竖向弯矩 M_{xk}^P 和最大水平弯矩 M_{yk}^T 的起重机轮位相同，如图 10.1-2 所示。

（1）绝对最大竖向弯矩 M_{xk}^P（发生在 D 处）：

$$\Sigma P_k = 2P_{2k} = 2 \times 514.9 = 1029.8 \text{kN}$$

$$a = \frac{0.95}{2} = 0.475 \text{m}$$

$$R_{Ak}^P = \frac{\Sigma P_k \left(\frac{l}{2} - \frac{a}{2}\right)}{l} = \frac{1029.8 \times \left(6 - \frac{0.475}{2}\right)}{12} = 494.5 \text{kN}$$

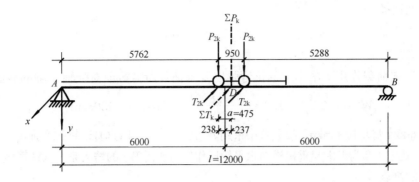

图 10.1-2 一台起重机作用时产生绝对最大弯矩的轮压位置

$$M_{xk}^P = R_{Ak}^P \left(\frac{l}{2} - \frac{a}{2} \right) = 494.5 \times \left(6 - \frac{0.475}{2} \right) = 2849.6 \text{kN} \cdot \text{m}$$

(2) 最大水平弯矩 M_{yk}^T（发生在 D 处）：

因产生 M_{yk}^T 与 M_{xk}^P 的起重机轮位相同，故可直接按荷载比例关系求得 M_{yk}^T：

$$M_{yk}^T = M_{xk}^P \frac{T_{2k}}{P_{2k}} = 2849.5 \times \frac{17.47}{514.9} = 96.7 \text{kN} \cdot \text{m}$$

4. 内力的设计用值

根据以上计算结果，按计算内容求各项内力的设计用值汇总如表 10.4 所示。

计算用内力汇总表　　　　　　　　　　　　　　　表 10.4

计算内容	计算用内力值	计算部位	起重机台数
抗弯强度及整体稳定	$M_x = 1.65 \times 1.04 M_{xk}^P = 1.716 \times 3495.2$ $= 5997.8 \text{kN} \cdot \text{m}$ $M_y = 1.5 M_{Ck}^H = 1.5 \times 349.5 = 524.3 \text{kN} \cdot \text{m}$	C 截面处 [图 10.1-1 (a)]	两台
抗剪强度	$V = 1.65 \times 1.04 V_{Akmax}^P = 1.716 \times 1365$ $= 2342 \text{kN}$	支座 A 截面处 [图 10.1-1 (b)]	
局部承压强度	$F = \max\{P_1, P_2\} = P_2 = 849.6 \text{kN}$	腹板计算高度上边缘	
折算应力	$M_x = 5997.8 \text{kN} \cdot \text{m}$ $V_C = 1.65 \times 1.04 V_{Ck}^P = 1.716 \times 168.7$ $= 289.5 \text{kN}$	C 截面处腹板计算高度上边缘	
吊车梁最大挠度	$M_{xk} = 1.04 M_{xk}^P = 1.04 \times 2849.6 = 2963.6 \text{kN} \cdot \text{m}$	轮压位置与计算吊车梁疲劳时同	一台
吊车梁疲劳	$M_{xk}^P = 2849.6 \text{kN} \cdot \text{m}$	D 截面处（图 10.1-2）受拉翼缘与腹板连接焊缝处的母材	
制动结构疲劳和水平挠度	$M_{yk} = M_{yk}^T = 96.7 \text{kN} \cdot \text{m}$		

注：1. 表中 1.65 为起重机竖向荷载设计值 P_i 与 P_{ik} 之比值，1.5 为起重机横向水平荷载设计值与其标准值之比值（即可变荷载分项系数 γ_Q，见表 10.3）；1.04 为考虑吊车梁、轨道、制动结构及支撑的自重对吊车梁内力（M、V）影响的增大系数 α_z（按表 10.1 取用）。计算疲劳时不考虑自重影响。

2. 考虑到制动梁上活载和灰载对吊车梁的内力影响极小（与起重机轮压相比），内力计算中略去不计。

四、截面选择

钢号修正系数 $\varepsilon_k = \sqrt{235/f_y} = \sqrt{235/355} = 0.814$

1. 吊车梁截面

首先按竖向荷载作用下吊车梁的抗弯强度要求估算所需截面对强轴 x 轴的截面模量

$$W_x = 1.2 \frac{M_x}{f} = 1.2 \times \frac{5997.8 \times 10^6}{295} \times 10^{-3} = 24398 \text{cm}^3$$

预计翼缘板厚度 t 将超过 16mm，故上式中采用 $t=16\sim40$mm 时的 Q355 钢抗弯强度设计值 $f=295\text{N/mm}^2$。式中 1.2 为考虑起重机横向水平轮压作用对所需 W_x 的增大系数（估算值）。

（1）梁的高度 h

按经济要求（利用经验公式）：

$$h_e = 7\sqrt[3]{W_x} - 30\text{cm} = 7 \times \sqrt[3]{24398} - 30 = 173.0\text{cm}$$

按竖向挠度要求：

$$v_T = \frac{M_{xk}l^2}{10EI_x} = \frac{M_{xk}l^2}{5EW_xh} = \frac{1}{5 \times 206 \times 10^3} \cdot \frac{M_{xk}l^2}{W_x} \cdot \frac{1}{h}$$

$$\approx 1.0 \times 10^{-6} \cdot \frac{M_{xk}l^2}{W_x} \cdot \frac{1}{h} \leqslant [v_T]$$

得

$$h_{\min} = 1.0 \times 10^{-6} \left(\frac{M_{xk}}{W_x}\right)\left[\frac{l}{v_T}\right] \cdot l$$

今 $M_{xk} = 2963.6$ kN·m（表 10.4）、$W_x = 24398\text{cm}^3$、$[l/v_T] = 1000$（附表 1.18）和 $l = 12000$mm，得：

$$h_{\min} = 1.0 \times 10^{-6} \times \frac{2963.6 \times 10^6}{24398 \times 10^3} \times 1000 \times 12000 = 1458\text{mm}$$

因对建筑净空无特殊要求，参照上述 h_e 和 $h_{\min}$，采用腹板高度 $h_w = 1850$mm（$\approx 1.1 h_e$）❶，梁高 $h \approx 1900$mm。

（2）腹板厚度 t_w

按经验公式（式中几何量单位均为 mm）：

$$t_w = \frac{2}{7}\sqrt{h_w} = \frac{2}{7}\sqrt{1850} = 12.3\text{mm}$$

或

$$t_w = 7 + 0.003h_w = 7 + 0.003 \times 1850 = 12.6\text{mm}$$

按抗剪要求（近似）：

$$t_w \geqslant \frac{1.2V}{h_w f_v} = \frac{1.2 \times 2342 \times 10^3}{1850 \times 175} = 8.7\text{mm}$$

参考上述 t_w 值并为提高腹板局部稳定性，选用腹板厚度 $t_w = 14$mm，腹板截面为 —1850×14。

（3）翼缘板尺寸

由 $h \approx 1900$mm 代入经验公式：

$$h_e = 7\sqrt[3]{W_x} - 30\text{cm} = 190\text{cm}$$

---

❶ 同第 6 章例题 6.1 注。

解得 $W_x = 31000 \text{cm}^3$。

对双轴对称工字形截面，一块翼缘板所需截面面积为：

$$b \times t \approx \frac{W_x}{h_w} - \frac{1}{6} h_w t_w = \frac{31000 \times 10^3}{1850} - \frac{1}{6} \times 1850 \times 14 = 12440 \text{mm}^2$$

试取翼缘板宽度 $b = 500 \text{mm} \approx \frac{h}{3.8}$

则得：$t = \frac{12440}{500} = 24.9 \text{mm}$

考虑翼缘板的局部稳定要求，选取受压翼缘板厚度 $t_1 = 26 \text{mm}$，受拉翼缘板截面尺寸 $(b_2 \times t_2)$ 为—500×24。另外考虑到受压翼缘板上有两个与轨道连接的螺栓和一个与制动结构连接的螺栓（设螺栓为 M20，其孔径均为 $d_0 = 22 \text{mm}$），选取受压翼缘板尺寸 $(b_1 \times t_1)$ 为—550×26。

此时受压翼缘板的自由外伸宽厚比：

$$\frac{(b_1 - t_w)/2}{t_1} = \frac{(550-14)/2}{26} = 10.3 \begin{cases} > 11\varepsilon_k = 11 \times 0.814 = 8.95 \\ < 13\varepsilon_k = 13 \times 0.814 = 10.6 \end{cases}，属 S3 级。$$

按以上选择所得吊车梁截面如图 10.1-3 所示（参阅视频 2 中 H 形截面吊车梁）。

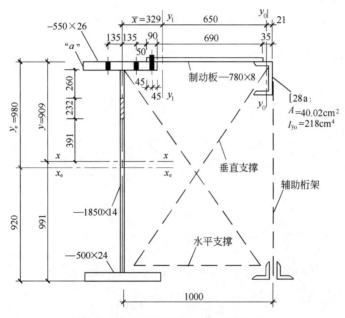

图 10.1-3 吊车梁截面及其组成构件

2. 制动结构与支撑等构件

制动结构选用制动梁，其中制动板选花纹钢板，截面尺寸为—780×8。设置辅助桁架和水平、垂直支撑。辅助桁架的上弦杆选用普通槽钢 [28a，水平、垂直支撑均连于吊车梁的横向加劲肋上，不在下翼缘板上开孔。吊车梁中心至辅助桁架上弦杆外缘的距离取为 1m，如图 10.1-3 所示。

五、截面验算（计算用内力见表 10.4）

Q355 钢的强度设计值：

当钢板厚度为 $t\leqslant 16$mm 时：$f=305$N/mm^2，$f_v=175$N/mm^2，$f_{ce}=400$N/mm^2。

当钢板厚为 $t=16\sim 40$mm 时：$f=295$N/mm^2，$f_v=170$N/mm^2，$f_{ce}=400$N/mm^2。

相应角焊缝的强度设计值：$f_f^w=200$N/mm^2。

1. 截面几何特性计算

(1) 吊车梁

吊车梁截面几何特性的计算见表 10.5。

确定用于计算梁受弯强度的净截面模量时，需先根据截面板件宽厚比等级判断是否取有效截面(《钢标》第 6.1.1 条)。

1) 截面板件宽厚比等级(《钢标》第 3.5.1 条)

翼缘板宽厚比等级属于 S3 级，腹板宽厚比：

$$\frac{h_0}{t_w} = \frac{1850}{14} = 132.1 \begin{cases} > 124\varepsilon_k = 124\times 0.814 = 100.9 \\ < 250 \end{cases}, \text{属于 S5 级。}$$

因此，计算吊车梁的净截面模量时，腹板应取有效截面(《钢标》第 6.1.1 条)。

2) 腹板的有效截面(《钢标》第 8.4.2 条)

腹板受压区高（宽）度：

$$h_c = y - t_1 = 909 - 26 = 883\text{mm}$$

应力梯度参数（见例题 7.1 注 1）：$\alpha_0 = \dfrac{\sigma_{max} - \sigma_{min}}{\sigma_{max}} = \dfrac{h_0}{h_c} = \dfrac{1850}{883} = 2.10$

屈曲系数：$k_\sigma = \dfrac{16}{2 - \alpha_0 + \sqrt{(2-\alpha_0)^2 + 0.112\alpha_0^2}} = 26.2$

正则化宽厚比：$\lambda_{n,p} = \dfrac{h_0/t_w}{28.1\sqrt{k_\sigma}} \cdot \dfrac{1}{\varepsilon_k} = \dfrac{132.1}{28.1\sqrt{26.2}} \cdot \dfrac{1}{0.814} = 1.128 > 0.75$

有效宽度系数：$\rho = \dfrac{1}{\lambda_{n,p}}\left(1 - \dfrac{0.19}{\lambda_{n,p}}\right) = \dfrac{1}{1.128}\left(1 - \dfrac{0.19}{1.128}\right) = 0.737$

腹板受压区的有效宽度 h_c 为 (图 10.1.3)：

$$h_e = h_{e1} + h_{e2} = \rho h_c = 0.748 \times 883 = 651\text{mm}$$

$$h_{e1} = 0.4 h_e = 0.4 \times 651 = 260\text{mm}$$

$$h_{e2} = 0.6 h_e = 0.6 \times 651 = 391\text{mm}$$

吊车梁的有效净截面如图 10.1-3 所示（扣除腹板阴影面积和 3 个螺栓孔），$x_e - x_e$ 轴为有效净截面的形心轴，有效净截面的几何特性计算见表 10.5，计算螺栓孔引起的截面削弱时取 $d + 4\text{mm} = 24\text{mm} > d_0 = 22\text{mm}$（下同）。

(2) 制动梁

制动梁由吊车梁受压翼缘板（—550×26）、制动板（—780×8）和辅助桁架上弦杆（[28a]）组成，其截面几何特性的计算见表 10.6。计算净截面的几何特性时，忽略受压翼缘板和制动板因其上的螺栓孔不对称布置使自身竖向形心轴偏移的影响。

吊车梁截面几何特性 表 10.5

计算项目	毛 截 面	有效净截面
截面面积	$A=2.6\times55+1.4\times185+2.4\times50$ $=143+259+120=522cm^2$	$A_n=2.6\times(55-3\times2.4)+1.4\times26.0+1.4$ $\times135.8+2.4\times50$ $=124.3+36.4+190.1+120=470.8cm^2$
形心位置 (图 10.1-3)	$y=\dfrac{143\times1.3+259\times95.1+120\times188.8}{522}$ $=90.9cm$	$y_e=\dfrac{124.3\times1.3+36.4\times15.6+190.1\times119.7+120\times188.8}{470.8}$ $=98.0cm$
惯性矩	$I_x=\left(\dfrac{1}{12}\times55\times2.6^3+143\times89.6^2\right)+$ $\left(\dfrac{1}{12}\times1.4\times185^3+259\times4.2^2\right)+$ $\left(\dfrac{1}{12}\times50\times2.4^3+120\times97.9^2\right)$ $=3041550cm^4$	$I_{nx}=\left(\dfrac{1}{12}\times47.8\times2.6^3+124.3\times96.7^2\right)+$ $\left(\dfrac{1}{12}\times1.4\times26.0^3+36.4\times82.4^2\right)+$ $\left(\dfrac{1}{12}\times1.4\times135.8^3+190.1\times21.7^2\right)+$ $\left(\dfrac{1}{12}\times50\times2.4^3+120\times90.8^2\right)$ $=2782691cm^4$
截面模量	—	受压翼缘 $W_{nx1}=\dfrac{2782691}{98}=28395cm^3$ 受拉翼缘 $W_{nx2}=\dfrac{2782691}{92}=30247cm^3$
面积矩	$S_{1x}=143\times89.6=12813cm^3$ $S_{2x}=120\times97.9=11748cm^3$ $S_x=S_{1x}+\dfrac{1}{2}t_w(y-t_1)^2$ $=12813+\dfrac{1}{2}\times1.4\times88.3^2=18271cm^3$	—

注: 1. 在计算截面对 x 轴的惯性矩时, 翼缘板对其自身形心轴的惯性矩可略去不计。
2. 表中 S_{1x}、S_{2x} 和 S_x 分别是受压翼缘板、受拉翼缘板和 x 轴以上毛截面对 x 轴的面积矩。

制动梁截面几何特性 表 10.6

计算项目	毛 截 面	净 截 面
截面面积	$A=2.6\times55+0.8\times78+40.02$ $=143+62.4+40.02=245.4cm^2$	$A_n=2.6\times(55-3\times2.4)+0.8\times(78-2.4)+40.02$ $=124.3+60.5+40=224.8cm^2$
形心位置 (形心至 吊车梁中 心距离)	$x=\dfrac{62.4\times57.5+40.02\times97.9}{245.4}=30.6cm$	$\bar{x}=\dfrac{60.5\times57.5+40.02\times97.9}{224.8}=32.9cm$
惯性矩	$I_{y1}=\left(\dfrac{1}{12}\times2.6\times55^3+143\times30.6^2\right)$ $+\left(\dfrac{1}{12}\times0.8\times78^3+62.4\times26.9^2\right)$ $+(218+40.02\times67.3^2)$ $=428218cm^4$	$I_{ny1}=\left[\left(\dfrac{1}{12}\times2.6\times55^3+143\times32.9^2\right)\right.$ $\left.-3\times\dfrac{1}{12}\times2.6\times2.4^3-2.6\times2.4(46.4^2+19.4^2\right.$ $\left.+9.9^2)\right]+\left[\left(\dfrac{1}{12}\times0.8\times78^3+62.4\times24.6^2\right)\right.$ $\left.-\dfrac{1}{12}\times0.8\times2.4^3-0.8\times2.4\times9.9^2\right]$ $+[218+40.02\times65^2]$ $=412941cm^4$

续表

计算项目	毛 截 面	净 截 面
截面模量	—	图 10.1.3 所示吊车梁受压翼缘左侧外边缘即 a 点处： $W_{ny1}=\dfrac{412941}{32.9+55/2}=6837 \text{cm}^3$

2. 强度验算

(1) 抗弯强度

受压翼缘（图 10.1-3 中的 a 点处）：

$$\sigma_{max}=\frac{M_x}{W_{nx1}}+\frac{M_y}{W_{ny1}}=\frac{5997.8\times10^6}{28395\times10^3}+\frac{524.3\times10^6}{6837\times10^3}$$

$$=211.2+76.7=287.9\text{N/mm}^2<f=295\text{N/mm}^2，可。$$

受拉翼缘：

$$\sigma_{max}=\frac{M_x}{W_{nx2}}=\frac{5997.8\times10^6}{30247\times10^3}=198.3\text{N/mm}^2<f=295\text{N/mm}^2，可。$$

(2) 抗剪强度

$$\tau_{max}=\frac{VS_x}{I_x t_w}=\frac{2342\times10^3\times18271\times10^3}{3041550\times10^4\times14}=100.5\text{N/mm}^2<f_v=175\text{N/mm}^2，可。$$

(3) 腹板计算高度上边缘的局部承压强度（《钢标》第 6.1.4 条）

集中荷载：（表 10.4）　　　　$F=849.6\text{kN}$

集中荷载增大系数：　　　　$\psi=1.35$

集中荷载在腹板计算高度上边缘的假定分布长度：

$$l_z=a+5h_y+2h_R=50+5\times26+2\times170=520\text{mm}$$

$$\sigma_c=\frac{\psi F}{t_w l_z}=\frac{1.35\times849.6\times10^3}{14\times520}=157.5\text{N/mm}^2<f=305\text{N/mm}^2，可。$$

腹板厚度：$t_w=14<16\text{mm}$，故 $f=305\text{N/mm}^2$。

(4) 折算应力（C 截面处上翼缘板与腹板交界处）

$$\sigma=\frac{M_x}{I_{nx}}(y_e-t_1)=\frac{5997.8\times10^6}{2782691\times10^4}\times(980-26)=205.6\text{N/mm}^2$$

$$\tau=\frac{V_C S_{1x}}{I_x t_w}=\frac{289.5\times10^3\times12813\times10^3}{3041550\times10^4\times14}=8.7\text{N/mm}^2$$

$$\sqrt{\sigma^2+\sigma_c^2-\sigma\sigma_c+3\tau^2}=\sqrt{205.6^2+157.5^2-205.6\times157.5+3\times8.7^2}$$

$$=186.9\text{N/mm}^2<1.1f=1.1\times305=335.5\text{N/mm}^2，可。$$

注：在本情况下，折算应力常不是控制条件，一般设计中可不进行验算。

3. 整体稳定性验算

因吊车梁的受压翼缘板上设有制动梁，吊车梁不会丧失整体稳定性，故可不验算。

4. 挠度验算

(1) 吊车梁的竖向挠度：

$$v_T=\frac{M_{xk}l^2}{10EI_x}=\frac{2963.6\times10^6\times12000^2}{10\times206\times10^3\times3041550\times10^4}=6.81\text{mm}$$

$$\frac{v_T}{l} = \frac{6.81}{12000} = \frac{1}{1762} < \frac{1}{1000} \quad (《钢标》附录第 B.1.1 条),可。$$

(2) 制动梁的水平挠度：

$$u = \frac{M_{yk}l^2}{10EI_{y1}} = \frac{96.7 \times 10^6 \times 12000^2}{10 \times 206 \times 10^3 \times 428218 \times 10^4} = 1.58 \text{mm}$$

$$\frac{u}{l} = \frac{1.58}{12000} = \frac{1}{7595} < \frac{1}{2200} \quad (《钢标》附录第 B.1.2 条),可。$$

六、腹板中间加劲肋设计

因吊车梁受压翼缘连有制动钢板和钢轨，故按受压翼缘扭转受到约束考虑。

1. 确定腹板加劲肋的配置方式（《钢标》第 6.3.2 条第 2 款）

$$\frac{2h_c}{t_w} = \frac{2 \times 883}{14} = 126.1 < 170\varepsilon_k = 170 \times 0.814 = 138.4$$

只需配置横向加劲肋。

2. 局部稳定性计算

仅配置横向加劲肋的腹板，其各区格的局部稳定性应按下式计算：

$$\left(\frac{\sigma}{\sigma_{cr}}\right)^2 + \left(\frac{\tau}{\tau_{cr}}\right)^2 + \frac{\sigma_c}{\sigma_{c,cr}} \leq 1.0 \quad 《钢标》公式(6.3.3-1)$$

经试算取横向加劲肋间距 $a = 2000$mm，

$$\frac{a}{h_0} = \frac{2000}{1850} = 1.08 \begin{matrix} >0.5 \\ <2.0 \end{matrix},\text{满足构造要求}(《钢标》第 6.3.6 条第 2 款)。$$

加劲肋布置如图 10.1-4 所示。

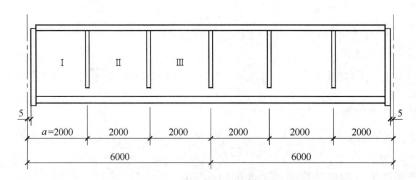

图 10.1-4 中间横向加劲肋布置示意图

(1) 各种应力单独作用下的临界应力

1) 弯曲临界应力 σ_{cr}

梁腹板受弯计算的正则化宽厚比为 [《钢标》公式 (6.3.3-6)]：

$$\lambda_{n,b} = \frac{2h_c/t_w}{177} \cdot \frac{1}{\varepsilon_k} = \frac{2 \times 883/14}{177} \times \frac{1}{0.814} = 0.876$$

因 $0.85 < \lambda_{n,b} < 1.25$，故 [《钢标》公式(6.3.3-4)]：

$\sigma_{cr} = [1 - 0.75(\lambda_{n,b} - 0.85)]f = [1 - 0.75 \times (0.876 - 0.85)] \times 305 = 299.1 \text{N/mm}^2$

2) 剪切临界应力 τ_{cr}

梁腹板受剪计算的正则化宽厚比为 [《钢标》公式(6.3.3-12)]：

$$\lambda_{\mathrm{n,s}} = \frac{h_0/t_\mathrm{w}}{37\eta\sqrt{5.34+4(h_0/a)^2}} \cdot \frac{1}{\varepsilon_\mathrm{k}} = \frac{1850/14}{37\times1.11\sqrt{5.34+4(1850/2000)^2}} \times \frac{1}{0.814} = 1.34$$

因 $\lambda_{\mathrm{n,s}} > 1.20$，故[《钢标》公式(6.3.3-10)]：

$$\tau_{\mathrm{cr}} = 1.1\frac{f_\mathrm{v}}{\lambda_{\mathrm{n,s}}^2} = 1.1\times\frac{175}{1.34^2} = 107.2\mathrm{N/mm^2}$$

3）局部受压临界应力 $\sigma_{\mathrm{c,cr}}$

梁腹板受局部压力计算时的正则化宽厚比为（$0.5\leqslant a/h_0 \leqslant 1.5$）：

$$\lambda_{\mathrm{n,c}} = \frac{h_0/t_\mathrm{w}}{28\sqrt{10.9+13.4(1.83-a/h_0)^3}} \cdot \frac{1}{\varepsilon_\mathrm{k}} \qquad [《钢标》公式(6.3.3\text{-}16)]$$

$$= \frac{1850/14}{28\sqrt{10.9+13.4(1.83-2000/1850)^3}} \times \frac{1}{0.814} = 1.43$$

因 $\lambda_{\mathrm{n,c}} > 1.20$，故[《钢标》公式(6.3.3-15)]：

$$\sigma_{\mathrm{c,cr}} = 1.1\frac{f}{\lambda_{\mathrm{n,c}}^2} = 1.1\times\frac{305}{1.43^2} = 164.1\mathrm{N/mm^2}$$

(2) 支座附近区格Ⅰ的局部稳定性

支座附近，剪应力对腹板局部稳定起控制作用，故按图 10.1-1(b) 所示轮压位置计算区格Ⅰ的平均剪力 $\overline{V}_\mathrm{I}$ 和平均弯矩 $\overline{M}_\mathrm{I}$：

$$\overline{V}_\mathrm{I} \approx \frac{1}{2}\times1.04\left\{2\times\frac{1}{12}[849.6\times(12+11.05+4.5+3.55)+623.0\times0.975]-2\times849.6\right\}$$

$$=\frac{1}{2}\times1.04\{2\times2252.5-2\times849.6\}=1459\mathrm{kN}$$

$$\overline{M}_\mathrm{I} \approx \frac{1}{2}\times1.04[2252.5\times2.0-849.6\times2.0-849.6\times(2-0.95)]=995.1\mathrm{kN\cdot m}$$

平均剪力产生的腹板平均剪应力：

$$\tau = \frac{\overline{V}_\mathrm{I}}{h_\mathrm{w}t_\mathrm{w}} = \frac{1459\times10^3}{1850\times14} = 56.3\mathrm{N/mm^2}$$

平均弯矩产生的腹板计算高度边缘的弯曲压应力：

$$\sigma = \frac{\overline{M}_\mathrm{I}}{I_\mathrm{x}}h_\mathrm{c} = \frac{995.1\times10^6}{3041550\times10^4}\times883 = 28.9\mathrm{N/mm^2}$$

腹板计算高度边缘的局部压应力（取集中荷载增大系数 $\psi=1.0$）：

$$\sigma_\mathrm{c} = 157.5/1.35 = 116.7\mathrm{N/mm^2}$$

得

$$\left(\frac{\sigma}{\sigma_{\mathrm{cr}}}\right)^2 + \left(\frac{\tau}{\tau_{\mathrm{cr}}}\right)^2 + \frac{\sigma_\mathrm{c}}{\sigma_{\mathrm{c,cr}}} = \left(\frac{28.9}{299.1}\right)^2 + \left(\frac{56.3}{107.2}\right)^2 + \frac{116.7}{164.1} = 0.996 < 1.0，可。$$

(3) 跨中附近区格Ⅲ的局部稳定

跨中附近，弯曲应力对腹板局部稳定性起主要作用，故按图 10.1-1(a) 所示轮压位置计算跨中附近区格Ⅲ的平均剪力 $\overline{V}_\mathrm{Ⅲ}$ 和平均弯矩 $\overline{M}_\mathrm{Ⅲ}$：

$$\overline{V}_{\mathrm{III}} \approx \frac{1}{2} \times 1.04\left[\left(\frac{5.829}{12}\Sigma P\right)+\left(\frac{5.829}{12}\Sigma P - 2P_2\right)\right]$$

$$= \frac{1}{2} \times 1.04\left[2 \times \frac{5.829}{12} \times (2\times 849.6+623)-2\times 849.6\right]=289.5\mathrm{kN}$$

$$\overline{M}_{\mathrm{III}} \approx \frac{1}{2}\left[\left(1.04 \times \frac{5.829}{12}\Sigma P \times 3.0\right)+M_{\mathrm{x}}\right]$$

$$= \frac{1}{2}\left[\left(1.04 \times \frac{5.829}{12} \times 2322.2 \times 3.0\right)+5997.8\right]=4758.6\mathrm{kN \cdot m}$$

平均剪力产生的腹板平均剪应力：

$$\tau = \frac{\overline{V}_{\mathrm{III}}}{h_\mathrm{w} t_\mathrm{w}} = \frac{289.5 \times 10^3}{1850 \times 14} = 11.2\mathrm{N/mm^2}$$

平均弯矩产生的腹板计算高度边缘的弯曲压应力：

$$\sigma = \frac{\overline{M}_{\mathrm{III}}}{I_\mathrm{x}}h_\mathrm{c} = \frac{4758.6 \times 10^6}{3041550 \times 10^4} \times 883 = 138.1\mathrm{N/mm^2}$$

腹板计算高度边缘的局部压应力（取集中荷载增大系数 $\psi=1.0$）：

$$\sigma_\mathrm{c} = 116.7\mathrm{N/mm^2}$$

得 $\left(\dfrac{\sigma}{\sigma_{\mathrm{cr}}}\right)^2+\left(\dfrac{\tau}{\tau_{\mathrm{cr}}}\right)^2+\dfrac{\sigma_{\mathrm{c}}}{\sigma_{\mathrm{c,cr}}}=\left(\dfrac{138.1}{299.1}\right)^2+\left(\dfrac{11.2}{107.2}\right)^2+\dfrac{116.7}{164.1}=0.935<1.0$，可。

综上，如图 10.1-4 所示腹板加劲肋布置满足局部稳定性要求。

3. 中间横向加劲肋截面尺寸设计及构造

加劲肋采用钢板制作，在腹板两侧成对配置，截面尺寸应符合下列要求：

外伸宽度：

$$b_\mathrm{s} \geqslant \frac{h_0}{30}+40\mathrm{mm} = \frac{1850}{30}+40 = 102\mathrm{mm}（《钢标》公式 6.3.6-1）$$

$b_\mathrm{s} \geqslant 90\mathrm{mm}$（《钢标》第 16.3.2 条第 6 款），采用 $b_\mathrm{s}=120\mathrm{mm}$。

厚度： $t_\mathrm{s} \geqslant \dfrac{b_\mathrm{s}}{19} = \dfrac{120}{19} = 6.3\mathrm{mm}$（《钢标》公式 6.3.6-2），采用 $t_\mathrm{s}=8\mathrm{mm}$。

选用中间加劲肋的截面为 2—120×8，构造如图 10.1-5(a)、(b) 所示（《钢标》第 6.3.6 条第 8 款、《原规范》第 8.4.11 条）。

七、梁端支承加劲肋设计

梁的两端采用突缘支座[构造如图 10.1-5(a)、(c)所示]，支承加劲肋应同时满足端面（下端）承压强度和梁腹板平面外稳定性的要求。此外，《钢标》中对支承加劲肋无其他特殊要求，但习惯上常采用突缘加劲肋厚度不小于 20mm，宽度约为吊车梁翼缘板宽度 2/3 以上。

梁端最大支座反力： $R=V=2342\mathrm{kN}$

选用截面为—360×20。

1. 验算端面承压强度

$$\sigma_\mathrm{ce} = \frac{R}{A_\mathrm{ce}} = \frac{2342 \times 10^3}{20 \times 360} = 325.3\mathrm{N/mm^2} < f_\mathrm{ce} = 400\mathrm{N/mm^2}，可。$$

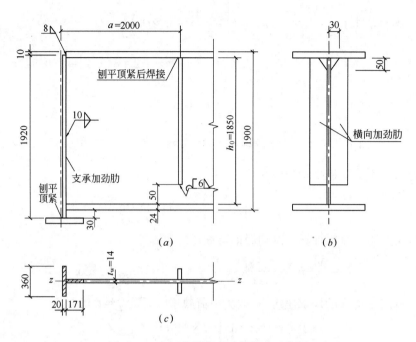

图 10.1-5 加劲肋截面及其构造示意图
(a)突缘支座；(b)横向加劲肋构造；(c)加劲肋截面

2. 验算支承加劲肋在梁腹板平面外的稳定性（《钢标》第 6.3.7 条）
腹板参加受压的面积：
$$A_w = t_w \times 15 t_w \cdot \varepsilon_k = 1.4 \times (15 \times 1.4 \times 0.814) = 1.4 \times 17.1 = 23.9 \text{cm}^2$$
受压构件截面面积：$A = A_s + A_w = 2 \times 36 + 23.9 = 95.9 \text{cm}^2$

截面惯性矩：$I_z = \dfrac{1}{12} \times 2 \times 36^3 + \dfrac{1}{12} \times 17.1 \times 1.4^3 = 7780 \text{cm}^4$

截面回转半径：$i_z = \sqrt{\dfrac{I_z}{A}} = \sqrt{\dfrac{7780}{95.9}} = 9.01 \text{cm}$

构件长细比：$\lambda_z = \dfrac{h_0}{i_z} = \dfrac{185}{9.01} = 20.5$

截面属于 c 类，由 $\lambda_z/\varepsilon_k = 20.5/0.814 = 25.2$ 查附表 1.29，得 $\varphi = 0.933$，

$$\dfrac{R}{\varphi A f} = \dfrac{2342 \times 10^3}{0.933 \times 95.9 \times 10^2 \times 295} = 0.887 < 1.0$$

满足稳定性要求。

梁端支承加劲肋的截面选用—360×20 可满足全部要求。

【说明】验算本例题中支承加劲肋在梁腹板平面外的稳定性，属对单轴对称截面[T 形截面，图 10.1-5（c）]的构件绕对称轴的稳定性计算，按规定应计入扭转效应的不利影响（《钢标》第 7.2.2 条第 2 款）。考虑到梁端支承加劲肋所受压力作用线几乎通过其截面的剪切中心，而且支承加劲肋与梁腹板通过焊缝连接牢固，不易扭转，与独立的轴心受压构件不同，因此上述稳定计算中未考虑扭转效应的影响。下面例题 10.2 中作同样处理，不再说明。

八、连接焊缝的计算

1. 翼缘板与腹板间的连接焊缝

上翼缘板与腹板间的 T 形连接采用焊透的对接与角接组合焊缝形式(《钢标》第 16.3.2 条第 5 款),焊缝质量不低于二级焊缝标准,因此焊缝强度与母材等强,由前面 "五、截面验算" 可知强度满足要求,不再计算。

下翼缘板与腹板间的连接采用双面直角角焊缝,所需焊脚尺寸:

$$h_{\mathrm{f}} \geqslant \frac{1}{2 \times 0.7 f_{\mathrm{f}}^{\mathrm{w}}} \cdot \frac{VS_{2\mathrm{x}}}{I_{\mathrm{x}}} = \frac{1}{2 \times 0.7 \times 200} \times \frac{2342 \times 10^{3} \times 11748 \times 10^{3}}{3041550 \times 10^{4}} = 3.2\mathrm{mm}$$

构造要求:

$$h_{\mathrm{fmin}} = 8\mathrm{mm}(《钢标》第 11.3.5 条第 3 款,即附表 1.5)$$

$$h_{\mathrm{fmax}} = 1.2 t_{\mathrm{min}} = 1.2 \times 14 = 16.8\mathrm{mm}(《原规范》第 8.2.7 条第 2 款)$$

采用 $h_{\mathrm{f}} = 8\mathrm{mm}$,满足要求。

2. 梁端支承加劲肋与腹板间的连接焊缝

焊缝计算长度:$l_{\mathrm{w}} = h_0 - 2h_{\mathrm{f}} = 1850 - 2 \times 10 = 1830\mathrm{mm}$(暂取 $h_{\mathrm{f}} = 10\mathrm{mm}$)。

(1) 按焊缝静力强度要求,需要焊脚尺寸:

$$h_{\mathrm{f}} \geqslant 1.2 \left(\frac{R}{2 \times 0.7 l_{\mathrm{w}} f_{\mathrm{f}}^{\mathrm{w}}} \right) = \frac{1.2 \times 2342 \times 10^{3}}{2 \times 0.7 \times 1830 \times 200} = 5.5\mathrm{mm}。$$

式中 1.2 是考虑支承加劲肋上角焊缝应力实际分布不均匀的影响。

(2) 使焊缝有效截面厚度之和与腹板等厚:

$$2 \times 0.7 h_{\mathrm{f}} = t_{\mathrm{w}}$$

得

$$h_{\mathrm{f}} = \frac{t_{\mathrm{w}}}{2 \times 0.7} = \frac{14}{1.4} = 10\mathrm{mm}$$

(3) 构造要求:

$$h_{\mathrm{fmin}} = 6\mathrm{mm}(附表 1.5)$$

$$h_{\mathrm{fmax}} = 1.2 t_{\mathrm{min}} = 1.2 \times 14 = 16.8\mathrm{mm}$$

综上考虑,最后采用 $h_{\mathrm{f}} = 10\mathrm{mm}$。

九、梁的拼接设计

根据钢板的规格尺寸《热轧钢板和钢带的尺寸、外形、重量及允许偏差》GB/T 709—2019,沿梁全长翼缘板和腹板均不设拼接接头。

十、疲劳计算

重级工作制吊车梁必须进行疲劳计算。

1. 疲劳计算的部位及内力

本例题内考虑下列两处。因前已言及吊车梁的支撑不与吊车梁下翼缘板相连,故不需验算下翼缘板连接处的疲劳,其他部位的验算可参阅本书第 8 章有关例题。

(1) 受拉翼缘板与腹板连接焊缝附近的母材

由一台最重的起重机荷载标准值产生的绝对最大弯矩为(在截面 D 处,见图 10.1-2

和表 10.4)：
$$M_{Dk}^P = M_{xk}^P = 2849.6 \text{kN} \cdot \text{m}$$

(2) 腹板受拉区横向加劲肋端部附近的母材

跨度中央横向加劲肋截面处的绝对最大弯矩 M_k^P 可近似取为：
$$M_k^P = M_{Dk}^P = 2849.6 \text{kN} \cdot \text{m}$$

如计算精确值，则为 $M_k^P = 2845.0 \text{kN} \cdot \text{m}$，近似值只偏大 0.16%。

2. 疲劳计算(《钢标》第 16.2.4 条)

计算公式：$\quad\quad\quad\quad \alpha_f \cdot \Delta\sigma \leqslant \gamma_t [\Delta\sigma]_{2\times10^6} = [\Delta\sigma]_{2\times10^6}$

式中取板厚修正系数 $\gamma_t = 1.0$(《钢标》第 16.2.1 条第 3 款)。

重级工作制软钩起重机欠载效应的等效系数 $\alpha_f = 0.8$（附表 1.20）。应力幅 $\Delta\sigma = \sigma_{max} - \sigma_{min}$，其中 σ_{min} 为吊车梁、轨道、制动梁及支撑自重等产生的应力，若 σ_{max} 中未计及此等自重的应力，则 $\Delta\sigma$ 按起重机竖向轮压标准值作用下的最大弯矩 M_k^P 计算即可，与永久荷载无关。

(1) 受拉翼缘板与腹板连接焊缝附近的母材

按附表 1.21-2 项次 8，属第 Z4 类构件和连接，查附表 1.19-1 得：
$$[\Delta\sigma]_{2\times10^6} = 112 \text{N/mm}^2$$

$$\Delta\sigma = \sigma_{max} - \sigma_{min} = \frac{M_k^P}{I_{nx}}(h_w + t_1 - y_e) = \frac{2849.6 \times 10^6}{2782691 \times 10^4}(1850 + 26 - 980) = 91.8 \text{N/mm}^2$$

$\alpha_f \cdot \Delta\sigma = 0.8 \times 91.8 = 73.4 \text{N/mm}^2 < \gamma_t [\Delta\sigma]_{2\times10^6} = [\Delta\sigma]_{2\times10^6} = 112 \text{N/mm}^2$，可。

(2) 腹板受拉区横向加劲肋端部附近的母材

横向加劲肋端部应采用回焊、不断弧，按附表 1.21-4 项次 21，属第 Z5 类构件和连接，查附表 1.19-1 得。
$$[\Delta\sigma]_{2\times10^6} = 100 \text{N/mm}^2$$

参阅图 10.1-5(a)，
$$\Delta\sigma = \sigma_{max} - \sigma_{min} = \frac{M_k^P}{I_{nx}}(h_w + t_1 - y_e - 50\text{mm})$$

$$= \frac{2849.6 \times 10^6}{2782691 \times 10^4} \times (1850 + 26 - 980 - 50) = 86.6 \text{N/mm}^2$$

$\alpha_f \cdot \Delta\sigma = 0.8 \times 86.6 = 69.3 \text{N/mm}^2 < \gamma_t [\Delta\sigma]_{2\times10^6} = 100 \text{N/mm}^2$，可。

综上计算可见，所选吊车梁截面适用。

有关制动梁和辅助桁架等的设计和计算从略。

有关吊车梁的构造要求，参见《钢标》第 16.3.2 条。

10.4　[例题 10.2] 24m 简支吊车梁的设计

一、设计资料

1. 计算需用的起重机资料见表 10.7。

计算需用的起重机资料 表10.7

台数	起重量 Q (t)	工作级别 钩别	小车重 g (t)	最大轮压 P_k (t)	A8（轨道型号）	轮距简图（mm）
2	15	A8（超重级） 硬 钩 （刚性料耙）	57.7	32.5	QU120 （轨高170mm）	P_k P_k P_k P_k 1152 6400 1152 1060 1060

2. 其他荷载（用于设计制动结构）：

制动结构上走道荷载：　　　　　　2kN/m²；

制动结构上积灰荷载：　　　　　　1kN/m²。

3. 吊车梁采用焊接工字形截面，吊车梁中心至边列柱外缘的距离为2.2m。

4. 吊车梁建造地区的工作温度（最低平均温度）：＞0℃。

二、材料与焊接方法的选用

1. 材料

钢材选用Q355B钢。工作温度＞0℃时需验算疲劳的焊接结构，Q355钢应具有常温冲击韧性合格的保证。按国家标准《低合金高强度结构钢》GB/T 1591—2018 的规定，Q355钢的质量等级应为B级。

自动焊采用H08A焊丝配合高锰型焊剂（焊剂HJ431或焊剂HJ430），手工焊采用E5015型（或其他低氢型）焊条。

2. 焊接方法

翼缘板与腹板间的连接焊缝采用自动焊，上翼缘与腹板的焊缝要求焊透，焊缝质量不低于二级焊缝标准。其他连接焊缝采用手工焊。拼接处对接焊缝质量应符合一级焊缝标准。

三、荷载与内力计算

1. 起重机荷载计算

起重机荷载的计算见表10.8。

起重机荷载的计算 表10.8

荷　　载	标准值（kN）	设计值（kN）
竖向荷载	$P_k = 32.5 \times 9.807 = 318.7$	$P = \alpha_d \gamma_Q P_k = 1.1 \times 1.5 P_k = 1.65 P_k = 525.9$
横向水平荷载	$T_k = 0.20 \times \dfrac{Q+g}{n}$ $= 0.20 \times \dfrac{(15+57.7)\times 9.807}{8} = 17.8$ $H_k = \alpha P_k = 0.2 \times 318.7 = 63.74$	$T = \gamma_Q T_k = 1.5 T_k = 26.7$ $H = \gamma_Q H_k = 1.5 \times 63.74 = 95.6$

注：取重力加速度为9.807m/s²，$H>T$，在计算吊车梁及其制动结构的强度、稳定性，以及吊车梁、制动结构、柱子相互间的连接强度时，横向水平荷载应取$H=95.6$kN。计算吊车梁制动结构的水平挠度时，横向水平荷载标准值取$T_k=17.8$kN。

2. 计算吊车梁强度和稳定性时需用的内力

起重机荷载按两台计算。计算时首先按荷载标准值进行，而后再根据不同情况求内力的设计值。

在起重机荷载作用下产生绝对最大竖向弯矩 M_{xk}^p 和最大水平弯矩 M_{yk}^H 的起重机轮位相同，如图 10.2-1（a）所示。在起重机竖向荷载作用下产生最大竖向剪力 V_{Akmax}^p 的起重机轮位如图 10.2-1（b）所示。

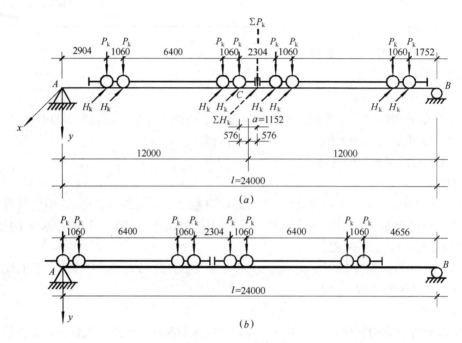

图 10.2-1 两台起重机作用下的吊车梁内力计算
(a) 产生绝对最大弯矩的轮压位置；(b) 产生最大剪力的轮压位置

(1) 绝对最大竖向弯矩 M_{xk}^p 与相应的竖向剪力 V_{Ck}^p [图 10.2-1 (a)]

吊车梁上竖向轮压之合力：

$$\Sigma P_k = 8P_k = 8 \times 318.7 = 2549.6 \text{kN}$$

由于对称性，ΣP_k 作用点位于两起重机的交界处。

C 点至 ΣP_k 作用点的距离为：

$$a = \frac{2304}{2} = 1152 \text{mm} = 1.152 \text{m}$$

起重机轮压位置使吊车梁中线平分 C 点与 ΣP_k 作用点，此时 C 点轮压下的弯矩为绝对最大。

支座 A 处的竖向反力：

$$R_{Ak}^p = \frac{\Sigma P_k \left(\frac{l}{2} - \frac{a}{2}\right)}{l} = \frac{2549.6 \times \left(12 - \frac{1.152}{2}\right)}{24} = 1214 \text{kN}$$

绝对最大竖向弯矩（发生在 C 处）：

$$M_{xk}^{P}=R_{Ak}^{P}\left(\frac{l}{2}-\frac{a}{2}\right)-P_{k}(1.06+7.46+8.52)=1214\times\left(12-\frac{1.152}{2}\right)-318.7\times17.04$$
$$=8438\mathrm{kN\cdot m}$$

C 处相应的竖向剪力：
$$V_{Ck}^{P}=R_{Ak}^{P}-3P_{k}=1214-3\times318.7=257.9\mathrm{kN}$$

（2）最大竖向剪力 V_{Akmax}^{P} ［图 10.2-1 (b)］
$$V_{Akmax}^{P}=R_{Ak}^{P}=\frac{\sum P_{k}}{l}\left(\frac{2.304}{2}+1.06+6.4+1.06+4.656\right)=\frac{2549.6}{24}\times14.328=1522\mathrm{kN}$$

（3）最大水平弯矩 M_{yk}^{H} ［图 10.2-1 (a) 中之 C 处］

因产生 M_{yk}^{H} 与 M_{xk}^{P} 的起重机轮位相同，故可直接按荷载比例关系求得 M_{yk}^{H}：
$$M_{yk}^{H}=M_{xk}^{P}\cdot\frac{H_{k}}{P_{k}}=8438\times0.2=1688\mathrm{kN\cdot m}$$

3. 验算吊车梁疲劳、制动结构疲劳与挠度（竖向和水平）时需用的内力

起重机荷载按作用在吊车梁跨间内荷载效应最大的一台起重机计算。在一台起重机荷载作用下产生绝对最大竖向弯矩 M_{xk}^{P} 和绝对最大水平弯矩 M_{yk}^{T} 的起重机轮位相同，如图 10.2-2 所示。

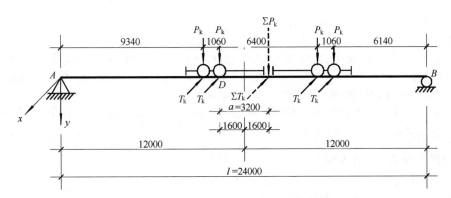

图 10.2-2　一台起重机作用时产生绝对最大弯矩的轮压位置

（1）绝对最大竖向弯矩 M_{xk}^{P}（发生在 D 处）
$$R_{Ak}^{P}=\frac{\sum P_{k}\left(\frac{l}{2}-\frac{a}{2}\right)}{l}=\frac{4\times318.7\times\left(12-\frac{3.2}{2}\right)}{24}=552.4\mathrm{kN}$$
$$M_{xk}^{P}=R_{Ak}^{P}\left(\frac{l}{2}-\frac{a}{2}\right)-P_{k}\times1.06=552.4\times\left(12-\frac{3.2}{2}\right)-318.7\times1.06=5407\mathrm{kN\cdot m}$$

（2）最大水平弯矩 M_{yk}^{T}（发生在 D 处）

按荷载比例关系计算：
$$M_{yk}^{T}=M_{xk}^{P}\frac{T_{k}}{P_{k}}=5407\times\frac{17.8}{318.7}=302.0\mathrm{kN\cdot m}$$

根据以上内力计算结果，按计算内容不同汇总计算需用的内力如表 10.9 所示。

计算用内力汇总表   表10.9

计算内容	计算用内力值	计算部位	起重机台数
抗弯强度及整体稳定性	$M_x=1.65\times1.09M_{xk}^P=1.80\times8438=15188$kN·m $M_y=1.5M_{yk}^H=1.5\times1688=2532$kN·m	C 截面处 [图10.2-1(a)]	两台
抗剪强度	$V=1.65\times1.09V_{Akmax}^P=1.80\times1522=2740$kN	支座 A 截面处 [图10.2-1(b)]	
局部承压强度	$F=P=525.9$kN（见表10.8）	腹板计算高度上边缘	
折算应力	$M_x=15188$kN·m $V_C=1.65\times1.09V_{Ck}^P=1.80\times257.9=464.2$kN	C 截面处腹板计算高度上边缘	
吊车梁最大挠度	$M_{xk}=1.09M_{xk}^P=1.09\times5407=5894$kN·m	轮压位置与计算吊车梁疲劳时相同	一台
吊车梁疲劳	$M_{xk}^P=5407$kN·m	D 截面处（图10.2-2）受拉翼缘与腹板连接焊缝处母材	
制动结构疲劳与水平挠度	$M_{yk}=M_{yk}^P=302.0$kN·m		

注：1. 表中1.65为起重机竖向荷载设计值 P 与其标准值 P_k 之比值，1.5为起重机横向水平荷载设计值与其标准值之比值（即可变荷载分项系数 γ_Q，见表10.8）；1.09为考虑吊车梁、轨道、制动结构及支撑的自重对吊车梁内力（M、V）影响的增大系数 α_z（按表10.1取用）。计算疲劳时，不考虑自重影响。
2. 考虑到制动梁上活荷载和灰载对吊车梁的内力影响极小（与起重机轮压相比），内力计算中略去不计。

四、截面选择

钢号修正系数：$\varepsilon_k=0.814$

1. 吊车梁截面

所需截面对强轴 x 轴的截面模量：

$$W_x=\frac{M_x}{0.7f}=\frac{15188\times10^6}{0.7\times295}\times10^{-3}=73550\text{cm}^3$$

估计翼缘板厚度 t 将超过16mm，故上式中采用 $t>(16\sim40)$mm 时 Q355 钢的抗弯强度设计值 $f=295$N/mm²（附表1.1）。式中分母中的0.7为竖向荷载产生的弯曲应力权重系数预估值（参阅例题10.1）。

（1）梁的高度设计

按经济要求估算（经验公式）：

$$h_e=7\sqrt[3]{W_x}-30\text{cm}=7\times\sqrt[3]{73550}-30=263.3\text{cm}$$

按竖向挠度要求（附表1.18）：

$$v_T\approx1.0\times10^{-6}\cdot\frac{M_{xk}l^2}{W_x}\cdot\frac{l}{h}\leqslant[v_T]=\frac{l}{1000}$$

$$h_{\min}=1.0\times10^{-6}\left(\frac{M_{xk}}{W_x}\right)\left[\frac{l}{v_T}\right]\cdot l$$

将 $M_{xk}=5894$kN·m（表 10.9）、$W_x=73550$cm³、$[l/v_T]=1000$ 和 $l=24000$mm 代入上式，得：

$$h_{\min}=1.0\times10^{-6}\times\frac{5894\times10^6}{73550\times10^3}\times1000\times24000=1923\text{mm}$$

因对建筑净空无特殊要求，参照上述 h_e 和 $h_{\min}$，采用腹板高度 $h_w=2900$mm（$\approx 1.1h_e$），梁高 $h\approx 2950$mm。

(2) 腹板厚度 t_w

按经验公式（式中几何量单位均为 mm）：

$$t_w=\frac{2}{7}\sqrt{h_w}=\frac{2}{7}\sqrt{2900}=15.4\text{mm}$$

或

$$t_w=7+0.003h_w=7+0.003\times2900=15.7\text{mm}$$

按抗剪要求（近似）：

$$t_w\geqslant\frac{1.2V}{h_w f_v}=\frac{1.2\times2740\times10^3}{2900\times175}=6.5\text{mm}$$

综上，选用腹板厚度 $t_w=16$mm，腹板截面为—2900×16。

(3) 翼缘板尺寸

一块翼缘板所需截面面积为：

$$b\times t\approx\frac{W_x}{h_w}-\frac{1}{6}h_w t_w=\frac{73550\times10^3}{2900}-\frac{1}{6}\times2900\times16=17629\text{mm}^2$$

试取翼缘板宽度：

$$b=700\text{mm}\approx\frac{h}{4.2}$$

则得：

$$t=\frac{17629}{700}=25.2\text{mm}$$

受拉翼缘板尺寸 ($b_2\times t_2$) 采用—700×24。考虑到受压翼缘板上有两个与轨道连接的螺栓和一个与制动结构连接的螺栓（设螺栓为 M20，其孔径均为 $d_0=22$mm），选取受压翼缘板尺寸 ($b_1\times t_1$) 为—700×30。

要注意的是：在选择翼缘板尺寸时，本例题与上一例题 10.1 中用的是两种不同的估算 W_x 方法，目的都是使估算采用的翼缘截面积更实际一些。

受压翼缘板的自由外伸宽厚比

$$\frac{(b_1-t_w)/2}{t_1}=\frac{(700-16)/2}{30}=11.4\begin{cases}>13\varepsilon_k=13\times0.814=10.6\\<15\varepsilon_k=15\times0.814=12.2\end{cases}\text{，属 S4 级。}$$

按以上选择所得吊车梁截面如图 10.2-3 所示。

2. 制动结构与支撑等构件

制动结构选用制动梁，其中制动板截面选用—1920×10。吊车梁设置辅助桁架和水平、垂直支撑。辅助桁架上弦杆选用 $2\llcorner 140\times10$（节点板厚度取 12mm），水平、垂直支撑均连于吊车梁的横向加劲肋上；吊车梁中心至辅助桁架中心距离取 2.2m，如图 10.2-3 所示。

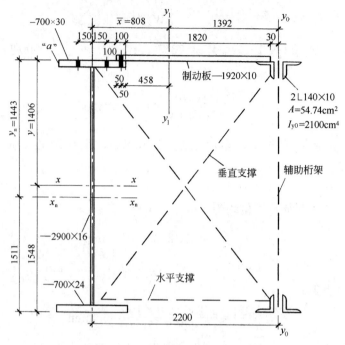

图 10.2-3 吊车梁截面及其组成构件

五、截面验算（计算用内力见表 10.9）

Q355 钢的强度设计值：

当钢板厚度为 $t \leqslant 16\text{mm}$ 时：$f=305\text{N/mm}^2$，$f_v=175\text{N/mm}^2$，$f_{ce}=400\text{N/mm}^2$。

当钢板厚为 $t>16\sim40\text{mm}$ 时：$f=295\text{N/mm}^2$，$f_v=170\text{N/mm}^2$，$f_{ce}=400\text{N/mm}^2$。

相应角焊缝的强度设计值：$f_f^w=200\text{N/mm}^2$。

1. 截面几何特性计算

（1）吊车梁

翼缘板宽厚比等级属于 S4 级，翼缘板截面全部有效（《钢标》第 6.1.1 条）。

腹板设有纵向加劲肋和横向加劲肋（图 10.2-4），不会发生局部屈曲，腹板截面全部有效。

因此，吊车梁全截面有效。

吊车梁的净截面如图 10.2-3 所示（扣除受压翼缘板上 3 个螺栓孔），x_n-x_n 轴为净截面的形心轴。吊车梁截面几何特性的计算见表 10.10。

吊车梁截面几何特性 表 10.10

计算项目	毛截面	净截面
面积	$A=3.0\times70+1.6\times290+2.4\times70$ $=210+464+168=842\text{cm}^2$	$A_n=3.0\times(70-3\times2.4)+1.6\times290+2.4\times70$ $=188.4+464+168=820.4\text{cm}^2$
形心位置 （图 10.2-3）	$y=\dfrac{210\times1.5+464\times148+168\times294.2}{842}$ $=140.6\text{cm}$	$y_n=\dfrac{188.4\times1.5+464\times148+168\times294.2}{820.4}$ $=144.3\text{cm}$

续表

计算项目	毛截面	净截面
惯性矩	$I_x = \left(\dfrac{1}{12} \times 70 \times 3^3 + 210 \times 139.1^2\right) +$ $\left(\dfrac{1}{12} \times 1.6 \times 290^3 + 464 \times 7.4^2\right) +$ $\left(\dfrac{1}{12} \times 70 \times 2.4^3 + 168 \times 153.6^2\right)$ $= 11304381 \mathrm{cm}^4$	$I_{nx} = \left(\dfrac{1}{12} \times 62.8 \times 3^3 + 188.4 \times 142.8^2\right) +$ $\left(\dfrac{1}{12} \times 1.6 \times 290^3 + 464 \times 3.7^2\right) +$ $\left(\dfrac{1}{12} \times 70 \times 2.4^3 + 168 \times 149.9^2\right)$ $= 10875225 \mathrm{cm}^4$
截面模量	—	受压翼缘 $W_{nx1} = \dfrac{10875225}{144.3} = 75365 \mathrm{cm}^3$ 受拉翼缘 $W_{nx2} = \dfrac{10875225}{151.1} = 71974 \mathrm{cm}^3$
面积矩	$S_{1x} = 210 \times 139.1 = 29211 \mathrm{cm}^3$ $S_{2x} = 168 \times 153.6 = 25805 \mathrm{cm}^3$ $S_x = S_{1x} + \dfrac{1}{2} t_w (y - t_1)^2$ $= 29211 + \dfrac{1}{2} \times 1.6 \times 137.6^2$ $= 44358 \mathrm{cm}^3$	—

注:1. 在计算截面对 x 轴的惯性矩时,翼缘板对其自身形心轴的惯性矩可略去不计。
2. 表中 S_{1x}、S_{2x} 和 S_x 分别是受压翼缘板、受拉翼缘板和 x 轴以上毛截面对 x 轴的面积矩。

(2) 制动梁

制动梁由吊车梁受压翼缘板(—700×30)、制动板(—1920×10)和辅助桁架上弦杆(2∟140×10)组成,其截面几何特性的计算见表 10.11。计算净截面的几何特性时,忽略了受压翼缘板和制动板因其上孔洞不对称布置使自身竖向形心轴偏移的影响。

制动梁截面几何特性　　　　表 10.11

计算项目	毛　截　面	净　截　面
面 积	$A = 3.0 \times 70 + 1.0 \times 192 + 54.74$ $= 210 + 192 + 54.74 = 456.74 \mathrm{cm}^2$	$A_n = 3.0 \times (70 - 3 \times 2.4) + 1.0 \times (192 - 2.4) + 54.74$ $= 188.4 + 189.6 + 54.74 = 432.74 \mathrm{cm}^2$
形心位置 (形心至 吊车梁中 心距离)	$x = \dfrac{192 \times 121 + 54.74 \times 220}{456.74} = 77.2 \mathrm{cm}$	$\bar{x} = \dfrac{189.6 \times 121 + 54.74 \times 220}{432.74} = 80.8 \mathrm{cm}$
惯性矩	$I_{y1} = \left(\dfrac{1}{12} \times 3 \times 70^3 + 210 \times 77.2^2\right)$ $+ \left(\dfrac{1}{12} \times 1 \times 192^3 + 192 \times 43.8^2\right)$ $+ (2100 + 54.74 \times 142.8^2)$ $= 3413830 \mathrm{cm}^4$	$I_{ny1} = \left[\dfrac{1}{12} \times 3 \times 70^3 + 210 \times 80.8^2 - 3 \times 2.4(95.8^2 \right.$ $\left. + 65.8^2 + 50.8^2)\right] + \left[\dfrac{1}{12} \times 1 \times 192^3 \right.$ $\left. + 192 \times 40.2^2 - 1 \times 2.4 \times 50.8^2 \right]$ $+ [2100 + 54.74 \times 139.2^2]$ $= 3297619 \mathrm{cm}^4$

续表

计算项目	毛 截 面	净 截 面
截面模量	—	如图10.2-3所示吊车梁受压翼缘左侧外边缘即a点处： $W_{ny1}=\dfrac{3297619}{80.8+70/2}=28477\text{cm}^3$

注：在计算净截面惯性矩时，还略去了螺栓孔对其自身形心轴的惯性矩，因此引起的误差（极小）可不计。

2. 强度验算

(1) 抗弯强度

受压翼缘（图10.2-3中的a点处）：

$$\sigma_{\max}=\frac{M_x}{W_{nx1}}+\frac{M_y}{W_{ny1}}=\frac{15188\times10^6}{75365\times10^3}+\frac{2532\times10^6}{28477\times10^3}$$
$$=201.5+88.9=290.4\text{N/mm}^2<f=295\text{N/mm}^2，可。$$

受拉翼缘：

$$\sigma_{\max}=\frac{M_x}{W_{nx2}}=\frac{15188\times10^6}{71974\times10^3}=211.0\text{N/mm}^2<f=295\text{N/mm}^2，可。$$

(2) 抗剪强度

$$\tau_{\max}=\frac{VS_x}{I_xt_w}=\frac{2740\times10^3\times44358\times10^3}{11304381\times10^4\times16}=67.2\text{N/mm}^2<f_v=175\text{N/mm}^2，可。$$

(3) 腹板计算高度上边缘的局部承压强度

集中荷载： $F=525.9\text{kN}$

集中荷载增大系数： $\psi=1.35$

$$l_z=a+5h_y+2h_R=50+5\times30+2\times170=540\text{mm}$$

式中170mm为轨高，30mm为上翼缘板厚度。

$$\sigma_c=\frac{\psi F}{t_wl_z}=\frac{1.35\times525.9\times10^3}{16\times540}=82.2\text{N/mm}^2<f=305\text{N/mm}^2，可。$$

(4) 折算应力［图10.2-1(a)所示C截面处上翼缘板与腹板交界处］

$$\sigma=\frac{M_x}{I_{nx}}(y_n-t_1)=\frac{15188\times10^6}{10875225\times10^4}\times(1443-30)=197.3\text{N/mm}^2$$

$$\tau=\frac{V_CS_{1x}}{I_xt_w}=\frac{464.2\times10^3\times29211\times10^3}{11304381\times10^4\times16}=7.5\text{N/mm}^2$$

$$\sqrt{\sigma^2+\sigma_c^2-\sigma\sigma_c+3\tau^2}=\sqrt{197.3^2+82.2^2-197.3\times82.2+3\times7.5^2}$$
$$=172.1\text{N/mm}^2<1.1f=1.1\times305=335.5\text{N/mm}^2，可。$$

3. 整体稳定性验算

因吊车梁的受压翼缘板上设有制动梁，吊车梁不会丧失整体稳定性，故可不验算。

4. 挠度验算

(1) 吊车梁的竖向挠度：

$$v_T=\frac{M_{xk}l^2}{10EI_x}=\frac{5894\times10^6\times24000^2}{10\times206\times10^3\times11304381\times10^4}=14.6\text{mm}$$

$$\frac{v_T}{l}=\frac{14.6}{24000}=\frac{1}{1644}<\frac{1}{1000}，可。$$

(2) 制动梁的水平挠度：

$$u=\frac{M_{yk}l^2}{10EI_{y1}}=\frac{302\times10^6\times24000^2}{10\times206\times10^3\times3413830\times10^4}=2.47\text{mm}$$

$$\frac{u}{l}=\frac{2.47}{24000}=\frac{1}{9717}<\frac{1}{2200}，可。$$

通过上述验算，可见所选梁截面满足要求，适用。

六、中间加劲肋设计

因吊车梁受压翼缘连有制动钢板和钢轨，故按受压翼缘扭转受到约束考虑。

1. 确定加劲肋的配置方式及其距离（《钢标》第6.3.2、第6.3.6条）

腹板受压区高度（图10.2-3）：

$$h_c=y-t_1=1406-30=1376\text{mm}$$

$$\frac{2h_c}{t_w}=\frac{2\times1376}{16}=172>170\varepsilon_k=170\times0.814=138.4$$

需同时配置横向加劲肋和纵向加劲肋。

选用纵向加劲肋至腹板计算高度受压边缘的距离 $h_1=600$mm，满足构造要求：

$$h_1=\frac{h_c}{2.5}\sim\frac{h_c}{2}=\frac{1376}{2.5}\sim\frac{1376}{2}=550\sim688\text{mm}$$

横向加劲肋间距，经试算取 $a=4000$mm$<2h_0=5800$mm，可。

加劲肋布置如图10.2-4所示。

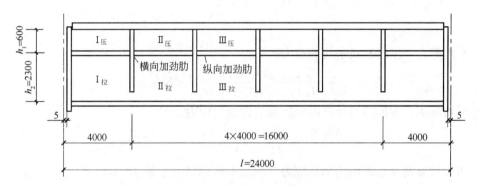

图10.2-4 加劲肋布置示意图

2. 受压翼缘板与纵向加劲肋之间腹板区格的局部稳定计算

条件：
$$\frac{\sigma}{\sigma_{cr1}}+\left(\frac{\sigma_c}{\sigma_{c,cr1}}\right)^2+\left(\frac{\tau}{\tau_{cr1}}\right)^2\leqslant1.0 \qquad 《钢标》公式(6.3.4-1)$$

(1) 各种应力单独作用下的临界应力

1) 弯曲临界应力 σ_{cr1}

梁腹板受弯计算的正则化宽厚比为[《钢标》公式(6.3.4-2)]：

$$\lambda_{n,b1}=\frac{h_1/t_w}{75}\frac{1}{\varepsilon_k}=\frac{600/16}{75}\times\frac{1}{0.814}=0.614<0.85$$

故 $\sigma_{cr1}=f=305\text{N/mm}^2$

2) 剪切临界应力 τ_{cr1}

梁腹板受剪计算的正则化宽厚比为（$a/h_1=4000/600=6.67>1.0$）：

$$\lambda_{n,s1}=\frac{h_1/t_w}{37\eta\sqrt{5.34+4\ (h_1/a)^2}}\frac{1}{\varepsilon_k}$$

《钢标》公式（6.3.3-12）

$$=\frac{600/16}{37\times1.11\sqrt{5.34+4\ (600/4000)^2}}\times\frac{1}{0.814}=0.481<0.8$$

故 $\tau_{cr1}=f_v=175\text{N/mm}^2$

3) 局部受压临界应力 $\sigma_{c,cr1}$

梁腹板局部受压力计算时的正则化宽厚比为[《钢标》公式（6.3.4-4）]：

$$\lambda_{n,c1}=\frac{h_1/t_w}{56}\frac{1}{\varepsilon_k}=\frac{600/16}{56}\times\frac{1}{0.814}=0.823<0.85$$

故 $\sigma_{c,cr1}=f=305\text{N/mm}^2$

(2) 支座附近区格"Ⅰ压"的局部稳定性

支座附近，剪应力对腹板的局部稳定性起控制作用，故按图 10.2-1（b）所示轮压位置计算支座附近区格的平均剪力 $\overline{V}_\text{支}$ 和平均弯矩 $\overline{M}_\text{支}$：

$$\overline{V}_\text{支}\approx\frac{1}{2}\times1.65\times1.09[R^P_{Ak}+(R^P_{Ak}-2P_k)]=1.80\times(1522-318.7)=2166\text{kN}$$

$$\overline{M}_\text{支}\approx\frac{1}{2}\times1.65\times1.09[R^P_{Ak}\times4-P_k(4+4-1.06)]$$

$$=\frac{1}{2}\times1.80\times(1522\times4-318.7\times6.94)$$

$$=3489\text{kN}\cdot\text{m}$$

平均剪力产生的腹板平均剪应力：

$$\tau=\frac{\overline{V}_\text{支}}{h_w t_w}=\frac{2166\times10^3}{2900\times16}=46.7\text{N/mm}^2$$

平均弯矩产生的腹板计算高度边缘的弯曲压应力：

$$\sigma=\frac{\overline{M}_\text{支}\ h_c}{I_x}=\frac{3489\times10^6\times1376}{11304381\times10^4}=42.5\text{N/mm}^2$$

腹板计算高度边缘的局部压应力（取集中荷载增大系数 $\psi=1.0$）：

$$\sigma_c=82.2/1.35=60.9\text{N/mm}^2$$

得 $\dfrac{\sigma}{\sigma_{cr}}+\left(\dfrac{\sigma_c}{\sigma_{c,cr1}}\right)^2+\left(\dfrac{\tau}{\tau_{cr1}}\right)^2=\dfrac{42.5}{305}+\left(\dfrac{60.9}{305}\right)^2+\left(\dfrac{46.7}{175}\right)^2=0.250<1.0$，可。

(3) 跨中区格"Ⅲ压"的局部稳定性

跨中附近，弯曲应力对腹板局部稳定性起主要作用，故按图 10.2-1（a）所示轮压位置计算跨中附近区格的平均剪力 $\overline{V}_\text{中}$ 和平均弯矩 $\overline{M}_\text{中}$：

$$\overline{V}_\text{中}\approx\frac{1}{2}\times1.65\times1.09[(R^P_{Ak}-2P_k)+(R^P_{Ak}-4P_k)]=1.80\times[1214-3\times318.7]$$

$$=464.2\text{kN}$$

$$\overline{M}_\text{中}\approx\frac{1}{2}\times1.65\times1.09\{M^P_{xk}+[R^P_{Ak}\times8-P_k(5.096+4.036)]\}$$

$$=\frac{1}{2}\times1.80\times[8438+(1214\times8-318.7\times9.132)]=13716\text{kN}\cdot\text{m}$$

平均剪力产生的腹板平均剪应力：
$$\tau=\frac{\overline{V}_{\text{中}}}{h_w t_w}=\frac{464.2\times 10^3}{2900\times 16}=10.0\text{N/mm}^2$$

平均弯矩产生的腹板计算高度边缘的弯曲压应力：
$$\sigma=\frac{\overline{M}_{\text{中}} h_c}{I_x}=\frac{13716\times 10^6\times 1376}{11304381\times 10^4}=167.0\text{N/mm}^2$$

$$\sigma_c=60.9\text{N/mm}^2$$

得 $\dfrac{\sigma}{\sigma_{\text{cr1}}}+\left(\dfrac{\sigma_c}{\sigma_{c,\text{cr1}}}\right)^2+\left(\dfrac{\tau}{\tau_{\text{cr1}}}\right)^2=\dfrac{167}{305}+\left(\dfrac{60.9}{305}\right)^2+\left(\dfrac{10}{175}\right)^2=0.591<1.0$，可。

3. 受拉翼缘板与纵向加劲肋之间腹板区格的局部稳定性计算

条件： $\left(\dfrac{\sigma_2}{\sigma_{\text{cr2}}}\right)^2+\left(\dfrac{\tau}{\tau_{\text{cr2}}}\right)^2+\dfrac{\sigma_{c2}}{\sigma_{c,\text{cr2}}}\leqslant 1.0$ 　　《钢标》公式（6.3.4-6）

(1) 各种应力单独作用下的临界应力

纵向加劲肋至腹板计算高度受拉边缘的距离 $h_2=h_0-h_1=2900-600=2300\text{mm}$。

1) 弯曲临界应力 σ_{cr2}

梁腹板受弯计算的正则化宽厚比为（《钢标》公式(6.3.4-7)）：
$$\lambda_{n,b2}=\frac{h_2/t_w}{194}\frac{1}{\varepsilon_k}=\frac{2300/16}{194}\times\frac{1}{0.814}=0.910$$

因 $0.85<0.910<1.25$，故：
$$\sigma_{\text{cr2}}=[1-0.75(\lambda_{n,b2}-0.85)]f=[1-0.75\times(0.91-0.85)]\times 305=291.3\text{N/mm}^2$$

2) 剪切临界应力 τ_{cr2}

梁腹板受剪计算的正则化宽厚比为（$a/h_2=4000/2300=1.74>1.0$）：
$$\lambda_{n,s2}=\frac{h_2/t_w}{37\eta\sqrt{5.34+4\ (h_2/a)^2}}\frac{1}{\varepsilon_k} \qquad 《钢标》公式（6.3.3-12）$$

$$=\frac{2300/16}{37\times 1.11\sqrt{5.34+4(2300/4000)^2}}\times\frac{1}{0.814}=1.67>1.2$$

故 $\tau_{\text{cr2}}=1.1\dfrac{f_v}{\lambda_{n,s2}^2}=1.1\times\dfrac{175}{1.67^2}=69.0\text{N/mm}^2$

3) 局部受压临界应力 $\sigma_{c,\text{cr2}}$

梁腹板受局部压力计算时的正则化宽厚比为（《钢标》公式(6.3.3-17)）：
$$\lambda_{n,c2}=\frac{h_2/t_w}{28\sqrt{18.9-5a/h_2}}\frac{1}{\varepsilon_k}=\frac{2300/16}{28\sqrt{18.9-5\times 1.74}}\times\frac{1}{0.814}=1.97>1.2$$

故 $\sigma_{c,\text{cr2}}=1.1\dfrac{f}{\lambda_{n,c2}^2}=1.1\times\dfrac{305}{1.97^2}=86.4\text{N/mm}^2$

(2) 支座附近区格"Ⅰ拉"的局部稳定性

$$\sigma_2=\frac{\overline{M}_{\text{支}}}{I_x}(h_c-h_1)=\frac{3489\times 10^6}{11304381\times 10^4}(1376-600)=24.0\text{N/mm}^2$$

$$\tau=46.7\text{N/mm}^2$$

$$\sigma_{c2}=0.3\sigma_c=0.3\times 60.9=18.3\text{N/mm}^2$$

得 $\left(\dfrac{\sigma_2}{\sigma_{\text{cr2}}}\right)^2+\left(\dfrac{\tau}{\tau_{\text{cr2}}}\right)^2+\dfrac{\sigma_{c2}}{\sigma_{c,\text{cr2}}}=\left(\dfrac{24}{291.3}\right)^2+\left(\dfrac{46.7}{69}\right)^2+\dfrac{18.3}{86.4}=0.677<1.0$，可。

(3) 跨中附近区格"Ⅲ拉"的局部稳定性

$$\sigma_2 = \frac{\overline{M}_{中}}{I_x}(h_c - h_1) = \frac{13716 \times 10^6}{11304381 \times 10^4}(1376 - 600) = 94.2 \text{N/mm}^2$$

$$\tau = 10 \text{N/mm}^2$$

$$\sigma_{c2} = 0.3\sigma_c = 18.3 \text{N/mm}^2$$

得

$$\left(\frac{\sigma_2}{\sigma_{cr2}}\right)^2 + \left(\frac{\tau}{\tau_{cr2}}\right)^2 + \frac{\sigma_{c2}}{\sigma_{c,cr2}} = \left(\frac{94.2}{291.3}\right)^2 + \left(\frac{10}{69}\right)^2 + \frac{18.3}{86.4} = 0.337 < 1.0，可。$$

综上，如图 10.2-4 所示腹板加劲肋布置满足局部稳定性要求且有较大富余，还可优化，这里从略。下面仍按图 10.2-4 所示加劲肋布置进行计算。

4. 中间加劲肋截面尺寸设计及其构造（《钢标》第 6.3.6 条）

加劲肋采用钢板制作，在腹板两侧成对配置。

(1) 横向加劲肋

按构造及加劲肋的局部稳定性要求：

$$b_s \geq \frac{h_0}{30} + 40 \text{mm} = \frac{2900}{30} + 40 = 136.7 \text{mm}，取 b_s = 160 \text{mm}。$$

$$t_s \geq \frac{b_s}{19} = \frac{160}{19} = 8.4 \text{mm}，取 t_s = 14 \text{mm}。$$

这里的 b_s、t_s 取值都大于《钢标》的要求，是为了确保横向加劲肋具有足够的刚度（I_z）。

横向加劲肋对腹板水平轴 z 轴 [图 10.2-5 (c)] 的惯性矩：

$$I_z = \frac{1}{12}t_s(2b_s + t_w)^3 = \frac{1}{12} \times 1.4 \times (2 \times 16 + 1.6)^3$$

$$= 4426 \text{cm}^4 > 3h_0 t_w^3 = 3 \times 290 \times 1.6^3 = 3564 \text{cm}^4，满足要求。$$

因此选用中间横向加劲肋的截面为 2—160×14，构造如图 10.2-5 所示。

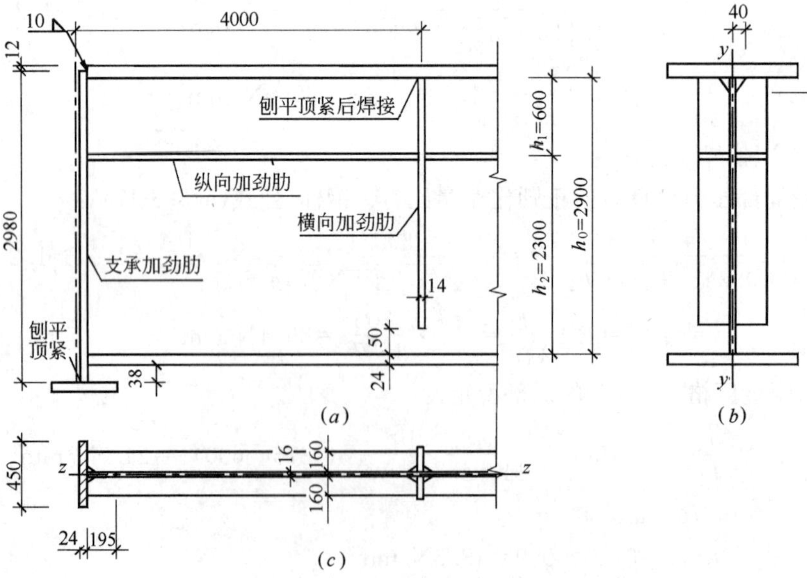

图 10.2-5 加劲肋截面及其构造示意图

(a)、(b) 突缘支座与加劲肋的构造；(c) 加劲肋截面

（2）纵向加劲肋

取与横向加劲肋相同截面尺寸，即选用纵向加劲肋为2—160×14，其对腹板竖直轴 y 轴［图10.2-5（b）］的惯性矩 I_y 为：

$$I_y = I_z = 4426 \text{cm}^4$$

按构造要求，I_y 应符合下列公式要求：

当 $a/h_0 \leqslant 0.85$ 时，　　　　　$I_y \geqslant 1.5 h_0 t_w^3$　　　　　《钢标》公式（6.3.6-4）

当 $a/h_0 > 0.85$ 时，　　$I_y \geqslant \left(2.5 - 0.45 \dfrac{a}{h_0}\right)\left(\dfrac{a}{h_0}\right)^2 h_0 t_w^3$　　《钢标》公式（6.3.6-5）

现 $a/h_0 = 4000/2900 = 1.38 > 0.85$，代入式［《钢标》公式（6.3.6-5）］右边：

$$\left(2.5 - 0.45 \dfrac{a}{h_0}\right)\left(\dfrac{a}{h_0}\right)^2 h_0 t_w^3 = (2.5 - 0.45 \times 1.38) \times 1.38^2 \times 290 \times 1.6^3$$

$$= 4251 \text{cm}^4 < I_y = 4426 \text{cm}^4，可。$$

所选纵向加劲肋截面适用。

七、梁端支承加劲肋设计

梁的两端采用突缘支座［构造如图10.2-5（a）所示］，支承加劲肋截面选用—450×24，下端伸出翼缘板外面38mm（满足小于 $2t_{s1} = 2 \times 24 = 48$mm 的要求，$t_{s1}$ 为支承加劲肋厚度）。

梁端最大支座反力：　　　　　$R = V = 2740$kN

1. 验算支承加劲肋下端端面承压强度

$$A_{ce} = b_{s1} t_{s1} = 45 \times 2.4 = 108 \text{cm}^2$$

$$\sigma_{ce} = \dfrac{R}{A_{ce}} = \dfrac{2740 \times 10^3}{108 \times 10^2} = 253.7 \text{N/mm}^2 < f_{ce} = 400 \text{N/mm}^2，可。$$

2. 验算支承加劲肋在梁腹板平面外的稳定性

按承受梁端支座反力的轴心受压构件计算：

腹板参加受压的面积：

$$A_w = t_w \times 15 t_w \varepsilon_k = 1.6 \times (15 \times 1.6 \times 0.814) = 1.6 \times 19.5 = 31.2 \text{cm}^2$$

$$A = A_s + A_w = 45 \times 2.4 + 31.2 = 139.2 \text{cm}^2$$

$$I_z = \dfrac{1}{12} \times 2.4 \times 45^3 = 18225 \text{cm}^4$$

$$i_z = \sqrt{\dfrac{I_z}{A}} = \sqrt{\dfrac{18225}{139.2}} = 11.44 \text{cm}$$

$$\lambda_z = \dfrac{h_0}{i_z} = \dfrac{290}{11.44} = 25.3$$

截面属于c类，由 $\lambda_z / \varepsilon_k = 25.3 / 0.814 = 31.1$ 查附表1.29，得 $\varphi = 0.895$，

$$\dfrac{R}{\varphi A f} = \dfrac{2740 \times 10^3}{0.895 \times 139.2 \times 10^2 \times 295} = 0.746 < 1.0，可。$$

由以上计算可见，选用的支承加劲肋截面偏大一些，但考虑到支承加劲肋的重要性，设计是合理的。

八、连接焊缝的计算

1. 翼缘板与腹板间的连接焊缝

上翼缘板与腹板间的T形连接采用焊透的对接与角接组合焊缝形式（《钢标》第16.3.2

条第 5 款），焊缝质量不低于二级焊缝标准，因此焊缝强度与母材等强，由前面"五、截面验算"可知强度满足要求，不再计算。

下翼缘板与腹板间的连接采用双面直角角焊缝，所需焊脚尺寸应满足：

$$h_f \geqslant \frac{1}{2\times 0.7 f_f^w} \cdot \frac{VS_{2x}}{I_x} = \frac{1}{2\times 0.7\times 200} \times \frac{2740\times 10^3 \times 25805\times 10^3}{11304381\times 10^4} = 2.2\text{mm}$$

构造要求：$h_{f\min}=8\text{mm}$（《钢标》第 11.3.5 条第 3 款，即附表 1.5）

$h_{f\max}=1.2t_{\min}=1.2\times 16=19.2\text{mm}$（《原规范》第 8.2.7 条第 2 款）

采用 $h_f=8\text{mm}$，满足要求。

2. 梁端支承加劲肋与腹板间的连接焊缝

焊缝计算长度：$l_w=h_0-2h_f=2900-2\times 10=2880\text{mm}$（暂取 $h_f=10\text{mm}$）

(1) 按焊缝静力强度要求，需要焊脚尺寸：

$$h_f \geqslant 1.2\left(\frac{R}{2\times 0.7 l_w f_f^w}\right) = \frac{1.2\times 2740\times 10^3}{2\times 0.7\times 2880\times 200}=4.1\text{mm}。$$

(2) 使焊缝有效截面厚度之和与腹板等厚：

$$2\times 0.7 h_f = t_w$$

得

$$h_f=\frac{t_w}{2\times 0.7}=\frac{16}{1.4}=11.4\text{mm}$$

(3) 构造要求：

$$h_{f\min}=8\text{mm}$$

$$h_{f\max}=1.2t_{\min}=1.2\times 16=19.2\text{mm}$$

综上考虑，最后采用 $h_f=12\text{mm}$。

九、梁的拼接设计

按国家标准《热轧钢板和钢带的尺寸、外形、重量及允许偏差》GB/T 709—2019，若运输条件许可，吊车梁的翼缘板与腹板均可不设拼接接头。

今假设无运输条件限制，但制造厂现有钢板的最大长度 12m、最大宽度 2.8m，因此翼缘板与腹板沿其跨度都需拼接，且腹板沿其高度也需拼接，均在工厂拼接。拼接采用加引弧板的焊透对接直焊缝，要求引弧板割去处予以打磨平整、焊缝经无损检验符合一级标准，在此情况下焊缝强度可不计算。翼缘板与腹板的拼接位置错开，如图 10.2-6 所示。若需设置用高强度螺栓摩擦型连接的工地拼接，其计算方法可参阅本书第 2 章第 2.1 节。

十、疲劳计算

重级工作制吊车梁必须进行疲劳计算。计算时，起重机荷载按作用在跨间内荷载效应最大的一台起重机的标准值确定。

1. 疲劳计算的部位及其内力

本例题内考虑下列四处。因前已言及吊车梁的支撑不与吊车梁的下翼缘板相连，故不需验算下翼缘板连接处的疲劳，其他部位的验算可参阅本书第 8 章有关例题。

(1) 受拉翼缘板与腹板连接焊缝附近的母材

由起重机荷载标准值产生的绝对最大弯矩为（图 10.2-2 中截面 D 处）：

$$M_{Dk}^p = M_{xk}^p = 5407\text{kN}\cdot\text{m}\text{（见表 10.9）}$$

(2) 腹板受拉区横向加劲肋端部附近的母材

1) 梁跨度中点截面 O 处横向加劲肋

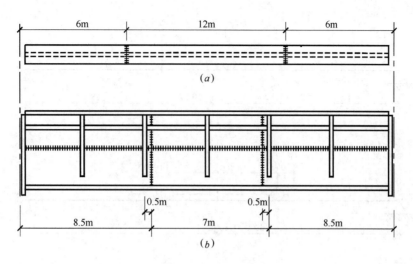

图 10.2-6 梁的拼接
(a) 上、下翼缘板拼接位置；(b) 腹板拼接位置

产生最大弯矩的起重机轮位如图 10.2-7 (a) 所示：

$$R_{Ak}^P = \frac{4 \times 318.7 \times 8.8}{24} = 467.4 \text{kN}$$

$$M_{Ok}^P = 467.4 \times 12 - 318.7 \times 1.06 = 5271 \text{kN} \cdot \text{m}$$

2) 与跨度中点相邻的横向加劲肋 [图 10.2-7 (b) 中的 E 截面处]

产生最大弯矩的起重机轮位如图 10.2-7 (b) 所示：

$$R_{Ak}^P = \frac{4 \times 318.7 \times 12.8}{24} = 679.9 \text{kN}$$

$$M_{Ek}^P = 679.9 \times 8 - 318.7 \times 1.06 = 5101 \text{kN} \cdot \text{m} < 5271 \text{kN} \cdot \text{m}$$

因此，本例题中横向加劲肋端部附近母材的疲劳计算应取在跨度中点 O 截面处。

(3) 腹板拼接截面 F 处受拉边缘的母材

产生该截面最大弯矩的起重机轮位如图 10.2-7 (c) 所示：

$$R_{Ak}^P = \frac{4 \times 318.7 \times 12.3}{24} = 653.3 \text{kN}$$

$$M_{Fk}^P = 653.3 \times 8.5 - 318.7 \times 1.06 = 5215 \text{kN} \cdot \text{m}$$

(4) 受拉翼缘板拼接截面 G 处的母材

产生该截面最大弯矩的起重机轮位如图 10.2-7(d) 所示：

$$R_{Ak}^P = \frac{4 \times 318.7 \times 14.8}{24} = 786.1 \text{kN}$$

$$M_{Gk}^P = 786.1 \times 6 - 318.7 \times 1.06 = 4379 \text{kN} \cdot \text{m}$$

2. 疲劳计算

计算公式：$\alpha_f \cdot \Delta\sigma \leqslant \gamma_t [\Delta\sigma]_{2 \times 10^6}$

重级工作制硬构起重机欠载效应系数 $\alpha_f = 1.0$（附表 1.20）。应力幅 $\Delta\sigma = \sigma_{max} - \sigma_{min}$，其中 σ_{min} 为吊车梁、轨道、制动梁及支撑自重等产生的应力，故 $\Delta\sigma$ 可按不计自重影响的起重机竖向荷载标准值产生的最大弯矩 M_k^P 直接算得。

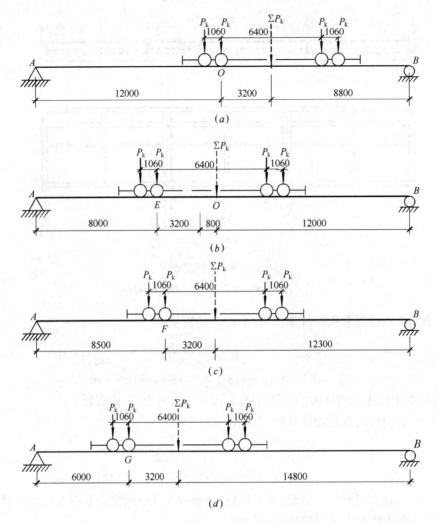

图 10.2-7 疲劳计算的内力分析

(a) 跨度中点产生最大弯矩的轮压位置；(b) 距跨中 4m 处产生最大弯矩的轮压位置；
(c) 腹板拼接截面处产生最大弯矩的轮压位置；(d) 翼缘拼接截面处产生最大弯矩的轮压位置

因腹板厚 $t_w=16mm$、受拉翼缘板厚 $t_2=24mm$，均小于 25mm，故考虑板厚效应对横向受力焊缝疲劳强度影响的修正系数 $\gamma_t=1.0$（见《钢标》第 16.2.1 条第 3 款）。

(1) 受拉翼缘板与腹板连接焊缝附近的母材

按附表 1.21-2 项次 8，构件和连接类别属第 Z4 类，查附表 1.19-1 得：

$$[\Delta\sigma]_{2\times10^6}=112N/mm^2$$

$$\Delta\sigma=\sigma_{max}-\sigma_{min}=\frac{M_{Dk}^p}{I_{nx}}(h_w+t_1-y_n)=\frac{5407\times10^6}{10875225\times10^4}\times(2900+30-1443)=73.9N/mm^2$$

$\alpha_f \cdot \Delta\sigma = 73.9N/mm^2 < \gamma_t [\Delta\sigma]_{2\times10^6} = 112N/mm^2$，可。

(2) 腹板受拉区横向加劲肋端部附近的母材

横向加劲肋端部采用回焊、不断弧，按附表 1.21-4 项次 21，构件和连接类别属第 Z5 类，查附表 1.19-1 得：

$$[\Delta\sigma]_{2\times10^6}=100\text{N/mm}^2$$

$$\Delta\sigma=\sigma_{\max}-\sigma_{\min}=\frac{M_{Ek}^P}{I_{nx}}(h_w+t_1-y_n-50\text{mm})$$

$$=\frac{5271\times10^6}{10875225\times10^4}\times(2900+30-1443-50)=69.6\text{N/mm}^2$$

$$\alpha_f\cdot\Delta\sigma=69.6\text{N/mm}^2<\gamma_t[\Delta\sigma]_{2\times10^6}=100\text{N/mm}^2,可。$$

（3）腹板拼接截面 F 处受拉边缘的母材

因焊缝经加工、磨平及无损检验（符合一级标准），参照附表 1.21-3 项次 12，可知构件和连接类别属第 Z2 类，其容许应力幅：

$$[\Delta\sigma]_{2\times10^6}=144\text{N/mm}^2$$

$$\Delta\sigma=\sigma_{\max}-\sigma_{\min}=\frac{M_{Fk}^P}{I_{nx}}(h_w-t_1-y_n)$$

$$=\frac{5215\times10^6}{10875225\times10^4}\times(2900+30-1443)=71.3\text{N/mm}^2$$

$$\alpha_f\cdot\Delta\sigma=71.3\text{N/mm}^2<\gamma_t[\Delta\sigma]_{2\times10^6}=144\text{N/mm}^2,可。$$

（4）受拉翼缘板拼接截面 G 处的母材

$$[\Delta\sigma]_{2\times10^6}=144\text{N/mm}^2[同(3)]$$

$$\Delta\sigma=\sigma_{\max}-\sigma_{\min}=\frac{M_{Gk}^P}{W_{nx2}}=\frac{4379\times10^6}{71974\times10^3}=60.8\text{N/mm}^2$$

$$\alpha_f\cdot\Delta\sigma=60.8\text{N/mm}^2<\gamma_t[\Delta\sigma]_{2\times10^6}=144\text{N/mm}^2,可。$$

综上计算可见，所选吊车梁截面适用。

有关制动梁和辅助桁架等的设计和计算从略。

第11章 普通钢屋架设计

11.1 概　　述

普通钢屋架是最常用的钢结构之一，其杆件常采用由双角钢组成的 T 形截面。设计普通钢屋架主要遵循下列步骤：

1. 根据房屋用途、跨度和采用的屋面材料，选定屋架的形式为屋面坡度较平的梯形屋架、人字形平行弦屋架或为屋面坡度较大的三角形屋架，以及与支柱铰接或刚接。同时，还应确定屋架中腹杆体系的布置形式。

2. 选定屋盖体系及其支撑布置，如采用有檩屋盖还是无檩屋盖、屋架间距应取多大，设置哪些支撑、如何设置等。

3. 进行屋架的具体设计，包括：
(1) 屋架几何尺寸及所有杆件的几何长度的确定；
(2) 荷载计算；
(3) 内力分析及组合；
(4) 杆件截面设计；
(5) 双角钢杆件的两角钢间填板尺寸及数量的确定；
(6) 节点设计；
(7) 绘制施工详图（包括制定屋架的材料表）。

本章拟以一榀焊接三角形钢屋架为例说明普通钢屋架的设计步骤和方法，并说明《钢标》中一些规定的应用。

11.2　[例题11.1] 24m 焊接三角形钢屋架的设计资料

1. 单跨房屋，平面尺寸为 60m×24m，柱距 $S=6m$，建于杭州市近郊。
2. 屋面材料：波形石棉瓦（尺寸为 1820mm×725mm×8mm），木丝板保温层，热轧槽钢檩条；屋面坡度 $i=1/2.5$。
3. 屋架支承在钢筋混凝土柱顶，混凝土强度等级为 C20，柱顶标高 10.000m；房屋内设有一台起重量为 10t 的 A5 级（中级工作制）桥式起重机。
4. 钢材牌号：Q235B。
5. 焊条型号：E43 型，采用不预热的非低氢手工焊。
6. 屋架形式：腹杆体系为扇形的三角形屋架如图 11.1-1 所示，屋架上弦等分为十二个节间，杆件间几何关系为 $D2 \perp AG$，$G3 \perp A3$，$D4 // A3$，$D1 // G2$。
7. 屋架承受的荷载：

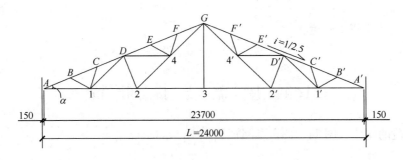

图 11.1-1 屋架形式

(1) 屋面均布活荷载（标准值）： 0.50kN/m²

(2) 基本雪压： $s_0=0.45$kN/m²

(3) 基本风压： $w_0=0.45$kN/m²

(4) 波形石棉瓦自重： 0.20kN/m²

(5) 木丝板自重： 0.25kN/m²

(6) 槽钢檩条自重： 0.20kN/m²

(7) 屋架及支撑自重： $0.12+0.11L$ kN/m²

以上（1）～（5）和（7）均按《建筑结构荷载规范》GB 50009—2012 取值。

8. 运输时允许最大尺寸：

长度≤19m，高度≤3.85m。

11.3 屋架杆件几何尺寸的计算

屋面倾角： $\alpha=\arctan\left(\dfrac{1}{2.5}\right)=21.8°$

$\sin\alpha=0.3714$，$\cos\alpha=0.9285$

根据已知几何关系，求得屋架各杆件的几何长度如图 11.1-2 所示（因对称，仅画出

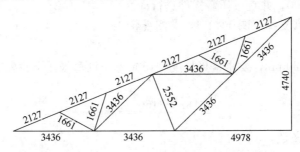

图 11.1-2 屋架杆件几何长度（单位：mm）

265

半榀屋架)。

上弦节间水平投影长度：
$$a = 2127\cos\alpha = 2127 \times 0.9285 = 1975 \text{mm}$$

11.4 屋盖支撑布置

一、屋盖的支撑（图11.1-3，参阅视频3）

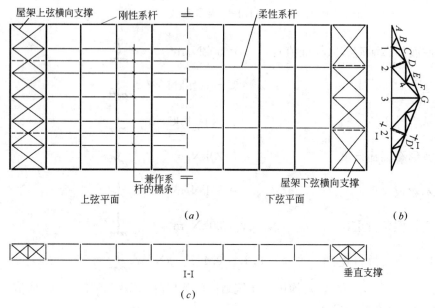

图 11.1-3 屋架的支撑布置示意图
(a)横向支撑及系杆；(b)屋架形式；(c)垂直支撑形式

1. 在房屋两端第一个柱间各设置一道上弦平面横向支撑和下弦平面横向支撑。

2. 在与横向支撑同一柱间的屋架长压杆 D-2 和 D'-$2'$ [图11.1-3(b)、(c)] 处各设置一道垂直支撑，以保证长压杆出平面的计算长度符合《钢标》要求。

3. 在各屋架的下弦节点2和$2'$各设置一道通长柔性水平系杆，水平系杆的始、终端连于屋架垂直支撑的下端节点处。

4. 上弦横向支撑和垂直支撑节点处的水平系杆均由该处的檩条代替（设计此种檩条时应使其长细比 $\lambda \leqslant 200$，并宜按压弯构件进行计算）。

二、屋面檩条及其支撑（图11.1-4，参阅视频4）

1. 檩条

波形石棉瓦长1820mm，要求搭接长度≥150mm，且每张瓦至少要有三个支承点，因此最大檩条间距：
$$a_{p\max} = \frac{1820-150}{3-1} = 835 \text{mm}$$

半跨屋面所需檩条数：
$$n_p = \frac{6 \times 2127}{835} + 1 = 16.3 \text{ 根}$$

考虑到上弦平面横向支撑节点处必须设置檩条，实际取半跨屋面檩条数 $n_p=19$ 根 [图11.1-4（a）]，檩条间距：

$$a_p = \frac{6 \times 2127}{19-1} = 709\text{m mm} < a_{pmax} = 835\text{mm}，可。$$

2. 檩条的支撑

檩条跨度（即屋架间距）$l_p=6\text{m}$，需在檩间布置一道拉条。为改善屋脊檩条受力情况、使整个屋面上的檩条采用同一截面，在屋脊两侧檩间用斜拉条和撑杆将坡向分力传至屋架上 [图11.1-4（b）]。

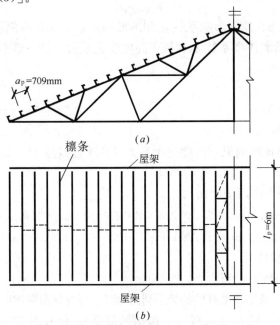

图 11.1-4 屋面檩条及其支撑布置示意图
(a)檩条布置；(b)拉条和撑杆布置

11.5 荷 载 计 算

一、荷载标准值

1. 永久荷载（以前称恒荷载，均化成屋面水平投影面上的荷载）

波形石棉瓦自重：	$0.20/\cos21.8° = 0.22\text{kN/m}^2$
木丝板自重：	$0.25/\cos21.8° = 0.27\text{kN/m}^2$
檩条自重：	0.20kN/m^2
屋架及支撑自重：	$0.12+0.011\times24=0.38\text{kN/m}^2$

合计 $g_k=1.07\text{kN/m}^2$

2. 可变荷载（以前称活荷载）

（1）雪荷载（对屋面水平投影面）

按《建筑结构荷载规范》GB 50009—2012 第7章规定：

屋面倾角 $\alpha=21.8°<25°$，取屋面积雪分布系数 $\mu_r=1.0$

雪荷载标准值 $s_k = \mu_r s_0 = 1.0 \times 0.45 = 0.45 \text{kN/m}^2$
$< 0.50 \text{kN/m}^2$（屋面均布活荷载）

计算时，屋面均布活荷载与雪荷载两者不同时考虑，取其较大者即按屋面均布活荷载考虑。

(2) 风荷载

按《工程结构通用规范》GB 55001—2021 第 4 章第 4.6 节的规定，垂直于建筑物表面上的风荷载标准值应按下式计算[本书第 9 章公式 (9.1)]：

$$w_k = \beta \mu_d \mu_t \mu_s \mu_z w_0$$

式中，风荷载放大系数 β、风向影响系数 μ_d 和地形修正系数 μ_t，本例题分别取 $\beta = 1.2$、$\mu_d = 1.0$ 和 $\mu_t = 1.0$；风荷载体型系数 μ_s 和风压高度变化系数 μ_z 按《建筑结构荷载规范》GB 50009—2012 确定。

风荷载体型系数：

迎风面：$\mu_{s1} = -0.33$

背风面：$\mu_{s2} = -0.5$

地面粗糙度为 B 类地区的风压高度变化系数（高度近似按 $H = 10 + 5.0/2 = 12.5\text{m}$ 计算）$\mu_z = 1.07$。

风荷载标准值（垂直作用于屋面）：

迎风面：$w_{k1} = \beta \mu_d \mu_t \mu_{s1} \mu_z w_0 = 1.2 \times 1.0 \times 1.0 \times (-0.33) \times 1.07 \times 0.45 = -0.19 \text{kN/m}^2$

背风面：$w_{k2} = \beta \mu_d \mu_t \mu_{s2} \mu_z w_0 = 1.2 \times 1.0 \times 1.0 \times (-0.5) \times 1.07 \times 0.45 = -0.29 \text{kN/m}^2$

均为吸力（负号表示吸力）。

二、荷载组合及荷载的设计值

计算下弦为水平的三角形屋架杆件的最不利内力时，通常只需考虑以下两种荷载组合：

1. 全跨永久荷载＋全跨可变荷载（不包括风荷载）：计算时荷载分项系数应取 $\gamma_G = 1.3$ 和 $\gamma_Q = 1.5$；

2. 全跨永久荷载＋风荷载（考虑在风荷载作用下杆件内力是否会变号）：计算时取 $\gamma_G = 1.0$ 和 $\gamma_Q = 1.5$。

今风荷载的设计值（垂直作用于屋面）：

迎风面：$w_1 = \gamma_Q w_{k1} = 1.5 \times (-0.19) = -0.29 \text{kN/m}^2$

背风面：$w_2 = \gamma_Q w_{k2} = 1.5 \times (-0.29) = -0.44 \text{kN/m}^2$

全跨永久荷载设计值在垂直于屋面的分荷载（化成作用于屋面上的荷载后再求其垂直于屋面的分量）：

$$g'_d = (\gamma_G g_k \cos 21.8°) \cos 21.8° = (1.0 \times 1.07 \times 0.9285) \times 0.9285$$
$$= 0.92 \text{kN/m}^2 > |w_1| \text{ 和 } |w_2|$$

显见，在荷载组合 2 下不会使屋架杆件的内力变号。因此，本例题中只需按荷载组合 1 计算屋架杆件内力。

在荷载组合 1 下，屋面水平投影面上的荷载设计值为：

$$q = \gamma_G g_k + \gamma_Q q_k = 1.3 \times 1.07 + 1.5 \times 0.5 = 2.14 \text{kN/m}^2$$

为求杆件轴力，把荷载化成节点荷载：

$$P = q \cdot a \cdot S = 2.14 \times 1.975 \times 6 = 25.36 \text{kN}$$

11.6 屋架杆件的内力计算

一、杆件轴力

由于屋架及荷载的对称性，只需计算半榀屋架的杆件轴力。计算方法见一般结构力学书籍或直接查阅书末参考文献 [23]，此处将计算结果汇总于图 11.1-5。

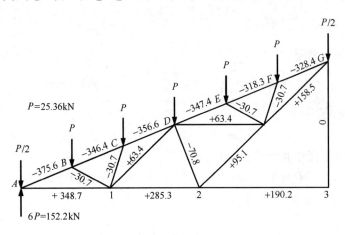

图 11.1-5　屋架杆件轴力设计值（单位：kN）

二、上弦杆弯矩（图 11.1-6）

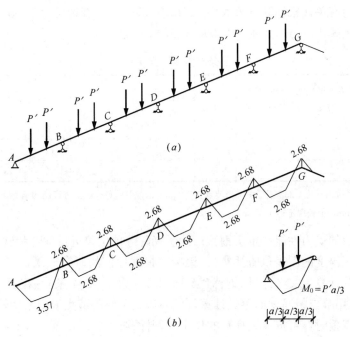

图 11.1-6　上弦杆弯矩设计值（单位：kN·m）
(a) 计算简图；(b) 弯矩图

屋架上弦杆在节间荷载作用下的弯矩，按下列近似公式计算：
上弦杆端节间的最大正弯矩： $M_1=0.8M_0$
其他节间的最大正弯矩和节点负弯矩： $M_2=\pm0.6M_0$

M_0 是视上弦节间杆段为简支梁时的最大弯矩。计算时屋架及支撑自重仅考虑上弦杆重量，假定沿上弦杆为 0.30kN/m。

上弦杆节间集中荷载：

$$P'=[1.3\times(1.07-0.38)+1.5\times0.5]\times\frac{1.975}{3}\times6+1.3\times0.30\times\frac{2.127}{3}=6.78\text{kN}$$

节间简支梁最大弯矩：

$$M_0=\frac{1}{3}P'a=\frac{1}{3}\times6.78\times1.975=4.46\text{kN}\cdot\text{m}$$

端节间最大正弯矩：

$$M_1=0.8M_0=0.8\times4.46=3.57\text{kN}\cdot\text{m}$$

其他节间最大正弯矩和节点负弯矩：

$$M_2=\pm0.6M_0=\pm0.6\times4.46=\pm2.68\text{kN}\cdot\text{m}$$

弯矩图如图 11.1-6（b）所示。

11.7 屋架杆件截面设计

在设计杆件截面前，必须首先确定所用节点板厚度。在三角形屋架中，节点板厚度与弦杆的最大内力有关。根据弦杆最大内力 $N_{max}=375.6$kN 查通常设计单位习用的表 11.1，采用支座节点板厚 12mm，其他节点板厚 10mm。

屋架节点板厚度（mm）　　　　　　　　　　　　　　　　表 11.1

三角形屋架弦杆或梯形屋架（包括平行弦屋架）支座斜杆的最大内力设计值（kN）	<180	181~300	301~500	501~700	701~950	951~1200	1201~1550	1551~2000
中间节点板厚	6~8	8	10	12	14	16	18	20
支座节点板厚		8	10	12	14	16	18	20	24

注：表列厚度系按钢材为 Q235 钢考虑，当节点板为 Q355 钢或其他低合金高强度结构钢时，其厚度可较表列数值减小 1~2mm，但板厚不得小于 6mm。

关于节点板的受力性能，重庆钢铁设计研究院等单位曾进行理论和试验研究，并提出了求屋架节点板厚度的图表供查用[1]。《钢标》根据他们的研究成果，正式列出了有关连接节点处板件的计算条文（详见《钢标》第 12.2.1～第 12.2.4 条）。在通常设计中仍可按上述表 11.1 选用节点板厚度而不经计算，仅当遇到重要的节点或拟采用较表 11.1 规定的板厚为小的节点板时，可按《钢标》的规定（《钢标》第 12.2.1～第 12.2.4 条）进行复核。

Q235 钢的钢号修正系数 $\varepsilon_k=1.0$。

---

[1] 沈泽渊，赵熙元. 焊接钢桁架外加式节点板静力性能的研究. 工业建筑，1987（8）：19-26.

一、上弦杆（压弯构件）

整个上弦杆采用等截面通长杆，以避免采用不同截面时的杆件拼接。

弯矩作用平面内的计算长度：$l_{0x}=212.7\text{cm}$

侧向无支撑长度［图 11.1-3（a）］：$l_1=2\times212.7=425.4\text{cm}$

对于由两个角钢组成的 T 形截面压弯构件，一般只能凭经验或参考已有其他设计图纸或采用近似设计方法❶试选截面而后进行验算，不合适时再作适当调整，直至合适为止。

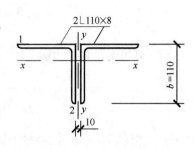

图 11.1-7　上弦杆截面

试选上弦杆截面 2∟110×8（图 11.1-7）：

$A=34.48\text{cm}^2$，$r=12\text{mm}$，$i_x=3.40\text{cm}$，$i_y=4.89\text{cm}$，$W_{x\max}=132.6\text{cm}^3$，$W_{x\min}=50.0\text{cm}^3$。

自重：$27.0\times9.807\times10^{-3}=0.265\text{kN/m}<0.30\text{kN/m}$（假定值）。

角钢自由外伸边宽厚比：

$$\frac{b'}{t}=\frac{b-t-r}{t}=\frac{110-8-12}{8}=11.3<13\varepsilon_k=13，属于 S3 级❷。$$

角钢竖直边高厚比：

$$\frac{h_0}{t_w}=\frac{b-t-r}{t}=11.3<13\varepsilon_k，属于 S3 级❷。$$

取截面塑性发展系数（《钢标》第 8.1.1 条）：$\gamma_{x1}=1.05$，$\gamma_{x2}=1.20$（附表 1.15）。

1. 强度验算（截面无削弱）

条件：

$$\frac{N}{A_n}+\frac{M_x}{\gamma_x W_{nx}}\leqslant f=215\text{N/mm}^2 \qquad\text{（例题 11.1-}a\text{）}$$

取 A-B 段上弦杆（最大内力杆段）验算：

轴心压力：$N=375.6\text{kN}$

最大正弯矩（节间）：$M_x=M_1=3.57\text{kN}\cdot\text{m}$

最大负弯矩（节点）：$M_x=M_2=2.68\text{kN}\cdot\text{m}$

正弯矩截面：

$$\frac{N}{A_n}+\frac{M_x}{\gamma_x W_{nx}}=\frac{N}{A}+\frac{M_1}{\gamma_{x1}W_{x\max}}=\frac{375.6\times10^3}{34.48\times10^2}+\frac{3.57\times10^6}{1.05\times132.6\times10^3}$$
$$=108.9+25.6=134.5\text{N/mm}^2<f=215\text{N/mm}^2，可。$$

负弯矩截面：

$$\frac{N}{A_n}+\frac{M_x}{\gamma_x W_{nx}}=\frac{N}{A}+\frac{M_2}{\gamma_{x2}W_{x\min}}=\frac{375.6\times10^3}{34.48\times10^2}+\frac{2.68\times10^6}{1.20\times50\times10^3}$$
$$=108.9+44.7=153.6\text{N/mm}^2<f=215\text{N/mm}^2，可。$$

上弦杆强度满足要求。

---

❶ 姚谏，董石麟．钢网架和钢网壳结构中杆件截面的简捷设计方法．空间结构，1997（1）：3-14。

❷ 《钢标》中没有给出 T 形截面压弯构件的组成板件宽厚比等级及限值，本书近似按 H 形截面压弯构件翼缘板的等级规定判断。

2. 弯矩作用平面内的稳定验算

应按下列规定计算：

(1) 对角钢水平边 1：

$$\frac{N}{\varphi_x Af} + \frac{\beta_{mx} M_x}{\gamma_{x1} W_{1x}\left(1 - 0.8\dfrac{N}{N'_{Ex}}\right)f} \leqslant 1.0 \qquad (例题\ 11.1\text{-}b)$$

(2) 对角钢竖直边边端 2：

$$\left| \frac{N}{A} - \frac{\beta_{mx} M_x}{\gamma_{x2} W_{2x}\left(1 - 1.25\dfrac{N}{N'_{Ex}}\right)} \right| \leqslant f = 215\text{N/mm}^2 \qquad (例题\ 11.1\text{-}c)$$

其中式（例题 11.1-c）仅当弯矩使较大翼缘即角钢水平边受压时才需验算。

参阅图 11.1-5 和图 11.1-6，可见上弦杆段 A-B 的内力最大，最大正弯矩在节间，最大负弯矩在节点处。在节间，正弯矩使角钢水平边受压，$W_{1x} = W_{xmax}$；在节点处，负弯矩使角钢水平边受拉，$W_{1x} = W_{xmin}$。

因所考虑杆段相当于两端支承的构件、其上同时作用有端弯矩和横向荷载并使构件产生反向曲率的情况，故按《原规范》第 5.2.2 条取等效弯矩系数 $\beta_{mx} = 0.85$❶。

$$\lambda_x = \frac{l_{0x}}{i_x} = \frac{212.7}{3.40} = 62.6 < [\lambda] = 150$$

属 b 类截面，查附表 1.28，$\varphi_x = 0.793$。

弹性临界力设计值：

$$N'_{Ex} = \frac{\pi^2 EA}{1.1 \lambda_x^2} = \frac{\pi^2 \times 206 \times 10^3 \times 34.48 \times 10^2}{1.1 \times 62.6^2} \times 10^{-3} = 1626\text{kN}$$

杆段 A-B 轴心压力：$N = 375.6$kN

$$\frac{N}{N'_{Ex}} = \frac{375.6}{1626} = 0.231$$

用最大正弯矩进行验算：

$$M_x = M_1 = 3.57\text{kN}\cdot\text{m},\ W_{1x} = W_{xmax} = 132.6\text{cm}^3,\ W_{2x} = W_{xmin} = 50.0\text{cm}^3$$

$$\frac{N}{\varphi_x Af} + \frac{\beta_{mx} M_x}{\gamma_{x1} W_{1x}\left(1 - 0.8\dfrac{N}{N'_{Ex}}\right)f} = \frac{375.6 \times 10^3}{0.793 \times 34.48 \times 10^2 \times 215}$$

$$+ \frac{0.85 \times 3.57 \times 10^6}{1.05 \times 132.6 \times 10^3\ (1 - 0.8 \times 0.231) \times 215}$$

$$= 0.639 + 0.124 = 0.763 < 1.0，可。$$

$$\left|\frac{N}{A} - \frac{\beta_{mx} M_x}{\gamma_{x2} W_{2x}\left(1 - 1.25\dfrac{N}{N'_{Ex}}\right)}\right| = \left|\frac{375.6 \times 10^3}{34.48 \times 10^2} - \frac{0.85 \times 3.57 \times 10^6}{1.20 \times 50 \times 10^3 \times\ (1 - 1.25 \times 0.231)}\right|$$

$$= |108.9 - 71.1| = 37.8\text{N/mm}^2 < f = 215\text{N/mm}^2，可。$$

用最大负弯矩进行验算 [仅需验算上述式（例题 11.1-b）是否满足要求]：

---

❶ 疑《钢标》第 8.2.1 条中给出的相应公式（8.2.1-9）表述有误，近似按《原规范》确定。

$$M_x = M_2 = 2.68 \text{kN} \cdot \text{m}, \quad \gamma_x = 1.20, \quad W_{1x} = W_{x\min} = 50.0 \text{cm}^3$$

$$\frac{N}{\varphi_x A f} + \frac{\beta_{mx} M_x}{\gamma_x W_{1x} \left(1 - 0.8 \dfrac{N}{N'_{Ex}}\right) f} = \frac{375.6 \times 10^3}{0.793 \times 34.48 \times 10^2 \times 215}$$

$$+ \frac{0.85 \times 2.68 \times 10^6}{1.20 \times 50 \times 10^3 (1 - 0.8 \times 0.231) \times 215}$$

$$= 0.639 + 0.217 = 0.856 < 1.0, \text{ 可。}$$

综上，平面内长细比和稳定性均满足要求。

3. 弯矩作用平面外的稳定性验算

条件： $\dfrac{N}{\varphi_y A f} + \eta \dfrac{\beta_{tx} M_x}{\varphi_b W_{1x} f} \leq 1.0$ （例题 11.1-d）

因侧向无支撑长度 $l_1 = 4254$ mm，故应验算上弦杆的 A-B-C 段在弯矩作用平面外的稳定性。计算截面为单轴对称的构件绕对称轴的稳定性时应计及考虑扭转效应的不利影响按换算长细比 λ_{yz} 确定 φ_y（见《钢标》第 7.2.2 条规定）。

截面影响系数： $\eta = 1.0$

等效弯矩系数： $\beta_{tx} = 0.85$

轴心压力： $N_1 = 375.6$ kN， $N_2 = 346.4$ kN

计算长度 [《钢标》公式 (7.4.3)]：

$$l_{0y} = l_1 \left(0.75 + 0.25 \frac{N_2}{N_1}\right) = 425.4 \times \left(0.75 + 0.25 \times \frac{346.4}{375.6}\right) = 417.1 \text{cm}$$

$$\lambda_y = \frac{l_{0y}}{i_y} = \frac{417.1}{4.89} = 85.3 < [\lambda] = 150$$

因 $\lambda_z = 3.9 \dfrac{b}{t} = 3.9 \times \dfrac{110}{8} = 53.6 < \lambda_y = 85.3$

故对 y 轴计及扭转效应的换算长细比为（简化方法，见《钢标》第 7.2.2 条第 2 款）：

$$\lambda_{yz} = \lambda_y \left[1 + 0.16 \left(\frac{\lambda_z}{\lambda_y}\right)^2\right] = 85.3 \times \left[1 + 0.16 \left(\frac{53.6}{85.3}\right)^2\right] = 90.7$$

由 $\lambda_{yz} = 90.7$，查附表 1.28（属 b 类截面），得 $\varphi_y = 0.616$。

用最大正弯矩进行验算：

$$M_x = M_1 = 3.57 \text{kN} \cdot \text{m}, \quad W_{1x} = W_{x\max} = 132.6 \text{cm}^3$$

对弯矩使角钢水平边受压的双角钢 T 形截面构件，《钢标》规定其均匀弯曲时的整体稳定系数 φ_b 可按下式计算 [《钢标》公式 (C.0.5-3)]：

$$\varphi_b = 1 - 0.0017 \lambda_y / \varepsilon_k = 1 - 0.0017 \times 85.3 / 1.0 = 0.855$$

得 $\dfrac{N}{\varphi_y A f} + \eta \dfrac{\beta_{tx} M_x}{\varphi_b W_{1x} f} = \dfrac{375.6 \times 10^3}{0.616 \times 34.48 \times 10^2 \times 215} + 1.0 \times \dfrac{0.85 \times 3.57 \times 10^6}{0.855 \times 132.6 \times 10^3 \times 215}$

$$= 0.823 + 0.124 = 0.947 < 1.0, \text{ 可。}$$

用最大负弯矩进行验算：

$$M_x = M_2 = 2.48 \text{kN} \cdot \text{m}, \quad W_{1x} = W_{x\min} = 50.0 \text{cm}^3$$

对弯矩使角钢水平边受拉的双角钢 T 形截面构件，《钢标》附录 C（C.0.5）规定：当腹板宽厚比不大于 $18\varepsilon_k$ 时（本例题中 $h_w / t_w \approx 110/8 = 13.75 < 18\varepsilon_k = 18$），其均匀弯曲时的整体稳定系数 φ_b 可按下式计算（《钢标》公式 C.0.5-5）：

得 $\varphi_b = 1 - 0.0005\lambda_y/\varepsilon_k = 1 - 0.0005 \times 85.3/1.0 = 0.957$

$$\frac{N}{\varphi_y A f} + \eta \frac{\beta_{tx} M_x}{\varphi_b W_{1x} f} = \frac{375.6 \times 10^3}{0.616 \times 34.48 \times 10^2 \times 215} + 1.0 \times \frac{0.85 \times 2.68 \times 10^6}{0.957 \times 50 \times 10^3 \times 215}$$
$$= 0.823 + 0.221 = 1.044$$

超过稳定条件 4.4‰（<5%），可以认为弯矩作用平面外的稳定性满足设计要求。或上弦杆改为选用短边相连的不等边双角钢 T 形截面 2L140×90×8（供给 $A = 36.08\text{cm}^2$），即可满足全部设计要求，这里从略。以下仍按所选截面 2L110×8（图 11.1-7）进行计算。

综上，平面外长细比和稳定性均满足要求。

本题中用最大负弯矩进行验算，平面外稳定是控制条件。

【讨论】对有节间荷载作用的屋架上弦杆，在负弯矩作用下是否需要进行平面内、外的稳定性验算，有不同看法。有认为在负弯矩截面上只需进行强度验算。问题的关键是对《钢标》公式中等效弯矩系数 β_{tx} 和 β_{mx} 的取值究应多大的问题。若其值较小，从而稳定计算不控制设计，自然可以不进行计算。《钢标》中对这种情况下的 β_{tx} 和 β_{mx} 取值未作明确规定，由于设计人员对此有不同判断，就有各种不同的计算方法。上述例题中对负弯矩作用下与正弯矩作用下（一在节点，一在节间）取相同的 $\beta_{tx} = \beta_{mx} = 0.85$，是偏安全的一种算法。在负弯矩截面只验算构件的强度而对构件不进行负弯矩作用下的稳定验算，则是另一种算法。

4. 局部稳定验算

《钢标》对 T 形截面压弯构件的局部稳定没有明确规定，本例题按 T 形截面轴压构件验算板件的宽厚比（见《钢标》第 7.3.1 条第 4 款）。

（1）受压翼缘—角钢水平边 1

自由外伸宽厚比：

$$\frac{b'}{t} = \frac{b-t-r}{t} = \frac{110-8-12}{8} = 11.3 < (10+0.1\lambda)\varepsilon_k$$
$$= (10 + 0.1 \times 85.3) \times 1.0 = 18.5, 可。$$

（2）腹板—角钢竖直边 2

《钢标》中只给出了热轧剖分 T 形钢和焊接 T 形钢截面腹板高厚比的容许值，没有给出其他 T 形截面构件的腹板高厚比容许值。本例题偏安全近似取用焊接 T 形钢腹板高厚比的容许值来验算。

$$\frac{h_0}{t_w} = \frac{b-t-r}{t} = 11.3 < (13+0.17\lambda)\varepsilon_k = (13 + 0.17 \times 85.3) \times 1.0 = 27.5, 可。$$

所选上弦杆截面满足各项设计要求，截面适用。

二、下弦杆（轴心受拉构件）

整个下弦不改变截面，采用等截面通长杆。

在下弦节点"2"（拼接节点，图 11.1-10 及图 11.1-15）处，下弦杆角钢水平边上开有直径为 $d_0 = 17.5\text{mm}$ 的安装螺栓孔。计算下弦杆截面强度时，不必考虑此螺栓孔对截面的削弱（见本书第 3 章、例题 3.3 之讨论）。此外，选截面时还要求角钢水平边（开孔边）的边长≥63mm，以便开 $d_0 = 17.5\text{mm}$ 的孔。

按杆段 A-1 的毛截面屈服强度条件和中段下弦杆的长细比条件选择截面。

杆段 A-1 轴心拉力：$N = 348.7\text{kN}$

下弦杆的计算长度为（图 11.1-2、图 11.1-3）：

$$l_{0x}=497.8\text{cm}（取下弦杆 2-3 段的长度）$$
$$l_{0y}=2\times 497.8=995.6\text{cm}$$

需要：
$$A\geqslant \frac{N}{f}=\frac{348.7\times 10^3}{215}\times 10^{-2}=16.22\text{cm}^2$$

$$i_x=\frac{l_{0x}}{[\lambda]}=\frac{497.8}{350}=1.42\text{cm}$$

$$i_y=\frac{l_{0y}}{[\lambda]}=\frac{995.6}{350}=2.84\text{cm}$$

选用 2∟90×56×6，短边相连（图 11.1-8）：
$A=17.11\text{cm}^2>16.22\text{cm}^2$，$i_x=1.58\text{cm}>1.42\text{cm}$，$i_y=4.49\text{cm}>2.84\text{cm}$。所选下弦杆截面适用。

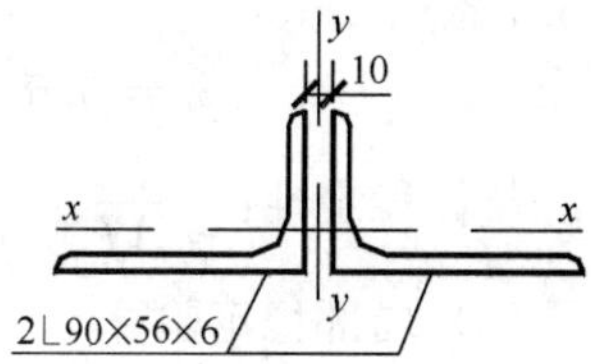

若图 11.1-3 的下弦平面支撑改为只在跨度中央设置一道系杆，则：

$$\lambda_y=\frac{l_{0y}}{i_y}=\frac{1185}{4.49}=263.9<[\lambda]=350$$

图 11.1-8 下弦杆截面

下弦杆侧向刚度仍可满足要求。可以考虑这种修改。

三、腹杆（轴心受力构件）

1. 短压杆 B-1、C-1、E-4 和 F-4（图 11.1-1）

$$N=30.7\text{kN}（图 11.1-5）\quad l=166.1\text{cm}（图 11.1-2）$$

因内力较小、杆件较短，拟采用等边单角钢截面、通过节点板单边连接。

斜平面计算长度（附表 1.12）

$$l_0=0.9l=0.9\times 166.1=149.5\text{cm}$$

利用第 4 章第 4.3 节中表 4.1 和表 4.2、并以 $\eta f=(0.6+0.0015\lambda)f\approx 0.75f$ 代替表 4.2 中的 f（《钢标》第 7.6.1 条第 2 款），得合适的假定长细比 $\lambda=134$，$\varphi=0.370$（b 类截面，查附表 1.28）。需要：

截面面积：$A\geqslant \dfrac{N}{\varphi(\eta f)}=\dfrac{30.7\times 10^3}{0.37\times(0.6+0.0015\times 134)\times 215}\times 10^{-2}=4.82\text{cm}^2$

最小回转半径：$i_{\min}\geqslant \dfrac{l_0}{\lambda}=\dfrac{149.5}{134}=1.12\text{cm}$

选用 1∟63×4：$A=4.978\text{cm}^2$，$i_{\min}=i_v=1.26\text{cm}$，$i_u=2.46\text{cm}$，内圆弧半径 $r=7\text{mm}$。

(1) 强度验算

杆件在节点处与节点板单边连接，并非全部直接传力，危险截面的面积应乘以有效截面系数 $\eta_A=0.85$（见《钢标》第 7.1.3 条），用于考虑杆端非全部直接传力造成的剪切滞后和截面上正应力分布不均匀的影响。得：

$$\eta_A A=0.85\times 4.978=4.23\text{cm}^2$$

单边连接的单角钢杆件按轴心受力计算截面强度时，强度设计值应乘以折减系数 $\eta_R=0.85$（《钢标》第 7.6.1 条第 1 款），用于考虑杆端连接偏心的影响。得：

$$\eta_R f=0.85\times 215=182.75\text{N/mm}^2$$

杆件全长截面上无孔，只需验算毛截面强度：

$$\sigma = \frac{N}{\eta_A A} = \frac{30.7 \times 10^3}{4.23 \times 10^2} = 72.6 \text{N/mm}^2 < \eta_R f = 182.75 \text{N/mm}^2，可。$$

(2) 长细比和整体稳定性验算

长细比：$\lambda = \dfrac{l_0}{i_{\min}} = \dfrac{149.5}{1.26} = 118.7 < [\lambda] = 150$，可。

因杆件绕截面两主轴弯曲的计算长度相等（$=l_0$），可不计算弯扭屈曲（《钢标》第 7.2.2 条第 2 款之 2)），因此只需计算绕截面最小刚度轴 $v-v$ 的弯曲屈曲。由 $\lambda=118.7$ 查附表 1.28，$\varphi=0.444$。

单边连接的单角钢构件按轴心受压计算稳定性时的承载力设计值折减系数（《钢标》第 7.6.1 条第 2 款）：

$$\eta = 0.6 + 0.0015\lambda = 0.6 + 0.0015 \times 118.7 = 0.778$$

整体稳定性：$\dfrac{N}{\eta \varphi A f} = \dfrac{30.7 \times 10^3}{0.778 \times 0.444 \times 4.978 \times 10^2 \times 215} = 0.830 < 1.0$，可。

(3) 局部稳定验算

等边角钢轴心受压杆件不出现局部失稳的肢件（角钢边的平直段）宽厚比应符合下列要求（《钢标》第 7.3.1 条第 5 款）：

$$\frac{w}{t} \leqslant \begin{cases} 15\varepsilon_k, & \lambda \leqslant 80\varepsilon_k \\ 5\varepsilon_k + 0.125\lambda, & \lambda > 80\varepsilon_k \end{cases}$$

式中，w 和 t 分别为角钢边的平直段宽度和厚度，λ 为按角钢绕非对称主轴（最小刚度轴 $v-v$）回转半径计算的长细比。

今 $w = b - t - r = 63 - 4 - 7 = 52 \text{mm}$

$\lambda = 118.7 > 80\varepsilon_k = 80$

$\dfrac{w}{t} = \dfrac{52}{4} = 13 < 5\varepsilon_k + 0.125\lambda = 5 + 0.125 \times 118.7 = 19.8$，可。

所选截面适用。

2. 长压杆 D-2 （图 11.1-1）

$N = 70.8 \text{kN}$（图 11.1-5） $l = 255.2 \text{cm}$（图 11.1-2）

计算长度（附表 1.12)：

$l_{0x} = 0.8l = 0.8 \times 255.2 = 204.2 \text{cm}$ $l_{0y} = l = 255.2 \text{cm}$

垂直支撑连在预先焊于长压杆和弦杆的连接板上，杆件截面无削弱。

按稳定性条件试选长压杆截面。采用等边双角钢组成的 T 形截面。

利用第 4 章中的表 4.1 和表 4.2，得长压杆适合的假定长细比 $\lambda=131$，查附表 1.28 （b 类截面) 得 $\varphi=0.383$。

需要：$A \geqslant \dfrac{N}{\varphi \cdot f} = \dfrac{70.8 \times 10^3}{0.383 \times 215} \times 10^{-2} = 8.60 \text{cm}^2$

$i_x = \dfrac{l_{0x}}{\lambda} = \dfrac{204.2}{131} = 1.56 \text{cm}$

$i_y = \dfrac{l_{0y}}{\lambda} = \dfrac{255.2}{131} = 1.95 \text{cm}$

选用 2∟56×4，T 形截面：

$$A=8.78\text{cm}^2 \quad i_x=1.73\text{cm} \quad i_y=2.67\text{cm}$$

验算：

$$\lambda_x=\frac{l_{0x}}{i_x}=\frac{204.2}{1.73}=118.0<[\lambda]=150, \text{可}。$$

$$\lambda_y=\frac{l_{0y}}{i_y}=\frac{255.2}{2.67}=95.6$$

扭转屈曲的换算长细比[见《钢标》公式（7.2.2-7）]：

$$\lambda_z=3.9\frac{b}{t}=3.9\times\frac{56}{4}=54.6<\lambda_y=95.6$$

故计算绕对称轴 y 轴弯扭屈曲的换算长细比为[见《钢标》公式（7.2.2-5）]：

$$\lambda_{yz}=\lambda_y\left[1+0.16\left(\frac{\lambda_z}{\lambda_y}\right)^2\right]=95.6\times\left[1+0.16\times\left(\frac{54.6}{95.6}\right)^2\right]$$

$$=95.6\times1.052=100.6<\lambda_x=118.0$$

由 $\lambda_{max}=\lambda_x=118.0$ 查附表 1.28，$\varphi=0.447$，

$$\frac{N}{\varphi Af}=\frac{70.8\times10^3}{0.447\times8.78\times10^2\times215}=0.839<1.0, \text{可}。$$

局部稳定性满足要求，验算同矩压杆，从略。
所选截面适用。

3. 短拉杆 D-1 和 D-4（图 11.1-1）

$$N=63.4\text{kN}（图 11.1-5）\quad l=343.6\text{cm}（图 11.1-2）$$

拟采用单边连接的单角钢截面（截面无削弱）。

$$l_0=0.9l=0.9\times343.6=309.2\text{cm}$$

按毛截面强度需要：$A\geqslant\dfrac{N}{\eta_A(\eta_R f)}=\dfrac{63.4\times10^3}{0.85\times(0.85\times215)}\times10^{-2}=4.08\text{cm}^2$

式中，η_A 为考虑杆端非全部直接传力造成剪切滞后和截面上正应力分布不均匀影响的有效截面系数，η_R 为考虑杆端连接偏心影响的强度设计值折减系数。

按刚度（长细比）需要：$i_{min}\geqslant\dfrac{l_0}{[\lambda]}=\dfrac{309.2}{350}=0.88\text{cm}$

选用 1∟56×4：

$$A=4.39\text{cm}^2>4.08\text{cm}^2$$

$$i_{min}=i_v=1.11\text{cm}>0.88\text{cm}, \text{可}。$$

4. 长拉杆 G-4-2（图 11.1-1）

$N=158.5\text{kN}$（图 11.1-5），$l_{0x}=343.6\text{cm}$、$l_{0y}=2\times343.6=687.2\text{cm}$（图 11.1-2）

需要：

$$A\geqslant\frac{N}{f}=\frac{158.5\times10^3}{215}\times10^{-2}=7.37\text{cm}^2$$

$$i_x=\frac{l_{0x}}{[\lambda]}=\frac{343.6}{350}=0.98\text{cm}$$

$$i_y = \frac{l_{0y}}{[\lambda]} = \frac{687.2}{350} = 1.96 \text{cm}$$

选用 $2\text{L}\,50\times4$，T形截面：

$A = 7.794 \text{cm}^2 > 7.37 \text{cm}^2$，$i_x = 1.54 \text{cm} > 0.98 \text{cm}$，$i_y = 2.43 \text{cm} > 1.96 \text{cm}$，可。

5. 中央吊杆 G-3（图 11.1-1）

$$N = 0 \text{（图 11.1-5）} \qquad l = 474 \text{cm（图 11.1-2）}$$

因吊杆不连接垂直支撑，故按拉杆长细比条件选择截面。

采用单面连接的单角钢截面：

$$l_0 = 0.9l = 0.9 \times 474 = 426.6 \text{cm}$$

需要：

$$i_{\min} \geqslant \frac{l_0}{[\lambda]} = \frac{426.6}{350} = 1.22 \text{cm}$$

选用 $1\text{L}\,63\times4$：$A = 4.978 \text{cm}^2$，$i_{\min} = i_v = 1.26 \text{cm}$，可。

综上，整榀屋架共采用了五种角钢规格：$\text{L}\,110\times8$、$\text{L}\,90\times56\times6$、$\text{L}\,63\times4$、$\text{L}\,56\times4$ 和 $\text{L}\,50\times4$ [图 11.1-9（a）]。为便于备料，长拉杆 G-4-2 所用角钢规格也可统一改用 $\text{L}\,56\times4$ [与长压杆、短拉杆所用角钢规格相同，图 11.1-9（b）]，使整榀屋架所用角钢规格减少至四种：$\text{L}\,110\times8$、$\text{L}\,90\times56\times6$、$\text{L}\,63\times4$ 和 $\text{L}\,56\times4$。由此杆件截面调整使屋架杆件用钢量增加约 0.9%。本例题仍按图 11.1-9（a）所示选用屋架各个杆件的截面。

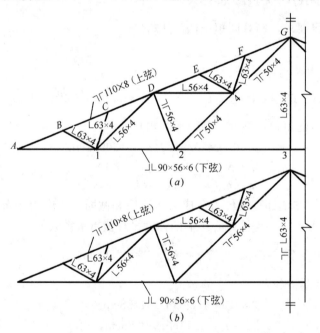

图 11.1-9 屋架构件截面设计

(a)整榀屋架采用五种角钢规格(本例题采用)；(b)整榀屋架采用四种角钢规格

四、填板设置与尺寸选择（《钢标》第 7.2.6 条）

双角钢杆件的填板设置与尺寸选择见表 11.2。

填板设置与尺寸选择 表 11.2

杆件名称		杆件截面	节间杆件几何长度 (cm)	i (cm)	$40i$（压杆）或 $80i$（拉杆）(cm)	实际填板间距 (cm)	每一节间填板数量 (块)	填板尺寸 $b\times t\times h$ (cm)
上弦杆		⊐⊏ 110×8	212.7	3.40	136.0	106.4	1	—60×10×130
下弦杆	杆段 A-1 和 1-2	⌐⌐ 90×56×6 长边外伸	343.6	2.88	230.4	171.8	1	—60×10×80
	杆段 2-3		497.8			165.9	2	
腹杆	D-2	⊐⊏ 56×4	255.2	1.73	69.2	63.8	3	—50×10×80
	G-4-2	⊐⊏ 50×4	687.2	1.54	123.2	114.5	2	—50×10×70

注：1. 上弦杆侧向支承点间的距离为 425.4cm，其填板数（包括节点板）大于 2，满足要求。
2. 填板尺寸：宽度由焊缝的最小计算长度确定，即不得小于 $8h_f$ 和 40mm；厚度为桁架的节点板厚度；高度应较角钢杆件竖边长度大 20mm 左右，以便布置焊缝。宽度与高度均取 10mm 的整数倍。

11.8 屋架节点设计

节点构造参阅视频 4。

角焊缝强度设计值（E43 型焊条）： $f_f^w=160\text{N/mm}^2$

屋架各杆件轴线至各杆件角钢背面的距离 z_0' 按表 11.3 采用，表中 z_0 为由型钢表查得的杆件重心线至角钢背面的距离。

屋架各杆件轴线至角钢背面的距离 z_0' 表 11.3

杆 件 名 称	杆件截面	重心距离 z_0 (mm)	轴线距离 z_0' (mm)	备 注
上弦杆	⊐⊏ 110×8	30.1	30	
下弦杆	⌐⌐ 90×56×6	12.9	15	长边外伸
短压杆 B-1、C-1、E-4、F-4	∟ 63×4	17.0	15	单边连接
长压杆 D-2	⊐⊏ 56×4	15.3	15	
短拉杆 D-1、D-4	∟ 56×4	15.3	15	单边连接
长拉杆 G-4-2	⊐⊏ 50×4	13.8	15	
中央吊杆 G-3	∟ 63×4	17.0	15	单边连接

屋架各腹杆与节点板间连接焊缝的焊脚尺寸 h_{fi} 和焊缝实际长度 l_i（$\geqslant l_{wi}+2h_{fi}$）按表 11.4 采用。表中焊脚尺寸 h_{fi} 按构造要求确定，所需焊缝计算长度 l_{wi} 系按下列公式计算得到：

(1) 双角钢 T 形截面杆件：

$$l_{wi}=\frac{k_i N}{2\times 0.7 h_{fi} f_f^w}\geqslant \max\{8h_{fi},\ 40\text{mm}\} \quad\quad (\text{例题 11.1-}e)$$

(2) 单边连接的单角钢杆件：

$$l_{wi}=\frac{k_i N}{0.7 h_{fi}\ (0.85 f_f^w)}\geqslant \max\{8h_{fi},\ 40\text{mm}\} \quad\quad (\text{例题 11.1-}f)$$

式中：k_i——角钢背部（$i=1$）或边端（$i=2$）角焊缝的轴力分配系数。对等边角钢：$k_1=0.7$，$k_2=0.3$；对短边相连的不等边角钢，$k_1=0.75$，$k_2=0.25$；

0.85——单边连接单角钢的角焊缝强度设计值折减系数（《原规范》第3.4.2条）。

腹杆与节点板间的连接角焊缝尺寸　　　　表 11.4

杆件名称	杆件截面	杆件内力 N（kN）	角钢背部焊缝（mm）			角钢趾部焊缝（mm）		
			h_{f1}	l_{w1}	l_1	h_{f2}	l_{w2}	l_2
短压杆 B-1、C-1、E-4、F-4	∟63×4	−30.7	5	45	60	4	40	50
长压杆 D-2	┐┌56×4	−70.8	5	44	60	4	40	50
短拉杆 D-1、D-4	∟56×4	+63.4	5	93	110	4	50	60
长拉杆 G-4-2　G端	┐┌50×4	+158.5	5	99	110	4	53	70
长拉杆 G-4-2　2端		+95.1		59	70		40	50
中央吊杆 G-3	∟63×4	0	5	40	50	4	40	50

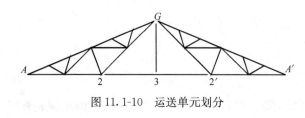

图 11.1-10　运送单元划分

根据运输允许的最大尺寸，把屋架划分为四个运送单元——左右两榀小桁架、跨中一段水平下弦杆和中央吊杆(图 11.1-10)，在节点 G、2 和 $2'$ 处设置工地拼接，节点 3 处用工地连接。

一、支座节点 A（图 11.1-11）

1. 下弦杆与节点板间连接焊缝计算：

$$N=348.7\text{kN} \quad k_1=0.75 \quad k_2=0.25$$

取角钢背部焊脚尺寸 $h_{f1}=6$mm、角钢边端焊脚尺寸 $h_{f2}=5$mm，按焊缝连接强度要求得：

背部：$$l_{w1} \geq \frac{k_1 N}{2\times 0.7 h_{f1} f_f^w} = \frac{0.75\times 348.7\times 10^3}{2\times 0.7\times 6\times 160} = 194.6\text{mm}$$

边端：$$l_{w2} \geq \frac{k_2 N}{2\times 0.7 h_{f2} f_f^w} = \frac{0.25\times 348.7\times 10^3}{2\times 0.7\times 5\times 160} = 77.8\text{mm}$$

实际焊缝长度采用：角钢背部 $l_1=210$mm、边端 $l_2=90$mm。

2. 按以下方法、步骤和要求画节点大样，并确定节点板尺寸：

(1) 严格按几何关系画出汇交于节点 A 的各杆件轴线（轴线至杆件角钢背面的距离 z_0' 按表 11.3 采用）；

(2) 下弦杆与支座底板之间的净距取 135mm（符合大于 130mm 和大于下弦杆角钢水平边宽的要求）；

(3) 按构造要求预定底板平面尺寸为 $a\times b=220$mm×220mm，使节点 A 的垂直轴线通过底板的形心；

(4) 节点板上部缩进上弦杆角钢背面 $t_1/2+2$mm$=8$mm（式中 $t_1=12$mm 为端节点板厚度），取上、下弦杆端部边缘轮廓线间的距离为 25mm 和根据下弦杆与节点板间的连接焊缝长度等，确定节点板间尺寸如图 11.1-11 所示。

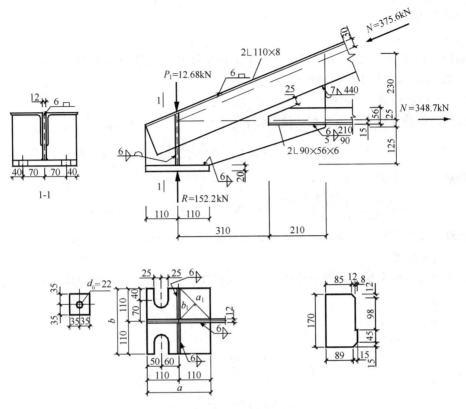

图 11.1-11 支座节点 A

3. 上弦杆与节点板间连接焊缝计算：

$$N=375.6\text{kN} \quad P_1\approx P/2=12.68\text{kN}（节点荷载）$$

节点板与角钢背部采用塞焊缝连接（取 $h_{f1}=t_1/2=6\text{mm}$），设仅承受节点荷载 P_1。因 P_1 值很小，焊缝强度不必计算，一定能满足要求。

令角钢边端角焊缝承受全部轴心力 N 及其偏心弯矩 M 的共同作用，其中：

$$M=N(110-z_0')\times10^{-3}=375.6\times(110-30)\times10^{-3}=30.05\text{kN}\cdot\text{m}$$

取边端焊脚尺寸 $h_{f2}=7\text{mm}$，由节点图中量得实际焊缝长度 $l_2=620\text{mm}$（全长焊满时），计算长度：

$$l_{w2}=l_2-2h_{f2}=620-2\times7=606\text{mm}>60h_{f2}=420\text{mm}$$

取 $l_{w2}=60h_{f2}=420\text{mm}$ 计算（也可取实际计算长度 $l_{w2}=606\text{mm}$，但焊缝的承载力需折减，见《钢标》第11.2.6条），

$$\sigma_f=\frac{6M}{2\times0.7h_{f2}l_{w2}^2}=\frac{6\times30.05\times10^6}{2\times0.7\times7\times420^2}=104.3\text{N}/\text{mm}^2$$

$$\tau_f=\frac{N}{2\times0.7h_{f2}l_{w2}}=\frac{375.6\times10^3}{2\times0.7\times7\times420}=91.3\text{N}/\text{mm}^2$$

$$\sqrt{\left(\frac{\sigma_f}{\beta_f}\right)^2+\tau_f^2}=\sqrt{\left(\frac{104.3}{1.22}\right)^2+91.3^2}=125.1\text{N}/\text{mm}^2<f_f^w=160\text{N}/\text{mm}^2，可。$$

焊缝强度满足要求。

4. 底板计算：

支座反力： $R=152.2\text{kN}$

C20混凝土： $f_c=9.6\text{N/mm}^2$

锚栓直径采用$d=20\text{mm}$，底板上留矩形带半圆孔；锚栓套板采用—$70\times20\times70$，孔径$d_0=22\text{mm}$，如图11.1-11所示。

(1) 底板面积$A(=a\times b)$

底板与钢筋混凝土柱顶面间的接触面积：

$$A_n=22\times22-2\left(4\times5+\frac{1}{2}\times\frac{\pi\times5^2}{4}\right)=424.37\text{cm}^2$$

接触面上压应力：

$$q=\frac{R}{A_n}=\frac{152.2\times10^3}{424.37\times10^2}=3.6\text{N/mm}^2<f_c=9.6\text{N/mm}^2，可。$$

满足混凝土轴心抗压强度要求，预定底板尺寸$a\times b=220\text{mm}\times220\text{mm}$适用。

(2) 底板厚度t

底板被节点板和加劲肋划分成四块相同的相邻边支承的小板，板中最大弯矩（取单位宽板计算）：

$$M=\beta\cdot(q\times1\text{mm})\cdot a_1^2 \qquad (例题11.1\text{-}g)$$

式中（图11.1-11）：

斜边： $a_1=\sqrt{\left(\frac{22-1}{2}\right)^2+\left(\frac{22-1.2}{2}\right)^2}=14.8\text{cm}$

斜边上之高： $b_1=\frac{\left(\frac{22-1}{2}\right)\left(\frac{22-1.2}{2}\right)}{14.8}=7.4\text{cm}$

$\frac{b_1}{a_1}=\frac{7.4}{14.8}=0.5$，查表11.5得$\beta=0.060$，代入式（例题11.1-g），

$$M=0.060\times(3.6\times1)\times(14.8\times10)^2=4731\text{N}\cdot\text{mm}$$

按底板抗弯强度条件，需要底板厚度：

$$t\geqslant\sqrt{\frac{6M}{f}}=\sqrt{\frac{6\times4731}{215}}=11.5\text{mm}$$

为保证底板有一定刚度使底板下压力尽量均布，采用$t=20\text{mm}$。

底板选用—$220\times20\times220$。

两相邻边支承板的弯矩系数β 表11.5

b_1/a_1	0.3	0.35	0.4	0.45	0.5
β	0.027	0.036	0.044	0.052	0.060

注：当$b_1/a_1<0.3$时，按悬伸长度为b_1的悬臂板计算。

5. 节点板、加劲肋与底板间水平连接焊缝计算：

因底板为正方形，故节点板和加劲肋与底板的连接焊缝各承担支座反力的50%。

(1) 节点板与底板间水平连接焊缝

承受轴心力：$N = \dfrac{R}{2} = \dfrac{152.2}{2} = 76.1 \text{kN}$

焊缝计算长度：$\sum l_w = 2 \times (220 - 2 \times 10) = 400 \text{mm}$（这里暂设 $h_f = 10\text{mm}$，下同）

需要：
$$h_f \geqslant \dfrac{N}{0.7 \sum l_w (\beta_f f_f^w)} = \dfrac{76.1 \times 10^3}{0.7 \times 400 \times (1.22 \times 160)} = 1.39\text{mm}$$

构造要求：$h_{f\min} = 6\text{mm}$（附表 1.5）

采用 $h_f = 6\text{mm}$，满足要求。

(2) 加劲肋与底板间水平连接焊缝（参阅图 11.1-11 之加劲肋详图）

$$N = \dfrac{R}{2} = 76.1\text{kN} \qquad \sum l_w = 4 \times (89 - 2 \times 10) = 276\text{mm}$$

需要：
$$h_f \geqslant \dfrac{76.1 \times 10^3}{0.7 \times 276 \times (1.22 \times 160)} = 2.02\text{mm}$$

采用 $h_f = 6\text{mm}$，满足要求。

6. 加劲肋与节点板间竖向连接焊缝计算：

加劲肋厚度采用 10mm，与中间节点板等厚。

每块加劲肋与节点板间竖向连接焊缝受力：
$$V = \dfrac{1}{2}\left(\dfrac{R}{2}\right) = \dfrac{1}{2} \times 76.1 = 38.1\text{kN}$$

$$M \approx V \cdot \dfrac{b}{4} = 38.1 \times \dfrac{220}{4} \times 10^{-3} = 2.10\text{kN}\cdot\text{m}$$

焊缝计算长度：$l_w \approx (45 + 98) - 2 \times 10 = 123\text{mm}$

需要：
$$h_f \geqslant \dfrac{1}{f_f^w}\sqrt{\left(\dfrac{6M}{2 \times 0.7 l_w^2 \cdot \beta_f}\right)^2 + \left(\dfrac{V}{2 \times 0.7 l_w}\right)^2} = \dfrac{1}{2 \times 0.7 l_w f_f^w}\sqrt{\left(\dfrac{6M/l_w}{\beta_f}\right)^2 + V^2}$$
$$= \dfrac{1}{2 \times 0.7 \times 123 \times 160} \times \sqrt{\left(\dfrac{6 \times 2.10 \times 10^6 / 123}{1.22}\right)^2 + (38.1 \times 10^3)^2} = 4.0\text{mm}$$

构造要求：$h_{f\min} = 5\text{mm}$（附表 1.5）

采用 $h_f = 5\text{mm}$，满足要求。

由以上计算可见，底板和加劲肋及其连接焊缝均是构造控制，这是因为本例题屋架荷载较小之故。

二、上弦一般节点 B、E、C、F、D（图 11.1-1 和图 11.1-12）

1. 按以下方法、步骤和要求绘制节点详图（以节点 B 为例）：

(1) 严格按几何关系画出汇交于节点 B 的各杆件轴线（轴线至杆件角钢背面的距离 z_0' 按表 11.3 采用）；

(2) 节点板上部缩进上弦杆角钢背面 8mm（以便安放檩条）、取上弦杆与短压杆轮廓间距离为 15mm 和根据短压杆与节点板间的连接焊缝尺寸（按表 11.4 采用）等，确定节点板尺寸如图 11.1-12（a）所示；

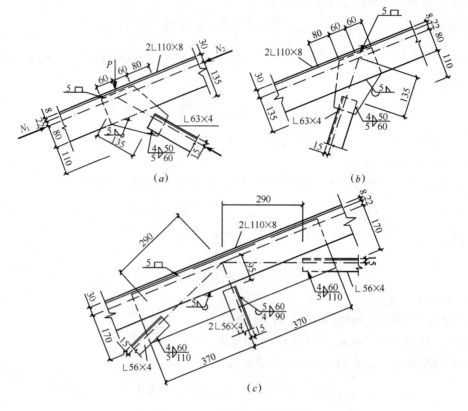

图 11.1-12 上弦一般节点详图
(a) 节点 B、E；(b) 节点 C、F；(c) 节点 D

(3) 标注节点详图所需各种尺寸。

2. 上弦杆与节点板间连接焊缝计算：

$$N_1=375.6\text{kN} \quad N_2=346.4\text{kN} \quad P=25.36\text{kN}$$

节点荷载 P 假定全部由上弦杆角钢背部塞焊缝承受，取焊脚尺寸 $h_{f1}=t_2/2=10/2=5$mm（t_2 为中间节点板厚度），因 P 值很小，焊缝强度不必计算。

上弦杆角钢边端角焊缝假定承受节点两侧弦杆内力差 $\Delta N=N_1-N_2$ 及其偏心弯矩 M 的共同作用，其中：

$$\Delta N=N_1-N_2=375.6-346.4=29.2\text{kN}$$

$$M=\Delta N(110-z_0')\times 10^{-3}=29.2\times(110-30)\times 10^{-3}=2.34\text{kN}\cdot\text{m}$$

由图 11.1-12 (a) 中量得实际焊缝长度 $l_2=170$mm，计算长度：

$$l_{w2}=l_2-2h_{f2}\approx 170-10=160\text{mm}$$

需要：

$$h_{f2}\geqslant \frac{1}{2\times 0.7 l_{w2} f_f^w}\sqrt{\left(\frac{6M/l_{w2}}{\beta_f}\right)^2+(\Delta N)^2}$$

$$=\frac{1}{2\times 0.7\times 160\times 160}\sqrt{\left(\frac{6\times 2.34\times 10^6/160}{1.22}\right)^2+(29.2\times 10^3)^2}=2.17\text{mm}$$

构造要求：$h_{f2\min}=5$mm（附表 1.5）

采用 $h_{f2}=5\mathrm{mm}$，满足要求。

其他上弦一般节点（节点 C、D、E 和 F）的设计方法、步骤等与节点 B 相同，节点详图见图 11.1-12 (a)、(b) 和 (c)。因节点 E 和节点 B 的几何关系、受力等完全相同，故节点详图也完全相同 [图 11.1-12 (a)]。节点 C 和节点 F 的详图也完全相同 [图 11.1-12 (b)]。

三、屋脊拼接节点 G（图 11.1-13）

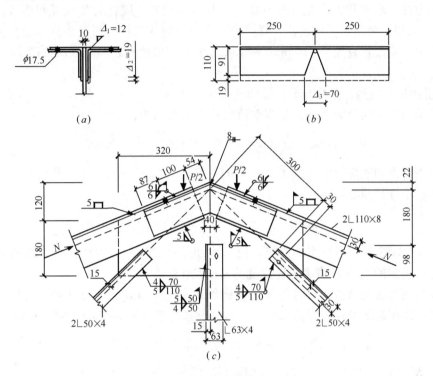

图 11.1-13 屋脊拼接节点 G
(a)拼接角钢铲角切边；(b)拼接角钢剖口；(c)节点详图

$$N=328.4\mathrm{kN} \qquad P=25.36\mathrm{kN}$$

1. 拼接角钢的构造和计算

拼接角钢采用与上弦杆截面相同的 $2\llcorner 110\times 8$。拼接角钢与上弦杆间连接焊缝的焊脚尺寸取 $h_f=6\mathrm{mm}$，为便于两者紧贴和施焊以保证焊缝质量，铲去拼接角钢角顶棱角：

$$\Delta_1=r=12\mathrm{mm} \quad (r \text{ 为角钢内圆弧半径})$$

切短拼接角钢竖直边：

$$\Delta_2=t+h_f+5\mathrm{mm}=8+6+5=19\mathrm{mm}$$

如图 11.1-13 (a) 所示。

拼接接头每侧的连接焊缝共有四条，按连接强度条件需要每条焊缝的计算长度：

$$l_w\geqslant\frac{N}{4\times 0.7 h_f f_f^w}=\frac{328.4\times 10^3}{4\times 0.7\times 6\times 160}=122\mathrm{mm}$$

拼接处左、右弦杆端部空隙取 40mm [图 11.1-13 (c)]，需要拼接角钢长度：

$$L_a=2\left[l_w+2h_f+\left(\frac{110-8}{2.5}+\frac{40}{2}\cdot\frac{1}{\cos\alpha}\right)\right]=2\left[122+2\times 6+(40.8+21.5)\right]=393\mathrm{mm}$$

为保证拼接处的刚度，实际采用拼接角钢长度 $L_a=500\text{mm}$。

此外，因屋面坡度较大，应将拼接角钢的竖直边剖口：

$$\Delta_3=2\times\frac{110-8-19}{2.5}=66.4\text{mm}，采用70\text{mm}。$$

如图 11.1-13（b）所示，先钻孔再切割，然后冷弯对齐焊接。

2. 绘制节点详图

绘制方法、步骤和要求与上弦一般节点 B 基本相同，腹杆与节点板间连接焊缝尺寸按表 11.4 采用。为便于工地连接，拼接处工地焊一侧的弦杆与拼接角钢和受拉主斜杆与跨中吊杆上分别设置直径为 17.5mm 和 13mm 的安装螺栓孔，节点详图如图 11.1-13（c）所示。

3. 拼接接头每侧上弦杆与节点板间连接焊缝计算

弦杆轴力的竖向分力 $N\sin\alpha$ 与节点荷载 $P/2$ 的合力为：

$$V=N\sin\alpha-\frac{P}{2}=328.4\times0.3714-\frac{25.36}{2}=109.3\text{kN}$$

设角钢背部的塞焊缝承受竖向合力 V 的一半，取 $h_{f1}=5\text{mm}$，需要焊缝计算长度（因 $P/2$ 很小，不计其偏心影响）：

$$l_{w1}\geqslant\frac{V/2}{2\times0.7h_{f1}f_f^w}=\frac{109.3\times10^3/2}{2\times0.7\times5\times160}=49\text{mm}$$

由图 11.1-13（c）量得实际焊缝长度远大于 $l_{w1}=49\text{mm}$，因此认为焊缝满足计算要求。在计算需要的 l_{w1} 时没有考虑斜焊缝的强度设计值增大系数。

再设角钢边端与节点板间的角焊缝承受余下的 $V/2$ 以及当屋脊两侧屋面活荷载不对称作用时可能引起的弦杆内力差 ΔN 和由 ΔN 引起的弯矩 M 的共同作用，并取：

$$\Delta N=0.15N=0.15\times328.4=49.3\text{kN}$$

$$M=\Delta N(110-z_0')\times10^{-3}=49.3\times(110-30)\times10^{-3}=3.94\text{kN}\cdot\text{m}$$

取 $h_{f2}=5\text{mm}$，由图 11.1-13（c）中量得边端实际焊缝长度 $l_2=320\text{mm}$，其计算长度：

$$l_{w2}=l_2-2h_{f2}=320-2\times5=310\text{mm}$$

焊缝中应力：

$$\sigma_f^V=\frac{\frac{V}{2}\cos\alpha}{2\times0.7h_{f2}l_{w2}}=\frac{\frac{109.3\times10^3}{2}\times0.9285}{2\times0.7\times5\times310}=23.4\text{N/mm}^2$$

$$\tau_f^V=\frac{\frac{V}{2}\sin\alpha}{2\times0.7h_{f2}l_{w2}}=\frac{\frac{109.3\times10^3}{2}\times0.3714}{2\times0.7\times5\times310}=9.4\text{N/mm}^2$$

$$\sigma_f^{\Delta N}=\frac{6M}{2\times0.7h_{f2}l_{w2}^2}=\frac{6\times3.94\times10^6}{2\times0.7\times5\times310^2}=35.1\text{N/mm}^2$$

$$\tau_f^{\Delta N}=\frac{\Delta N}{2\times0.7h_{f2}l_{w2}}=\frac{49.3\times10^3}{2\times0.7\times5\times310}=22.7\text{N/mm}^2$$

$$\sqrt{\left(\frac{\sigma_f}{\beta_f}\right)^2+\tau_f^2}=\sqrt{\left(\frac{23.4+35.1}{1.22}\right)^2+(9.4+22.7)^2}=57.7\text{N/mm}^2<f_f^w=160\text{N/mm}^2，$$

可。焊缝强度满足要求。

拼接设计绘图中要注意何者为工地焊、何者为工厂焊，不能有错。

四、下弦一般节点 1（图 11.1-1）

1. 绘制节点详图如图 11.1-14 所示。

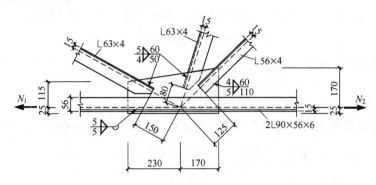

图 11.1-14　下弦一般节点 1

2. 下弦杆与节点板间连接焊缝计算：

$$N_1 = 348.7 \text{kN} \qquad N_2 = 285.3 \text{kN}$$
$$\Delta N = N_1 - N_2 = 348.7 - 285.3 = 63.4 \text{kN}$$

由节点详图中量得实际焊缝长度 $l_1 = l_2 = 400$mm，其计算长度：

$$l_{w1} = l_{w2} \approx 400 - 10 = 390 \text{mm}（暂取 h_f = 5\text{mm}）$$

需要：

$$h_{f1} \geqslant \frac{k_1 \Delta N}{2 \times 0.7 l_{w1} f_f^w} = \frac{0.75 \times 63.4 \times 10^3}{2 \times 0.7 \times 390 \times 160} = 0.54 \text{mm}$$

$$h_{f2} \geqslant \frac{k_2 \Delta N}{2 \times 0.7 l_{w2} f_f^w} = \frac{0.25 \times 63.4 \times 10^3}{2 \times 0.7 \times 390 \times 160} = 0.18 \text{mm}$$

构造要求：$h_{fmin} = 5$mm（附表 1.5）

采用 $h_{f1} = h_{f2} = 5$mm，满足要求。

五、下弦拼接节点 2（图 11.1-1 和图 11.1-15）

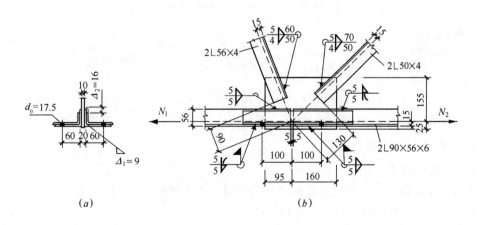

图 11.1-15　下弦拼接节点 2
(a) 拼接角钢铲角切边；(b) 节点详图

$$N_1 = 285.3 \text{kN} \qquad N_2 = 190.2 \text{kN}$$

1. 拼接角钢的构造和计算

拼接角钢采用与下弦杆截面相同的 2∟90×56×6。拼接角钢与下弦杆间连接焊缝的焊脚尺寸取 $h_f = 5\text{mm}$，为便于两者紧贴和施焊以保证焊缝质量，铲去拼接角钢角顶棱角。

$$\Delta_1 = r = 9\text{mm}（r\text{ 为角钢内圆弧半径}）$$

切短拼接角钢竖直边：

$$\Delta_2 = t + h_f + 5\text{mm} = 6 + 5 + 5 = 16\text{mm}$$

如图 11.1-15 (a) 所示。

拼接接头每侧的连接焊缝共有四条，按连接强度条件需要每条焊缝的计算长度：

$$l_w \geqslant \frac{N_{max}}{4 \times 0.7 h_f f_f^w} = \frac{285.3 \times 10^3}{4 \times 0.7 \times 5 \times 160} = 127.4\text{mm}$$

拼接处弦杆端部空隙取为 10mm，需要拼接角钢长度：

$$L_a = 2(l_w + 2h_f) + 10 = 2(127.4 + 2 \times 5) + 10 = 285\text{mm}$$

为保证拼接处的刚度，实际采用拼接角钢长度 $L_a = 400\text{mm}$。

2. 绘制节点详图

汇交于节点 2 的屋架各杆件轴线至角钢背面的距离 z_0' 按表 11.3 采用，腹杆与节点板间的连接焊缝尺寸按表 11.4 采用。为便于工地拼接，拼接处弦杆和拼接角钢的水平边上设置直径为 17.5mm 的安装螺栓孔。节点详图如图 11.1-15 所示。

3. 拼接接头一侧下弦杆与节点板间连接焊缝计算

取接头两侧弦杆的内力差 ΔN 和 $0.15 N_{max}$ 两者中的较大值进行计算。

$$\Delta N = N_1 - N_2 = 285.3 - 190.2 = 95.1\text{kN}$$

$$0.15 N_{max} = 0.15 \times 285.3 = 42.8\text{kN} < \Delta N$$

取 $\Delta N = 95.1\text{kN}$ 进行计算。ΔN 由内力较大一侧下弦杆传给节点板，由图 11.1-15 (b) 中量得实际焊缝长度 $l_1 = l_2 = 90\text{mm}$，其计算长度：

$$l_{w1} = l_{w2} \approx 90 - 10 = 80\text{mm}（暂取 h_f = 5\text{mm}）$$

需要：

$$h_{f1} \geqslant \frac{k_1 \Delta N}{2 \times 0.7 l_{w1} f_f^w} = \frac{0.75 \times 95.1 \times 10^3}{2 \times 0.7 \times 80 \times 160} = 3.98\text{mm}$$

$$h_{f2} \geqslant \frac{k_2 \Delta N}{2 \times 0.7 l_{w2} f_f^w} = \frac{0.25 \times 95.1 \times 10^3}{2 \times 0.7 \times 80 \times 160} = 1.33\text{mm}$$

采用 $h_{f1} = h_{f2} = 5\text{mm}$，满足要求。

六、下弦中央节点 3（图 11.1-1）

按构造要求确定各杆与节点板间的连接焊缝。节点详图如图 11.1-16 所示。

七、受拉主斜杆中间节点 4（图 11.1-1）

设计计算与下弦一般节点 1 相同，节点详图如图 11.1-17 所示。

整榀屋架的施工图及材料表此处从略。

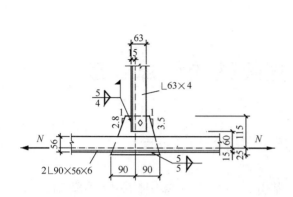
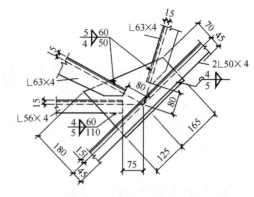

图 11.1-16　下弦中央节点 3　　　　图 11.1-17　受拉主斜杆中间节点 4

本例题由于荷载较小，因而有些构件的截面和较多的连接焊缝均由构造要求确定。但作为说明应用设计标准的例题，文中仍不厌其烦地列出各个计算步骤以供参阅。

【说明】1. 因本例屋架下没有悬挂起重设备，故不需要验算跨中挠度。

2. 本例题仅考虑了屋面的竖向荷载，没有考虑排架分析中柱顶水平剪力 H 对屋架的作用。当考虑 H 的作用时，应注意：

(1) 屋架下弦的轴力将等于 $N\pm H$；

(2) H 对支座节点将产生弯矩 $M=H\cdot e$（e 为支座节点中心至柱顶的距离）。考虑 M 后，对上弦端节间是很不利的。因此端支承节点的高度不应任意加大。

3. 为了便于阅读以上各节点的详图，下面汇总提出节点图上应标明的尺寸，不可遗漏：

(1) 每一腹杆端部至节点中心的距离，数字准确到 1mm，以便由杆件的几何长度推算出杆件实际断料长度。

(2) 节点板尺寸应从节点分两边（左、右，上、下）分别注明，以便拼装时定位。

(3) 杆件截面当为不等边角钢时，应在正面图上注明角钢的边长。

(4) 每根杆件轴线至角钢背的距离。

(5) 如有螺栓孔，应注明孔的位置（图 11.1-13 和图 11.1-16 中，为使表达清楚，有些螺栓孔的位置没有注明，但在实际工程设计图纸上则必须注明）。

第 12 章　等截面框架柱的计算长度

12.1　概　　述

单层和多层框架是钢结构中的常用结构，常用于工业厂房和民用房屋中。框架结构一般为空间结构，但结构分析时经常可以将其简化为平面结构，即分解成横向平面框架和纵向平面框架。框架柱是压弯构件，设计时需验算构件在弯矩作用平面内和弯矩作用平面外的稳定性，因而必须先求得此构件的计算长度（由计算长度系数 μ 乘以构件的几何长度得出）。

我国《钢标》规定：当对框架按一阶弹性分析方法计算内力时，等截面框架柱在框架平面内的计算长度应按下列规定确定（《钢标》第 8.3.1 条）。

1. 无支撑框架

（1）框架柱的计算长度系数 μ 应按《钢标》附录 E 表 E.0.2（附表 1.24）有侧移框架柱的计算长度系数确定。

（2）设有摇摆柱时，框架柱的计算长度系数还应乘以按下列公式（12.1）计算的增大系数 η：

$$\eta = \sqrt{1 + \frac{\sum(N_l/h_l)}{\sum(N_f/h_f)}} \tag{12.1}$$

式中：$\sum(N_f/h_f)$——本层各框架柱轴心压力设计值与柱子高度比值之和，下角标 f 是框架（frame）的简写；

$\sum(N_l/h_l)$——本层各摇摆柱轴心压力设计值与柱子高度比值之和，下角标 l 是摇摆柱（leaning column）的简写。

摇摆柱的计算长度取其几何长度。

（3）当有侧移框架同层各柱的 N/I 不相同时，柱计算长度系数宜按下列公式（12.2）计算：

$$\mu_i = \sqrt{\frac{N_{Ei}}{N_i} \cdot \frac{1.2}{K} \sum \frac{N_i}{h_i}} \geqslant 1.0 \tag{12.2}$$

式中：N_i——第 i 根柱轴心压力设计值（以下简称轴压力）；

h_i——第 i 根柱高度；

N_{Ei}——第 i 根柱的欧拉临界力（$N_{Ei}=\pi^2 EI_i/h_i^2$）；

K——框架层侧移刚度，即产生层间单位侧移所需的力（N/mm）。

式（12.2）是考虑与所计算柱同层的其他柱因稳定承载力不同而存在相互支持作用的修正计算长度系数，但没有考虑与所计算柱连续的上、下层柱的稳定承载力不同的影响。考虑同层柱、上下层柱相互支持作用的计算长度系数修正问题将在第 12.2 节中作进一步的说明。

2. 有支撑框架

当支撑结构（支撑桁架、剪力墙等）满足下列式（12.3）要求时，为强支撑框架，框架柱的计算长度系数 μ 应按《钢标》附录 E 表 E.0.1（附表 1.23）无侧移框架柱的计算长度系数确定。

$$S_b \geqslant 4.4\left[\left(1+\frac{100}{f_y}\right)\Sigma N_{bi}-\Sigma N_{0i}\right] \tag{12.3}$$

式中，ΣN_{bi}、ΣN_{0i} 分别是第 i 层层间所有框架柱用无侧移框架和有侧移框架柱计算长度系数算得的轴心压杆稳定承载力之和；S_b 为支撑结构层侧移刚度，即施加于结构上的水平力与其产生的层间位移角的比值（角标 b 为 bracing 的简写）。

12.2 无侧移框架柱与有侧移框架柱的计算长度系数

框架柱在框架平面内的计算长度系数与框架柱是无侧移或有侧移的失稳模式有关。本书附表 1.23 和附表 1.24（摘自《钢标》附录 E 表 E.0.1 和表 E.0.2）分别列出了其计算长度系数 μ 的数值。等截面框架柱在框架平面内的计算长度系数 μ 与该柱上、下两端各自横梁线刚度之和与柱线刚度之和的比值 K_1 和 K_2 有关（下角标 1 和 2 分别表示所计算柱的上端和下端节点），即：

$$K_1=\frac{\Sigma\left(\frac{I}{l}\right)_{b1}}{\Sigma\left(\frac{I}{h}\right)_{c1}} \tag{12.4}$$

$$K_2=\frac{\Sigma\left(\frac{I}{l}\right)_{b2}}{\Sigma\left(\frac{I}{h}\right)_{c2}} \tag{12.5}$$

式中 $\Sigma\left(\frac{I}{l}\right)_{b1}$ 为框架平面内交于柱上端节点 1 左右两梁线刚度之和，$\Sigma\left(\frac{I}{h}\right)_{c1}$ 为交于柱上端节点 1 上、下两柱的线刚度之和。$\Sigma\left(\frac{I}{l}\right)_{b2}$ 和 $\Sigma\left(\frac{I}{h}\right)_{c2}$ 分别为交于柱下端节点 2 的相应构件的线刚度之和。得到 K_1 和 K_2 后，即可根据框架失稳时是否有侧移而分别查附表 1.24 和附表 1.23 求得该柱的计算长度系数 μ 值。查表时还应注意该两表下面的注。

对无侧移框架柱，其计算长度系数 μ 变化在 0.5~1.0 之间。对有侧移框架柱，其计算长度系数 μ 恒大于 1，因此查表求 μ 时，两者不能相混而出差错。

附表 1.23 和附表 1.24 所列的 μ 值是在对框架作了一系列基本假定后由近似分析得出的。为了正确应用该项表格，有必要把这些基本假定列出如下：

1. 材料是线弹性的。
2. 横梁与柱的连接节点都是刚接的。
3. 框架只承受作用在节点上的竖向荷载。
4. 框架中各柱是同时丧失稳定的。
5. 当柱子开始失稳时，在框架平面内相交于同一节点的横梁对柱子提供的约束弯矩按柱子的线刚度之比分配给交于该节点的上、下两根柱子。

6. 在无侧移失稳时，横梁两端的转角大小相等方向相反；在有侧移失稳时，横梁两端的转角不但大小相等且方向也相同（同为顺时针向或逆时针向，梁呈反向弯曲）。

事实上，各框架柱的 μ 值不仅与 K_1、K_2 有关，而且还与柱子及横梁的荷载情况有关，要精确求解 μ 值比较费事。对实际工程设计来讲，大多数情况下可承认这些假定直接应用附表 1.23 或附表 1.24 而得到 μ 的近似值。但如果所设计的框架与上述基本假定差别很大，特别是各柱的参数 S_i 或 S'_i（本书以下统称为刚度参数）差别较大或横梁的主弯矩较大时，应对附表 1.23 和附表 1.24 查得的 μ 值进行修正。附表 1.23 或附表 1.24 表下面的注有的就是说明当不符合上述基本假定时应作的修正。有关注的来源可参见本书末所附主要参考文献 [6]、[14] 和 [20]。

$$S_i = \frac{1}{h_i}\sqrt{\frac{EI_i}{N_i}} \qquad (12.6\text{-}1)$$

$$S'_i = \frac{1}{h_i}\sqrt{\frac{I_i}{N_i}} \qquad (12.6\text{-}2)$$

式中，h_i、I_i 和 N_i 分别为柱 i 的高度、截面惯性矩和承受的轴心压力设计值，E 为钢材的弹性模量。

关于同层柱间和多层框架上、下层柱间因稳定承载力不同而相互支持问题，《原规范》第 5.3.6 条第 2 款给出了原则规定，但未说明如何计算；《钢标》给出了用于考虑同层柱间相互支持的修正计算长度系数公式（12.2），但没有给出考虑多层框架上、下层柱间相互支持的修正方法。本书采用基于书末主要参考文献 [15] 的修正方法计算同层柱间或多层框架上、下层柱间因稳定承载力不同而相互支持的框架柱计算长度系数，步骤如下：

（1）对有侧移失稳单层框架

第一步：由查表法，查附表 1.24 求出未经修正的各柱计算长度系数，记作 μ'_1，μ'_2……或简写为 μ'_i。

第二步：求按 μ'_i 算得的框架各柱临界力的总和除以 $\pi^2 E$。

$$\overline{N} = \frac{1}{\pi^2 E}\left[\sum \frac{\pi^2 EI_i}{(\mu'_i h_i)^2}\right] = \sum \frac{I_i}{(\mu'_i h_i)^2} \qquad (12.7)$$

第三步：求框架各柱实际承受的轴压力之和

$$\sum N_i = N_1 + N_2 + N_3 + \cdots\cdots$$

第四步：令 $\sum N_i = \pi^2 E \cdot \overline{N}$，即令由查表法求得各柱临界力之和等于实际作用于框架各柱的轴压力之和，由此可求得修正后各柱的计算长度系数 μ_j 为：

$$\mu_j = S'_j \sqrt{\frac{\sum N_i}{\overline{N}}} \qquad (12.8)$$

对有侧移时同层框架各柱的计算长度系数的修正，书末主要参考文献 [14] 第 131-132 页中还介绍了第二种方法 [即公式（12.2）] 可供采用，此处从略。

（2）对多层框架

第一步：选择一基准层，按查表法求得该层各柱未经修正的计算长度系数 μ'_i，并求出其和 $\overline{\mu}' = \sum \mu'_i$。

第二步：按公式（12.9）求基准层各柱修正后的计算长度系数 μ_j：

$$\mu_j = \frac{\overline{\mu}'}{1 + \frac{1}{S'_j} \cdot \Sigma S'_i} \qquad (i \neq j) \qquad (12.9)$$

式中，S'_i 和 S'_j 分别为柱 i 和柱 j 的刚度参数，按公式 (12.6-2) 确定；分母第二项中的求和是除了柱 j 以外基准层其他各柱的 S'_i 之和。

第三步：在基准层中任选一柱作标准（例如取柱 i），按下列基本关系式求其他各层中各柱（柱 j）的计算长度系数：

$$\mu_j = \left(\frac{\mu_i}{S'_i}\right) S'_j \qquad (12.10)$$

所谓基准层，实际上就是多层框架中稳定承载力最弱的一层，由公式 (12.10) 可见就是刚度参数 S'_i 最小的那一层。

基准层同层各柱修正后的计算长度系数 μ 的公式 [公式 (12.9)] 是由 $\Sigma \mu'_i = \Sigma \mu_i$ 得来的。公式 (12.9) 等号右边的分母乘以等号左边的 μ 即为 $\Sigma \mu_i$。这个假设与前述单层框架柱计算长度系数修正公式 (12.8) 的来源假设不同，但同样可得到基准层各柱的临界力与其轴压力成比例的结果。

公式 (12.10) 源自使按非基准层各柱 j 的修正后的计算长度系数 μ_j 所求得的欧拉临界力与基准层任一柱 i 的临界力之比等于 j 柱与 i 柱的轴压力之比，即：

$$\frac{N_j}{N_i} = \frac{\pi^2 E I_j}{(\mu_j h_j)^2} \bigg/ \frac{\pi^2 E I_i}{(\mu_i h_i)^2}$$

此式改写后即可得公式 (12.10)。

用此法对多层框架各柱由查表法求得的计算长度系数进行修正，可使框架所有柱的欧拉临界力与其各自承受的轴压力成比例。

关于多层框架上、下层柱间对由查表法求得的计算长度系数的修正方法，目前许多学者仍在进行各种研究。上面介绍的由吴惠弼教授提出的方法，只是其中的一种，目的使各柱的欧拉临界力与其轴压力成比例、达到各柱同时失稳，是一种偏安全的简化方法。

12.3 不设支撑的单层框架柱的计算长度

【**例题 12.1**】求图 12.1 所示各单跨单层对称框架的柱的计算长度。

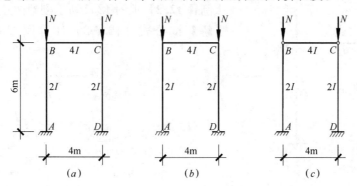

图 12.1 例题 12.1 图
(a) 柱与梁、柱与基础均为刚接；(b) 柱与梁刚接、柱与基础铰接；
(c) 柱与梁铰接、柱与基础刚接

【解】因结构及荷载均为对称,故对每一框架只需计算一根柱子的计算长度。图 12.1(a)、(b) 和 (c),均为无支撑纯框架,失稳时均有侧移,其计算长度系数应查附表 1.24。

1. 如图 12.1(a) 所示刚架

AB 柱:

$$K_1 = \frac{\Sigma\left(\frac{I}{l}\right)_{b1}}{\Sigma\left(\frac{I}{h}\right)_{c1}} = \frac{\frac{4I}{4}}{\frac{2I}{6}} = 3$$

$$K_2 = 10$$

A 端为固定端,理论上 $K_2 = \infty$,设计标准考虑到实际固端不易做到,故取 $K_2 = 10$ (见附表 1.24 表下注 3)。

查附表 1.24,得计算长度系数:$\mu = 1.07$

计算长度:$l_0 = 1.07 \times 6 = 6.42 \mathrm{m}$

2. 如图 12.1(b) 所示刚架

AB 柱:$K_1 = 3$

$K_2 = 0$(A 端为铰接,见附表 1.24 表下注 3)

查附表 1.24,得计算长度系数:$\mu = 2.11$

计算长度:$l_0 = 2.11 \times 6 = 12.66 \mathrm{m}$

3. 如图 12.1(c) 所示刚架

AB 柱:$K_1 = 0$(横梁与柱铰接,见附表 1.24 表下注 2)

$K_2 = 10$(A 端为固定端)

查附表 1.24,得计算长度系数:$\mu = 2.03$

计算长度:$l_0 = 2.03 \times 6 = 12.18 \mathrm{m}$

上述三图所示框架柱的计算长度系数 μ 均大于 1,以图 12.1(b) 所示框架柱的 μ 值为最大,其稳定性最差。

本例题所示框架及其荷载情况符合第 12.2 节中所述的基本假定,两柱的刚度参数相同,所得 μ 值不需修正。

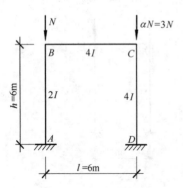

图 12.2 例题 12.2 图

【例题 12.2】求图 12.2 所示刚架两柱的计算长度。

【解】按公式 (12.6-2) 计算刚架各柱的刚度参数 S'_i:

AB 柱:$S'_{AB} = \dfrac{1}{h_{AB}}\sqrt{\dfrac{I_{AB}}{N_{AB}}} = \dfrac{1}{h}\sqrt{\dfrac{2I}{N}}$

CD 柱:$S'_{CD} = \dfrac{1}{h_{CD}}\sqrt{\dfrac{I_{CD}}{N_{CD}}} = \dfrac{1}{h}\sqrt{\dfrac{4I}{3N}} = \dfrac{1}{h}\sqrt{\dfrac{2I}{N} \cdot \dfrac{2}{3}}$

$= \sqrt{\dfrac{2}{3}} \cdot S'_{AB}$

两柱的刚度参数不同,两柱的稳定性能不等,两柱同时失稳必引起强柱支持弱柱,因此按附表 1.24 查得的两柱的计算长度系数应予以修正。

1. 先由附表 1.24 查得两柱的计算长度系数

AB 柱：
$$K_1 = \frac{4I/6}{2I/6} = 2, \quad K_2 = 10, \quad \mu_1' = 1.10。$$

CD 柱：
$$K_1 = \frac{4I/6}{4I/6} = 1, \quad K_2 = 10, \quad \mu_2' = 1.17。$$

2. 由式（12.7）求 $\overline{N}$

$$\overline{N} = \sum \frac{I_i}{(\mu_i' h_i)^2} = \frac{2I}{(1.10 \times h)^2} + \frac{4I}{(1.17 \times h)^2} = (1.653 + 2.922)\frac{I}{h^2}$$
$$= 4.575 \frac{I}{h^2}$$

3. 由式（12.8）求各柱修正后的计算长度系数

$$\mu_j = S_j' \sqrt{\frac{\sum N_i}{\overline{N}}} = S_j' \sqrt{\frac{N+3N}{4.575 I/h^2}} = S_j' \sqrt{\frac{4}{4.575} \cdot \frac{N}{I}} \cdot h = S_j' \left(0.9350 h \sqrt{\frac{N}{I}}\right)$$

对 AB 柱：
$$\mu_1 = S_{AB}' \sqrt{\frac{\sum N_i}{\overline{N}}} = \frac{1}{h}\sqrt{\frac{2I}{N}} \times 0.9350 h \sqrt{\frac{N}{I}} = \sqrt{2} \times 0.9350$$
$$= 1.322 > \mu_1' = 1.10（直接查表所得）$$

对 CD 柱：
$$\mu_2 = S_{CD}' \sqrt{\frac{\sum N_i}{\overline{N}}} = \sqrt{\frac{2}{3}} \times \sqrt{2} \times 0.9350 = 1.080 < \mu_2' = 1.17$$

失稳时 CD 柱受到 AB 柱的支持。

【讨论】1. 在有侧移失稳情况下，刚架所有二柱必然同时失稳，又由于在求框架柱子的临界荷载时为按比例加载，因而 CD 柱的临界荷载必须是 AB 柱临界荷载的 α 倍，本例题中 $\alpha = 3$。验证如下：

$$N_{E1} = \frac{\pi^2 E (2I)}{(1.322h)^2} = 1.1444 \frac{\pi^2 EI}{h^2}$$

$$N_{E2} = \frac{\pi^2 E (4I)}{(1.080h)^2} = 3.4294 \frac{\pi^2 EI}{h^2}$$

$$\frac{N_{E2}}{N_{E1}} = \frac{3.4294}{1.1444} = 2.997 \approx 3，无误。$$

2. 本例题的 μ 值若不进行修正，对 AB 柱偏不安全。

【例题 12.3】求图 12.3 所示铰接排架各柱的计算长度系数。设 $\alpha = 2$ 和 $\alpha = 3$ 两种情况。

【解】本例题所示框架为无支撑纯框架，失稳时将有侧移。

按公式（12.6-2）计算框架各柱的刚度参数 S_i'：

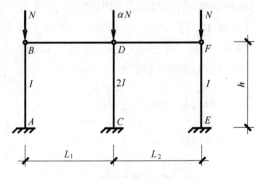

图 12.3 例题 12.3 图

边柱 AB 柱和 EF 柱：$S'_{AB}=S'_{EF}=\dfrac{1}{h}\sqrt{\dfrac{I}{N}}$

中柱 CD 柱：$S'_{CD}=\dfrac{1}{h}\sqrt{\dfrac{2I}{\alpha N}}=\begin{cases}\dfrac{1}{h}\sqrt{\dfrac{I}{N}}=S'_{AB} & \alpha=2 \\ \dfrac{1}{h}\sqrt{\dfrac{2I}{3N}}=\sqrt{\dfrac{2}{3}}\cdot S'_{AB} & \alpha=3\end{cases}$

1. 当中柱荷载系数 $\alpha=2$ 时

不论三柱中何柱，$K_1=0$，$K_2=10$。查附表 1.24 得 $\mu=2.03$。

由于三柱的刚度参数 S'_i 相同，故计算长度系数 μ 不需修正。三柱都相当于下端固定、上端自由的轴心受压构件。

2. 当中柱荷载系数 $\alpha=3$ 时

由于中柱与边柱的刚度参数不等，上述由查表法求得的 $\mu'=2.03$ 这一数值应进行修正。

$$\overline{N}=\sum\dfrac{I_i}{(\mu'_i h_i)^2}=\dfrac{I}{(2.03\times h)^2}+\dfrac{2I}{(2.03\times h)^2}+\dfrac{I}{(2.03\times h)^2}=0.971\cdot\dfrac{I}{h^2}$$

$$\sum N_i=N+3N+N=5N$$

修正后各柱的计算长度系数为[公式（12.8）]：

对 AB 柱和 EF 柱：

$$\mu_1=S'_{AB}\sqrt{\dfrac{\sum N_i}{\overline{N}}}=\dfrac{1}{h}\sqrt{\dfrac{I}{N}}\times\sqrt{\dfrac{5N}{0.971I/h^2}}=2.269>2.03$$

对 CD 柱：

$$\mu_2=S'_{CD}\sqrt{\dfrac{\sum N_i}{\overline{N}}}=\sqrt{\dfrac{2}{3}}\cdot S'_{AB}\times\sqrt{\dfrac{5N}{0.971I/h^2}}=\sqrt{\dfrac{2}{3}}\times 2.269=1.853<2.03$$

边柱将对中柱提供支持，如不进行上述修正，对边柱为不安全。

【校核】

边柱的临界荷载：$N_{E1}=\dfrac{\pi^2 EI}{(2.269h)^2}=0.1942\dfrac{\pi^2 EI}{h^2}$

中柱的临界荷载：$N_{E2}=\dfrac{\pi^2 E(2I)}{(1.853h)^2}=0.5825\dfrac{\pi^2 EI}{h^2}$

$$\dfrac{N_{E2}}{N_{E1}}=\dfrac{0.5825}{0.1924}=3.00=\alpha，无误。$$

比例加载时，三柱同时到达临界荷载而失稳。

【例题 12.4】 求图 12.4 所示支座为平板支座的单层双跨刚架的柱子计算长度系数。

【解】 此无支撑的纯框架失稳时，有侧移。

刚架各柱的刚度参数 S'_i [公式（12.6-2）]：

边柱 AB 柱：$S'_{AB}=\dfrac{1}{h}\sqrt{\dfrac{I}{N}}$

中柱 CD 柱：$S'_{CD}=\dfrac{1}{h}\sqrt{\dfrac{2I}{3N}}=\sqrt{\dfrac{2}{3}}\cdot S'_{AB}$

边柱 EF 柱：$S'_{EF}=\dfrac{1}{h}\sqrt{\dfrac{1.5I}{2N}}=\sqrt{\dfrac{3}{4}}\cdot S'_{AB}$

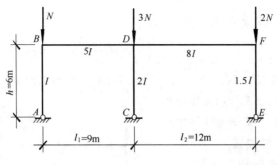

图 12.4 例题 12.4 图

刚架各构件的相对线刚度之比为：

$$i_{AB} : i_{BD} : i_{CD} : i_{DF} : i_{EF} = \frac{1}{6} : \frac{5}{9} : \frac{2}{6} : \frac{8}{12} : \frac{1.5}{6}$$
$$= 6 : 20 : 12 : 24 : 9$$

1. 按查表法（附表 1.24）求各柱的计算长度系数

AB 柱：$K_1 = \frac{20}{6} = 3.333$，$K_2 = 0.1$（柱端为平板支座，见附表 1.24 表下注 3）

查表得：$\mu'_1 = 1.743$

CD 柱：$K_1 = \frac{20+24}{12} = 3.667$，$K_2 = 0.1$，查表得 $\mu'_2 = 1.737$

EF 柱：$K_1 = \frac{24}{9} = 2.667$，$K_2 = 0.1$，查表得 $\mu'_3 = 1.763$

因三柱的刚度参数各不相同，对 μ'_i 值应作修正。

2. 按式（12.7）求 $\overline{N}$

$$\overline{N} = \sum \frac{I_i}{(\mu'_i h_i)^2} = \frac{I}{h^2}\left(\frac{1}{1.743^2} + \frac{2}{1.737^2} + \frac{1.5}{1.763^2}\right)$$
$$= \frac{I}{h^2}(0.329 + 0.663 + 0.483) = 1.475 \frac{I}{h^2}$$

$$\sum N_i = N + 3N + 2N = 6N$$

3. 计算修正后的各柱 μ_j 值 [公式（12.8）]

$$\mu_j = S'_j \sqrt{\frac{\sum N_i}{\overline{N}}} = S'_j \sqrt{\frac{6N}{1.475 I/h^2}} = \left(2.017 h \sqrt{\frac{N}{I}}\right) S'_j$$

AB 柱：$\mu_1 = \left(2.017 h \sqrt{\frac{N}{I}}\right) S'_{AB} = 2.017$（修正前 $\mu'_1 = 1.743$）

CD 柱：$\mu_2 = \left(2.017 h \sqrt{\frac{N}{I}}\right) S'_{CD} = \sqrt{\frac{2}{3}} \times 2.017 = 1.647$（修正前 $\mu'_2 = 1.737$）

EF 柱：$\mu_3 = \left(2.017 h \sqrt{\frac{N}{I}}\right) S'_{EF} = \sqrt{\frac{3}{4}} \times 2.017 = 1.747$（修正前 $\mu'_3 = 1.763$）

说明失稳时 AB 柱将对其他二柱提供支持，若不进行以上修正，对 AB 柱将是不安全的。

4. 校核——按 μ_i 求临界荷载比值

$$N_{E1} : N_{E2} : N_{E3} = \frac{1}{2.017^2} : \frac{2}{1.647^2} : \frac{1.5}{1.747^2} = 0.2458 : 0.7373 : 0.4915 = 1 : 3 : 2$$

与实际轴压力比值 $N_1 : N_2 : N_3 = 1 : 3 : 2$ 相同，符合按比例加载时各柱同时失稳。

【例题12.5】 求图12.5所示无支撑框架各柱的计算长度系数。横梁 BD 与中柱刚接，而横梁 DF 与中柱铰接。

【解】 框架失稳时有侧移。

框架各柱的刚度参数 S'_i ［公式(12.6-2)］：

边柱 AB 柱：$S'_{AB} = \frac{1}{h}\sqrt{\frac{I}{N}}$

中柱 CD 柱：$S'_{CD} = \frac{1}{h}\sqrt{\frac{2I}{2N}} = \frac{1}{h}\sqrt{\frac{I}{N}}$
$= S'_{AB}$

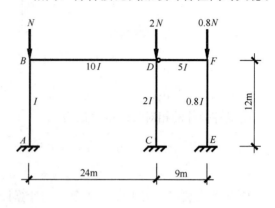

图 12.5 例题 12.5 图

边柱 EF 柱：$S'_{EF} = \frac{1}{h}\sqrt{\frac{0.8I}{0.8N}} = \frac{1}{h}\sqrt{\frac{I}{N}} = S'_{AB}$

三柱的刚度参数相等，但横梁 DF 与中柱 CD 铰接，不符合附表1.24制表时的基本假定，因此需对由查表求得的计算长度系数 μ'_i 进行修正。

1. 按查表法（附表1.24）求各柱的计算长度系数

AB 柱：$K_1 = \frac{10I/24}{I/12} = 5$，$K_2 = 10$ （柱与基础刚接）

查附表 1.24 得：$\mu'_1 = 1.05$

CD 柱：$K_1 = \frac{10I/24}{2I/12} = 2.5$，$K_2 = 10$

查附表 1.24 得：$\mu'_2 = 1.085$

EF 柱：$K_1 = \frac{\frac{5I}{9} \times \frac{1}{2}}{\frac{0.8I}{12}} = 4.17$

式中，因横梁远端为铰接，横梁线刚度应乘以 1/2（见附表 1.24 注 1）。

$K_2 = 10$

查附表 1.24 得：$\mu'_3 = 1.058$

三柱的临界荷载比值为：

$$N_{E1} : N_{E2} : N_{E3} = \frac{I}{1.05^2} : \frac{2I}{1.085^2} : \frac{0.8I}{1.058^2} = 0.907 : 1.699 : 0.715$$
$$= 1 : 1.87 : 0.788$$

与各柱实际承受的轴压力之比值 1:2:0.8 接近但不相符，因此应对 μ'_i 值进行修正。这是判断是否需对 μ'_i 进行修正的另一依据。

2. 按公式（12.7）求 $\overline{N}$

$$\overline{N}=\sum\frac{I_i}{(\mu'_i h_i)^2}=\Big(\frac{I}{1.05^2}+\frac{2I}{1.085^2}+\frac{0.8I}{1.058^2}\Big)\frac{1}{h^2}$$

$$=(0.907+1.699+0.715)\frac{I}{h^2}=3.321\frac{I}{h^2}$$

$$\sum N_i=N+2N+0.8N=3.8N$$

3. 修正后各柱的计算长度系数 μ_j 值 [公式（12.8）]

$$\mu_j=S'_j\sqrt{\frac{\sum N_i}{\overline{N}}}=S'_j\sqrt{\frac{3.8N}{3.321I/h^2}}=\Big(1.070h\sqrt{\frac{N}{I}}\Big)S'_j$$

因三柱的刚度参数相等，因此：

$$\mu_1=\mu_2=\mu_3=\Big(1.070h\sqrt{\frac{N}{I}}\Big)\cdot\Big(\frac{1}{h}\sqrt{\frac{I}{N}}\Big)=1.070$$

【说明】本例题框架，各柱的刚度参数相同，虽有一节点不符合第12.2节中所述的基本假定之一"横梁与柱的连接节点都是刚接的"，但修正前后的计算长度系数误差不足2%。因此对类似情况，可直接由查表法求取计算长度系数而不进行修正，由此引起的误差不大，可略去不计。

【例题 12.6】求图 12.6 所示带摇摆柱的门式刚架中各柱的计算长度系数。

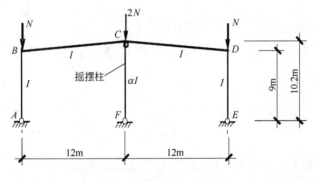

图 12.6　例题 12.6 图

【解】门式刚架 ABCDE 为无支撑的纯框架结构，失稳时有侧移。柱脚 A、F、E 三处均为平板支座。节点 B 和 D 为刚接。节点 C 处两斜梁为刚接，但与中柱 CF 则为铰接。实际节点 C 介乎刚接和铰接之间，为安全计，在求斜梁线刚度时可视 C 处为铰接。

斜梁长度：$l=\sqrt{12^2+(10.2-9)^2}=12.060\text{m}$

1. AB 柱的计算长度系数 μ_{AB}

$$K_1=\Big(\frac{I}{12.06}\times\frac{1}{2}\Big)\Big/\Big(\frac{I}{9}\Big)=0.373,\quad K_2=0.1\text{（平板支座）}$$

计算 K_1 时横梁线刚度由于远端（节点 C）假设为铰接，故乘以 1/2。

查附表 1.24 得：$\mu'_{AB}=2.235$

因刚架内设有摇摆柱 CF，其计算长度系数应乘以放大系数 [公式（12.1）]：

$$\eta=\sqrt{1+\frac{\sum(N_1/h_1)}{\sum(N_f/h_f)}}=\sqrt{1+\frac{2N/10.2}{(N/9)\times 2}}=1.372$$

$$\therefore \mu_{AB}=\eta\cdot\mu'_{AB}=1.372\times 2.235=3.066$$

2. DE 柱的计算长度系数 μ_{DE}

由于对称性： $\mu_{DE}=\mu_{AB}=3.066$

3. 摇摆柱 CF 的计算长度系数

$\mu_{CF}=1.0$ (《钢标》第 8.3.1 条第 1 款之 2)。

12.4 不设支撑的多层框架柱的计算长度

【**例题 12.7**】求图 12.7 所示刚架柱的计算长度系数。图中圆圈中数字表示各构件的相对线刚度。

【**解**】本例所示刚架及荷载均具有对称性，因而只需计算 AB 柱和 BC 柱的计算长度系数。

由对称性，同一层两柱有相同的临界力，它们在所示荷载下将同时失稳，亦即本刚架在同一层柱之间，不需要修正，而只需在上、下层柱间对柱子计算长度系数进行调整。

1. 确定基准层及其柱子的计算长度系数

(1) 按式 (12.6-2) 计算刚架各柱的刚度参数 S'_i：

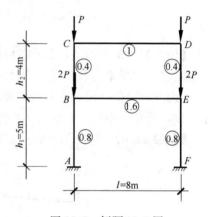

图 12.7 例题 12.7 图

$$S'_i=\frac{1}{h_i}\sqrt{\frac{I_i}{N_i}}=\sqrt{\frac{\tilde{i}_i}{N_i\cdot h_i}}$$

(例题 12.7-1)

式中，$\tilde{i}_i$ 是柱 i 的相对线刚度值（即图 12.7 所示圆圈中数字）。

底层 AB 柱：$h_1=5\mathrm{m}$、$N_1=P+2P=3P$、$\tilde{i}_1=0.8$

$$S'_1=\sqrt{\frac{\tilde{i}_1}{N_1\cdot h_1}}=\sqrt{\frac{0.8}{3P\times 5}}=0.2309/\sqrt{P}$$

顶层 BC 柱：$h_2=4\mathrm{m}$、$N_2=P$、$\tilde{i}_2=0.4$

$$S'_2=\sqrt{\frac{\tilde{i}_2}{N_2\cdot h_2}}=\sqrt{\frac{0.4}{P\times 4}}=0.3162/\sqrt{P}>S'_1=0.2309/\sqrt{P}$$

底层柱的刚度参数 S'_1 小于顶层柱的刚度参数 S'_2，表明底层柱的稳定承载力弱于顶层，因此选底层为基准层。

(2) 查表求基准层 AB 柱的 μ'_1

因是不设支撑的纯刚架，失稳时有侧移，应查附表 1.24。

$K_1=\dfrac{1.6}{0.4+0.8}=1.333$，$K_2=10$（A 端固定），查附表 1.24 得 $\mu'_1=1.147$。

如上所述，本例刚架同一层柱间不需修正，因此底层 AB 柱的计算长度系数 $\mu_1 = \mu_1'$ = 1.147。

2. 按公式（12.10）计算顶层 BC 柱的计算长度系数 μ_2

将 $\mu_1 = 1.147$、$S_1' = 0.2309/\sqrt{P}$、$S_2' = 0.3162/\sqrt{P}$ 代入公式（12.10），得顶层 BC 柱的计算长度系数：

$$\mu_2 = \left(\frac{\mu_1}{S_1'}\right) S_2' = \left(\frac{1.147}{0.2309/\sqrt{P}}\right) \times 0.3162/\sqrt{P} = 1.571$$

【校核】二柱的临界荷载比值为：

$$N_{E1} : N_{E2} = \frac{\pi^2 E I_1}{(\mu_1 h_1)^2} : \frac{\pi^2 E I_2}{(\mu_2 h_2)^2} = \frac{\pi^2 E i_1}{\mu_1^2 h_1} : \frac{\pi^2 E i_2}{\mu_2^2 h_2} = \frac{0.8}{1.147^2 \times 5} : \frac{0.4}{1.571^2 \times 4}$$

$$= 0.1216 : 0.0405 = 3 : 1$$

与二柱实际承受的轴压力之比值相同。在比例加载下，上、下两柱将同时失稳。

【例题 12.8】求图 12.8 所示对称多层刚架在对称荷载作用下各柱的计算长度系数。图 12.8 中圆圈中数字为相对线刚度值，柱右边为各柱所受轴心压力。

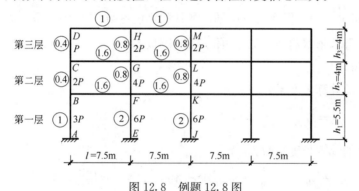

图 12.8　例题 12.8 图

【解】本刚架为无支撑纯框架，失稳时有侧移。结构和荷载都具有对称性，只需计算对称轴左边各柱。

1. 确定基准层及其柱子的计算长度系数

(1) 按式（例题 12.7-1）计算刚架对称轴左边各柱的刚度参数 S_i'

计算结果见表 12.1。可见，第二层柱的刚度参数最小，稳定承载力最弱，因此选第二层为基准层。

刚架各柱的刚度参数 S_i'　　　　表 12.1

柱编号	第一层			第二层			第三层		
	AB	EF	JK	BC	FG	KL	CD	GH	LM
轴压力 N_i	3P	6P	6P	2P	4P	4P	P	2P	2P
柱高 h_i (m)	5.5			4			4		
相对线刚度 $\tilde{i}_i$	1	2	2	0.4	0.8	0.8	0.4	0.8	0.8
$S_i' \cdot \sqrt{P}$	0.2462			0.2236			0.3162		

301

(2) 查表法求基准层（第二层）各柱的 μ'_i

因是不设支撑的纯刚架，失稳时有侧移，μ'_i 应查附表 1.24。

边柱 BC：

$$K_1 = \frac{1.6}{0.4+0.4} = 2，K_2 = \frac{1.6}{0.4+1} = 1.143，查附表 1.24，得 \mu'_{BC} = 1.229。$$

中列柱 FG 及 KL：

$$K_1 = \frac{1.6+1.6}{0.8+0.8} = 2，K_2 = \frac{1.6+1.6}{0.8+2} = 1.143，查附表 1.24，得 \mu'_{FG} = \mu'_{KL} = 1.229。$$

因同层各柱的刚度参数 S'_i 相同（表 12.1），基准层柱间不需修正，因此基准层各柱的计算长度系数为：边柱 $\mu_{BC} = \mu'_{BC} = 1.229$、中列柱 $\mu_{FG} = \mu_{KL} = \mu'_{FG} = \mu'_{KL} = 1.229$。

2. 按公式（12.10）计算其他层各柱的计算长度系数 μ_j

在基准层（第二层）中选边柱 BC 作标准柱 i，将 $\mu_i = \mu_{BC} = 1.229$、$S'_i = S'_{BC} = 0.2236/\sqrt{P}$ 代入公式（12.10），得：

$$\mu_j = \left(\frac{\mu_i}{S'_i}\right) S'_j = \left(\frac{1.229}{0.2236/\sqrt{P}}\right) S'_j = (5.496\sqrt{P}) S'_j$$

由表 12.1 可见，第一层和第三层同层各柱的刚度参数 S'_i 均为常量，因此同层各柱的计算长度系数相等。依次将第一层、第三层的刚度参数 $S'_1 = 0.2462/\sqrt{P}$、$S'_3 = 0.3162/\sqrt{P}$ 代入上式，得：

第一层各柱的计算长度系数：

$$\mu_j = \mu_{AB} = \mu_{EF} = \mu_{JK} = 5.496\sqrt{P} \times \frac{0.2462}{\sqrt{P}} = 1.353$$

第三层各柱的计算长度系数：

$$\mu_j = \mu_{CD} = \mu_{GH} = \mu_{LM} = 5.496\sqrt{P} \times \frac{0.3162}{\sqrt{P}} = 1.738$$

表 12.2 列出了以上计算得到的刚架各柱计算长度系数值 μ_i，同时给出了根据各柱上、下端梁柱线刚度比值 K_1、K_2 查附表 1.24 得到的各柱计算长度系数值 μ'_i（未修正值）。若以未修正的 μ'_i 值计算三层柱的各个欧拉临界力将不与三层柱中的各个轴压力成比例，而以修正后的 μ_i 值算得的各个欧拉临界力则与三层柱中的各个轴压力成比例（校核从略），当比例加载时各柱将同时失去稳定性。

刚架各柱的计算长度系数　　　　　表 12.2

框架层序	μ_i	μ'_i（查表法求得）	备注
第三层	1.738	1.150	$K_1=2.5$，$K_2=2$
第二层	1.229	1.229	$K_1=2$，$K_2=1.143$
第一层	1.353	1.160	$K_1=1.143$，$K_2=10$（柱与基础刚接）

【**例题 12.9**】求图 12.9 所示两层刚架各柱的计算长度系数。图中圆圈中数字为相对线刚度。

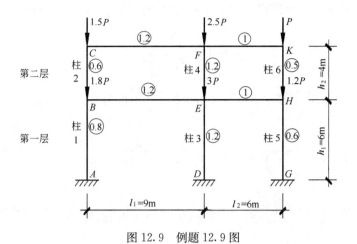

图 12.9　例题 12.9 图

【解】 失稳时本刚架有侧移。由于刚架及荷载均不对称，与制定附表 1.24 时的基本假定差别较大，对用查表法确定的各柱计算长度系数 μ'_i 值应予修正。

各柱的编号见图 12.9，各柱所受轴压力 N_i 见表 12.3。

1. 确定基准层及其柱子的计算长度系数 μ'_i

（1）按式（例题 12.7-1）计算刚架各柱的刚度参数 S'_i

$$S'_i = \sqrt{\frac{\tilde{i}_i}{N_i \cdot h_i}}$$

计算结果列于表 12.3，可见第一层各柱的刚度参数均小于第二层各柱，即稳定承载力第一层弱于第二层，因此选第一层为基准层。

刚架各柱的轴压力 N_i 及刚度参数 S'_i　　　　表 12.3

柱编号	第一层			第二层		
	柱 1	柱 3	柱 5	柱 2	柱 4	柱 6
轴压力 N_i	3.3P	5.5P	2.2P	1.5P	2.5P	P
柱高 h_i（m）	6			4		
相对线刚度 $\tilde{i}_i$	0.8	1.2	0.6	0.6	1.2	0.5
$S'_i \cdot \sqrt{P}$	0.2010	0.1907	0.2132	0.3162	0.3464	0.3536

（2）查表法求基准层各柱的 μ'_i

失稳时刚架有侧移，应查附表 1.24 求该层各柱未经修正的 μ'_i 值。

柱 1：$\quad K_1 = \dfrac{1.2}{0.6+0.8} = 0.857$，$K_2 = 10$，查得 $\mu'_1 = 1.207$

柱 3：$\quad K_1 = \dfrac{1.2+1}{1.2+1.2} = 0.917$，$K_2 = 10$，查得 $\mu'_3 = 1.192$

柱 5：$\quad K_1 = \dfrac{1}{0.5+0.6} = 0.909$，$K_2 = 10$，查得 $\mu'_5 = 1.194$

$$\bar{\mu}' = \sum \mu'_i = 1.207 + 1.192 + 1.194 = 3.593。$$

2. 按公式（12.9）求基准层（第一层）各柱修正后的计算长度系数 μ_j

$$\mu_j = \frac{\bar{\mu}'}{1 + \frac{1}{S'_j} \cdot \sum S'_i}$$

柱 1：$\mu_1 = \dfrac{\bar{\mu}'}{1+(S'_3+S'_5)/S'_1} = \dfrac{3.593}{1+(0.1907+0.2132)/0.2010} = 1.194$（修正前 $\mu'_1 = 1.207$）

柱 3：$\mu_3 = \dfrac{\bar{\mu}'}{1+(S'_1+S'_5)/S'_3} = \dfrac{3.593}{1+(0.2010+0.2132)/0.1907} = 1.133$（修正前 $\mu'_3 = 1.192$）

柱 5：$\mu_5 = \dfrac{\bar{\mu}'}{1+(S'_1+S'_3)/S'_5} = \dfrac{3.593}{1+(0.2010+0.1907)/0.2132} = 1.266$（修正前 $\mu'_5 = 1.194$）

【校核】

$N_{E1} : N_{E3} : N_{E5} = \dfrac{\pi^2 E(0.8)}{1.194^2 h_1} : \dfrac{\pi^2 E(1.2)}{1.133^2 h_1} : \dfrac{\pi^2 E(0.6)}{1.266^2 h_1} = 0.561 : 0.935 : 0.374$

$\qquad = 1.5 : 2.5 : 1$

$N_1 : N_3 : N_5 = 3.3 : 5.5 : 2.2 = 1.5 : 2.5 : 1$，符合。

说明在比例加载下，采用同层修正后的各柱 μ 值，第一层各柱将同时失稳。

3. 按公式（12.10）求第二层各柱修正后的 μ 值

取柱 1 为基准柱，得

$$\mu_j = \left(\frac{\mu_1}{S'_1}\right) S'_j = \left(\frac{1.194}{0.2010/\sqrt{P}}\right) S'_j = 5.94\sqrt{P} \cdot S'_j$$

柱 2：$\qquad \mu_2 = 5.94\sqrt{P} \cdot S'_2 = 5.94\sqrt{P} \times \dfrac{0.3162}{\sqrt{P}} = 1.878$

若由查表法：

$\qquad K_1 = \dfrac{1.2}{0.6} = 2，\quad K_2 = \dfrac{1.2}{0.6+0.8} = 0.857$，得 $\mu'_2 = 1.277 \ll 1.878$

柱 4：$\qquad \mu_4 = 5.94\sqrt{P} \cdot S'_4 = 5.94\sqrt{P} \times \dfrac{0.3464}{\sqrt{P}} = 2.058$

若由查表法：

$\qquad K_1 = \dfrac{1+1.2}{1.2} = 1.833，\quad K_2 = \dfrac{1+1.2}{1.2+1.2} = 0.917$，得 $\mu'_4 = 1.275 \ll 2.058$

柱 6：$\qquad \mu_6 = 5.94\sqrt{P} \cdot S'_6 = 5.94\sqrt{P} \times \dfrac{0.3536}{\sqrt{P}} = 2.100$

若由查表法：

$\qquad K_1 = \dfrac{1}{0.5} = 2，\quad K_2 = \dfrac{1}{0.5+0.6} = 0.909$，得 $\mu'_6 = 1.264 \ll 2.100$

【校核】第二层各柱临界力比值为：

$$N_{E2} : N_{E4} : N_{E6} = \frac{0.6}{1.878^2} : \frac{1.2}{2.058^2} : \frac{0.5}{2.100^2} = 0.1701 : 0.2833 : 0.1133$$
$$= 1.5 : 2.5 : 1$$

轴压力比值为 $N_2 : N_4 : N_6 = 1.5 : 2.5 : 1$，无误。

说明第二层各柱在比例加载下也将同时失稳。

查表法求 μ 值只决定于梁、柱的相对线刚度比 K_1 和 K_2，与柱承受的轴压力无关。修正法中求 μ 值则同时与梁、柱线刚度比以及柱承受的轴压力有关。在有侧移的框架中，各柱应同时失稳，在按比例同时加载下，各层各柱的欧拉比值应等于各柱所受实际轴压力的比值以及各柱的欧拉力应为最小（即 μ 值为最大）。

《原规范》第 5.3.6 条中述及："……与计算柱连续的上、下层柱的稳定承载力有潜力时，可利用这些柱子的支持作用，对计算柱的计算长度系数进行折减，提供支持作用的柱的计算长度系数则应相应增大"。利用本节方法求修正后的柱计算长度系数，不难发现其对取作基准层由查表法求得的各柱 μ 值仅作同层修正，对非基准层各柱的计算长度系数则作了相应增大。因此本节提供的近似方法，偏于安全一边，计算比较简单。

12.5 有支撑框架柱的计算长度

有支撑系统的框架，当每层支撑系统的侧移刚度都满足本章第一节中公式（12.3）时，为强支撑框架，其框架柱计算长度系数按无侧移失稳模式查本书附表 1.23 取用。工程实际中的框架当设有交叉支撑桁架、剪力墙等支撑系统时，大多能满足公式（12.3）所示条件（参阅下述例题 12.10）。不满足公式（12.3）所示条件的弱支撑框架，工程实际中一般较少遇到，《钢标》不推荐采用。

【例题 12.10】 求图 12.10-1 所示有支撑的刚架当为强支撑刚架时所需交叉支撑斜杆的截面积，设斜杆只能受拉，不能受压。已知：横梁的截面为热轧 H 型钢 HW $400 \times 400 \times 13 \times 21$，$I_x = 66600 \text{cm}^4$；四根立柱承受的轴压力相同，截面均为热轧 H 型钢 HW $300 \times 300 \times 10 \times 15$，$I_x = 20200 \text{cm}^4$，$A = 118.5 \text{cm}^2$，$i_x = 13.1 \text{cm}$。钢材为 Q235。柱脚为平板支座。

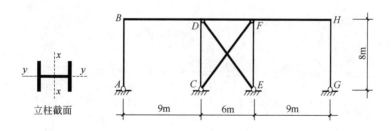

图 12.10-1　例题 12.10 图之一

【解】 一、杆件的线刚度

横梁 BD、FH：　　　$\dfrac{I}{l} = \dfrac{66600}{9 \times 10^2} = 74 \text{cm}^3$

横梁 DF：　　　$\dfrac{I}{l} = \dfrac{66600}{6 \times 10^2} = 111 \text{cm}^3$

立柱（全部）： $\dfrac{I}{h}=\dfrac{20200}{8\times 10^2}=25.3\text{cm}^3$

二、判别为强支撑刚架所需支撑的层侧移刚度

判别条件［见公式（12.3）］：

$$S_b \geqslant 4.4\left[\left(1+\dfrac{100}{f_y}\right)\sum N_{bi}-\sum N_{0i}\right]$$

式中下角标 b 为支撑（bracing）的简写。

1. 求 N_{bi} 和 N_{0i}

Q235 钢的热轧 H 型钢，截面宽度＞0.8 倍截面高度，确定轴心受压稳定系数时对强轴 x 轴属 b 类截面、对弱轴 y 轴属 c 类截面（见附表 1.10 下注 1）。

(1) AB、GH 柱：

$$K_1=\dfrac{74}{25.3}=2.92,\ K_2=0.1\ (平板支座)$$

查附表 1.23，得： $\mu_b=0.780$（无侧移时）

查附表 1.24，得： $\mu_0=1.753$（有侧移时）

无侧移时：

$$\lambda_x=\dfrac{\mu_b h}{i_x}=\dfrac{0.780\times 800}{13.1}=47.6$$

查附表 1.28，得 $\varphi=0.867$（Q235 钢、b 类截面）。

$$N_b=\varphi\cdot A\cdot f=0.867\times(118.5\times 10^2)\times 215\times 10^{-3}=2209\text{kN}$$

有侧移时：

$$\lambda_x=\dfrac{\mu_0 h}{i_x}=\dfrac{1.753\times 800}{13.1}=107,\ \varphi=0.511$$

$$N_0=\varphi\cdot A\cdot f=0.511\times(118.5\times 10^2)\times 215\times 10^{-3}=1302\text{kN}。$$

(2) CD、EF 柱：

$$K_1=\dfrac{74+111}{25.3}=7.31,\ K_2=0.1$$

查得： $\mu_b=0.736$，$\mu_0=1.711$。

无侧移时：

$$\lambda_x=\dfrac{\mu_b h}{i_x}=\dfrac{0.736\times 800}{13.1}=44.9,\ \varphi=0.878$$

$$N_b=\varphi\cdot A\cdot f=0.878\times(118.5\times 10^2)\times 215\times 10^{-3}=2237\text{kN}$$

有侧移时：

$$\lambda_x=\dfrac{\mu_0 h}{i_x}=\dfrac{1.711\times 800}{13.1}=104.5,\ \varphi=0.526$$

$$N_0=\varphi\cdot A\cdot f=0.526\times(118.5\times 10^2)\times 215\times 10^{-3}=1340\text{kN}$$

2. 判别条件

$$S_b \geqslant 4.4\left[\left(1+\dfrac{100}{f_y}\right)\sum N_{bi}-\sum N_{0i}\right]$$

$$= 4.4\left[\left(1+\frac{100}{235}\right)(2209\times 2+2237\times 2)-(1302\times 2+1340\times 2)\right]$$
$$= 4.4[12676-5284] = 32525\text{kN}$$

(例题 12.10-a)

三、交叉支撑提供的层侧移刚度 S_b

参阅图 12.10-2，交叉支撑受压时退出工作，图中仅画出受拉斜杆。

由虎克定律知斜杆的伸长量为：

$$\Delta \cdot \cos\theta = \frac{(F/\cos\theta) \cdot (b/\cos\theta)}{E \cdot A_b} = \frac{F}{A_b} \cdot \frac{b}{E\cos^2\theta}$$

式中 A_b 是支撑斜杆的截面积。

由上式可得层间水平位移：

$$\Delta = \frac{F}{A_b} \cdot \frac{b}{E\cos^3\theta}$$

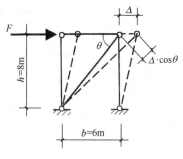

图 12.10-2 交叉支撑受力及变形图

按定义，层侧移刚度 S_b 为施加于结构上的水平力与其产生的层间位移角的比值，即：

$$S_b = \frac{F}{\Delta/h} = A_b \cdot E \cdot \cos^3\theta \cdot \frac{h}{b} = A_b \cdot E \cdot \cos^2\theta \cdot \sin\theta \quad \text{(例题 12.10-b)}$$

四、需要的支撑杆件截面积 A_b

由式（例题 12.10-a）和式（例题 12.10-b），得：

$$A_b \geqslant \frac{S_b}{E \cdot \cos^2\theta \cdot \sin\theta} = \frac{32525\times 10^3}{(206\times 10^3)\times 0.6^2\times 0.8}\times 10^{-2} = 5.48\text{cm}^2$$

式中：
$$\cos\theta = \frac{b}{\sqrt{b^2+h^2}} = \frac{6}{\sqrt{6^2+8^2}} = 0.6$$

$$\sin\theta = \frac{h}{\sqrt{b^2+h^2}} = \frac{8}{\sqrt{6^2+8^2}} = 0.8$$

【说明】 从本例题，可见满足公式（12.3）条件所需斜杆截面积很小。一般情况下，凡设有支撑系统的框架大多为强支撑框架。当然，这需要经过验算。

【例题 12.11】 如图 12.11 所示一有支撑的多层对称框架，承受对称布置的竖向节点荷载。设已知支撑架有足够的抗侧移刚度，可认为该框架为强支撑无侧移框架。框架中横梁与柱为刚性连接。求该框架各柱的计算长度系数。图中圆圈中数字为相对线刚度值。

【解】 结构及荷载为对称，只需计算框架对称轴左边各柱。强支撑无侧移框架柱的计算长度系数可按附表 1.23 确定。

AB 柱： $K_1 = \frac{1.2}{0.4+0.6} = 1.2$，$K_2 = 10$（柱脚与基础刚接），$\mu_{AB} = 0.646$

BC 柱： $K_1 = \frac{1.2}{0.4+0.4} = 1.5$，$K_2 = 1.2$，$\mu_{BC} = 0.742$

CD 柱： $K_1 = \frac{1}{0.4} = 2.5$，$K_2 = 1.5$，$\mu_{CD} = 0.696$

EF 柱： $K_1 = \frac{1.2+1.2}{1.2+0.8} = 1.2$，$K_2 = 10$，$\mu_{EF} = 0.646$

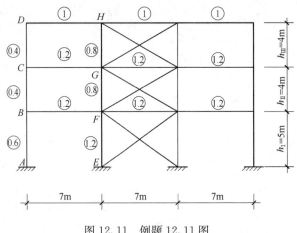

图 12.11 例题 12.11 图

FG 柱: $K_1 = \dfrac{1.2+1.2}{0.8+0.8} = 1.5$, $K_2 = 1.2$, $\mu_{FG} = 0.742$

GH 柱: $K_1 = \dfrac{1+1}{0.8} = 2.5$, $K_2 = 1.5$, $\mu_{GH} = 0.696$

【说明】1. 无侧移框架柱的计算长度系数 μ 都小于 1.0。在具体设计中，对对称荷载和对称框架，当节点为刚接时，如取各柱的 $\mu = 0.85$，一般都可包住。在框架及荷载为不对称布置、与第 12.2 节所介绍求附表 1.23 中 μ 值的基本假定差别较大时，特别是横梁弯矩较大时，则可取各柱的 $\mu = 1.0$。

2. 美国 AISC 钢结构设计规范中，当框架无侧移时，各柱的计算长度系数一律取作 $\mu = 1.0$。理由是考虑到梁端出现塑性变形时，对柱的变形约束将降低以及对梁跨中弯矩的不利影响。

12.6 框架柱沿房屋长度方向（框架平面外）的计算长度

《钢标》第 8.3.5 条规定："框架柱在框架平面外的计算长度可取面外支撑点之间距离"。这个规定主要考虑到以下几点：(1) 在框架平面外，柱脚作铰支处理；(2) 框架平面外由纵向系杆（工业厂房有吊车时还包括吊车梁）及柱间支撑构成纵向框架，而假定纵向系杆与框架柱为铰接；(3) 柱间支撑必须保证纵向框架为无侧移失稳，使纵向框架各节点处构成阻止框架柱平面外位移的支承点。参阅例题 12.12。

【例题 12.12】求图 12.12 所示纵向框架各节点作为阻止横向框架平面外位移的支承点时交叉斜杆所需的截面面积。已知柱截面为热轧 H 型钢 HM 340×250×9×14，$A = 99.53 \text{cm}^2$，$i_y = 6.05 \text{cm}$。Q355 钢。

【解】求底层交叉支撑斜杆的截面面积。

一、支撑的层侧移刚度 S_b

设斜杆只能承受拉力，由例题 12.10 中的式（例题 12.10-b），得：

$$S_b = A_b \cdot \dfrac{Eh\cos^3\theta}{b} = A_b \left(E \cdot \dfrac{h}{b} \cdot \cos^3\theta\right)$$

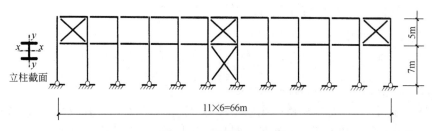

图 12.12　例题 12.12 图

$$= A_b (206 \times 10^3) \times \frac{7}{6} \times \left(\frac{6}{\sqrt{6^2+7^2}}\right)^3 \times 10^{-3} = 66.24 A_b \text{ kN}$$

二、纵向框架为强支撑框架（无侧移框架）的最小层侧移刚度

按第 12.1 节公式（12.3），纵向框架为强支撑框架（无侧移框架）的最小层侧移刚度为：

$$S_{b,\min} = 4.4\left[\left(1+\frac{100}{f_y}\right)\Sigma N_{bi} - \Sigma N_{0i}\right]$$

$$= 4.4\left[\left(1+\frac{100}{355}\right)\Sigma N_{bi} - \Sigma N_{0i}\right]$$

$$= 4.4[1.28\Sigma N_{bi} - \Sigma N_{0i}]$$

1. 按无侧移框架柱计算长度系数计算所有纵向柱子的轴心受压稳定承载力之和 ΣN_{bi}

由于假设柱脚处为铰接，纵向系杆与柱也是铰接，故 $K_1=0$，$K_2=0$。查附表 1.23 得 $\mu=1.0$。

$$\lambda_y = \frac{\mu h}{i_y} = \frac{1.0 \times 7 \times 10^2}{6.05} = 115.7$$

Q355 钢的热轧 H 型钢截面轴心受压构件，对弱轴 y 轴屈曲时属 b 类截面（附表 1.10）。

钢号修正系数：$\varepsilon_k = \sqrt{\frac{235}{f_y}} = \sqrt{\frac{235}{355}} = 0.814$

H 型钢 HM340×250×9×14 的翼缘和腹板的厚度都小于 16mm，故 Q355 钢的抗压、抗拉强度设计 $f=305\text{N/mm}^2$。

由 $\lambda_y/\varepsilon_k = 115.7/0.814 = 142.1$ 查附表 1.28（b 类截面），得 $\varphi=0.337$

$$\Sigma N_{bi} = n \cdot \varphi A f = 12 \times (0.337 \times 99.53 \times 10^2 \times 305 \times 10^{-3}) = 12 \times 1023$$

$$= 12276 \text{kN}$$

2. 按有侧移框架柱计算长度系数计算所有纵向柱子的轴心受压稳定承载力之和 ΣN_{0i}

由 $K_1=0$、$K_2=0$，查附表 1.23 得 $\mu=\infty$，即 $\varphi=0$，故：

$$\Sigma N_{0i} = 0$$

3. 计算 $S_{b,\min}$

$$S_{b,\min} = 4.4(1.28\Sigma N_{bi} - \Sigma N_{0i}) = 4.4 \times 1.28 \times 12276 = 69138 \text{kN}$$

三、需要底层交叉斜杆的截面积 A_b

由 $S_b=66.24A_b \geqslant S_{b,min}=69138$，得：

$$A_b \geqslant \frac{69138}{66.24} \times 10^{-2} = 10.44 \text{cm}^2$$

【说明】1. 上层交叉支撑斜杆所需截面积计算从略。

2. 例题中求得的 A_b 是由层侧移刚度条件得出。具体设计时，该支撑斜杆还需承受山墙上传来的纵向风荷载和吊车（若有吊车时）纵向制动力。因而还需进行强度验算等。

3. 有关柱间支撑的计算还可参阅本书第 9 章相关例题。

第13章 钢管结构的节点设计

13.1 概 述

钢管结构的构件包括圆管和方（矩）形管两种截面形式，与开口截面构件相比，钢管的承载能力高、抗扭刚度大、受弯时两个方向的抗弯承载力相等或相近。当采用形式简单的直接焊接节点形式时，结构外形轻巧美观，形成封闭截面抗腐蚀性能好，节约钢材和防腐涂料。因此，直接焊接钢管结构得到了较快的发展和应用。《钢标》中第13章介绍了钢管直接焊接节点和局部加劲节点的计算规定及相关构造要求。

钢管构件的强度、整体稳定性和局部稳定性等的计算与其他截面的构件相同，本章不作介绍。

直接焊接钢管节点的设计主要包括：(1) 节点承载力计算；(2) 节点连接焊缝尺寸的设计等两方面的内容，是本章介绍的重点。

圆管与方（矩）形管节点的设计规定不同。

由于承受重复动力荷载的直接焊接节点的疲劳问题较为复杂，我国尚未深入开展这方面的研究，因此《钢标》中第13章的规定只适用于不直接承受动力荷载的钢管桁架、拱架、塔架等结构。此外，《钢标》规定，钢管结构中的无加劲直接焊接相贯节点，其管材的屈强比 f_y/f_u 不宜大于 0.8；与受拉构件焊接连接的钢管，当管壁厚度大于 25mm 且沿厚度方向承受较大拉应力时，应采取措施防止层状撕裂。

下面用例题说明《钢标》中对支管承受轴心力的钢管直接焊接节点设计各主要规定的应用。

13.2 直接焊接圆钢管的节点设计

【例题 13.1】如图 13.1 所示某圆钢管直接焊接的 Y 形节点。主管为 $\phi168\times6$（即外径

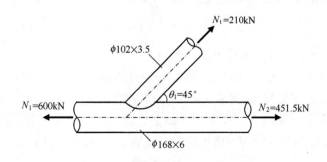

图 13.1 例题 13.1 图

$d=168$mm，壁厚 $t=6$mm），支管为 $\phi 102\times 3.5$，钢材为 Q235B，强度设计值 $f=215$ N/mm²。手工焊，E43 型焊条。钢管受力如图示。试计算支管的轴心拉力 N 是否满足该节点处的承载力设计值，并求支管与主管的连接角焊缝焊脚尺寸 h_f。

【解】 已知节点几何参数及材料特性：

$D=168$mm $D_1=102$mm $f=215$N/mm²

$t=6$mm $t_1=3.5$mm，$\theta_1=45°$ $f_f^w=160$N/mm² （附表 1.2）

钢号修正系数 $\varepsilon_k=1.0$

一、节点处支管的承载力计算

1. 节点几何参数验证

钢管外径与壁厚之比：主管 $D/t=168/6=28<100\varepsilon_k^2=100$，支管 $D_1/t_1=102/3.5=29.1<100\varepsilon_k^2=100$；

支管与主管的直径比：$\beta=\dfrac{D_1}{D}=\dfrac{102}{168}=0.607 \begin{cases}>0.2\\<1.0\end{cases}$

支管与主管的壁厚比：$\dfrac{t_1}{t}=\dfrac{3.5}{6}=0.583 \begin{cases}>0.2\\<1.0\end{cases}$

支管轴线与主管轴线的夹角：$\theta_1=45°>30°$

均满足《钢标》第 13.1.2 条和第 13.3.1 条所要求的上述各参数的范围，因此以下所涉及的《钢标》计算公式有效。

2. 受拉承载力计算

支管与主管的外径比 $\beta=0.607>0.6$，根据《钢标》公式（13.3.2-9）得受拉支管在节点处的承载力设计值：

$$N_{tT}=(2-\beta)N_{cT}=(2-0.607)N_{cT}=1.393N_{cT}$$

上式中 N_{cT} 是受压支管在节点处的承载力设计值，应按《钢标》公式（13.3.2-5）计算，即：

$$N_{cT}=\dfrac{11.51}{\sin\theta_1}\left(\dfrac{D}{t}\right)^{0.2}\psi_n\psi_d t^2 f$$

式中，ψ_n 为主管轴力影响系数，当节点两侧或一侧主管受拉时，取 $\psi_n=1$；ψ_d 是与支、主管外径比 β 有关的参数，当 $\beta\leqslant 0.7$ 时，其值为：

$$\psi_d=0.069+0.93\beta=0.069+0.93\times 0.607=0.6335$$

因此受压支管在节点处的承载力设计值为：

$$N_{cT}=\dfrac{11.51}{\sin 45°}\left(\dfrac{168}{6}\right)^{0.2}\times 1\times 0.6335\times 6^2\times 215\times 10^{-3}=155.4\text{kN}$$

所求受拉支管在节点处的承载力设计值为：

$$N_{tT}=1.393N_{cT}=1.393\times 155.4=216.5\text{kN}>N_t=210\text{kN}，可。$$

3. 冲剪承载力补充验算（《钢标》第 13.3.2 条第 8 款）

T、Y、X 形和有间隙的 K、N 形、平面 KT 形节点，需进行支管在节点处的冲剪承载力补充验算。支管在节点处的冲剪承载力设计值 N_{si} 应按下式计算：

$$N_{si}=\pi\dfrac{1+\sin\theta_i}{2\sin^2\theta_i}tD_i f_v \qquad \text{《钢标》公式（13.3.2-31）}$$

将支管外径 $D_1=102\mathrm{mm}$、支管轴线与主管轴线的夹角 $\theta_1=45°$、主管壁厚 $t=6\mathrm{mm}$、主管钢材抗剪强度设计值 $f_\mathrm{v}=125\mathrm{N/mm^2}$ 代入上式，得：

$$N_\mathrm{sl}=\pi\frac{1+\sin45°}{2\sin^245°}\times 6\times 102\times 125\times 10^{-3}=410.3\mathrm{kN}>N_\mathrm{t}=210\mathrm{kN}，可。$$

二、节点处支管与主管的连接角焊缝计算（《钢标》第 13.3.9 条）

1. 焊缝计算长度

《钢标》规定：在圆管结构中，当支管外径与主管外径的比值 $\beta\leqslant 0.65$ 时，节点连接焊缝的计算长度 l_w 取支管与主管相交线长度，并按下式计算：

$$l_\mathrm{w}=(3.25D_i-0.025D)\left(\frac{0.534}{\sin\theta_i}+0.466\right)❶ \quad \text{《钢标》公式（13.3.9-2）}$$

将支管外径 $D_1=102\mathrm{mm}$、主管外径 $D=168\mathrm{mm}$ 和支管轴线与主管轴线的夹角 $\theta_1=45°$ 代入上式，得：

$$l_\mathrm{w}=(3.25\times 102-0.025\times 168)\left(\frac{0.534}{\sin45°}+0.466\right)=399.7\mathrm{mm}\approx 400\mathrm{mm}$$

2. 角焊缝焊脚尺寸 h_f

当支管仅受轴力作用时，非搭接支管与主管的连接焊缝可视为全周角焊缝进行计算。角焊缝的计算厚度沿支管周长取 $0.7h_\mathrm{f}$，焊缝承载力设计值 N_f 可按下列公式计算：

$$N_\mathrm{f}=0.7h_\mathrm{f}l_\mathrm{w}f_\mathrm{f}^\mathrm{w} \quad \text{《钢标》公式（13.3.9-1）}$$

将角焊缝的强度设计值 $f_\mathrm{f}^\mathrm{w}=160\mathrm{N/mm^2}$（附表 1.2）代入上式，由 $N_\mathrm{t}\leqslant N_\mathrm{f}$ 得所求角焊缝焊脚尺寸：

$$h_\mathrm{f}\geqslant\frac{N_\mathrm{t}}{0.7l_\mathrm{w}f_\mathrm{f}^\mathrm{w}}=\frac{210\times 10^3}{0.7\times 400\times 160}=4.7\mathrm{mm}$$

采用 $h_\mathrm{f}=5\mathrm{mm}<2t_1=2\times 3.5=7\mathrm{mm}$，满足角焊缝的焊脚尺寸 h_f 不宜大于支管壁厚之 2 倍的构造要求（见《钢标》第 13.2.1 条第 5 款）。

【说明】1. Y 形节点中支管的竖向分力由主管截面上的剪力平衡（在图 13.1 中该剪力未画出），而且主管还将承受弯矩。

2. Y 形（或 T 形）节点和 X 形节点中，支管受拉时的节点处支管承载力设计值必大于当支管为受压时的支管承载力设计值。

3. 当节点两侧主管均受压时，《钢标》中取主管轴力影响系数 ψ_n 为[《钢标》公式（13.3.2-3）]：

$$\psi_\mathrm{n}=1-0.3\frac{\sigma}{f_\mathrm{y}}-0.3\left(\frac{\sigma}{f_\mathrm{y}}\right)^2$$

式中 σ 为节点两侧主管轴心压应力中的较小绝对值。显见，必然 $\psi_\mathrm{n}<1.0$。因此，主管轴向力为压力时，节点处的支管承载力设计值将远较主管轴向力为拉力时低。

【例题 13.2】图 13.2 为一圆钢管直接焊接的 K 形间隙节点。主管为 $\phi168\times 6$，截面面积 $A=30.54\mathrm{cm^2}$，两支管均为 $\phi102\times 3.5$，钢材为 Q235B，手工焊，E43 型焊条。钢管受力如图示。试计算各支管的轴心力是否满足其在该节点处的承载力设计值和求支管与主管

---

❶ 式中最后一个数字"0.466"，《钢标》中笔误为"0.446"，见《原规范》中公式（10.3.2-1）。

的连接角焊缝所需焊脚尺寸 h_f。

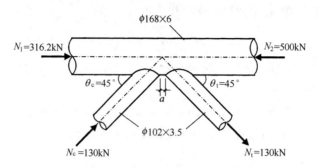

图 13.2　例题 13.2 图

【解】 已知节点几何参数及材料特性：

$D=168\text{mm}$　　　$D_1=102\text{mm}$　　　$D_2=102\text{mm}$　　　$f=215\text{N/mm}^2$

$t=6\text{mm}$　　　$t_1=3.5\text{mm}$　　　$t_2=3.5\text{mm}$　　　$f_f^w=160\text{N/mm}^2$

$A=30.54\text{cm}^2$　　　$\theta_c=45°$　　　$\theta_t=45°$

钢管节点几何参数满足《钢标》要求（见例题 13.1）。

一、节点处支管的承载力计算

1. 受压支管

平面 K 形间隙节点中，受压支管在节点处的承载力设计值为：

$$N_{cK}=\frac{11.51}{\sin\theta_c}\left(\frac{D}{t}\right)^{0.2}\psi_n\psi_d\psi_a t^2 f \qquad 《钢标》公式（13.3.2-10）$$

（1）主管轴力影响系数 ψ_n

节点两侧主管轴心压应力中的较小绝对值为：

$$\sigma=\frac{N_1}{A}=\frac{316.2\times10^3}{30.54\times10^2}=103.5\text{N/mm}^2$$

Q235 钢的屈服强度 $f_y=235\text{N/mm}^2$，得：

$$\psi_n=1-0.3\frac{\sigma}{f_y}-0.3\left(\frac{\sigma}{f_y}\right)^2=1-0.3\times\frac{103.5}{235}-0.3\times\left(\frac{103.5}{235}\right)^2=0.8097$$

（2）参数 ψ_d

$\psi_d=0.6335$（见例题 13.1）。

（3）参数 ψ_a

两支管之间的间隙 a 可由几何关系求得：

$$a=\left(\frac{D}{2\tan\theta_c}+\frac{D}{2\tan\theta_t}\right)-\left(\frac{D_1}{2\sin\theta_c}+\frac{D_2}{2\sin\theta_t}\right)$$

将受压支管轴线与主管轴线的夹角 $\theta_c=\theta=45°$、受拉支管轴线与主管轴线的夹角 $\theta_t=\theta=45°$、支管外径 $D_1=D_2=102\text{mm}$ 和主管外径 $D=168\text{mm}$ 代入上式，得：

$$a=D-\frac{D_1}{\sin\theta}=168-\frac{102}{\sin45°}=23.75\text{mm}>2\times3.5=7\text{mm}$$

满足"在主管表面焊接的相邻支管的间隙 a 不应小于两支管壁厚之和"的构造要求（《钢标》第 13.2.1 条第 6 款）。

间隙比：$\dfrac{a}{D}=\dfrac{23.75}{168}=0.1414$

径厚比：$\dfrac{D}{t}=\dfrac{168}{6}=28$

直径比：$\beta=\dfrac{D_1}{D}=\dfrac{102}{168}=0.607$

由《钢标》公式（13.3.2-11）得参数 ψ_a 为：

$$\psi_a=1+\dfrac{2.19}{1+7.5a/D}\left(1-\dfrac{20.1}{6.6+D/t}\right)(1-0.77\beta)$$
$$=1+\dfrac{2.19}{1+7.5\times0.1414}\left(1-\dfrac{20.1}{6.6+28}\right)(1-0.77\times0.607)=1+1.063\times0.419\times0.533$$
$$=1.237$$

由此公式可见，支管间的间隙 a 增大，ψ_a 值将减小，但影响不是最大。

将上述求得的各参数值和其他已知数据代入 N_{cK} 的公式，得：

$$N_{cK}=\dfrac{11.51}{\sin45°}\times28^{0.2}\times0.8097\times0.6335\times1.237\times6^2\times215\times10^{-3}$$
$$=155.7\text{kN}>N_c=130\text{kN}，可。$$

2. 受拉支管

平面 K 形间隙节点中受拉支管在节点处的承载力设计值为[《钢标》公式（13.3.2-12）]：

$$N_{tK}=\dfrac{\sin\theta_c}{\sin\theta_t}\cdot N_{cK}=\dfrac{\sin45°}{\sin45°}\cdot N_{cK}=N_{cK}=155.7\text{kN}>N_t=130\text{kN}，可。$$

3. 冲剪承载力补充验算（《钢标》第 13.3.2 条第 8 款）

有间隙的 K 形节点，需进行支管在节点处的冲剪承载力补充验算。

支管在节点处的冲剪承载力设计值：

$$N_{si}=\pi\dfrac{1+\sin\theta_i}{2\sin^2\theta_i}tD_if_v$$
$$=\pi\dfrac{1+\sin45°}{2\sin^245°}\times6\times102\times125\times10^{-3}=410.3\text{ kN}>\begin{cases}N_c=130\text{kN}\\N_t=130\text{kN}\end{cases}，可。$$

二、支管与主管的角焊缝连接计算

因节点尺寸与例题 13.1 中的相同，故由例题 13.1 知每一支管与主管的连接焊缝计算长度为 $l_w\approx400\text{mm}$。

由　　　　　　　　　　$N\leqslant N_f=0.7h_fl_wf_f^w$

得　　　　　　　　$h_f\geqslant\dfrac{N}{0.7l_wf_f^w}=\dfrac{130\times10^3}{0.7\times400\times160}=2.9\text{mm}$

采用 $h_f=4\text{mm}$，满足下列构造要求：

$h_f\geqslant3\text{mm}$（《钢标》第 11.3.5 条，即附表 1.5）。

$h_f\leqslant2t_1=2\times3.5=7\text{mm}$　（《钢标》第 13.2.1 条第 5 款）。

13.3　直接焊接方（矩）形管的节点设计

【例题 13.3】如图 13.3 所示方管桁架中一直接焊接的 Y 形节点。主管（弦杆）为

□100×100×6，截面面积 $A=2130\text{mm}^2$，支管（腹杆）为□75×75×5，钢材为Q355B，强度设计值 $f=305\text{N/mm}^2$。手工焊，E50型焊条。节点受力如图示，但主管截面上的剪力（用于平衡支管中竖向分力）未示出。试计算支管的轴心压力 N_c 是否满足该节点处的承载力设计值，并求支管与主管的连接角焊缝焊脚尺寸 h_f。

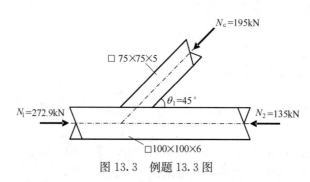

图 13.3　例题 13.3 图

【解】 钢号修正系数 $\varepsilon_k=\sqrt{235/355}=0.814$。

已知节点几何参数及材料特性：

$b=100\text{mm}$　　　　$b_1=75\text{mm}$　　　　$f=305\text{N/mm}^2$

$h=100\text{mm}$　　　　$h_1=75\text{mm}$　　　　$f_y=355\text{N/mm}^2$

$t=6\text{mm}$　　　　　$t_1=5\text{mm}$　　　　　$f_f^w=200\text{N/mm}^2$

$A=2130\text{mm}^2$　　$\theta_1=45°$

一、节点处支管的承载力计算

1. 节点几何参数验证

因支管为方管，故其截面高宽比必然满足要求，不必计算。

支管与主管的截面宽度比：$\beta=\dfrac{b_1}{b}=\dfrac{75}{100}=0.75>0.25$

支管截面高度与主管的截面宽度比：$\dfrac{h_1}{b}=\dfrac{75}{100}=0.75>0.25$

支管截面宽（高）厚比：$\dfrac{b_1}{t_1}=\dfrac{h_1}{t_1}=\dfrac{75}{5}=15<\begin{cases}37\varepsilon_k=37\times0.814=30.1\\35\end{cases}$

主管截面宽（高）厚比：$\dfrac{b}{t}=\dfrac{h}{t}=\dfrac{100}{6}=16.7<35$

均满足《钢标》第13.4.1条表13.4.1所要求的上述各几何参数的范围，因此以下所涉及的《钢标》计算公式有效。

此外，支管轴线与主管轴线的夹角 $\theta_1=45°>30°$，满足构造要求（《钢标》第13.2.1条第2款）。

2. 承载力计算

支管与主管的截面宽度比 $\beta=0.75<0.85$，根据《钢标》公式（13.4.2-1）得支管在节点处的承载力设计值：

$$N_{u1}=1.8\left(\dfrac{h_1}{bC\sin\theta_1}+2\right)\dfrac{t^2 f}{C\sin\theta_1}\psi_n$$

式中参数 C 为：

$$C=(1-\beta)^{0.5}=(1-0.75)^{0.5}=0.5$$

主管受压时的主管轴力影响系数 ψ_n 按下式计算 [《钢标》公式 (13.4.2-3)]：

$$\psi_n=1.0-\frac{0.25}{\beta}\cdot\frac{\sigma}{f}=1.0-\frac{0.25}{0.75}\times\frac{128.1}{305}=0.8600$$

这里 $\sigma=N_1/A=272.9\times10^3/2130=128.1\text{N/mm}^2$，是节点两侧主管轴心压应力的较大绝对值。

因此所求受压支管在节点处的承载力设计值为：

$$N_{ul}=1.8\left(\frac{75}{100\times0.5\sin45°}+2\right)\frac{6^2\times305}{0.5\sin45°}\times0.86\times10^{-3}=1.8\times4.121\times31.06\times0.86$$
$$=198.1\text{kN}>N_c=195\text{kN}，可。$$

二、节点处支管与主管的连接角焊缝计算

矩形钢管结构中，在直接焊接的 Y 形（或 T 和 X 形）节点的焊缝连接计算时考虑到主管顶面板在四边焊缝处的刚度不等而使焊缝受力不均匀，因而不考虑支管截面宽度方向的两条边参加工作，焊缝计算长度 l_w 按下式计算 [《钢标》公式 (13.4.5-4)]：

$$l_w=\frac{2h_i}{\sin\theta_i}=\frac{2\times75}{\sin45°}=212\text{mm}$$

将角焊缝的强度设计值 $f_f^w=200\text{N/mm}^2$（附表 1.2）代入：

$$N_c\leqslant N_f=0.7h_fl_wf_f^w$$

得所求角焊缝焊脚尺寸：

$$h_f\geqslant\frac{N_c}{0.7l_wf_f^w}=\frac{195\times10^3}{0.7\times212\times200}=6.6\text{mm}$$

采用 $h_f=7\text{mm}$（或 $h_f=8\text{mm}$），满足下列构造要求：

$h_f\geqslant3\text{mm}$（《钢标》第 11.3.5 条，即附表 1.5）；

$h_f\leqslant2t_1=2\times5=10\text{mm}$（《钢标》第 13.2.1 条第 5 款）。

【**例题 13.4**】试验算图 13.4 所示矩形管直接焊接 X 形节点处支管的承载力，并设计支管与主管的连接角焊缝焊脚尺寸 h_f。矩形主管截面为 □150×100×5，方形支管截面为 □89×89×3.5，钢材为 Q355B，强度设计值 $f=305\text{N/mm}^2$、$f_v=175\text{N/mm}^2$。手工焊，E50 型焊条。节点受力如图 13.4 所示。

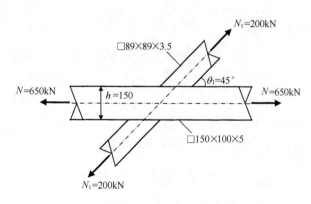

图 13.4 例题 13.4 图

【**解**】钢号修正系数 $\varepsilon_k=0.814$。

已知节点几何参数及材料特性：

$b=100$mm	$b_1=89$mm	$f=305$N/mm^2
$h=150$mm	$h_1=89$mm	$f_v=175$N/mm^2
$t=5$mm	$t_1=3.5$mm	$f_f^w=200$N/mm^2
$A=2130$mm^2	$\theta_1=45°$	$f_y=f_{y1}=355$N/mm^2

一、节点处支管的承载力计算

1. 节点几何参数验证（《钢标》表 13.4.1，即附表 1.25）

因支管为方管，故其截面高宽比必然满足要求，不必计算。

支管与主管的截面宽度比：$\beta=\dfrac{b_1}{b}=\dfrac{89}{100}=0.89>0.25$，可。

支管为方管，故其截面高度与主管截面宽度的比值亦满足要求。

支管截面宽（高）厚比：$\dfrac{b_1}{t_1}=\dfrac{h_1}{t_1}=\dfrac{89}{3.5}=25.4<35$，可。

主管截面宽厚比和高厚比中的最大值：$\dfrac{h}{t}=\dfrac{150}{5}=30<35$，可。

此外，支管轴线与主管轴线的夹角 $\theta=45°>30°$，满足构造要求（《钢标》第 13.2.1 条第 2 款）。

2. 承载力计算

因 $0.85<\beta=0.89<1.0$，支管在节点处承载力的设计值 N_{ul} 应按以下方法计算确定：

(1) 分别按 $\beta=0.85$ 和 $\beta=1.0$ 计算支管在节点处承载力的设计值 $N_{ul,0.85}$ 和 $N_{ul,1.0}$

1) $\beta=0.85$ 时支管在节点处承载力的设计值 $N_{ul,0.85}$

$$N_{ul,0.85}=1.8\left(\dfrac{h_1}{bC\sin\theta_1}+2\right)\dfrac{t^2 f}{c\sin\theta_1}\psi_n \quad \text{《钢标》公式（13.4.2-1）}$$

式中参数 $C=(1-\beta)^{0.5}=(1-0.85)^{0.5}=0.3873$，主管轴力影响系数 $\psi_n=1.0$（主管受拉），得：

$$N_{ul,0.85}=1.8\left(\dfrac{89}{100\times 0.3873\sin 45°}+2\right)\dfrac{5^2\times 305}{0.3873\sin 45°}\times 1.0\times 10^{-3}=263.1\text{kN}$$

2) $\beta=1.0$ 时支管在节点处承载力的设计值 $N_{ul,1.0}$

因 $\theta_1=45°<90°$ 且 $h=150$mm$>h_1/\cos\theta_1=89/\cos 45°=125.9$mm，$N_{ul,1.0}$ 应取下列两公式计算结果的较小值：

$$N_{ul,1.0}=\left(\dfrac{2h_1}{\sin\theta_1}+10t\right)\dfrac{tf_k}{\sin\theta_1}\psi_n \quad \text{《钢标》公式（13.4.2-5）}$$

$$N_{ul,1.0}=\dfrac{2htf_v}{\sin\theta_1} \quad \text{《钢标》公式（13.4.2-6）}$$

支管受拉，主管强度设计值 $f_k=f=305$N/mm^2；主管轴力影响系数 $\psi_n=1.0$；主管钢材的抗剪强度设计值 $f_v=175$N/mm^2。代入上述公式，得：

$$N_{ul,1.0}=\left(\dfrac{2\times 89}{\sin 45°}+10\times 5\right)\dfrac{5\times 305}{\sin 45°}\times 1.0\times 10^{-3}=650.7\text{kN}$$

$$N_{ul,1.0}=\dfrac{2\times 150\times 5\times 175}{\sin 45°}\times 10^{-3}=371.2\text{kN}<650.7\text{kN}$$

因此，$\beta=1.0$ 时支管在节点处承载力的设计值 $N_{ul,1.0}=371.2$kN。

(2) 计算 $\beta=0.89$ 时支管在节点处承载力的设计值 $N_{ul,0.89}$

按上述 $\beta=0.85$ 和 $\beta=1.0$ 计算得到的 $N_{ul,0.85}$ 和 $N_{ul,1.0}$，根据 β 进行线性插值求取 $N_{ul,0.89}$：

$$N_{ul,0.89}=N_{ul,0.85}+(N_{ul,1.0}-N_{ul,0.85})\frac{0.89-0.85}{1.0-0.85}$$

$$=263.1+(371.2-263.1)\times\frac{0.04}{0.15}=291.9\text{kN}$$

(3) 验算求得的支管承载力设计值 $N_{ul,0.89}$ 是否为控制值

《钢标》规定支管在节点处的承载力设计值还不应超过下列公式的计算值：

$$N_{ul}=2.0\,(h_1-2t_1+b_{el})\,t_1 f_1 \qquad 《钢标》公式 (13.4.2\text{-}11)$$

式中：$b_{el}=\dfrac{10}{b/t}\cdot\dfrac{tf_y}{t_1 f_{yl}}\cdot b_1=\dfrac{10}{100/5}\times\dfrac{5\times355}{3.5\times355}\times89=63.6\text{mm}<b_1=89\text{mm}$

得 $N_{ul}=2.0\times(89-2\times3.5+63.6)\times3.5\times305\times10^{-3}=310.9\text{kN}>N_{ul,0.89}=291.9\text{kN}$

同时，《钢标》还规定当 $0.85\leqslant\beta\leqslant 1-\dfrac{2t}{b}=1-\dfrac{2\times5}{100}=0.9$ 时，支管在节点处的承载力设计值不应超过以下公式的计算值：

$$N_{ul}=2.0\left(\frac{h_1}{\sin\theta_1}+b'_{el}\right)\frac{tf_v}{\sin\theta_1} \qquad 《钢标》公式 (13.4.2\text{-}13)$$

式中：$b'_{el}=\dfrac{10}{b/t}\cdot b_1=\dfrac{10}{100/5}\times89=44.5\text{mm}<b_1=89\text{mm}$

得 $N_{ul}=2.0\left(\dfrac{89}{\sin45°}+44.5\right)\dfrac{5\times175}{\sin45°}=421.6\text{kN}>N_{ul,0.89}=291.9\text{kN}$

综上，所求节点处支管的承载力设计值为：

$$N_{ul}=\min\{291.9, 310.9, 421.6\}=291.9\text{kN}>N_t=200\text{kN}，可。$$

二、节点处支管与主管的连接角焊缝计算

方（矩）形管结构中，X形节点与Y、T形节点一样，焊缝连接计算时不考虑支管截面宽度方向的两条边参加工作，焊缝计算长度 l_w 按下式计算[《钢标》公式 (13.4.5-4)]：

$$l_w=\frac{2h_i}{\sin\theta_i}=\frac{2\times89}{\sin45°}=252\text{mm}$$

得所求角焊缝焊脚尺寸：

$$h_f\geqslant\frac{N_t}{0.7l_w f_f^w}=\frac{200\times10^3}{0.7\times252\times200}=5.7\text{mm}$$

采用 $h_f=6\text{mm}$，满足下列构造要求：

$h_f\geqslant3\text{mm}$（《钢标》第11.3.5条，即附表1.5）；

$h_f\leqslant 2t_1=2\times3.5=7\text{mm}$（《钢标》第13.2.1条第5款）。

【说明】本例题中若支管改为受压，即支管承受轴心压力设计值 $N_c=200\text{kN}$，其他数据均不变，则以上计算中有以下两处不同。

1. 节点几何参数验证

支管截面宽（高）厚比应 $\leqslant\min\{37e_k, 35\}$，即：

$$\frac{b_1}{t_1}、\frac{h_1}{t_1} \leqslant \begin{cases} 37\varepsilon_k = 37 \times 0.814 = 30.1 \\ 35 \end{cases}$$

今 $\frac{b_1}{t_1} = \frac{h_1}{t_1} = \frac{89}{3.5} = 25.4 < 30.1$，可。

2. 承载力计算。

(1) 计算 $\beta=1.0$ 时支管在节点处的承载力设计值

$$N_{ul,1.0} = \left(\frac{2h_1}{\sin\theta_1} + 10t\right)\frac{tf_k}{\sin\theta_1}\psi_n \quad 《钢标》公式 (13.4.2-5)$$

式中，主管材料的强度设计值 f_k 应按下式确定：

$$f_k = (0.65\sin\theta_1)\varphi f \quad 《钢标》公式 (13.4.2-9)$$

φ 为按长细比 λ 确定的轴心受压构件稳定系数，λ 按下式计算：

$$\lambda = 1.73\left(\frac{h}{t} - 2\right)\sqrt{\frac{1}{\sin\theta_1}} \quad 《钢标》公式 (13.4.2-10)$$

$$= 1.73\left(\frac{150}{5} - 2\right)\sqrt{\frac{1}{\sin 45°}} = 57.6$$

由 $\lambda/\varepsilon_k = 57.6/0.814 = 70.8$，查附表 1.10（b 类截面），得 $\varphi = 0.746$，故：

$$f_k = (0.65\sin 45°) \times 0.746 \times 305 = 104.6 \text{N/mm}^2$$

$$N_{ul,1.0} = \left(\frac{2h_1}{\sin\theta_1} + 10t\right)\frac{tf_k}{\sin\theta_1}\psi_n = \frac{650.7}{305} \times 104.6$$

$$= 223.2\text{kN} < 371.2\text{kN} \quad (见本例题中相应计算内容)$$

因此，$\beta=1.0$ 时支管在节点处的承载力设计值 $N_{ul,1.0} = 223.2\text{kN}$。

(2) 计算 $\beta=0.89$ 时支管在节点处的承载力设计值

$$N_{ul,0.89} = N_{ul,0.85} + (N_{ul,1.0} - N_{ul,0.85})\frac{0.89 - 0.85}{1.0 - 0.85}$$

$$= 263.1 + (223.2 - 263.1) \times \frac{0.04}{0.15} = 252.5\text{kN}$$

式中，$N_{ul,0.85} = 263.1\text{kN}$ 见本例题中相应计算内容。

(3) 受压支管在节点处的承载力设计值

$$N_{ul} = \min\{252.5, 310.9, 421.6\} = 252.5\text{kN} > N_c = 200\text{kN}，可。$$

式中数据 310.9、421.6 见本例题中相应计算内容。

其他计算过程及结果与支管承受轴心拉力相同。

【例题 13.5】 如图 13.5 所示为矩形钢管屋架中一直接焊接的有间隙 K 形节点。弦杆为矩形管 □150×100×6，截面面积 $A = 2770\text{mm}^2$；两腹杆采用相同截面，均为方管 □75×75×5。钢材均为 Q355B，强度设计值 $f = 305\text{N/mm}^2$ 和 $f_v = 175\text{N/mm}^2$。手工焊，E50 型焊条。节点受力如图 13.5 所示。试验算该节点处的承载力，并设计腹杆与弦杆的连接角焊缝焊脚尺寸 h_f。

【解】 钢号修正系数 $\varepsilon_k = 0.814$

已知节点几何参数及材料特性：

$b = 100\text{mm}$　　　$b_1 = 75\text{mm}$　　　$b_2 = 75\text{mm}$　　　$f = 305\text{N/mm}^2$

$h = 150\text{mm}$　　　$h_1 = 75\text{mm}$　　　$h_2 = 75\text{mm}$　　　$f_v = 175\text{N/mm}^2$

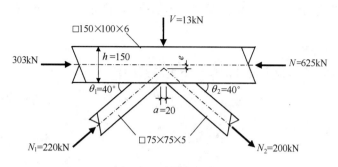

图 13.5 例题 13.5 图

$t=6\text{mm}$　　　　$t_1=5\text{mm}$　　　　$t_2=5\text{mm}$　　　　$f_f^w=200\text{N/mm}^2$

$a=20\text{mm}$　　　$\theta_1=40°$　　　　$\theta_2=40°$　　　　$f_y=f_{yi}=355\text{N/mm}^2$

一、节点处承载力计算

1. 节点几何参数验证

(1) 节点偏心（《钢标》第 13.1.4 条）

两腹杆轴线的交点位于弦杆轴线的下方（偏向腹杆），按《钢标》规定该节点偏心 e 为负值（见《钢标》图 13.1.4）。

由几何关系得：

$$e=-\frac{1}{2}\left[h-\left(\frac{h_1}{\sin40°}+a\right)\tan40°\right]=-\frac{1}{2}\left[150-\left(\frac{75}{0.6428}+20\right)\times0.8391\right]=-17.66\text{mm}$$

与主管的相对偏心率：$\dfrac{e}{h}=\dfrac{-17.66}{150}=-0.118\begin{cases}>-0.55\\<0.25\end{cases}$

因此，在计算节点承载力时可忽略因偏心而引起的弯矩的影响。

(2) 节点几何尺寸适用范围（《钢标》表 13.4.1，即附表 1.25）

因支管为方管，故其截面高宽比必然满足要求，不必计算。

支管截面等效宽度与主管截面宽度比值：

$$\beta=\frac{b_1+b_2+h_1+h_2}{4b}=\frac{b_1+b_2}{2b}=\frac{75+75}{2\times100}=0.75>0.35，可。$$

支管截面宽度、高度与主管截面宽度比：

$$\frac{b_i}{b}=\frac{h_i}{b}=\frac{75}{100}=0.75>0.1+0.01\frac{b}{t}=0.1+0.01\times\frac{100}{6}=0.267，可。$$

受压支管截面宽（高）厚比：$\dfrac{b_1}{t_1}=\dfrac{h_1}{t_1}=\dfrac{75}{5}=15<\begin{cases}37\varepsilon_k=37\times0.814=30.1\\35\end{cases}$，可。

受拉支管截面宽（高）厚比：$\dfrac{b_2}{t_2}=\dfrac{h_2}{t_2}=\dfrac{75}{5}=15<35$，可。

主管截面宽厚比和高厚比中的最大值：$\dfrac{h}{t}=\dfrac{150}{6}=25<35$，可。

节点间隙与主管截面宽度比：

$\dfrac{a}{b}=\dfrac{20}{100}=0.2\begin{cases}>0.5(1-\beta)=0.5\times(1-0.75)=0.125\\<1.5(1-\beta)=1.5\times(1-0.75)=0.375\end{cases}$，可。

两支管间隙：$a=20\text{mm}>t_1+t_2=5+5=10\text{mm}$，可。

此外，支管轴线与主管轴线的夹角 $\theta=40°>30°$，满足构造要求（《钢标》第 13.2.1 条第 2 款）。

2. 支管承载力计算

节点处任一支管的承载力设计值应取下列各式的较小值：

$$N_{ui,1}=\frac{8}{\sin\theta_i}\beta\left(\frac{b}{2t}\right)^{0.5}t^2 f\psi_n \qquad 《钢标》公式（13.4.2-15）$$

$$N_{ui,2}=\frac{A_v f_v}{\sin\theta_i} \qquad 《钢标》公式（13.4.2-16）$$

$$N_{ui,3}=2.0\left(h_i-2t_i+\frac{b_i+b_{ei}}{2}\right)t_i f_i \qquad 《钢标》公式（13.4.2-17）$$

$$N_{ui,4}=2.0\left(\frac{h_i}{\sin\theta_i}+\frac{b_i+b'_{ei}}{2}\right)\frac{tf_v}{\sin\theta_i} \qquad 《钢标》公式（13.4.2-18）$$

最后一个公式是因本例题中 $\beta=0.75<1-2t/b=1-2\times6/100=0.88$ 而需做的补充计算。

上述四个公式中，f、f_v 和 f_i 分别是主管钢材的抗拉（抗压和抗弯）、抗剪强度设计值和第 i 个支管钢材的抗拉（抗压和抗弯）强度设计值；A_v 是主管（弦杆）的受剪面积，按下列公式计算：

$$A_v=(2h+\alpha b)t \qquad 《钢标》公式（13.4.2-19）$$

$$=\left(2h+b\sqrt{\frac{3t^2}{3t^2+4a^2}}\right)t=\left(2\times150+100\sqrt{\frac{3\times6^2}{3\times6^2+4\times20^2}}\right)\times6=1951\text{mm}^2$$

参数 b_{ei} 和 b'_{ei} 分别为：

$$b_{ei}=\frac{10}{b/t}\cdot\frac{tf_y}{t_i f_{yi}}\cdot b_i=\frac{10}{100/6}\times\frac{6\times355}{5\times355}\times75=54\text{mm}<b_i=75\text{mm}$$

$$b'_{ei}=\frac{10}{b/t}\cdot b_i=\frac{10}{100/6}\times75=45\text{mm}<b_i=75\text{mm}$$

得

$$N_{ui,1}=\frac{8}{\sin40°}\times0.75\times\left(\frac{100}{2\times6}\right)^{0.5}\times6^2\times305\times10^{-3}\psi_n=295.9\psi_n\text{ kN}$$

$$N_{ui,2}=\frac{1951\times175}{\sin40°}\times10^{-3}=531.2\text{kN}$$

$$N_{ui,3}=2.0\left(75-2\times5+\frac{75+54}{2}\right)\times5\times305\times10^{-3}=395.0\text{kN}$$

$$N_{ui,4}=2.0\left(\frac{75}{\sin40°}+\frac{75+45}{2}\right)\times\frac{6\times175}{\sin40°}\times10^{-3}=577.2\text{kN}$$

因此，支管的承载力设计值为：

$$N_{ui}=\min\{295.9\psi_n,531.2,395.0,577.2\}=295.9\psi_n\text{ kN}$$

节点两侧主管轴心压应力的较大绝对值：$\sigma=\dfrac{N}{A}=\dfrac{625\times10^3}{2770}=225.6\text{N/mm}^2$

主管轴力影响系数：

$$\psi_n=1.0-\frac{0.25}{\beta}\cdot\frac{\sigma}{f}=1.0-\frac{0.25}{0.75}\times\frac{225.6}{305}=0.7534$$

因此，支管在节点处的承载力设计值：

$$N_{ui}=295.9\times0.7534=222.9\text{kN}>\begin{cases}N_1=220\text{kN}\\N_2=200\text{kN}\end{cases},\text{可}。$$

3. 主管承载力计算

《钢标》规定，节点间隙处的主管轴心受力承载力设计值为：

$$N=(A-\alpha_v A_v)f \quad \text{《钢标》公式（13.4.2-21）}$$

式中，α_v 是考虑剪力对主管轴心承载力的影响系数，按下式计算：

$$\alpha_v=1-\sqrt{1-\left(\frac{V}{V_p}\right)^2} \quad \text{《钢标》公式（13.4.2-22）}$$

这里，V 是节点间隙处主管所受的剪力，按受力较大的支管1的竖向分力计算：

$$V=N_1\sin\theta_1=220\sin40°=141.4\text{kN}$$

$$V_p=A_v f_v=1951\times175\times10^{-3}=341.4\text{kN}$$

得

$$\alpha_v=1-\sqrt{1-\left(\frac{141.4}{341.4}\right)^2}=0.0898$$

$$N=(2770-0.0898\times1951)\times305\times10^{-3}=791.4\text{kN}>N=625\text{kN}，可。$$

二、节点处支管与主管的连接角焊缝计算

两支管的截面尺寸及与主管的夹角相同，所受内力相差不大，因此采用相同的焊脚尺寸 h_f 与主管连接，按受力较大的支管1计算。

支管与主管的夹角 $\theta_i=40°<50°$，故焊缝计算长度 l_w（《钢标》公式（13.4.5-3））：

$$l_w=\frac{2h_i}{\sin\theta_i}+2b_i=\frac{2\times75}{\sin40°}+2\times75=383\text{mm}$$

得所求角焊缝焊脚尺寸：

$$h_f\geqslant\frac{N_1}{0.7l_w f_f^w}=\frac{220\times10^3}{0.7\times383\times200}=4.1\text{mm}$$

采用 $h_f=5\text{mm}$，满足下列构造要求：

$h_f\geqslant3\text{mm}$（《钢标》第11.3.5条，即附表1.5）；

$h_f\leqslant2t_1=2\times5=10\text{mm}$　（《钢标》第13.2.1条第5款）。

【例题13.6】如图13.6所示为方钢管桁架中一直接焊接的搭接 K 形节点。主管（弦杆）截面为 □125×125×5；搭接支管截面为 □75×75×4，面积 $A_1=1080\text{mm}^2$；被搭接支管截面为 □100×100×5，面积 $A_2=1810\text{mm}^2$。钢材均为 Q355B，强度设计值 $f=305\text{N/mm}^2$。手工焊，E50 型焊条。节点受力如图 13.6 所示。试验算该节点处的承载力，并设计支管与主管间的连接角焊缝焊脚尺寸 h_f。

【解】钢号修正系数 $\varepsilon_k=0.814$

已知节点几何参数及材料特性：

$b=125\text{mm}$	$b_1=75\text{mm}$	$b_2=100\text{mm}$	$f=f_i=f_j=305\text{N/mm}^2$
$h=125\text{mm}$	$h_1=75\text{mm}$	$h_2=100\text{mm}$	$f_y=f_{yi}=f_{yj}=355\text{N/mm}^2$
$t=5\text{mm}$	$t_1=4\text{mm}$	$t_2=5\text{mm}$	$f_f^w=200\text{N/mm}^2$
$q=70\text{mm}$	$\theta_1=40°$	$\theta_2=40°$	$(i=1,\ j=2)$

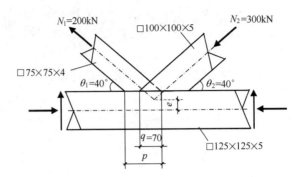

图 13.6 例题 13.6 图

一、节点处承载力计算

1. 节点几何参数验证

(1) 节点偏心 (《钢标》第 13.1.4 条)

两支管轴线的交点位于主管轴线的上方 (偏向支管一侧),按《钢标》规定该节点偏心距 e 为负值,由几何关系得:

$$e=-\left[\frac{h}{2}-\frac{\sin\theta_1 \sin\theta_2}{\sin(\theta_1+\theta_2)}\left(\frac{h_1}{2\sin\theta_1}+\frac{h_2}{2\sin\theta_2}-q\right)\right]$$

因 $\theta_1=\theta_2=\theta=40°$,得:

$$e=-\frac{1}{2}\left[h-\tan\theta\left(\frac{h_1+h_2}{2\sin\theta}-q\right)\right]=-\frac{1}{2}\left[125-\tan40°\left(\frac{75+100}{2\sin40°}-70\right)\right]=-34.76\text{mm}$$

与主管的相对偏心率:$\dfrac{e}{h}=\dfrac{-34.76}{125}=-0.278 \begin{cases} >-0.55 \\ <0.25 \end{cases}$

因此,在计算节点承载力时可忽略因偏心而引起的弯矩的影响。

(2) 节点几何尺寸适用范围 (《钢标》表 13.4.1,即附表 1.25)

因支管为方管,故其截面高宽比必然满足要求,不必计算。

支管截面宽度、高度与主管截面宽度比:

$$\frac{b_1}{b}=\frac{h_1}{b}=\frac{75}{125}=0.6>0.25,\text{可}。$$

$$\frac{b_2}{b}=\frac{h_2}{b}=\frac{100}{125}=0.8>0.25,\text{可}。$$

受拉支管截面宽 (高) 厚比:$\dfrac{b_1}{t_1}=\dfrac{h_1}{t_1}=\dfrac{75}{4}=18.8<35$,可。

受压支管截面宽 (高) 厚比:$\dfrac{b_2}{t_2}=\dfrac{h_2}{t_2}=\dfrac{100}{5}=20<33\varepsilon_k=33\times 0.814=26.9$,可。

主管截面宽厚比和高厚比中的最大值:$\dfrac{h}{t}=\dfrac{125}{5}=25<40$,可。

搭接率:$\eta_{ov}=\dfrac{q}{p}\times100\%=\dfrac{70}{h_1/\sin\theta_1}\times100\%=\dfrac{70}{75/\sin40°}\times100\%=60.0\%\begin{cases}>25\% \\ <100\%\end{cases}$,可。

搭接支管与被搭接支管壁厚比:$\dfrac{t_i}{t_j}=\dfrac{t_1}{t_2}=\dfrac{4}{5}=0.8<1.0$,可。

搭接支管与被搭接支管截面宽度比：$\dfrac{b_i}{b_j}=\dfrac{b_1}{b_2}=\dfrac{75}{100}=0.75\begin{cases}=0.75\\<1.0\end{cases}$，可。

此外，各支管轴线与主管轴线的夹角 $\theta=40°>30°$，满足构造要求（《钢标》第13.2.1条第2款）。

2. 支管承载力计算

（1）搭接支管

因搭接率 $\eta_{ov}=60.0\%>50\%$ 但 $<80\%$，故搭接支管的承载力设计值应按下式计算：

$$N_{ui}=2.0\left(h_i-2t_i+\dfrac{b_{ei}+b_{ej}}{2}\right)t_i f_i \quad 《钢标》公式（13.4.2-26）$$

$$b_{ei}=\dfrac{10}{b/t}\cdot\dfrac{tf_y}{t_i f_{yi}}\cdot b_i=\dfrac{10}{125/5}\times\dfrac{5\times355}{4\times355}\times75=37.5\text{mm}<b_i=75\text{mm}，可。$$

$$b_{ej}=\dfrac{10}{b_j/t_j}\cdot\dfrac{t_j f_{yj}}{t_i f_{yi}}\cdot b_i=\dfrac{10}{100/5}\times\dfrac{5\times355}{4\times355}\times75=46.9\text{mm}<b_i=75\text{mm}，可。$$

得 $N_{ui}=2.0\left(75-2\times4+\dfrac{37.5+46.9}{2}\right)\times4\times305\times10^{-3}$

$=266.4\text{kN}>N_1=200\text{kN}$，可。

（2）被搭接支管

被搭接支管的承载力应满足下式要求：

$$\dfrac{N_{uj}}{A_j f_{yj}}\leqslant\dfrac{N_{ui}}{A_i f_{yi}} \quad 《钢标》公式（13.4.2-28）$$

即被搭接支管的承载力设计值为：

$$N_{uj}=N_{ui}\cdot\dfrac{A_j f_{yj}}{A_i f_{yi}}=266.4\times\dfrac{1810\times355}{1080\times355}=446.5\text{kN}>N_2=300\text{kN}，可。$$

二、节点处支管与主管间的连接角焊缝计算

1. 搭接支管与主管和被搭接支管间的连接焊缝计算

设搭接支管所受拉力由连接焊缝均匀传递，焊缝计算长度 l_w 偏安全不考虑搭接支管宽度方向的两条边参加传力，即取：

$$l_w=2.0\left[\left(\dfrac{h_1}{\sin\theta_1}-q\right)+\dfrac{q\cdot\sin\theta_1}{\sin(\theta_1+\theta_2)}\right]=2\times\left[\left(\dfrac{75}{\sin40°}-70\right)+\dfrac{70\sin40°}{\sin(40°+40°)}\right]=185\text{mm}$$

得所求角焊缝焊脚尺寸：

$$h_f\geqslant\dfrac{N_1}{0.7l_w f_f^w}=\dfrac{200\times10^3}{0.7\times185\times200}=7.7\text{mm}$$

采用 $h_f=8\text{mm}$，满足下列构造要求：

$h_f\geqslant3\text{mm}$（《钢标》第11.3.5条，即附表1.5）；

$h_f\leqslant2t_1=2\times4=8\text{mm}$ （《钢标》第13.2.1条第5款）。

2. 被搭接支管与主管间的连接焊缝计算

为方便计算，偏安全不考虑搭接支管内力的有利影响，设被搭接支管与主管间的连接焊缝传递被搭接支管的全部内力，且焊缝计算长度中不计宽度方向的两条边参加传力，即取：
$$l_w = \frac{2h_2}{\sin\theta_2} = \frac{2 \times 100}{\sin 40°} = 311 \text{mm}$$

采用与上述搭接支管相同的焊脚尺寸，即 $h_f = 8$mm，得被搭接支管与主管间连接焊缝能传递的最大轴心力为：
$$N_f = 0.7 h_f l_w f_f^w = 0.7 \times 8 \times 311 \times 200 \times 10^{-3} = 348.3 \text{kN} > N_2 = 300 \text{kN}，可。$$

【说明】 对搭接的 K 形和 N 形节点，《钢标》中没有明确给出连接焊缝的计算公式。为方便计算，本例题采用了偏安全的近似计算方法，供参考。

第14章 钢与混凝土组合梁设计

14.1 概　　述

由混凝土翼板与钢梁通过连接件组成的钢与混凝土组合梁，除了能充分利用钢材和混凝土两种材料的受力性能外，还具有能节约钢材、增大刚度、降低梁高和造价以及抗震性能好等优点。《钢标》中第14章对其计算和设计方法做了规定，但该章规定的条文只适用于不直接承受动力荷载的一般简支组合梁及连续组合梁。

组合梁的翼板可用现浇混凝土板，亦可用混凝土叠合板或压型钢板混凝土组合板，其中混凝土板除应符合本章的规定外，尚应按现行国家标准《混凝土结构设计规范》GB 50010的有关规定进行设计，本章将不做介绍。为了增加梁的高度，翼板下可设混凝土板托，在组合梁的强度、挠度和裂缝计算中，可不考虑板托截面。翼板下也可不设板托以简化构造，可参阅《钢标》中的图14.1-2。

组合梁的计算内容包括：

1. 施工阶段钢梁的计算—包括强度、整体稳定、挠度等。如不满足要求，则可改变钢梁截面或增设临时支承等方法予以解决。

2. 使用阶段组合梁截面的强度计算—计算时考虑全截面发展塑性变形，因此钢梁受压板件的宽厚比应符合《钢标》第10章关于塑性设计的要求。

【说明】按我国标准《热轧型钢》GB/T 706—2016，热轧工字钢的翼缘板与腹板的平直段宽厚比分别为 $b'/t \leqslant 3.4$ 与 $h_0/t_w \leqslant 43$（附表2.4），对采用《钢标》推荐钢材牌号的工字钢受弯构件，其截面板件宽厚比等级均满足S1级的要求（附表1.22），即满足《钢标》中有关塑性设计对截面板件宽厚比等级的要求（《钢标》第10.1.5条），因此组合梁中热轧工字钢梁的截面板件宽厚比等级不需验算，必定满足《钢标》要求。

3. 连接件的计算及布置。

4. 使用阶段组合梁的变形计算—按弹性方法进行计算。

下面用设计例题说明《钢标》中各项规定的使用。

14.2 ［例题14.1］的设计资料

如图14.1-1所示某商场楼面体系中两个区格的布置及尺寸，次梁和主梁均拟采用钢与混凝土组合梁，并按完全抗剪连接设计抗剪连接件。

钢材：Q235（设 $t \leqslant 16\text{mm}$）　　$f = 215\text{N/mm}^2$

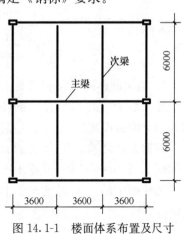

图14.1-1　楼面体系布置及尺寸

$$f_v = 125 \text{N/mm}^2$$

混凝土：C30 $f_c = 14.3 \text{N/mm}^2$（轴心抗压）

$$E_c = 3.0 \times 10^4 \text{ N/mm}^2 \text{（弹性模量）}$$

楼面构造及荷载（永久荷载）标准值：

  30mm 水磨石面层：   0.65kN/m²

  100mm 钢筋混凝土现浇板： 2.50kN/m²

  三夹板吊顶棚：   0.18kN/m²

可变荷载标准值：

  楼面活荷载：   4.0kN/m²

  施工活荷载：   1.0kN/m²

以上荷载中，永久荷载的标准值均见《建筑结构荷载规范》GB 50009—2012，可变荷载中楼面活荷载的标准值见《工程结构通用规范》GB 55001—2021。

为简化次梁与主梁的连接，次梁按两端简支设计。

14.3 中间次梁设计

一、初选截面

如图 14.1-2(a) 所示为中间次梁的截面及各部分的尺寸符号。

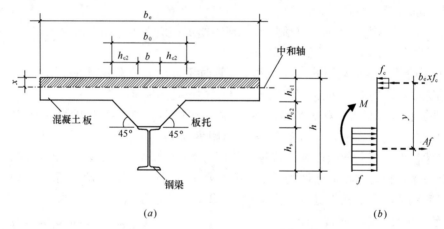

图 14.1-2 中间次梁的截面及应力图形

(a) 次梁截面及尺寸符号；(b) 使用阶段应力图形

1. 钢梁截面高度 h_s 和混凝土板托高度 h_{c2}

按《钢标》第 14.7.1 条的构造要求，在已知混凝土翼板厚度 $h_{c1} = 100$mm 后，即可估算钢梁的截面高度 h_s 和板托高度 h_{c2}。

根据设计经验，组合梁的截面高度 h 宜为跨度 l 的 1/15 左右。今次梁跨度 $l = 6000$mm，得 $h \approx l/15 = 6000/15 = 400$mm。

为使钢梁的抗剪强度与组合梁的抗弯强度相协调，《钢标》第 14.7.1 要求 $h \leqslant 2.0 h_s$，得：

$$h_s \geqslant \frac{1}{2}h \approx \frac{400}{2} = 200\text{mm}$$

$$h_{c2} = h - (h_{c1} + h_s) = 400 - (100 + 200) = 100\text{mm} < 1.5h_{c1} = 150\text{mm}$$

满足《钢标》第 14.7.1 条对混凝土托板高度 h_{c2} 的构造要求。

2. 板托顶面宽度 b_0

取板托倾角 $\alpha=45°$，暂取钢梁上翼缘宽度 $b=h_s/2=100\text{mm}$，则得板托顶面宽度：

$$b_0 = b + 2h_{c2} = 100 + 2 \times 100 = 300\text{mm}$$

3. 混凝土翼板的有效宽度 b_e

根据《钢标》第 14.1.2 条的要求，翼板的有效宽度 b_e 取下述两个数值中的较小值：

（1）按梁跨度考虑（梁跨度 $l=6\text{m}$）：

$$b_e = b_0 + b_1 + b_2 = b_0 + \frac{l_e}{6} + \frac{l_e}{6} = 300 + \frac{6 \times 10^3}{6} \times 2 = 2300\text{mm}$$

式中，l_e 为等效跨径，对简支组合梁取其跨度（见《钢标》第 14.1.2 条）。

（2）按相邻梁板托间净距考虑，见图 14.1-1 和图 14.1-2(a)：

$$b_e = b_0 + (3600 - b_0) = 3600\text{mm}$$

因此取翼板的有效宽度 $b_e=2300\text{mm}$。

4. 使用阶段的荷载及最大弯矩

（1）荷载的标准值：

水磨石面层：　　　　　　　　　　$3.6 \times 0.65 = 2.34\text{kN/m}$

钢筋混凝土翼板：　　　　　　　　$3.6 \times 2.5 = 9.0\text{kN/m}$

混凝土板托自重：　$\dfrac{(100+300) \times 100}{2} \times 10^{-6} \times 25 = 0.5\text{kN/m}$

三夹板吊顶：　　　　　　　　　　$3.6 \times 0.18 = 0.65\text{kN/m}$

钢梁自重（假定）：　　　　　　　　　　　$= 0.27\text{kN/m}$

　　　　　　　　　　　　　　合计永久荷载 $g_k=12.76\text{kN/m}$

楼面活荷载：　$p_k = 3.6 \times 4.0 = 14.40\text{kN/m}$

（2）荷载的设计值：

$$q = 1.3g_k + 1.5p_k = 1.3 \times 12.76 + 1.5 \times 14.40 = 38.19\text{kN/m}$$

（3）弯矩设计值：

$$M = \frac{1}{8}ql^2 = \frac{1}{8} \times 38.19 \times 6^2 = 171.9\text{kN·m}$$

5. 选择钢梁截面

假设组合梁的应力图形如图 14.1-2(b) 所示，并设塑性中和轴位置 $x=0.3h_{c1}=0.3 \times 100=30\text{mm}$，则：

截面抵抗力矩的力臂：$y = h - \dfrac{1}{2}x - \dfrac{1}{2}h_s = 400 - 15 - 100 = 285\text{mm}$

由内外力矩的平衡条件得：

$$M \leqslant b_e x f_c y = Afy \qquad 《钢标》公式(14.2.1-1)$$

因而，需要的钢梁截面积为：

$$A = \frac{M}{fy} = \frac{171.9 \times 10^6}{215 \times 285} \times 10^{-2} = 28.05\text{cm}^2$$

根据前述要求 $h_s \geqslant 200\text{mm}$ 和 $A \geqslant 28.05\text{cm}^2$，从型钢表（附表 2.4）选用钢梁截面为热轧工字钢 I20a，其截面特性为：

$A=35.55\text{cm}^2 \qquad b=100\text{mm} \qquad h_s=200\text{mm} \qquad t=11.4\text{mm}$

$t_w=7.0\text{mm} \qquad I_x=2370\text{cm}^4 \qquad W_x=237\text{cm}^3 \qquad S_x=138\text{cm}^3$

$r=9\text{mm}$（翼缘与腹板交接处圆弧半径） 自重 0.27kN/m

所选用的钢梁截面高度 $h_s=200\text{mm}$、翼缘宽度 $b=100\text{mm}$、钢梁自重为 0.27kN/m，都与前面假定相同，不必修改。

二、施工阶段对钢梁的验算

施工阶段，由钢梁承受翼板和板托未硬结的混凝土重量、钢梁自重及施工活荷载。对钢梁应计算其截面的抗弯强度、抗剪强度、梁的整体稳定性及挠度等。

1. 荷载及内力

翼板混凝土的重量：$\left.\begin{array}{l}9.00\text{kN/m}\\ 0.50\text{kN/m}\end{array}\right\}$ 见前述使用阶段荷载的标准值计算

板托混凝土的重量：

钢梁自重： 0.27kN/m

梁上均布永久荷载标准值：$g_k=9.77\text{kN/m}$

施工均布活荷载标准值：$p_k=3.6\times 1.0=3.6\text{kN/m}$

梁上线荷载标准值：
$$q_k=9.77+3.6=13.37\text{kN/m}=13.37\text{N/mm}$$

梁上线荷载的设计值：
$$q=1.3\times 9.77+1.5\times 3.6=18.10\text{kN/m}$$

最大弯矩设计值：
$$M_x=\frac{1}{8}ql^2=\frac{1}{8}\times 18.10\times 6^2=81.45\text{kN}\cdot\text{m}$$

最大剪力设计值：
$$V=\frac{1}{2}ql=\frac{1}{2}\times 18.10\times 6=54.30\text{kN}$$

2. 强度验算

（1）抗弯强度：

$$\sigma=\frac{M_x}{\gamma_x W_x}=\frac{81.45\times 10^6}{1.05\times 237\times 10^3}=327.3\text{N/mm}^2>f=215\text{N/mm}^2，不满足要求。$$

为此，施工时应在梁跨度中点设置一临时竖向支承点，则钢梁成为两跨连续，在均布荷载 q 作用下梁的最大弯矩和最大剪力分别为（均产生在竖向支承处截面）：

最大负弯矩：$M'_x=\frac{1}{8}q\left(\frac{l}{2}\right)^2=\frac{1}{8}\times 18.10\times 3^2=20.36\text{kN}\cdot\text{m}$

最大剪力：$V'=\frac{5}{8}q\left(\frac{l}{2}\right)=\frac{5}{8}\times 18.10\times 3=33.94\text{kN}$

得 $\sigma=\frac{M'_x}{\gamma_x W_x}=\frac{20.36\times 10^6}{1.05\times 237\times 10^3}=81.8\text{N/mm}^2<f=215\text{N/mm}^2$，可。

（2）抗剪强度：

$$\tau = \frac{V'S_x}{I_x t_w} = \frac{33.94 \times 10^3 \times 138 \times 10^3}{2370 \times 10^4 \times 7} = 28.2 \text{N/mm}^2 < f_v = 125 \text{N/mm}^2, \text{可}.$$

3. 整体稳定性验算

侧向支承点间距仍为 $l_1 = 6\text{m}$，

$$\frac{l_1}{b_1} = \frac{6000}{100} = 60 > 13 (\text{附表 1.16})$$

需验算钢梁的整体稳定性。

由附表 1.26，近似取整体稳定系数 $\varphi_b = 0.57$ ❶，

$$\frac{M'_x}{\varphi_b W_x f} = \frac{20.36 \times 10^6}{0.57 \times 237 \times 10^3 \times 215} = 0.701 < 1.0, \text{可}.$$

4. 挠度计算

两跨连续梁在均布荷载作用下的挠度为：

$$v = \frac{1}{185} \cdot \frac{q_k (l/2)^4}{EI_x} = \frac{1}{185} \cdot \frac{13.37 \times 3000^4}{206 \times 10^3 \times 2370 \times 10^4} = 1.20 \text{mm}$$

$$\frac{v}{(l/2)} = \frac{1.20}{3000} = \frac{1}{2500} \ll \left[\frac{v}{(l/2)}\right] = \frac{1}{250}, \text{可}.$$

因此下面设有临时支承的钢梁一般可不进行挠度验算。

三、使用阶段组合梁的强度验算

1. 内力设计值（参见前述一）

弯矩：$M = 171.9 \text{kN} \cdot \text{m}$

剪力：$V = \frac{1}{2} q l = \frac{1}{2} \times 38.19 \times 6 = 114.6 \text{kN}$

2. 抗弯强度

塑性中和轴位置的判定：

$$Af = 35.55 \times 10^2 \times 215 \times 10^{-3} = 764.3 \text{kN}$$
$$b_e h_{c1} f_c = 2300 \times 100 \times 14.3 \times 10^{-3} = 3289 \text{kN} > Af$$

塑性中和轴位于翼板范围内，应力图形如图 14.3-1(b) 所示。

翼板内混凝土受压区高度：

$$x = \frac{Af}{b_e f_c} = \frac{764.3 \times 10^3}{2300 \times 14.3} = 23.2 \text{mm}$$

截面的抵抗力矩：

$$b_e x f_c y = Afy = 764.3 \times \left(400 - \frac{23.2}{2} - \frac{200}{2}\right) \times 10^{-3},$$
$$= 220.4 \text{kN} \cdot \text{m} > M = 171.9 \text{kN} \cdot \text{m}, \text{可}.$$

3. 抗剪强度

全部剪力由钢梁腹板承受（《钢标》第 14.2.3 条）。

考虑到次梁组合梁中的钢梁与主梁组合梁中钢梁的同位连接［两钢梁的顶面位于同一标高，参阅图 14.1-5(a)］，次梁钢梁的上翼缘需局部切除。今假设切除高度为 40mm，

---

❶ 在相同均布荷载作用下，竖向两跨连续梁的整体稳定性优于相同跨度单跨简支梁。前者的 l_1/b_1 限值和 φ_b 值在《钢标》中均未列出，今按后者套用《原规范》数值，如验算通过，则对前者必然安全。

则剩下的腹板高度为 $h_w=200-40=160\text{mm}$，截面能承受的剪力为：
$$h_w t_w f_v = 160 \times 7 \times 125 \times 10^{-3} = 140\text{kN} > V = 114.6\text{kN},\text{可}。$$

四、抗剪连接件设计

《钢标》推荐了两种形式的抗剪连接件，即圆柱头焊钉和槽钢，现采用圆柱头焊钉连接件。

1. 单个焊钉的受剪承载力设计值 N_v^c

$$N_v^c = 0.43 A_s \sqrt{E_c f_c} \leqslant 0.7 A_s f_u \qquad 《钢标》公式(14.3.1\text{-}1)$$

焊钉的极限抗拉强度设计值 $f_u=400\text{N/mm}^2$（《钢标》条文说明第14.3.1），试选焊钉直径 $d=16\text{mm}$，得：

焊钉钉杆截面面积：$A_s = \dfrac{\pi \times d^2}{4} = \dfrac{3.14159 \times 16^2}{4} = 201.06\text{mm}^2$

$$0.43 A_s \sqrt{E_c f_c} = 0.43 \times 201.06 \times \sqrt{3 \times 10^4 \times 14.3} \times 10^{-3} = 56.6\text{kN}$$
$$0.7 A_s f_u = 0.7 \times 201.06 \times 400 \times 10^{-3} = 56.3\text{kN} < 56.6\text{kN}$$

因此：$N_v^c = 56.3\text{kN}$。

2. 焊钉数量 n_f 及其配置

因塑性中和轴在使用阶段位于混凝土翼板内，组合梁上最大弯矩点（跨中截面）至边支座（梁端）区段内混凝土翼板与钢梁交界面的纵向剪力为（《钢标》第14.3.4条第1款）：

$$V_s = Af = 35.55 \times 10^2 \times 215 \times 10^{-3} = 764.3\text{kN}$$

半跨范围内所需焊钉总数为：

$$n_f = \dfrac{V_s}{N_v^c} = \dfrac{764.3}{56.3} = 13.6 \approx 14$$

焊钉配置：单列，全跨28个，沿跨度方向焊钉平均间距为：

$$p = \dfrac{6000}{28-1} = 222\text{mm} \begin{cases} < 3(h_{c1}+h_{c2}) = 3 \times (100+100) = 600\text{mm} \\ < 300\text{mm} \\ > 6d = 6 \times 16 = 96\text{mm} \end{cases}$$

满足《钢标》第14.7.4条第2款和第14.7.5条第3款的构造要求。

五、使用阶段组合梁的挠度验算

梁的挠度按弹性方法进行计算。分别采用荷载的标准组合和准永久组合进行计算。仅受正弯矩作用的简支梁，其抗弯刚度应取考虑滑移效应后的折减刚度，计算时不考虑板托截面（《钢标》第14.1.3条、第14.1.8条和第14.4.1条）。

1. 按荷载的标准组合进行计算

（1）按标准组合的荷载值

$$q_k = g_k + p_k = 12.76 + 14.40 = 27.16\text{kN/m} = 27.16\text{N/mm}$$

（2）组合梁换算截面的惯性矩 I_{eq}

按弹性工作阶段计算梁的挠度时，需将混凝土翼板换算成钢截面，其厚度相同但有效宽度缩小为 $b_{eq}=b_e/\alpha_E$。整个换算截面如图14.1-3所示。

钢材与混凝土弹性模量的比值：

$$\alpha_E = \frac{E}{E_c} = \frac{206 \times 10^3}{3.0 \times 10^4} = 6.87$$

翼板换算截面宽度：

$$b_{eq} = \frac{b_e}{\alpha_E} = \frac{2300}{6.87} = 334.8 \text{mm}$$

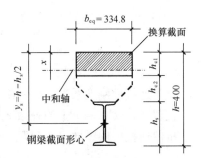

图 14.1-3　组合梁的换算截面

根据下列判别式确定组合梁换算截面弹性中和轴的位置（对翼板底面取面积矩并不计板托截面）：

$$\frac{1}{2} b_{eq} h_{c1}^2 > A(y_s - h_{c1}) \quad (\text{例题 } 14.1\text{-}a)$$

如满足式（例题 14.1-a），则 $x < h_{c1}$，中和轴在翼板内；否则 $x > h_{c1}$，中和轴在翼板下。

今　　$\frac{1}{2} b_{eq} h_{c1}^2 = \frac{1}{2} \times 334.8 \times 100^2 = 1674 \times 10^3 \text{mm}^3$

$$y_s = h - h_s/2 = 400 - 200/2 = 300 \text{mm}$$

$A(y_s - h_{c1}) = 35.55 \times 10^2 \times (300 - 100) = 711 \times 10^3 \text{mm}^3 < 1674 \times 10^3 \text{mm}^3$

满足上述判别式（例题 14.1-a），因此 $x < h_{c1}$，中和轴位于翼板内。

对中和轴求面积矩以确定中和轴位置 x：　　$\frac{1}{2} b_{eq} x^2 = A(y_s - x)$

即　　$x = \dfrac{-A + \sqrt{A^2 + 2 b_{eq} A y_s}}{b_{eq}}$

$$= \frac{-3555 + \sqrt{3555^2 + 2 \times 334.8 \times 3555 \times 300}}{334.8} = 69.9 \text{mm}$$

得组合梁换算截面对中和轴的惯性矩：

$$I_{eq} = \frac{1}{3} b_{eq} x^3 + [I_x + A(y_s - x)^2] = \frac{1}{3} \times 33.48 \times 6.99^3$$
$$+ [2370 + 35.55 \times (30 - 6.99)^2]$$
$$= 25003 \text{cm}^4 \text{。}$$

(3) 组合梁的折减刚度 B（《钢标》第 14.4.2 和第 14.4.3 条）

仅受正弯矩作用的组合梁，其考虑滑移效应的折减刚度 B 应按下式计算

$$B = \frac{EI_{eq}}{1 + \xi} \qquad \text{《钢标》公式(14.4.2)}$$

式中的刚度折减系数 ξ 由下式确定（当 $\xi \leqslant 0$ 时，取 $\xi = 0$）：

$$\xi = \eta \left[0.4 - \frac{3}{(jl)^2} \right] \qquad \text{《钢标》公式(14.4.3-1)}$$

刚度折减系数 ξ 中的参数 η、j 及其相关计算如下：

混凝土翼板截面面积：$A_{cf} = b_e h_{c1} = 2300 \times 100 = 230000 \text{mm}^2$

混凝土翼板截面惯性矩：$I_{cf} = \dfrac{1}{12} b_e h_{c1}^3 = \dfrac{1}{12} \times 2300 \times 100^3 = 1.92 \times 10^8 \text{mm}^4$

混凝土翼板截面形心到钢梁截面形心的距离：$d_c = h - (h_{c1} + h_s)/2 = 400 - (100 + 200)/2 = 250 \text{mm}$

$$I_0 = I_x + \frac{I_{cf}}{\alpha_E} = 2370 \times 10^4 + \frac{1.92 \times 10^8}{6.87} = 5.16 \times 10^7 \text{mm}^4$$

$$A_0 = \frac{A \cdot A_{cf}}{\alpha_E A + A_{cf}} = \frac{35.55 \times 10^2 \times 230000}{6.87 \times 35.55 \times 10^2 + 230000} = 3214 \text{mm}^2$$

$$A_1 = \frac{I_0 + A_0 d_c^2}{A_0} = \frac{5.16 \times 10^7 + 3214 \times 250^2}{3214} = 7.86 \times 10^4 \text{mm}^2$$

抗剪连接件刚度系数：$k = N_v^c = 56.3 \times 1000 = 56300 \text{N/mm}$

抗剪连接件在钢梁上的列数 $n_s = 1$。

抗剪连接件的纵向平均间距（见四之 2. 焊钉数量 n_f 及其配置）$p = 222 \text{mm}$。

$$j = 0.81 \sqrt{\frac{n_s N_v^c A_1}{EI_0 p}} = 0.81 \sqrt{\frac{1 \times 56300 \times 7.86 \times 10^4}{206 \times 10^3 \times 5.16 \times 10^7 \times 222}} = 1.109 \times 10^{-3} \text{ mm}^{-1}$$

$$\eta = \frac{36 E d_c p A_0}{n_s k h l^2} = \frac{36 \times 206 \times 10^3 \times 250 \times 222 \times 3214}{1 \times 56300 \times 400 \times 6000^2} = 1.632$$

则 $\quad \xi = \eta\left[0.4 - \frac{3}{(jl)^2}\right] = 1.632 \times \left[0.4 - \frac{3}{(1.109 \times 10^{-3} \times 6000)^2}\right] = 0.542$

得 $\quad B = \frac{EI_{eq}}{1+\xi} = \frac{EI_{eq}}{1+0.542} = 0.648 EI_{eq}$

即考虑翼板与钢梁间的滑移效应后，组合梁的抗弯刚度下降了 35%。

（4）组合梁的挠度计算

跨中最大挠度：

$$v = \frac{5}{384} \cdot \frac{q_k l^4}{B} = \frac{5}{384} \cdot \frac{q_k l^4}{(0.648 EI_{eq})} = \frac{5 \times 27.16 \times 6000^4}{384 \times 206 \times 10^3 \times 25003 \times 10^4} \cdot \frac{1}{0.648}$$

$$= 8.90 \times \frac{1}{0.648} = 13.7 \text{mm}$$

$$\frac{v}{l} = \frac{13.7}{6000} = \frac{1}{438} < \left[\frac{v}{l}\right] = \frac{1}{250}, 可。$$

2. 按荷载的准永久组合进行计算

（1）按准永久组合的荷载

活荷载的准永久值系数 $\psi_q = 0.5$（参阅主要参考文献 [2] 及 [24]），得：

$$q_k = g_k + \psi_q p_k = 12.76 + 0.5 \times 14.40 = 19.96 \text{kN/m} = 19.96 \text{N/mm}。$$

（2）组合梁换算截面的惯性矩 I_{eq}

对荷载的准永久组合，应考虑混凝土的徐变影响。按《钢标》规定，取混凝土翼板的换算截面宽度为（见《钢标》第 14.4.2 条）：

$$b_{eq} = \frac{b_e}{2\alpha_E} = \frac{2300}{2 \times 6.87} = 167.4 \text{mm}$$

判别组合梁换算截面弹性中和轴的位置：

$$\frac{1}{2} b_{eq} h_{c1}^2 = \frac{1}{2} \times 167.4 \times 100^2 = 837 \times 10^3 \text{mm}^3$$

$$A(y_s - h_{c1}) = 35.55 \times 10^2 (300 - 100)$$

$$= 711 \times 10^3 \text{mm}^3 < 837 \times 10^3 \text{mm}^3$$

满足前述判别式（例题 14.1-a），因此 $x < h_{c1}$，中和轴位于翼板内。

对中和轴求面积矩以确定中和轴位置 x： $\quad \frac{1}{2} b_{eq} x^2 = A(y_s - x)$

即 $x = \dfrac{-A + \sqrt{A^2 + 2b_{eq}Ay_s}}{b_{eq}}$

$= \dfrac{-3555 + \sqrt{3555^2 + 2 \times 167.4 \times 3555 \times 300}}{167.4} = 93.6 \text{mm}$

组合梁的换算截面（图 14.1-3）对中和轴的惯性矩：

$$I_{eq} = \dfrac{1}{3} b_{eq} x^3 + [I_x + A(y_s - x)^2]$$

$$= \dfrac{1}{3} \times 16.74 \times 9.36^3 + [2370 + 35.55 \times (30 - 9.36)^2]$$

$$= 22090 \text{cm}^4。$$

（3）组合梁的折减刚度 B（《钢标》第 14.4.2 和第 14.4.3 条）

$$I_0 = I_x + \dfrac{I_{cf}}{2\alpha_E} = 2370 \times 10^4 + \dfrac{1.92 \times 10^8}{2 \times 6.87} = 3.77 \times 10^7 \text{mm}^4$$

$$A_0 = \dfrac{A \cdot A_{cf}}{2\alpha_E A + A_{cf}} = \dfrac{35.55 \times 10^2 \times 230000}{2 \times 6.87 \times 35.55 \times 10^2 + 230000} = 2932 \text{mm}^2$$

$$A_1 = \dfrac{I_0 + A_0 d_c^2}{A_0} = \dfrac{3.77 \times 10^7 + 2932 \times 250^2}{2932} = 7.53 \times 10^4 \text{mm}^2$$

$$j = 0.81 \sqrt{\dfrac{n_s N_v^c A_1}{EI_0 p}} = 0.81 \sqrt{\dfrac{1 \times 56300 \times 7.53 \times 10^4}{206 \times 10^3 \times 3.77 \times 10^7 \times 222}} = 1.270 \times 10^{-3} \text{mm}^{-1}$$

$$\eta = \dfrac{36 E d_c p A_0}{n_s k h l^2} = \dfrac{36 \times 206 \times 10^3 \times 250 \times 222 \times 2932}{1 \times 56300 \times 400 \times 6000^2} = 1.489$$

则 $\xi = \eta \left[0.4 - \dfrac{3}{(jl)^2} \right] = 1.489 \times \left[0.4 - \dfrac{3}{(1.27 \times 10^{-3} \times 6000)^2} \right] = 0.519$

得 $B = \dfrac{EI_{eq}}{1+\xi} = \dfrac{EI_{eq}}{1+0.519} = 0.658 EI_{eq}$

（4）组合梁的挠度计算
跨中最大挠度：

$$v = \dfrac{5}{384} \cdot \dfrac{q_k l^4}{B} = \dfrac{5}{384} \cdot \dfrac{q_k l^4}{(0.658 EI_{eq})} = \dfrac{5 \times 19.96 \times 6000^4}{384 \times 206 \times 10^3 \times 22090 \times 10^4} \cdot \dfrac{1}{0.658}$$

$$= 7.40 \times \dfrac{1}{0.658} = 11.2 \text{mm}$$

$\dfrac{v}{l} = \dfrac{11.2}{6000} = \dfrac{1}{536} < \left[\dfrac{v}{l} \right] = \dfrac{1}{250}$，可。

14.4 主 梁 设 计

一、初选截面

跨度 $L = 3 \times 3.6 = 10.8 \text{m}$。

荷载及梁的计算简图如图 14.1-4 所示。

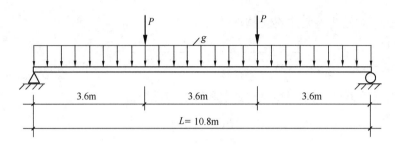

图 14.1-4　主梁的荷载及计算图形

图 14.1-5(a) 所示为主梁组合梁的截面及各部分尺寸，图 14.1-5(b) 所示为组合梁的应力图形。

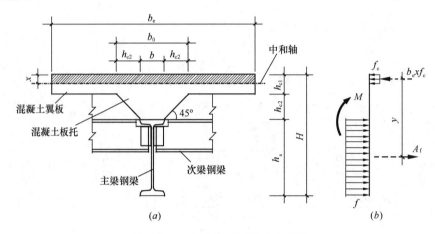

图 14.1-5　组合梁截面及应力图形

1. 板托高度 h_{c2} 和钢梁截面高度 h_s

钢筋混凝土翼板厚度 $h_{c1}=100$mm，取主梁的混凝土板托高度与次梁的相同，即取 $h_{c2}=100$mm，满足 $h_{c2} \leqslant 1.5 h_{c1}=150$mm 的构造要求。主梁组合梁和次梁组合梁的两个正交钢梁顶面设在同一标高，见图 14.1-5(a)。

试取主梁组合梁的全高为：$H \approx \dfrac{1}{16}L = \dfrac{10.8 \times 10^3}{16} = 675$mm，采用 650mm。

则钢梁高度为：$h_s = H - h_{c1} - h_{c2} = 650 - 100 - 100 = 450$mm

满足　$h_s \geqslant \dfrac{H}{2} = \dfrac{650}{2} = 325$mm 的构造要求。

2. 板托顶面宽度 b_0

取板托倾角 $\alpha = 45°$，并试取钢梁上翼缘宽度 $b=152$mm，则板托顶面宽度为：
$$b_0 = b + 2h_{c2} = 152 + 2 \times 100 = 352\text{mm}$$

3. 组合梁混凝土翼板的有效宽度 b_e

根据《钢标》第 14.1.2 条的要求，b_e 取下述两个数值中的较小值：

(1) $b_e = b_0 + L/3 = 352 + 10800/3 = 3952$mm；

(2) $b_e = 6000$mm（主梁间距）。

因此取翼板的有效宽度 $b_e=3952\mathrm{mm}$。

4. 使用阶段的荷载及最大弯矩

（1）荷载的标准值

混凝土板托自重：$\dfrac{(152+352)\times 100}{2}\times 10^{-6}\times 25=0.630\mathrm{kN/m}$

钢梁自重（假定）：$\underline{\qquad\qquad\qquad\qquad\qquad}=0.857\mathrm{kN/m}$

$\qquad\qquad\qquad\qquad\qquad\qquad\qquad g_k=1.487\mathrm{kN/m}$

为简便计算，假定楼面荷载全部由次梁传来。由次梁组合梁传来的集中荷载：

永久荷载：$\qquad P_{k1}=12.76\times 6=76.56\mathrm{kN}$

可变荷载：$\qquad \underline{P_{k2}=14.40\times 6\times 0.9=77.76\mathrm{kN}}$

$\qquad\qquad\qquad\qquad P_k=154.3\mathrm{kN}$

计算 P_{k2} 式中的 0.9 是当楼面梁从属面积超过 $50\mathrm{m}^2$ 时楼面活荷载标准值的折减系数（见《建筑结构荷载规范》GB 50009—2012 第 5.1.2 条第 1 款或《工程结构通用规范》GB 55001—2021 第 4.2.4 条第 2 款），本例题中主梁组合梁的从属面积为 $10.8\times 6=64.8\mathrm{m}^2>50\mathrm{m}^2$。

（2）荷载的设计值

均布荷载：$\quad g=1.3\times 1.487=1.933\mathrm{kN/m}$

集中荷载：$\quad P=1.3\times 76.56+1.5\times 77.76=216.2\mathrm{kN}$。

（3）最大弯矩设计值（图 14.1-4）

$$M=\frac{1}{8}gL^2+\frac{1}{3}PL=\frac{1}{8}\times 1.933\times 10.8^2+\frac{1}{3}\times 216.2\times 10.8=806.5\mathrm{kN\cdot m}$$

5. 选择钢梁截面

因截面高度 $h_s\geqslant 400\mathrm{mm}$ 的热轧工字钢翼缘平均厚度 $t>16\mathrm{mm}$，故取相应 Q235 钢的强度设计值为（附表 1.1）：$f=205\mathrm{N/mm}^2$。

如图 14.1-5(b) 所示的应力图形，假设 $x=0.4h_{c1}=0.4\times 100=40\mathrm{mm}$，则：

截面抵抗力矩的力臂：$y=H-\dfrac{1}{2}x-\dfrac{1}{2}h_s=650-\dfrac{40}{2}-\dfrac{450}{2}=405\mathrm{mm}$

由内外力矩的平衡条件：

$$M\leqslant b_e x f_c y=Afy \qquad \text{《钢标》公式(14.2.1-1)}$$

得需要的钢梁截面积为：$A=\dfrac{M}{fy}=\dfrac{806.5\times 10^6}{205\times 405}\times 10^{-2}=97.14\mathrm{cm}^2$

从型钢表（附表 2.4）选用主梁的钢梁截面为热轧工字钢 I45b（选用 I45a 经验计算不能满足设计要求），其截面特性为：

$A=111.4\mathrm{cm}^2 \qquad b=152\mathrm{mm} \qquad h_s=450\mathrm{mm} \qquad t=18.0\mathrm{mm}$

$t_w=13.5\mathrm{mm} \qquad I_x=33800\mathrm{cm}^4 \qquad W_x=1500\mathrm{cm}^3 \qquad S_x=896\mathrm{cm}^3$

$r=13.5\mathrm{mm}$（翼缘与腹板交接处圆弧半径）$\qquad$ 自重 $0.857\mathrm{kN/m}$

所选用的钢梁截面高度 $h_s=450\mathrm{mm}$、翼缘宽度 $b=152\mathrm{mm}$、钢梁自重为 $0.857\mathrm{kN/m}$，都与前面试取值相同，因而以上计算不需做任何修正。

二、施工阶段对钢梁的验算

1. 荷载及内力

(1) 均布永久荷载标准值

主梁混凝土板托重量： 0.630kN/m

主梁钢梁自重（I45b）： 0.857kN/m

$$g_k = 1.487 \text{kN/m}$$

(2) 施工阶段次梁作用在主梁上的集中荷载标准值

永久荷载： $P_{k1} = 9.77 \times 6 = 58.62 \text{kN}$

施工活荷载： $P_{k2} = 3.6 \times 6 = 21.6 \text{kN}$

上述 9.77kN/m 和 3.6kN/m 两数值见次梁施工阶段的计算（第 14.3 节之二）。

(3) 施工阶段主梁所受荷载设计值

均布荷载：$g = 1.3 \times 1.487 = 1.933 \text{kN/m}$

集中荷载：$P = 1.3 \times 58.62 + 1.5 \times 21.6 = 108.6 \text{kN}$

(4) 最大内力设计值

弯矩：$M_x = \frac{1}{8}gL^2 + \frac{1}{3}PL = \frac{1}{8} \times 1.933 \times 10.8^2 + \frac{1}{3} \times 108.6 \times 10.8 = 419.1 \text{kN·m}$

剪力：$V = \frac{1}{2}gL + P = \frac{1}{2} \times 1.933 \times 10.8 + 108.6 = 119.0 \text{kN}$

2. 强度验算

抗弯强度：$\sigma = \frac{M_x}{\gamma_x W_x} = \frac{419.1 \times 10^6}{1.05 \times 1500 \times 10^3} = 266.1 \text{ N/mm}^2 > f = 205 \text{ N/mm}^2$，不可。

因此施工阶段必须在主梁跨间设置临时竖向支承以减小主梁的跨度。今在跨度的三分点处各设置一道临时竖向支承，则主梁在施工阶段为一根三跨连续梁，仅承受均布荷载 g，集中荷载 P 直接由竖向支承承受。此时梁中最大弯矩为：

$$M'_x = \frac{1}{10}g\left(\frac{L}{3}\right)^2 = \frac{1}{90}gL^2 = \frac{1}{90} \times 1.933 \times 10.8^2 = 2.51 \text{kN·m}$$

得　　$\sigma = \frac{M'_x}{\gamma_x W_x} = \frac{2.51 \times 10^6}{1.05 \times 1500 \times 10^3} = 1.59 \text{ N/mm}^2 \ll f = 205 \text{ N/mm}^2$，可。

设置临时竖向支承后抗剪强度也必然满足，不需验算。

3. 整体稳定性验算

在跨度三分点处的次梁可视作主梁的水平支撑，则主梁的侧向无支承长度（自由长度）为 $l_1 = 3.60\text{m} = 3600\text{mm}$。

$$\frac{l_1}{b_1} = \frac{3600}{152} = 23.7 > 16 \text{（附表 1.16）}$$

需验算钢梁的整体稳定性，但由于在跨中三分点同时设有临时竖向支承，弯矩已大大减小，整体稳定性也就必然满足，无需再算。

4. 挠度计算—设置临时竖向支承后，挠度条件必然满足，不必计算。

根据上述计算，在施工阶段，主梁跨度三分点处需设置竖向临时支承。临时竖向支承需承受由次梁传来的集中荷载设计值 $P = 108.6\text{kN}$ 和均布荷载作用在三跨连续梁上产生的反力。在跨度的三分点处，次梁应与主梁的下翼缘临时设置隅撑以增加其侧向刚度。设置这些临时支承后，在施工阶段就能满足对主梁的各种强度、整体稳定性和变形要求。

三、使用阶段组合梁的强度验算

1. 抗弯强度

塑性中和轴位置的确定：

钢梁中拉力：$Af = 111.4 \times 10^2 \times 205 \times 10^{-3} = 2283.7 \text{kN}$

混凝土翼板中的压力：$b_e h_{c1} f_c = 3952 \times 100 \times 14.3 \times 10^{-3} = 5651.4 \text{kN}$

因 $Af < b_e h_{c1} f_c$，塑性中和轴位于翼板之内，即 $x < h_{c1}$，组合梁的应力图形如图 14.1-5(b) 所示。

翼板内混凝土受压区高度：

$$x = \frac{Af}{b_e f_c} = \frac{2283.7 \times 10^3}{3952 \times 14.3} = 40.4 \text{mm}$$

截面的抵抗力矩：

$$b_e x f_c y = Af y = 2283.7 \times \left(650 - \frac{450}{2} - \frac{40.4}{2}\right) \times 10^{-3},$$

$$= 924.4 \text{kN} \cdot \text{m} > M = 806.5 \text{kN} \cdot \text{m}，可。$$

2. 抗剪强度

剪力设计值为（图 14.1-4）：

$$V = \frac{1}{2}gL + P = \frac{1}{2} \times 1.933 \times 10.8 + 216.2 = 226.6 \text{kN}$$

截面能承受的剪力为：

$$h_w t_w f_v = 450 \times 13.5 \times 125 \times 10^{-3} = 759.4 \text{kN} > V = 226.6 \text{kN}，可。$$

四、抗剪连接件设计

采用圆柱头焊钉连接件，取焊钉直径 $d = 19 \text{mm}$。焊钉的极限抗拉强度设计值 $f_u = 400 \text{N/mm}^2$（《钢标》条文说明第 14.3.1 条）。

1. 单个焊钉的受剪承载力设计值 N_v^c

$$N_v^c = 0.43 A_s \sqrt{E_c f_c} \leqslant 0.7 A_s f_u \quad \text{《钢标》公式(14.3.1-1)}$$

焊钉钉杆截面面积：$A_s = \frac{\pi \times d^2}{4} = \frac{3.14159 \times 19^2}{4} = 283.53 \text{mm}^2$

$$0.43 A_s \sqrt{E_c f_c} = 0.43 \times 283.53 \times \sqrt{3 \times 10^4 \times 14.3} \times 10^{-3} = 79.9 \text{kN}$$

$$0.7 A_s f_u = 0.7 \times 283.53 \times 400 \times 10^{-3} = 79.4 \text{kN} < 79.9 \text{kN}$$

因此：$N_v^c = 79.4 \text{kN}$。

2. 焊钉数量 n_f 及其配置

因塑性中和轴在使用阶段位于混凝土翼板内，组合梁上最大弯矩点（跨中截面）至边支座（梁端）区段内混凝土翼板与钢梁交界面的纵向剪力为（《钢标》第 14.3.4 条第 1 款）：

$$V_s = Af = 2283.7 \text{kN}$$

半跨范围内所需焊钉总数为：

$$n_f = \frac{V_s}{N_v^c} = \frac{2283.7}{79.4} = 28.8 \qquad \text{（例题 14.1-}b\text{）}$$

采用 $n_f = 30$。

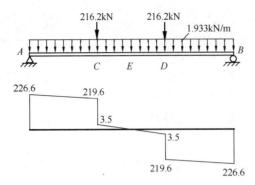

图 14.1-6 主梁的剪力设计值（kN）图

主梁的剪力图形如图 14.1-6 所示。根据《钢标》第 14.3.4 条第 2 款规定，按式（例题 14.1-b）算得的连接件数量，可在对应的剪跨区段内均匀布置。当在此剪跨区段内有较大集中荷载作用时，应将连接件个数 n_f 按剪力图面积比例分配后再各自均匀布置。

由图 14.1-6 可见，半跨内 AC 段剪力图面积和 CE 段剪力图面积之比为：

$$\frac{(226.6+219.6)\times 3.6/2}{\frac{1}{2}\times 3.5 \times \frac{3.6}{2}} = \frac{892.4}{3.5}$$

$$= 255:1$$

即所需的 30 个焊钉连接件应全部布置在 AC 段内，其沿跨度方向的平均间距为：

$$p = \frac{3600}{30-1} = 124\text{mm} \begin{cases} < 300\text{mm} \\ < 3(h_{c1}+h_{c2}) = 3\times(100+100) = 600\text{mm} \\ > 6d = 6\times 19 = 114\text{mm} \end{cases}$$

满足《钢标》第 14.7.4 条第 2 款和第 14.7.5 条第 3 款的构造要求。

在中间三分之一的梁段（CD 段），焊钉连接件可按构造均匀配置，沿梁跨度方向的最大间距取 $p=300\text{mm}$。

五、使用阶段组合梁的挠度计算

1. 按荷载的标准组合进行计算

（1）按标准组合的荷载值（见一之 4）

均布荷载：$q_k = 0.630+0.858 = 1.487\text{kN/m} = 1.487\text{N/mm}$

集中荷载：$P_k = P_{k1}+P_{k2} = 76.56+77.76 = 154.3\text{kN}$

（2）组合梁换算截面的惯性矩 I_{eq}

钢材与混凝土弹性模量比值：$\alpha_E = 6.87$

翼板换算截面宽度：$b_{eq} = \dfrac{b_e}{\alpha_E} = \dfrac{3952}{6.87} = 575.3\text{mm}$

参阅次梁设计时的图 14.1-3，从下列判别式确定组合梁换算截面弹性中和轴的位置：

$$\frac{1}{2}b_{eq}h_{c1}^2 = \frac{1}{2}\times 575.3 \times 100^2 = 2.877\times 10^6\text{mm}^3$$

$$y_s = H - h_s/2 = 650 - 450/2 = 425\text{mm}$$

$$A(y_s - h_{c1}) = 111.4\times 10^2 \times (425-100) = 3.621\times 10^6\text{mm}^3 > \frac{1}{2}b_{eq}h_{c1}^2$$

中和轴在翼板下，即 $x > h_{c1}$。

由对中和轴求面积矩确定中和轴位置 x，即：

$$b_{eq}h_{c1}\left(x - \frac{1}{2}h_{c1}\right) = A(y_s - x)$$

$$x = \frac{Ay_s + \frac{1}{2}b_{eq}h_{c1}^2}{A + b_{eq}h_{c1}} = \frac{111.4 \times 10^2 \times 425 + \frac{1}{2} \times 575.3 \times 100^2}{111.4 \times 10^2 + 575.3 \times 100}$$

$$= 110.8\text{mm} \begin{cases} > h_{c1} = 100\text{mm} \\ < h_{c1} + h_{c2} = 100 + 100 = 200\text{mm} \end{cases}$$

弹性中和轴位于板托范围内，如图 14.1-7 所示。

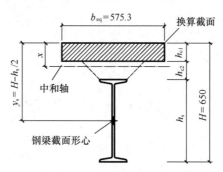

图 14.1-7　按荷载的标准组合计算时组合梁（主梁）的换算截面

组合梁的换算截面（图 14.1-7），对弹性中和轴的惯性矩为：

$$I_{eq} = \left[\frac{1}{12}b_{eq}h_{c1}^3 + b_{eq}h_{c1}\left(x - \frac{h_{c1}}{2}\right)^2\right] + \left[I_x + A(y_s - x)^2\right]$$

$$= \left[\frac{1}{12} \times 57.53 \times 10^3 + 57.53 \times 10 \times \left(11.08 - \frac{10}{2}\right)^2\right]$$

$$+ \left[33800 + 111.4 \times (42.5 - 11.08)^2\right]$$

$$= 169835\text{cm}^4。$$

（3）组合梁的折减刚度 B（《钢标》第 14.4.2 和第 14.4.3 条）

求刚度折减系数 ξ：

混凝土翼板截面面积：$A_{cf} = b_e h_{c1} = 3952 \times 100 = 395200\text{mm}^2$

混凝土翼板截面惯性矩：$I_{cf} = \frac{1}{12}b_e h_{c1}^3 = \frac{1}{12} \times 3952 \times 100^3 = 3.293 \times 10^8\text{mm}^4$

混凝土翼板截面形心到钢梁截面形心的距离：$d_c = H - (h_{c1} + h_s)/2 = 650 - (100 + 450)/2 = 375\text{mm}$

$$I_0 = I_x + \frac{I_{cf}}{\alpha_E} = 33800 \times 10^4 + \frac{3.293 \times 10^8}{6.87} = 3.86 \times 10^8\text{mm}^4$$

$$A_0 = \frac{A \cdot A_{cf}}{\alpha_E A + A_{cf}} = \frac{111.4 \times 10^2 \times 395200}{6.87 \times 111.4 \times 10^2 + 395200} = 9333\text{mm}^2$$

$$A_1 = \frac{I_0 + A_0 d_c^2}{A_0} = \frac{3.86 \times 10^8 + 9333 \times 375^2}{9333} = 1.82 \times 10^5\text{mm}^2$$

抗剪连接件刚度系数：$k = N_v^c = 79.4 \times 1000 = 79400\text{N/mm}$

抗剪连接件在钢梁上的列数：$n_s = 1$

抗剪连接件的纵向平均间距（见四、抗剪连接件设计）：$p = 124\text{mm}$

$$j = 0.81\sqrt{\frac{n_s k A_1}{EI_0 p}} = 0.81\sqrt{\frac{1 \times 79400 \times 1.82 \times 10^5}{206 \times 10^3 \times 3.86 \times 10^8 \times 124}} = 0.981 \times 10^{-3}\text{mm}^{-1}$$

$$\eta = \frac{36Ed_c pA_0}{n_s kHL^2} = \frac{36 \times 206 \times 10^3 \times 375 \times 124 \times 9333}{1 \times 79400 \times 650 \times 10800^2} = 0.535$$

得刚度折减系数：

$$\xi = \eta \left[0.4 - \frac{3}{(jL)^2} \right] = 0.535 \times \left[0.4 - \frac{3}{(0.981 \times 10^{-3} \times 10800)^2} \right] = 0.1997$$

因此考虑滑移效应的折减刚度：

$$B = \frac{EI_{eq}}{1+\xi} = \frac{EI_{eq}}{1+0.1997} = 0.834 EI_{eq}$$

（4）组合梁的挠度计算

跨中最大挠度：

$$v = \frac{5}{384} \cdot \frac{q_k L^4}{B} + \frac{23}{648} \cdot \frac{P_k L^3}{B} = \frac{L^3}{0.834 EI_{eq}} \left(\frac{5}{384} q_k L + \frac{23}{648} P_k \right)$$

$$= \frac{1}{0.834} \times \frac{10800^3}{206 \times 10^3 \times 169835 \times 10^4} \times \left(\frac{5}{384} \times 1.487 \times 10800 + \frac{23}{648} \times 154.3 \times 10^3 \right)$$

$$= \frac{1}{0.834} \times (0.753 + 19.72) = \frac{1}{0.834} \times 20.47 = 24.54 \text{mm}$$

$$\frac{v}{L} = \frac{24.54}{10800} = \frac{1}{440} < \left[\frac{v}{L} \right] = \frac{1}{400}, 可。$$

2. 按荷载的准永久组合进行计算

（1）按准永久组合的荷载值

均布荷载：$q_k = 0.630 + 0.857 = 1.487 \text{kN/m} = 1.487 \text{N/mm}$

楼面活荷载的准永久值系数 $\psi_q = 0.5$，得：

集中荷载：$P_k = P_{k1} + \psi_q P_{k2} = 76.56 + 0.5 \times 77.76 = 115.44 \text{kN}$

（2）组合梁换算截面的惯性矩 I_{eq}

混凝土翼板的换算截面宽度为：

$$b_{eq} = \frac{b_e}{2\alpha_E} = \frac{3952}{2 \times 6.87} = 287.6 \text{mm}$$

由上述"荷载的标准组合"计算结果可以断定中和轴位于翼板以下，即 $x > h_{c1}$。

由对中和轴求面积矩确定 x 值：

$$x = \frac{Ay_s + \frac{1}{2} b_{eq} h_{c1}^2}{A + b_{eq} h_{c1}} = \frac{111.4 \times 10^2 \times 425 + \frac{1}{2} \times 287.6 \times 100^2}{111.4 \times 10^2 + 287.6 \times 100}$$

$$= 154.7 \text{mm} \begin{cases} > h_{c1} = 100 \text{mm} \\ < h_{c1} + h_{c2} = 100 + 100 = 200 \text{mm} \end{cases}$$

弹性中和轴位于板托范围内。

换算截面对弹性中和轴的惯性矩为：

$$I_{eq} = \left[\frac{1}{12} b_{eq} h_{c1}^3 + b_{eq} h_{c1} \left(x - \frac{h_{c1}}{2} \right)^2 \right] + \left[I_x + A(y_s - x)^2 \right]$$

$$= \left[\frac{1}{12} \times 28.76 \times 10^3 + 28.76 \times 10 \times \left(15.47 - \frac{10}{2} \right)^2 \right]$$

$$+ \left[33800 + 111.4 \times (42.5 - 15.47)^2 \right]$$

$$= 149118 \text{cm}^4$$

(3) 组合梁的折减刚度 B（《钢标》第 14.4.2 和第 14.4.3 条）

$$I_0 = I_x + \frac{I_{cf}}{2\alpha_E} = 33800 \times 10^4 + \frac{3.293 \times 10^8}{2 \times 6.87} = 3.620 \times 10^8 \text{mm}^4$$

$$A_0 = \frac{A \cdot A_{cf}}{2\alpha_E A + A_{cf}} = \frac{111.4 \times 10^2 \times 395200}{2 \times 6.87 \times 111.4 \times 10^2 + 395200} = 8030 \text{mm}^2$$

$$A_1 = \frac{I_0 + A_0 d_c^2}{A_0} = \frac{3.62 \times 10^8 + 8030 \times 375^2}{8030} = 1.857 \times 10^5 \text{mm}^2$$

$$j = 0.81\sqrt{\frac{n_s k A_1}{EI_0 p}} = 0.81 \times \sqrt{\frac{1 \times 79400 \times 1.857 \times 10^5}{206 \times 10^3 \times 3.62 \times 10^8 \times 124}} = 1.023 \times 10^{-3} \text{mm}^{-1}$$

$$\eta = \frac{36 E d_c p A_0}{n_s k H L^2} = \frac{36 \times 206 \times 10^3 \times 375 \times 124 \times 8030}{1 \times 79400 \times 650 \times 10800^2} = 0.460$$

则 $\xi = \eta\left[0.4 - \frac{3}{(jL)^2}\right] = 0.46 \times \left[0.4 - \frac{3}{(1.023 \times 10^{-3} \times 10800)^2}\right] = 0.173$

得 $B = \frac{EI_{eq}}{1+\xi} = \frac{EI_{eq}}{1+0.173} = 0.853 EI_{eq}$

(4) 组合梁的挠度计算

跨中最大挠度：

$$v = \frac{5}{384} \cdot \frac{q_k L^4}{B} + \frac{23}{648} \cdot \frac{P_k L^3}{B} = \frac{L^3}{0.853 EI_{eq}}\left(\frac{5}{384} q_k L + \frac{23}{648} P_k\right)$$

$$= \frac{1}{0.853} \times \frac{10800^3}{206 \times 10^3 \times 149118 \times 10^4} \times \left(\frac{5}{384} \times 1.487 \times 10800 + \frac{23}{648} \times 115.44 \times 10^3\right)$$

$$= \frac{1}{0.853} \times (0.858 + 16.80) = \frac{1}{0.853} \times 17.66 = 20.70 \text{mm}$$

$$\frac{v}{L} = \frac{20.70}{10800} = \frac{1}{522} < \left[\frac{v}{L}\right] = \frac{1}{400}, \text{可}.$$

六、混凝土翼板及板托的设计

从略，参见朱聘儒编著《钢-混凝土组合梁设计原理》（第二版），中国建筑工业出版社，2006 年 12 月。

14.5 次梁与主梁的连接

次梁和主梁两个组合梁中的钢梁的连接为简支。例题 14.1 中为同位连接，即两梁顶面在同一标高，见图 14.1-5。采用连接角钢并以角焊缝或螺栓相连，其计算可参见第 2 章第 2.3 节例题，此处从略。

14.6 [例题 14.2] 施工阶段钢梁下不设临时支承点的组合梁设计

设计资料与例题 14.1 相同，但施工时不在钢梁下设置竖向临时支承。试设计此楼面系的次梁与主梁，均采用钢与混凝土组合梁。

一、试选中间次梁的钢梁截面为 I25b，主梁的钢梁截面为 I63a，均为 Q235 钢
截面几何特性为（附表 2.4）：

I25 b：

$A=53.51\text{cm}^2$ $b=118\text{mm}$ $h_s=250\text{mm}$ $t=13.0\text{mm}$

$t_w=10.0\text{mm}$ $I_x=5280\text{cm}^4$ $W_x=423\text{cm}^3$ 自重 0.41kN/m

I63a（选用 I56b 不能满足要求）：

$A=154.6\text{cm}^2$ $b=176\text{mm}$ $h_s=630\text{mm}$ $t=22.0\text{mm}$

$t_w=13.0\text{mm}$ $I_x=93900\text{cm}^4$ $W_x=2980\text{cm}^3$ 自重 1.19kN/m

二、中间次梁的验算

1. 混凝土板托尺寸和钢梁高度

取混凝土板托高度：$h_{c2}=100\text{mm}$

组合梁总高度（图 14.1-2）：

$$h = h_{c1} + h_{c2} + h_s = 100 + 100 + 250 = 450\text{mm} < 2h_s = 500\text{mm}$$

满足组合梁截面高度不宜超过钢梁截面高度的 2 倍之构造要求。

取板托倾角 $\alpha=45°$，板托顶面宽度为：

$$b_0 = b + 2h_{c2} = 118 + 2 \times 100 = 318\text{mm}$$

组合梁中混凝土翼板的有效宽度：

$$b_e = b_0 + \frac{l}{3} = 318 + \frac{6000}{3} = 2318\text{mm}$$

2. 施工阶段对钢梁的验算

（1）荷载及内力

混凝土翼板重量： $3.6 \times 0.1 \times 25 = 9.00\text{kN/m}$

混凝土板托重量： $(118+318) \times 100/2 \times 25 \times 10^{-6} = 0.55\text{kN/m}$

钢梁自重：   0.41kN/m

梁上均布永久荷载标准值： $g_k=9.96\text{kN/m}$

施工均布活荷载标准值：$p_k=3.6 \times 1.0 = 3.6\text{kN/m}$

梁上线荷载标准值：

$$q_k = 9.96 + 3.6 = 13.56\text{kN/m} = 13.56\text{N/mm}$$

梁上线荷载设计值：

$$q = 1.3 \times 9.96 + 1.5 \times 3.6 = 18.35\text{kN/m}$$

钢梁最大弯矩设计值：

$$M_x = \frac{1}{8}ql^2 = \frac{1}{8} \times 18.35 \times 6^2 = 82.58\text{kN} \cdot \text{m}$$

（2）强度验算

抗弯强度：

$$\sigma = \frac{M_x}{\gamma_x W_x} = \frac{82.58 \times 10^6}{1.05 \times 423 \times 10^3} = 185.9\text{ N/mm}^2 < f = 215\text{ N/mm}^2，可。$$

抗剪强度必然满足，不必进行验算。

(3) 整体稳定性验算

由附表1.26项次3得 $\varphi_b=0.60$。

$$\frac{M_x}{\varphi_b W_x f} = \frac{82.58 \times 10^6}{0.60 \times 423 \times 10^3 \times 215} = 1.51 > 1.0$$

整体稳定性不足,因而需在跨间中点处设临时水平支承点,侧向无支长度 $l_1=3\mathrm{m}$,由附表1.26项次5查得 $\varphi_b=1.80>0.6$,需换算成 φ_b':

$$\varphi_b' = 1.07 - \frac{0.282}{\varphi_b} = 1.07 - \frac{0.282}{1.80} = 0.913$$

$$\frac{M_x}{\varphi_b' W_x f} = \frac{82.58 \times 10^6}{0.913 \times 423 \times 10^3 \times 215} = 0.995 < 1.0, 可。$$

(4) 钢梁的挠度

$$v = \frac{5}{384} \cdot \frac{q_k l^4}{EI_x} = \frac{5}{384} \cdot \frac{13.56 \times 6000^4}{206 \times 10^3 \times 5280 \times 10^4} = 21.04\mathrm{mm}$$

$$\frac{v}{l} = \frac{21.04}{6000} = \frac{1}{285} < \left[\frac{v}{l}\right] = \frac{1}{250}, 可。$$

3. 使用阶段组合梁的强度验算

钢梁截面已由例题14.1中的I20a加大到I25b,组合梁在使用阶段的强度必然有富余,不必计算。

4. 抗剪连接件设计

采用圆柱头焊钉连接件,直径 $d=16\mathrm{mm}$,刚度系数 $k=N_v^c=56300\mathrm{N/mm}$,纵向平均间距 $p=150\mathrm{mm}$,在一根梁上的列数 $n_f=1$(设计方法步骤与例题14.1中相同)。

5. 使用阶段组合梁的挠度计算

由于施工阶段梁下未设临时竖向支承,使用阶段组合梁的挠度由两部分组成,即:

$$v = v_1 + v_2$$

式中 v_1 是指施工阶段钢梁自重及未结硬混凝土重量使钢梁产生的挠度。

v_2 分别按荷载的标准组合和准永久组合计算。按荷载的标准组合计算时,v_2 是指其他永久荷载(如水磨石面层、三夹板吊顶棚等重量)和楼面活荷载标准值使组合梁产生的挠度。按荷载的准永久组合计算时,v_2 是指其他永久荷载(如水磨石面层、三夹板吊顶棚等重量)标准值和楼面活荷载准永久值使组合梁产生的挠度。

(1) 钢梁在施工阶段混凝土未硬结前产生的挠度 v_1

荷载标准值: $q_k = 9.00 + 0.55 + 0.41 = 9.96\mathrm{kN/m}$

$$v_1 = \frac{5}{384} \cdot \frac{q_k l^4}{EI_x} = \frac{5}{384} \cdot \frac{9.96 \times 6000^4}{206 \times 10^3 \times 5280 \times 10^4} = 15.45\mathrm{mm}$$

(2) 使用阶段按荷载标准组合计算时组合梁的挠度 v_2

1) 组合梁换算截面的惯性矩 I_{eq}

混凝土翼板的换算截面宽度:

$$b_{eq} = \frac{b_e}{\alpha_E} = \frac{2318}{6.87} = 337.4\mathrm{mm}$$

判断组合梁换算截面弹性中和轴的位置(图14.1-3):

$$\frac{1}{2} b_{eq} h_{c1}^2 = \frac{1}{2} \times 337.4 \times 100^2 = 1.687 \times 10^6 \mathrm{mm}^3$$

$$y_s = h - h_s/2 = 450 - 250/2 = 325\text{mm}$$
$$A(y_s - h_{c1}) = 53.51 \times 10^2 (325 - 100) = 1.204 \times 10^6 \text{mm}^3$$

因 $\frac{1}{2}b_{eq}h_{c1}^2 > A(y_s - h_{c1})$，知中和轴在翼板以内，即 $x < h_{c1}$。中和轴位置 x 由下式求取：

$$\frac{1}{2}b_{eq}x^2 = A(y_s - x)$$

$$x = \frac{-A + \sqrt{A^2 + 2b_{eq}Ay_s}}{b_{eq}}$$

$$= \frac{-5351 + \sqrt{5351^2 + 2 \times 337.4 \times 5351 \times 325}}{337.4} = 86.9\text{mm}$$

得组合梁换算截面对中和轴的惯性矩：

$$I_{eq} = \frac{1}{3}b_{eq}x^3 + [I_x + A(y_s - x)^2] = \frac{1}{3} \times 33.74 \times 8.69^3$$
$$+ [5280 + 53.51 \times (32.5 - 8.69)^2]$$
$$= 42996\text{cm}^4$$

2) 组合梁的折减刚度 B。

混凝土翼板截面面积：$A_{cf} = b_e h_{c1} = 2318 \times 100 = 231800\text{mm}^2$

混凝土翼板截面惯性矩：$I_{cf} = \frac{1}{12}b_e h_{c1}^3 = \frac{1}{12} \times 2318 \times 100^3 = 1.93 \times 10^8 \text{mm}^4$

混凝土翼板截面形心到钢梁截面形心的距离：$d_c = h - (h_{c1} + h_s)/2 = 450 - (100 + 250)/2 = 275\text{mm}$

$$I_0 = I_x + \frac{I_{cf}}{\alpha_E} = 5280 \times 10^4 + \frac{1.93 \times 10^8}{6.87} = 8.09 \times 10^7 \text{mm}^4$$

$$A_0 = \frac{A \cdot A_{cf}}{\alpha_E A + A_{cf}} = \frac{53.51 \times 10^2 \times 231800}{6.87 \times 53.51 \times 10^2 + 231800} = 4619\text{mm}^2$$

$$A_1 = \frac{I_0 + A_0 d_c^2}{A_0} = \frac{8.09 \times 10^7 + 4619 \times 275^2}{4619} = 0.931 \times 10^5 \text{mm}^2$$

抗剪连接件刚度系数、抗剪连接件在钢梁上的列数和抗剪连接件的纵向平均间距分别为（见本节上文 4. 抗剪连接件设计）：

$$k = N_v^c = 56300\text{N/mm}, \quad n_s = 1 \text{ 和 } p = 150\text{mm}$$

$$j = 0.81\sqrt{\frac{n_s k A_1}{EI_0 p}} = 0.81\sqrt{\frac{1 \times 56300 \times 0.931 \times 10^5}{206 \times 10^3 \times 8.09 \times 10^7 \times 150}} = 1.173 \times 10^{-3} \text{mm}^{-1}$$

$$\eta = \frac{36 E d_c p A_0}{n_s k h l^2} = \frac{36 \times 206 \times 10^3 \times 275 \times 150 \times 4619}{1 \times 56300 \times 450 \times 6000^2} = 1.549$$

则 $\xi = \eta\left[0.4 - \frac{3}{(jl)^2}\right] = 1.549 \times \left[0.4 - \frac{3}{(1.173 \times 10^{-3} \times 6000)^2}\right] = 0.526$

得 $B = \frac{EI_{eq}}{1+\xi} = \frac{EI_{eq}}{1+0.526} = 0.655 EI_{eq}$

3) 组合梁的挠度

永久荷载标准值：

水磨石面层：　　$0.65 \times 3.6 = 2.34\text{kN/m}$

三夹板吊顶： $0.18 \times 3.6 = 0.65 \text{kN/m}$

$$g_k = 2.99 \text{kN/m}$$

楼面活荷载标准值：$p_k = 4.0 \times 3.6 = 14.40 \text{kN/m}$

挠度：$v_2 = \dfrac{5}{384} \cdot \dfrac{(g_k + p_k)l^4}{B} = \dfrac{5}{384} \cdot \dfrac{(2.99 + 14.40) \times 6000^4}{0.655 \times 206 \times 10^3 \times 42996 \times 10^4} = 5.06 \text{mm}$

(3) 使用阶段按荷载准永久组合计算时组合梁的挠度 v_2

1) 组合梁换算截面的惯性矩 I_{eq}

混凝土翼板的换算截面宽度：

$$b_{eq} = \dfrac{b_e}{2\alpha_E} = \dfrac{2318}{2 \times 6.87} = 168.7 \text{mm}$$

判断组合梁换算截面弹性中和轴的位置：

$$\dfrac{1}{2} b_{eq} h_{c1}^2 = \dfrac{1}{2} \times 168.7 \times 100^2 = 0.84 \times 10^6 \text{mm}^3 < A(y_s - h_{c1}) = 1.204 \times 10^6 \text{mm}$$

因此中和轴在翼板以下，即 $x > h_{c1}$。中和轴位置 x 由下式求取：

$$b_{eq} h_{c1} \left(x - \dfrac{h_{c1}}{2} \right) = A(y_s - x)$$

即 $x = \dfrac{A y_s + \dfrac{1}{2} b_{eq} h_{c1}^2}{A + b_{eq} h_{c1}} = \dfrac{53.51 \times 10^2 \times 325 + \dfrac{1}{2} \times 168.7 \times 100^2}{53.51 \times 10^2 + 168.7 \times 100} = 116.2 \text{mm}$

组合梁换算截面对中和轴的惯性矩：

$$I_{eq} = \left[\dfrac{1}{12} b_{eq} h_{c1}^3 + b_{eq} h_{c1} \left(x - \dfrac{h_{c1}}{2} \right)^2 \right] + \left[I_x + A(y_s - x)^2 \right]$$

$$= \left[\dfrac{1}{12} \times 168.7 \times 10^3 + 168.7 \times 10 \left(11.62 - \dfrac{10}{2} \right)^2 \right] +$$

$$\left[5280 + 53.51 \times (32.5 - 11.62)^2 \right]$$

$$= 37408 \text{cm}^4$$

2) 组合梁的折减刚度 B

混凝土翼板截面面积：$A_{cf} = b_e h_{c1} = 2318 \times 100 = 231800 \text{mm}^2$

混凝土翼板截面惯性矩：$I_{cf} = \dfrac{1}{12} b_e h_{c1}^3 = \dfrac{1}{12} \times 2318 \times 100^3 = 1.93 \times 10^8 \text{mm}^4$

混凝土翼板截面形心到钢梁截面形心的距离：$d_c = h - (h_{c1} + h_s)/2 = 450 - (100 + 250)/2 = 275 \text{mm}$

$$I_0 = I_x + \dfrac{I_{cf}}{2\alpha_E} = 5280 \times 10^4 + \dfrac{1.93 \times 10^8}{2 \times 6.87} = 6.68 \times 10^7 \text{mm}^4$$

$$A_0 = \dfrac{A \cdot A_{cf}}{2\alpha_E A + A_{cf}} = \dfrac{53.51 \times 10^2 \times 231800}{2 \times 6.87 \times 53.51 \times 10^2 + 231800} = 4062 \text{mm}^2$$

$$A_1 = \dfrac{I_0 + A_0 d_c^2}{A_0} = \dfrac{6.68 \times 10^7 + 4062 \times 275^2}{4062} = 0.921 \times 10^5 \text{mm}^2$$

$$j = 0.81 \sqrt{\dfrac{n_s k A_1}{E I_0 p}} = 0.81 \sqrt{\dfrac{1 \times 56300 \times 0.921 \times 10^5}{206 \times 10^3 \times 6.68 \times 10^7 \times 150}} = 1.284 \times 10^{-3} \text{mm}^{-1}$$

$$\eta = \frac{36Ed_c pA_0}{n_s khl^2} = \frac{36 \times 206 \times 10^3 \times 275 \times 150 \times 4062}{1 \times 56300 \times 450 \times 6000^2} = 1.362$$

则 $$\xi = \eta\left[0.4 - \frac{3}{(jl)^2}\right] = 1.362 \times \left[0.4 - \frac{3}{(1.284 \times 10^{-3} \times 6000)^2}\right] = 0.476$$

得 $$B = \frac{EI_{eq}}{1+\xi} = \frac{EI_{eq}}{1+0.476} = 0.678 EI_{eq}$$

3) 组合梁的挠度

永久荷载标准值：$g_k = 2.99$ kN/m

楼面活荷载准永久值系数 $\psi_q = 0.5$，得楼面活荷载准永久值为：

$$0.5p_k = 0.5 \times 14.40 = 7.2 \text{kN/m}$$

挠度：$$v_2 = \frac{5}{384} \cdot \frac{(g_k + 0.5p_k)l^4}{B} = \frac{5}{384} \cdot \frac{(2.99+7.2) \times 6000^4}{0.678 \times 206 \times 10^3 \times 37408 \times 10^4}$$
$$= 3.29 \text{mm}$$

(4) 使用阶段次梁总挠度

按荷载标准组合计算时：$v = v_1 + v_2 = 15.45 + 5.06 = 20.51$ mm

按荷载准永久组合计算时：$v = v_1 + v_2 = 15.45 + 3.29 = 18.74$ mm

由按荷载标准组合计算时控制：

$$\frac{v}{l} = \frac{20.51}{6000} = \frac{1}{293} < \left[\frac{v}{l}\right] = \frac{1}{250}, 可。$$

三、主梁的验算

1. 混凝土板托尺寸（图 14.1-5）

取混凝土板托高度 $h_{c2} = 100$ mm。

组合梁高度：

$$H = h_{c1} + h_{c2} + h_s = 100 + 100 + 630 = 830 \text{mm} < 2h_s = 1260 \text{mm}$$

满足组合梁截面高度不宜超过钢梁截面高度的 2 倍之构造要求。

板托倾角 $\alpha = 45°$，板托顶面宽度为：

$$b_0 = b + 2h_{c2} = 176 + 2 \times 100 = 376 \text{mm}$$

组合梁中混凝土翼板有效宽度为：

$$b_e = b_0 + \frac{L}{3} = 376 + \frac{10800}{3} = 3976 \text{mm}$$

2. 施工阶段对钢梁的验算

(1) 荷载及内力（图 14.1-4）

主梁板托混凝土重量：$\frac{(376+176) \times 100}{2} \times 10^{-6} \times 25 = 0.69$ kN/m

主梁的钢梁自重：　　　　　　　　　　　　　　　　1.19 kN/m

均布永久荷载标准值：　　　　　　　　　　　　　$g_k = 1.88$ kN/m

施工阶段由次梁传来的集中永久荷载标准值为：

$$P_{k1} = 9.96 \times 6 = 59.76 \text{kN}$$

由次梁传来的集中施工活荷载标准值为：

$$P_{k2} = 3.60 \times 6 = 21.60 \text{kN}$$

钢梁最大弯矩设计值：

$$M_x = \frac{1}{8}gL^2 + \frac{1}{3}PL = \frac{1}{8} \times (1.3 \times 1.88) \times 10.8^2 + \frac{1}{3}$$
$$\times (1.3 \times 59.76 + 1.5 \times 21.60) \times 10.8$$
$$= 35.63 + 396.32 = 431.95 \text{kN} \cdot \text{m}$$

（2）抗弯强度条件

$$\sigma = \frac{M_x}{\gamma_x W_x} = \frac{431.95 \times 10^6}{1.05 \times 2980 \times 10^3} = 138.0 \text{ N/mm}^2 < f = 205 \text{ N/mm}^2，可。$$

抗剪强度必然满足，不必进行验算。

（3）整体稳定性

在跨度三分点上设置临时水平支承（例如利用次梁临时隅撑），钢梁侧向无支长度 $l_1 = L/3 = 10.8/3 = 3.6$m。

由附表 1.26 项次 5 得整体稳定系数为 $\varphi_b = 1.708 > 0.6$，需换算成 φ_b'：

$$\varphi_b' = 1.07 - \frac{0.282}{\varphi_b} = 1.07 - \frac{0.282}{1.708} = 0.905$$

$$\frac{M_x}{\varphi_b' W_x f} = \frac{431.95 \times 10^6}{0.905 \times 2980 \times 10^3 \times 205} = 0.781 < 1.0，可。$$

（4）钢梁的挠度

$$v = \frac{5}{384} \cdot \frac{g_k L^4}{EI_x} + \frac{23}{648} \cdot \frac{(P_{k1} + P_{k2})L^3}{EI_x} = \frac{L^3}{EI_x}\left[\frac{5}{384}g_k L + \frac{23}{648}(P_{k1} + P_{k2})\right]$$

$$= \frac{10800^3}{206 \times 10^3 \times 93900 \times 10^4}\left[\frac{5}{384} \times 1.88 \times 10800 + \frac{23}{648} \times (59.76 + 21.60) \times 10^3\right]$$

$$= 1.72 + 18.81 = 20.53 \text{mm}$$

$$\frac{v}{L} = \frac{20.53}{10800} = \frac{1}{526} < \left[\frac{v}{L}\right] = \frac{1}{400}，可。$$

3. 使用阶段组合梁的强度验算

参照例题 14.1，组合梁的强度必然满足，不必计算。

4. 使用阶段组合梁的挠度计算

$$v = v_1 + v_2$$

（1）钢梁在施工阶段混凝土未硬结前产生的挠度 v_1

荷载标准值：

$$g_k = 0.69 + 1.19 = 1.88 \text{kN/m}$$
$$P_{k1} = 9.96 \times 6 = 59.76 \text{kN}$$
$$v_1 = \frac{5}{384} \cdot \frac{g_k L^4}{EI_x} + \frac{23}{648} \cdot \frac{P_{k1} L^3}{EI_x} = 1.72 + \frac{23}{648} \times \frac{59.76 \times 10^3 \times 10800^3}{206 \times 10^3 \times 93900 \times 10^4}$$
$$= 1.72 + 13.81 = 15.53 \text{mm}$$

（2）使用阶段按荷载标准组合计算时组合梁的挠度 v_2

1）组合梁换算截面的惯性矩 I_{eq}

混凝土翼板的换算截面宽度：

$$b_{eq} = \frac{b_e}{\alpha_E} = \frac{3976}{6.87} = 578.7 \text{mm}$$

判断组合梁换算截面弹性中和轴的位置（图 14.1-3）：

$$\frac{1}{2}b_{eq}h_{c1}^2 = \frac{1}{2} \times 578.7 \times 100^2 = 2.89 \times 10^6 \text{mm}^3$$

$$y_s = H - h_s/2 = 830 - 630/2 = 515\text{mm}$$

$$A(y_s - h_{c1}) = 154.6 \times 10^2 (515 - 100) = 6.42 \times 10^6 \text{mm}^3$$

因 $\frac{1}{2}b_{eq}h_{c1}^2 < A(y_s - h_{c1})$，知中和轴在翼板以下，即 $x > h_{c1}$。中和轴位置 x 由下式求取：

$$b_{eq}h_{c1}\left(x - \frac{h_{c1}}{2}\right) = A(y_s - x)$$

即 $x = \dfrac{Ay_s + \frac{1}{2}b_{eq}h_{c1}^2}{A + b_{eq}h_{c1}} = \dfrac{154.6 \times 10^2 \times 515 + \frac{1}{2} \times 578.7 \times 100^2}{154.6 \times 10^2 + 578.7 \times 100} = 148.0\text{mm}$

组合梁换算截面对中和轴的惯性矩：

$$\begin{aligned}I_{eq} &= \left[\frac{1}{12}b_{eq}h_{c1}^3 + b_{eq}h_{c1}\left(x - \frac{h_{c1}}{2}\right)^2\right] + \left[I_x + A(y_s - x)^2\right] \\ &= \left[\frac{1}{12} \times 57.87 \times 10^3 + 57.87 \times 10\left(14.80 - \frac{10}{2}\right)^2\right] \\ &\quad + \left[93900 + 154.6 \times (51.5 - 14.80)^2\right] \\ &= 362530\text{cm}^4\end{aligned}$$

2）组合梁的折减刚度 B

混凝土翼板截面面积：$A_{cf} = b_e h_{c1} = 3976 \times 100 = 397600\text{mm}^2$

混凝土翼板截面惯性矩：$I_{cf} = \frac{1}{12}b_e h_{c1}^3 = \frac{1}{12} \times 3976 \times 100^3 = 3.31 \times 10^8 \text{mm}^4$

混凝土翼板截面形心到钢梁截面形心的距离：$d_c = H - (h_{c1} + h_s)/2 = 830 - (100 + 630)/2 = 465\text{mm}$

$$I_0 = I_x + \frac{I_{cf}}{\alpha_E} = 93900 \times 10^4 + \frac{3.31 \times 10^8}{6.87} = 9.87 \times 10^8 \text{mm}^4$$

$$A_0 = \frac{A \cdot A_{cf}}{\alpha_E A + A_{cf}} = \frac{154.6 \times 10^2 \times 397600}{6.87 \times 154.6 \times 10^2 + 397600} = 12201\text{mm}^2$$

$$A_1 = \frac{I_0 + A_0 d_c^2}{A_0} = \frac{9.87 \times 10^8 + 12201 \times 465^2}{12201} = 2.97 \times 10^5 \text{mm}^2$$

抗剪连接件采用圆柱头焊钉，直径 $d = 25\text{mm}$，刚度系数、列数和纵向平均间距分别为（设计方法步骤与例题 14.1 中相同）：

$$k = N_v^c = 137.4 \times 1000 = 137400\text{N/mm}, \ n_s = 1 \text{ 和 } p = 157\text{mm}$$

$$j = 0.81\sqrt{\frac{n_s k A_1}{EI_0 p}} = 0.81\sqrt{\frac{1 \times 137400 \times 2.97 \times 10^5}{206 \times 10^3 \times 9.87 \times 10^8 \times 157}} = 0.92 \times 10^{-3} \text{ mm}^{-1}$$

$$\eta = \frac{36Ed_c p A_0}{n_s k H L^2} = \frac{36 \times 206 \times 10^3 \times 465 \times 157 \times 12201}{1 \times 137400 \times 830 \times 10800^2} = 0.497$$

则 $\xi = \eta \left[0.4 - \dfrac{3}{(jL)^2} \right] = 0.497 \times \left[0.4 - \dfrac{3}{(0.92 \times 10^{-3} \times 10800)^2} \right] = 0.184$

得 $\quad B = \dfrac{EI_{eq}}{1+\xi} = \dfrac{EI_{eq}}{1+0.184} = 0.845 EI_{eq}$

3) 组合梁的挠度

水磨石面层和三夹板吊顶重量产生的集中永久荷载标准值：
$$P_{k1} = (2.34 + 0.65) \times 6 = 17.94 \text{kN}$$

楼面活荷载产生的集中荷载标准值（见第14.4节之一）：
$$P_{k2} = 14.40 \times 6 \times 0.9 = 77.76 \text{kN}$$

挠度：$v_2 = \dfrac{23}{648} \cdot \dfrac{(P_{k1}+P_{k2})L^3}{B} = \dfrac{23}{648} \cdot \dfrac{(17.94+77.76) \times 10^3 \times 10800^3}{0.845 \times 206 \times 10^3 \times 362530 \times 10^4}$

$\qquad = 6.78 \text{mm}$

(3) 使用阶段按荷载准永久组合计算时组合梁的挠度 v_2

1) 组合梁换算截面的惯性矩 I_{eq}

混凝土翼板的换算截面宽度：
$$b_{eq} = \dfrac{b_e}{2\alpha_E} = \dfrac{3976}{2 \times 6.87} = 289.4 \text{mm}$$

由上述"使用阶段按荷载标准组合计算"结果，可知组合梁换算截面弹性中和轴必在翼板以下，即 $x > h_{c1}$。中和轴位置 x 由下式求取：

$$b_{eq} h_{c1} \left(x - \dfrac{h_{c1}}{2} \right) = A(y_s - x)$$

即 $\quad x = \dfrac{Ay_s + \frac{1}{2} b_{eq} h_{c1}^2}{A + b_{eq} h_{c1}} = \dfrac{154.6 \times 10^2 \times 515 + \frac{1}{2} \times 289.4 \times 100^2}{154.6 \times 10^2 + 289.4 \times 100} = 211.9 \text{mm}$

组合梁换算截面对中和轴的惯性矩：

$$I_{eq} = \left[\dfrac{1}{12} b_{eq} h_{c1}^3 + b_{eq} h_{c1} \left(x - \dfrac{h_{c1}}{2} \right)^2 \right] + \left[I_x + A(y_s - x)^2 \right]$$

$\qquad = \left[\dfrac{1}{12} \times 28.94 \times 10^3 + 28.94 \times 10 \left(21.19 - \dfrac{10}{2} \right)^2 \right]$

$\qquad \quad + [93900 + 154.6 \times (51.5 - 21.19)^2]$

$\qquad = 314198 \text{cm}^4$

2) 组合梁的折减刚度 B

$I_0 = I_x + \dfrac{I_{cf}}{2\alpha_E} = 93900 \times 10^4 + \dfrac{3.31 \times 10^8}{2 \times 6.87} = 9.63 \times 10^8 \text{mm}^4$

$A_0 = \dfrac{A \cdot A_{cf}}{2\alpha_E A + A_{cf}} = \dfrac{154.6 \times 10^2 \times 397600}{2 \times 6.87 \times 154.6 \times 10^2 + 397600} = 10077 \text{mm}^2$

$A_1 = \dfrac{I_0 + A_0 d_c^2}{A_0} = \dfrac{9.63 \times 10^8 + 10077 \times 465^2}{10077} = 3.12 \times 10^5 \text{mm}^2$

$j = 0.81 \sqrt{\dfrac{n_s k A_1}{EI_0 p}} = 0.81 \sqrt{\dfrac{1 \times 137400 \times 3.12 \times 10^5}{206 \times 10^3 \times 9.63 \times 10^8 \times 157}} = 0.95 \times 10^{-3} \text{mm}^{-1}$

$$\eta = \frac{36Ed_cpA_0}{n_skHL^2} = \frac{36 \times 206 \times 10^3 \times 465 \times 157 \times 10077}{1 \times 137400 \times 830 \times 10800^2} = 0.410$$

则 $\xi = \eta\left[0.4 - \dfrac{3}{(jL)^2}\right] = 0.41 \times \left[0.4 - \dfrac{3}{(0.95 \times 10^{-3} \times 10800)^2}\right] = 0.152$

得 $B = \dfrac{EI_{eq}}{1+\xi} = \dfrac{EI_{eq}}{1+0.152} = 0.868EI_{eq}$

3) 组合梁的挠度

水磨石面层和三夹板吊顶重量产生的集中永久荷载标准值：$P_{k1} = 17.94\text{kN}$

楼面活荷载准永久值系数 $\psi_q = 0.5$，得楼面活荷载准永久值产生的集中荷载标准值为：

$$P_{k2} = 0.5 \times 77.76 = 38.88\text{kN}$$

挠度：$v_2 = \dfrac{23}{648} \cdot \dfrac{(P_{k1}+P_{k2})L^3}{B} = \dfrac{23}{648} \cdot \dfrac{(17.94+38.88) \times 10^3 \times 10800^3}{0.868 \times 206 \times 10^3 \times 314198 \times 10^4}$

$= 4.52\text{mm}$

(4) 使用阶段主梁总挠度

按荷载标准组合计算时： $v = v_1 + v_2 = 15.53 + 6.78 = 22.31\text{mm}$

按荷载准永久组合计算时：$v = v_1 + v_2 = 15.53 + 4.52 = 20.05\text{mm}$

挠度由按荷载标准组合计算时控制：

$$\dfrac{v}{L} = \dfrac{22.31}{10800} = \dfrac{1}{484} < \left[\dfrac{v}{L}\right] = \dfrac{1}{400}，可。$$

比较例题14.1和例题14.2，可见如施工时要求不设临时竖向支承点，则往往由挠度条件及施工阶段钢梁的抗弯条件，使钢梁的截面显著加大。

附录1 《钢标》中有关表格摘录

钢材的设计用强度指标（N/mm²）　　　　　　　　　　　附表1.1

钢材牌号		钢材厚度或直径（mm）	强度设计值			屈服强度 f_y	抗拉强度 f_u
			抗拉、抗压、抗弯 f	抗剪 f_v	端面承压（刨平顶紧）f_{ce}		
碳素结构钢	Q235	≤16	215	125	320	235	370
		>16, ≤40	205	120		225	
		>40, ≤100	200	115		215	
低合金高强度结构钢	Q355	≤16	305	175	400	355	470
		>16, ≤40	295	170		345	
		>40, ≤63	290	165		335	
		>63, ≤80	280	160		325	
		>80, ≤100	270	155		315	
	Q390	≤16	345	200	415	390	490
		>16, ≤40	330	190		380	
		>40, ≤63	310	180		360	
		>63, ≤100	295	170		340	
	Q420	≤16	375	215	440	420	520
		>16, ≤40	355	205		410	
		>40, ≤63	320	185		390	
		>63, ≤100	305	175		370	
	Q460	≤16	410	235	470	460	550
		>16, ≤40	390	225		450	
		>40, ≤63	355	205		430	
		>63, ≤100	340	195		410	
建筑结构用钢板	Q345GJ	>16, ≤50	325	190	415	345	490
		>50, ≤100	300	175		335	

注：1. 表中直径指实心棒材直径，厚度系指计算点的钢材或钢管壁厚度，对轴心受拉和轴心受压构件系指截面中较厚板件的厚度。
2. 冷弯型材和冷弯钢管，其强度设计值应按国家现行有关标准的规定采用。
3. 低合金高强度结构钢的牌号、屈服强度值 f_y，遵循国家标准《低合金高强度结构钢》GB/T 1591—2018 的规定。

焊缝的强度指标（N/mm²）　　　　附表 1.2

焊接方法和焊条型号	构件钢材		对接焊缝强度设计值			角焊缝强度设计值	对接焊缝抗拉强度 f_u^w	角焊缝抗拉、抗压和抗剪强度 f_u^f
	牌号	厚度或直径（mm）	抗压 f_c^w	焊缝质量为下列等级时，抗拉 f_t^w		抗剪 f_v^w	抗拉、抗压和抗剪 f_f^w	
				一级、二级	三级			
自动焊、半自动焊和 E43 型焊条手工焊	Q235	≤16	215	215	185	125	160	415	240
		>16，≤40	205	205	175	120			
		>40，≤100	200	200	170	115			
自动焊、半自动焊和 E50、E55 型焊条手工焊	Q355	≤16	305	305	260	175	200（E50）220（E55）	480（E50）540（E55）	280（E50）315（E55）
		>16，≤40	295	295	250	170			
		>40，≤63	290	290	245	165			
		>63，≤80	280	280	240	160			
		>80，≤100	270	270	230	155			
	Q390	≤16	345	345	295	200			
		>16，≤40	330	330	280	190			
		>40，≤63	310	310	265	180			
		>63，≤100	295	295	250	170			
自动焊、半自动焊和 E55、E57* 型焊条手工焊	Q420	≤16	375	375	320	215	220（E55）235（E57）	540（E55）570（E57）	315（E55）330（E57）
		>16，≤40	355	355	300	205			
		>40，≤63	320	320	270	185			
		>63，≤100	305	305	260	175			
自动焊、半自动焊和 E55、E57 型焊条手工焊	Q460	≤16	410	410	350	235	220（E55）235（E57）	540（E55）570（E57）	315（E55）330（E57）
		>16，≤40	390	390	330	225			
		>40，≤63	355	355	300	205			
		>63，≤100	340	340	290	195			
自动焊、半自动焊和 E50、E55 型焊条手工焊	Q345GJ	>16，≤35	310	310	265	180	200	480（E50）540（E55）	280（E50）315（E55）
		>35，≤50	290	290	245	170			
		>50，≤100	285	285	240	165			

注：1. 手工焊用焊条、自动焊和半自动焊所采用的焊丝和焊剂，应保证其熔敷金属的力学性能不低于母材的性能。
　　2. 焊缝质量等级应符合现行国家标准《钢结构焊接规范》GB 50661—2011 的规定，其检验方法应符合现行国家标准《钢结构工程施工质量验收标准》GB 50205—2020 的规定。其中厚度小于 6mm 钢材的对接焊缝，不应用超声波探伤确定焊缝质量等级。
　　3. 对接焊缝在受压区的抗弯强度设计值取 f_c^w，在受拉区的抗弯强度设计值取 f_t^w。
　　4. 表中厚度系指计算点的钢材厚度，对轴心受拉和轴心受压构件系指截面中较厚板件的厚度。

* ① 疑《钢标》选 E60 焊条是依据原国家标准《低合金钢焊条》GB/T 5118—1995，该标准已被《非合金钢及细晶粒钢焊条》GB/T 5117—2021 代替。GB/T 5117—2012 于 2012 年 11 月 5 日发布、2013 年 3 月 1 日实施，供给四种焊条型号：E43、E50、E55 和 E57，没有 E60。

* ② E57 型焊条手工焊的对接焊缝抗拉强度 f_t^w 和角焊缝强度设计值 f_f^w 分别取熔敷金属最小抗拉强度 f_u^w = 570N/mm² 和 $f_f^w = 0.41 f_u^w = 0.41 \times 570 = 235$N/mm²，并取角焊缝抗拉、抗压和抗剪强度 $f_u^f = 0.58 f_u^w = 0.58 \times 570 = 330$N/mm²，供参考

螺栓连接的强度指标（N/mm²） 附表 1.3

螺栓的性能等级、锚栓和构件钢材的牌号		强度设计值									高强度螺栓的抗拉强度 f_u^b
		普通螺栓						锚栓	承压型连接或网架用高强度螺栓		
		C 级螺栓			A 级、B 级螺栓						
		抗拉 f_t^b	抗剪 f_v^b	承压 f_c^b	抗拉 f_t^b	抗剪 f_v^b	承压 f_c^b	抗拉 f_t^a	抗拉 f_t^b	抗剪 f_v^b	承压 f_c^b	
普通螺栓	4.6 级、4.8 级	170	140	—	—	—	—	—	—	—	—	—
	5.6 级	—	—	—	210	190	—	—	—	—	—	—
	8.8 级	—	—	—	400	320	—	—	—	—	—	—
锚栓	Q235	—	—	—	—	—	—	140	—	—	—	—
	Q355	—	—	—	—	—	—	180	—	—	—	—
	Q390	—	—	—	—	—	—	185	—	—	—	—
承压型连接高强度螺栓	8.8 级	—	—	—	—	—	—	—	400	250	—	830
	10.9 级	—	—	—	—	—	—	—	500	310	—	1040
螺栓球节点用高强度螺栓	9.8 级	—	—	—	—	—	—	—	385	—	—	—
	10.9 级	—	—	—	—	—	—	—	430	—	—	—
构件钢材牌号	Q235	—	—	305	—	—	405	—	—	—	470	—
	Q355	—	—	385	—	—	510	—	—	—	590	—
	Q390	—	—	400	—	—	530	—	—	—	615	—
	Q420	—	—	425	—	—	560	—	—	—	655	—
	Q460	—	—	450	—	—	595	—	—	—	695	—
	Q345GJ	—	—	400	—	—	530	—	—	—	615	—

注：1. A 级螺栓用于 $d \leqslant 24$mm 和 $L \leqslant 10d$ 或 $L \leqslant 150$mm（按较小值）的螺栓；B 级螺栓用于 $d > 24$mm 和 $L > 10d$ 或 $L > 150$mm（按较小值）的螺栓；d 为公称直径，L 为螺栓公称长度。
2. A 级、B 级螺栓孔的精度和孔壁表面粗糙度，C 级螺栓孔的允许偏差和孔壁表面粗糙度，均应符合现行国家标准《钢结构工程施工质量验收标准》GB 50205—2020 的要求。
3. 用于螺栓球节点网架的高强度螺栓，M12～M36 为 10.9 级，M39～M64 为 9.8 级。
4. 属于下列情况者为Ⅰ类孔：
　1) 在装配好的构件上按设计孔径钻成的孔；
　2) 在单个零件和构件上按设计孔径分别用钻模钻成的孔；
　3) 在单个零件上先钻成或冲成较小的孔径，然后在装配好的构件上再扩钻至设计孔径的孔。
5. 在单个零件上一次冲成和不用钻模钻成设计孔径的孔属于Ⅱ类孔。（注 4 和 5 摘自《钢标》表 4.4.7 下注）

钢材和钢铸件的物理性能指标 附表 1.4

弹性模量 E(N/mm²)	剪变模量 G(N/mm²)	线膨胀系数 α(以每℃计)	质量密度 ρ(kg/m³)
206×10^3	79×10^3	12×10^{-6}	7850

角焊缝最小焊脚尺寸(mm) 附表 1.5

母材厚度 t	角焊缝最小焊脚尺寸 h_f
$t \leqslant 6$	3
$6 < t \leqslant 12$	5
$12 < t \leqslant 20$	6
$t > 20$	8

注：1. 采用不预热的非低氢焊接方法进行焊接时，t 等于焊接连接部位中较厚件厚度，宜采用单道焊缝；采用预热的非低氢焊接方法或低氢焊接方法进行焊接时，t 等于焊接连接部位中较薄件厚度；
2. 焊缝尺寸 h_f 不要求超过焊接连接部位中较薄件厚度的情况除外。

螺栓或铆钉的孔距、边距和端距容许值   附表 1.6

名　称	位置和方向			最大容许间距（取两者的较小值）	最小容许间距
中心间距	外排（垂直内力方向或顺内力方向）			$8d_0$ 或 $12t$	$3d_0$
	中间排	垂直内力方向		$16d_0$ 或 $24t$	
		顺内力方向	构件受压力	$12d_0$ 或 $18t$	
			构件受拉力	$16d_0$ 或 $24t$	
	沿对角线方向			—	
中心至构件边缘距离	顺内力方向			$4d_0$ 或 $8t$	$2d_0$
	垂直内力方向	剪切边或手工切割边			$1.5d_0$
		轧制边、自动气割或锯割边	高强度螺栓		
			其他螺栓或铆钉		$1.2d_0$

注：1. d_0 为螺栓或铆钉的孔径，对槽孔为短向尺寸，t 为外层较薄板件的厚度。
2. 钢板边缘与刚性构件（如角钢、槽钢等）相连的高强度螺栓的最大间距，可按中间排的数值采用。
3. 计算螺栓孔引起的截面削弱时可取 $d+4$mm 和 d_0 的较大者。

螺栓的有效面积   附表 1.7

螺栓直径 d(mm)	螺距 p(mm)	螺栓有效直径 d_e(mm)	螺栓有效面积 A_e(mm²)
16	2	14.1236	156.7
18	2.5	15.6545	192.5
20	2.5	17.6545	244.8
22	2.5	19.6545	303.4
24	3	21.1854	352.5
27	3	24.1854	459.4
30	3.5	26.7163	560.6
33	3.5	19.7163	693.6
36	4	32.2472	816.7
39	4	35.2472	975.8
42	4.5	37.7781	1121
45	4.5	40.7781	1306
48	5	43.3090	1473
52	5	47.3090	1758
56	5.5	50.8399	2030
60	5.5	54.8399	2362
64	6	58.3708	2676
68	6	62.3708	3055
72	6	66.3708	3460
76	6	70.3708	3889
80	6	74.3708	4344
85	6	79.3708	4948
90	6	84.3078	5591
95	6	89.3078	6273
100	6	94.3078	6995

注：1. 螺距 p 的取值依据现行国家标准《六角头螺栓》GB/T 5782—2016、《钢结构用高强度大六角头螺栓》GB/T 1228—2006、《钢结构用扭剪型高强度螺栓连接副》GB/T 3632—2008。
2. 螺栓有效面积值系按下式算得（见现行国家标准《螺纹紧固件应力截面积和承载面积》GB/T 16823.1—1997）：

$$A_e = 0.7854(d - 0.9382p)^2$$

钢材摩擦面的抗滑移系数 μ　　　　　　　　　　　　　　　　　附表 1.8

连接处构件接触面	构件的钢材牌号		
的处理方法	Q235 钢	Q355 钢或 Q390 钢	Q420 钢或 Q460 钢
喷硬质石英砂或铸钢棱角砂	0.45	0.45	0.45
抛丸（喷砂）	0.40	0.40	0.40
钢丝刷清除浮锈或未经处理的干净轧制面	0.30	0.35	—

注：1. 钢丝刷除锈方向应与受力方向垂直；
　　2. 当连接构件采用不同钢材牌号时，μ 按相应较低强度者取值；
　　3. 采用其他方法处理时，其处理工艺及抗滑移系数值均需经试验确定。

一个高强度螺栓的预拉力设计值 P(kN)　　　　　　　　　　　　　附表 1.9

螺栓的承载性能等级	螺栓公称直径(mm)					
	M16	M20	M22	M24	M27	M30
8.8	80	125	150	175	230	280
10.9	100	155	190	225	290	355

轴心受压构件的截面分类（板厚 $t<40$mm）　　　　　　　　　　　附表 1.10

截面形式	对 x 轴	对 y 轴
轧制圆形	a 类	a 类
轧制工字形 $b/h \leqslant 0.8$	a 类	b 类
轧制工字形 $b/h > 0.8$	a* 类	b* 类
轧制等边角钢	a* 类	a* 类
焊接（翼缘为焰切边）、焊接圆形、轧制其他截面	b 类	b 类

续表

截面形式		对 x 轴	对 y 轴
轧制、焊接（板件宽厚比 >20）	轧制或焊接		
焊接	轧制截面和翼缘为焰切边的焊接截面	b 类	b 类
格构式	焊接，板件边缘焰切		
焊接，翼缘为轧制或剪切边		b 类	c 类
焊接，板件边缘轧制或剪切	轧制、焊接（板件宽厚比 ≤20）	c 类	c 类

注：1. a* 类含义为 Q235 钢取 b 类，Q355、Q390、Q420 和 Q460 钢取 a 类；b* 类含义为 Q235 钢取 c 类，Q355、Q390、Q420 和 Q460 钢取 b 类；
2. 无对称轴且剪心和形心不重合的截面，其截面分类可按有对称轴的类似截面确定，如不等边角钢采用等边角钢的类别；当无类似截面时，可取 c 类。

轴心受压构件的截面分类（板厚 $t \geqslant 40$mm）　　　　附表 1.11

截面形式			对 x 轴	对 y 轴
	轧制工字形或 H 形截面	$t<80$mm	b 类	c 类
		$t \geqslant 80$mm	c 类	d 类
	焊接工字形截面	翼缘为焰切边	b 类	b 类
		翼缘为轧制或剪切边	c 类	d 类
	焊接箱形截面	板件宽厚比 >20	b 类	b 类
		板件宽厚比 ≤20	c 类	c 类

桁架弦杆和单系腹杆的计算长度 l_0　　　　　　　　　　　　　　　　附表 1.12

弯曲方向	弦杆	腹杆	
		支座斜杆和支座竖杆	其他腹杆
桁架平面内	l	l	$0.8l$
桁架平面外	l_1	l	l
斜平面	—	l	$0.9l$

注：1. l 为构件的几何长度（节点中心距离）；l_1 为桁架弦杆侧向支承点之间的距离。
2. 斜平面系指与桁架平面斜交的平面，适用于构件截面两主轴均不在桁架平面内的单角钢腹杆和双角钢十字形截面腹杆。
3. 除钢管结构外，无节点板的腹杆计算长度在任意平面内均取其等于几何长度。

受压构件的长细比容许值　　　　　　　　　　　　　　　　　　　　附表 1.13

构件名称	容许长细比
轴心受压柱、桁架和天窗架中的压杆	150
柱的缀条、吊车梁或吊车桁架以下的柱间支撑	
支撑	200
用以减小受压构件计算长度的杆件	

注：1. 当杆件内力设计值不大于承载能力的 50% 时，容许长细比值可取为 200。
2. 计算单角钢受压构件的长细比时，应采用角钢的最小回转半径，但在计算在交叉点相互连接的交叉杆件平面外的长细比时，可采用与角钢边平行轴的回转半径。
3. 跨度等于或大于 60m 的桁架，其受压弦杆、端压杆和直接承受动力荷载的受压腹杆的长细比不宜大于 120。
4. 验算容许长细比时，可不考虑扭转效应。

受拉构件的容许长细比　　　　　　　　　　　　　　　　　　　　　附表 1.14

构件名称	承受静力荷载或间接承受动力荷载的结构			直接承受动力荷载的结构
	一般建筑结构	对腹杆提供平面外支点的弦杆	有重级工作制起重机的厂房	
桁架的杆件	350	250	250	250
吊车梁或吊车桁架以下柱间支撑	300	—	200	—
除张紧的圆钢外的其他拉杆、支撑、系杆等	400	—	350	—

注：1. 除对腹杆提供平面外支点的弦杆外，承受静力荷载的结构中受拉构件，可仅计算竖向平面内的长细比。
2. 在直接或间接承受动力荷载的结构中，单角钢受拉构件长细比的计算方法与附表 1.13 注 2 相同。
3. 中、重级工作制吊车桁架下弦杆的长细比不宜超过 200。
4. 在设有夹钳或刚性料耙等硬钩起重机的厂房中，支撑的长细比不宜超过 300。
5. 受拉构件在永久荷载与风荷载组合作用下受压时，其长细比不宜超过 250。
6. 跨度等于或大于 60m 的桁架，其受拉弦杆和腹杆的长细比，承受静力荷载或间接承受动力荷载时不宜超过 300，直接承受动力荷载时不宜超过 250。

截面塑性发展系数 γ_x、γ_y

附表 1.15

项次	截面形式	γ_x	γ_y
1			1.2
2		1.05	1.05
3		$\gamma_{x1}=1.05$ $\gamma_{x2}=1.2$	1.2
4			1.05
5		1.2	1.2
6		1.15	1.15
7		1.0	1.05
8			1.0

H型钢或等截面工字形简支梁不需计算整体稳定性的最大 l_1/b_1 值　　附表 1.16

钢 号	跨中无侧向支承点的梁		跨中受压翼缘有侧向支承点的梁，不论荷载作用于何处
	荷载作用在上翼缘	荷载作用在下翼缘	
Q235	13.0	20.0	16.0
Q355	10.5	16.5	13.0
Q390	10.0	15.5	12.5
Q420	9.5	15.0	12.0

注：1. 其他钢号的梁不需计算整体稳定性的最大 l_1/b_1 值，应取 Q235 钢的数值乘以钢号修正系数 ε_k，$\varepsilon_k = \sqrt{235/f_y}$。

2. 表中对跨中无侧向支承点的梁，l_1 为其跨度；对跨中有侧向支承点的梁，l_1 为受压翼缘侧向支承点间的距离(梁的支座处视为有侧向支承)。b_1 为受压翼缘板的宽度。

3. 本表摘自《原规范》。

H型钢和等截面工字形简支梁的整体稳定等效弯矩系数 β_b　　附表 1.17

项次	侧向支承	荷 载		$\xi \leqslant 2.0$	$\xi > 2.0$	适用范围
1	跨中无侧向支承	均布荷载作用在	上翼缘	$0.69 + 0.13\xi$	0.95	双轴对称和加强受压翼缘的单轴对称工字形截面
2			下翼缘	$1.73 - 0.20\xi$	1.33	
3		集中荷载作用在	上翼缘	$0.73 + 0.18\xi$	1.09	
4			下翼缘	$2.23 - 0.28\xi$	1.67	
5	跨度中点有一个侧向支承点	均布荷载作用在	上翼缘	1.15		双轴对称和所有单轴对称工字形截面
6			下翼缘	1.40		
7		集中荷载作用在截面高度的任意位置		1.75		
8	跨中有不少于两个等距离侧向支承点	任意荷载作用在	上翼缘	1.20		
9			下翼缘	1.40		
10	梁端有弯矩，但跨中无荷载作用			$1.75 - 1.05\left(\dfrac{M_2}{M_1}\right) + 0.3\left(\dfrac{M_2}{M_1}\right)^2$ 但 $\leqslant 2.3$		

注：1. $\xi = \dfrac{l_1 t_1}{b_1 h}$——参数，其中 b_1 和 l_1 见附表1.16下的说明。

2. M_1、M_2 为梁的端弯矩，使梁产生同向曲率时 M_1 和 M_2 取同号，产生反向曲率时取异号，$|M_1| \geqslant |M_2|$。

3. 表中项次3、4和7的集中荷载是指一个或少数几个集中荷载位于跨中央附近的情况，对其他情况的集中荷载，应按表中项次1、2、5、6内的数值采用。

4. 表中项次8、9的 β_b，当集中荷载作用在侧向支承点处时，取 $\beta_b = 1.20$。

5. 荷载作用在上翼缘系指荷载作用点在翼缘表面，方向指向截面形心；荷载作用在下翼缘系指荷载作用点在翼缘表面，方向背向截面形心。

6. 对 $\alpha_b > 0.8$ 的加强受压翼缘工字形截面，下列情况的 β_b 值应乘以相应的系数：

   项次1　　当 $\xi \leqslant 1.0$ 时　　0.95

   项次3　　当 $\xi \leqslant 0.5$ 时　　0.90；当 $0.5 < \xi \leqslant 1.0$ 时　　0.95

受弯构件挠度容许值

附表 1.18

项次	构件类别	挠度容许值 $[\nu_T]$	$[\nu_Q]$
1	吊车梁和吊车桁架（按自重和起重量最大的一台吊车计算挠度） 1）手动起重机和单梁起重机（含悬挂起重机） 2）轻级工作制桥式起重机 3）中级工作制桥式起重机 4）重级工作制桥式起重机	$l/500$ $l/750$ $l/900$ $l/1000$	—
2	手动或电动葫芦的轨道梁	$l/400$	—
3	有重轨（重量等于或大于 38kg/m）轨道的工作平台梁 有轻轨（重量等于或小于 24kg/m）轨道的工作平台梁	$l/600$ $l/400$	—
4	楼（屋）盖梁或桁架、工作平台梁（第 3 项除外）和平台板 1）主梁或桁架（包括设有悬挂起重设备的梁和桁架） 2）仅支承压型金属板屋面和冷弯型钢檩条 3）除支承压型金属板屋面和冷弯型钢檩条外，尚有吊顶 4）抹灰顶棚的次梁 5）除第 1）款~第 4）款外的其他梁（包括楼梯梁） 6）屋盖檩条 　支承压型金属板屋面者 　支承其他屋面材料者 　有吊顶 7）平台板	$l/400$ $l/180$ $l/240$ $l/250$ $l/250$ $l/150$ $l/200$ $l/240$ $l/150$	$l/500$ $l/350$ $l/300$
5	墙架构件（风荷载不考虑阵风系数） 1）支柱（水平方向） 2）抗风桁架（作为连续支柱的支承时，水平位移） 3）砌体墙的横梁（水平方向） 4）支承压型金属板的横梁（水平方向） 5）支承其他墙面材料的横梁（水平方向） 6）带有玻璃窗的横梁（竖直和水平方向）	— — — — — $l/200$	$l/400$ $l/1000$ $l/300$ $l/100$ $l/200$ $l/200$

注：1. l 为受弯构件的跨度（对悬臂梁和伸臂梁为悬臂长度的 2 倍）。
2. $[\nu_T]$ 为永久和可变荷载标准值产生的挠度（如有起拱应减去拱度）的容许值，$[\nu_Q]$ 为可变荷载标准值产生的挠度的容许值。
3. 当吊车梁或吊车桁架跨度大于 12m 时，其挠度容许值 $[\nu_T]$ 应乘以 0.9 的系数。
4. 当墙面采用延性材料或与结构采用柔性连接时，墙架构件的支柱水平位移容许值可采用 $l/300$，抗风桁架（作为连续支柱的支承时）水平位移容许值可采用 $l/800$。

正应力幅的疲劳计算参数 　　　　　　　　　附表 1.19-1

构件与连接类别	构件与连接相关系数		循环次数 n 为 2×10^6 次的容许正应力幅 $[\Delta\sigma]_{2\times10^6}$ (N/mm²)	循环次数 n 为 5×10^6 次的容许正应力幅 $[\Delta\sigma]_{5\times10^6}$ (N/mm²)	疲劳截止限 $[\Delta\sigma_L]_{1\times10^8}$ (N/mm²)
	C_Z	β_Z			
Z1	1920×10^{12}	4	176	140	85
Z2	861×10^{12}	4	144	115	70
Z3	3.91×10^{12}	3	125	92	51
Z4	2.81×10^{12}	3	112	83	46
Z5	2.00×10^{12}	3	100	74	41
Z6	1.46×10^{12}	3	90	66	36
Z7	1.02×10^{12}	3	80	59	32
Z8	0.72×10^{12}	3	71	52	29
Z9	0.50×10^{12}	3	63	46	25
Z10	0.35×10^{12}	3	56	41	23
Z11	0.25×10^{12}	3	50	37	20
Z12	0.18×10^{12}	3	45	33	18
Z13	0.13×10^{12}	3	40	29	16
Z14	0.09×10^{12}	3	36	26	14

注：构件与连接的分类应符合附表 1.21-1～附表 1.21-5 的规定。

剪应力幅的疲劳计算参数　　　　　　　　　　　附表 1.19-2

构件与连接类别	构件与连接的相关系数		循环次数 n 为 2×10^6 次的容许剪应力幅 $[\Delta\tau]_{2\times10^6}$ (N/mm²)	疲劳截止限 $[\Delta\tau_L]_{1\times10^8}$ (N/mm²)
	C_J	β_J		
J1	4.10×10^{11}	3	59	16
J2	2.00×10^{16}	5	100	46
J3	8.61×10^{21}	8	90	55

注：构件与连接的类别应符合附表 1.21-6 的规定。

吊车梁和吊车桁架欠载效应的等效系数 α_f　　　　附表 1.20

起重机类别	α_f
A6、A7、A8 工作级别（重级）的硬钩起重机	1.0
A6、A7 工作级别（重级）的软钩起重机	0.8
A4、A5 工作级别（中级）的起重机	0.5

疲劳计算时非焊接的构件和连接分类   附表 1.21-1

项次	构造细节	说明	类别
1		● 无连接处的母材 轧制型钢	Z1
2		● 无连接处的母材 钢板 (1) 两边为轧制边或刨边。 (2) 两侧为自动、半自动切割边（切割质量标准应符合现行国家标准《钢结构工程施工质量验收标准》GB 50205—2020)	Z1 Z2
3		● 连系螺栓和虚孔处的母材 应力以净截面面积计算	Z4
4		● 螺栓连接处的母材 高强度螺栓摩擦型连接应力以毛截面面积计算；其他螺栓连接应力以净截面面积计算。 ● 铆钉连接处的母材 连接应力以净截面面积计算	Z2 Z4
5		● 受拉螺栓的螺纹处母材 连接板件应有足够的刚度，保证不产生撬力。否则受拉正应力应考虑撬力及其他因素产生的全部附加应力。 对于直径大于 30mm 螺栓，需要考虑尺寸效应对容许应力幅进行修正，修正系数 γ_t：$\gamma_t = \left(\dfrac{30}{d}\right)^{0.25}$ d——螺栓直径，单位为 mm	Z11

注：箭头表示计算应力幅的位置和方向。

疲劳计算时纵向传力焊缝的构件和连接分类   附表 1.21-2

项次	构造细节	说明	类别
6		● 无垫板的纵向对接焊缝附近的母材。 焊缝符合二级焊缝标准	Z2
7		● 有连续垫板的纵向自动对接焊缝附近的母材： (1) 无起弧、灭弧； (2) 有起弧、灭弧	Z4 Z5

续表

项次	构造细节	说明	类别
8		● 翼缘连接焊缝附近的母材： 翼缘板与腹板的连接焊缝： 　自动焊，二级 T 形对接与角接组合焊缝。 　自动焊，角焊缝，外观质量标准符合二级。 　手工焊，角焊缝，外观质量标准符合二级。 双层翼缘板之间的连接焊缝： 　自动焊，角焊缝，外观质量标准符合二级。 　手工焊，角焊缝，外观质量标准符合二级	Z2 Z4 Z5 Z4 Z5
9		● 仅单侧施焊的手工或自动对接焊缝附近的母材，焊缝符合二级焊缝标准，翼缘与腹板很好贴合	Z5
10		● 开工艺孔处焊缝符合二级焊缝标准的对接焊缝、焊缝外观质量符合二级焊缝标准的角焊缝等附近的母材	Z8
11		● 节点板搭接的两侧面角焊缝端部的母材。 ● 节点板搭接的三面围焊时两侧角焊缝端部的母材。 ● 三面围焊或两侧面角焊缝的节点板母材（节点板计算宽度按应力扩散角 θ 等于 30°考虑）	Z10 Z8 Z8

注：箭头表示计算应力幅的位置和方向。

疲劳计算时横向传力焊缝的构件和连接分类　　　　附表 1.21-3

项次	构造细节	说明	类别
12		● 横向对接焊缝附近的母材，轧制梁对接焊缝附近的母材： 　符合现行国家标准《钢结构工程施工质量验收标准》GB 50205—2020 的一级焊缝，且经加工、磨平。 　符合现行国家标准《钢结构工程施工质量验收标准》GB 50205—2020 的一级焊缝	Z2 Z4

365

续表

项次	构造细节	说明	类别
13		● 不同厚度（或宽度）横向对接焊缝附近的母材： 符合现行国家标准《钢结构工程施工质量验收标准》GB 50205—2020 的一级焊缝，且经加工、磨平。 符合现行国家标准《钢结构工程施工质量验收标准》GB 50205—2020 的一级焊缝	Z2 Z4
14		● 有工艺孔的轧制梁对接焊缝附近的母材，焊缝加工成平滑过渡并符合一级焊缝标准	Z6
15		● 带垫板的横向对接焊缝附近的母材：垫板端部超出母板距离 d： $d \geqslant 10mm$； $d < 10mm$	Z8 Z11
16		● 节点板搭接的端面角焊缝的母材	Z7
17		● 不同厚度直接横向对接焊缝附近的母材，焊缝等级为一级，无偏心	Z8
18		● 翼缘盖板中断处的母材（板端有横向端焊缝）	Z8

续表

项次	构造细节	说明	类别
19		● 十字形连接、T形连接： （1）K形坡口、T形对接与角接组合焊缝处的母材，十字形连接两侧轴线偏离距离小于 $0.15t$，焊缝为二级，焊趾角 $\alpha \leqslant 45°$。 （2）角焊缝处的母材，十字形连接两侧轴线偏离距离小于 $0.15t$	Z6 Z8
20		● 法兰焊缝连接附近的母材： （1）采用对接焊缝，焊缝为一级； （2）采用角焊缝	Z8 Z13

注：箭头表示计算应力幅的位置和方向。

疲劳计算时非传力焊缝的构件和连接分类　　　　　　附表 1.21-4

项次	构造细节	说明	类别
21		● 横向加劲肋端部附近的母材： 肋端焊缝不断弧（采用回焊）。 肋端焊缝断弧	Z5 Z6
22		● 横向焊接附件附近的母材： （1）$t \leqslant 50mm$； （2）$50mm < t \leqslant 80mm$。 t 为焊接附件的板厚	Z7 Z8
23		● 矩形节点板焊接于构件翼缘或腹板处的母材 （节点板焊缝方向的长度 $L>150mm$）	Z8
24		● 带圆弧的梯形节点板用对接焊缝焊于梁翼缘、腹板以及桁架构件处的母材，圆弧过渡处在焊后铲平、磨光、圆滑过渡，不得有焊接起弧、灭弧缺陷	Z6

续表

项次	构造细节	说明	类别
25		● 焊接剪力栓钉附近的钢板母材	Z7

注：箭头表示计算应力幅的位置和方向。

疲劳计算时钢管截面的构件和连接分类　　　　附表 1.21-5

项次	构造细节	说明	类别
26		● 钢管纵向自动焊缝的母材： (1) 无焊接起弧、灭弧点； (2) 有焊接起弧、灭弧点	Z3 Z6
27		● 圆管端部对接焊缝附近的母材，焊缝平滑过渡并符合现行国家标准《钢结构工程施工质量验收标准》GB 50205—2020 的一级焊缝标准，余高不大于焊缝宽度的 10%： (1) 圆管壁厚 8mm<t≤12.5mm； (2) 圆管壁厚 t≤8mm	Z6 Z8
28		● 矩形管端部对接焊缝附近的母材，焊缝平滑过渡并符合一级焊缝标准，余高不大于焊缝宽度的 10%： (1) 方管壁厚 8mm<t≤12.5mm； (2) 方管壁厚 t≤8mm	Z8 Z10
29		● 焊有矩形管或圆管的构件，连接角焊缝附近的母材，角焊缝为非承载焊缝，其外观质量标准符合二级，矩形管宽度或圆管直径不大于 100mm	Z8
30		● 通过端板采用对接焊缝拼接的圆管母材，焊缝符合一级质量标准： (1) 圆管壁厚 8mm<t≤12.5mm； (2) 圆管壁厚 t≤8mm	Z10 Z11

续表

项次	构造细节	说明	类别
31		● 通过端板采用对接焊缝拼接的矩形管母材，焊缝符合一级质量标准： (1) 方管壁厚 8mm<t≤12.5mm； (2) 方管壁厚 t≤8mm	Z11 Z12
32		● 通过端板采用角焊缝拼接的圆管母材，焊缝外观质量标准符合二级，管壁厚度 t≤8mm	Z13
33		● 通过端板采用角焊缝拼接的矩形管母材，焊缝外观质量标准符合二级，管壁厚度 t≤8mm	Z14
34		● 钢管端部压扁与钢板对接焊缝连接（仅适用于直径小于 200mm 的钢管），计算时采用钢管的应力幅	Z8
35		● 钢管端部开设槽口与钢板角焊缝连接，槽口端部为圆弧，计算时采用钢管的应力幅： (1) 倾斜角 α≤45°； (2) 倾斜角 α>45°	Z8 Z9

注：箭头表示计算应力幅的位置和方向。

疲劳计算时剪应力作用下的构件和连接分类　　　　　附表 1.21-6

项次	构造细节	说明	类别
36		● 各类受剪角焊缝 剪应力按有效截面计算	J1

续表

项次	构造细节	说明	类别
37		● 受剪力的普通螺栓 采用螺杆截面的剪应力	J2
38		● 焊接剪力栓钉 采用栓钉名义截面的剪应力	J3

注：箭头表示计算应力幅的位置和方向。

压弯和受弯构件的截面板件宽厚比等级及限值　　　　附表1.22

构件	截面板件宽厚比等级		S1级	S2级	S3级	S4级	S5级
压弯构件（框架柱）	H形截面	翼缘 b/t	$9\varepsilon_k$	$11\varepsilon_k$	$13\varepsilon_k$	$15\varepsilon_k$	20
		腹板 h_0/t_w	$(33+13\alpha_0^{1.3})\varepsilon_k$	$(38+13\alpha_0^{1.39})\varepsilon_k$	$(40+18\alpha_0^{1.56})\varepsilon_k$*	$(45+25\alpha_0^{1.66})\varepsilon_k$	250
	箱形截面	壁板（腹板）间翼缘 b_0/t	$30\varepsilon_k$	$35\varepsilon_k$	$40\varepsilon_k$	$45\varepsilon_k$	—
	圆钢管截面	径厚比 D/t	$50\varepsilon_k^2$	$70\varepsilon_k^2$	$90\varepsilon_k^2$	$100\varepsilon_k^2$	—
受弯构件（梁）	工字形截面	翼缘 b/t	$9\varepsilon_k$	$11\varepsilon_k$	$13\varepsilon_k$	$15\varepsilon_k$	20
		腹板 h_0/t_w	$65\varepsilon_k$	$72\varepsilon_k$	$93\varepsilon_k$	$124\varepsilon_k$	250
	箱形截面	壁板（腹板）间翼缘 b_0/t	$25\varepsilon_k$	$32\varepsilon_k$	$37\varepsilon_k$	$42\varepsilon_k$	—

注：1. ε_k 为钢号修正系数，其值为235与钢材牌号中屈服点数值的比值的平方根。
2. b 为工字形、H形截面的翼缘外伸宽度，t、h_0、t_w 分别是翼缘厚度、腹板净高和腹板厚度，对轧制型截面，腹板净高不包括翼缘腹板过渡处圆弧段；对于箱形截面，b_0、t 分别为壁板间的距离和翼缘厚度；D 为圆管截面外径。
3. 箱形截面梁及单向受弯的箱形截面柱，其腹板限值可根据H截面腹板采用。
4. 腹板的宽厚比可通过设置加劲肋减小。
5. 当按国家标准《建筑抗震设计规范》GB 50011—2010（2016年版）第9.2.14条第2款的规定设计，且S5级截面的板件宽厚比小于S4级经 ε_σ 修正的板件宽厚比时，可视作C类截面，ε_σ 为应力修正因子，$\varepsilon_\sigma = \sqrt{f_y/\sigma_{max}}$。

＊疑《钢标》中笔误为 $(40+18\alpha_0^{1.5})\varepsilon_k$，供参考。

无侧移框架柱的计算长度系数 μ　　　　　　　　　　附表 1.23

K_2 \ K_1	0	0.05	0.1	0.2	0.3	0.4	0.5	1	2	3	4	5	≥10
0	1.000	0.990	0.981	0.964	0.949	0.935	0.922	0.875	0.820	0.791	0.773	0.760	0.732
0.05	0.990	0.981	0.971	0.955	0.940	0.926	0.914	0.867	0.814	0.784	0.766	0.754	0.726
0.1	0.981	0.971	0.962	0.946	0.931	0.918	0.906	0.860	0.807	0.778	0.760	0.748	0.721
0.2	0.964	0.955	0.946	0.930	0.916	0.903	0.891	0.846	0.795	0.767	0.749	0.737	0.711
0.3	0.949	0.940	0.931	0.916	0.902	0.889	0.878	0.834	0.784	0.756	0.739	0.728	0.701
0.4	0.935	0.926	0.918	0.903	0.889	0.877	0.866	0.823	0.774	0.747	0.730	0.719	0.693
0.5	0.922	0.914	0.906	0.891	0.878	0.866	0.855	0.813	0.765	0.738	0.721	0.710	0.685
1	0.875	0.867	0.860	0.846	0.834	0.823	0.813	0.774	0.729	0.704	0.688	0.677	0.654
2	0.820	0.814	0.807	0.795	0.784	0.774	0.765	0.729	0.686	0.663	0.648	0.638	0.615
3	0.791	0.784	0.778	0.767	0.756	0.747	0.738	0.704	0.663	0.640	0.625	0.616	0.593
4	0.773	0.766	0.760	0.749	0.739	0.730	0.721	0.688	0.648	0.625	0.611	0.601	0.580
5	0.760	0.754	0.748	0.737	0.728	0.719	0.710	0.677	0.638	0.616	0.601	0.592	0.570
≥10	0.732	0.726	0.721	0.711	0.701	0.693	0.685	0.654	0.615	0.593	0.580	0.570	0.549

注：1. 表中的计算长度系数 μ 值系按下式算得：

$$\left[\left(\frac{\pi}{\mu}\right)^2+2(K_1+K_2)-4K_1K_2\right]\frac{\pi}{\mu}\cdot\sin\frac{\pi}{\mu}-2\left[(K_1+K_2)\left(\frac{\pi}{\mu}\right)^2+4K_1K_2\right]\cos\frac{\pi}{\mu}+8K_1K_2=0$$

K_1、K_2——分别为相交于柱上端、柱下端的横梁线刚度之和与柱线刚度之和的比值。当梁远端为铰接时，应将横梁线刚度乘以 1.5；当横梁远端为嵌固时，则将横梁线刚度乘以 2.0。

2. 当横梁与柱铰接时，取横梁线刚度为零。

3. 对底层框架柱：当柱与基础铰接时，取 $K_2=0$（对平板支座可取 $K_2=0.1$）；当柱与基础刚接时，取 $K_2=10$。

4. 当与柱刚性连接的横梁所受轴心压力 N_b 较大时，横梁线刚度应乘以折减系数 α_N：

横梁远端与柱刚接和横梁远端铰支时　　　$\alpha_N=1-N_b/N_{Eb}$
横梁远端嵌固时　　　$\alpha_N=1-N_b/(2N_{Eb})$

式中，$N_{Eb}=\pi^2EI_b/l^2$，I_b 为横梁截面惯性矩，l 为横梁长度。

有侧移框架柱的计算长度系数 μ　　　　　　　　　　附表 1.24

K_2 \ K_1	0	0.05	0.1	0.2	0.3	0.4	0.5	1	2	3	4	5	≥10
0	∞	6.02	4.46	3.42	3.01	2.78	2.64	2.33	2.17	2.11	2.08	2.07	2.03
0.05	6.02	4.16	3.47	2.86	2.58	2.42	2.31	2.07	1.94	1.90	1.87	1.86	1.83
0.1	4.46	3.47	3.01	2.56	2.33	2.20	2.11	1.90	1.79	1.75	1.73	1.72	1.70
0.2	3.42	2.86	2.56	2.23	2.05	1.94	1.87	1.70	1.60	1.57	1.55	1.54	1.52
0.3	3.01	2.58	2.33	2.05	1.90	1.80	1.74	1.58	1.49	1.46	1.45	1.44	1.42
0.4	2.78	2.42	2.20	1.94	1.80	1.71	1.65	1.50	1.42	1.39	1.37	1.37	1.35
0.5	2.64	2.31	2.11	1.87	1.74	1.65	1.59	1.45	1.37	1.34	1.32	1.32	1.30
1	2.33	2.07	1.90	1.70	1.58	1.50	1.45	1.32	1.24	1.21	1.20	1.19	1.17
2	2.17	1.94	1.79	1.60	1.49	1.42	1.37	1.24	1.16	1.14	1.12	1.12	1.10
3	2.11	1.90	1.75	1.57	1.46	1.39	1.34	1.21	1.14	1.11	1.10	1.09	1.07
4	2.08	1.87	1.73	1.55	1.45	1.37	1.32	1.20	1.12	1.10	1.08	1.08	1.06
5	2.07	1.86	1.72	1.54	1.44	1.37	1.32	1.19	1.12	1.09	1.08	1.07	1.05
≥10	2.03	1.83	1.70	1.52	1.42	1.35	1.30	1.17	1.10	1.07	1.06	1.05	1.03

注：1. 表中的计算长度系数值 μ 系按下式算得：

$$\left[36K_1K_2-\left(\frac{\pi}{\mu}\right)^2\right]\sin\frac{\pi}{\mu}+6(K_1+K_2)\frac{\pi}{\mu}\cdot\cos\frac{\pi}{\mu}=0$$

K_1、K_2——分别为相交于柱上端、柱下端的横梁线刚度之和与柱线刚度之和的比值。当梁远端为铰接时，应将横梁线刚度乘以 0.5；当横梁远端为嵌固时，则将横梁线刚度乘以 2/3。

2. 当横梁与柱铰接时，取横梁线刚度为零。

3. 对底层框架柱：当柱与基础铰接时，取 $K_2=0$（对平板支座可取 $K_2=0.1$）；当柱与基础刚接时，取 $K_2=10$。

4. 当与柱刚性连接的横梁所受轴心压力 N_b 较大时，横梁线刚度应乘以折减系数 α_N：

横梁远端与柱刚接时　　　$\alpha_N=1-N_b/(4N_{Eb})$
横梁远端铰支时　　　$\alpha_N=1-N_b/N_{Eb}$
横梁远端嵌固时　　　$\alpha_N=1-N_b/(2N_{Eb})$

N_{Eb} 的计算式见附表 1.23 注 4。

主管为矩形管,支管为矩形管或圆管的节点几何参数适用范围　　　　附表1.25

截面及节点形式		节点几何参数,$i=1$或2,表示支管;j表示被搭接支管					
		$\dfrac{b_i}{b}$、$\dfrac{h_i}{b}$ 或 $\dfrac{D_i}{b}$	$\dfrac{b_i}{t_i}$、$\dfrac{h_i}{t_i}$ 或 $\dfrac{D_i}{t_i}$		$\dfrac{h_i}{b_i}$	$\dfrac{b}{t}$、$\dfrac{h}{t}$	a 或 η_{ov} $\dfrac{b_i}{b_j}$、$\dfrac{t_i}{t_j}$
			受压	受拉			
支管为矩形管	T、Y 与 X	$\geqslant 0.25$	$\leqslant 37\varepsilon_{k,i}$ 且 $\leqslant 35$	$\leqslant 35$	$0.5 \leqslant \dfrac{h_i}{b_i} \leqslant 2.0$	$\leqslant 35$	—
	K 与 N 间隙节点	$\geqslant 0.1+0.01\dfrac{b}{t}$ $\beta \geqslant 0.35$					$0.5(1-\beta)\leqslant \dfrac{a}{b}$ $\leqslant 1.5(1-\beta)$ $a \geqslant t_1+t_2$
	K 与 N 搭接节点	$\geqslant 0.25$	$\leqslant 33\varepsilon_{k,i}$			$\leqslant 40$	$25\% \leqslant \eta_{ov}$ $\leqslant 100\%$ $\dfrac{t_i}{t_j} \leqslant 1.0$ $0.75 \leqslant \dfrac{b_i}{b_j} \leqslant 1.0$
支管为圆管		$0.4 \leqslant \dfrac{D_i}{b} \leqslant 0.8$	$\leqslant 44\varepsilon_{k,i}$	$\leqslant 50$	取 $b_i=D_i$ 仍能满足上述相应条件		

注:1. 当 $\dfrac{a}{b} > 1.5(1-\beta)$,则按 T 形或 Y 形节点计算。
2. b_i、h_i、t_i 分别为第 i 个矩形支管的截面宽度、高度和壁厚;D_i、t_i 分别为第 i 个圆支管的外径和壁厚;b、h、t 分别为矩形主管的截面宽度、高度和壁厚;a 为支管间的间隙;η_{ov} 为搭接率;$\varepsilon_{k,i}$ 为第 i 个支管钢材的钢号调整系数;β 为参数:对 T、Y、X 形节点,$\beta = \dfrac{b_1}{b}$ 或 $\dfrac{D_1}{b}$,对 K、N 形节点,$\beta = \dfrac{b_1+b_2+h_1+h_2}{4b}$ 或 $\beta = \dfrac{D_1+D_2}{b}$。

轧制普通工字钢简支梁的整体稳定系数 φ_b　　　　附表1.26

项次	荷载情况		工字钢型号	自由长度 l_1 (m)								
				2	3	4	5	6	7	8	9	10
1	跨中无侧向支承点的梁	集中荷载作用在	上翼缘	10~20	2.00	1.30	0.99	0.80	0.68	0.58	0.53	0.48	0.43
				22~32	2.40	1.48	1.09	0.86	0.72	0.62	0.54	0.49	0.45
				36~63	2.80	1.60	1.07	0.83	0.68	0.56	0.50	0.45	0.40
2			下翼缘	10~20	3.10	1.95	1.34	1.01	0.82	0.69	0.63	0.57	0.52
				22~40	5.50	2.80	1.84	1.37	1.07	0.86	0.73	0.64	0.56
				45~63	7.30	3.60	2.30	1.62	1.20	0.96	0.80	0.69	0.60
3		均布荷载作用在	上翼缘	10~20	1.70	1.12	0.84	0.68	0.57	0.50	0.45	0.41	0.37
				22~40	2.10	1.30	0.93	0.73	0.60	0.51	0.45	0.40	0.36
				45~63	2.60	1.45	0.97	0.73	0.59	0.50	0.44	0.38	0.35
4			下翼缘	10~20	2.50	1.55	1.08	0.83	0.68	0.56	0.52	0.47	0.42
				22~40	4.00	2.20	1.45	1.10	0.85	0.70	0.60	0.52	0.46
				45~63	5.60	2.80	1.80	1.25	0.95	0.78	0.65	0.55	0.49
5	跨中有侧向支承点的梁(不论荷载作用点在截面高度上的位置)			10~20	2.20	1.39	1.01	0.79	0.66	0.57	0.52	0.47	0.42
				22~40	3.00	1.80	1.24	0.96	0.76	0.65	0.56	0.49	0.43
				45~63	4.00	2.20	1.38	1.01	0.80	0.66	0.56	0.49	0.43

注:1. 表中项次1和2的集中荷载是指一个或少数几个集中荷载位于跨中央附近的情况,对其他情况的集中荷载,应按表中项次3、4内的数值采用。
2. 荷载作用在上翼缘系指荷载作用点在翼缘表面,方向指向截面形心;荷载作用在下翼缘系指荷载作用点在翼缘表面,方向背向截面形心。
3. 表中的 φ_b 适用于 Q235 钢。对其他钢号,表中数值应乘以 ε_k^2。

a 类截面轴心受压构件的稳定系数 φ 附表 1.27

λ/ε_k	0	1	2	3	4	5	6	7	8	9
0	1.000	1.000	1.000	1.000	0.999	0.999	0.998	0.998	0.997	0.996
10	0.995	0.994	0.993	0.992	0.991	0.989	0.988	0.986	0.985	0.983
20	0.981	0.979	0.977	0.976	0.974	0.972	0.970	0.968	0.966	0.964
30	0.963	0.961	0.959	0.957	0.955	0.952	0.950	0.948	0.946	0.944
40	0.941	0.939	0.937	0.934	0.932	0.929	0.927	0.924	0.921	0.919
50	0.916	0.913	0.910	0.907	0.904	0.900	0.897	0.894	0.890	0.886
60	0.883	0.879	0.875	0.871	0.867	0.863	0.858	0.854	0.849	0.844
70	0.839	0.834	0.829	0.824	0.818	0.813	0.807	0.801	0.795	0.789
80	0.783	0.776	0.770	0.763	0.757	0.750	0.743	0.736	0.728	0.721
90	0.714	0.706	0.699	0.691	0.684	0.676	0.668	0.661	0.653	0.645
100	0.638	0.630	0.622	0.615	0.607	0.600	0.592	0.585	0.577	0.570
110	0.563	0.555	0.548	0.541	0.534	0.527	0.520	0.514	0.507	0.500
120	0.494	0.488	0.481	0.475	0.469	0.463	0.457	0.451	0.445	0.440
130	0.434	0.429	0.423	0.418	0.412	0.407	0.402	0.397	0.392	0.387
140	0.383	0.378	0.373	0.369	0.364	0.360	0.356	0.351	0.347	0.343
150	0.339	0.335	0.331	0.327	0.323	0.320	0.316	0.312	0.309	0.305
160	0.302	0.298	0.295	0.292	0.289	0.285	0.282	0.279	0.276	0.273
170	0.207	0.267	0.264	0.262	0.259	0.256	0.253	0.251	0.248	0.246
180	0.243	0.241	0.238	0.236	0.233	0.231	0.229	0.226	0.224	0.222
190	0.220	0.218	0.215	0.213	0.211	0.209	0.207	0.205	0.203	0.201
200	0.199	0.198	0.196	0.194	0.192	0.190	0.189	0.187	0.185	0.183
210	0.182	0.180	0.179	0.177	0.175	0.174	0.172	0.171	0.169	0.168
220	0.166	0.165	0.164	0.162	0.161	0.159	0.158	0.157	0.155	0.154
230	0.153	0.152	0.150	0.149	0.148	0.147	0.146	0.144	0.143	0.142
240	0.141	0.140	0.139	0.138	0.136	0.135	0.134	0.133	0.132	0.131
250	0.130	—	—	—	—	—	—	—	—	—

b 类截面轴心受压构件的稳定系数 φ 附表 1.28

λ/ε_k	0	1	2	3	4	5	6	7	8	9
0	1.000	1.000	1.000	0.999	0.999	0.998	0.997	0.996	0.995	0.994
10	0.992	0.991	0.989	0.987	0.985	0.983	0.981	0.978	0.976	0.973
20	0.970	0.967	0.963	0.960	0.957	0.953	0.950	0.946	0.943	0.939
30	0.936	0.932	0.929	0.925	0.922	0.918	0.914	0.910	0.906	0.903
40	0.899	0.895	0.891	0.887	0.882	0.878	0.874	0.870	0.865	0.861
50	0.856	0.852	0.847	0.842	0.838	0.833	0.828	0.823	0.818	0.813

续表

λ/ε_k	0	1	2	3	4	5	6	7	8	9
60	0.807	0.802	0.797	0.791	0.786	0.780	0.774	0.769	0.763	0.757
70	0.751	0.745	0.739	0.732	0.726	0.720	0.714	0.707	0.701	0.694
80	0.688	0.681	0.675	0.668	0.661	0.655	0.648	0.641	0.635	0.628
90	0.621	0.614	0.608	0.601	0.594	0.588	0.581	0.575	0.568	0.561
100	0.555	0.549	0.542	0.536	0.529	0.523	0.517	0.511	0.505	0.499
110	0.493	0.487	0.481	0.475	0.470	0.464	0.458	0.453	0.447	0.442
120	0.437	0.432	0.426	0.421	0.416	0.411	0.406	0.402	0.397	0.392
130	0.387	0.383	0.378	0.374	0.370	0.365	0.361	0.357	0.353	0.349
140	0.345	0.341	0.337	0.333	0.329	0.326	0.322	0.318	0.315	0.311
150	0.308	0.304	0.301	0.298	0.295	0.291	0.288	0.285	0.282	0.279
160	0.276	0.273	0.270	0.267	0.265	0.262	0.259	0.256	0.254	0.251
170	0.249	0.246	0.244	0.241	0.239	0.236	0.234	0.232	0.229	0.227
180	0.225	0.223	0.220	0.218	0.216	0.214	0.212	0.210	0.208	0.206
190	0.204	0.202	0.200	0.198	0.197	0.195	0.193	0.191	0.190	0.188
200	0.186	0.184	0.183	0.181	0.180	0.178	0.176	0.175	0.173	0.172
210	0.170	0.169	0.167	0.166	0.165	0.163	0.162	0.160	0.159	0.158
220	0.156	0.155	0.154	0.153	0.151	0.150	0.149	0.148	0.146	0.145
230	0.144	0.143	0.142	0.141	0.140	0.138	0.137	0.136	0.135	0.134
240	0.133	0.132	0.131	0.130	0.129	0.128	0.127	0.126	0.125	0.124
250	0.123									

c类截面轴心受压构件的稳定系数 φ 附表 1.29

λ/ε_k	0	1	2	3	4	5	6	7	8	9
0	1.000	1.000	1.000	0.999	0.999	0.998	0.997	0.996	0.995	0.993
10	0.992	0.990	0.988	0.986	0.983	0.981	0.978	0.976	0.973	0.970
20	0.966	0.959	0.953	0.947	0.940	0.934	0.928	0.921	0.915	0.909
30	0.902	0.896	0.890	0.884	0.877	0.871	0.865	0.858	0.852	0.846
40	0.839	0.833	0.826	0.820	0.814	0.807	0.801	0.794	0.788	0.781
50	0.775	0.768	0.762	0.755	0.748	0.742	0.735	0.729	0.722	0.715
60	0.709	0.702	0.695	0.689	0.682	0.676	0.669	0.662	0.656	0.649
70	0.643	0.636	0.629	0.623	0.616	0.610	0.604	0.597	0.591	0.584
80	0.578	0.572	0.566	0.559	0.553	0.547	0.541	0.535	0.529	0.523
90	0.517	0.511	0.505	0.500	0.494	0.488	0.483	0.477	0.472	0.467
100	0.463	0.458	0.454	0.449	0.445	0.441	0.436	0.432	0.428	0.423
110	0.419	0.415	0.411	0.407	0.403	0.399	0.395	0.391	0.387	0.383
120	0.379	0.375	0.371	0.367	0.364	0.360	0.356	0.353	0.349	0.346
130	0.342	0.339	0.335	0.332	0.328	0.325	0.322	0.319	0.315	0.312
140	0.309	0.306	0.303	0.300	0.297	0.294	0.291	0.288	0.285	0.282
150	0.280	0.277	0.274	0.271	0.269	0.266	0.264	0.261	0.258	0.256
160	0.254	0.251	0.249	0.246	0.244	0.242	0.239	0.237	0.235	0.233
170	0.230	0.228	0.226	0.224	0.222	0.220	0.218	0.216	0.214	0.212

续表

λ/ε_k	0	1	2	3	4	5	6	7	8	9
180	0.210	0.208	0.206	0.205	0.203	0.201	0.199	0.197	0.196	0.194
190	0.192	0.190	0.189	0.187	0.186	0.184	0.182	0.181	0.179	0.178
200	0.176	0.175	0.173	0.172	0.170	0.169	0.168	0.166	0.165	0.163
210	0.162	0.161	0.159	0.158	0.157	0.156	0.154	0.153	0.152	0.151
220	0.150	0.148	0.147	0.146	0.145	0.144	0.143	0.142	0.140	0.139
230	0.138	0.137	0.136	0.135	0.134	0.133	0.132	0.131	0.130	0.129
240	0.128	0.127	0.126	0.125	0.124	0.124	0.123	0.122	0.121	0.120
250	0.119	—	—	—	—	—	—	—	—	—

d 类截面轴心受压构件的稳定系数 φ　　　　附表 1.30

λ/ε_k	0	1	2	3	4	5	6	7	8	9
0	1.000	1.000	0.999	0.999	0.998	0.996	0.994	0.992	0.990	0.987
10	0.984	0.981	0.978	0.974	0.969	0.965	0.960	0.955	0.949	0.944
20	0.937	0.927	0.918	0.909	0.900	0.891	0.883	0.874	0.865	0.857
30	0.848	0.840	0.831	0.823	0.815	0.807	0.799	0.790	0.782	0.774
40	0.766	0.759	0.751	0.743	0.735	0.728	0.720	0.712	0.705	0.697
50	0.690	0.683	0.675	0.668	0.661	0.654	0.646	0.639	0.632	0.625
60	0.618	0.612	0.605	0.598	0.591	0.585	0.578	0.572	0.565	0.559
70	0.552	0.546	0.540	0.534	0.528	0.522	0.516	0.510	0.504	0.498
80	0.493	0.487	0.481	0.476	0.470	0.465	0.460	0.454	0.449	0.444
90	0.439	0.434	0.429	0.424	0.419	0.414	0.410	0.405	0.401	0.397
100	0.394	0.390	0.387	0.383	0.380	0.376	0.373	0.370	0.366	0.363
110	0.359	0.356	0.353	0.350	0.346	0.343	0.340	0.337	0.334	0.331
120	0.328	0.325	0.322	0.319	0.316	0.313	0.310	0.307	0.304	0.301
130	0.299	0.296	0.293	0.290	0.288	0.285	0.282	0.280	0.277	0.275
140	0.272	0.270	0.267	0.265	0.262	0.260	0.258	0.255	0.253	0.251
150	0.248	0.246	0.244	0.242	0.240	0.237	0.235	0.233	0.231	0.229
160	0.227	0.225	0.223	0.221	0.219	0.217	0.215	0.213	0.212	0.210
170	0.208	0.206	0.204	0.203	0.201	0.199	0.197	0.196	0.194	0.192
180	0.191	0.189	0.188	0.186	0.184	0.183	0.181	0.180	0.178	0.177
190	0.176	0.174	0.173	0.171	0.170	0.168	0.167	0.166	0.164	0.163
200	0.162	—	—	—	—	—	—	—	—	—

注：1. 附表 1.27～附表 1.30 中的 φ 值系按下列公式算得：

当 $\lambda_n = \dfrac{\lambda}{\pi}\sqrt{\dfrac{f_y}{E}} \leqslant 0.215$ 时，
$$\varphi = 1 - \alpha_1 \lambda_n^2$$

当 $\lambda_n > 0.215$ 时，
$$\varphi = \dfrac{1}{2\lambda_n^2}\left[(\alpha_2 + \alpha_3\lambda_n + \lambda_n^2) - \sqrt{(\alpha_2 + \alpha_3\lambda_n + \lambda_n^2)^2 - 4\lambda_n^2}\right]$$

式中 α_1、α_2、α_3——系数，根据附表 1.10 和附表 1.11 的截面分类，按附表 1.31 采用。

2. 当构件的 λ/ε_k 值超出附表 1.27～附表 1.30 的范围时，则 φ 值按注 1 所列的公式计算。

附表1.30 注中公式的系数 α_1、α_2、α_3 附表1.31

截面类别		α_1	α_2	α_3
a类		0.41	0.986	0.152
b类		0.65	0.965	0.300
c类	$\lambda_n \leqslant 1.05$	0.73	0.906	0.595
	$\lambda_n > 1.05$		1.216	0.302
d类	$\lambda_n \leqslant 1.05$	1.35	0.868	0.915
	$\lambda_n > 1.05$		1.375	0.432

附录 2 型钢规格及截面特性

热轧等边角钢的规格及截面特性（依据《热轧型钢》GB/T 706—2016 计算）

附表 2.1

1. 表中双线的左侧为一个角钢的截面特性；
2. 边端圆弧半径 $r_1 = t/3$；
3. $I_u = A i_u^2$，$I_v = A i_v^2$。

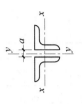

规格	尺寸 (mm)			截面积 (cm^2) A	重量 (kg/m)	重心距 (cm) y_0	惯性矩 (cm^4) I_x	截面模量 (cm^3)			回转半径 (cm)			双角钢回转半径 i_y (cm) 当间距 a (mm) 为						
	b	t	r					W_{xmax}	W_{xmin}	W_u	i_x	i_u	i_v	6	8	10	12	14	16
L45×3	45	3	5	2.659	2.09	1.22	5.17	4.23	1.58	2.58	1.40	1.76	0.89	2.07	2.14	2.22	2.30	2.38	2.46
4		4		3.486	2.74	1.26	6.65	5.28	2.05	3.32	1.38	1.74	0.89	2.08	2.16	2.24	2.32	2.40	2.48
5		5		4.292	3.37	1.30	8.04	6.18	2.51	4.00	1.37	1.72	0.88	2.11	2.18	2.26	2.34	2.42	2.51
6		6		5.076	3.99	1.33	9.33	7.02	2.95	4.64	1.36	1.70	0.88	2.12	2.20	2.28	2.36	2.44	2.53
L50×3	50	3	5.5	2.971	2.33	1.34	7.18	5.36	1.96	3.22	1.55	1.96	1.00	2.26	2.33	2.41	2.48	2.56	2.64
4		4		3.897	3.06	1.38	9.26	6.71	2.56	4.16	1.54	1.94	0.99	2.28	2.35	2.43	2.51	2.59	2.67
5		5		4.803	3.77	1.42	11.2	7.89	3.13	5.03	1.53	1.92	0.98	2.30	2.38	2.46	2.53	2.61	2.70
6		6		5.688	4.46	1.46	13.1	8.94	3.68	5.85	1.52	1.91	0.98	2.33	2.40	2.48	2.56	2.64	2.72
L56×3	56	3	6	3.343	2.62	1.48	10.2	6.89	2.48	4.08	1.75	2.20	1.13	2.50	2.57	2.64	2.72	2.80	2.87
4		4		4.390	3.45	1.53	13.2	8.61	3.24	5.28	1.73	2.18	1.11	2.52	2.59	2.67	2.74	2.82	2.90
5		5		5.415	4.25	1.57	16.0	10.2	3.97	6.42	1.72	2.17	1.10	2.54	2.62	2.69	2.77	2.85	2.93
6		6		6.420	5.04	1.61	18.7	11.6	4.68	7.49	1.71	2.15	1.10	2.56	2.64	2.72	2.79	2.87	2.96
7		7		7.404	5.81	1.64	21.2	12.9	5.32	8.49	1.69	2.13	1.09	2.57	2.65	2.73	2.81	2.89	2.97
8		8		8.367	6.57	1.68	23.6	14.1	6.03	9.44	1.68	2.11	1.09	2.60	2.67	2.75	2.83	2.91	3.00

377

续表

规格	尺寸 (mm)			截面积 (cm²) A	重量 (kg/m)	重心距 (cm) y_0	惯性矩 (cm⁴) I_x	截面模量 (cm³)				回转半径 (cm)			双角钢回转半径 i_y (cm) 当间距 a (mm) 为						
	b	t	r					W_{xmax}	W_{xmin}	W_u		i_x	i_u	i_v	6	8	10	12	14	16
L60×5	60	5	6.5	5.829	4.58	1.67	19.9	11.9	4.59	7.44		1.85	2.33	1.19	2.70	2.78	2.85	2.93	3.01	3.09
6		6		6.914	5.43	1.70	23.4	13.7	5.41	8.70		1.83	2.31	1.18	2.71	2.79	2.86	2.94	3.02	3.10
7		7		7.977	6.26	1.74	26.4	15.2	6.21	9.88		1.82	2.29	1.17	2.73	2.81	2.89	2.96	3.04	3.12
8		8		9.020	7.08	1.78	29.5	16.6	6.98	11.0		1.81	2.27	1.17	2.76	2.83	2.91	2.99	3.07	3.15
L63×4	63	4	7	4.978	3.91	1.70	19.0	11.2	4.13	6.78		1.96	2.46	1.26	2.80	2.87	2.95	3.02	3.10	3.18
5		5		6.143	4.82	1.74	23.2	13.3	5.08	8.25		1.94	2.45	1.25	2.82	2.89	2.96	3.04	3.12	3.20
6		6		7.288	5.72	1.78	27.1	15.2	6.00	9.66		1.93	2.43	1.24	2.84	2.91	2.99	3.06	3.14	3.22
7		7		8.412	6.60	1.82	30.9	17.0	6.88	11.0		1.92	2.41	1.23	2.86	2.94	3.01	3.09	3.17	3.25
8		8		9.515	7.47	1.85	34.5	18.6	7.75	12.3		1.90	2.40	1.23	2.87	2.94	3.02	3.10	3.18	3.26
10		10		11.66	9.15	1.93	41.1	21.3	9.39	14.6		1.88	2.36	1.22	2.92	2.99	3.07	3.15	3.23	3.31
L70×4	70	4	8	5.570	4.37	1.86	26.4	14.2	5.14	8.44		2.18	2.74	1.40	3.07	3.14	3.21	3.29	3.36	3.44
5		5		6.875	5.40	1.91	32.2	16.9	6.32	10.3		2.16	2.73	1.39	3.09	3.16	3.24	3.31	3.39	3.47
6		6		8.160	6.41	1.95	37.8	19.4	7.48	12.1		2.15	2.71	1.38	3.11	3.19	3.26	3.34	3.41	3.49
7		7		9.424	7.40	1.99	43.1	21.7	8.59	13.8		2.14	2.69	1.38	3.13	3.21	3.28	3.36	3.44	3.52
8		8		10.67	8.37	2.03	48.2	23.7	9.68	15.4		2.12	2.68	1.37	3.15	3.22	3.30	3.38	3.46	3.54
L75×5	75	5	9	7.412	5.82	2.04	40.0	19.6	7.32	11.9		2.33	2.92	1.50	3.30	3.37	3.45	3.52	3.60	3.67
6		6		8.797	6.91	2.07	47.0	22.7	8.64	14.0		2.31	2.90	1.49	3.31	3.38	3.46	3.53	3.61	3.68
7		7		10.16	7.98	2.11	53.6	25.4	9.93	16.0		2.30	2.89	1.48	3.33	3.40	3.48	3.55	3.63	3.71
8		8		11.50	9.03	2.15	60.0	27.9	11.2	17.9		2.28	2.88	1.47	3.35	3.42	3.50	3.57	3.65	3.73
9	75	9	9	12.83	10.1	2.18	66.1	30.3	12.4	19.8		2.27	2.86	1.46	3.36	3.44	3.51	3.59	3.67	3.75
10	75	10		14.13	11.1	2.22	72.0	32.4	13.6	21.5		2.26	2.84	1.46	3.38	3.46	3.54	3.61	3.69	3.77
L80×5	80	5	9	7.912	6.21	2.15	48.8	22.7	8.34	13.7		2.48	3.13	1.60	3.49	3.56	3.63	3.70	3.78	3.85
6		6		9.397	7.38	2.19	57.4	26.2	9.87	16.1		2.47	3.11	1.59	3.51	3.58	3.65	3.73	3.80	3.88
7		7		10.86	8.53	2.23	65.6	29.4	11.4	18.4		2.46	3.10	1.58	3.53	3.60	3.67	3.75	3.83	3.90
8		8		12.30	9.66	2.27	73.5	32.4	12.8	20.6		2.44	3.08	1.57	3.54	3.62	3.69	3.77	3.84	3.92

续表

规格	尺寸 (mm) b	t	r	截面积 (cm²) A	重量 (kg/m)	重心距 (cm) y₀	惯性矩 (cm⁴) I_x	截面模量 (cm³) W_{xmax}	W_{xmin}	W_u	回转半径 (cm) i_x	i_u	i_v	双角钢回转半径 i_y (cm) 当间距 a (mm) 为 6	8	10	12	14	16
L80×9	80	9	9	13.73	10.8	2.31	81.1	35.1	14.3	22.7	2.43	3.06	1.56	3.57	3.64	3.71	3.79	3.87	3.95
10		10		15.13	11.9	2.35	88.4	37.6	15.6	24.8	2.42	3.04	1.56	3.59	3.66	3.74	3.82	3.89	3.97
L90×6		6	10	10.64	8.35	2.44	82.8	33.9	12.6	20.6	2.79	3.51	1.80	3.91	3.98	4.05	4.13	4.20	4.28
7		7		12.30	9.66	2.48	94.8	38.2	14.5	23.6	2.78	3.50	1.78	3.93	4.00	4.08	4.15	4.22	4.30
8	90	8		13.94	10.9	2.52	106	42.1	16.4	26.6	2.76	3.48	1.78	3.95	4.02	4.09	4.17	4.24	4.32
9		9		15.57	12.2	2.56	118	46.1	18.3	29.4	2.75	3.46	1.77	3.97	4.04	4.11	4.19	4.26	4.34
10		10		17.17	13.5	2.59	129	49.6	20.1	32.0	2.74	3.45	1.76	3.98	4.06	4.13	4.21	4.28	4.36
12		12		20.31	15.9	2.67	149	55.9	23.6	37.1	2.71	3.41	1.75	4.02	4.09	4.17	4.25	4.32	4.40
L100×6		6	12	11.93	9.37	2.67	115	43.1	15.7	25.7	3.10	3.90	2.00	4.29	4.36	4.43	4.51	4.58	4.65
7		7		13.80	10.8	2.71	132	48.7	18.1	29.6	3.09	3.89	1.99	4.31	4.38	4.46	4.53	4.60	4.68
8		8		15.64	12.3	2.76	148	53.7	20.5	33.2	3.08	3.88	1.98	4.34	4.41	4.48	4.56	4.63	4.71
9	100	9		17.46	13.7	2.80	164	58.6	22.8	36.8	3.07	3.86	1.97	4.36	4.43	4.51	4.58	4.66	4.73
10		10		19.26	15.1	2.84	180	63.2	25.1	40.3	3.05	3.84	1.96	4.38	4.45	4.52	4.60	4.67	4.75
12		12		22.80	17.9	2.91	209	71.8	29.5	46.8	3.03	3.81	1.95	4.41	4.49	4.56	4.64	4.71	4.79
14		14		26.26	20.6	2.99	237	79.1	33.7	52.9	3.00	3.77	1.94	4.45	4.53	4.60	4.68	4.76	4.83
16		16		29.63	23.3	3.06	263	85.8	37.8	58.6	2.98	3.74	1.94	4.49	4.57	4.64	4.72	4.80	4.88
L110×7		7	12	15.20	11.9	2.96	177	59.9	22.1	36.1	3.41	4.30	2.20	4.72	4.79	4.86	4.93	5.00	5.08
8		8		17.24	13.5	3.01	199	66.3	25.0	40.7	3.40	4.28	2.19	4.75	4.82	4.89	4.96	5.03	5.11
10	110	10		21.26	16.7	3.09	242	78.4	30.6	49.4	3.38	4.25	2.17	4.79	4.86	4.93	5.00	5.08	5.15
12		12		25.20	19.8	3.16	283	89.4	36.1	57.6	3.35	4.22	2.15	4.82	4.89	4.96	5.04	5.11	5.19
14		14		29.06	22.8	3.24	321	99.0	41.3	65.3	3.32	4.18	2.14	4.85	4.93	5.00	5.08	5.15	5.23

379

续表

规格	尺寸 (mm) b	t	r	截面积 (cm²) A	重量 (kg/m)	重心距 (cm) y_0	惯性矩 (cm⁴) I_x	截面模量 (cm³) W_{xmax}	W_{xmin}	W_u	回转半径 (cm) i_x	i_u	i_v	双角钢回转半径 i_y (cm) 当间距 a (mm) 为 6	8	10	12	14	16
L125×8		8		19.75	15.5	3.37	297	88.1	32.5	53.3	3.88	4.88	2.50	5.34	5.41	5.48	5.55	5.62	5.70
10	125	10	14	24.37	19.1	3.45	362	105	40.0	64.9	3.85	4.85	2.48	5.37	5.44	5.52	5.59	5.66	5.73
12		12		28.91	22.7	3.53	423	120	47.2❶	76.0	3.83	4.82	2.46	5.42	5.49	5.56	5.63	5.71	5.78
14		14		33.37	26.2	3.61	482	133	54.2	86.4	3.80	4.78	2.45	5.45	5.52	5.60	5.67	5.75	5.82
16		16		37.74	29.6	3.68	537	146	60.9	96.3	3.77	4.75	2.43	5.48	5.56	5.63	5.70	5.78	5.86
L140×10		10		27.37	21.5	3.82	515	135	50.6	82.6	4.34	5.46	2.78	5.98	6.05	6.12	6.19	6.27	6.34
12	140	12	14	32.51	25.5	3.90	604	155	59.8	96.9	4.31	5.43	2.77	6.02	6.09	6.16	6.23	6.30	6.38
14		14		37.57	29.5	3.98	689	173	68.8	110	4.28	5.40	2.75	6.05	6.12	6.20	6.27	6.34	6.42
16		16		42.54	33.4	4.06	770	190	77.5	123	4.26	5.36	2.74	6.10	6.17	6.24	6.31	6.39	6.46
L150×8		8		23.75	18.6	3.99	521	131	47.4	78.0	4.69	5.90	3.01	6.35	6.42	6.49	6.56	6.63	6.70
10		10		29.37	23.1	4.08	638	156	58.4	95.5	4.66	5.87	2.99	6.40	6.46	6.53	6.60	6.68	6.75
12	150	12	14	34.91	27.4	4.15	749	180	69.0	112	4.63	5.84	2.97	6.42	6.49	6.56	6.63	6.71	6.78
14		14		40.37	31.7	4.23	856	202	79.5	128	4.60	5.80	2.95	6.46	6.53	6.60	6.67	6.74	6.82
15		15		43.06	33.8	4.27	907	212	84.6	136	4.59	5.78	2.95	6.48	6.55	6.62	6.69	6.77	6384
16		16		45.74	35.9	4.31	958	222	89.6	143	4.58	5.77	2.94	6.50	6.57	6.64	6.71	6.79	6.86

❶ 疑《热轧型钢》GB/T 706—2016 所给数值有误，表中该 W_{xmax} 值是按《热轧型钢》GB/T 706—2016 中所给相应的 I_x、b 和 y_0 计算求得 $\left(W_{xmin}=\dfrac{I_x}{b-y_0}\right)$，供参考。

续表

规格	尺寸 (mm)			截面积 (cm²) A	重量 (kg/m)	重心距 (cm) y_0	惯性矩 (cm⁴) I_x	截面模量 (cm³)			回转半径 (cm)			双角钢回转半径 i_y (cm) 当间距 a (mm) 为						
	b	t	r					W_{xmax}	W_{xmin}	W_u	i_x	i_u	i_v	6	8	10	12	14	16
L160×10	160	10	16	31.50	24.7	4.31	780	181	66.7	109	4.98	6.27	3.20	6.79	6.85	6.92	6.99	7.06	7.14
12		12		37.44	29.4	4.39	917	209	79.0	129	4.95	6.24	3.18	6.82	6.89	6.96	7.03	7.10	7.17
14		14		43.30	34.0	4.47	1050	235	91.0	147	4.92	6.20	3.16	6.85	6.92	6.99	7.06	7.14	7.21
16		16		49.07	38.5	4.55	1180	258	103	165	4.89	6.17	3.14	6.89	6.96	7.03	7.10	7.17	7.25
L180×12	180	12	16	42.24	33.2	4.89	1320	270	101	165	5.59	7.05	3.58	7.63	7.70	7.77	7.84	7.91	7.98
14		14		48.90	38.4	4.97	1510	305	116	189	5.56	7.02	3.56	7.66	7.73	7.80	7.87	7.94	8.01
16		16		55.47	43.5	5.05	1700	337	131	212	5.54	6.98	3.55	7.70	7.77	7.84	7.91	7.98	8.06
18		18		61.96	48.6	5.13	1880	366	146	235	5.50	6.94	3.51	7.73	7.80	7.87	7.94	8.01	8.09
L200×14	200	14	18	54.64	42.9	5.46	2100	385	145	236	6.20	7.82	3.98	8.46	8.53	8.60	8.67	8.74	8.81
16		16		62.01	48.7	5.54	2370	427	164	266	6.18	7.79	3.96	8.50	8.57	8.64	8.71	8.78	8.85
18		18		69.30	54.4	5.62	2620	466	182	294	6.15	7.75	3.94	8.54	8.61	8.68	8.75	8.82	8.89
20		20		76.51	60.1	5.69	2870	504	200	322	6.12	7.72	3.93	8.56	8.63	8.70	8.78	8.85	8.92
24		24		90.66	71.2	5.87	3340	569	236	374	6.07	7.64	3.90	8.66	8.73	8.80	8.87	8.94	9.02
L250×18	250	18	24	87.84	69.0	6.84	5270	770	290	473	7.75	9.76	4.97	10.54	10.61	10.67	10.74	10.81	10.88
20		20		97.05	76.2	6.92	5780	835	320	519	7.72	9.73	4.95	10.57	10.64	10.71	10.78	10.85	10.92
22		22		106.2	83.3	7.00	6280	897	349	564	7.69	9.69	4.93	10.60	10.67	10.74	10.81	10.88	10.95
24		24		115.2	90.4	7.07	6770	958	378	608	7.67	9.66	4.92	10.64	10.71	10.78	10.85	10.92	10.99
26		26		124.2	97.5	7.15	7240	1013	406	650	7.64	9.62	4.90	10.67	10.74	10.81	10.88	10.95	11.03
28		28		133.0	104	7.22	7700	1066	433	691	7.61	9.58	4.89	10.70	10.77	10.84	10.91	10.98	11.06
30		30		141.8	111	7.30	8160	1118	461	731	7.58	9.55	4.88	10.73	10.80	10.88	10.95	11.02	11.09
32		32		150.5	118	7.37	8600	1167	488	770	7.56	9.51	4.87	10.77	10.84	10.91	10.99	11.06	11.13
35		35		163.4	128	7.48	9240	1235	527	827	7.52	9.46	4.86	10.82	10.89	10.96	11.04	11.11	11.19

附表 2.2

热轧不等边角钢的规格及截面特性（依据《热轧型钢》GB/T 706—2016 计算）

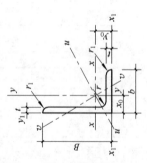

1. 边端圆弧半径 $r_1 = t/3$；
2. $I_u = I_x + I_y - I_{v_0}$。

规格	尺寸 (mm)				截面积 (cm²) A	重量 (kg/m)	重心距 (cm)		惯性矩 (cm⁴)				截面模量 (cm³)					回转半径 (cm)			$\tan\theta$ (θ 为 y 轴与 v 轴的夹角)
	B	b	t	r			x_0	y_0	I_x	I_y	I_v	$W_{x\max}$	$W_{x\min}$	$W_{y\max}$	$W_{y\min}$		i_x	i_y	i_v	
L 56×36×3	56	36	3	6	2.743	2.15	0.80	1.78	8.88	2.92	1.73	4.99	2.32	3.65	1.05		1.80	1.03	0.79	0.408
4			4		3.590	2.82	0.85	1.82	11.5	3.76	2.23	6.29	3.03	4.42	1.37		1.79	1.02	0.79	0.408
5			5		4.415	3.47	0.88	1.87	13.9	4.49	2.67	7.41	3.71	5.10	1.65		1.77	1.01	0.78	0.404
L 63×40×4	63	40	4	7	4.058	3.19	0.92	2.04	16.5	5.23	3.12	8.08	3.87	5.68	1.70		2.02	1.14	0.88	0.398
5			5		4.993	3.92	0.95	2.08	20.0	6.31	3.76	9.62	4.74	6.64	2.07		2.00	1.12	0.87	0.396
6			6		5.908	4.64	0.99	2.12	23.4	7.29	4.34	11.0	5.59	7.36	2.43		1.99❶	1.11	0.86	0.393
7			7		6.802	5.34	1.03	2.15	26.5	8.24	4.97	12.3	6.40	8.00	2.78		1.98	1.10	0.86	0.389
L 70×45×4	70	45	4	7.5	4.553	3.57	1.02	2.24	23.2	7.55	4.40	10.3	4.86	7.40	2.17		2.26	1.29	0.98	0.410
5			5		5.609	4.40	1.06	2.28	28.0	9.13	5.40	12.3	5.92	8.61	2.65		2.23	1.28	0.98	0.407
6			6		6.644	5.22	1.09	2.32	32.5	10.6	6.35	14.0	6.95	9.74	3.12		2.21	1.26	0.98	0.404
7			7		7.658	6.01	1.13	2.36	37.2	12.0	7.16	15.8	8.03	10.6	3.57		2.20	1.25	0.97	0.402
L 75×50×5	75	50	5	8	6.126	4.81	1.17	2.40	34.9	12.6	7.41	14.5	6.83	10.8	3.30		2.39	1.44	1.10	0.435
6			6		7.260	5.70	1.21	2.44	41.1	14.7	8.54	16.9	8.12	12.2	3.88		2.38	1.42	1.08	0.435
8			8		9.467	7.43	1.29	2.52	52.4	18.5	10.9	20.8	10.5	14.4	4.99		2.35	1.40	1.07	0.429
10			10		11.59	9.10	1.36	2.60	62.7	22.0	13.1	24.1	12.8	16.2	6.04		2.33	1.38	1.06	0.423

❶ 疑《热轧型钢》GB/T 706—2016 所给数值有误，表中该值为改正值，供参考。

续表

规格	尺寸 (mm) B	b	t	r	截面积 (cm²) A	重量 (kg/m)	重心距 (cm) x_0	y_0	惯性矩 (cm⁴) I_x	I_y	I_v	截面模量 (cm³) W_{xmax}	W_{xmin}	W_{ymax}	W_{ymin}	回转半径 (cm) i_x	i_y	i_v	$\tan\theta$ (θ为y轴与v轴的夹角)
L 80×50×5	80	50	5	8	6.376	5.00	1.14	2.60	42.0	12.8	7.66	16.1	7.78	11.3	3.32	2.56	1.42	1.10	0.388
6			6		7.560	5.93	1.18	2.65	49.5	15.0	8.85	18.7	9.25	12.7	3.91	2.56	1.41	1.08	0.387
7			7		8.724	6.85	1.21	2.69	56.2	17.0	10.2	20.9	10.6	14.0	4.48	2.54	1.39	1.08	0.384
8			8		9.867	7.75	1.25	2.73	62.8	18.9	11.4	23.0	11.9	15.1	5.03	2.52	1.38	1.07	0.381
L 90×56×5	90	56	5	9	7.212	5.66	1.25	2.91	60.5	18.3	11.0	20.8	9.92	14.7	4.21	2.90	1.59	1.23	0.385
6			6		8.557	6.72	1.29	2.95	71.0	21.4	12.9	24.1	11.7	16.6	4.96	2.88	1.58	1.23	0.384
7			7		9.881	7.76	1.33	3.00	81.0	24.4	14.7	27.0	13.5	18.3	5.70	2.86	1.57	1.22	0.382
8			8		11.18	8.78	1.36	3.04	91.0	27.2	16.3	29.9	15.3	20.0	6.41	2.85	1.56	1.21	0.380
L 100×63×6	100	63	6	10	9.618	7.55	1.43	3.24	99.1	30.9	18.4	30.6	14.6	21.6	6.35	3.21	1.79	1.38	0.394
7			7		11.11	8.72	1.47	3.28	113	35.3	21.0	34.6	16.9	24.0	7.29	3.20	1.78	1.38	0.394
8			8		12.58	9.88	1.50	3.32	127	39.4	23.5	38.4	19.1	26.3	8.21	3.18	1.77	1.37	0.391
10			10		15.47	12.1	1.58	3.40	154	47.1	28.3	45.2	23.3	29.8	9.98	3.15	1.74	1.35	0.387
L 100×80×6	100	80	6	10	10.64	8.35	1.97	2.95	107	61.2	31.7	36.3	15.2	31.1	10.2	3.17	2.40	1.72	0.627
7			7		12.30	9.66	2.01	3.00	123	70.1	36.2	40.9	17.5	34.9	11.7	3.16	2.39	1.72	0.626
8			8		13.94	10.9	2.05	3.04	138	78.6	40.6	45.4	19.8	38.3	13.2	3.14	2.37	1.71	0.625
10			10		17.17	13.5	2.13	3.12	167	94.7	49.1	53.5	24.2	44.4	16.1	3.12	2.35	1.69	0.622
L 110×70×6	110	70	6	10	10.64	8.35	1.57	3.53	133	42.9	25.4	37.8	17.9	27.3	7.90	3.54	2.01	1.54	0.403
7			7		12.30	9.66	1.61	3.57	153	49.0	29.0	42.9	20.6	30.4	9.09	3.53	2.00	1.53	0.402
8			8		13.94	10.9	1.65	3.62	172	54.9	32.5	47.5	23.3	33.3	10.3	3.51	1.98	1.53	0.401
10			10		17.17	13.5	1.72	3.70	208	65.9	39.2	56.3	28.5	38.3	12.5	3.48	1.96	1.51	0.397

续表

规格	尺寸 (mm)				截面积 (cm^2) A	重量 (kg/m)	重心距 (cm)		惯性矩 (cm^4)			截面模量 (cm^3)			回转半径 (cm)			$\tan\theta$ (θ 为 y 轴与 v 轴的夹角)
	B	b	t	r			x_0	y_0	I_x	I_y	I_v	W_{xmax}	W_{xmin}	W_{ymax}	W_{ymin}	i_x	i_y	i_v	
L 125×80×7	125	80	7	11	14.10	11.1	1.80	4.01	228	74.4	43.8	56.9	26.9	41.3	12.0	4.02	2.30	1.76	0.408
8			8		15.99	12.6	1.84	4.06	257	83.5	49.2	63.2	30.4	45.4	13.6	4.01	2.28	1.75	0.407
10			10		19.71	15.5	1.92	4.14	312	101	59.5	75.4	37.3	52.4	16.6	3.98	2.26	1.74	0.404
12			12		23.35	18.3	2.00	4.22	364	117	69.4	86.4	44.0	58.3	19.4	3.95	2.24	1.72	0.400
L 140×90×8	140	90	8	12	18.04	14.2	2.04	4.50	366	121	70.8	81.3	38.5	59.2	17.3	4.50	2.59	1.98	0.411
10			10		22.26	17.5	2.12	4.58	446	146❶	85.8	97.3	47.3	68.9	21.2	4.47	2.56	1.96	0.409
12			12		26.40	20.7	2.19	4.66	522	170	100	112	55.9	77.5	25.0	4.44	2.54	1.95	0.406
14			14		30.46	23.9	2.27	4.74	594	192	114	125	64.2	84.6	28.5	4.42	2.51	1.94	0.403
L 150×90×8	150	90	8	12	18.84	14.8	1.97	4.92	442	123	74.1	89.8	43.9	62.4	17.5	4.84	2.55	1.98	0.364
10			10		23.26	18.3	2.05	5.01	539	149	89.9	108	54.0	72.7	21.4	4.81	2.53	1.97	0.362
12			12		27.60	21.7	2.12	5.09	632	173	105	124	63.8	63.8	25.1	4.79	2.50	1.95	0.359
14			14		31.86	25.0	2.20	5.17	721	196	120	139	73.3	89.1	28.8	4.76	2.48	19.4	0.356
15			15		33.95	26.7	2.24	5.21	764	207	127	147	78.0	92.4	30.5	4.74	2.47	1.93	0.354
16			16		36.03	28.3	2.27	5.25	806	217	134	154	82.6	95.6	32.3	4.73	2.45	1.93	0.352
L 160×100×10	160	100	10	13	25.32	19.9	2.28	5.24	669	205	122	128	62.1	89.9	26.6	5.14	2.85	2.19	0.390
12			12		30.05	23.6	2.36	5.32	785	239	142	148	73.5	101	31.3	5.11	2.82	2.17	0.388
14			14		34.71	27.2	2.43	5.40	896	271	162	166	84.6	112	35.8	5.08	2.80	2.16	0.385
16			16		39.28	30.8	2.51	5.48	1000	302	183	183	95.3	120	40.2	5.05	2.77	2.16	0.382
L 180×110×10	180	110	10	14	28.37	22.3	2.44	5.89	956	278	167	162	79.0	114	32.5	5.80	3.13	2.42	0.376
12			12		33.71	26.5	2.52	5.98	1120	325	195	188	93.5	129	38.3	5.78	3.10	2.40	0.374
14			14		38.97	30.6	2.59	6.06	1290	370	222	212	108	143	44.0	5.75	3.08	2.39	0.372
16			16		44.14	34.6	2.67	6.14	1440	412	249	235	122	154	49.4	5.72	3.06	2.38	0.369
L 200×125×12	200	125	12	14	37.91	29.8	2.83	6.54	1570	483	286	240	117	171	50.0	6.44	3.57	2.74	0.392
14			14		43.87	34.4	2.91	6.62	1800	551	327	272	135	189	57.4	6.41	3.54	2.73	0.390
16			16		49.74	39.0	2.99	6.70	2020	615	366	302	152	206	64.7	6.38	3.52	2.71	0.388
18			18		55.53	43.6	3.06	6.78	2240	677	405	330	169	221	71.7	6.35	3.49	2.70	0.385

❶ 疑《热轧型钢》GB/T 706—2016 所给数值有误, 表中该值为改正值, 供参考。

附表 2.3

两个热轧不等边角钢的组合截面特性（依据《热轧型钢》GB/T 706—2016 计算）

y_0—重心距；I—惯性矩；W—截面模量；i—回转半径；a—两角钢背间距离

长边相连 / 短边相连

规格	截面面积 A (cm²)	每米重量 (kg/m)	长边相连 y_0 (cm)	I_x (cm⁴)	W_{xmax} (cm³)	W_{xmin} (cm³)	i_x (cm)	i_y (cm) 当 a(mm)为 6	8	10	12	14	16	短边相连 y_0 (cm)	I_x (cm⁴)	W_{xmax} (cm³)	W_{xmin} (cm³)	i_x (cm)	i_y (cm) 当 a(mm)为 6	8	10	12	14	16
2L 56×36×3	5.486	4.31	1.78	17.8	9.98	4.64	1.80	1.51	1.58	1.66	1.74	1.82	1.90	0.80	5.84	7.30	2.10	1.03	2.75	2.83	2.90	2.98	3.06	3.15
4	7.180	5.64	1.82	23.0	12.6	6.08	1.79	1.54	1.61	1.69	1.77	1.86	1.94	0.85	7.52	8.85	2.73	1.02	2.77	2.85	2.93	3.01	3.09	3.17
5	8.830	6.93	1.87	27.8	14.9	7.45	1.77	1.55	1.63	1.71	1.79	1.88	1.96	0.88	8.98	10.2	3.30	1.01	2.80	2.88	2.96	3.04	3.12	3.20
2L 63×40×4	8.115	6.37	2.04	33.0	16.2	7.75	2.02	1.67	1.74	1.82	1.90	1.98	2.06	0.92	10.5	11.4	3.40	1.14	3.09	3.17	3.25	3.32	3.40	3.49
5	9.987	7.84	2.08	40.0	19.2	9.48	2.00	1.68	1.75	1.83	1.91	1.99	2.08	0.95	12.6	13.3	4.14	1.12	3.11	3.19	3.26	3.34	3.42	3.51
6	11.82	9.28	2.12	46.8	22.1	11.2	1.99	1.70	1.78	1.86	1.94	2.02	2.11	0.99	14.6	14.7	4.84	1.11	3.13	3.21	3.29	3.37	3.45	3.53
7	13.60	10.7	2.15	53.0	24.7	12.8	1.98	1.73	1.80	1.88	1.97	2.05	2.14	1.03	16.5	16.0	5.55	1.10	3.15	3.23	3.31	3.39	3.47	3.55
2L 70×45×4	9.107	7.15	2.24	46.4	20.7	9.75	2.26	1.85	1.92	1.99	2.07	2.15	2.23	1.02	15.1	14.8	4.34	1.29	3.40	3.48	3.55	3.63	3.71	3.79
5	11.22	8.81	2.28	56.0	24.6	11.9	2.23	1.87	1.94	2.02	2.10	2.18	2.26	1.06	18.3	17.2	5.31	1.28	3.41	3.49	3.56	3.64	3.72	3.80
6	13.29	10.4	2.32	65.0	28.0	13.9	2.21	1.88	1.95	2.03	2.11	2.19	2.27	1.09	21.2	19.4	6.22	1.26	3.43	3.50	3.58	3.66	3.74	3.82
7	15.32	12.0	2.36	74.4	31.5	16.0	2.20	1.90	1.98	2.05	2.13	2.22	2.30	1.13	24.0	21.2	7.12	1.25	3.45	3.53	3.61	3.69	3.77	3.85
2L 75×50×5	12.25	9.62	2.40	69.8	29.1	13.9	2.39	2.06	2.13	2.21	2.28	2.36	2.44	1.17	25.2	21.5	6.58	1.44	3.61	3.68	3.76	3.84	3.91	3.99
6	14.52	11.4	2.44	82.2	33.7	16.2	2.38	2.07	2.15	2.22	2.30	2.38	2.46	1.21	29.4	24.3	7.76	1.42	3.63	3.71	3.78	3.86	3.94	4.02
8	18.93	14.9	2.52	105	41.6	21.0	2.35	2.12	2.19	2.27	2.35	2.43	2.52	1.29	37.0	28.7	9.97	1.40	3.67	3.75	3.83	3.91	3.99	4.07
10	23.18	18.2	2.60	125	48.2	25.6	2.33	2.16	2.24	2.32	2.40	2.48	2.56	1.36	44.0	32.4	12.1	1.38	3.72	3.80	3.88	3.96	4.04	4.12

续表

规 格	截面面积 A (cm²)	每米重量 (kg/m)	长边相连 y_0 (cm)	I_x (cm⁴)	W_{xmax} (cm³)	W_{xmin} (cm³)	i_x (cm)	长边相连 i_y (cm) 当 a(mm) 为							y_0 (cm)	I_x (cm⁴)	W_{xmax} (cm³)	W_{xmin} (cm³)	i_x (cm)	短边相连 i_y (cm) 当 a(mm) 为						
								6	8	10	12	14	16							6	8	10	12	14	16
2L 80×50×5	12.75	10.0	2.60	84.0	32.3	15.6	2.56	2.02	2.09	2.17	2.25	2.32	2.40	1.14	25.6	22.5	6.63	1.42	3.87	3.94	4.02	4.10	4.18	4.26
6	15.12	11.9	2.65	99.0	37.4	18.5	2.56	2.04	2.12	2.19	2.27	2.35	2.43	1.18	30.0	25.4	7.85	1.41	3.91	3.98	4.06	4.14	4.22	4.30
7	17.45	13.7	2.69	112	41.8	21.2	2.54	2.05	2.13	2.20	2.28	2.36	2.44	1.21	34.0	28.1	8.97	1.39	3.92	4.00	4.08	4.16	4.24	4.32
8	19.73	15.5	2.73	126	46.0	23.8	2.52	2.08	2.15	2.23	2.31	2.39	2.47	1.25	37.8	30.2	10.1	1.38	3.94	4.02	4.10	4.18	4.26	4.34
2L 90×56×5	14.42	11.3	2.91	121	41.6	19.9	2.90	2.22	2.29	2.36	2.44	2.52	2.59	1.25	36.6	29.3	8.41	1.59	4.33	4.40	4.48	4.55	4.63	4.71
6	17.11	13.4	2.95	142	48.1	23.5	2.88	2.24	2.31	2.39	2.46	2.54	2.62	1.29	42.8	33.2	9.93	1.58	4.34	4.42	4.49	4.57	4.65	4.73
7	19.76	15.5	3.00	162	54.0	27.0	2.86	2.26	2.34	2.41	2.49	2.57	2.65	1.33	48.8	36.7	11.4	1.57	4.37	4.44	4.52	4.60	4.68	4.76
8	22.37	17.6	3.04	182	59.9	30.5	2.85	2.28	2.35	2.43	2.51	2.58	2.66	1.36	54.4	40.0	12.8	1.56	4.39	4.47	4.54	4.62	4.70	4.78
2L 100×63×6	19.24	15.1	3.24	198	61.2	29.3	3.21	2.49	2.56	2.63	2.71	2.78	2.86	1.43	61.8	43.2	12.7	1.79	4.78	4.85	4.93	5.00	5.08	5.16
7	22.22	17.4	3.28	226	68.9	33.6	3.20	2.51	2.58	2.66	2.73	2.81	2.88	1.47	70.6	48.0	14.6	1.78	4.80	4.88	4.95	5.03	5.11	5.19
8	25.17	19.8	3.32	254	76.5	38.0	3.18	2.52	2.60	2.67	2.75	2.82	2.90	1.50	78.8	52.5	16.4	1.77	4.82	4.89	4.97	5.05	5.13	5.20
10	30.93	24.3	3.40	308	90.6	46.7	3.15	2.56	2.64	2.71	2.79	2.87	2.95	1.58	94.2	59.6	20.0	1.74	4.86	4.94	5.01	5.09	5.17	5.25
2L 100×80×6	21.28	16.7	2.95	214	72.5	30.4	3.17	3.30	3.37	3.44	3.52	3.59	3.67	1.97	122	62.1	20.3	2.40	4.54	4.61	4.69	4.76	4.83	4.91
7	24.60	19.3	3.00	246	82.0	35.1	3.16	3.32	3.39	3.47	3.54	3.61	3.69	2.01	140	69.8	23.4	2.39	4.57	4.64	4.72	4.79	4.87	4.94
8	27.89	21.9	3.04	276	90.8	39.7	3.14	3.34	3.41	3.48	3.56	3.63	3.71	2.05	157	76.7	26.4	2.37	4.58	4.66	4.73	4.81	4.88	4.96
10	34.33	27.0	3.12	334	107	48.5	3.12	3.38	3.45	3.53	3.60	3.68	3.76	2.13	189	88.9	32.3	2.35	4.63	4.70	4.78	4.86	4.93	5.01
2L 110×70×6	21.28	16.7	3.53	266	75.4	35.6	3.54	2.75	2.81	2.89	2.96	3.03	3.11	1.57	85.8	54.6	15.8	2.01	5.22	5.29	5.36	5.44	5.52	5.59
7	24.60	19.3	3.57	306	85.7	41.2	3.53	2.77	2.84	2.91	2.98	3.06	3.13	1.61	98.0	60.9	18.2	2.00	5.24	5.31	5.39	5.46	5.54	5.62
8	27.89	21.9	3.62	344	95.0	46.6	3.51	2.78	2.85	2.92	3.00	3.07	3.15	1.65	110	66.5	20.5	1.98	5.26	5.34	5.41	5.49	5.57	5.64
10	34.33	27.0	3.70	416	112	57.0	3.48	2.81	2.89	2.96	3.04	3.11	3.19	1.72	132	76.6	25.0	1.96	5.30	5.38	5.45	5.53	5.61	5.69

续表

规格	截面面积 A (cm²)	每米重量 (kg/m)	长边相连 y_0 (cm)	I_x (cm⁴)	W_{xmax} (cm³)	W_{xmin} (cm³)	i_x (cm)	i_y(cm) 当a(mm)为 6	8	10	12	14	16	短边相连 y_0 (cm)	I_x (cm⁴)	W_{xmax} (cm³)	W_{xmin} (cm³)	i_x (cm)	i_y(cm) 当a(mm)为 6	8	10	12	14	16
2L 125×80×7	28.19	22.1	4.01	456	114	53.7	4.02	3.11	3.18	3.25	3.32	3.40	3.47	1.80	149	82.7	24.0	2.30	5.89	5.97	6.04	6.12	6.19	6.27
8	31.98	25.1	4.06	514	127	60.9	4.01	3.13	3.20	3.27	3.34	3.41	3.49	1.84	167	90.8	27.1	2.28	5.92	6.00	6.07	6.15	6.22	6.30
10	39.42	30.9	4.14	624	151	74.6	3.98	3.17	3.24	3.31	3.38	3.46	3.54	1.92	202	105	33.2	2.26	5.96	6.04	6.11	6.19	6.27	6.34
12	46.70	36.7	4.22	728	173	87.9	3.95	3.21	3.28	3.36	3.43	3.51	3.59	2.00	234	117	39.0	2.24	6.00	6.08	6.15	6.23	6.31	6.39
2L 140×90×8	36.08	28.3	4.50	732	163	77.1	4.50	3.49	3.56	3.63	3.70	3.77	3.84	2.04	242	119	34.8	2.59	6.58	6.65	6.73	6.80	6.88	6.95
10	44.52	35.0	4.58	892	195	94.7	4.47	3.52	3.59	3.66	3.74	3.81	3.88	2.12	292	138	42.4	2.56	6.62	6.69	6.77	6.84	6.92	6.99
12	52.80	41.4	4.66	1040	224	112	4.44	3.56	3.63	3.70	3.77	3.85	3.92	2.19	340	155	49.9	2.54	6.66	6.73	6.81	6.88	6.96	7.04
14	60.91	47.8	4.74	1190	251	128	4.42	3.59	3.66	3.74	3.81	3.89	3.97	2.27	384	169	57.1	2.51	6.70	6.78	6.86	6.93	7.01	7.09
2L 150×90×8	37.68	29.6	4.92	884	180	87.7	4.48	3.41	3.48	3.55	3.62	3.69	3.77	1.97	246	125	35.0	2.55	7.12	7.19	7.27	7.34	7.42	7.49
10	46.52	36.5	5.01	1080	215	108	4.81	3.45	3.52	3.59	3.66	3.74	3.81	2.05	298	145	42.9	2.53	7.16	7.24	7.31	7.39	4.47	7.54
12	55.20	43.3	5.09	1260	248	128	4.79	3.48	3.55	3.62	3.69	3.77	3.84	2.12	346	163	50.3	2.50	7.21	7.29	7.36	7.44	7.51	7.59
14	63.71	50.0	5.17	1440	279	147	4.76	3.52	3.59	3.67	3.74	3.82	3.89	2.20	392	178	57.6	2.48	7.25	7.33	7.40	7.48	7.56	7.64
15	67.90	53.3	5.21	1530	293	156	4.74	3.54	3.61	3.69	3.76	3.84	3.92	2.24	414	185	61.2	2.47	7.27	7.34	7.42	7.50	7.58	7.65
16	72.05	56.6	5.25	1610	307	165	4.73	3.55	3.62	3.70	3.77	3.85	3.93	2.27	434	191	64.5	2.45	7.29	7.37	7.45	7.52	7.60	7.68

续表

规格	截面面积 A (cm²)	每米重量 (kg/m)	长边相连 y_0 (cm)	I_x (cm⁴)	W_{xmax} (cm³)	W_{xmin} (cm³)	i_x (cm)	i_y (cm) 当 a(mm)为						y_0 (cm)	短边相连 I_x (cm⁴)	W_{xmax} (cm³)	W_{xmin} (cm³)	i_x (cm)	i_y (cm) 当 a(mm)为					
								6	8	10	12	14	16						6	8	10	12	14	16
2L160×100×10	50.63	39.7	5.24	1340	255	124	5.14	3.84	3.91	3.98	4.05	4.12	4.20	2.28	410	180	53.1	2.85	7.56	7.63	7.71	7.78	7.86	7.93
12	60.11	47.2	5.32	1570	295	147	5.11	3.88	3.95	4.02	4.09	4.16	4.24	2.36	478	203	62.6	2.82	7.60	7.67	7.74	7.82	7.90	7.97
14	69.42	54.5	5.40	1790	332	169	5.08	3.91	3.98	4.05	4.13	4.20	4.27	2.43	542	223	71.6	2.80	7.64	7.67	7.79	7.86	7.94	8.02
16	78.56	61.7	5.48	2000	365	190	5.05	3.95	4.02	4.09	4.16	4.24	4.32	2.51	604	241	80.6	2.77	7.68	7.75	7.83	7.90	7.98	8.06
2L180×110×10	56.75	44.5	5.89	1910	325	158	5.80	4.16	4.23	4.29	4.36	4.43	4.50	2.44	556	228	65.0	3.13	8.48	8.56	8.63	8.70	8.78	8.85
12	67.43	52.9	5.98	2240	375	186	5.78	4.19	4.26	4.33	4.40	4.47	4.54	2.52	650	258	76.7	3.10	8.54	8.61	8.68	8.76	8.83	8.91
14	77.94	61.2	6.06	2580	426	216	5.75	4.22	4.29	4.36	4.43	4.51	4.58	2.59	740	286	88.0	3.08	8.57	8.65	8.72	8.80	8.87	8.95
16	88.28	69.3	6.14	2880	469	243	5.72	4.26	4.33	4.41	4.48	4.55	4.63	2.67	824	309	98.9	3.06	8.61	8.69	8.76	8.84	8.92	8.99
2L200×125×12	75.83	59.5	6.54	3140	480	233	6.44	4.75	4.81	4.88	4.95	5.02	5.09	2.83	966	341	99.9	3.57	9.39	9.47	9.54	9.62	9.69	9.76
14	87.74	68.9	6.62	3600	544	269	6.41	4.78	4.85	4.92	4.99	5.06	5.13	2.91	1100	379	115	3.54	9.43	9.51	9.58	9.65	9.73	9.81
16	99.48	78.1	6.70	4040	603	304	6.38	4.82	4.89	4.96	5.03	5.10	5.17	2.99	1230	411	129	3.52	9.47	9.55	9.62	9.70	9.77	9.85
18	111.1	87.2	6.78	4480	661	339	6.35	4.84	4.91	4.99	5.06	5.13	5.20	3.06	1350	442	143	3.49	9.51	9.59	9.66	9.74	9.81	9.89

附表 2.4

热轧工字钢的规格及截面特性（依据《热轧型钢》GB/T 706—2016 计算）

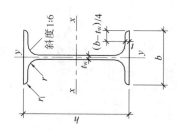

I—截面惯性矩；
W—截面模量；
S—半截面积矩；
i—截面回转半径。

型号	尺寸 (mm)						截面面积 A (cm²)	重量 (kg/m)	x-x 轴					y-y 轴		
	h	b	t_w	t	r	r_1			I_x (cm⁴)	W_x (cm³)	S_x (cm³)	i_x (cm)		I_y (cm⁴)	W_y (cm³)	i_y (cm)
10	100	68	4.5	7.6	6.5	3.3	14.33	11.3	245	49.0	28.7	4.14		33.0	9.72	1.52
12	120	74	5.0	8.4	7.0	3.5	17.80	14.0	436	72.7	42.4	4.95		46.9	12.7	1.62
12.6	126	74	5.0	8.4	7.0	3.5	18.10	14.2	488	77.5	45.2	5.20		46.9	12.7	1.61
14	140	80	5.5	9.1	7.5	3.8	21.50	16.9	712	102	59.3	5.76		64.4	16.1	1.73
16	160	88	6.0	9.9	8.0	4.0	26.11	20.5	1130	141	82.1	6.58		93.1	21.2	1.89
18	180	94	6.5	10.7	8.5	4.3	30.74	24.1	1660	185	108	7.36		122	26.0	2.00
20 a	200	100	7.0	11.4	9.0	4.5	35.55	27.9	2370	237	138	8.15		158	31.5	2.12
20 b	200	102	9.0	11.4	9.0	4.5	39.55	31.1	2500	250	148	7.96		169	33.1	2.06
22 a	220	110	7.5	12.3	9.5	4.8	42.10	33.1	3400	309	180	8.99		225	40.9	2.31
22 b	220	112	9.5	12.3	9.5	4.8	46.50	36.5	3570	325	192	8.78		239	42.7	2.27
24 a	240	116	8.0	13.0	10.0	5.0	47.71	37.5	4570	381	222	9.77		280	48.4	2.42
24 b	240	118	10.0	13.0	10.0	5.0	52.51	41.2	4800	400	236	9.57		297	50.4	2.38
25 a	250	116	8.0	13.0	10.0	5.0	48.51	38.1	5020	402	234	10.2		280	48.3	2.40
25 b	250	118	10.0	13.0	10.0	5.0	53.51	42.0	5280	423	249	9.94		309	52.4	2.40
27 a	270	122	8.5	13.7	10.5	5.3	54.52	42.8	6550	485	282	10.9		345	56.6	2.51
27 b	270	124	10.5	13.7	10.5	5.3	59.92	47.0	6870	509	301	10.7		366	58.9	2.47
28 a	280	122	8.5	13.7	10.5	5.3	55.37	43.5	7110	508	296	11.3		345	56.6	2.50
28 b	280	124	10.5	13.7	10.5	5.3	60.97	47.9	7480	534	316	11.1		379	61.2	2.49

续表

型号		h	b	t_w	尺寸(mm) t	r	r_1	截面面积 A (cm²)	重量 (kg/m)	x-x 轴 I_x (cm⁴)	W_x (cm³)	S_x (cm³)	i_x (cm)	y-y 轴 I_y (cm⁴)	W_y (cm³)	i_y (cm)
30	a	300	126	9.0	14.4	11.0	5.5	61.22	48.1	8950	597	349	12.1	400	63.5	2.55
	b		128	11.0					67.22	52.8	9400	627	371	11.8	422	65.9	2.50
	c		130	13.0					73.22	57.5	9850	657	394	11.6	445	68.5	2.46
32	a	320	130	9.5	15.0	11.5	5.8	67.12	52.7	11100	692	405	12.8	460	70.8	2.62
	b		132	11.5					73.52	57.7	11600	726	431	12.6	502	76.0	2.61
	c		134	13.5					79.92	62.7	12200	760	457	12.3	544	81.2	2.61
36	a	360	136	10.0	15.8	12.0	6.0	76.44	60.0	15800	875	515	14.4	552	81.2	2.69
	b		138	12.0					83.64	65.7	16500	919	547	14.1	582	84.3	2.64
	c		140	14.0					90.84	71.3	17300	962	580	13.8	612	87.4	2.60
40	a	400	142	10.5	16.5	12.5	6.3	86.07	67.6	21700	1090	638	15.9	660	93.2	2.77
	b		144	12.5					94.07	73.8	22800	1140	678	15.6	692	96.2	2.71
	c		146	14.5					102.1	80.1	23900	1190	718	15.2	727	99.6	2.65
45	a	450	150	11.5	18.0	13.5	6.8	102.4	80.4	32200	1430	846	17.7	855	114	2.89
	b		152	13.5					111.4	87.4	33800	1500	896	17.4	894	118	2.84
	c		154	15.5					120.4	94.5	35300	1570	947	17.1	938	122	2.79
50	a	500	158	12.0	20.0	14.0	7.0	119.2	93.6	46500	1860	1095	19.7	1120	142	3.07
	b		160	14.0					129.2	101	48600	1940	1158	19.4	1170	146	3.01
	c		162	16.0					139.2	109	50600	2020❶	1220	19.0	1220	151	2.96
55	a	550	166	12.5	21.0	14.5	7.3	134.1	105	62900	2290	1348	21.6	1370	164	3.19
	b		168	14.5					145.1	114	65600	2390	1424	21.2	1420	170	3.14
	c		170	16.5					156.1	123	68400	2490	1500	20.9	1480	175	3.08
56	a	560	166	12.5	21.0	14.5	7.3	135.4	106	65600	2340	1382	22.0	1370	165	3.18
	b		168	14.5					146.6	115	68500	2450	1461	21.6	1490	174	3.16
	c		170	16.5					157.8	124	71400	2550	1539	21.3	1560	183	3.16
63	a	630	176	13.0	22.0	15.0	7.5	154.6	121	93900	2980	1764	24.6	1700	193	3.31
	b		178	15.0					167.2	131	98100	3110❷	1863	24.2	1810	204	3.29
	c		180	17.0					179.8	141	102000	3240❸	1962	23.8	1920	214	3.27

注：《热轧型钢》GB/T 706—2016 中未提供 S_x 值，表中所列 S_x 值系按下式计算求得，供计算截面最大剪应力时参考采用：

$$S_x = \frac{1}{8} t_w h^2 + \frac{1}{2} t(b - t_w)(h - t) + 0.577(r^2 - r_1^2)\left(\frac{h}{2} - t\right)$$

❶❷❸ 疑：《热轧型钢》GB/T 706—2016 中所给数值有误。本书表中这 3 个 W_x 值分别按《热轧型钢》GB/T 706—2016 中所给相应的 I_x 和 h 计算求得($W_x = 2I_x/h$)，供参考。

附表 2.5

热轧槽钢的规格及截面特性（依据《热轧型钢》GB/T 707—2016 计算）

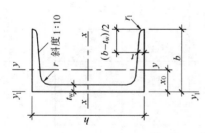

I—截面惯性矩；
W—截面模量；
S—半截面面积矩；
i—截面回转半径。

型号	尺寸 (mm)						截面面积 A (cm²)	重量 (kg/m)	x-x 轴					y-y 轴					y_1-y_1	重心距 x_0 (cm)
	h	b	t_w	t	r	r_1			I_x (cm⁴)	W_x (cm³)	S_x (cm³)	i_x (cm)	I_y (cm⁴)	W_{ymin} (cm³)	W_{ymax} (cm³)	i_y (cm)			I_{y1} (cm⁴)	
5	50	37	4.5	7.0	7.0	3.5	6.925	5.44	26.0	10.4	6.5	1.94	8.3	3.55	6.15	1.10			20.9	1.35
6.3	63	40	4.8	7.5	7.5	3.8	8.446	6.63	50.8	16.1	10.0	2.45	11.9	4.50	8.75	1.19			28.4	1.36
6.5	65	40	4.3	7.5	7.5	3.8	8.292	6.51	55.2	17.0	10.3	2.54	12.0	4.59	8.70	1.19			28.3	1.38
8	80	43	5.0	8.0	8.0	4.0	10.24	8.04	101	25.3	15.5	3.15	16.6	5.79	11.6	1.27			37.4	1.43
10	100	48	5.3	8.5	8.5	4.2	12.74	10.0	198	39.7	24.0	3.95	25.6	7.80	16.8	1.41			54.9	1.52
12	120	53	5.5	9.0	9.0	4.5	15.36	12.1	346	57.7	34.7	4.75	37.4	10.2	23.1	1.56			77.7	1.62
12.6	126	53	5.5	9.0	9.0	4.5	15.69	12.3	391	62.1	37.0	4.95	38.0	10.2	23.9	1.57			77.1	1.59
14 a	140	58	6.0	9.5	9.5	4.8	18.51	14.5	564	80.5	48.3	5.52	53.2	13.0	31.1	1.70			107	1.71
14 b	140	60	8.0	9.5	9.5	4.8	21.31	16.7	609	87.1	53.2	5.35	61.1	14.1	36.6	1.69			121	1.67
16 a	160	63	6.5	10.0	10.0	5.0	21.95	17.2	866	108	65.0	6.28	73.3	16.3	40.7	1.83			144	1.80
16 b	160	65	8.5	10.0	10.0	5.0	25.15	19.8	935	117	71.4	6.10	83.4	17.6	47.7	1.82			161	1.75

续表

型号		尺寸 (mm)					截面面积 A (cm^2)	重量 (kg/m)	x-x 轴					y-y 轴				y_1-y_1 I_{y1} (cm^4)	重心距 x_0 (cm)
		h	b	t_w	t	r	r_1			I_x (cm^4)	W_x (cm^3)	S_x (cm^3)	i_x (cm)	I_y (cm^4)	W_{ymin} (cm^3)	W_{ymax} (cm^3)	i_y (cm)		
18	a	180	68	7.0	10.5	10.5	5.2	25.69	20.2	1270	141	84.9	7.04	98.6	20.0	52.4	1.96	190	1.88
	b		70	9.0	10.5	10.5		29.29	23.0	1370	152	93.0	6.84	111	21.5	60.3	1.95	210	1.84
20	a	200	73	7.0	11.0	11.0	5.5	28.83	22.6	1780	178	106.3	7.86	128	24.2	63.7	2.11	244	2.01
	b		75	9.0	11.0	11.0		32.83	25.8	1910	191	116.3	7.64	144	25.9	73.8	2.09	268	1.95
22	a	220	77	7.0	11.5	11.5	5.8	31.83	25.0	2390	218	129.6	8.67	158	28.2	75.2	2.23	298	2.10
	b		79	9.0	11.5	11.5		36.23	28.5	2570	234	141.7	8.42	176	30.0	86.7	2.21	326	2.03
24	a	240	78	7.0	12.0	12.0	6.0	34.21	26.9	3050	254	151.5	9.45	174	30.5	82.9	2.25	325	2.10
	b		80	9.0	12.0	12.0		39.01	30.6	3280	274	165.9	9.17	194	32.5	95.6	2.23	355	2.03
	c		82	11.0	12.0	12.0		43.81	34.4	3510	293	180.3	8.96	213	34.4	106.5	2.21	388	2.00
25	a	250	78	7.0	12.0	12.0	6.0	34.91	27.4	3370	270	160.2	9.82	176	30.7	85.0	2.24	322	2.07
	b		80	9.0	12.0	12.0		39.91	31.3	3530	282	175.8	9.41	196	32.6	99.0	2.22	353	1.98
	c		82	11.0	12.0	12.0		44.91	35.3	3690	295	191.5	9.07	218	34.7❶	114	2.21	384	1.92
27	a	270	82	7.5	12.5	12.5	6.2	39.27	30.8	4360	323	193.1	10.5	216	35.5	101.4	2.34	393	2.13
	b		84	9.5	12.5	12.5		44.67	35.1	4690	347	211.4	10.3	239	37.7	116.0	2.31	428	2.06
	c		86	11.5	12.5	12.5		50.07	39.3	5020	372	229.6	10.1	261	39.8	128.6	2.28	467	2.03

❶ 疑《热轧型钢》GB/T 706—2016 中所给数值有误，本书表中该 W_{ymin} 值是按《热轧型钢》GB/T 706—2016 中所给相应的 I_y、b 和 x_0 计算求得 $\left(W_{ymin}=\dfrac{I_y}{b-x_0}\right)$，供参考。

续表

型号		尺寸 (mm)					截面面积 A (cm²)	重量 (kg/m)	x-x 轴				y-y 轴				y_1-y_1 I_{y1} (cm⁴)	重心距 x_0 (cm)
		h	b	t_w	t	r	r_1			I_x (cm⁴)	W_x (cm³)	S_x (cm³)	i_x (cm)	I_y (cm⁴)	W_{ymin} (cm³)	W_{ymax} (cm³)	i_y (cm)		
28	a	280	82	7.5	12.5	12.5	6.2	40.02	31.4	4760	340	203.1	10.9	218	35.7	104	2.33	388	2.10
	b		84	9.5	12.5			45.62	35.8	5130	366	222.7	10.6	242	37.9	120	2.30	428	2.02
	c		86	11.5				51.22	40.2	5500	393	242.3	10.4	268	40.3	137	2.29	463	1.95
30	a	300	85	7.5	13.5	13.5	6.8	43.89	34.5	6050	403	240.5	11.7	260	41.1	119.8	2.43	467	2.17
	b		87	9.5				49.89	39.2	6500	433	263.0	11.4	289	44.0	135.7	2.41	515	2.13
	c		89	11.5				55.89	43.9	6950	463	285.5	11.2	316	46.4	151.2	2.38	560	2.09
32	a	320	88	8.0	14.0	14.0	7.0	48.50	38.1	7600	475	281.0	12.5	305	46.5	136	2.50	552	2.24
	b		90	10.0				54.90	43.1	8140	509	306.6	12.2	336	49.1	156	2.47	593	2.16
	c		92	12.0				61.30	48.1	8690	543	332.2	11.9	374	52.6	179	2.47	643	2.09
36	a	360	96	9.0	16.0	16.0	8.0	60.89	47.8	11900	660	395.9	14.0	455	63.5	186	2.73	818	2.44
	b		98	11.0				68.09	53.5	12700	703	428.3	13.6	497	66.9	210	2.70	880	2.37
	c		100	13.0				75.29	59.1	13400	746	460.7	13.4	536	70.0	229	2.67	948	2.34
40	a	400	100	10.5	18.0	18.0	9.0	75.04	58.9	17600	879	532.7	15.3	592	78.8	238	2.81	1070	2.49
	b		102	12.5				83.04	65.2	18600	932	572.7	15.0	640	82.5	262	2.78	1140	2.44
	c		104	14.5				91.04	71.5	19700	986	612.7	14.7	688	86.2	284	2.75	1220	2.42

注：《热轧型钢》GB/T 706—2016 中未提供 S_x 值，表中所列 S_x 值系按下式计算求得，供计算截面最大剪应力时参考采用：

$$S_x \approx \frac{1}{8} t_w h^2 + \frac{1}{2} t(b - t_w)(h - t) + 0.339(r^2 - r_1^2)\left(\frac{h}{2} - t\right)$$

普通无缝钢管的规格及截面特性（部分摘录）

附表 2.6

（依据《无缝钢管尺寸、外形、重量及允许偏差》GB/T 17395—2008 计算）

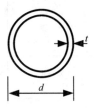

A—截面面积；　　I—截面惯性矩；
W—截面模量；　　i—截面回转半径。

外径与壁厚 (mm)		理论重量 (kg/m)	截面特性				外径与壁厚 (mm)		理论重量 (kg/m)	截面特性			
d	t		A (mm²)	I (cm⁴)	W (cm³)	i (cm)	d	t		A (mm²)	I (cm⁴)	W (cm³)	i (cm)
60	3.5	4.88	6.21	24.9	8.30	2.00	89	3.5	7.38	9.40	86.1	19.3	3.03
	4.0	5.52	7.04	27.7	9.24	1.98		4.0	8.38	10.68	96.7	21.7	3.01
	4.5	6.16	7.85	30.4	10.1	1.97		4.5	9.38	11.95	107	24.0	2.99
	5.0	6.78	8.64	32.9	11.0	1.95		5.0	10.36	13.19	117	26.2	2.98
	5.5	7.39	9.42	35.3	11.8	1.94		5.5	11.33	14.43	126	28.4	2.96
	6.0	7.99	10.18	37.6	12.5	1.92		6.0	12.28	15.65	135	30.4	2.94
	6.5	8.58	10.92	39.7	13.2	1.91		6.5	13.22	16.85	144	32.4	2.93
	7.0	9.15	11.66	41.6	13.9	1.89		7.0	14.16	18.03	153	34.3	2.91
	7.5	9.71	12.37	43.6	14.5	1.88		7.5	15.07	19.20	161	36.1	2.89
	8.0	10.26	13.07	45.2	15.1	1.86		8.0	15.98	20.36	169	37.9	2.88
	8.5	10.80	13.75	46.8	15.6	1.85		8.5	16.87	21.50	176	39.6	2.86
	9.0	11.32	14.42	48.3	16.1	1.83		9.0	17.76	22.62	183	41.2	2.85
	9.5	11.83	15.07	49.7	16.6	1.82		9.5	18.63	23.73	190	42.7	2.83
	10	12.33	15.71	51.1	17.0	1.80		10	19.48	24.82	197	44.2	2.82
	11	13.29	16.93	53.4	17.8	1.78		11	21.16	26.95	209	47.0	2.79
	12	14.21	18.10	55.4	18.5	1.75		12	22.79	29.03	220	49.5	2.76
	13	15.07	19.20	57.1	19.0	1.72		13	24.37	31.04	231	51.8	2.73
	14	15.88	20.23	58.5	19.5	1.70		14	25.89	32.99	240	53.9	2.70
	15	16.65	21.21	59.6	19.9	1.68		15	27.37	34.87	249	55.8	2.67
	16	17.36	22.12	60.6	20.2	1.66		16	28.80	36.69	256	57.6	2.64
76	3.5	6.26	7.97	52.5	13.8	2.57	102*	3.5	8.50	10.83	132	25.8	3.48
	4.0	7.10	9.05	58.8	15.5	2.55		4.0	9.67	12.32	148	29.0	3.47
	4.5	7.93	10.11	64.8	17.1	2.53		4.5	10.82	13.78	164	32.2	3.45
	5.0	8.75	11.15	70.6	18.6	2.52		5.0	11.96	15.24	180	35.3	3.43
	5.5	9.56	12.18	76.1	20.0	2.50		5.5	13.09	16.67	195	38.2	3.42
	6.0	10.36	13.19	81.4	21.4	2.48		6.0	14.21	18.10	209	41.0	3.40
	6.5	11.14	14.19	86.4	22.7	2.47		6.5	15.31	19.50	223	43.8	3.38
	7.0	11.91	15.17	91.2	24.0	2.45		7.0	116.40	20.89	237	46.5	3.37
	7.5	12.67	16.14	95.8	25.2	2.44		7.5	17.48	22.27	250	49.0	3.35
	8.0	13.42	17.09	100	26.4	2.42		8.0	18.55	23.62	263	51.5	3.34
	8.5	14.15	18.02	104	27.4	2.41		8.5	19.60	24.97	275	53.9	3.32
	9.0	14.87	18.94	108	28.5	2.39		9.0	20.64	26.30	287	56.3	3.30
	9.5	15.58	19.85	112	29.5	2.38		9.5	21.67	27.61	298	58.5	3.29
	10	16.28	20.73	115	30.4	2.36		10	22.69	28.90	309	60.7	3.27
	11	17.63	22.46	122	32.1	2.33		11	24.69	31.45	330	64.8	3.24
	12	18.94	24.13	128	33.7	2.30		12	26.63	33.93	350	68.6	3.21
	13	20.20	25.73	133	35.0	2.27		13	28.53	36.35	368	72.1	3.18
	14	21.41	27.27	138	36.2	2.25		14	30.38	38.70	384	75.3	3.15
	15	22.57	28.75	142	37.3	2.22		15	32.18	41.00	399	78.3	3.12
	16	23.68	30.16	145	38.3	2.20		16	33.93	43.23	413	81.1	3.09

续表

外径与壁厚 (mm)		理论重量 (kg/m)	截面特性				外径与壁厚 (mm)		理论重量 (kg/m)	截面特性			
d	t		A (mm²)	I (cm⁴)	W (cm³)	i (cm)	d	t		A (mm²)	I (cm⁴)	W (cm³)	i (cm)
114	3.5	9.54	12.15	186	32.6	3.91	168	8.0	31.57	40.21	1290	154	5.66
	4.0	10.85	13.82	209	36.7	3.89		8.5	33.43	42.59	1360	162	5.65
	4.5	12.15	15.48	232	40.8	3.87		9.0	35.29	44.96	1430	170	5.63
	5.0	13.44	17.12	255	44.7	3.86		9.5	37.13	47.30	1490	177	5.61
	5.5	14.72	18.75	277	48.5	3.84		10	38.97	49.64	1560	185	5.60
	6.0	15.98	20.36	298	52.2	3.82		11	42.59	54.26	1680	200	5.56
	6.5	17.23	21.95	318	55.8	3.81		12	46.17	58.81	1800	214	5.53
	7.0	18.47	23.53	338	59.3	3.79		13	49.69	63.30	1910	228	5.50
	7.5	19.70	25.09	358	62.7	3.77		14	53.17	67.73	2020	241	5.47
	8.0	20.91	26.64	376	66.0	3.76		15	56.60	72.10	2130	254	5.44
	8.5	22.12	28.17	395	69.2	3.74		16	59.98	76.40	2230	266	5.40
	9.0	23.31	29.69	412	72.3	3.73	203*	3.5	17.22	21.94	1090	108	7.05
	9.5	24.48	31.19	429	75.3	3.71		4.0	19.63	25.01	1240	122	7.04
	10	25.65	32.67	446	78.2	3.69		4.5	22.03	28.06	1380	136	7.02
	11	27.94	35.59	477	83.8	3.66		5.0	24.41	31.10	1530	150	7.00
	12	30.19	38.45	507	88.9	3.63		5.5	26.79	34.13	1670	164	6.99
	13	32.38	41.25	535	93.8	3.60		6.0	29.15	37.13	1800	178	6.97
	14	34.53	43.98	561	98.3	3.57		6.5	31.50	40.13	1940	191	6.95
	15	36.62	46.65	585	103	3.54		7.0	33.84	43.10	2070	204	6.93
	16	38.67	49.26	607	107	3.51		7.5	36.16	46.06	2200	217	6.92
140	3.5	11.78	15.01	350	50.0	4.83		8.0	38.47	49.01	2330	230	6.90
	4.0	13.42	17.09	395	56.5	4.81		8.5	40.77	51.94	2460	242	6.88
	4.5	15.04	19.16	440	62.9	4.79		9.0	43.06	54.85	2590	255	6.87
	5.0	16.65	21.21	484	69.1	4.78		9.5	45.33	57.75	2710	267	6.85
	5.5	18.24	23.24	526	75.2	4.76		10	47.60	60.63	2830	279	6.83
	6.0	19.83	25.26	568	81.2	4.74		11	52.09	66.35	3070	302	6.80
	6.5	21.40	27.26	609	87.0	4.73		12	56.52	72.01	3300	325	6.77
	7.0	22.96	29.25	649	92.6	4.71		13	60.91	77.60	3520	347	6.73
	7.5	24.51	31.22	687	98.2	4.69		14	65.25	83.13	3730	368	6.70
	8.0	26.04	33.18	725	104	4.68		15	69.55	88.59	3940	388	6.67
	8.5	27.57	35.12	762	109	4.66		16	73.79	94.00	4140	408	6.64
	9.0	29.08	37.04	798	114	4.64	219	6.0	31.52	40.15	2280	208	7.53
	9.5	30.57	38.95	834	119	4.63		6.5	34.06	43.39	2450	224	7.52
	10	32.06	40.84	868	124	4.61		7.0	36.60	46.62	2620	239	7.50
	11	34.99	44.58	934	133	4.58		7.5	39.12	49.83	2790	255	7.48
	12	37.88	48.25	997	142	4.55		8.0	41.63	53.03	2960	270	7.47
	13	40.72	51.87	1060	151	4.51		8.5	44.13	56.21	3120	285	7.45
	14	43.50	55.42	1110	159	4.48		9.0	46.61	59.38	3280	299	7.43
	15	46.24	58.91	1170	167	4.45		9.5	49.08	62.53	3440	314	7.41
	16	48.93	62.33	1220	174	4.42		10	51.54	65.66	3590	328	7.40
168	3.5	14.20	18.09	612	72.9	5.82		11	56.43	71.88	3900	356	7.36
	4.0	16.18	20.61	693	82.5	5.80		12	61.26	78.04	4190	383	7.33
	4.5	18.14	23.11	773	92.0	5.78		13	66.04	84.13	4480	409	7.30
	5.0	20.10	25.60	851	101	5.77		14	70.78	90.16	4760	435	7.26
	5.5	22.04	28.08	928	110	5.75		15	75.46	96.13	5030	459	7.23
	6.0	23.97	30.54	1000	119	5.73		16	80.10	102.04	5290	483	7.20
	6.5	25.89	32.98	1080	128	5.71							
	7.0	27.79	35.41	1150	137	5.70							
	7.5	29.69	37.82	1290	145	5.68							

续表

外径与壁厚 (mm)		理论重量 (kg/m)	截面特性				外径与壁厚 (mm)		理论重量 (kg/m)	截面特性			
d	t		A (mm²)	I (cm⁴)	W (cm³)	i (cm)	d	t		A (mm²)	I (cm⁴)	W (cm³)	i (cm)
273	6.5	42.72	54.42	4830	354	9.43	406	13	126.00	160.50	31000	1530	13.90
	7.0	45.92	58.50	5180	379	9.41		14	135.34	172.41	33200	1630	13.87
	7.5	49.11	62.56	5520	404	9.39		15	144.64	184.25	35300	1740	13.83
	8.0	52.28	66.60	5850	429	9.37		16	153.89	196.04	37300	1840	13.80
	8.5	55.45	70.63	6180	453	9.36	457	9.0	99.44	126.67	31800	1390	15.84
	9.0	58.60	74.64	6510	477	9.34		9.5	104.84	133.56	33400	1460	15.83
	9.5	61.73	78.64	6830	501	9.32		10	110.24	140.43	35100	1540	15.81
	10	64.86	82.62	7150	524	9.31		11	120.99	154.13	38300	1680	15.77
	11	71.07	90.54	7780	570	9.27		12	131.69	167.76	41600	1820	15.74
	12	77.24	98.39	8400	615	9.24		13	142.35	181.33	44700	1960	15.70
	13	83.36	106.19	9000	659	9.20		14	152.95	194.84	47800	2090	15.67
	14	89.42	113.91	9580	702	9.17		15	163.51	208.29	50900	2230	15.64
	15	95.44	121.58	10200	744	9.14		16	174.01	221.67	54000	2360	15.60
	16	101.41	129.18	10700	784.4	9.10	508	9.0	110.76	141.09	43900	1730	17.65
325	7.5	58.73	74.81	9430	580	11.23		9.5	116.79	148.78	46200	1820	17.63
	8.0	62.54	79.67	10000	616	11.21		10	122.81	156.45	48500	1910	17.61
	8.5	66.35	84.52	10600	652	11.19		11	134.82	171.75	53100	2090	17.58
	9.0	70.14	89.35	11200	687	11.18		12	146.79	186.99	57500	2270	17.54
	9.5	73.92	94.16	11700	722	11.16		13	158.70	202.16	62000	2440	17.51
	10	77.68	98.96	12300	756	11.14		14	170.56	217.27	66300	2610	17.47
	11	85.18	108.51	13400	824	11.11		15	182.37	232.32	70600	2780	17.44
	12	92.63	118.00	14500	891	11.07		16	194.14	247.31	74900	2950	17.40
	13	100.03	127.42	15500	956	11.04	610	9.0	133.39	169.93	76700	2520	21.25
	14	107.38	136.79	16600	1020	11.01		9.5	140.69	179.22	80800	2650	21.23
	15	114.68	146.08	17600	1080	10.97		10	147.97	188.50	84800	2780	21.22
	16	121.93	155.32	18600	1140	10.94		11	162.50	207.00	92900	3040	21.18
356	9.0	77.02	98.11	14800	830	12.27		12	176.97	225.44	100814	3310	21.15
	9.5	81.18	103.41	15500	873	12.26		13	191.40	243.82	101000	3560	21.11
	10	85.33	108.70	16300	915	12.24		14	205.78	262.14	116000	3820	21.08
	11	93.59	119.22	17800	998	12.20		15	220.10	280.39	124000	4070	21.04
	12	101.80	129.69	19200	1080	12.17		16	234.38	298.58	132000	4320	21.01
	13	109.97	140.08	20600	1160	12.14	711	12	206.86	263.52	161000	4530	24.72
	14	118.08	150.42	22000	1240	12.10		13	223.78	285.07	174000	4890	24.68
	15	126.14	160.69	23400	1310	12.07		14	240.65	306.56	186000	5240	24.65
	16	134.16	170.90	24800	1390	12.03		15	257.47	327.98	199000	5590	24.61
406	9.0	88.12	112.25	22100	1090	14.04		16	274.24	349.35	211000	5940	24.58
	9.5	92.89	118.34	23300	1150	14.02							
	10	97.66	124.41	24400	1200	14.01							
	11	107.15	136.50	26600	1310	13.97							
	12	116.60	148.53	28800	1420	13.94							

注：1. 钢管的公称外径 d、公称壁厚 t 以及单位长度理论重量，摘自国家标准《无缝钢管尺寸、外形、重量及允许偏差》GB/T 17395—2008 中壁厚 $t=3.5\sim16$mm 的普通钢管，带 * 者为非通用系列，其他均为通用系列。

2. 钢管截面特性：面积 $A=\pi(d-t)t$、惯性矩 $I=\pi[d^4-(d-2t)^4]/64$、模量 $W=2I/d$、回转半径 $i=(I/A)^{1/2}$。

3. 钢管的通常长度为 3～12.5m。

宽、中、窄翼缘 H 型钢截面尺寸和截面特性

附表 2.7

（摘自《热轧 H 型钢和剖分 T 型钢》GB/T 11263—2017）

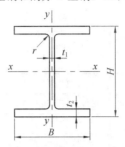

类别	型号（高度×宽度）	截面尺寸（mm） H×B	t_1	t_2	r	截面面积（cm²）	理论重量（kg/m）	惯性矩（cm⁴） I_x	惯性矩（cm⁴） I_y	回转半径（cm） i_x	回转半径（cm） i_y	截面模量（cm³） W_x	截面模量（cm³） W_y
HW	100×100	100×100	6	8	8	21.58	16.9	378	134	4.18	2.48	75.6	26.7
	125×125	125×125	6.5	9	8	30.00	23.6	839	293	5.28	3.12	134	46.9
	150×150	150×150	7	10	8	39.64	31.1	1620	563	6.39	3.76	216	75.1
	175×175	175×175	7.5	11	13	51.42	40.4	2900	984	7.50	4.37	331	112
	200×200	200×200	8	12	13	63.53	49.9	4720	1600	8.61	5.02	472	160
		*200×204	12	12	13	71.53	56.2	4980	1700	8.34	4.87	498	167
	250×250	250×250	9	14	13	91.43	71.8	10700	3650	10.8	6.31	860	292
		*250×255	14	14	13	103.9	81.6	11400	3880	10.5	6.10	912	304
	300×300	*294×302	12	12	13	106.3	83.5	16600	5510	12.5	7.20	1130	365
		300×300	10	15	13	118.5	93.0	20200	6750	13.1	7.55	1350	450
		*300×305	15	15	13	133.5	105	21300	7100	12.6	7.29	1420	466
	350×350	*344×348	10	16	13	144.0	113	32800	11200	15.1	8.83	1910	646
		350×350	12	19	13	171.9	135	39800	13600	15.2	8.88	2280	776
	400×400	*388×402	15	15	22	178.5	140	49000	16300	16.6	9.54	2520	809
		*394×398	11	18	22	186.8	147	56100	18900	17.3	10.1	2850	951
		400×400	13	21	22	218.7	172	66600	22400	17.5	10.1	3330	1120
		*400×408	21	21	22	250.7	197	70900	23800	16.8	9.74	3540	1170
		*414×405	18	28	22	295.4	232	92800	31000	17.7	10.2	4480	1530
		*428×407	20	35	22	360.7	283	11900	39400	18.2	10.4	5570	1930
		*458×417	30	50	22	528.6	415	187000	60500	18.8	10.7	8170	2900
		*498×432	45	70	22	770.1	604	298000	94400	19.7	11.1	12000	4370
HM	150×100	148×100	6	9	8	26.34	20.7	1000	150	6.16	2.38	135	30.1
	200×150	194×150	6	9	8	38.10	29.9	2630	507	8.30	3.64	271	67.6
	250×175	244×175	7	11	13	55.49	43.6	6040	984	10.4	4.21	495	112
	300×200	294×200	8	12	13	71.05	55.8	11100	1600	12.5	4.74	756	160
	350×250	340×250	9	14	13	99.53	78.1	21200	3650	14.6	6.05	1250	292
	400×300	390×300	10	16	13	133.3	105	37900	7200	16.9	7.35	1940	480
	450×300	440×300	11	18	13	153.9	121	54700	8110	18.9	7.25	2490	540
	500×300	*482×300	11	15	13	141.2	111	58300	676	20.3	6.91	2420	450
		488×300	11	18	13	159.2	125	68900	8110	20.8	7.13	2820	540
	600×300	*582×300	12	17	13	169.2	133	98900	7660	24.2	6.72	3400	511
		588×300	12	20	13	187.2	147	114000	9010	24.7	6.93	3890	601
		*594×302	14	23	13	217.1	170	134000	10600	24.8	6.97	4500	700

续表

类别	型号（高度×宽度）	截面尺寸 (mm)				截面面积 (cm^2)	理论重量 (kg/m)	截面特性					
								惯性矩 (cm^4)		回转半径 (cm)		截面模量 (cm^3)	
		$H \times B$	t_1	t_2	r			I_x	I_y	i_x	i_y	W_x	W_y
HN	*100×50	100×50	5	7	8	11.84	9.30	187	14.8	3.97	1.11	37.5	5.91
	*125×60	125×60	6	8	8	16.68	13.1	409	29.1	4.95	1.32	65.4	9.71
	150×75	150×75	5	7	8	17.84	14.0	666	49.5	6.10	1.66	88.8	13.2
	175×90	175×90	5	8	8	22.89	18.0	1210	97.5	7.25	2.06	138	21.7
	200×100	*198×99	4.5	7	8	22.68	17.8	1540	113	8.24	2.23	156	22.9
		200×100	5.5	8	8	26.66	20.9	1810	134	8.22	2.23	181	26.7
	250×125	*248×124	5	8	8	31.98	25.1	3450	255	10.4	2.82	278	41.1
		250×125	6	9	8	36.96	29.0	3960	294	10.4	2.81	317	47.0
	300×150	*298×149	5.5	8	13	40.80	32.0	6320	442	12.4	3.29	424	59.3
		300×150	6.5	9	13	46.78	36.7	7210	508	12.4	3.29	481	67.7
	350×175	*346×174	6	9	13	52.45	41.2	11000	791	14.5	3.88	638	91.0
		350×175	7	11	13	62.91	49.4	13500	984	14.6	3.95	771	112
	400×150	400×150	8	13	13	70.37	55.2	18600	734	16.3	3.22	942	97.8
	400×200	*396×199	7	11	13	71.41	56.1	19800	1450	16.6	4.50	999	145
		400×200	8	13	13	83.37	65.4	23500	1740	16.8	4.56	1170	174
	450×150	450×151	8	14	13	77.49	60.8	25700	806	18.2	3.22	1140	107
	450×200	*446×199	8	12	13	82.97	65.1	28100	1580	18.4	4.36	1260	159
		450×200	9	14	13	95.43	74.9	32900	1870	18.6	4.42	1460	187
	*500×150	*500×152	9	16	13	92.21	72.4	37000	940	20.0	3.19	1480	124
	500×200	*496×199	9	14	13	99.29	77.9	40800	1840	20.3	4.30	1650	185
		500×200	10	16	13	112.3	88.1	46800	2140	20.4	4.36	1870	214
		*506×201	11	19	13	129.3	102	55500	2580	20.7	4.46	2190	257
	600×200	*596×199	10	15	13	117.8	92.4	66600	1980	23.8	4.09	2240	199
		600×200	11	17	13	131.7	103	75600	2270	24.0	4.15	2520	227
		*606×201	12	20	13	149.8	118	88300	2720	24.3	4.25	2910	270
	700×300	*692×300	13	20	18	207.5	163	168000	9020	28.5	6.59	4870	601
		700×300	13	24	18	231.5	182	197000	10800	29.2	6.83	5640	721
	*800×300	*792×300	14	22	18	239.5	188	248000	9920	32.2	6.43	6270	661
		800×300	14	26	18	263.5	207	286000	11700	33.0	6.66	7160	781
	*900×300	*890×299	15	23	18	266.9	210	339000	10300	35.6	6.20	7610	687
		900×300	16	28	18	305.8	240	404000	12600	36.4	6.42	8990	842
		*912×302	18	34	18	360.1	283	491000	15700	36.9	6.59	10800	1040

注：1. "*"表示的规格为非常用规格。
  2. 同一型号的产品，其内侧尺寸高度是一致的。
  3. 标记采用：高度 H×宽度 B×腹板厚度 t_1×翼缘厚度 t_2。
  4. HW 为宽翼缘，HM 为中翼缘，HN 为窄翼缘。

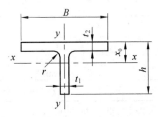

剖分 T 型钢截面尺寸和截面特性

(摘自《热轧 H 型钢和剖分 T 型钢》GB/T 11263—2017)

附表 2.8

类别	型号(高度×宽度)	截面尺寸(mm)					截面面积(cm^2)	理论重量(kg/m)	截面特性						重心距(cm)	对应H型钢系列型号
									惯性矩(cm^4)		回转半径(cm)		截面模量(cm^3)			
		h	B	t_1	t_2	r			I_x	I_y	i_x	i_y	W_x	W_y	x_0	
TW	50×100	50	100	6	8	8	10.79	8.47	16.1	66.8	1.22	2.48	4.02	13.4	1.00	100×100
	62.5×125	62.5	125	6.5	9	8	15.00	11.8	35.0	147	1.52	3.12	6.91	23.5	1.19	125×125
	75×150	75	150	7	10	8	19.82	15.6	66.4	282	1.82	3.76	10.8	37.5	1.37	150×150
	87.5×175	87.5	175	7.5	11	13	25.71	20.2	115	492	2.11	4.37	15.9	56.2	1.55	175×175
	100×200	100	200	8	12	13	31.76	24.9	184	801	2.40	5.02	22.3	80.1	1.73	200×200
		100	204	12	12	13	35.76	28.1	256	851	2.67	4.87	32.4	83.4	2.09	
	125×250	125	250	9	14	13	45.71	35.9	412	1820	3.00	6.31	39.5	146	2.08	250×250
		125	255	14	14	13	51.96	40.8	589	1940	3.36	6.10	59.4	152	2.58	
	150×300	147	302	12	12	13	53.16	41.7	857	2760	4.01	7.20	72.3	183	2.85	300×300
		150	300	10	15	13	59.22	46.5	798	3380	3.67	7.55	63.7	225	2.47	
		150	305	15	15	13	66.72	52.4	1110	3550	4.07	7.29	92.5	233	3.04	
	175×350	172	348	10	16	13	72.00	56.5	1230	5620	4.13	8.83	84.7	323	2.67	350×350
		175	350	12	19	13	85.94	67.5	1520	6790	4.20	8.88	104	388	2.87	
	200×400	194	402	15	15	22	89.22	70.0	2480	8130	5.27	9.54	158	404	3.70	400×400
		197	398	11	18	22	93.40	73.3	2050	9460	4.67	10.1	123	475	3.01	
		200	400	13	21	22	109.3	85.8	2480	11200	4.75	10.1	147	560	3.21	
		200	408	21	21	22	125.3	98.3	3650	11900	5.39	9.74	229	584	4.07	
		207	405	18	28	22	147.7	116	3620	15500	4.95	10.2	213	766	3.68	
		214	407	20	35	22	180.3	142	4380	19700	4.92	10.4	250	967	3.90	
TM	75×100	74	100	6	9	8	13.17	10.3	51.7	75.2	1.98	2.38	8.84	15.0	1.56	150×100
	100×150	97	150	6	9	8	19.05	15.0	124	253	2.55	3.64	15.8	33.8	1.80	200×150
	125×175	122	175	7	11	13	27.74	21.8	288	492	3.22	4.21	29.1	56.2	2.28	250×175
	150×200	147	200	8	12	13	35.52	27.9	571	801	4.00	4.74	48.2	80.1	2.85	300×200
	175×250	170	250	9	14	13	49.76	39.1	1020	1830	4.51	6.05	73.2	146	3.11	350×250
	200×300	195	300	10	16	13	66.62	52.3	1730	3600	5.09	7.35	108	240	3.43	400×300
	225×300	220	300	11	18	13	76.94	60.4	2680	4050	5.89	7.25	150	270	4.09	450×300
	250×300	241	300	11	15	13	70.58	55.4	3400	3380	6.93	6.91	178	225	5.00	500×300
		244	300	11	18	13	79.58	62.5	3610	4050	6.73	7.13	184	270	4.72	

续表

类别	型号 (高度×宽度)	截面尺寸(mm)					截面面积 (cm^2)	理论重量 (kg/m)	截面特性						重心距 (cm)	对应H型钢系列型号
									惯性矩 (cm^4)		回转半径 (cm)		截面模量 (cm^3)			
		h	B	t_1	t_2	r			I_x	I_y	i_x	i_y	W_x	W_y	x_0	
TM	300×300	291	300	12	17	13	84.60	66.4	6320	3830	8.64	6.72	280	255	6.51	600×300
		294	300	12	20	13	93.60	73.5	6680	4500	8.44	6.93	288	300	6.17	
		297	302	14	23	13	108.5	85.2	7890	5290	8.52	6.97	339	350	6.41	
TN	50×50	50	50	5	7	8	5.920	4.65	11.8	7.39	1.41	1.11	3.18	2.95	1.28	100×50
	62.5×60	62.5	60	6	8	8	8.340	6.55	27.5	14.6	1.81	1.32	5.96	4.85	1.64	125×60
	75×75	75	75	5	7	8	8.920	7.00	42.6	24.7	2.18	1.66	7.46	6.59	1.79	150×75
	87.5×90	87.5	90	5	8	8	11.44	8.98	70.6	48.7	2.48	2.06	10.4	10.8	1.93	175×90
	100×100	99	99	4.5	7	8	11.34	8.90	93.5	56.7	2.87	2.23	12.1	11.5	2.17	200×100
		100	100	5.5	8	8	13.33	10.5	114	66.9	2.92	2.23	14.8	13.4	2.31	
	125×125	124	124	5	8	8	15.99	12.6	207	127	3.59	2.82	21.3	20.5	2.66	250×125
		125	125	6	9	8	18.48	14.5	248	147	3.66	2.81	25.6	23.5	2.81	
	150×150	149	149	5.5	8	13	20.40	16.0	393	221	4.39	3.29	33.8	29.7	3.26	300×150
		150	150	6.5	9	13	23.39	18.4	464	254	4.45	3.29	40.0	33.8	3.41	
	175×175	173	174	6	9	13	26.22	20.6	679	396	5.08	3.88	50.0	45.5	3.72	350×175
		175	175	7	11	13	31.45	24.7	814	492	5.08	3.95	59.3	56.2	3.76	
	200×200	198	199	7	11	13	35.70	28.0	1190	723	5.77	4.50	76.4	72.7	4.20	400×200
		200	200	8	13	13	41.68	32.7	1390	868	5.78	4.56	88.6	86.8	4.26	
	225×200	223	199	8	12	13	41.48	32.6	1870	789	6.71	4.36	109	79.3	5.15	450×200
		225	200	9	14	13	47.71	37.5	2150	935	6.71	4.42	124	93.5	5.19	
	250×200	248	199	9	14	13	49.64	39.0	2820	921	7.54	4.30	150	92.6	5.97	500×200
		250	200	10	16	13	56.12	44.1	3200	1070	7.54	4.36	169	107	6.03	
		253	201	11	19	13	64.65	50.8	3660	1290	7.52	4.46	189	128	6.00	
	300×200	298	199	10	15	13	58.87	46.2	5150	988	9.35	4.09	235	99.3	7.92	600×200
		300	200	11	17	13	65.85	51.7	5770	1140	9.35	4.15	262	114	7.95	
		303	201	12	20	13	74.88	58.8	6530	1360	9.33	4.25	291	135	7.88	

注：剖分T型钢的规格标记采用：高度h×宽度B×腹板厚度t_1×翼缘厚度t_2。

卷边Z型钢的规格和截面特性(摘自《冷弯薄壁型钢结构技术规范》GB 50018—2002)

附表 2.9

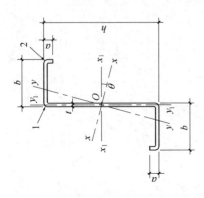

尺寸(mm)				截面面积 (cm^2)	每米质量 (kg/m)	θ	x_1-x_1			y_1-y_1			x-x				y-y				$I_{x_1y_1}$ (cm^4)	I_t (cm^4)	I_ω (cm^4)	k (cm^{-1})	$W_{\omega1}$ (cm^4)	$W_{\omega2}$ (cm^4)
h	b	a	t				I_{x1} (cm^4)	i_{x1} (cm)	W_{x1} (cm^3)	I_{y1} (cm^4)	i_{y1} (cm)	W_{y1} (cm^3)	I_x (cm^4)	i_x (cm)	W_{x1} (cm^3)	W_{x2} (cm^3)	I_y (cm^4)	i_y (cm)	W_{y1} (cm^3)	W_{y2} (cm^3)						
100	40	20	2.0	4.07	3.19	24°1′	60.04	3.84	12.01	17.02	2.05	4.36	70.70	4.17	15.93	11.94	6.36	1.25	3.36	4.42	23.93	0.0542	325.0	0.0081	49.97	29.16
100	40	20	2.5	4.98	3.91	23°46′	72.10	3.80	14.42	20.02	2.00	5.17	84.63	4.12	19.18	14.47	7.49	1.23	4.07	5.28	28.45	0.1038	381.9	0.0102	62.25	35.03
120	50	20	2.0	4.87	3.82	24°3′	106.97	4.69	17.83	30.23	2.49	6.17	126.06	5.09	23.55	17.40	11.14	1.51	4.83	5.74	42.77	0.0649	785.2	0.0057	84.05	43.96
120	50	20	2.5	5.98	4.70	23°50′	129.39	4.65	21.57	35.91	2.45	7.37	152.05	5.04	28.55	21.21	13.25	1.49	5.89	6.89	51.30	0.1246	930.9	0.0072	104.68	52.94
120	50	20	3.0	7.05	5.54	23°36′	150.14	4.61	25.02	40.88	2.41	8.43	175.92	4.99	33.18	24.80	15.11	1.46	6.89	7.92	58.99	0.2116	1058.9	0.0087	125.37	61.22
140	50	20	2.5	6.48	5.09	19°25′	186.77	5.37	26.68	35.91	2.35	7.37	209.19	5.67	32.55	26.34	14.48	1.49	6.69	6.78	60.75	0.1350	1289.0	0.0064	137.04	60.03
140	50	20	3.0	7.65	6.01	19°12′	217.26	5.33	31.04	40.83	2.31	8.43	241.62	5.62	37.76	30.70	16.52	1.47	7.84	7.81	69.93	0.2296	1468.2	0.0077	164.94	69.51
160	60	20	2.5	7.48	5.87	19°59′	288.12	6.21	36.01	58.15	2.79	9.90	323.13	6.57	44.00	34.95	23.14	1.76	9.00	8.71	96.32	0.1559	2634.3	0.0048	205.98	86.28
160	60	20	3.0	8.85	6.95	19°47′	336.66	6.17	42.08	66.66	2.74	11.39	376.76	6.52	51.48	41.08	26.56	1.73	10.58	10.07	111.51	0.2656	3019.4	0.0058	247.41	100.15
160	70	20	2.5	7.98	6.27	23°46′	319.13	6.32	39.89	87.74	3.32	12.76	374.76	6.85	52.35	38.23	32.11	2.01	10.53	10.86	126.37	0.1663	3793.3	0.0041	238.87	106.91
160	70	20	3.0	9.45	7.42	23°34′	373.64	6.29	46.71	101.10	3.27	14.76	437.72	6.80	61.33	45.01	37.03	1.98	12.39	12.58	146.86	0.2836	4365.0	0.0050	285.78	124.26
180	70	20	2.5	8.48	6.66	20°22′	420.18	7.04	46.69	87.74	3.22	12.76	473.34	7.47	57.27	44.88	34.58	2.02	11.66	10.86	143.18	0.1767	4907.9	0.0037	294.53	119.41
180	70	20	3.0	10.05	7.89	20°11′	492.61	7.00	54.73	101.11	3.17	14.76	553.83	7.42	67.22	52.89	39.89	1.99	13.72	12.59	166.47	0.3016	5652.2	0.0045	353.32	138.92

几种常用截面的回转半径近似值 附表 2.10

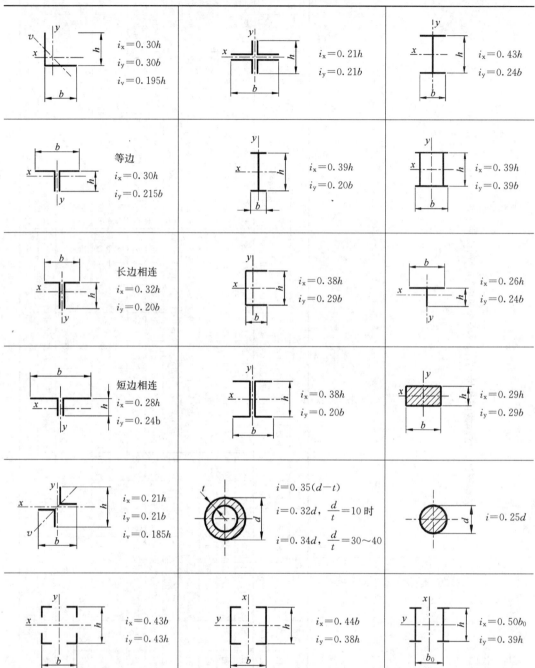

主要参考文献

[1] 住房和城乡建设部. 钢结构设计标准：GB 50017—2017[S]. 北京：中国建筑工业出版社，2018.

[2] 住房和城乡建设部. 建筑结构荷载规范：GB 50009—2012[S]. 北京：中国建筑工业出版社，2012.

[3] 西安冶金建筑学院，陈绍蕃. 钢结构（高等学校试用教材）[M]. 北京：中国建筑工业出版社，1988.

[4] 罗邦富，魏明钟，沈祖炎，等. 钢结构设计手册[M]. 北京：中国建筑工业出版社，1989.

[5] 姚谏，夏志斌. 钢结构原理[M]. 北京：中国建筑工业出版社，2020.

[6] 魏明钟. 钢结构设计新规范应用讲评[M]. 北京：中国建筑工业出版社，1991.

[7] Salmon C G and Johnson J E. Steel structures, design and behavior. 2nd Edition. Harper & Row Publishers，1980.

[8] Salmon C G and Johnson J E. Steel structures, design and behavior, emphasizing load and resistance factor design. 3rd Edition. Harper & Row Publishers，1990.

[9] Constructional Steel Research and Development Organization. Steel designer's manual. 4th Edition. Crosby Lockwood，London，1983.

[10] MacGinley T J. Steel structures, practical design studies. E & FN SPON，London and New York，1981.

[11] Gaylord Jr E H and Gaylord C N. Design of steel structures. 2nd Edition. McGraw-Hill，New York，1972.

[12] Clarke A B and Coverman S H. Structural steelwork, limit state design. Chapman & Hall，London，1987.

[13] 滕本盛久. 铁骨の构造设计[M]. 全改订2版. 东京：技报堂，1982.

[14] 陈绍蕃. 钢结构稳定设计指南[M]. 2版. 北京：中国建筑工业出版社，2004.

[15] 吴惠弼. 框架柱的计算长度[M]//全国钢结构标准技术委员会. 钢结构研究论文报告选集（第一册）1982：94-120.

[16] 陈绍蕃. 钢结构设计原理[M]. 2版. 北京：科学出版社，1998.

[17] 张耀春，周绪红. 钢结构设计原理[M]. 北京：高等教育出版社，2004.

[18] AISC. Specifications for the design, Fabrication and erection of structural steel for buildings with commentary. 1978.

[19] 《钢结构设计规范》编制组. 《钢结构设计规范》应用讲评[M]. 北京：中国计划出版社，2003.

[20] 《钢结构设计规范》编制组. 《钢结构设计规范》专题指南[M]. 北京：中国计划出版社，2003.

[21] Syan A A and Chapman B G. Design of structural steel hollow section connections. AISC，1996.

[22] 住房和城乡建设部. 建筑结构可靠性设计统一标准：GB 50068—2018[S]. 北京：中国建筑工业出版社，2019.

［23］ 姚谏. 建筑结构静力计算实用手册［M］. 3版. 北京：中国建筑工业出版社，2021.

［24］ 住房和城乡建设部. 工程结构通用规范：GB 55001—2021［S］. 北京：中国建筑工业出版社，2021.

［25］ 住房和城乡建设部. 钢结构通用规范：GB 55006—2021［S］. 北京：中国建筑工业出版社，2021.